# Matemática Básica para Aplicações de Engenharia

gen
Grupo
Editorial
Nacional

# Matemática Básica para Aplicações de Engenharia

**Kuldip S. Rattan**
*Wright State University*

**Nathan W. Klingbeil**
*Wright State University*

**Tradução e revisão técnica**

**J. R. Souza, Ph.D.**
*Professor-Associado da Universidade do Estado do Rio de Janeiro*

Apesar dos melhores esforços dos autores, do tradutor, do editor e dos revisores, é inevitável que surjam erros no texto. Assim, são bem-vindas as comunicações de usuários sobre correções ou sugestões referentes ao conteúdo ou ao nível pedagógico que auxiliem o aprimoramento de edições futuras. Os comentários dos leitores podem ser encaminhados à **LTC — Livros Técnicos e Científicos Editora** pelo e-mail ltc@grupogen.com.br.

Traduzido de
**INTRODUCTORY MATHEMATICS FOR ENGINEERING APPLICATIONS, FIRST EDITION**

ISBN: 978-1-118-14180-9



Travessa do Ouvidor, 11
Rio de Janeiro, RJ — CEP 20040-040
Tels.: 21-3543-0770 / 11-5080-0770
Fax: 21-3543-0896
ltc@grupogen.com.br
www.ltceditora.com.br

Design de capa: Kenji Ngieng
Crédito de capa: © Mark Watson 2010/Flickr/Getty Images
Editoração Eletrônica: Formato Editora e Serviços

**CIP-BRASIL. CATALOGAÇÃO NA PUBLICAÇÃO**
**SINDICATO NACIONAL DOS EDITORES DE LIVROS, RJ**

R183m

Rattan, Kuldip S.
Matemática básica para aplicações de engenharia / Kuldip S. Rattan, Nathan W. Klingbeil ; Tradução e revisão técnica J. R. Souza. – 1. ed. – Rio de Janeiro : LTC, 2017.
28 cm.

Tradução de: Introductory mathematics for engineering applications
Inclui bibliografia e índice
ISBN: 978-85-216-3369-3

1. Matemática financeira. 2. Engenharia econômica. I. Souza, J. R. II. Título.

17-39788 CDD: 513.93
CDU: 51-7

# Sumário

# Prefácio

Este livro tem como objetivo fornecer aos alunos do primeiro ano de cursos de graduação em Engenharia uma abrangente introdução à aplicação de Matemática na Engenharia. Isso inclui tópicos que vão de pré-cálculo e trigonometria a cálculo e equações diferenciais, sempre tratados no contexto de aplicações de engenharia. Tópicos matemáticos específicos incluem equações lineares e quadráticas, trigonometria, vetores bidimensionais, números complexos, senoides e sinais harmônicos, sistemas de equações e matrizes, derivadas, integrais e equações diferenciais. Contudo, esses tópicos são tratados apenas no contexto em que são, *de fato*, *utilizados* em disciplinas básicas dos dois primeiros anos de cursos de graduação em Engenharia, incluindo Física, estática, dinâmica, resistência de materiais e circuitos elétricos, com ocasionais aplicações em disciplinas do ciclo profissional. Motivação adicional advém de uma grande variedade de exemplos resolvidos e de exercícios de final de capítulo, representando várias disciplinas de Engenharia.

Embora forneça uma *abrangente introdução* a temas Matemáticos e de suas aplicações em Engenharia, o livro não apresenta *tratamento abrangente de qualquer um deles*. Portanto, o livro não deve ser visto como substituto para livros de texto tradicionais de Matemática ou de Engenharia. O livro funciona mais como uma propaganda ou *trailer* de um filme. Na verdade, tudo que é coberto neste livro será visto novamente em sala de aula de cursos de Matemática ou de Engenharia. Isso dá ao professor uma grande liberdade – liberdade de integrar Matemática e Física por *imersão*. Liberdade para estimular a intuição dos alunos e apresentar novos contextos físicos para a Matemática sem a exigência de conhecimento prévio. Liberdade de deixar a Física ajudar a explicar a Matemática e a Matemática ajudar a explicar a Física. Liberdade de ensinar Matemática a engenheiros da forma em que deveria ser ensinada: em um contexto e por um *motivo*.

Idealmente, este livro poderia servir como texto principal para um curso de primeiro ano de Matemática da Engenharia, substituindo os tradicionais pré-requisitos de Matemática para cursos do ciclo profissional. Isso permitiria que os alunos avançassem pelos dois primeiros anos de seu curso de engenharia sem, primeiro, completar a necessária sequência de cálculos. Essa é a abordagem adotada pela *Wright State University* e por um crescente número instituições nos Estados Unidos, que, desta forma, passaram a constatar aumentos significativos não apenas na retenção de alunos de Engenharia como também no desempenho desses alunos nos cursos de cálculo exigidos mais adiante.

Alternativamente, este livro poderia ser usado como texto de referência no ciclo básico de qualquer programa de Engenharia. A organização do livro é altamente compartimentada, permitindo que o professor escolha os tópicos de Matemática e aplicações de Engenharia que cobrirá. Assim, qualquer instituição que deseje aumentar a preparação e motivação de alunos de Engenharia para a exigida sequência de cálculos poderá integrar tópicos facilmente em disciplinas básicas de Engenharia, sem ter de abrir espaço na grade curricular para carga horária adicional. Por fim, este livro pode ser uma valiosa fonte de informação para alunos não tradicionais que voltem do mercado de trabalho à universidade, para alunos indecisos ou que considerem a troca de uma ênfase de Engenharia por outra, para professores de Matemática e de ciências ou formandos de cursos de educação que busquem contextos físicos para seus alunos, ou para estudantes do segundo grau que desejem seguir para um curso de Engenharia. Para todos esses alunos, este livro representa uma fonte completa para aprender como a Matemática é, de fato, usada na Engenharia.

# Agradecimentos

Os autores gostariam de agradecer a todos que contribuíram para o desenvolvimento deste texto. Isso inclui a notável equipe de monitores, que não apenas apresentou numerosas sugestões e revisões, como também desempenhou um papel importante no sucesso do programa de Matemática do primeiro ano de cursos de Engenharia da *Wright State University*. Os autores também gostariam de agradecer a seus muitos colegas e colaboradores que se juntaram ao esforço nacional para mudar a forma em que Matemática é ensinada a engenheiros. Agradecimentos especiais a Jennifer Serres, Werner Klingbeil e Scott Molitor, que contribuíram com vários exemplos resolvidos e exercícios de fim de capítulo, provenientes das disciplinas que lecionam em cursos de Engenharia. Os autores agradecem, ainda, a Josh Deaton, que forneceu soluções detalhadas a todos os exercícios de fim de capítulo. Por fim, os autores agradecem a suas esposas e famílias, cuja paciência e apoio infindáveis permitiram a realização deste trabalho.

---

Este material é baseado no trabalho financiado pela *National Science Foundation* [Fundação Nacional de Ciência], por meio dos contratos EEC-0343214, DUE-0618571, DUE-0622466 e DUE-0817332. Quaisquer opiniões, descobertas, conclusões e recomendações expressas neste material são dos autores e não necessariamente refletem a visão da National Science Foundation.

# Material Suplementar

Este livro conta com os seguintes materiais suplementares:

- Ilustrações da obra em formato de apresentação (restrito a docentes);
- Solutions Manual: arquivo em formato (.pdf), em inglês, contendo soluções para os exercícios do livro-texto (restrito a docentes).

O acesso ao material suplementar é gratuito. Basta que o leitor se cadastre em nosso *site* (www.grupogen.com.br), faça seu login e clique em GEN-IO no menu superior do lado direito.

É rápido e fácil. Caso haja alguma mudança no sistema ou dificuldade de processo, entre em contato conosco (sac@grupogen.com.br).

GEN-IO (GEN | Informação Online) é o repositório de materiais suplementares e de serviços relacionados com livros publicados pelo GEN | Grupo Editorial Nacional, maior conglomerado brasileiro de editoras do ramo científico-técnico-profissional, composto por Guanabara Koogan, Santos, Roca, AC Farmacêutica, Forense, Método, Atlas, LTC, E.P.U. e Forense Universitária. Os materiais suplementares ficam disponíveis para acesso durante a vigência das edições atuais dos livros a que eles correspondem.

# Matemática Básica para Aplicações de Engenharia

# Retas na Engenharia

CAPÍTULO 1

Neste capítulo, apresentamos aplicações de retas na engenharia. Assumimos que os alunos tenham familiaridade com este tópico do curso de álgebra no ensino médio. Este capítulo mostrará, com exemplos, por que esse tema é tão importante para engenheiros. Por exemplo, a velocidade de um veículo em frenagem, a relação tensão-corrente em um circuito resistivo e a relação entre força e deslocamento em uma mola pré-carregada podem ser representadas por retas. Neste capítulo, obteremos a equação para tais retas usando as formas inclinação-ponto de cruzamento e ponto-inclinação.

## 1.1 VEÍCULO EM FRENAGEM

A velocidade de um veículo em frenagem é medida em dois instantes de tempo, como indicado na Fig. 1.1.

| $t$, s | $v(t)$, m/s |
|---|---|
| 1,5 | 9,75 |
| 2,5 | 5,85 |

**Figura 1.1** Veículo em frenagem.

A velocidade satisfaz a equação

$$\boldsymbol{v(t) = at + v_o} \tag{1.1}$$

em que $v_o$ é a velocidade inicial em m/s, e $a$, a aceleração em m/s$^2$.

(a) Determinemos a equação de reta $v(t)$, a velocidade inicial $v_o$ e a aceleração $a$.
(b) Esbocemos o gráfico da reta $v(t)$ e nele marquemos claramente a velocidade inicial, a aceleração e o tempo total de frenagem.

A equação da velocidade dada em (1.1) está na forma inclinação-ponto de cruzamento $\boldsymbol{y = mx + b}$, com $y = v(t)$, $m = a$, $x = t$ e $b = v_o$. A inclinação $m$ é dada por:

$$\boldsymbol{m = \frac{\Delta y}{\Delta x} = \frac{y_2 - y_1}{x_2 - x_1}}.$$

Portanto, a inclinação $m = a$ pode ser calculada usando os dados na Fig. 1.1 como:

$$a = \frac{v_2 - v_1}{t_2 - t_1} = \frac{5{,}85 - 9{,}75}{2{,}5 - 1{,}5} = -3{,}9 \text{ m/s}^2.$$

A velocidade do veículo pode, agora, ser escrita na forma inclinação-ponto de cruzamento como:

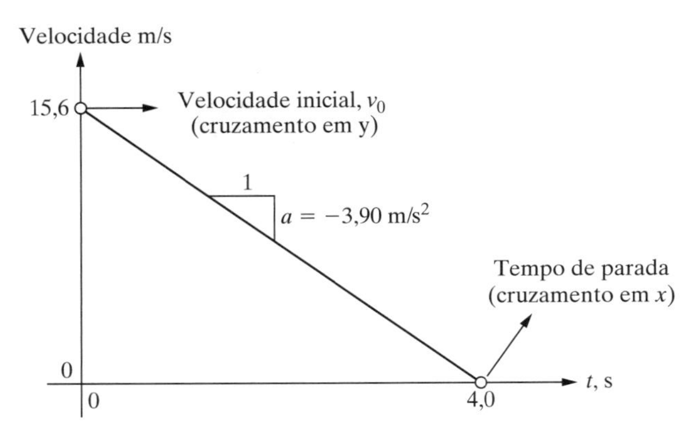


**Figura 1.2** Velocidade do veículo após a frenagem.

$$v(t) = -3,9\,t + v_o.$$

O ponto de cruzamento em $y$, $b = v_o$, pode ser determinado usando qualquer um dos pontos de dados. Usando o ponto $(t, v) = (1,5, 9,75)$, obtemos:

$$9,75 = -3,9\,(1,5) + v_o.$$

Resolvendo para $v_o$, temos:

$$v_o = 15,6 \text{ m/s}.$$

O ponto de cruzamento em $y$, $b = v_o$, também pode ser determinado usando o outro ponto de dado $(t, v) = (2,5, 5,85)$, resultando em:

$$5,85 = -3,9\,(2,5) + v_o.$$

Resolvendo para $v_o$, temos:

$$v_o = 15,6 \text{ m/s}.$$

A velocidade do veículo pode, agora, ser escrita como:

$$v(t) = -3,9\,t + 15,6 \text{ m/s}.$$

O tempo total para parar (tempo necessário para alcançar $v(t) = 0$) pode ser obtido igualando $v(t) = 0$, o que fornece:

$$0 = -3,9\,t + 15,6.$$

Resolvendo para $t$, o tempo de parada é calculado como $t = 4,0$ s. A Fig. 1.2 mostra a velocidade do veículo após a frenagem. Notemos que o tempo de parada $t = 4,0$ s e a velocidade inicial $v_o = 15,6$ m/s são os pontos de cruzamento em $x$ e $y$, respectivamente. Notemos, ainda, que a inclinação da reta, $m = -3,90$ m/s$^2$, é a aceleração do veículo durante a frenagem.

## 1.2 RELAÇÃO TENSÃO-CORRENTE EM UM CIRCUITO RESISTIVO

Para o circuito resistivo mostrado na Fig. 1.3, a relação entre a tensão aplicada $V_s$ e a corrente $I$ que flui no circuito pode ser obtida com aplicação da **lei de tensão de Kirchhoff (LTK)** e da **lei de Ohm**. Para uma malha fechada em um circuito elétrico, a LTK estabelece que a soma das subidas ou acréscimos de tensão é igual à soma das quedas ou decréscimos de tensão, ou seja,

**Lei de tensão de Kirchhoff:** $\Rightarrow$ **Σ *Subidas de tensão* = Σ *Quedas de tensão***

Aplicando a LTK ao circuito da Fig. 1.3, obtemos:

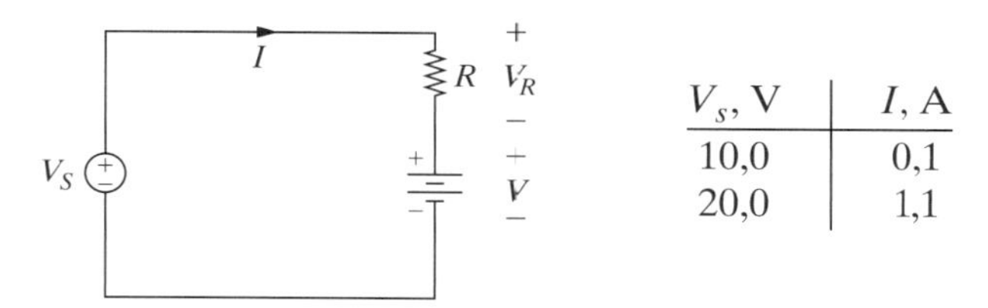


| $V_s$, V | $I$, A |
|---|---|
| 10,0 | 0,1 |
| 20,0 | 1,1 |

**Figura 1.3** Tensão e corrente em um circuito resistivo.

$$V_s = V_R + V. \tag{1.2}$$

A **lei de Ohm** estabelece que a queda de tensão em um resistor, $V_R$ em volts (V), é igual à corrente $I$ em amperes (A) que flui pelo resistor multiplicada pela resistência $R$ em ohms ($\Omega$), ou seja:

$$\boldsymbol{V_R = I\,R.} \tag{1.3}$$

Substituindo a equação (1.3) na equação (1.2), obtemos uma relação linear entre a tensão aplicada $V$ e a corrente $I$:

$$V_s = I\,R + V. \tag{1.4}$$

Nosso objetivo é determinar os valores de $R$ e $V$ quando a corrente que flui pelo circuito é conhecida para os dois valores de tensão dados na Fig. 1.3.

A relação tensão-corrente dada pela equação (1.4) é a equação de uma reta na forma inclinação-ponto de cruzamento $y = mx + b$, com $y = V_s$. $x = I$, $m = R$ e $b = V$. A inclinação $m$ é dada por:

$$m = R = \frac{\Delta\,y}{\Delta\,x} = \frac{\Delta\,V_s}{\Delta\,I}.$$

Usando os dados na Fig. 1.3, a inclinação $R$ pode ser calculada como:

$$R = \frac{20 - 10}{1{,}1 - 0{,}1} = 10\ \Omega.$$

Portanto, na forma inclinação-ponto de cruzamento, a fonte de tensão pode ser escrita como:

$$V_s = 10\,I + b.$$

O ponto de cruzamento em $y$, $b = V$, pode ser determinado usando qualquer um dos pontos de dados. Usando o ponto $(V_s, I) = (10, 0{,}1)$, obtemos:

$$10 = 10\,(0{,}1) + V.$$

Resolvendo para $V$, temos:

$$V = 9\ \text{V}.$$

O ponto de cruzamento em $y$, $V$, também pode ser determinado da equação da reta usando a forma ponto-inclinação da reta $(y - y_1) = m(x - x_1)$ como

$$V_s - 10 = 10(I - 0{,}1) \;\Rightarrow\; V_s = 10\,I - 1{,}0 + 10.$$

Portanto, a relação tensão-corrente é dada por:

$$V_s = 10\,I + 9. \tag{1.5}$$

Comparando as Equações (1.4) e (1.5), obtemos os valores de $R$ e $V$ como:

$$R = 10\ \Omega, \quad V = 9\ \text{V}.$$

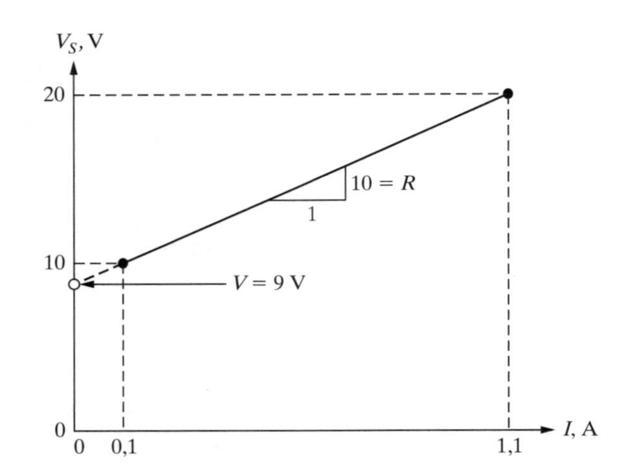


**Figura 1.4** Relação tensão-corrente para os dados na Fig. 1.3.

A Fig. 1.4 mostra o gráfico da fonte de tensão $V_s$ em função da corrente $I$. Notemos que a inclinação da reta $m = 10$ é a resistência $R$ em Ω e que o ponto de cruzamento em $y$ $b = 9$ é a tensão $V$ em volts.

Os valores de $R$ e $V$ também podem ser determinados trocando os papéis dos pontos de cruzamento em $x$ e $y$ (variáveis independentes e dependentes). Da relação tensão-corrente $V_s = I\,R + V$, a corrente $I$ pode ser escrita em função de $V_s$ como:

$$I = \frac{1}{R} V_s - \frac{V}{R}. \tag{1.6}$$

Esta é a equação de uma reta $y = mx + b$ em que $x$ é a tensão aplicada $V_s$, $y$ é a corrente $I$, $m = \frac{1}{R}$ é a inclinação e $b = -\frac{V}{R}$ é o ponto de cruzamento em $y$. A inclinação e o ponto de cruzamento em $y$ podem ser determinados dos dados na Fig. 1.3 usando o método de inclinação-ponto de cruzamento:

$$m = \frac{\Delta y}{\Delta x} = \frac{\Delta I}{\Delta V_s}.$$

Usando os dados na Fig. 1.3, a inclinação $m$ é calculada como:

$$m = \frac{1{,}1 - 0{,}1}{20 - 10} = 0{,}1.$$

Por conseguinte, a corrente $I$ pode ser escrita na forma inclinação-ponto de cruzamento como:

$$I = 0{,}1\,V_s + b.$$

O ponto de cruzamento em $y$, $b$, pode ser determinado usando qualquer um dos pontos de dados. Usando o ponto $(V_s, I) = (10, 0{,}1)$, obtemos:

$$0{,}1 = 0{,}1\,(10) + b.$$

Resolvendo para $b$, temos:

$$b = -0{,}9.$$

Com isto, na forma inclinação-ponto de cruzamento, a equação da reta pode ser escrita como:

$$I = 0{,}1 V_s - 0{,}9. \tag{1.7}$$

Comparando as Equações (1.6) e (1.7), obtemos:

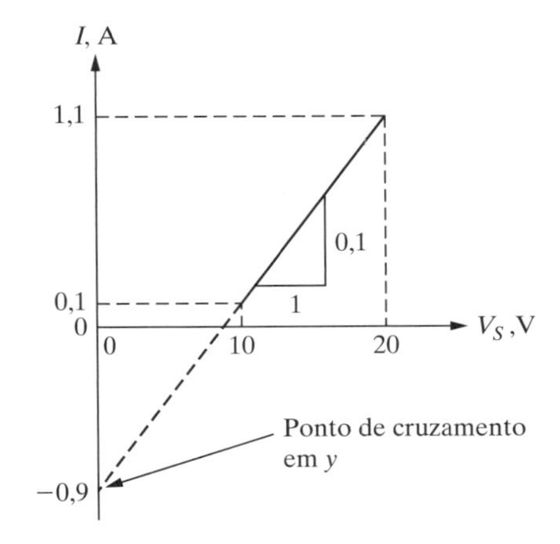


**Figura 1.5** Reta tendo $I$ como variável independente para os dados na Fig. 1.3.

$$\frac{1}{R} = 0{,}1 \quad \Rightarrow \quad R = 10\ \Omega$$

e

$$-\frac{V}{R} = -0{,}9 \quad \Rightarrow \quad V = 0{,}9\ (10) = 9\ \text{V}.$$

A Fig. 1.5 mostra o gráfico da reta $I = 0{,}1V_s - 0{,}9$. Notemos que o ponto de cruzamento em $y$ é $-\frac{V}{R} = -0{,}9$ A, e que a inclinação é $\frac{1}{R} = 0{,}1$.

## 1.3 FORÇA-DESLOCAMENTO EM MOLA PRÉ-CARREGADA

A relação força-deslocamento para uma mola com pré-carga $f_o$ é dada por:

$$f = k\,y + f_o, \tag{1.8}$$

na qual $f$ é a força em *Newtons* (N), $y$ é o deslocamento em *metros* (m) e $k$ é a constante da mola em N/m.

| $f$, N | $y$, m |
|---|---|
| 1 | 0,1 |
| 5 | 0,9 |

**Figura 1.6** Força-deslocamento em mola pré-carregada.

Nosso objetivo é determinar a constante da mola $k$ e a pré-carga $f_o$, para os valores de força e deslocamento dados na Fig. 1.6.

**Método 1** Tratando o deslocamento $y$ como variável independente, a relação força-deslocamento $f = k\,y + f_o$ é a equação de uma reta $y = mx + b$, na qual a variável independente $x$ é o deslocamento $y$, a variável dependente $y$ é a força $f$, a inclinação $m$ é a constante da mola $k$ e o ponto de cruzamento em $y$, a pré-carga $f_o$. A inclinação $m$ pode ser calculada usando os dados na Fig. 1.6 como:

$$m = \frac{5-1}{0{,}9-0{,}1} = \frac{4}{0{,}8} = 5.$$

Na forma inclinação-ponto de cruzamento, a equação da relação força-deslocamento pode, portanto, ser escrita como:

$$f = 5y + b.$$

O ponto de cruzamento em $y$, $b$, pode ser determinado usando qualquer um dos pontos de dados. Usando o ponto $(f, y) = (5, 0{,}9)$, obtemos:

$$5 = 5\,(0{,}9) + b.$$

Resolvendo para $b$, temos:

$$b = 0{,}5 \text{ N}.$$

Por conseguinte, na forma inclinação-ponto de cruzamento, a equação da reta pode ser escrita como:

$$f = 5y + 0{,}5. \tag{1.9}$$

Comparando as Equações (1.8) e (1.9), calculamos:

$$k = 5N/m, \quad f_o = 0{,}5N.$$

**Método 2** Agora, tratando a força $f$ como variável independente, a relação força-deslocamento $f = ky + f_o$ pode ser escrita como $y = \frac{1}{k}f - \frac{f_o}{k}$. Esta relação é a equação de uma reta $y = mx + b$ em que a variável independente $x$ é a força $f$, a variável dependente $y$ é o deslocamento $y$, a inclinação $m$ é o recíproco da constante da mola $\frac{1}{k}$ e o ponto de cruzamento em $y$ é o negativo da pré-carga dividido pela constante da mola $-\frac{f_o}{k}$. Usando os dados na Fig. 1.6, a inclinação $m$ pode ser calculada como:

$$m = \frac{0{,}9 - 0{,}1}{5 - 1} = \frac{0{,}8}{4} = 0{,}2.$$

A equação do deslocamento $y$ em função da força $f$ pode, portanto, ser escrita na forma inclinação-ponto de cruzamento como:

$$y = 0{,}2f + b.$$

O ponto de cruzamento em $y$, $b$, pode ser determinado usando qualquer um dos pontos de dados. Usando o ponto $(y, f) = (0{,}9, 5)$, temos:

$$0{,}9 = 0{,}2\,(5) + b.$$

Resolvendo para $b$, obtemos:

$$b = -0{,}1.$$

Com isso, na forma inclinação-ponto de cruzamento, a equação da reta fica escrita como:

$$y = 0{,}2f - 0{,}1. \tag{1.10}$$

Comparando a equação (1.10) com a expressão $y = \frac{1}{k}f - \frac{f_o}{k}$, calculamos:

$$\frac{1}{k} = 0{,}2 \quad \Rightarrow \quad k = 5 \text{ N/m}$$

e

$$-\frac{f_o}{k} = -0{,}1 \quad \Rightarrow \quad f_o = 0{,}1\,(5) = 0{,}5 \text{ N}.$$

Portanto, a relação força-deslocamento para a mola pré-carregada ilustrada na Fig. 1.6 é dada por:

$$f = 5y + 0{,}5.$$

## 1.4 EXEMPLOS ADICIONAIS DE RETAS NA ENGENHARIA

**Exemplo 1-1**

A velocidade de um veículo segue a trajetória mostrada na Fig. 1.7. Inicialmente, o veículo está em repouso (velocidade zero) e alcança velocidade máxima de 10 m/s em 2 s. O veículo, então, segue em velocidade constante de 10 m/s por 2 s, antes de retornar ao repouso em 6 s. Escrevamos a equação da função $v(t)$; em outras palavras, escrevamos a expressão de $v(t)$ para tempos entre 0 e 2 s, entre 2 e 4 s, entre 4 e 6 s e para tempos maiores que 6 s.

**Figura 1.7** Perfil de velocidade de um veículo.

**Solução**

O perfil de velocidade do veículo mostrado na Fig. 1.7 é uma função linear por partes, com três diferentes equações. A primeira função linear é uma reta que passa pela origem, começa no tempo 0 s e termina no tempo 2 s. A segunda função linear é uma reta com inclinação zero (velocidade de cruzeiro de 10 m/s) que começa em 2 s e termina em 4 s. Por fim, a terceira parte da trajetória é uma reta que começa em 4 s e termina em 6 s. A equação da função linear por partes pode ser escrita como:

(a) $0 \le t \le 2$:

$$v(t) = mt + b$$

em que $b = 0$ e $m = \dfrac{10-0}{2-0}$ 5. Portanto,

$$v(t) = 5t \text{ m/s}.$$

(b) $2 \le t \le 4$:

$$v = 10 \text{ m/s}.$$

(c) $4 \le t \le 6$:

$$v(t) = mt + b,$$

na qual $m = \dfrac{0-10}{6-4} = -5$, e o valor de $b$ pode ser calculado usando o ponto de dado $(t, v(t)) = (6, 0)$:

$$0 = -5\,(6) + b \quad \Rightarrow \quad b = 0 + 30 = 30.$$

O valor de $b$ também pode ser calculado usando a fórmula de ponto-inclinação para a reta:

$$v - v_1 = m(t - t_1),$$

em que $v_1 = 0$ e $t_1 = 6$. Então,

$$v - 0 = -5(t - 6).$$

Portanto,

$$v(t) = -5(t - 6).$$

ou

$$v(t) = -5t + 30 \text{ m/s}.$$

(d) $t > 6$:

$$v(t) = 0 \text{ m/s}.$$

**Exemplo 1-2**

A velocidade de um veículo é dada na Fig. 1.8.

(a) Determinemos a equação de $v(t)$ para:

(i) $0 \le t \le 3$s

(ii) $3 \le t \le 6$s

(iii) $6 \le t \le 9$s

(iv) $t \ge 9$

(b) Sabendo que a aceleração do veículo é a inclinação da velocidade, desenhemos o gráfico da aceleração do veículo.

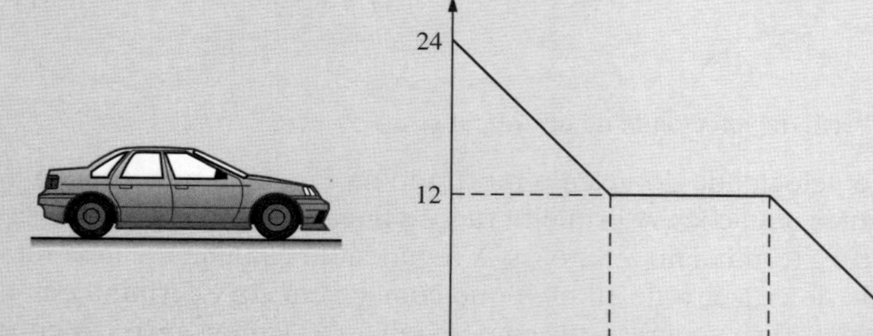


**Figura 1.8** Perfil de velocidade de um veículo.

**Solução**

(a) A velocidade do veículo em cada intervalo de tempo pode ser calculada como:

(i) $0 \le t \le 3$ s:

$$v(t) = mt + b,$$

com $m = \dfrac{12-24}{3-0} = -4$ m/s$^2$ e $b = 24$ m/s. Portanto,

$$v(t) = -4t + 24 \text{ m/s}.$$

(ii) $3 \le t \le 6$ s:

$$v(t) = 12 \text{ m/s}.$$

(iii) $6 \le t \le 9$ s:

$$v(t) = mt + b,$$

com $m = \dfrac{0-12}{9-6} = -4$ m/s$^2$; na forma inclinação-ponto de cruzamento, o valor de $b$ pode ser calculado usando o ponto de dado $(t, v(t)) = (9, 0)$ como:

$$0 = -4(9) + b.$$

Portanto, $b = 36$ m/s e

$$v(t) = -4t + 36 \text{ m/s}.$$

(iv) $t > 9$ s:

$$v(t) = 0 \text{ m/s}.$$

(b) Como a aceleração do veículo é a inclinação em cada intervalo, a aceleração em m/s² é dada por:

$$a = \begin{cases} -4; & 0 \leq t \leq 3 \text{ s} \\ 0; & 3 \leq t \leq 6 \text{ s} \\ -4; & 6 \leq t \leq 9 \text{ s} \\ 0; & t > 9 \text{ s} \end{cases}$$

O gráfico da aceleração é mostrado na Fig. 1.9.

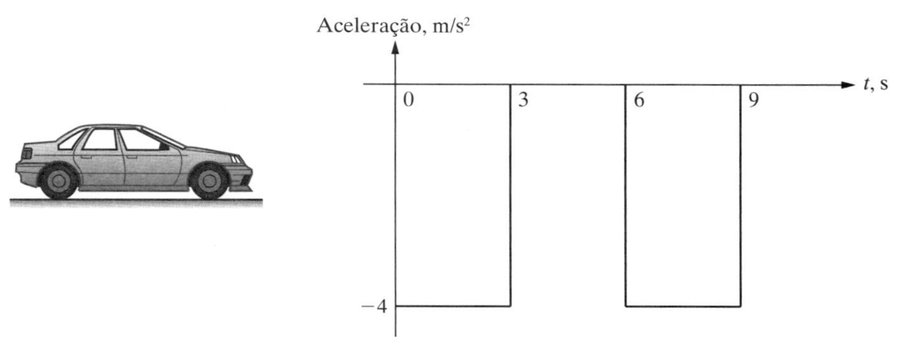


**Figura 1.9** Aceleração do veículo na Fig. 1.8.

**Exemplo 1-3**

No conector com parafuso de porca mostrado na Fig. 1.10, a relação entre a força na porca $F_b$ e a carga externa $P$ é dada por:

$$F_b = C\,P + F_i,$$

em que $C$ é a constante de rigidez da junção e $F_i$, a pré-carga na porca.

(a) Determinemos a constante de rigidez da junção $C$ e a pré-carga $F_i$ para os dados na Fig. 1.10.

(b) Desenhemos o gráfico da força $F_b$ em função da carga externa $P$ e identifiquemos $C$ e $F_i$ no gráfico.

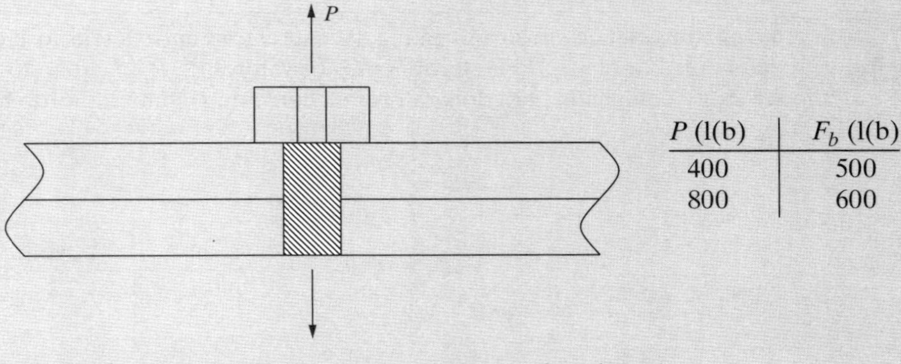


| $P$ (l(b) | $F_b$ (l(b) |
|---|---|
| 400 | 500 |
| 800 | 600 |

**Figura 1.10** Força externa aplicada a um conector com parafuso de porca.

**Solução** (a) A relação força-pré-carga $F_b = CP + F_i$ é a equação de uma reta $y = mx + b$. A inclinação $m$ é a constante de rigidez da junção $C$, que pode ser calculada como:

$$C = \frac{\Delta F_b}{\Delta P} = \frac{600 - 500}{800 - 400} = \frac{100 \text{ lb}}{400 \text{ lb}} = 0{,}25.$$

Portanto,

$$Fb(P) = 0{,}25\ P + F_i. \tag{1.11}$$

O ponto de cruzamento em $y$, $F_i$, pode ser calculado substituindo um dos pontos de dado na equação (1.11). Usando o segundo ponto de dado $(F_b, P) = (600, 800)$, obtemos:

$$600 = 0{,}25 \times 800 + F_i.$$

Resolvendo para $F_i$, temos:

$$F_i = 600 - 200 = 400 \text{ lb}.$$

Logo, $F_b = 0{,}25P + 400$ é a equação da reta, com $C = 0{,}25$ e $F_i = 400$ lb. Notemos que a constante de rigidez da junção é adimensional!

(b) O gráfico da força $F_b$ sobre a porca em função da carga externa $P$ é mostrado na Fig. 1.11.

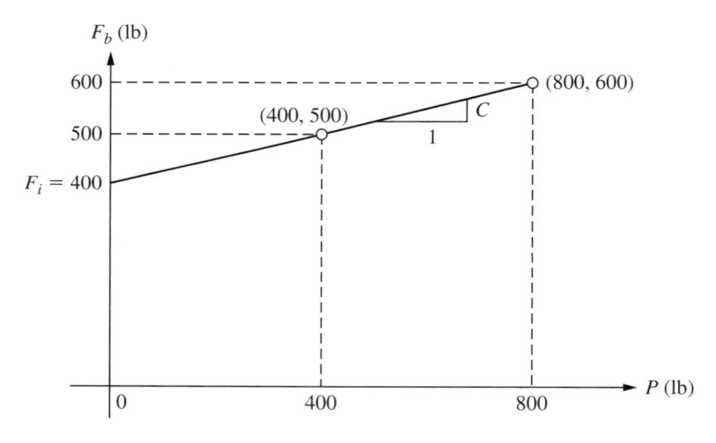


**Figura 1.11** Gráfico da força $F_b$ sobre a porca em função da carga externa $P$.

**Exemplo 1-4** Para o circuito elétrico ilustrado na Fig. 1.12, a relação entre a tensão $V$ e a corrente aplicada $I$ é dada por: $V = (I + I_o)R$. Determinemos os valores de $R$ e $I_o$ quando a queda de tensão $V$ no resistor é conhecida para dois valores da corrente $I$, como indicado na Fig. 1.12.

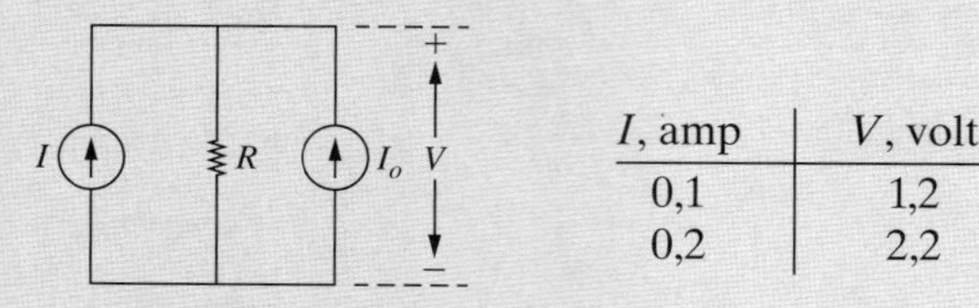


| $I$, amp | $V$, volt |
|---|---|
| 0,1 | 1,2 |
| 0,2 | 2,2 |

**Figura 1.12** Circuito para o Exemplo 1-4.

**Solução** A relação tensão-corrente $V = R\,I + R\,I_o$ é a equação de uma reta $y = mx + b$, cuja inclinação $m = R$ pode ser calculada dos dados fornecidos na Fig. 1.12 da seguinte forma:

$$R = \frac{\Delta V}{\Delta I} = \frac{2{,}2 - 1{,}2}{0{,}2 - 0{,}1} = \frac{1}{0{,}1}\frac{\text{volt}}{\text{amp}} = 10\ \Omega.$$

Portanto,

$$V = 10(I) + 10\,I_0. \qquad (1.12)$$

O ponto de cruzamento em $y$, $b = 10\,I_o$, pode ser determinado com a substituição do segundo ponto de dado (2,2, 0,2) na equação (1.12):

$$2{,}2 = 100 \times 0{,}2 + 10\,I_0.$$

Resolvendo para $I_0$ vem

$$10\,I_0 = 2{,}2 - 2 = 0{,}2,$$

o que nos fornece:

$$I_0 = 0{,}02\ \text{A}.$$

Portanto, $V = 10\,I + 0{,}2$, $R = 10\ \Omega$ e $I_o = 0{,}02$ A.

**Exemplo 1-5**

A tensão de saída $v_o$ do circuito amplificador operacional (Amp-Op) mostrado na Fig. 1.13 satisfaz a relação $v_o = \left(-\frac{100}{R}\right)v_{entrada} + \left(1 + \frac{100}{R}\right)V_b$, em que $R$ – dado em kΩ – é a resistência desconhecida, e $v_b$, a tensão desconhecida. A Fig. 1.13 fornece valores da tensão de saída para dois diferentes valores da tensão de entrada.

(a) Determinemos os valores de $R$ e $v_b$.

(b) Desenhemos o gráfico da tensão de saída $v_o$ em função da tensão de entrada $v_{entrada}$. No gráfico, indiquemos claramente o valor da tensão de saída quando a tensão de entrada é zero (cruzamento em $y$) e o valor da tensão de entrada quando a tensão de saída é zero (cruzamento em $x$).

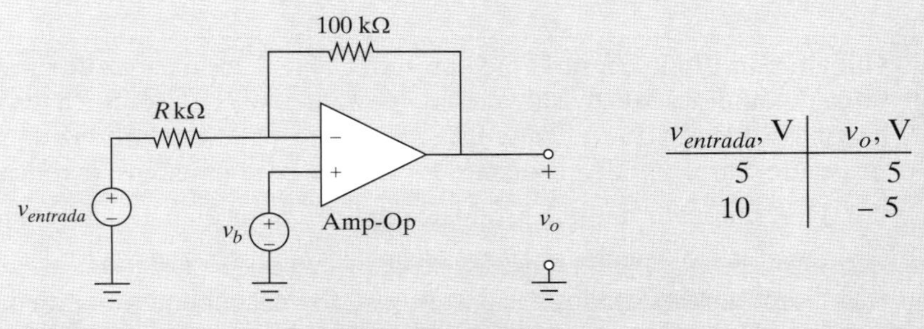


| $v_{entrada}$, V | $v_o$, V |
|---|---|
| 5 | 5 |
| 10 | − 5 |

**Figura 1.13** Circuito Amp-Op como amplificador somador.

**Solução** (a) A relação entrada-saída $v_o = \left(-\frac{100}{R}\right)v_{entrada} + \left(1 + \frac{100}{R}\right)V_b$ é a equação de uma reta $y = mx + b$ cuja inclinação $m = \left(-\frac{100}{R}\right)$ pode ser calculada dos dados fornecidos na Fig. 1.13 como:

$$-\frac{100}{R} = \frac{\Delta v_o}{\Delta v_{entrada}} = \frac{-5 - 5}{10 - 5} = \frac{-10}{5} = -2.$$

Resolvendo para $R$, obtemos $R = 50\ \Omega$. Logo,

$$v_0 = \left(-\frac{100}{50}\right) v_{entrada} + \left(1 + \frac{100}{50}\right) v_b$$
$$= -2\ v_{entrada} + 3\ v_b. \tag{1.13}$$

O ponto de cruzamento em $y$, $b = 3v_b$, pode ser determinado substituindo o primeiro ponto de dado $(v_o, v_{entrada}) = (5, 5)$ na equação (1.13):

$$5 = -2 \times 5 + 3\ v_b.$$

Resolvendo para $v_b$, obtemos:

$$3\ v_b = 5 + 10 = 15,$$

o que nos fornece $v_b = 5$ V. Logo, $v_o = -2\ v_{entrada} + 15$, $R = 50\ \Omega$ e $v_b = 5$ V. O ponto de cruzamento em $x$ pode ser determinado substituindo $v_o = 0$ na equação $v_o = -2\ v_{entrada} + 15$ e calculando o valor de $v_{entrada}$:

$$0 = -2\ v_{entrada} + 15,$$

Portanto, $v_{entrada} = 7{,}5$ V, e o ponto de cruzamento em $x$ ocorre em $v_{entrada} = 7{,}5$ V.

(b) O gráfico da tensão de saída do Amp-Op em função da tensão de entrada, com $v_b = 5$ V, é mostrado na Fig. 1. 14.

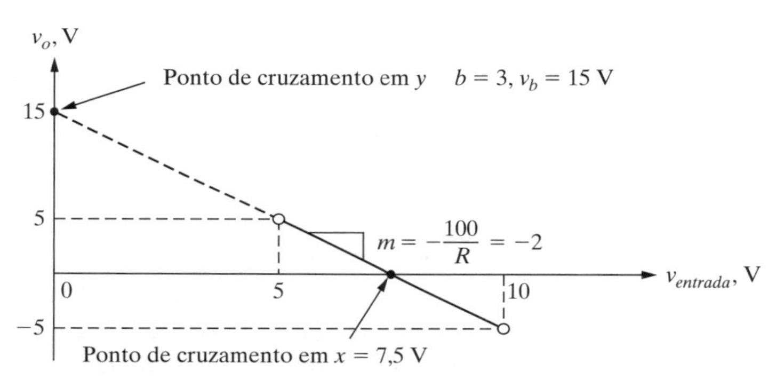


**Figura 1.14** Circuito Amp-Op como amplificador somador.

**Exemplo 1-6**

Um atuador usado em um braço protético (Fig. 1.15) é capaz de produzir diferente valor de força por alteração da tensão da fonte de alimentação. A força e a tensão satisfazem a relação linear $F = kV$, em que $V$ é a tensão aplicada, e $F$, a força produzida pela prótese. A máxima força que o braço pode produzir é $F = 44{,}5$ N, para uma tensão aplicada $V = 12$ volts.

(a) Determinemos a força produzida pelo atuador quando alimentado com $V = 7{,}3$ volts.

(b) Que tensão é necessária para alcançar uma força $F = 6{,}0$ N?

(c) Usando os resultados das partes (a) e (b), desenhemos o gráfico de $F$ em função da tensão $V$. Usemos escalas apropriadas e indiquemos claramente no gráfico a inclinação e os resultados das partes (a) e (b).

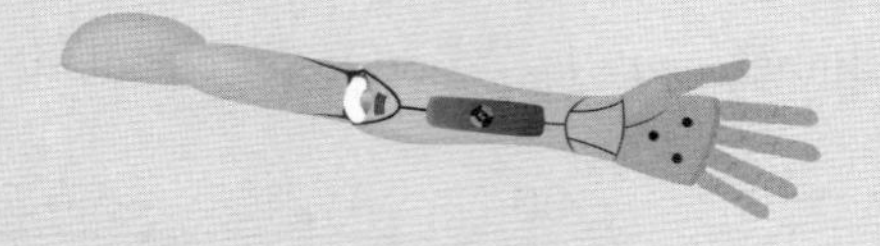

**Figura 1.15** Braço protético.

**Solução**

(a) A relação entrada-saída $F = k\,V$ é a equação de uma reta $y = mx$ cuja inclinação $m = k$ pode ser determinada dos dados fornecidos como:

$$k = \frac{44{,}5}{12} = 3{,}71 \text{ N/V}.$$

Portanto, a equação da reta que representa a força $F$ do atuador em função da tensão aplicada $V$ é dada por:

$$F = 3{,}71\ V. \tag{1.14}$$

Assim, a força produzida pelo atuador quando alimentado com 7,3 V é obtida substituindo $V = 7{,}3$ na equação (1.14):

$$\begin{aligned} F &= 3{,}71 \times 7{,}3 \\ &= 27{,}08 \text{ N}. \end{aligned}$$

(b) A tensão necessária para alcançar uma força de 6,0 N pode ser calculada substituindo $F =$ 6,0 N na equação (1.14):

$$\begin{aligned} 6{,}0 &= 3{,}71\ V \\ V &= \frac{6{,}0}{3{,}71} \\ &= 1{,}62 \text{ volts}. \end{aligned} \tag{1.15}$$

(c) O gráfico da força $F$ em função da tensão $V$ pode, agora, ser desenhado como mostrado na Fig. 1.16.

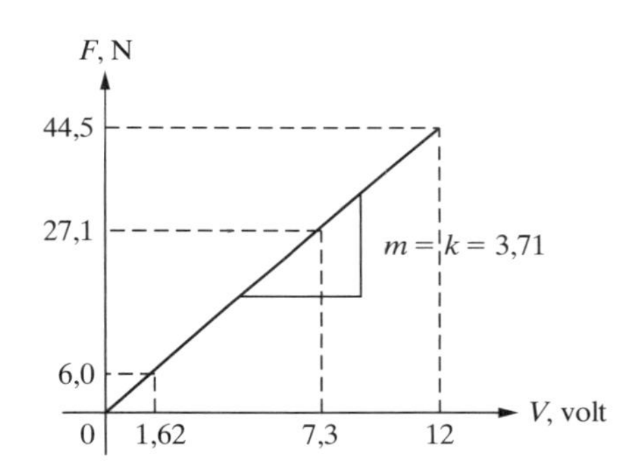


**Figura 1.16** Gráfico da força do atuador em função da tensão aplicada.

**Exemplo 1-7**

A atividade elétrica de músculos pode ser monitorada por meio de um eletromiograma (EMG). A Fig. 1.17 lista valores da raiz quadrada da média dos quadrados [*Root Mean Square* – RMS] de medidas de amplitude do sinal de EMG, tomadas quando uma mulher usava os músculos de sua mão para atarraxar a tampa em uma jarra.
A amplitude RMS do sinal de EMG satisfaz a seguinte equação linear:

$$A = mF + b \tag{1.16}$$

em que $A$ é o valor RMS da amplitude do sinal de EMG em volts, $F$ é a força muscular aplicada, em newtons, e $m$ é a inclinação da reta.

(a) Determinemos os valores de $m$ e $b$.
(b) Desenhemos o gráfico da amplitude RMS $A$ em função da força muscular aplicada $F$.
(c) Usando a equação da reta da parte (a), determinemos o valor RMS da amplitude para uma força muscular de 200 N.

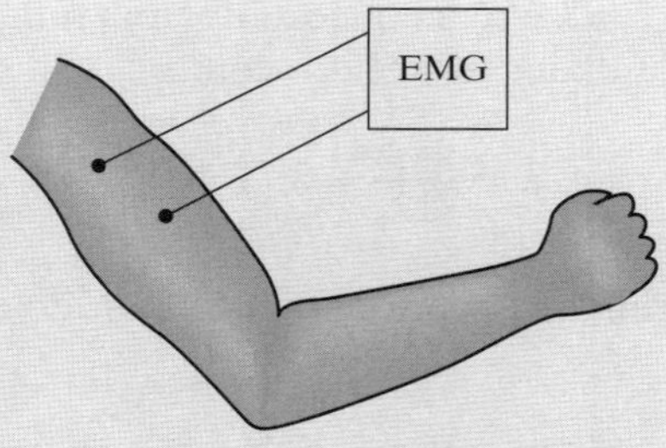

| $A$, V | $F$, N |
|---|---|
| 0,0005 | 110 |
| 0,00125 | 275 |

**Figura 1.17** Medidas de amplitude do sinal de EMG.

**Solução** (a) A relação entrada-saída $A = mF + b$ é a equação de uma reta $y = mx + b$ cuja inclinação pode ser obtida dos dados de EMG fornecidos na tabela (Fig. 1.17):

$$m = \frac{\Delta A}{\Delta F} = \frac{0{,}00125 - 0{,}0005}{275 - 110} = \frac{0{,}00075}{165} = 4{,}55 \times 10^{-6}\ \frac{\text{V}}{\text{N}}.$$

O ponto de cruzamento em $y$ pode ser determinado substituindo o primeiro ponto de dado $(A, F) = (0{,}0005, 110)$ na equação (1.16):

$$0{,}0005 = 4{,}55 \times 10^{-6}(110) + b.$$

Resolvendo para $b$, temos:

$$b = 5 \times 10^{-7} \approx 0.$$

Portanto, a equação da reta que representa a amplitude RMS em função da força aplicada é dada por:

$$A = 4{,}55 \times 10^{-6}\ F. \tag{1.17}$$

(b) O gráfico da amplitude RMS em função da força muscular aplicada é mostrada na Fig. 1.18.

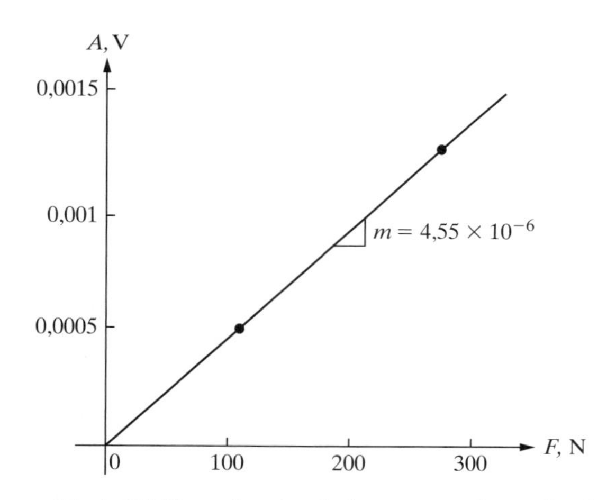


**Figura 1.18** Gráfico da amplitude RMS em função da força muscular aplicada.

(c) O valor RMS da amplitude para uma força muscular de 200 N pode ser calculado substituindo $F = 200$ N na equação (1.17):

$$A = 4{,}55 \times 10^{-6} \times (200) = 0{,}91 \times 10^{-3}\text{V}.$$

**Exemplo 1-8**

Um engenheiro civil precisa determinar a elevação da pedra angular para uma construção localizada entre dois marcos, B1 e B2, cujas elevações são conhecidas, como mostrado na Fig. 1.19.

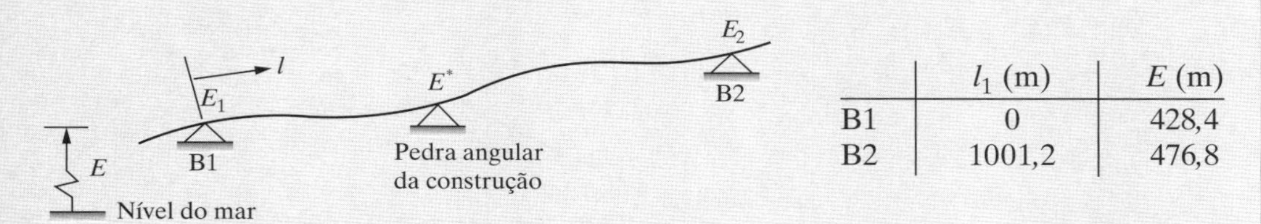


| | $l_1$ (m) | $E$ (m) |
|---|---|---|
| B1 | 0 | 428,4 |
| B2 | 1001,2 | 476,8 |

**Figura 1.19** Elevações ao longo de um aclive uniforme.

A elevação $E$ ao longo do aclive satisfaz a seguinte relação linear:

$$E = ml + E_1 \tag{1.18}$$

em que $E_1$ é a elevação de B1, $l$ é a distância a partir de B1 ao longo do aclive e $m$, a inclinação média do aclive.

(a) Determinemos a equação da reta $E$ e determinemos a inclinação $m$ do aclive.

(b) Usando a equação da reta da parte (a), determinemos a elevação da pedra angular $E^*$ quando está a uma distância $l = 565$ m de B1.

(c) Desenhemos o gráfico de $E$ em função de $l$ e nele indiquemos claramente a inclinação $m$ e a elevação $E_1$ de B1.

**Solução**

(a) A equação da elevação dada pela equação (1.18) é uma reta na forma inclinação-ponto de cruzamento $y = mx + b$, cuja inclinação $m$ pode ser obtida dos dados de elevação fornecidos na Fig. 1.19:

$$m = \frac{\Delta E}{\Delta l} = \frac{476{,}8 - 428{,}4}{1001{,}2 - 0} = \frac{48{,}4}{1001{,}2} = 0{,}0483.$$

O ponto de cruzamento em $y$, $E_1$, pode ser calculado substituindo o primeiro ponto de dado $(E, l) = (428{,}4, 0)$ na equação (1.18):

$$428{,}4 = 0{,}0483 \times (0) + E_1$$

Resolvendo para $E_1$, temos:

$$E_1 = 428{,}4 \text{ m}.$$

Portanto, a equação da reta que representa a elevação em função da distância $l$ é dada por:

$$E = 0{,}0483\, l + 428{,}4 \text{ m}. \tag{1.19}$$

(b) A elevação $E^*$ da pedra angular pode ser obtida substituindo $l = 565$ m na equação (1.19):

$$E^* = 0{,}0483 \times (565) + 428{,}4 = 455{,}7 \text{ m}.$$

(c) O gráfico da elevação em função da distância é mostrado na Fig. 1.20.

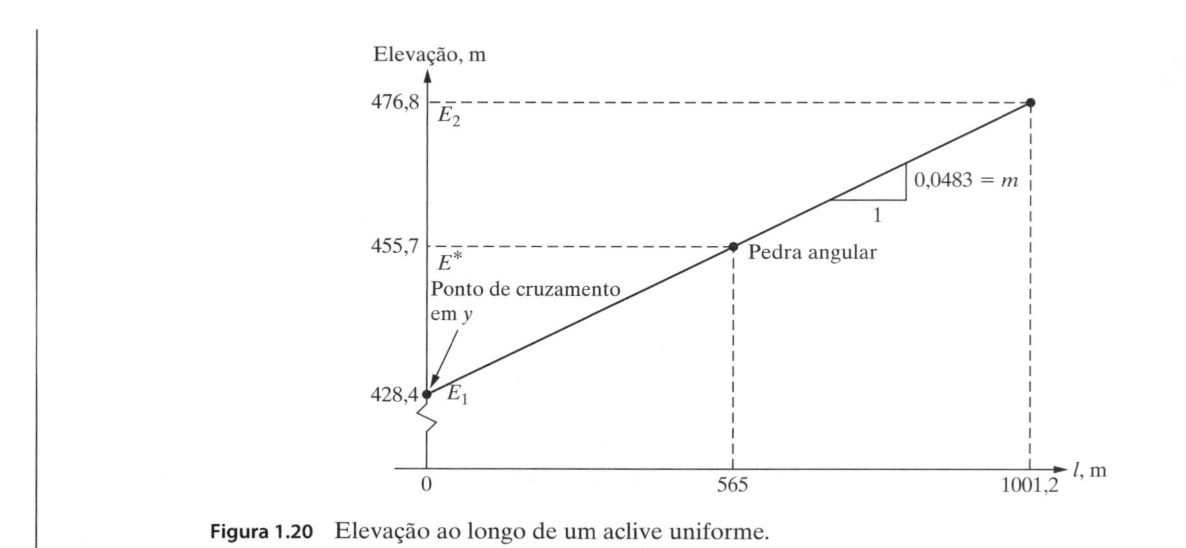


Figura 1.20 Elevação ao longo de um aclive uniforme.

# EXERCÍCIOS

**1-1.** Uma força constante $F = 2$ N é aplicada a uma mola, sendo medido um deslocamento $x$ de 0,2 m. Admitindo que força na mola e o deslocamento obedeçam a relação linear $F = k\,x$, determine a rigidez $k$ da mola.

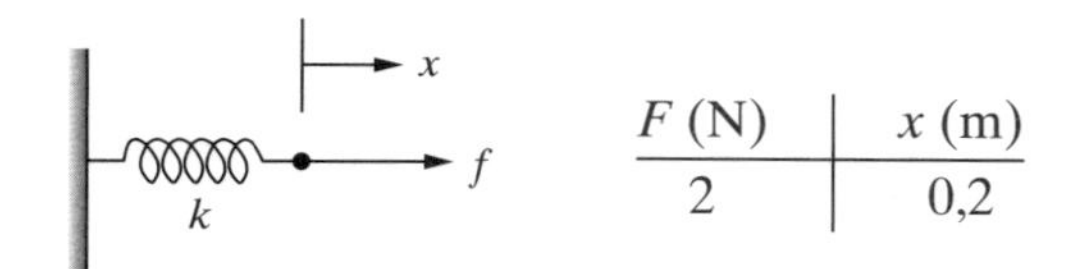


| $F$ (N) | $x$ (m) |
|---|---|
| 2 | 0,2 |

Figura E1.1 Deslocamento de uma mola para o Exercício 1-1.

**1-2.** A força $F$ e o deslocamento $x$ em uma mola de tensão de enrolamento apertado são medidos como indicado na Fig. E1.2. A força $F$ na mola e o deslocamento $x$ satisfazem a relação linear $F = k\,x + F_i$, em que $k$ é a constante de mola, e $F_i$, a pré-carga induzida durante a fabricação da mola.

(a) Usando os dados fornecidos na Fig. E1.2, obtenha a equação da reta para a força $F$ na mola em função do deslocamento $x$ e determine os valores da constante de mola $k$ e pré-carga $F_i$.

(b) Desenhe o gráfico de $F$ em função de $x$. Use escalas apropriadas para os eixos e, no gráfico, indique claramente a pré-carga $F_i$, a constante de mola $k$ e os dois pontos de dados.

| $F$ (N) | $x$ (cm) |
|---|---|
| 34,5 | 1,5 |
| 57,0 | 3,0 |

Figura E1.2 Mola de tensão de enrolamento apertado para o Exercício 1-2.

**1-3.** A força $F$ e o deslocamento $x$ em uma mola de tensão de enrolamento apertado foram medidos como indicado na Fig. E1.3. A força $F$ na mola e o deslocamento $x$ satisfazem a relação linear $F = k\,x + F_i$, em que $k$ é a constante de mola, e $F_i$, a pré-carga induzida durante a fabricação da mola.

(a) Usando os dados fornecidos, obtenha a equação da reta para a força $F$ na mola em função do deslocamento $x$ e determine os valores da constante de mola $k$ e pré-carga $F_i$.

(b) Desenhe o gráfico de $F$ em função de $x$ nele indique claramente a constante de mola $k$ e a pré-carga $F_i$.

| $F$ (N) | $x$ (cm) |
|---|---|
| 135 | 25 |
| 222 | 50 |

Figura E1.3 Mola de tensão de enrolamento apertado para o Exercício 1-3.

**1-4.** No conector com parafuso de porca mostrado na Fig. E1.4, a força $F_b$ na porca é dada em termos da carga externa $P$ como $F_b = C\,P + F_i$.

(a) Para os dados fornecidos na Fig. E1.4, determine a constante de rigidez da junção $C$ e a pré-carga $F_i$.

(b) Desenhe o gráfico da força $F_b$ em função da carga $P$ e nele indique $C$ e $F_i$.

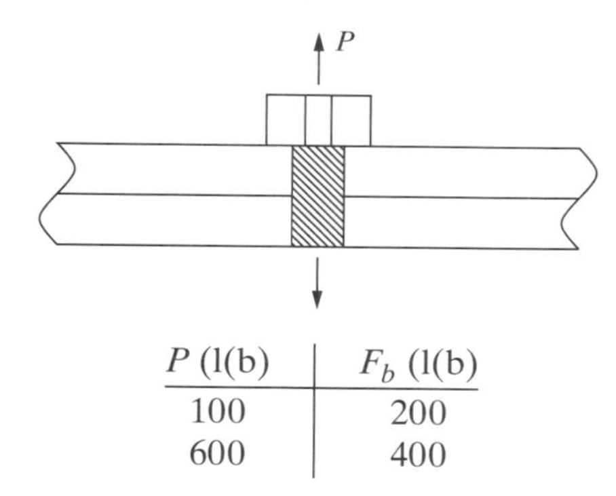


| $P$ (l(b) | $F_b$ (l(b) |
|---|---|
| 100 | 200 |
| 600 | 400 |

**Figura E1.4** Conector com parafuso de porca para o Exercício 1-4.

**1-5.** Refaça o Exercício 1-4 para os dados fornecidos na Fig. E1.5.

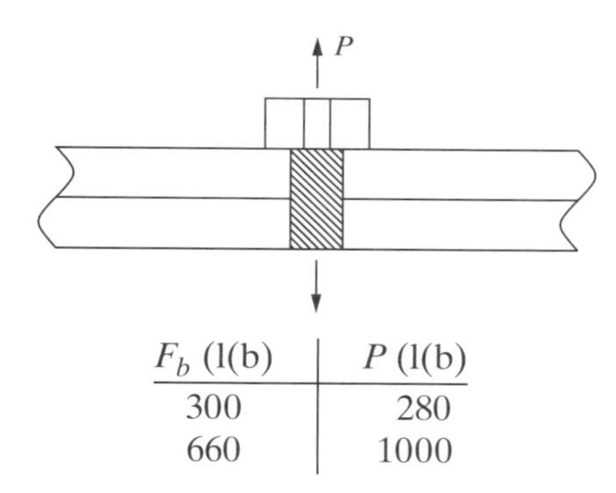


| $F_b$ (l(b) | $P$ (l(b) |
|---|---|
| 300 | 280 |
| 660 | 1000 |

**Figura E1.5** Conector com parafuso de porca para o Exercício 1-5.

**1-6.** A velocidade $v(t)$ de uma bola lançada para cima satisfaz a equação $v(t) = v_o + at$, em que $v_o$ é a velocidade inicial da bola em pés por segundo (ft/s), e $a$, a aceleração em ft/s$^2$.

(a) Usando os dados fornecidos na Fig. E1.6, obtenha a equação da reta que representa a velocidade $v(t)$ da bola e determine a velocidade inicial $v_o$ e a aceleração $a$.

(b) Desenhe o gráfico da reta $v(t)$ e nele indique claramente a velocidade inicial e a aceleração. Determine, ainda, o instante de tempo em que a velocidade é zero.

$v(t)$

| $v(t)$ (ft/s) | $t$ (s) |
|---|---|
| 67,8 | 1,0 |
| 3,4 | 3,0 |

**Figura E1.6** Bola lançada para cima com velocidade inicial $v_o$ no Exercício 1-6.

**1-7.** A velocidade $v(t)$ de uma bola lançada para cima satisfaz a equação $v(t) = v_o + at$, em que $v_o$ é a velocidade inicial da bola em m/s, e $a$, a aceleração em m/s$^2$.

(a) Usando os dados fornecidos na Fig. E1.7, obtenha a equação da reta que representa a velocidade $v(t)$ da bola e determine a velocidade inicial $v_o$ e a aceleração $a$.

(b) Desenhe o gráfico da reta $v(t)$ e nele indique claramente a velocidade inicial e a aceleração. Determine, ainda, o instante de tempo em que a velocidade é zero.

v(t)

| $v(t)$ (m/s) | $t$ (s) |
|---|---|
| 3,02 | 0,1 |
| 1,06 | 0,3 |

**Figura E1.7** Bola lançada para cima com velocidade inicial $v_o$ no Exercício 1-7.

**1-8.** Um protótipo de foguete é disparado no plano vertical. A velocidade $v(t)$ foi medida como indicado na Fig. E1.8. A velocidade satisfaz a equação $v(t) = v_o + at$, em que $v_o$ é a velocidade inicial do foguete em m/s, e $a$, a aceleração em m/s$^2$.

(a) Usando os dados fornecidos na Fig. E1.8, obtenha a equação da reta que representa a velocidade $v(t)$ do foguete e determine a velocidade inicial $v_o$ e a aceleração $a$.

(b) Desenhe o gráfico da reta $v(t)$ para $0 \leq t \leq$ 8 segundos, e nele indique claramente a velocidade inicial e a aceleração. Determine o instante de tempo em que a velocidade é zero (ou seja, o tempo necessário para que o foguete atinja a máxima altura).

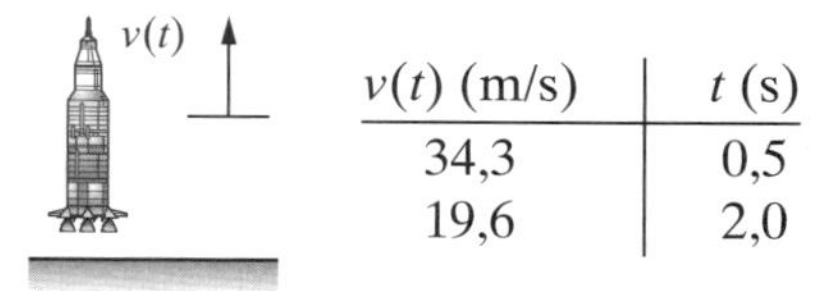


| $v(t)$ (m/s) | $t$ (s) |
|---|---|
| 34,3 | 0,5 |
| 19,6 | 2,0 |

**Figura E1.8** Protótipo de foguete disparado no plano vertical no Exercício 1-8.

**1-9.** Um protótipo de foguete é disparado no plano vertical. A velocidade $v(t)$ foi medida como indicado na Fig. E1.9. A velocidade satisfaz a equação $v(t) = v_o + at$, em que $v_o$ é a velocidade inicial do foguete em pés por segundo (ft/s), e $a$, a aceleração em ft/s$^2$.

(a) Usando os dados fornecidos na Fig. E1.9, obtenha a equação da reta que representa a velocidade $v(t)$ do foguete e determine a velocidade inicial $v_o$ e a aceleração $a$.

(b) Desenhe o gráfico da reta $v(t)$ para $0 \leq t \leq 10$ segundos, e nele indique claramente a velocidade inicial e a aceleração. Determine o instante de tempo em que a velocidade é zero (ou seja, o tempo necessário para que o foguete atinja a máxima altura).

$v(t)$

| $v(t)$ (ft/s) | $t$ (s) |
|---|---|
| 128,8 | 1,0 |
| 32,2 | 4,0 |

**Figura E1.9** Protótipo de foguete disparado no plano vertical no Exercício 1-9.

**1-10.** A velocidade de um veículo foi medida em dois instantes de tempo, como indicado na Fig. E1.10. A velocidade satisfaz a equação $v(t) = v_o + at$, em que $v_o$ é a velocidade inicial do foguete em m/s, e $a$, a aceleração em m/s$^2$.

(a) Obtenha a equação da reta que representa a velocidade $v(t)$ e determine a velocidade inicial $v_o$ e a aceleração $a$.

(b) Desenhe o gráfico da reta $v(t)$ e nele indique claramente a velocidade inicial, a aceleração e o tempo de parada total.

| $v(t)$ (m/s) | $t$ (s) |
|---|---|
| 30 | 1,0 |
| 10 | 2,0 |

**Figura E1.10** Velocidade de um veículo em frenagem para o Exercício 1-10.

**1-11.** A velocidade de um veículo foi medida em dois instantes de tempo, como indicado na Fig. E1.11. A velocidade satisfaz a equação $v(t) = v_o + at$, em que $v_o$ é a velocidade inicial do foguete em ft/s, e $a$, a aceleração em ft/s$^2$.

(a) Obtenha a equação da reta que representa a velocidade $v(t)$ e determine a velocidade inicial $v_o$ e a aceleração $a$.

(b) Desenhe o gráfico da reta $v(t)$ e nele indique claramente a velocidade inicial, a aceleração e o tempo de parada total.

| $v(t)$ (ft/s) | $t$ (s) |
|---|---|
| 112,5 | 0,5 |
| 37,5 | 1,5 |

**Figura E1.11** Velocidade de um veículo em frenagem para o Exercício 1-11.

**1-12.** A velocidade $v(t)$ de um veículo em frenagem é dada na Fig. E1.12. Obtenha a equação de $v(t)$ para

(a) $0 \leq t \leq 2$ s;

(b) $2 \leq t \leq 4$ s;

(c) $4 \leq t \leq 6$ s.

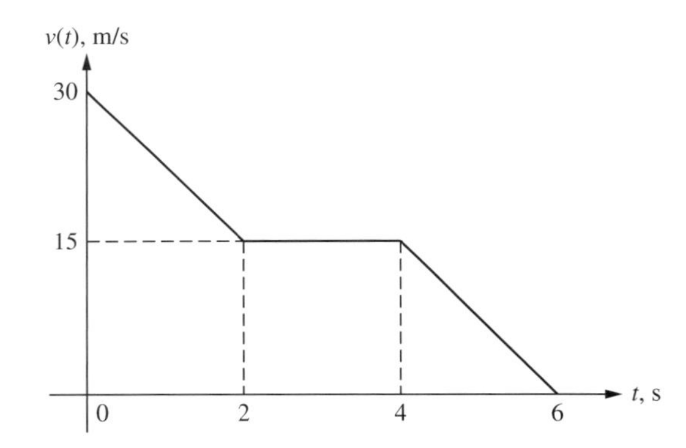


**Figura E1.12** Velocidade de um veículo em frenagem para o Exercício 1-12.

**1-13.** Uma trajetória linear é planejada para um robô recolher uma peça em um processo de manufatura. A velocidade do robô na trajetória é mostrada na Fig. E1.13. Obtenha a equação de $v(t)$ para

(a) $0 \leq t \leq 1$ s;

(b) $1 \leq t \leq 3$ s;

(c) $3 \leq t \leq 4$ s.

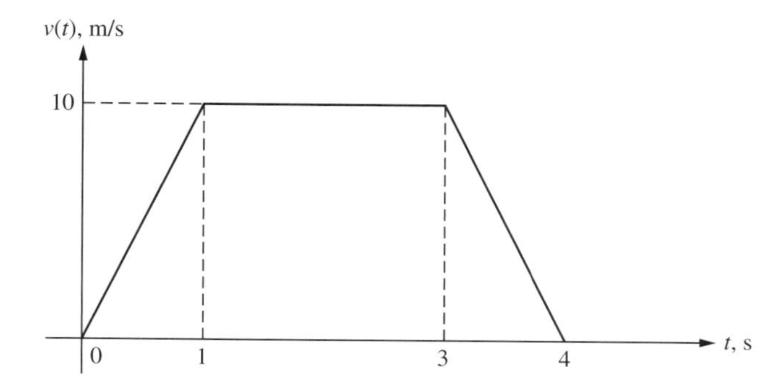


**Figura E1.13** Velocidade na trajetória de um robô.

**1-14.** A aceleração na trajetória linear no Exercício 1-13 é mostrada na Fig. E1.14. Obtenha a equação de $a(t)$ para

(a) $0 \le t \le 1$ s;

(b) $1 \le t \le 3$ s;

(c) $3 \le t \le 4$ s.

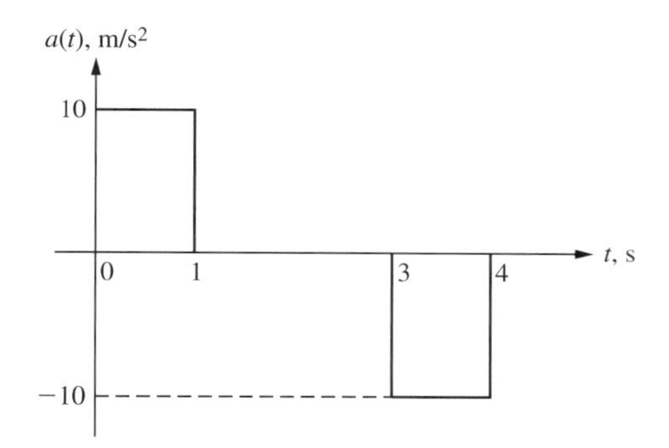


**Figura E1.14** Aceleração na trajetória de um robô.

**1-15.** A distribuição de temperatura em um cilindro circular reto bem isolado varia linearmente com a distância, quando a temperatura é mantida constante nas duas extremidades do cilindro, como mostrado na Fig. E1.15. A temperatura satisfaz a equação de uma reta $T(x) = C_1x + C_2$, em que $C_1$ e $C_2$ são constantes de integração com unidades de grau Fahrenheit por pé (°F/ft) e grau Fahrenheit (°F), respectivamente.

(a) Obtenha a equação da reta $T(x)$ e determine os valores das constantes $C_1$ e $C_2$.

(b) Desenhe o gráfico da reta $T(x)$ para $0 \le x \le$ 1,5 ft, e nele indique claramente as constantes $C_1$ e $C_2$. Indique, ainda, a temperatura no ponto médio do cilindro ($x$ = 0,75 ft).

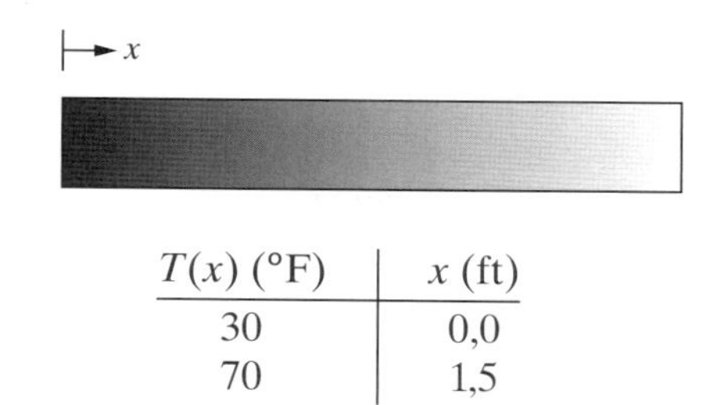


| $T(x)$ (°F) | $x$ (ft) |
|---|---|
| 30 | 0,0 |
| 70 | 1,5 |

**Figura E1.15** Distribuição de temperatura em um cilindro circular reto bem isolado para o Exercício 1-15.

**1-16.** A distribuição de temperatura em um cilindro circular reto bem isolado varia linearmente com a distância, quando a temperatura é mantida constante nas duas extremidades do cilindro, como mostrado na Fig. E1.16. A temperatura satisfaz a equação de uma reta $T(x) = C_1x + C_2$, em que $C_1$ e $C_2$ são constantes de integração com unidades de grau Celsius por metro (°C/m) e grau Celsius (°C), respectivamente.

(a) Obtenha a equação da reta $T(x)$ e determine os valores das constantes $C_1$ e $C_2$.

(b) Desenhe o gráfico da reta $T(x)$ para $0 \le x \le$ 0,5 m, e nele indique claramente as constantes $C_1$ e $C_2$. Indique, ainda, a temperatura no ponto médio do cilindro ($x$ = 0,25 m).

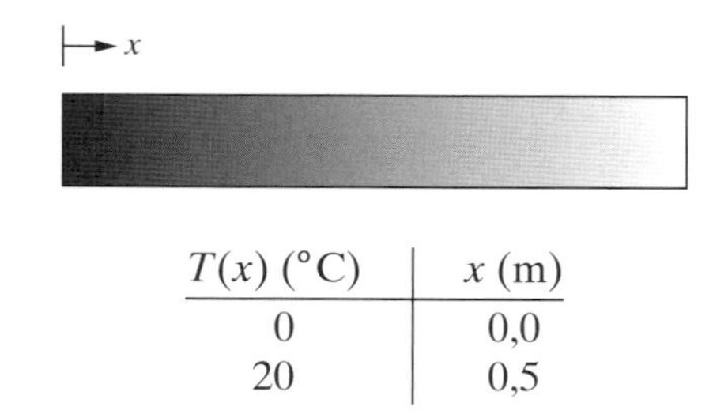


| $T(x)$ (°C) | $x$ (m) |
|---|---|
| 0 | 0,0 |
| 20 | 0,5 |

**Figura E1.16** Distribuição de temperatura em um cilindro circular reto bem isolado para o Exercício 1-16.

**1-17.** A relação tensão-corrente para o circuito mostrado na Fig. E1.17 é dada pela lei de Ohm como $V = I\,R$, em que $V$ é a tensão aplicada em volts, $I$ é a corrente em amperes, e $R$, a resistência do resistor em ohms.

(a) Desenhe o gráfico de $I$ em função de $V$, para um resistor de 5 Ω.

(b) Determine a corrente $I$ para uma tensão aplicada de 10 V.

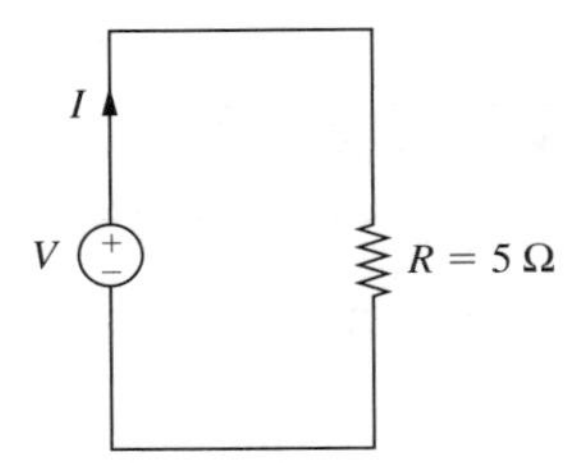


Figura E1.17 Circuito resistivo para o Exercício 1-17.

**1-18.** Uma fonte de tensão $V_s$ é usada para aplicar duas diferentes tensões (12 V e 18 V) ao circuito de malha simples mostrado na Fig. E1.18. Valores medidos de corrente são fornecidos na Fig. E1.18. Tensão e corrente satisfazem a relação linear $V_s = IR + V$, em que $R$ é a resistência em ohms, $I$ é a corrente em amperes, e $V_s$, a tensão em volts.

(a) Usando os dados na Fig. E1.18, obtenha a equação da reta para $V_s$ em função de $I$ e determine os valores de $R$ e $V$.

(b) Desenhe o gráfico de $V_s$ em função de $I$, e nele indique claramente a resistência $R$ e a tensão $V$.

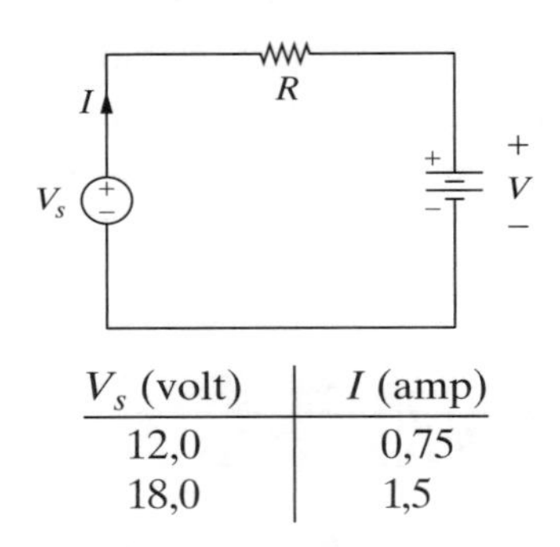


| $V_s$ (volt) | $I$ (amp) |
|---|---|
| 12,0 | 0,75 |
| 18,0 | 1,5 |

Figura E1.18 Circuito de malha simples para o Exercício 1-18.

**1-19.** Refaça o Exercício 1-18 para os dados mostrados na Fig. E1.19.

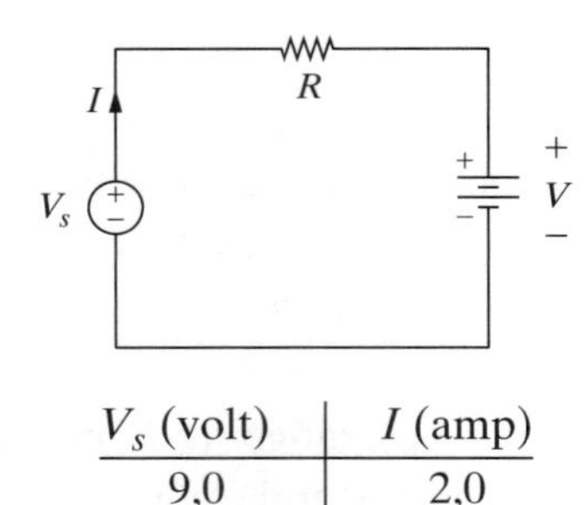


| $V_s$ (volt) | $I$ (amp) |
|---|---|
| 9,0 | 2,0 |
| 18,0 | 5,0 |

Figura E1.19 Circuito de malha simples para o Exercício 1-19.

**1-20.** Refaça o Exercício 1-18 para os dados mostrados na Fig. E1.20.

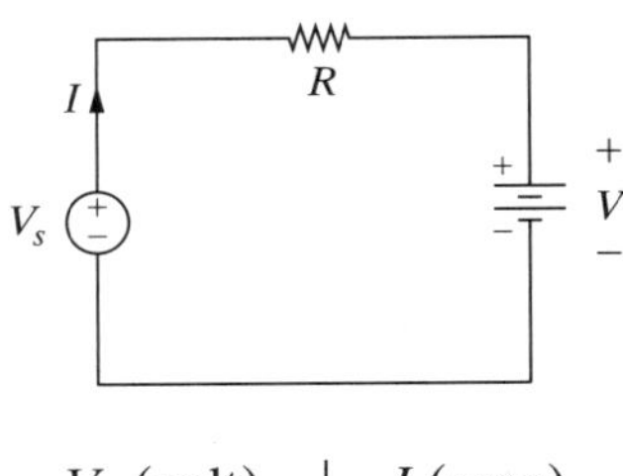


| $V_s$ (volt) | $I$ (amp) |
|---|---|
| 1,5 | 24 |
| 2,5 | 32 |

Figura E1.20 Circuito de malha simples para o Exercício 1-20.

**1-21.** Um modelo linear para um diodo é mostrado na Fig. E1.21, em que $R_d$ é a resistência de condução direta do diodo e $V_{LIG}$, a tensão que liga o diodo. Para determinar a resistência $R_d$ e a tensão $V_{LIG}$, dois valores de tensão são aplicados ao diodo, e as correspondentes correntes são medidas. A tensão aplicada $V_s$ e a corrente medida $I$ são fornecidas na Fig. E1.21. A tensão aplicada e a corrente medida satisfazem a equação linear $V_s = I\,R_d + V_{LIG}$.

(a) Obtenha a equação da reta para $V_s$ em função de $I$ e determine a resistência $R$ e a tensão $V_{LIG}$.

(b) Desenhe o gráfico de $V_s$ em função de $I$, e nele indique claramente a resistência $R_d$ e a tensão $V_{LIG}$.

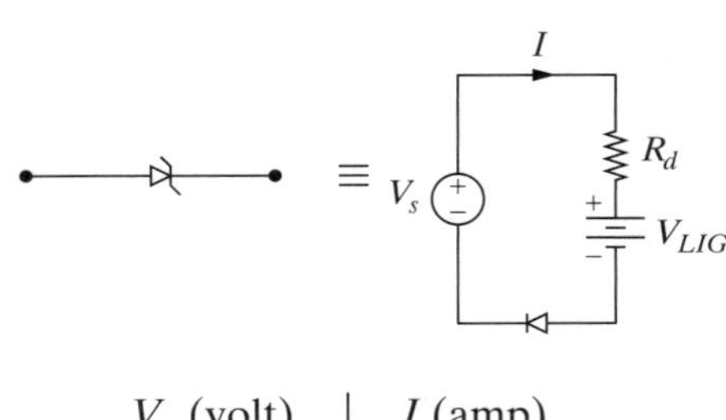


| $V_s$ (volt) | $I$ (amp) |
|---|---|
| 5,0 | 0,086 |
| 10,0 | 0,186 |

Figura E1.21 Modelo linear de um diodo para o Exercício 1-21.

**1-22.** Refaça o Exercício 1-21 para os dados na Fig. E1.22.

| $V_s$ (volt) | $I$ (amp) |
|---|---|
| 2,0 | 0,035 |
| 6 | 0,135 |

**Figura E1.22** Modelo linear de um diodo para o Exercício 1-22.

**1-23.** A tensão de saída $v_o$ do circuito Amp-Op mostrado na Fig. E1.23 satisfaz a relação $v_o = \left(1+\frac{100}{R}\right)\left(\frac{v_{entrada}}{2}\right) - \left(\frac{100}{R}\right)v_b$, em que $R$ é a resistência desconhecida em kΩ e $v_b$, a tensão desconhecida em volts. A Fig. E1.23 fornece valores da tensão de saída para dois diferentes valores da tensão de entrada.

(a) Obtenha a equação da reta para $v_o$ em função de $v_{entrada}$ e determine os valores de $R$ e $v_b$.

(b) Desenhe o gráfico da tensão $v_o$ em função da tensão de entrada $v_{entrada}$. No gráfico, indique claramente o valor da tensão de saída quando a tensão de entrada é zero (ponto de cruzamento em $y$) e o valor da tensão de entrada quando a tensão de saída é zero (ponto de cruzamento em $x$).

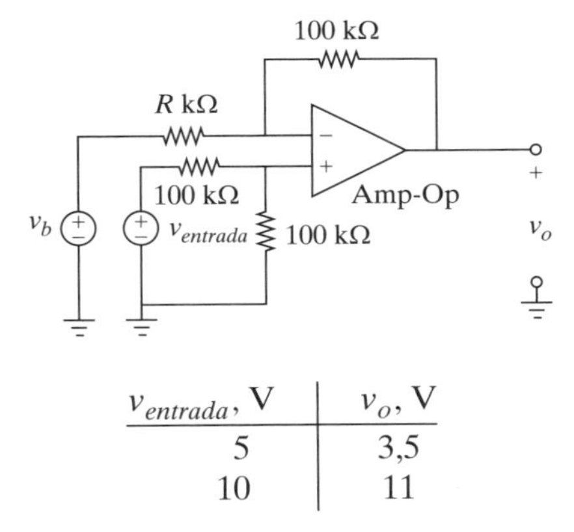


| $v_{entrada}$, V | $v_o$, V |
|---|---|
| 5 | 3,5 |
| 10 | 11 |

**Figura E1.23** Circuito Amp-Op como amplificador somador para o Exercício 1-23.

**1-24.** A tensão de saída $v_o$ do circuito Amp-Op mostrado na Fig. E1.24 satisfaz a relação $v_o = -\left(v_2 + \frac{100}{R}v_{entrada}\right)$, em que $R$ é a resistência desconhecida em kΩ, $v_{entrada}$ é a tensão de entrada e $v_2$, a tensão desconhecida. A Fig. E1.24 fornece valores da tensão de saída para dois diferentes valores da tensão de entrada $v_{entrada}$.

(a) Obtenha a equação da reta para $v_o$ em função de $v_{entrada}$ e determine os valores de $R$ e $v_2$.

(b) Desenhe o gráfico da tensão $v_o$ em função da tensão de entrada $v_{entrada}$. No gráfico, indique claramente o valor da tensão de saída quando a tensão de entrada é zero (ponto de cruzamento em $y$) e o valor da tensão de entrada quando a tensão de saída é zero (ponto de cruzamento em $x$).

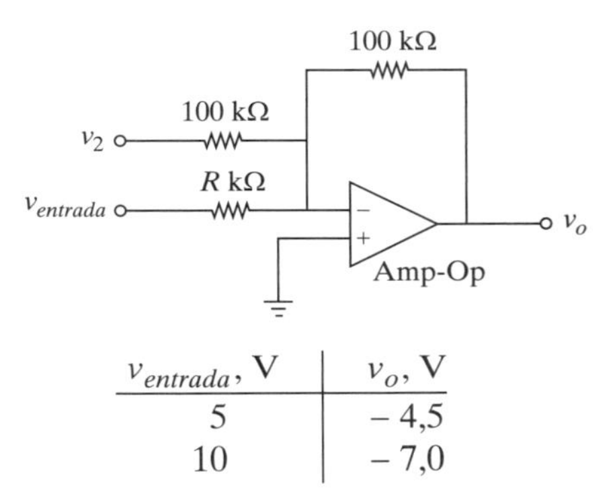


| $v_{entrada}$, V | $v_o$, V |
|---|---|
| 5 | – 4,5 |
| 10 | – 7,0 |

**Figura E1.24** Circuito Amp-Op como amplificador somador para o Exercício 1-24.

**1-25.** Um motor DC ativa uma carga inercial $J_L$, como mostrado na Fig. E1.25. Para manter uma velocidade constante, dois diferentes valores da tensão $e_a$ são aplicados ao motor. A tensão $e_a$ e a corrente $i_a$ que flui no enrolamento da armadura do motor satisfazem a relação $e_a = i_aR_a + e_b$, em que $R_a$ é a resistência do enrolamento da armadura em ohms e $e_b$, a f.e.m. de retorno em volts. A Fig. E1.25 fornece dois valores de corrente para dois valores distintos da tensão de entrada aplicada à armadura do motor DC.

(a) Obtenha a equação da reta para $e_a$ em função de $i_a$ e determine os valores de $R_a$ e $e_b$.

(b) Desenhe o gráfico da tensão aplicada $e_a$ em função da corrente $i_a$, e nele indique claramente os valores da f.e.m. de retorno $e_b$ e da resistência do enrolamento $R_a$.

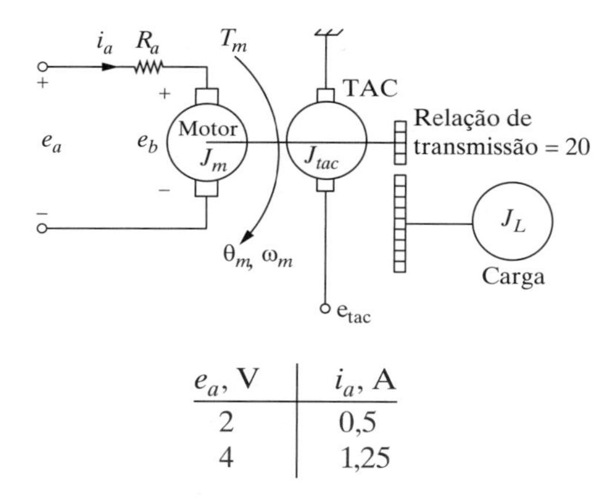


| $e_a$, V | $i_a$, A |
|---|---|
| 2 | 0,5 |
| 4 | 1,25 |

**Figura E1.25** Dados de tensão-corrente para o motor DC no Exercício 1-25.

**1-26.** Refaça o Exercício 1-25 para os dados na Fig. E1.26.

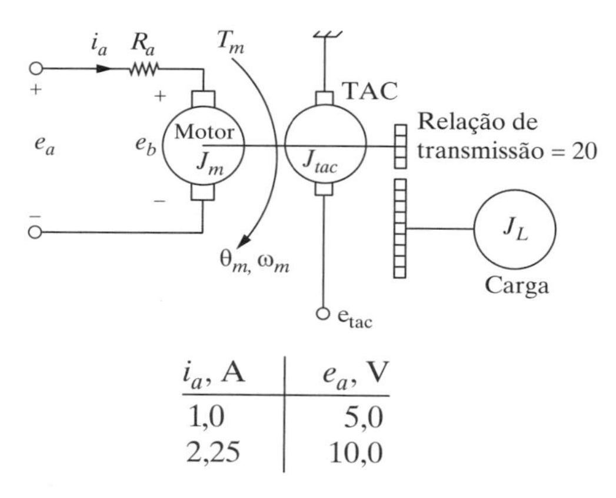


| $i_a$, A | $e_a$, V |
|---|---|
| 1,0 | 5,0 |
| 2,25 | 10,0 |

**Figura E1.26** Dados de tensão-corrente para o motor DC no Exercício 1-26.

**1-27.** Na região ativa, a tensão de saída $v_o$ do circuito MOSFET de enriquecimento do canal n (NMOS) mostrado na Fig. E1.27 satisfaz a relação $v_o = V_{DD} - R_D i_D$, em que $R_D$ é a desconhecida resistência de dreno e $V_D$, a desconhecida tensão de dreno. A Fig. E1.27 fornece os valores da tensão de entrada para dois diferentes valores da corrente de dreno. Desenhe o gráfico da tensão de saída $v_o$ em função da corrente de dreno de entrada $i_D$. No gráfico, indique claramente os valores de $R_D$ e $V_{DD}$.

**1-28.** Refaça o Exercício 1-27 para os dados fornecidos na Fig. E1.28.

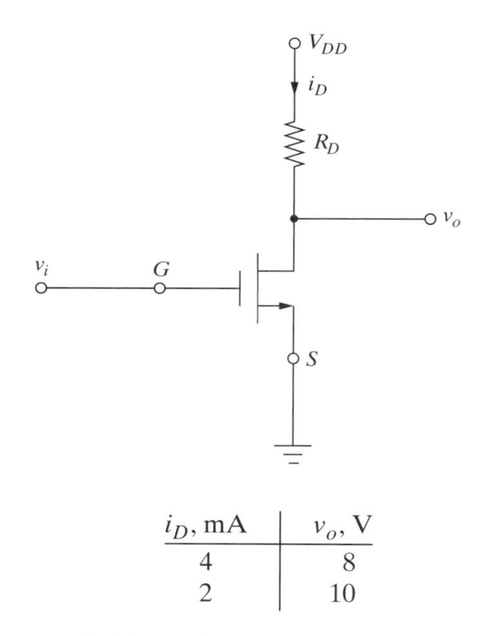


| $i_D$, mA | $v_o$, V |
|---|---|
| 4 | 8 |
| 2 | 10 |

**Figura E1.27** MOSFET de enriquecimento do canal n.

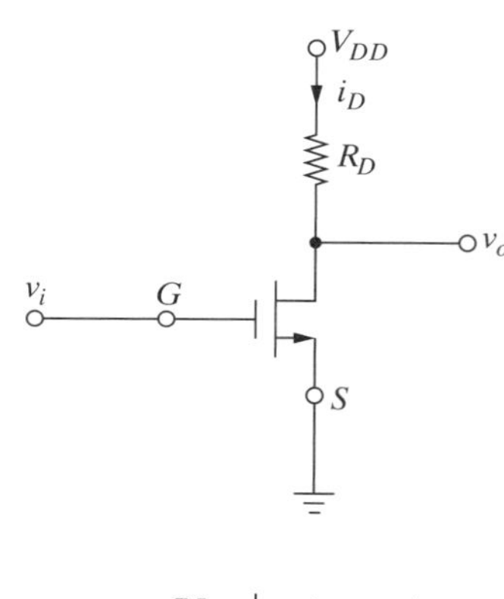


| $v_o$, V | $i_D$, mA |
|---|---|
| 0 | 10 |
| 5 | 5 |

**Figura E1.28** NMOS para o Exercício 1-28.

**1-29.** Um atuador usado em um braço protético é capaz de produzir diferentes valores de força por meio de alteração na tensão da fonte de alimentação. Força e tensão satisfazem a relação linear $F = kV$, em que $V$ é a tensão aplicada, e $F$, a força produzida pelo braço protético. A máxima força que o braço é capaz de produzir é de 30,0 N, para uma tensão aplicada de 10 V.

(a) Determine a força produzida pelo atuador com uma tensão aplicada de 6,0 V.

(b) Que valor de tensão é necessário para alcançar uma força de 5,0 N?

(c) Usando os resultados das partes (a) e (b), desenhe o gráfico de $F$ em função da tensão $V$. Use escalas apropriadas e, no gráfico, indique claramente a inclinação e os resultados das partes (a) e (b).

**1-30** Os seguintes valores de máxima frequência cardíaca $R$ (em batidas por minuto, bpm) foram registrados em um laboratório de fisiologia do exercício:

| $R$, bpm | $A$, anos |
|---|---|
| 183 | 30 |
| 169,5 | 45 |

A máxima frequência cardíaca $R$ e a idade $A$ satisfazem a equação linear:

$$R = mA + B$$

em que $R$ é a frequência cardíaca em batimentos por minuto, e $A$, a idade em anos.

(a) Usando os dados fornecidos, obtenha a equação da reta para $R$.

(b) Desenhe o gráfico de $R$ em função de $A$.

(c) Usando a relação desenvolvida na parte (a), determine a máxima frequência cardíaca para uma pessoa de 60 anos.

**1-31.** A atividade elétrica de músculos pode ser monitora por eletromiogramas (EMG). A amplitude RMS medida do sinal de EMG obtido quando uma pessoa usa os músculos da mão para atarraxar a tampa de uma jarra é dada na tabela a seguir:

| $A$, V | $F$, N |
|---|---|
| 0,5 E-3 | 110 |
| 1,25 E-3 | 275 |

A amplitude RMS do sinal de EMG satisfaz a equação linear $R = mA + B$, em que $A$ é a amplitude RMS em volts, $F$ é a força aplicada em newtons, e $m$, a inclinação da reta.

(a) Usando os dados fornecidos na tabela, obtenha a equação da reta $A(F)$.

(b) Desenhe o gráfico de $A$ em função de $F$.

(c) Usando a relação desenvolvida na parte (a), determine a amplitude RMS para uma força muscular de 200 N.

**1-32.** Um engenheiro civil necessita determinar a elevação da pedra angular para uma construção localizada entre dois marcos B1 e B2 de elevações conhecidas, como ilustrado na Fig. E1.32.

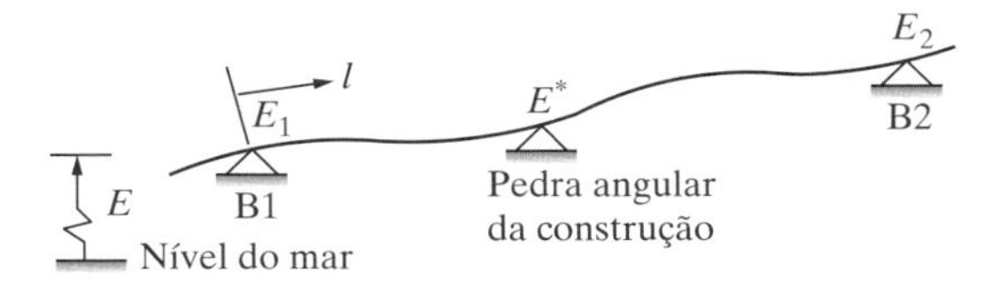


| | $l_1$ (m) | $E$ (m) |
|---|---|---|
| B1 | 0 | 500 |
| B2 | 500 | 600 |

**Figura E1.32** Elevação ao longo de um aclive uniforme para o Exercício 1-32.

A elevação $E$ ao longo do aclive satisfaz a relação linear

$$E = m\,l + E_1 \qquad (1.20)$$

em que $E_1$ é a elevação de B1, $l$ é a distância a B1 ao longo do aclive, e $m$, a taxa de variação de $E$ em relação a $l$.

(a) Obtenha a equação da reta $E$ e determine a inclinação $m$ da relação linear.

(b) Usando a equação da reta da parte (a), determine a elevação da pedra angular $E^*$ quando a mesma está a uma distância $l$ = 300 m de B1.

(c) Desenhe o gráfico de $E$ em função de $l$ e nele indique claramente a inclinação $m$ e a elevação $E_1$ de B1.

**1-33.** Um termopar é um dispositivo medidor de temperatura que produz uma tensão $V$ proporcional à temperatura na junção de dois metais distintos. A tensão em um termopar é calibrada usando o ponto de ebulição da água (100°C) e o ponto de solidificação do zinco (420°C), como mostrado na Fig. E1.33.

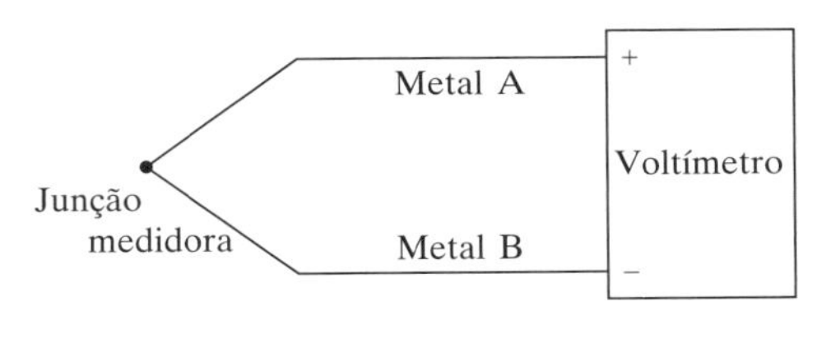


| $T$ (°C) | V (mV) |
|---|---|
| 100 | 5,0 |
| 420 | 17,8 |

**Figura E1.33** Termopar para medida de temperatura em graus Celsius.

A temperatura $T$ da junção e a tensão $V$ no termopar satisfazem a relação linear $T = V + T_R$, em que $a$ é a sensibilidade de temperatura, em mV/°C, e $T_R$ é a temperatura de referência, em °C.

(a) Usando os dados de calibração fornecidos na Fig. E1.33, obtenha a equação da reta para a temperatura medida $T$ em função da tensão $V$ e determine os valores da sensibilidade de temperatura $a$ e a temperatura de referência $T_R$.

(b) Desenhe o gráfico de $T$ em função de $V$ e nele indique claramente a temperatura de referência $T_R$ e sensibilidade de temperatura $a$.

**1-34.** A tensão em um termopar é calibrada usando o ponto de ebulição da água (373°K) e o ponto de solidificação do zinco (1235°K), como mostrado na Fig. E1.34.

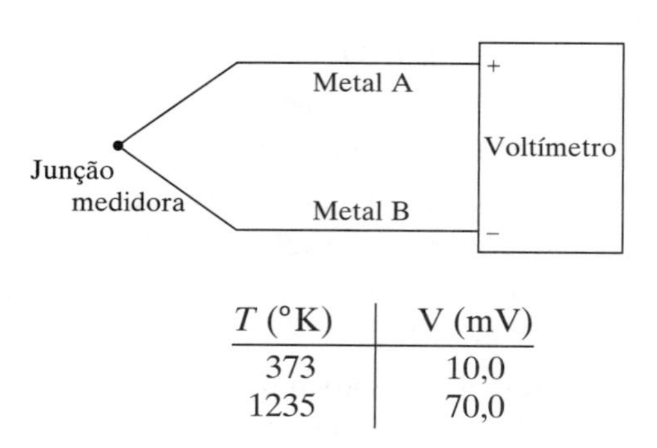


| $T$ (°K) | V (mV) |
|---|---|
| 373 | 10,0 |
| 1235 | 70,0 |

**Figura E1.34** Termopar para medida de temperatura em graus Kelvin.

A temperatura $T$ da junção e a tensão $V$ no termopar satisfazem a relação linear $T = V + T_R$, em que $a$ é a sensibilidade de temperatura, em mV/°K, e $T_R$ é a temperatura de referência, em °K.

(a) Usando os dados de calibração fornecidos na Fig. E1.34, obtenha a equação da reta para a temperatura medida $T$ em função da tensão $V$ e determine os valores da sensibilidade de temperatura $a$ e a temperatura de referência $T_R$.

(b) Desenhe o gráfico de $T$ em função de $V$ e nele indique claramente a temperatura de referência $T_R$ e sensibilidade de temperatura $a$.

**1-35.** Um termopar de ferro-constantan é calibrado imergindo sua junção em água ebuliente (100°C) e medindo uma tensão $V = 5{,}27$ mV; em seguida, a junção é imersa em cloreto de prata no ponto de solidificação (455°C), sendo medida uma tensão $V = 24{,}88$ mV.

(a) Obtenha a equação da reta para a temperatura medida $T$ em função da tensão e determine os valores da sensibilidade de temperatura $a$ e a temperatura de referência $T_R$.

(b) Desenhe o gráfico de $T$ em função de $V$ e nele indique claramente a temperatura de referência $T_R$ e sensibilidade de temperatura $a$.

(c) O termopar foi montado em um reator químico e a tensão medida passou de 10,0 mV para 13,6 mV; qual foi a mudança na temperatura do reator?

**1-36.** Tensão (mecânica) é uma medida da deformação de um objeto, podendo ser medida por meio de um extensômetro de folha, como mostrado na Fig. E1.36.

A tensão medida ($\epsilon$) e a resistência do sensor satisfazem a equação linear $R = R_o + R_o S_\epsilon \epsilon$, em que $R_o$ é a resistência inicial (medida em ohms, Ω) do sensor sem tensão, e $S_\epsilon$, o fator do extensômetro (um multiplicador adimensional).

(a) Usando os dados fornecidos, obtenha a equação da reta para a resistência $R$ do sensor em função da tensão $\epsilon$ e determine os valores do fator do extensômetro $S_\epsilon$ e resistência inicial $R_o$.

(b) Desenhe o gráfico de $R$ em função de $\epsilon$ e nele indique claramente $R_o$.

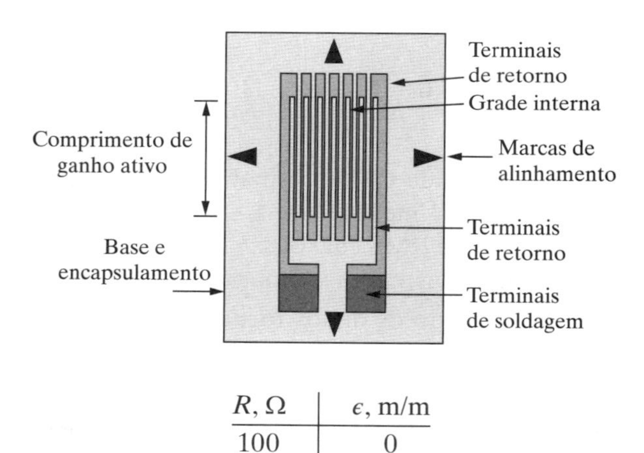


| $R$, Ω | $\epsilon$, m/m |
|---|---|
| 100 | 0 |
| 102 | 0,01 |

**Figura E1.36** Extensômetro de folha para medida de tensão no Exercício 1-36.

**1-37.** Refaça o Exercício 1-36 para os dados fornecidos na Fig. E1.38.

**1-38.** Para determinar a concentração de uma amostra de proteína purificada, um estudante de pós-graduação usou espectrofotometria para medir a absorvência dada na tabela a seguir:

| $c$ ($\mu$g/ml) | $a$ |
|---|---|
| 3,50 | 0,342 |
| 8,00 | 0,578 |

A relação concentração-absorvência para esta proteína satisfaz uma equação linear $a = m\,c + a_i$, em que $c$ é a concentração de uma proteína purificada, $a$ é a absorvência da amostra, $m$ é a taxa de variação da absorvência em relação à concentração $c$, e $a_i$ é o ponto de cruzamento em $y$.

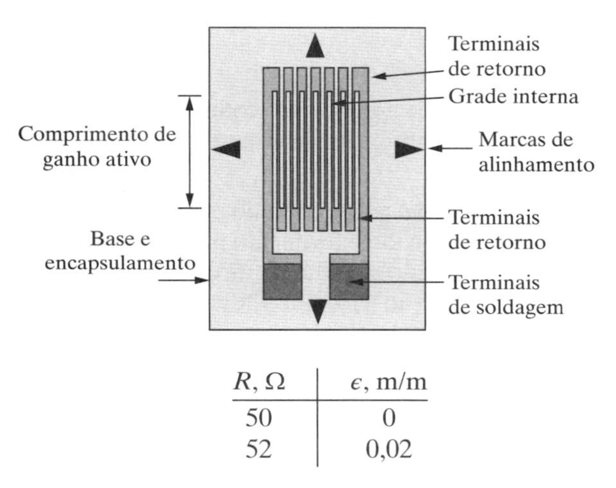


| $R$, Ω | $\epsilon$, m/m |
|---|---|
| 50 | 0 |
| 52 | 0,02 |

**Figura E1.38** Extensômetro de folha para medida de tensão no Exercício 1-38.

(a) Obtenha a equação da reta que descreve a relação concentração-absorvência para esta proteína e determine a inclinação da relação linear.

(b) Usando a equação da reta obtida na parte (a), determine a concentração da amostra para uma absorvência de 0,486.

(c) Se a amostra fosse diluída para alcançar concentração de 0,00419 $\mu$g/ml, qual seria o valor da absorvência? Este valor seria preciso?

(d) Desenhe o gráfico da absorvência em função da concentração $c$ e nele indique claramente a inclinação $m$ e o ponto de cruzamento em $y$.

**1-39.** Refaça o Exercício 1-38 para os dados de absorvência-concentração de outra amostra listados na tabela a seguir:

| $c$ ($\mu$g/ml) | $a$ |
|---|---|
| 4,00 | 0,35 |
| 8,50 | 0,65 |

**1-40.** Um estudante de química realiza uma experiência para determinar a relação temperatura-volume de uma mistura de gás em pressão e quantidade constantes. Devido a dificuldades técnicas, ele foi capaz de obter apenas as duas temperaturas listadas na tabela a seguir:

| $T$ (°C) | $V$ (l) |
|---|---|
| 50 | 1,08 |
| 98 | 1,24 |

O estudante sabe que o volume de gás varia linearmente com a temperatura, ou seja, $V(T) = m\,T + K$, em que $V$ é o volume em litros (l), $T$ é a temperatura em °C e $K$, o ponto de cruzamento em $y$, em l, e $m$ é a inclinação da reta, em l/°C.

(a) Obtenha a equação da reta que descreve a relação temperatura-volume da mistura de gás e determine a inclinação $m$ da relação linear.

(b) Usando a equação da reta obtida na parte (a), determine a temperatura da mistura de gás para um volume de 1,15 l.

(c) Usando a equação da reta obtida na parte (a), determine o volume da mistura de gás para uma temperatura de 70°C.

(d) Desenhe o gráfico da relação volume-temperatura para a mistura de gás de −300°C a 100°C e nele indique claramente a inclinação $m$ e o ponto de cruzamento em $y$. Qual a relevância da temperatura para um volume $V = 0$ l?

**1-41.** Para obter a relação linear entre as escalas de temperatura em graus Fahrenheit e Celsius, os pontos de congelamento e de ebulição da água são usados como na tabela a seguir:

| $T$ (°F) | $T$ (°C) |
|---|---|
| 32 | 0 |
| 212 | 100 |

A relação entre a temperatura em graus Fahrenheit e Celsius satisfaz a relação linear $T(°\text{F}) = a\,T(°\text{C}) + h$.

(a) Usando os dados fornecidos, obtenha a equação da reta que descreve a relação entre graus Fahrenheit e Celsius.

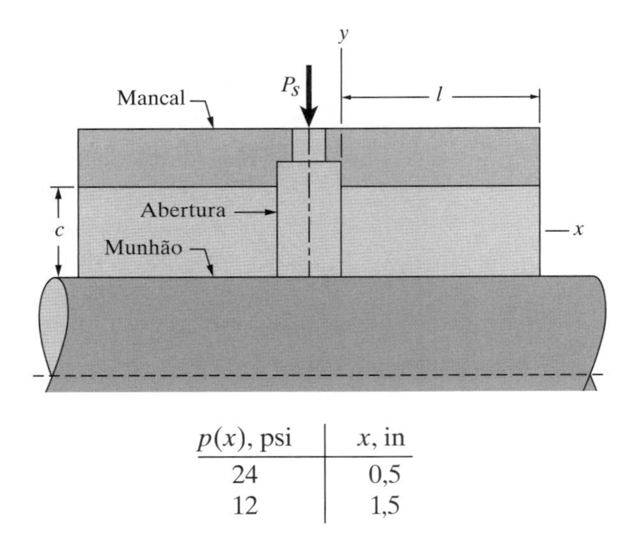


| $p(x)$, psi | $x$, in |
|---|---|
| 24 | 0,5 |
| 12 | 1,5 |

**Figura E1.43** Mancal alimentado por pressão.

(b) Desenhe o gráfico de $T$(°F) em função de $T$(°C) e nele indique claramente os valores de $a$ e $b$.

(c) Usando o gráfico feito na parte (a), determine o intervalo de temperatura em °C correspondente a uma variação de temperatura entre 20°F e 80°F.

**1-42.** Um controle de termostato com marcações de 0 a 100 é usado para regular a temperatura de um banho de óleo. Para calibrar o termostato, os dados de temperatura $T$(°F) em função da posição $R$ do controle foram medidos como na tabela a seguir:

| $T$ (°F) | $R$ |
|---|---|
| 110,0 | 20,0 |
| 40,0 | 40,0 |

A relação entre a temperatura $T$ em graus Fahrenheit e a posição $R$ do controle satisfaz uma equação linear $T(°F) = a R + b$.

(a) Usando os dados fornecidos, obtenha a equação da reta que relaciona a temperatura à posição do controle.

(b) Desenhe o gráfico de $T$(°F) em função de $R$ e nele indique claramente os valores de $a$ e $b$.

(c) Calcule a posição do controle do termostato para obtenção de uma temperatura de 320 °F.

**1-43.** Em um mancal alimentado por pressão, resfriamento forçado é fornecido por um lubrificante pressurizado que flui na direção axial da abertura (direção $x$), como indicado na Fig. E1.43. A pressão do lubrificante satisfaz a equação linear:

$$p(x) = \frac{p_S}{l} x + p_S,$$

em que $p_s$ é a pressão de alimentação, e $l$, o comprimento do mancal.

(a) Usando os dados fornecidos na tabela (Fig. E1.43), obtenha a equação da reta para a pressão do lubrificante $p(x)$ e determine os valores da pressão de alimentação $p_s$ e o comprimento $l$ do mancal.

(b) Calcule a pressão do lubrificante $p(x)$ para $x$ igual a 1,0 polegada.

(c) Desenhe o gráfico da pressão do lubrificante $p(x)$ e nele indique claramente a pressão de alimentação $p_s$ e o comprimento $l$ do mancal.

# Equações Quadráticas na Engenharia

CAPÍTULO 2

Neste capítulo, apresentaremos aplicações de equações quadráticas na engenharia. Assumimos que os alunos tenham familiaridade com este tópico, do curso de álgebra no ensino médio. Uma equação quadrática é uma equação polinomial de segundo grau em uma variável, e ocorre em diversas áreas da engenharia. Por exemplo, a altura de uma bola lançada no ar pode ser representada por uma equação quadrática. Neste capítulo, obteremos a solução de equações quadráticas por três métodos: fatoração, fórmula quadrática e completação do quadrado.

## 2.1 PROJÉTIL NO PLANO VERTICAL

Suponhamos que uma bola lançada para cima a partir do solo com velocidade inicial de 96 pés por segundo (ft/s) alcance uma altura $h(t)$ após um tempo $t$ s, como indicado na Fig. 2.1. A altura é expressa pela equação quadrática $h(t) = 96\,t - 16\,t^2$. Determinemos o tempo $t$ em segundos em que $h(t) = 80$ ft.

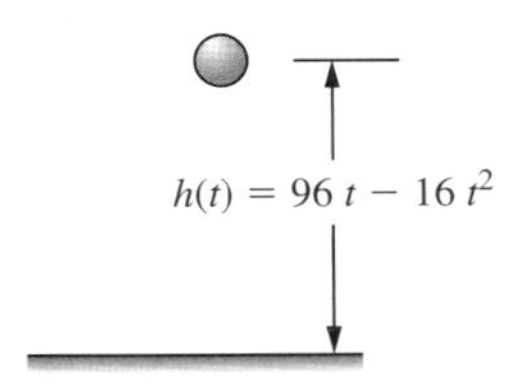


**Figura 2.1** Bola lançada para cima a uma altura $h(t)$.

**Solução:**

$$h(t) = 96\,t - 16\,t^2 = 80$$

ou

$$16\,t^2 - 96\,t + 80 = 0. \tag{2.1}$$

A equação (2.1) é uma equação quadrática da forma $ax^2 + bx + c = 0$, que resolveremos por meio de três métodos distintos.

**Método 1: Fatoração** Dividindo a equação (2.1) por 16, obtemos:

$$t^2 - 6\,t + 5 = 0. \tag{2.2}$$

A equação (2.2) pode ser fatorada como:

$$(t - 1)(t - 5) = 0.$$

Portanto, $t - 1 = 0$ ou $t = 1$ s, e $t - 5 = 0$ ou $t = 5$ s. Ou seja, a bola alcança a altura de 80 pés em 1 s e em 5 s.

**Método 2: Fórmula Quadrática** Para $ax^2 + bx + c = 0$, a fórmula quadrática determinação de $x$ é dada por:

$$x = \frac{-b \pm \sqrt{b^2 - 4ac}}{2a}. \tag{2.3}$$

Usando a fórmula quadrática na equação (2.3), resolvemos a equação quadrática (2.2) como:

$$\begin{aligned} t &= \frac{6 \pm \sqrt{36 - 20}}{2} \\ &= \frac{6 \pm 4}{2}. \end{aligned}$$

Logo, $t = \frac{6-4}{2} = 1$ s e $t = \frac{6+4}{2} = 5$ s. Ou seja, a bola alcança a altura de 80 pés em 1 s e em 5 s.

**Método 3: Completação do Quadrado** Primeiro, reescrevamos a equação quadrática (2.2) como:

$$t^2 - 6t = -5. \tag{2.4}$$

Adicionando o quadrado de $\left(\frac{-6}{2}\right)$ (metade do coeficiente do termo de primeira ordem) aos dois lados da equação (2.4), obtemos:

$$t^2 - 6t + \left(\frac{-6}{2}\right)^2 = -5 + \left(\frac{-6}{2}\right)^2,$$

ou

$$t^2 - 6t + 9 = -5 + 9. \tag{2.5}$$

Podemos, agora, reescrever a equação (2.5) como:

$$(t - 3)^2 = (\pm\sqrt{4})^2$$

ou

$$t - 3 = \pm 2.$$

Logo, $t = 3 \pm 2$ ou $t = 1{,}5$ s. Para verificar se a resposta está correta, substituamos $t = 1$ e $t = 5$ na equação (2.1). A substituição de $t = 1$ s fornece:

$$16 \times 1 - 96 \times 1 + 80 = 0,$$

que resulta em $0 = 0$. Logo, $t = 1$ s é, de fato, o tempo em que a bola atinge a altura de 80 ft. A substituição de $t = 5$ s leva a:

$$16 \times 5^2 - 96 \times 5 + 80 = 0,$$

que, novamente, resulta em $0 = 0$. Logo, $t = 5$ s também é o tempo em que a bola alcança uma altura de 80 pés.

Podemos ver na Fig. 2.2 que a altura da bola é 80 em 1 s e em 5 s. Em 1 s, a bola está a 80 pés e subindo; em 5 s, a bola está a 80 pés e caindo. Portanto, a altura máxima atingida pela bola deve ocorrer no ponto médio entre 1 s e 5 s, ou seja, em $1 + ((5 - 1)/2) = 3$ s. A altura máxima pode, então, ser calculada substituindo $t = 3$ s em $h(t)$, resultando em $h(3) = 96(3) - 16(3)^2 = 144$ pés. Esses três pontos (alturas em $t = 1{,}3$ e 5 s) podem ser usados para desenhar a trajetória da bola. Contudo, para um traçado preciso da trajetória, pontos adicionais podem ser empregados. A altura da bola em $t = 0$ s é zero, pois a bola é lançada para cima a partir do solo. Para confirmar isto, substituamos $t = 0$ em $h(t)$; isto resulta em $h(0) = 96(0) - 16(0)^2 = 0$. O tempo em que a bola atinge o solo novamente pode ser calculado igualando $h(t) = 0$. Assim,

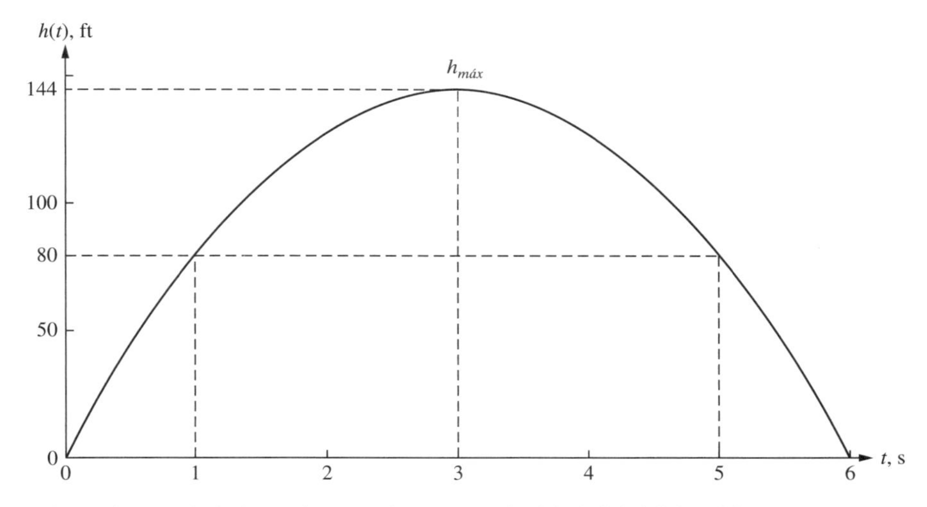


**Figura 2.2** Altura de uma bola lançada para cima com velocidade inicial de 96 ft/s.

$$
\begin{aligned}
96\,t - 16\,t^2 &= 0\\
6\,t - t^2 &= 0\\
t\,(6 - t) &= 0.
\end{aligned}
$$

Logo, $t = 0$ e $6 - t = 0$ ou $t = 6$ s. Como é lançada no ar a partir do solo ($h(t) = 0$) em $t = 0$, a bola atingirá o solo novamente em $t = 6$ s. Usando esses pontos de dados, a trajetória da bola lançada para cima a uma velocidade inicial de 96 ft/s é mostrada na Fig. 2.2.

Determinemos, agora, o tempo $t$ – em segundos – em que a bola alcança uma altura de 144 pés. Igualando $h(t) = 144$, obtemos:

$$h(t) = 96\,t - 16\,t^2 = 144.$$

Logo,

$$16\,t^2 - 96\,t + 144 = 0$$

ou

$$t^2 - 6\,t + 9 = 0. \tag{2.6}$$

A equação quadrática dada na equação (2.6) também pode ser resolvida usando os três métodos:

| **Fatoração** | **Fórmula Quadrática** | **Completação do Quadrado** |
|---|---|---|
| $t^2 - 6t + 9 = 0$<br>$(t-3)(t-3) = 0$<br>$t - 3 = 0$<br>$t = 3$ s | $t^2 - 6t + 9 = 0$<br>$t = \dfrac{6 \pm \sqrt{36 - 36}}{2}$<br>$t = 3 \pm 0$<br>$t = 3, 3$<br>$t = 3$ s | $t^2 - 6t + 9 = 0$<br>$t^2 - 6t = -9$<br>$t^2 - 6t + \left(\dfrac{-6}{2}\right)^2 = -9 + \left(\dfrac{-6}{2}\right)^2$<br>$t^2 - 6t + 9 = 9 - 9$<br>$= 0$<br>$(t-3)^2 = 0$<br>$t - 3 = \pm 0$<br>$t = 3, 3$<br>$t = 3$ s |

Se quisermos determinar o tempo $t$ em que a bola alcança $h(t) = 160$ pés, igualando $h(t) = 160$, obtemos:

$$h(t) = 96t - 16t^2 = 160.$$

Logo,

$$16t^2 - 96t + 160 = 0$$

ou

$$t^2 - 6t + 10 = 0. \tag{2.7}$$

A equação quadrática dada na equação (2.7) também pode ser resolvida usando os três métodos:

| Fatoração | Fórmula Quadrática | Completação do Quadrado |
|---|---|---|
| $t^2 - 6t + 10 = 0$<br>não pode ser fatorado com número reais | $t^2 - 6t + 10 = 0$<br>$t = \frac{6 \pm \sqrt{36 - 40}}{2}$<br>$t = \frac{6 \pm \sqrt{-4}}{2}$<br>$t = 3 \pm \sqrt{-1}$<br>$t = 3 \pm j$ | $t^2 - 6t + 10 = 0$<br>$t^2 - 6t = -10$<br>$t^2 - 6t + \left(\frac{-6}{2}\right)^2 = -10 + \left(\frac{-6}{2}\right)^2$<br>$t^2 - 6t + 9 = -1$<br>$(t-3)^2 = -1$<br>$t - 3 = \pm\sqrt{-1}$<br>$t = 3 \pm j$ |

Na solução anterior, $i = j = \sqrt{-1}$ é a unidade imaginária; portanto, as raízes da equação quadrática são complexas. Ou seja, a bola jamais alcança a altura de 160 pés. A altura máxima alcançada é de 144 pés, aos 3 segundos.

## 2.2 CORRENTE EM UMA LÂMPADA

Uma lâmpada de 100 W e um resistor de 20 Ω são conectados em série a uma fonte de potência de 120 V, como ilustrado na Fig. 2.3. A corrente $I$ satisfaz uma equação quadrática, como mostrado a seguir. Usando a LTK,

$$120 = V_L + V_R.$$

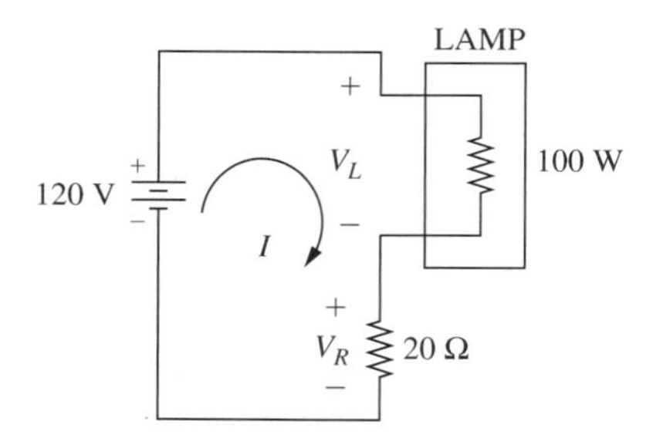


**Figura 2.3** Lâmpada e resistor conectados a uma fonte de 120 V.

Da lei de Ohm, $V_R = 20\,I$. Como a potência é o produto da tensão pela corrente, $P_L = V_L\,I = 100$ W, o que fornece $V_L = \frac{100}{I}$. Logo,

$$120 = \frac{100}{I} + 20\,I. \tag{2.8}$$

Multiplicando os dois lados da equação (2.8) por $I$, obtemos:

$$120\,I = 100 + 20\,I^2. \tag{2.9}$$

Dividindo os dois lados da equação (2.9) por 20 e rearranjando os termos, temos:

$$I^2 - 6\,I + 5 = 0. \tag{2.10}$$

A equação quadrática dada na equação (2.10) pode ser resolvida pelos três métodos como:

| Fatoração | Fórmula Quadrática | Completação do Quadrado |
|---|---|---|
| $I^2 - 6I + 5 = 0$<br>$(I-1)(I-5) = 0$<br>$I = 1, 5$ A | $I^2 - 6I + 5 = 0$<br>$I = \frac{6 \pm \sqrt{36-20}}{2}$<br>$I = 3 \pm 2$<br>$I = 1, 5$ A | $I^2 - 6I + 5 = 0$<br>$I^2 - 6I + \left(\frac{-6}{2}\right)^2 = -5 + \left(\frac{-6}{2}\right)^2$<br>$I^2 - 6I + 9 = -5 + 9$<br>$(I-3)^2 = 4$<br>$I - 3 = \pm 2$<br>$I = 3 \pm 2$<br>$I = 1, 5$ A |

Notemos que as duas soluções correspondem a duas escolhas de lâmpadas.
Caso I: Para $I = 1$ A,

$$V_L = \frac{100}{I} = \frac{100}{1} = 100 \text{ V}.$$

Caso II: Para $I = 5$ A,

$$V_L = \frac{100}{5} = 20 \text{ V}.$$

O Caso I corresponde a uma lâmpada para 100 V e o Caso II, a uma lâmpada para 20 V.

## 2.3 RESISTÊNCIA EQUIVALENTE

Consideremos dois resistores conectados em paralelo, como ilustrado na Fig. 2.4. Para uma resistência equivalente $R = \frac{R_1 R_2}{R_1 + R_2} = 100\ \Omega$ e $R_1 = 4R_2 + 100\ \Omega$, determinemos $R_1$ e $R_2$.

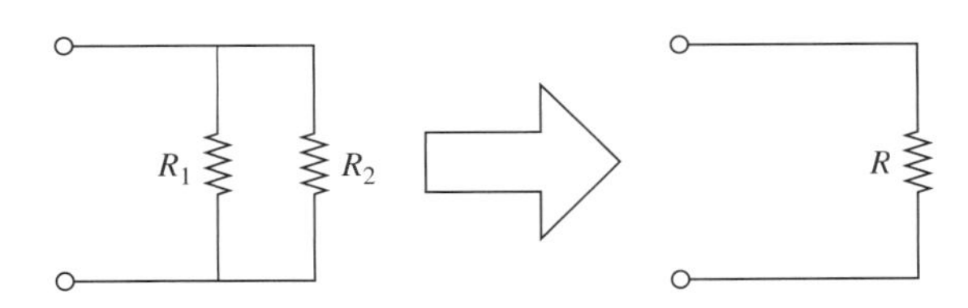


**Figura 2.4** Resistência equivalente de dois resistores conectados em paralelo.

A resistência equivalente de dois resistores conectados em paralelo, como ilustrado na Fig. 2.4, é dada por:

$$\frac{R_1 R_2}{R_1 + R_2} = 100\ \Omega. \tag{2.11}$$

Substituindo $R_1 = 4R_2 + 100\ \Omega$ na equação (2.11), obtemos:

$$100 = \frac{(4\,R_2 + 100)(R_2)}{(4\,R_2 + 100) + R_2} = \frac{4\,R_2^2 + 100\,R_2}{5\,R_2 + 100}. \tag{2.12}$$

Multiplicando os dois lados da equação (2.12) por $5R_2 + 100$, temos:

$$100\,(5\,R_2 + 100) = 4\,R_2^2 + 100\,R_2. \tag{2.13}$$

A simplificação da equação (2.13) leva a

$$4\,R_2^2 - 400\,R_2 - 10{,}000 = 0. \tag{2.14}$$

Dividindo os dois lados da equação (2.14) por 4, temos:

$$R_2^2 - 100\,R_2 - 2500 = 0. \tag{2.15}$$

A equação (2.15) é uma equação quadrática em $R_2$ e não pode ser fatorada com números inteiros. Assim, $R_2$ é calculado por meio da fórmula quadrática:

$$R_2 = \frac{100 \pm \sqrt{10{,}000 - 4(-2500)}}{2} = \frac{100 \pm \sqrt{2(10{,}000)}}{2}.$$

Logo,

$$R_2 = \frac{100 \pm 100\sqrt{2}}{2} = 50 \pm 50\sqrt{2}.$$

Como $R_2$ não pode ser negativo,

$$R_2 = 50 + 50\sqrt{2} = 120\ 7\ \Omega$$

Substituindo o valor de $R_2$ em $R_1 = 4R_2 + 100\ \Omega$, obtemos:

$$R_1 = 4(120.7) + 100 = 582.8\ \Omega.$$

Portanto, $R_1 = 582{,}8\ \Omega$ e $R_2 = 120{,}7\ \Omega$.

## 2.4 EXEMPLOS ADICIONAIS DE EQUAÇÕES QUADRÁTICAS NA ENGENHARIA

**Exemplo 2-1**

Um protótipo de foguete é disparado no ar a partir do solo com velocidade inicial de 98 m/s, como ilustrado na Fig. 2.5. A altura $h(t)$ satisfaz a equação quadrática

$$h(t) = 98\,t - 4{,}9\,t^2\ \text{m}. \tag{2.16}$$

(a) Determinemos o tempo em que $h(t) = 245$ m.
(b) Calculemos o tempo necessário para que o foguete atinja o solo.

(c) Usemos os resultados das partes (a) e (b) para desenhar o gráfico de $h(t)$ e para determinar a máxima altura.

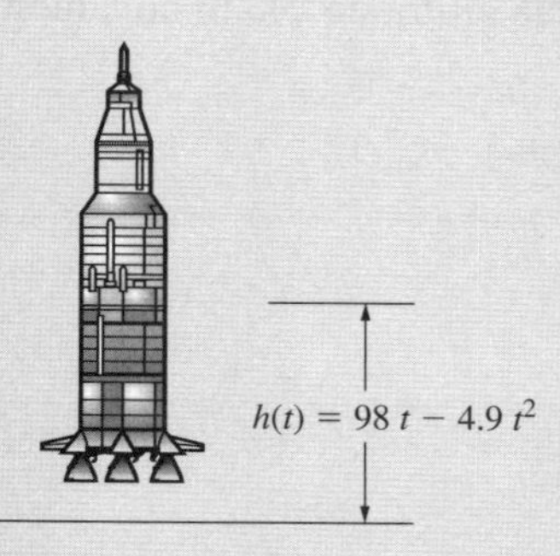


**Figura 2.5** Protótipo de foguete disparado verticalmente no ar.

**Solução** (a) Substituindo $h(t) = 245$ na equação (2.16), a equação quadrática fica dada por:

$$-4{,}9\,t^2 + 98\,t - 245 = 0. \tag{2.17}$$

Dividindo os dois lados da equação (2.17) por –4,9, obtemos:

$$t^2 - 20\,t + 50 = 0. \tag{2.18}$$

A equação quadrática dada na equação (2.18) pode ser resolvida usando os três métodos da Seção 2.1:

| Fatoração | Fórmula Quadrática | Completação do Quadrado |
|---|---|---|
| $t^2 - 20t + 50 = 0$ não pode ser fatorado com número inteiros | $t^2 - 20t + 50 = 0$<br>$t = \dfrac{20 \pm \sqrt{400 - 200}}{2}$<br>$t = 10 \pm \sqrt{50}$<br>$t = 10 \pm 7{,}07$<br>$t = 2{,}93,\ 17{,}07$ s | $t^2 - 20t + 50 = 0$<br>$t^2 - 20t = -50$<br>$t^2 - 20t + 100 = -50 + 100$<br>$(t - 10)^2 = 50$<br>$t - 10 = \pm\sqrt{50}$<br>$t = 10 \pm 7{,}07$<br>$t = 2{,}93,\ 17{,}07$ s |

(b) Como o foguete atinge o solo em $h(t) = 0$,

$$h(t) = 98\,t - 4{,}9\,t^2 = 0$$
$$4{,}9\,t\,(20 - t) = 0.$$

Logo, $t = 0$ s e $t = 20$ s. Como foi disparado do solo em $t = 0$ s, o foguete atinge o solo novamente em $t = 20$ s.

(c) A máxima altura deve ocorrer no ponto médio entre 2,93 e 17,07 s. Logo,

$$t_{máx} = \frac{2{,}93 + 17{,}07}{2} = \frac{20}{2} = 10$$

Substituindo $t = 10$ s na equação (2.16), obtemos:

$$h_{máx} = 98(10) - 4{,}9(10)^2 = 490 \text{ m}.$$

O gráfico da trajetória do foguete é mostrado na Fig. 2.6. Podemos ver na figura que o foguete é disparado do solo a uma altura zero em 0 s, atinge uma altura de 245 m em 2,93 s, continua subindo e alcança a altura máxima de 490 m em 10 s. Aos 10 segundos, o foguete começa a descer, passa pela altura de 245 m novamente em 17,07 s e atinge o solo aos 20 s.

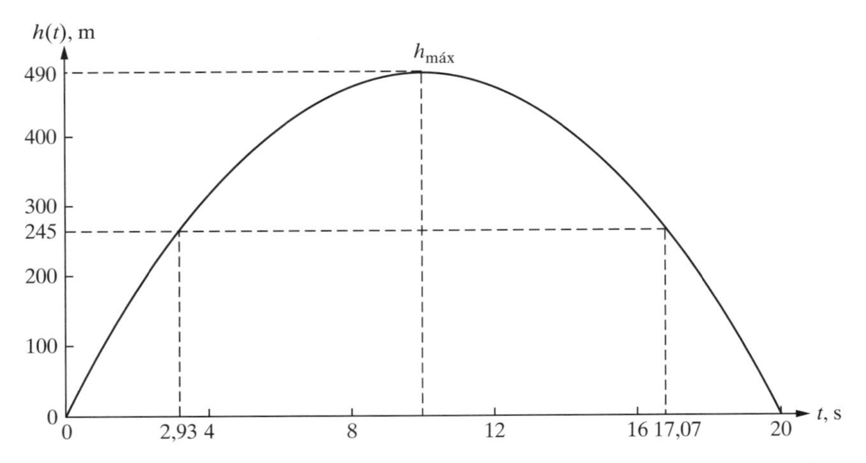


**Figura 2.6** Altura do foguete disparado verticalmente no ar com velocidade inicial de 98 m/s.

**Exemplo 2-2**

A resistência equivalente $R$ de dois resistores $R_1$ e $R_2$ conectados em paralelo, como ilustrado na Fig. 2.4, é dada por:

$$R = \frac{R_1 R_2}{R_1 + R_2}. \tag{2.19}$$

(a) Sejam $R_2 = 2R_1 + 4\ \Omega$ e a resistência equivalente $R = 8{,}0\ \Omega$. Substituamos esses valores na equação (2.19) e obtenhamos a seguinte equação quadrática para $R_1$:

$$2R_1^2 - 20R_1 - 32 = 0.$$

(b) Calculemos $R_1$ por cada um dos métodos a seguir:
  (i) Completação do quadrado.
  (ii) Fórmula quadrática. Determinemos, ainda, o valor de $R_2$ correspondente à única solução física para $R_1$.

**Solução** (a) Substituindo $R_2 = 2R_1 + 4$ e $R = 8{,}0$ na equação (2.19), obtemos:

$$8.0 = \frac{R_1(2R_1 + 4)}{R_1 + (2R_1 + 4)} = \frac{2R_1^2 + 4R_1}{3R_1 + 4}. \tag{2.20}$$

Multiplicando os dois lados da equação (2.20) por $(3R_1 + 4)$, temos:

$$8{,}0(3R_1 + 4) = 2R_1^2 + 4R_1,$$

ou

$$24{,}0R_1 + 32{,}0 = 2R_1^2 + 4R_1. \tag{2.21}$$

Uma reordenação dos termos na equação (2.21) nos fornece:

$$2R_1^2 - 20R_1 - 32 = 0. \tag{2.22}$$

(b) A equação quadrática dada na equação (2.22) pode, agora, ser resolvida para os valores de $R_1$.

(i) Método 1: Completação do quadrado.
Dividindo os dois lados da equação (2.22) por 2, obtemos:

$$R_1^2 - 10R_1 - 16 = 0. \tag{2.23}$$

Passando 16 para o outro lado da equação (2.23) e somando $\left(\frac{-10}{2}\right)^2 = 25$ aos dois lados, temos:

$$R_1^2 - 10R_1 + 25 = 16 + 25. \tag{2.24}$$

Agora, escrevendo os dois lados da equação (2.24) como quadrados, obtemos:

$$(R_1 - 5)^2 = (\pm\sqrt{41})^2 = (\pm 6{,}4)^2.$$

Logo,

$$R_1 - 5 = \pm 6{,}4,$$

o que nos fornece os valores de $R_1$ como $5 + 6{,}4 = 11{,}4\ \Omega$ e $5 - 6{,}4 = -1{,}4\ \Omega$. Como o valor de $R_1$ não pode ser negativo, $R_1 = 11{,}4\ \Omega$ e $R_2 = 2R_1 + 4 = 2(11{,}4) + 4 = 26{,}8\ \Omega$.

(ii) Método 2: A solução da equação (2.22) pela fórmula quadrática nos fornece:

$$R_1 = \frac{20 \pm \sqrt{(-20)^2 - 4(2)(-32)}}{4}$$
$$= \frac{20 \pm \sqrt{656}}{4} = \frac{20 \pm 25{,}6}{4} = 11{,}4,\ -1{,}4.$$

Como $R_1$ não pode ser negativo, $R_1 = 11{,}4\ \Omega$. Substituindo $R_1 = 11{,}4$ em $R_2 = 2R_1 + 4$, obtemos:

$$R_2 = 2(11{,}4) + 4 = 26{,}8\ \Omega.$$

**Exemplo 2-3**

O arranjo de molas mostrado na Fig. 2.7 tem rigidez equivalente $k$ dada por:

$$k = k_1 + \frac{k_1 k_2}{k_1 + k_2}. \tag{2.25}$$

Sejam $k_2 = 2k_1 + 4$ libras-força por polegadas (lb/in) e rigidez equivalente $k = 3{,}6$ lb/in; determinemos $k_1$ e $k_2$ da seguinte forma:

a) Substituindo os valores de $k$ e $k_2$ na equação (2.25), obtenhamos a equação quadrática para $k_1$:

$$5k_1^2 - 2{,}8\,k_1 - 14{,}4 = 0. \tag{2.26}$$

(b) Usando um método de nossa escolha, resolvamos a equação (2.26) e calculemos os valores de $k_1$ e $k_2$.

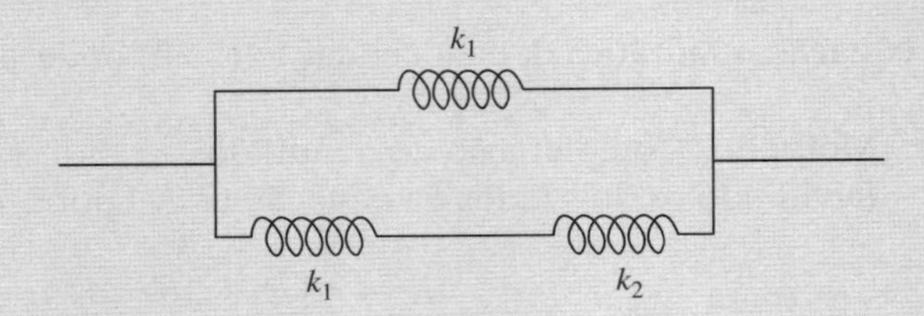


**Figura 2.7** Arranjo de três molas.

**Solução** (a) Substituindo $k_2 = 2k_1 + 4$ e $k = 3{,}6$ na equação (2.25), temos:

$$3{,}6 = k_1 + \frac{k_1(2k_1 + 4)}{k_1 + (2k_1 + 4)} = k_1 + \frac{2k_1^2 + 4k_1}{3k_1 + 4}. \quad (2.27)$$

Multiplicando os dois lados da equação (2.27) por $(3k_1 + 4)$, obtemos:

$$3{,}6(3k_1 + 4) = k_1(3k_1 + 4) + 2k_1^2 + 4k_1$$

$$10{,}8k_1 + 14{,}4 = 3k_1^2 + 4k_1 + 2k_1^2 + 4k_1$$

$$10{,}8k_1 + 14{,}4 = 5k_1^2 + 8k_1. \quad (2.28)$$

Reordenação dos termos na equação (2.28) nos fornece:

$$5k_1^2 - 2{,}8k_1 - 14{,}4 = 0. \quad (2.29)$$

(b) A equação quadrática (2.29) pode ser resolvida com a fórmula quadrática:

$$\mathrm{k}_1 = \frac{2{,}8 \pm \sqrt{(-2{,}8)^2 - 4(5)(-14{,}4)}}{10}$$

$$= \frac{2{,}8 \pm 17{,}2}{10}$$

$$= 2{,}0,\ -1{,}44.$$

Como $k_1$ não pode ser negativo, $k_1 = 2{,}0$ lb/in. Substituindo, agora, $k_1 = 2{,}0$ em $k_2 = 2k_1 + 4$, obtemos:

$$k_2 = 2(2) + 4 = 8{,}0.$$

Logo,

$$k_2 = 8{,}0 \text{ lb/in}.$$

**Exemplo 2-4** Um capacitor $C$ e um indutor $L$ são conectados em série, como ilustrado na Fig. 2.8. A reatância total $X$ em ohms é dada por: $X = \omega L - \frac{1}{\omega C}$, em que $\omega$ é a frequência angular em rad/s.

(a) Sejam $L = 1{,}0$ H e $C = 0{,}25$ F. Para uma reatância total $X = 3{,}0\ \Omega$, mostremos que a frequência angular $\omega$ satisfaz a equação quadrática $\omega^2 - 3\omega - 4 = 0$.
(b) Resolvamos a equação quadrática para $\omega$, por cada um dos seguintes métodos: fatoração, completação do quadrado e fórmula quadrática.

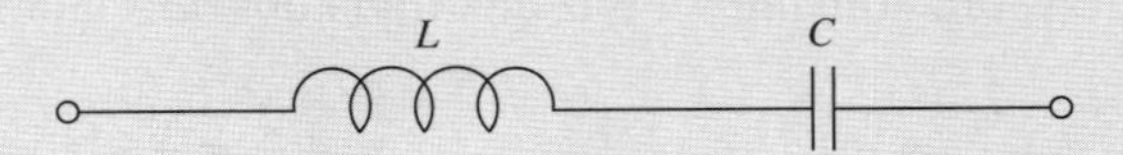


**Figura 2.8** Conexão de $L$ e $C$ em série.

**Solução** (a) A reatância total da conexão de $L$ e $C$ em série mostrada na Fig. 2.8 é dada por:

$$X = \omega L - \frac{1}{\omega C}. \tag{2.30}$$

Substituindo $L = 1{,}0$ H, $C = 0{,}25$ F e $X = 3{,}0\ \Omega$ na equação (2.30), obtemos:

$$3{,}0 = \omega(1) - \frac{1}{\omega(0{,}25)}. \tag{2.31}$$

Multiplicando os dois lados da equação (2.31) por $\omega$, temos:

$$3\omega = \omega^2 - 4. \tag{2.32}$$

Uma reordenação dos termos na equação (2.32) nos fornece:

$$\omega^2 - 3\omega - 4 = 0. \tag{2.33}$$

(b) A equação quadrática (2.33) pode ser resolvida pelos três métodos: fatoração, completação do quadrado e fórmula quadrática.

(i) Método 1: Fatoração
A equação quadrática (2.33) pode ser fatorada como:

$$(\omega - 4)(\omega + 1) = 0,$$

que resulta em $\omega - 4 = 0$ ou $\omega + 1 = 0$. Com isto, $\omega = 4$ rad/s ou $\omega = -1$ rad/s. Como $\omega$ não pode ser negativa, $\omega = 4$ rad/s.

(ii) Método 2: Completação do quadrado.
A equação quadrática (2.33) pode ser escrita como:

$$\omega^2 - 3\omega = 4. \tag{2.34}$$

Somando $\left(-\frac{3}{2}\right)^2 = \frac{9}{4}$ aos dois lados da equação (2.34), obtemos:

$$\omega^2 - 3\omega + \left(\frac{9}{4}\right) = 4 + \left(\frac{9}{4}\right).$$

Logo,

$$\omega^2 - 3\omega + \frac{9}{4} = \frac{25}{4}. \tag{2.35}$$

Escrevendo os dois lados da equação (2.35) como quadrados, temos:

$$\left(\omega - \frac{3}{2}\right)^2 = \left(\pm\frac{5}{2}\right)^2. \tag{2.36}$$

Agora, tomamos a raiz quadrada dos dois lados da equação (2,36):

$$\omega - \frac{3}{2} = \pm\frac{5}{2}.$$

Logo,

$$\omega = \frac{3}{2} \pm \frac{5}{2},$$

o que nos fornece $\omega = \frac{3}{2}+\frac{5}{2} = 4$ rad/s ou $\omega = \frac{3}{2}-\frac{5}{2} = -1$ rad/s. Como $\omega$ não pode ser negativa, $\omega = 4$ rad/s.

(iii) Método 3: Fórmula quadrática

A solução da equação quadrática (2.33) pela fórmula quadrática resulta em:

$$\omega = \frac{3 \pm \sqrt{(-3)^2 - 4(1)(-4)}}{2}. \tag{2.37}$$

A equação (2.37) pode ser escrita como:

$$\omega = \frac{3 \pm \sqrt{25}}{2} = \frac{3 \pm 5}{2},$$

fornecendo $\omega = 4, -1$. Como $\omega$ não pode ser negativa, $\omega = 4$ rad/s.

**Exemplo 2-5**

Para o circuito mostrado na Fig. 2.3, a potência fornecida pela fonte de tensão $V_s$ é dada pela equação $P = I^2 R + I V_L$.

(a) Sejam $P = 96$ W, $V_L = 32$ V e $R = 8\ \Omega$. Mostremos que a corrente $I$ satisfaz a equação quadrática $I^2 + 4I - 12 = 0$.

(b) Resolvamos a equação quadrática para $I$ por cada um dos seguintes métodos: fatoração, completação do quadrado e fórmula quadrática.

**Solução**

(a) Substituindo $P = 96$ W, $V_L = 32$ V e $R = 8\ \Omega$ na equação da potência fornecida $P = I^2 R + I V_L$, obtemos:

$$96 = I^2(8) + I(32). \tag{2.38}$$

Dividindo os dois lados da equação (2.38) por 8, temos:

$$12 = I^2 + 4I. \tag{2.39}$$

Uma reordenação dos termos na equação (2.39) nos fornece:

$$I^2 + 4I - 12 = 0. \tag{2.40}$$

(b) A equação quadrática dada na equação (2.40) pode ser resolvida pelos três métodos: fatoração, completação do quadrado e fórmula quadrática.

(i) Método 1: Fatoração
A equação quadrática (2.40) pode ser fatorada como:

$$(I+6)(I-2)=0,$$

resultando em $I+6=0$ ou $I-2=0$. Assim, $I=-6$ A ou $I=2$ A.

(ii) Método 2: Completação do quadrado
A equação quadrática (2.40) pode ser escrita como

$$I^2+4I=12. \tag{2.41}$$

Somando $\left(\frac{4}{2}\right)^2=4$ aos dois lados da equação (2.41), temos:

$$I^2+4I+4=12+4. \tag{2.42}$$

Escrevendo os dois lados da equação (2.42) como quadrados, obtemos:

$$(I+2)^2=(\pm 4)^2. \tag{2.43}$$

Agora, tomamos a raiz quadrada dos dois lados da equação (2.43):

$$I+2=\pm 4.$$

Logo,

$$I=-2\pm 4,$$

o que nos fornece $I=-2-4=-6$ A ou $I=-2+4=2$ A.

(iii) Método 3: Fórmula quadrática
A solução da equação quadrática (2.40) pela fórmula quadrática nos fornece:

$$I=\frac{-4\pm\sqrt{(4)^2-4(1)(-12)}}{2}. \tag{2.44}$$

A equação (2.44) pode ser escrita como:

$$I=\frac{-4\pm\sqrt{64}}{2}=\frac{-4\pm 8}{2}=-2\pm 4,$$

resultando em $I=-2-4=-6$ A ou $I=-2+4=2$ A.

**Caso I:** Para $I=-6$ A, a potência absorvida pela lâmpada é $-6\times 32=-192$ W. Como a potência absorvida pela lâmpada não pode ser negativa, $I=-6$ A não é uma das soluções da equação quadrática dada por (2.40).

**Caso II:** Para $I=2$ A, a potência absorvida pela lâmpada é $2\times 32=64$ W e a potência dissipada pelo resistor, $96-64=32$ W. A queda de tensão no resistor é $V_R=2\times 8=16$ V; usando a LTK, $V_s=16+32=48$ V. Portanto, para a potência aplicada de 96 W (tensão da fonte = 48 V), $I=2$ A é a solução da equação quadrática dada por (2.40).

**Exemplo 2-6**

Um mergulhador salta de um trampolim a 1,5 m acima do nível da água com velocidade vertical inicial de 0,6 m/s, como ilustrado na Fig. 2.9. A altura do mergulhador em relação à superfície da água é dada por:

$$h(t)=-4{,}905\,t^2+0{,}6\,t+1{,}5\text{ m}. \tag{2.45}$$

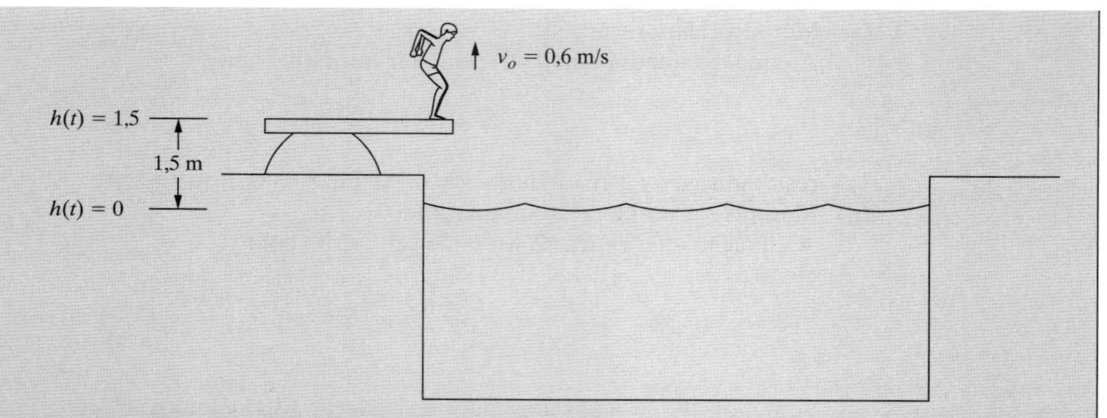


**Figura 2.9** Mergulhador saltando de trampolim.

(a) Determinemos o tempo em segundos até o mergulhador atingir a água. Usemos a fórmula quadrática e o método de completar quadrados.
(b) Calculemos a máxima altura atingida pelo mergulhador, sabendo que a mesma ocorre em $t = 0{,}0612$ s.
(c) Usemos os resultados das partes (a) e (b) para desenhar o gráfico de $h(t)$ do mergulhador em função do tempo.

**Solução** (a) O tempo em que o mergulhador atinge a água é obtido igualando $h(t) = 0$ na equação (2.45):

$$-4{,}905\,t^2 + 0{,}6\,t + 1{,}5 = 0 \tag{2.46}$$

Dividindo os dois lados da equação (2.46) por –4,905, temos:

$$t^2 - 0{,}1223\,t - 0{,}3058 = 0. \tag{2.47}$$

A equação quadrática dada na equação (2.47) pode ser resolvida pela fórmula quadrática e pela completação do quadrado, como mostrado a seguir.

(i) Método 1: Fórmula quadrática
Resolvendo a equação quadrática (2.47) pela fórmula quadrática, obtemos:

$$t = \frac{0{,}1223 \pm \sqrt{(0{,}1223)^2 - 4(1)(-0{,}3058)}}{2}. \tag{2.48}$$

A equação (2.48) pode ser escrita como:

$$t = \frac{0{,}1223\ \pm\ \sqrt{1{,}2382}}{2} = \frac{0.1223\ \pm\ 1.1127}{2} = 0{,}0612 \pm\ 0{,}5563,$$

resultando em $t = 0{,}0612 - 0{,}5563 = -0{,}495$ s ou $t = 0{,}0612 + 0{,}5564 = 0{,}617$ s. Como o tempo não pode ser negativo, o mergulhador atinge a água em 0,617 s.

(ii) Método 2: Completação do quadrado
A equação quadrática (2.47) pode ser escrita como:

$$t^2 - 0{,}1223\,t = 0{,}3058. \tag{2.49}$$

Somando $\left(\frac{-0{,}1223}{2}\right)^2 = 0{,}0037$ aos dois lados, temos:

$$t^2 - 0{,}1223\,t + 0{,}015 = 0{,}3058 + 0{,}0037. \tag{2.50}$$

Agora, escrevamos os dois lados da equação (2.50) como quadrados perfeitos:

$$(t - 0{,}0612)^2 = (\pm\ \sqrt{0{,}3095})^2. \tag{2.51}$$

Tomando a raiz quadrada dos dois lados, obtemos:

$$t - 0{,}0612 = \pm\, 0{,}5563.$$

Logo,

$$t = 0{,}0612 \pm 0{,}5563,$$

resultando em $t = 0{,}0612 - 0{,}5563 = -0{,}495$ s ou $t = 0{,}0612 + 0{,}5563 = 0{,}617$ s. Como o tempo não pode ser negativo, o mergulhador atinge a água em 0,617 s.

(b) A máxima altura atingida pelo mergulhador é calculada substituindo $t = 0{,}0612$ na equação (2.45):

$$h_{\text{máx}} = h(0{,}0612) = -4{,}905(0{,}0612)^2 + 0{,}6(0{,}0612) + 1{,}5 = 1{,}518 \text{ m}.$$

(c) Usando os resultados das partes (a) e (b), o gráfico da altura atingida pelo mergulhado após saltar do trampolim é desenhado como na Fig. 2.10.

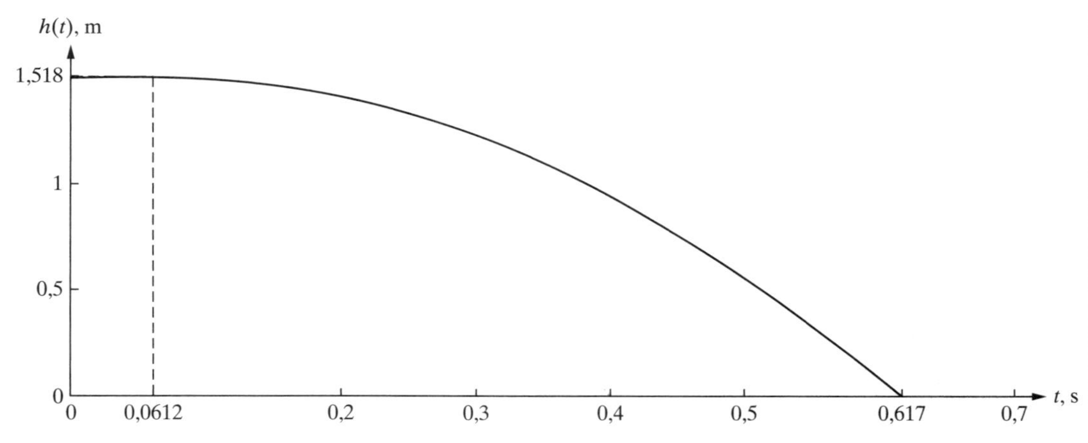


**Figura 2.10** Altura atingida pelo mergulhado após saltar do trampolim.

**Exemplo 2-7**

Duto em Colina com Perfil Parabólico Um duto deve passar por uma colina com perfil parabólico dado por:

$$y = -\,0{,}004\ x^2 + 0{,}3\ x. \tag{2.52}$$

A origem das coordenadas $x$ e $y$ é fixada à elevação zero, próximo à base da colina, como indicado na Fig. 2.11.

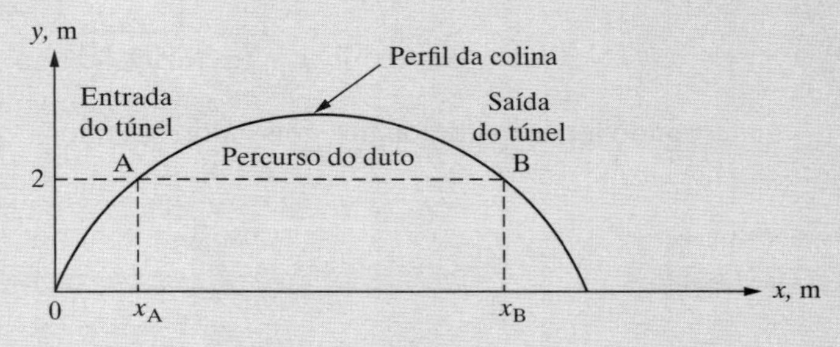


**Figura 2.11** Duto passando por colina com perfil parabólico.

(a) Escrevamos a equação quadrática para a elevação do duto em $y = 2$m.
(b) Resolvamos a equação quadrática obtida na parte (a) para determinar as posições das bocas do túnel $x_A$ e $x_B$ usando a fórmula quadrática e a completação do quadrado.
(c) Calculemos o comprimento do túnel.

**Solução** (a) Como a altura $y$ do túnel é de 2m, a equação (2.52) pode ser escrita como:

$$2 = -0{,}004\,x^2 + 0{,}3\,x$$

logo

$$0{,}004\,x^2 - 0{,}3\,x + 2 = 0$$

ou

$$x^2 - 75x + 500 = 0. \tag{2.53}$$

(b) A equação quadrática dada na equação (2.53) pode ser resolvida pela fórmula quadrática e pela completação do quadrado, como mostrado a seguir.

(i) Método 1: Fórmula quadrática
Resolvendo a equação quadrática (2.53) pela fórmula quadrática, obtemos:

$$x = \frac{75 \pm \sqrt{(-75)^2 - 4(1)(500)}}{2}. \tag{2.54}$$

A equação (2.54) pode ser escrita como:

$$x = \frac{75 \pm \sqrt{3625}}{2} = \frac{75 \pm 60.2}{2} = 37{,}5 \pm 30{,}1,$$

resultando em $x = 37{,}5 - 30{,}1 = 7{,}4$ m ou $x = 37{,}5 + 30{,}1 = 67{,}6$ m. Portanto, a posição da entrada do túnel é 7,4 m e a da saída do túnel, 67,6 m

(ii) Método 2: Completação do quadrado
A equação quadrática (2.53) pode ser escrita como:

$$x^2 - 75x = -500. \tag{2.55}$$

Somando $\left(-\frac{75}{2}\right)^2 = 1406{,}25$ aos dois lados, temos:

$$x^2 - 75\,x + 1406{,}25 = -500 + 1406{,}25. \tag{2.56}$$

Agora, escrevamos os dois lados da equação (2.56) como quadrados perfeitos:

$$(x - 37{,}5)^2 = (\pm\sqrt{906{,}25})^2. \tag{2.57}$$

Tomando a raiz quadrada dos dois lados, obtemos:

$$x - 37{,}5 = \pm 30{,}1.$$

Logo,

$$x = 37{,}5 \pm 30{,}1,$$

resultando em $x = 37{,}5 - 30{,}1 = 7{,}4$ m ou $x = 37{,}5 + 30{,}1 = 67{,}6$ m. Para verificar se a resposta está correta, substituamos $x = 7{,}4$ e $x = 67{,}6$ na equação (2.53).
Substituindo $x = 7{,}4$, temos:

$$(7{,}4^2) - 75(7{,}4) + 500 = 0$$
$$55 - 555 + 500 = 0$$
$$0 = 0$$

Agora, substituindo $x = 67{,}6$ na equação (2.53), obtemos:

$$(67{,}6^2) - 75(67{,}6) + 500 = 0$$
$$4570 - 5070 + 500 = 0$$
$$0 = 0$$

Portanto, $x_A = 7{,}4$ m e $x_B = 67{,}6$ m são as posições corretas da entrada e da saída do túnel, respectivamente.

(c) O comprimento do túnel pode ser calculado subtraindo a posição $x_A$ de $x_B$:
Comprimento do túnel $= x_B - x_A = 67{,}6 - 7{,}4 = 60{,}2$ m.

## EXERCÍCIOS

**2-1** Uma análise do circuito mostrado na Fig. E2.1 resultou na seguinte equação quadrática para a corrente $I$: $3I^2 + 6I = 45$, com $I$ em amperes.

(a) Reescreva a equação anterior na forma $I^2 + aI + b = 0$, na qual $a$ e $b$ são constantes.

(b) Resolva a equação na parte (a) por cada um dos seguintes métodos: fatoração, método de completar quadrados e fórmula quadrática.

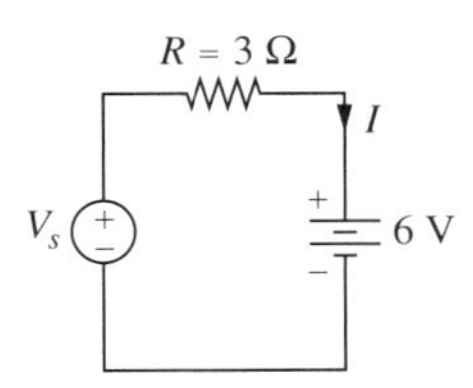


**Figura E2.1** Circuito resistivo para o Exercício 2-1.

**2-2** Refaça o Exercício 2-1 para o circuito mostrado na Fig. E2.2, para o qual a equação quadrática da corrente $I$ é $3I^2 - 6I = 45$, com $I$ em amperes.

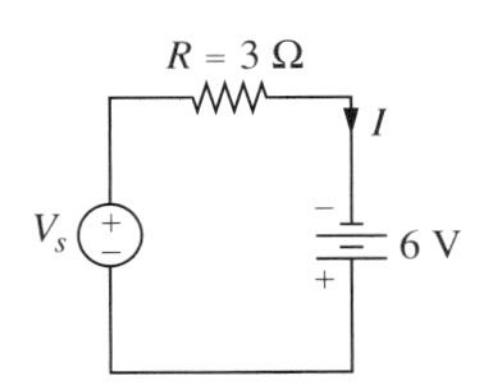


**Figura E2.2** Circuito resistivo para o Exercício 2-2.

**2-3** Refaça o Exercício 2-1 para o circuito mostrado na Fig. E2.3, para o qual a equação quadrática da corrente $I$ é $210 = 10I^2 + 40I$, com $I$ em amperes.

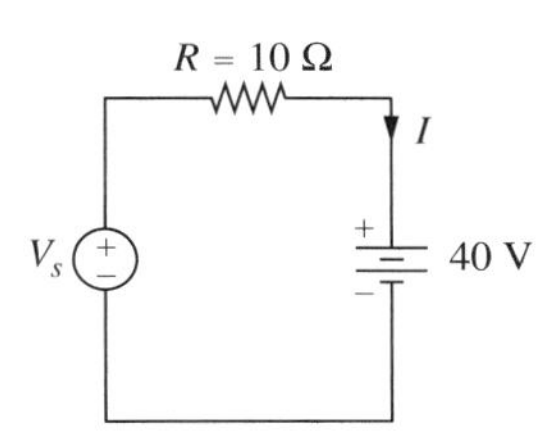


**Figura E2.3** Circuito resistivo para o Exercício 2-3.

**2-4** A corrente que flui no indutor ilustrado na Fig. E2.4 é dada pela equação quadrática $i(t) = t^2 - 8t$. Determine $t$ para

(a) $i(t) = 9$ A (use a fórmula quadrática) e

(b) $i(t) = 84$ A (use o método de completar quadrados).

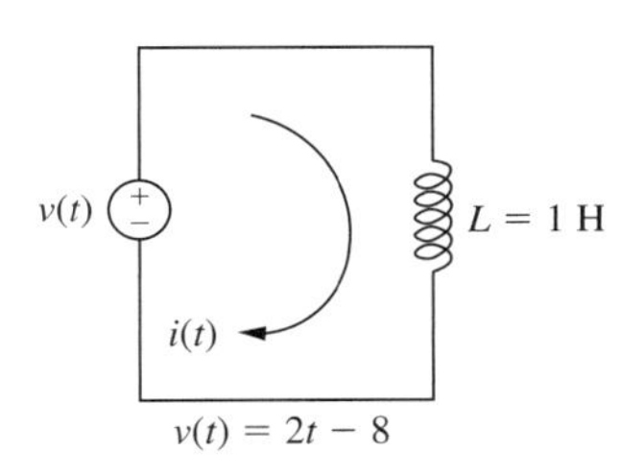


**Figura E2.4** Corrente fluindo em um indutor.

**2-5** A tensão no capacitor mostrado na Fig. E2.5 é dada pela equação quadrática $v(t) = t^2 - 6t$. Determine $t$ para

(a) $v(t) = 16$ V (use a fórmula quadrática) e

(b) $v(t) = 27$ V (use o método de completar quadrados).

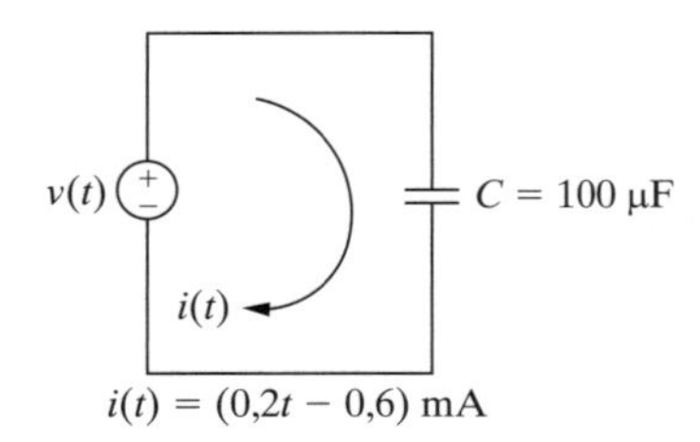


**Figura E2.5** Tensão em um capacitor.

**2-6** No circuito puramente resistivo mostrado na Fig. E2.6, a resistência total $R$ do circuito é dada por:

$$R = R_1 + \frac{R_1 R_2}{R_1 + R_2}. \qquad (2.58)$$

Sejam a resistência total $R = 100\ \Omega$ e $R_2 = 2R_1 + 100\ \Omega$. Determine $R_1$ e $R_2$ da seguinte forma:

(a) Substitua os valores de $R$ e $R_2$ na equação (2.58) e simplifique a expressão resultante para obter uma única equação quadrática para $R_1$.

(b) Usando o método de sua preferência, resolva a equação quadrática para $R_1$ e calcule o correspondente valor de $R_2$.

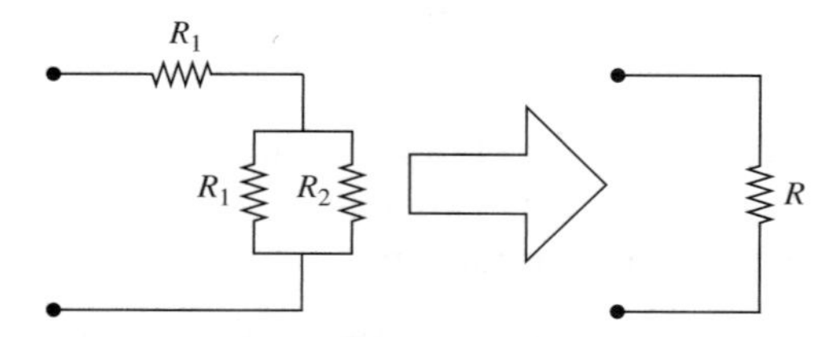


**Figura E2.6** Combinação série-paralelo de resistores.

**2-7** Refaça o Exercício 2-6 para $R = 1600\ \Omega$ e $R_2 = R_1 + 500\ \Omega$.

**2-8** A energia dissipada pelo resistor mostrado na Fig. E2.8 varia com o tempo $t$ em segundos de acordo com a equação quadrática $W = 3t^2 + 6t$. Resolva esta equação para $t$, com:

(a) $W = 3$ joules

(b) $W = 9$ joules

(c) $W = 45$ joules.

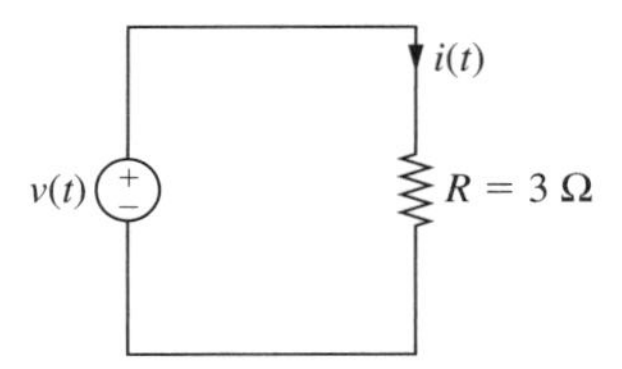


**Figura E2.8** Circuito resistivo para o Exercício 2-8.

**2-9** A capacitância equivalente $C$ de dois capacitores conectados em série, como mostrado na Fig. E2.9, é dada por:

$$C = \frac{C_1 C_2}{C_1 + C_2}. \qquad (2.59)$$

Sejam a capacitância total $C = 120\,\mu$F e $C_2 = C_1 + 100\,\mu$F. Determine $C_1$ e $C_2$ da seguinte forma:

(a) Substitua os valores de $C$ e $C_2$ na equação (2.59) e obtenha a equação quadrática para $C_1$.

(b) Resolva a equação quadrática para $C_1$ obtida na parte (a) usando cada um dos seguintes métodos: fatoração, completação do quadrado e fórmula quadrática. Calcule, ainda, o correspondente valor de $C_2$.

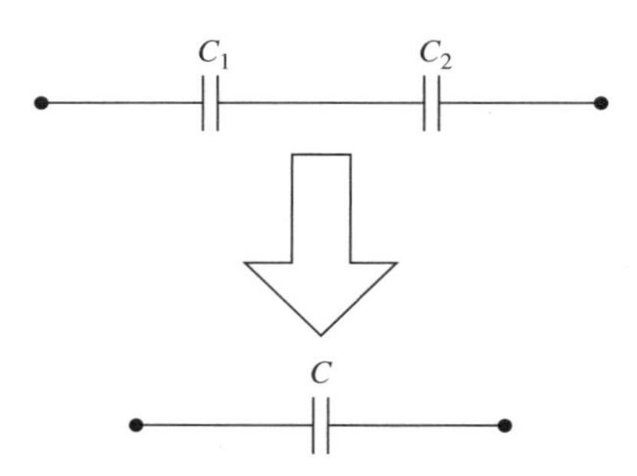


**Figura E2.9** Combinação série de dois capacitores.

**2-10** Refaça o Exercício 2-9 para $C = 75\,\mu$F e $C_2 = C_1 + 200\,\mu$F.

**2-11** A capacitância equivalente $C$ de três capacitores conectados em série-paralelo, como mostrado na Fig. E2.11, é dada por:

$$C = 25 + \frac{C_1 C_2}{C_1 + C_2}. \qquad (2.60)$$

Sejam a capacitância total $C = 125\,\mu$F e $C_2 = C_1 + 100\,\mu$F. Determine $C_1$ e $C_2$ da seguinte forma:

(a) Substitua os valores de $C$ e $C_2$ na equação (2.60) e obtenha a equação quadrática para $C_1$.

(b) Resolva a equação quadrática para $C_1$ obtida na parte (a) completando o quadrado e usando a fórmula quadrática. Calcule, ainda, os correspondentes valores de $C_2$.

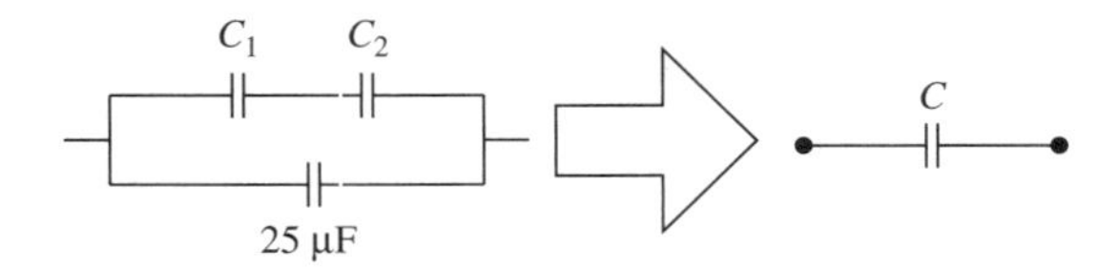


**Figura E2.11** Combinação série-paralelo de dois capacitores.

**2-12** A indutância equivalente $L$ de dois indutores conectados em paralelo, como mostrado na Fig. E2.12, é dada por:

$$\boldsymbol{L = \frac{L_1 L_2}{L_1 + L_2}}. \quad (2.61)$$

Sejam a indutância total $L = 80$ mH e $L_1 = L_2 + 300$ mH. Determine $L_1$ e $L_2$ da seguinte forma:

(a) Substitua os valores de $L$ e $L_1$ na equação (2.61) e obtenha a equação quadrática para $L_2$.

(b) Resolva a equação quadrática para $L_2$ obtida na parte (a) completando o quadrado e usando a fórmula quadrática. Calcule, ainda, os correspondentes valores de $L_1$.

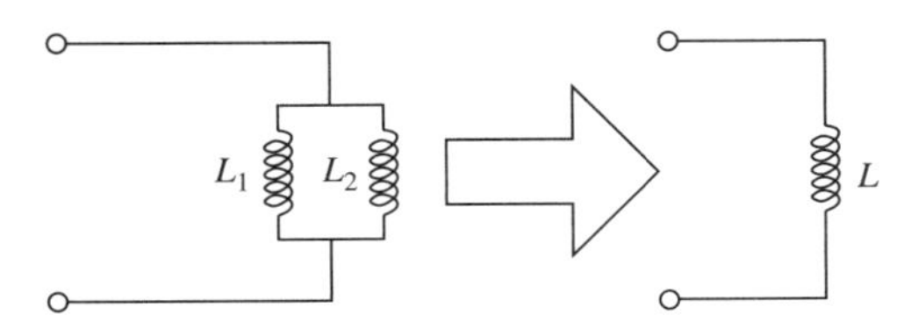


**Figura E2.12** Combinação de dois indutores em paralelo.

**2-13** Refaça o Exercício 2-12 para $L = 150$ mH e $L_1 = L_2 + 400$ mH.

**2-14** A indutância equivalente $L$ de três indutores conectados em série-paralelo, como mostrado na Fig. E2.14, é dada por:

$$L = 125 + \frac{L_1 L_2}{L_1 + L_2}. \quad (2.62)$$

(a) Sejam $L_2 = L_1 + 200$ mH e a indutância equivalente $L = 200$ mH. Substitua esses valores na equação (2.62) e obtenha a seguinte equação quadrática:

$$L_1^2 + 50\,L_1 - 15,000 = 0. \quad (2.63)$$

(b) Resolva a equação quadrática (2.63) para $L_1$ usando os seguintes métodos: fatoração, completação do quadrado e a fórmula quadrática.

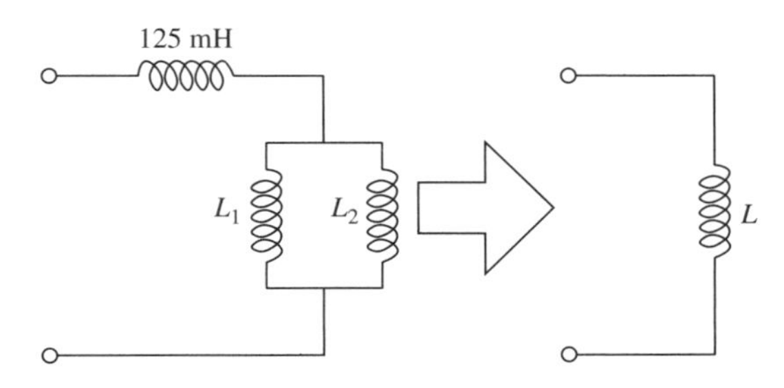


**Figura E2.14** Combinação série-paralelo de três indutores.

**2-15** Um protótipo de foguete é disparado no plano vertical no tempo $t = 0$ s, como ilustrado na Fig. E2.15. A altura do foguete (em pés) satisfaz a equação quadrática $h(t) = 64t - 16t^2$.

(a) Determine o(s) valor(es) do tempo $t$ em que $h(t) = 48$ ft.

(b) Determine o(s) valor(es) do tempo $t$ em que $h(t) = 60$ ft.

(c) Calcule o tempo necessário para o foguete atingir o solo.

(d) Com base em sua solução para as partes (a) a (c), calcule a máxima altura alcançada pelo foguete e desenhe o gráfico de $h(t)$.

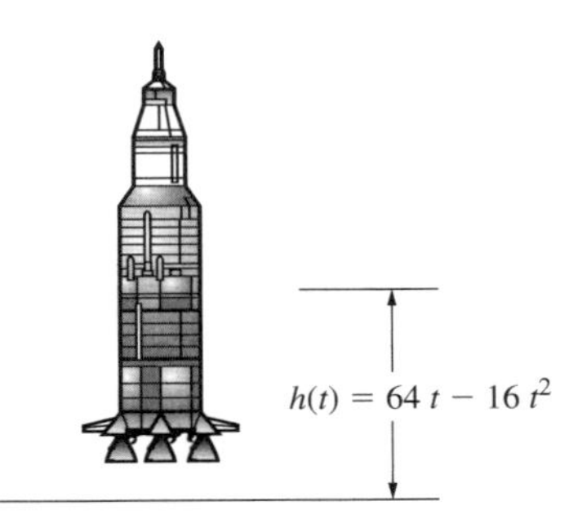


**Figura E2.15** Protótipo de foguete para o Exercício 2-15.

**2-16** A bola mostrada na Fig. E2.16 cai de uma altura de 1000 metros. A bola cai segundo a equação quadrática $h(t) = 1000 - 4{,}905t^2$. Calcule o tempo $t$, em segundos, para a bola alcançar uma altura $h(t)$ de

(a) 921,52 m (b) 686,08 m
(c) 509,5 m (d) 0 m

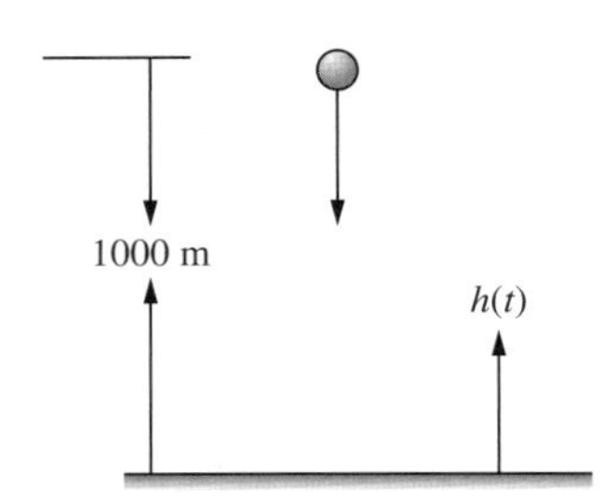


Figura E2.16 Bola que cai de uma altura de 1000 m.

**2-17** No tempo $t = 0$, uma bola é lançada verticalmente do topo de um edifício com velocidade de 56 ft/s, como ilustrado na Fig. E2.17. A altura da bola no tempo $t$ é dada por:

$$h(t) = 32 + 56t - 16t^2 \text{ ft}.$$

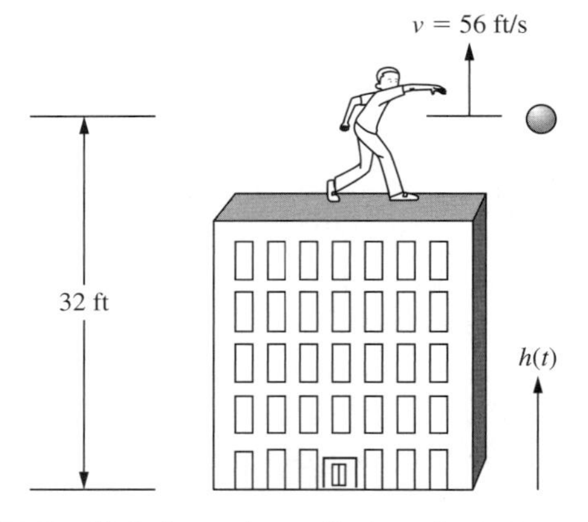


Figura E2.17 Bola lançada verticalmente do topo de um edifício.

(a) Calcule o(s) valor(es) do tempo $t$ em que $h(t) = 32$ ft.

(b) Calcule o tempo necessário para a bola atingir o solo.

(c) Use os resultados para determinar a máxima altura da bola, e desenhe o gráfico da altura $h(t)$ da bola.

**2-18** Duas molas conectadas em série, como ilustrado na Fig. E2.18, podem ser representadas por uma mola equivalente. A rigidez da mola equivalente é dada por:

$$\mathbf{k_{eq} = \frac{k_1 k_2}{k_1 + k_2}}, \qquad (2.64)$$

onde $k_1$ e $k_2$ são as constantes das duas molas. Sejam $k_{eq} = 1{,}2$ N/m e $k_2 = 2k_1 - 1$ N/m. Determine $k_1$ e $k_2$ da seguinte forma:

(a) Substitua os valores de $k_{eq}$ e $k_2$ na equação (2.64) e obtenha a equação quadrática para $k_1$.

(b) Resolva a equação quadrática para $k_1$ obtida na parte (a) completando o quadrado e usando a fórmula quadrática. Calcule, ainda, os correspondentes valores de $k_2$.

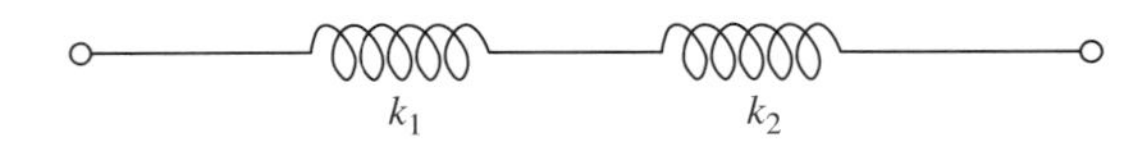


Figura E2.18 Combinação série de duas molas.

**2-19** A rigidez equivalente da combinação série-paralelo de três molas mostrada na Fig. E2.19 é dada por:

$$k = k_2 + \frac{k_1 k_2}{k_1 + k_2}. \qquad (2.65)$$

Sejam $k_1 = k_2 + 2$ lb/in e uma rigidez equivalente $k = 1{,}75$ lb/in. Determine $k_1$ e $k_2$ da seguinte forma:

(a) Substitua os valores de $k$ e $k_1$ na equação (2.65) e obtenha a equação quadrática para $k_2$.

(b) Usando o método de sua preferência, resolva a equação quadrática obtida na parte (a) e determine os valores de $k_2$. Determine, também, os valores de $k_1$.

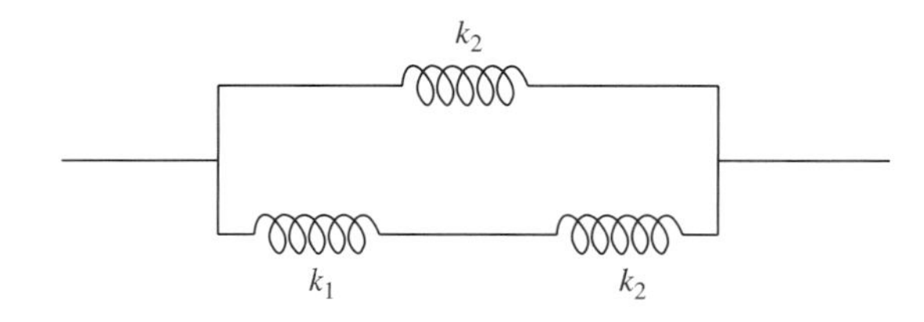


Figura E2.19 Combinação série-paralelo de três molas.

**2-20** Um arranjo de três molas conectadas em série como mostrado na Fig. E2.20 tem uma rigidez equivalente $k$ dada por:

$$k = \frac{k_1 k_2 k_3}{k_2 k_3 + k_1 k_3 + k_1 k_2}. \qquad (2.66)$$

(a) Sejam $k_2 = 6$ lb/in, $k_3 = k_1 + 8$ lb/in, e uma rigidez equivalente $k = 2$ lb/in. Substitua esses valores na equação (2.66) e obtenha a seguinte equação quadrática:

$$4k_1^2 + 8k_1 - 96 = 0. \qquad (2.67)$$

(b) Resolva a equação (2.67) para $k_1$ por cada um dos métodos: (i) fatoração, (ii) fórmula quadrática e (iii) completação do quadrado. Em cada caso, determine o valor de $k_3$ correspondente à única solução física para $k_1$.

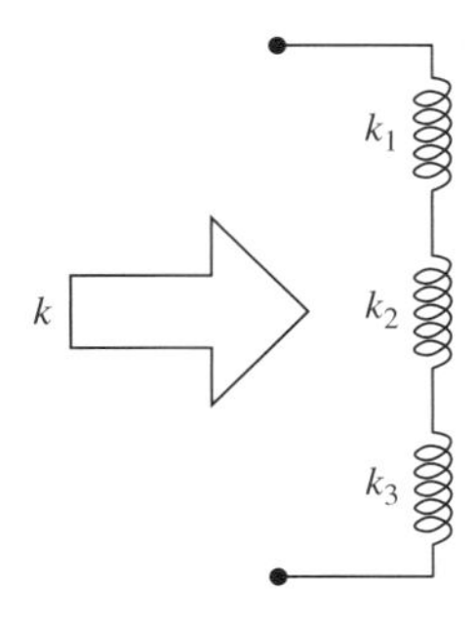


**Figura E2.20** Combinação série de três molas.

**2-21** Considere um capacitor $C$ e um indutor $L$ conectados em paralelo, como ilustrado na Fig. E2.21. A reatância total $X$ em ohms é dada por: $X = \dfrac{\omega L}{1-\omega^2 LC}$, sendo $\omega$ a frequência angular em rad/s.

(a) Sejam $L$ = 1,0 mH e $C$= 1 F. Para uma reatância total $X$ = 1,0 Ω, mostre que a frequência angular $\omega$ satisfaz a equação quadrática $\omega^2 + \omega - 1000 = 0$.

(b) Resolva a equação quadrática para $\omega$ pelo método de completar quadrados e usando a fórmula quadrática.

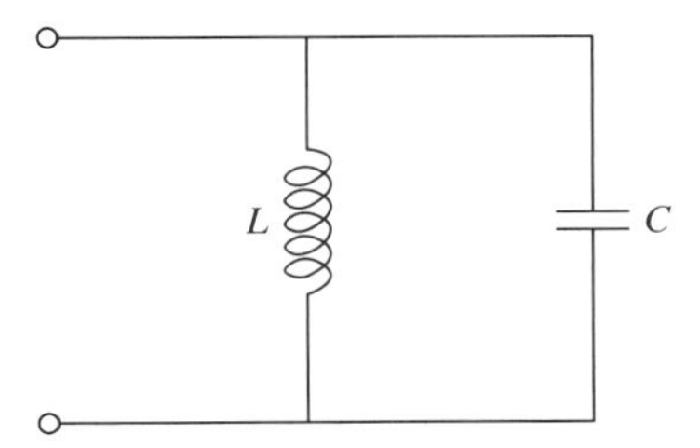


**Figura E2.21** Conexão de $L$ e $C$ em paralelo.

**2-22** Considere, no Exercício 2-21, que a reatância total seja $X$ = –1 Ω. Mostre que a frequência angular $\omega$ satisfaz a equação quadrática $\omega^2 - \omega - 1000 = 0$, e determine o valor de $\omega$ usando a fórmula quadrática e completando o quadrado.

**2-23** Considere, no Exercício 2-21, $L$ = 0,5 H, $C$ = 0,005 F e uma reatância total $X = -\frac{20}{3}$ Ω. Mostre que a frequência angular $\omega$ satisfaz a equação quadrática $\omega^2 - 30\omega - 400 = 0$. Determine o valor de $\omega$ usando a fórmula quadrática e completando o quadrado.

**2-24** Na conversão de resistências conectadas na configuração Δ para uma configuração $Y$, como ilustrado na Fig. E2.24, a resistência $R_1$ é obtida como:

$$R_1 = \frac{R_a R_b}{R_a + R_b + R_c} \qquad (2.68)$$

(a) Sejam $R_1$ = 100, $R_a = R_b = R$, e $R_c$ = 100 + $R$, todas medidas em ohms. Substitua esses valores na equação (2.68) e obtenha a seguinte equação quadrática para $R$:

$$R^2 - 300\,R - 10{,}000 = 0$$

(b) Resolva a equação quadrática para $R$ completando o quadrado e usando a fórmula quadrática.

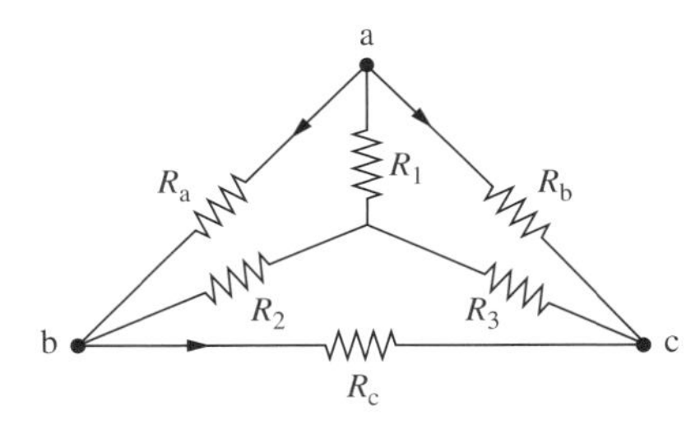


**Figura E2.24** Conversão de circuito em configuração triangular (Δ) para configuração em estrela ($Y$).

**2-25** Na conversão de resistências na configuração Δ para uma configuração $Y$, como ilustrado na Fig. E2.24, a resistência $R_1$ é dada pela equação (2.68).

(a) Sejam $R_1$ = 6, $R_a = R$, $R_b = 3R$, e $R_c$ = 100 + $R$, todas medidas em ohms. Substitua esses valores na equação (2.68) e obtenha a seguinte equação quadrática para $R$:

$$R^2 - 10\,R - 200 = 0$$

(b) Resolva a equação quadrática para $R$ completando o quadrado e usando a fórmula quadrática.

**2-26** Na conversão de resistências na configuração Δ para uma configuração *Y*, como ilustrado na Fig. E2.24, a resistência $R_2$ é obtida como:

$$R_2 = \frac{R_a R_c}{R_a + R_b + R_c} \qquad (2.69)$$

(a) Sejam $R_2 = 12$, $R_a = R$, $R_b = 3R$, e $R_c = 100 + R$, todas medidas em ohms. Substitua esses valores na equação (2.69) e obtenha a seguinte equação quadrática para *R*:

$$R^2 + 40\,R - 1200 = 0$$

(b) Resolva a equação quadrática para *R* completando o quadrado e usando a fórmula quadrática.

**2-27** Na conversão de resistências na configuração Δ para uma configuração *Y*, como ilustrado na Fig. E2.24, a resistência $R_3$ é obtida como

$$R_3 = \frac{R_b R_c}{R_a + R_b + R_c} \qquad (2.70)$$

(a) Sejam $R_3 = 36$, $R_a = R$, $R_b = 3R$, e $R_c = 100 + R$, todas medidas em ohms. Substitua esses valores na equação (2.70) e obtenha a seguinte equação quadrática para *R*:

$$R^2 + 40\,R - 1200 = 0$$

(b) Resolva a equação quadrática para *R* completando o quadrado e usando a fórmula quadrática.

**2-28** A equação característica do circuito RLC série ilustrado na Fig. E2.28 é dada por:

$$s^2 + \frac{R}{L}s + \frac{1}{L\,C} = 0. \qquad (2.71)$$

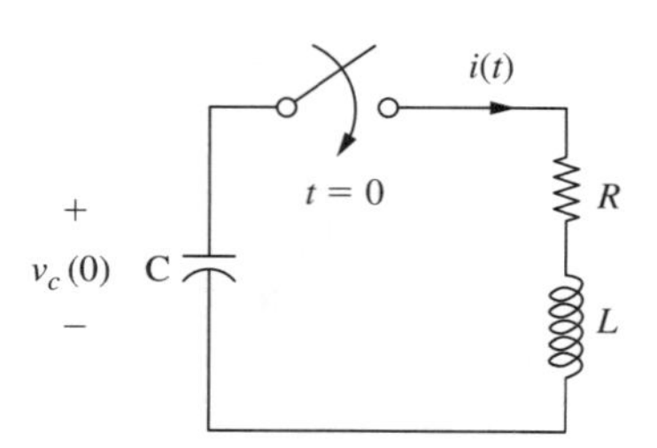


**Figura E2.28** Circuito RLC série para o Exercício 2-28.

(a) Sejam $R = 7\,\Omega$, $L = 1$ H e $C = 0{,}1$ F. Resolva a equação quadrática (2.71) para os valores de *s* (chamados de autovalores do sistema) completando o quadrado e usando a fórmula quadrática.

(b) Refaça a parte (a) para $R = 10\,\Omega$, $L = 1$ H e $C = \frac{1}{25}$ F.

**2-29** A equação característica do circuito RLC paralelo ilustrado na Fig. E2.29 é dada por:

$$s^2 + \frac{1}{R\,C}s + \frac{1}{L\,C} = 0. \qquad (2.72)$$

Sejam $R = 200\,\Omega$, $L = 50$ mH e $C = 0{,}2\,\mu$F. Resolva a equação quadrática (2.72) para os valores de *s* completando o quadrado e usando a fórmula quadrática.

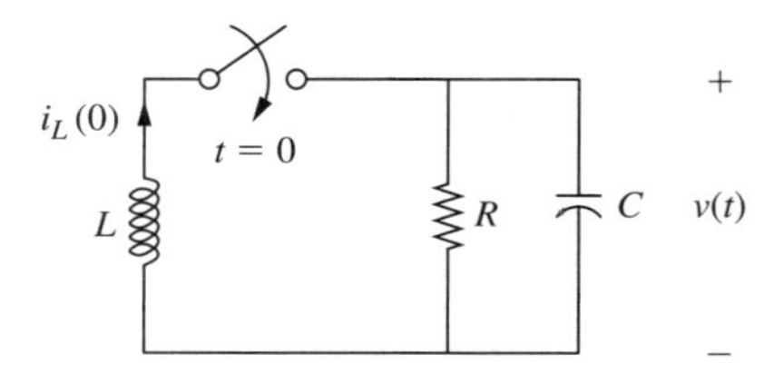


**Figura E2.29** Circuito RLC paralelo para o Exercício 2-29.

**2-30** A equação característica do sistema de massa, mola e amortecedor ilustrado na Fig. E2.30 é dada por:

$$m\,s^2 + c\,s + k = 0. \qquad (2.73)$$

**(a)** Sejam m = 1 kg, $c = 3$ Ns/m, e $k = 2$ N/m. Resolva a equação quadrática (2.73) para os valores de *s* completando o quadrado e usando a fórmula quadrática.

**(b)** Refaça a parte (a) para m = 1 kg, $c = 2$ Ns/m, e $k = 1$ N/m.

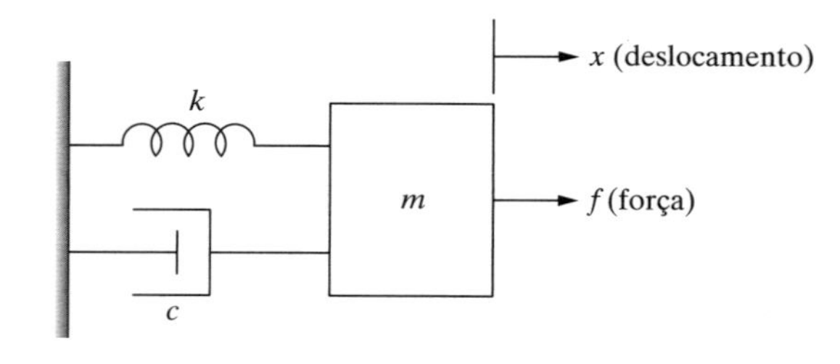


**Figura E2.30** Sistema de massa, mola e amortecedor para o Exercício 2-30.

**2-31** O perímetro do retângulo mostrado na Fig. E2.31é dado por:

$$P = 2\left(\frac{A}{L} + L\right). \qquad (2.74)$$

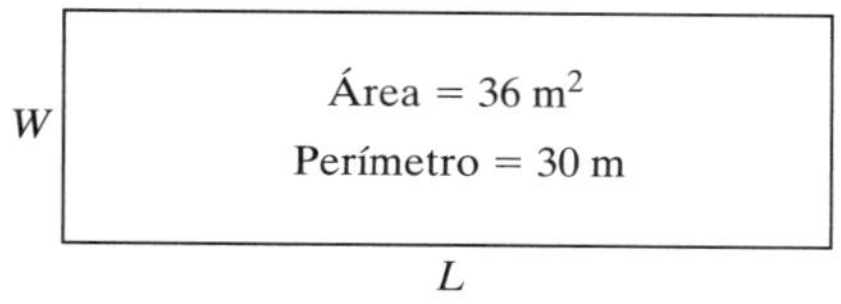

Área = 36 m²
Perímetro = 30 m
W
L

**Figura E2.31** Retângulo de largura $L$ e altura $W$.

Sejam um perímetro $P = 30$ e área $A = W \times L = 36\ \text{m}^2$. Determine a largura $L$ e a altura $W$ da seguinte forma:

(a) Substitua os valores de $P$ e de $A$ na equação (2.74) e obtenha a equação quadrática para $L$.

(b) Resolva a equação quadrática para $L$ obtida na parte (a) completando o quadrado e usando a fórmula quadrática. Determine, também, os correspondentes valores de $W$.

**2-32** Um mergulhador salta de um trampolim a 2,0 m acima da superfície da água com velocidade inicial de 0,981 m/s, como ilustrado na Fig. E2.32. A altura $h(t)$ em relação à superfície da água é dada por:

$$h(t) = -4{,}905\, t^2 + 0{,}981t + 2{,}0\ \text{m}.$$

(a) Calcule o tempo em segundos em que o mergulhador atinge a água. Use a fórmula quadrática e o método de completar quadrados.

(b) Calcule a máxima altura atingida pelo mergulhador, sabendo que a mesma ocorre em $t = 0{,}1$ s.

(c) Use os resultados das partes (a) e (b) e desenhe o gráfico de $h(t)$ do mergulhador.

**2-33** Um duto deve passar por uma colina que tem o seguinte perfil parabólico:

$$y = -0{,}005\, x^2 + 0{,}35\, x. \qquad (2.75)$$

A origem das coordenadas $x$ e $y$ foi fixada à elevação zero, próximo à base da colina, como ilustrado na Fig. E2.33.

(a) Escreva a equação quadrática para uma elevação do duto $y = 3$ m.

(b) Usando a fórmula quadrática e a completação do quadrado, resolva a equação quadrática obtida na parte (a) e determine as posições da entrada $x_A$ e da saída $x_B$ do túnel.

(c) Calcule o comprimento do túnel.

**2-34** Um grupo de pesquisa usa um teste de queda para medir a força de amortecimento de um forro de capacete projetado para reduzir a

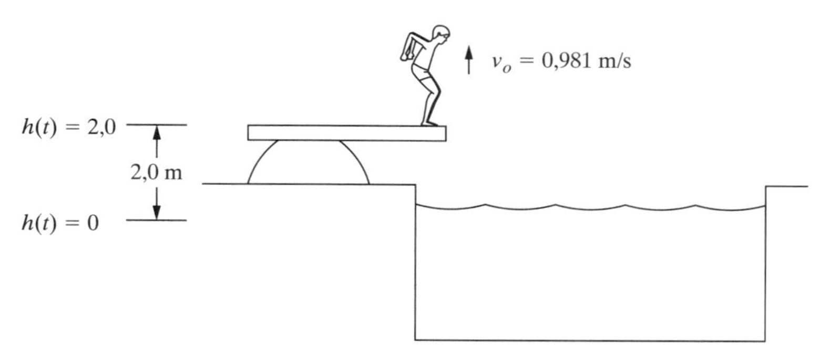


**Figura E2.32** Mergulhador saltando de um trampolim.

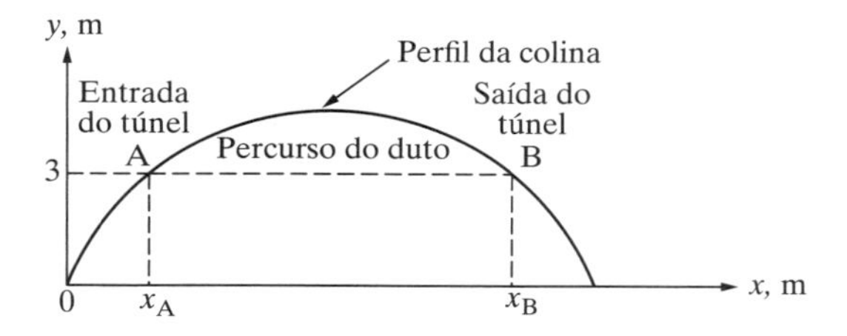


**Figura E2.33** Duto passando por colina com perfil parabólico.

ocorrência de lesões cerebrais em soldados e atletas. O capacete atado a um peso é lançado para baixo com velocidade inicial $v_i$ de 3 m/s, a partir de uma altura de 30 m. O comportamento do capacete em queda é caracterizado pela equação quadrática $h(t) = 30 - 3t - 4{,}9t^2$.

(a) Escreva a equação quadrática para o tempo $t$ quando o capacete e o peso atingem o solo, ou seja, para $h(t) = 0$ m.

(b) Resolva a equação quadrática para $t$ obtida na parte (a) completando o quadrado e usando a fórmula quadrática.

**2-35** O módulo de elasticidade ($E$) é uma medida da resistência de um material à deformação: quanto maior o módulo, mais rígido é o material. Durante a fabricação de um material cerâmico a partir de um pó, foram gerados poros que afetam a resistência do material. O módulo de elasticidade está relacionado à fração volumétrica da porosidade $P$ pela equação:

$$E = 304\,(1 - 1.9\,P + 0.9\,P^2). \qquad (2.76)$$

(a) Considere uma amostra porosa de nitreto de silício cujo módulo de elasticidade seja $E$ = 209 gigapascal (GPa); obtenha a equação quadrática para a fração volumétrica da porosidade $P$.

(b) Resolva equação quadrática obtida na parte (a) completando o quadrado e usando a fórmula quadrática.

(c) Refaça as partes (a) e (b) para determinar a fração volumétrica da porosidade de uma amostra de nitreto de silício cujo módulo de elasticidade é de 25 GPa.

**2-36** Considere a seguinte reação cuja constante de equilíbrio, a certa temperatura, é de $4{,}66 \times 10^{-3}$:

$$A(g) + B(g) \rightleftharpoons C(g)$$

Se 0,300 mol de A e 0,100 mol de B forem misturados em um recipiente e deixados a atingir o equilíbrio, as concentrações A = 0,300 – $x$ e B = 0,100 – $x$ que reagem para formar a concentração $C = 2x$ estão relacionadas à constante de equilíbrio pela seguinte expressão:

$$4{,}66 \times 10^{-3} = \frac{(2x)^2}{(0{,}300 - x)\,(0{,}100 - x)}.$$

(a) Escreva a equação quadrática para $x$.

(b) Resolva equação quadrática obtida na parte (a) completando o quadrado e usando a fórmula quadrática.

(c) Determine as concentrações de equilíbrio de A, B e C.

**2-37** Considere a seguinte reação, que tem constante de equilíbrio 1,00 à temperatura de 1105°K:

$$CO(g) + H_2O(g) \rightleftharpoons CO_2(g) + H_2(g)$$

Admita que o reator seja alimentado com 1,000 mol de CO e 2,000 mol de $H_2O(g)$, e que a mistura da reação atinge equilíbrio a 1105°K. As concentrações de CO = 1,000 – $x$ e $H_2O$ = 2,000 – $x$ que reagem para formar as concentrações $CO_2 = x$ e $H_2 = x$ estão relacionadas à constante de equilíbrio pela expressão:

$$1{,}00 = \frac{2x}{(1{,}000 - x)\,(2{,}000 - x)}$$

(a) Escreva a equação quadrática para $x$.

(b) Resolva equação quadrática obtida na parte (a) completando o quadrado e usando a fórmula quadrática.

(c) Determine as concentrações de equilíbrio de CO, $H_2O$, $CO_2$ e $H_2$.

**2-38** Uma cooperativa de engenharia deseja contratar um empreiteiro de asfalto para alargar a entrada de caminhões de sua sede, como ilustrado na Fig. E2.38.

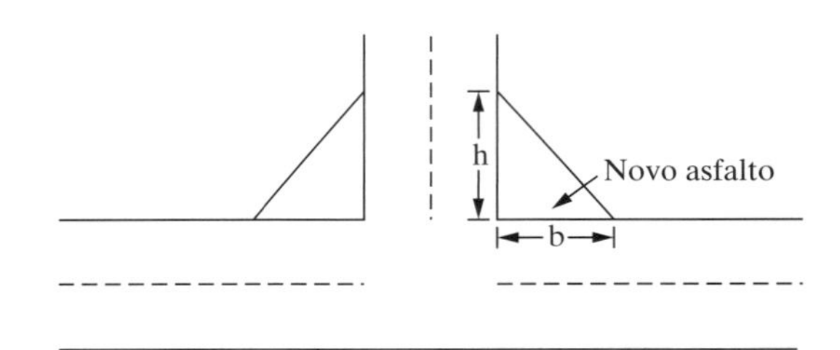


**Figura E2.38** Novas dimensões da parte asfaltada da entrada da sede da cooperativa.

O lado $h$ deve ter 10 pés a mais do que o lado $b$, e a área total do novo asfalto é dada por:

$$A = \frac{1}{2}b(10 + b). \qquad (2.77)$$

(a) Para $A$ = 200 pés quadrados, obtenha a equação quadrática para $h$.

(b) Resolva equação quadrática obtida na parte (a) completando o quadrado e usando a fórmula quadrática.

(c) Calcule os valores dos dois lados $h$ e $b$.

**2-39** Refaça o Exercício 2-38 para uma área total do novo asfalto de 300 pés quadrados.

**2-40** Uma cidade deseja contratar um empreiteiro para construir uma calçada em torno da piscina de um de seus parques. As dimensões da calçada e da piscina são mostradas na Fig. E2.40. A área da calçada é dada por:

$$A = (50 + 5x)(30 + 2x) - 1500$$

(a) Para $A = 4500$ pés quadrados, obtenha a equação quadrática para $x$.

(b) Resolva equação quadrática obtida na parte (a) completando o quadrado e usando a fórmula quadrática.

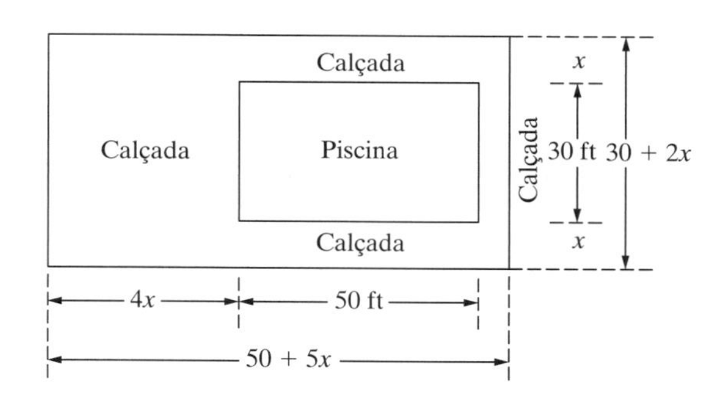


**Figura E2.40** Calçada em torno da piscina.

CAPÍTULO

# 3 Trigonometria na Engenharia

## 3.1 INTRODUÇÃO

Neste capítulo, usaremos as cinemáticas direta e inversa (reversa) de robôs planos de um e dois membros para explicar funções trigonométricas e suas identidades. Cinemática é o ramo da mecânica que estuda o movimento de um objeto. A cinemática direta é o problema geométrico estático de determinar a posição e a orientação do efetuador (mão) do robô a partir do conhecimento do deslocamento da junta. Em geral, o deslocamento da junta pode ser linear ou rotacional (angular). Contudo, neste capítulo, consideraremos somente movimento rotacional. Ademais, assumiremos que o robô plano não tenha punho (ou seja, sem efetuador ou mão), e que apenas a posição, mas não a orientação, da extremidade do robô possa ser alterada.

Na direção oposta, cinemática inversa ou reversa é o problema de determinar todas as possíveis variáveis de junta (ângulos) que levam a dadas posição cartesiana e orientação do efetuador. Como, neste capítulo, não consideramos efetuadores, a cinemática inversa determina o(s) ângulo(s) da junta a partir da posição cartesiana da extremidade.

## 3.2 ROBÔ PLANO DE UM MEMBRO

Consideremos um robô plano de um membro de comprimento $l$ (Fig. 3.1) que foi girado no plano $x$-$y$ por um motor montado no centro da mesa, que também é a posição da junta do robô. Um sensor de posição instalado na junta do robô fornece o valor do ângulo $\theta$ medido a partir do eixo $x$ positivo. O ângulo $\theta$ é positivo no sentido anti-horário (0° a 180°) e negativo no sentido horário (0° a –180°). Portanto, à medida que a junta é girada de 0° a 180° e de 0° a –180°, a extremidade do robô se move em uma circunferência de raio $l$ (o comprimento do membro do robô), como ilustrado na Fig. 3.2. Notemos que 180° = $\pi$ radianos.

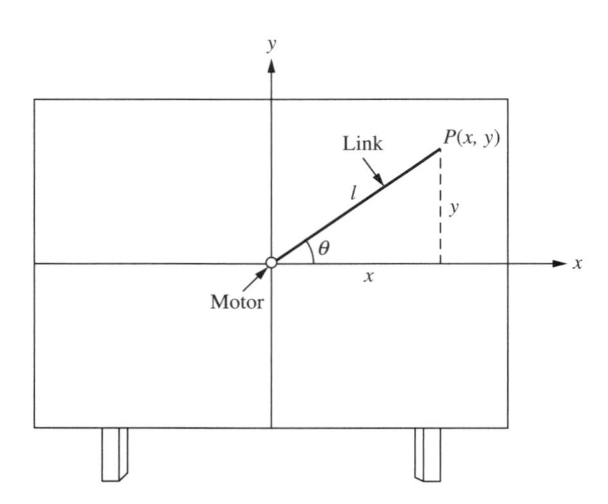


**Figura 3.1** Robô plano de um membro.

### 3.2.1 Cinemática de Robô de um Membro

Na Fig. 3.2, o ponto $P$ (extremidade do robô) pode ser representado em coordenadas retangulares ou cartesianas por uma dupla $(x, y)$; em coordenadas polares, pela dupla $(l, \theta)$. Assumindo que o comprimento $l$ do membro seja fixo, uma mudança no ângulo $\theta$ do robô implica mudança na posição da extremidade do robô. Isto é conhecido como cinemática direta do robô. A posição $(x, y)$ da extremidade do robô em termos de $l$ e $\theta$ pode ser obtida do triângulo retângulo $OAP$ na Fig. 3.2 como:

$$\cos(\theta) = \frac{\textbf{Lado adjacente}}{\textbf{Hipotenusa}} = \frac{x}{l} \Rightarrow x = l\cos(\theta) \quad (3.1)$$

$$\text{sen}(\theta) = \frac{\textbf{Lado oposto}}{\textbf{Hipotenusa}} = \frac{y}{l} \Rightarrow y = l\,\text{sen}(\theta) \quad (3.2)$$

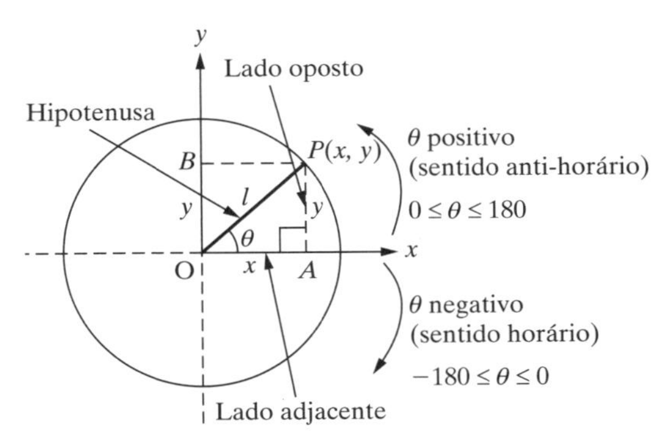


**Figura 3.2** Rota circular de um robô plano de um membro.

**Exemplo 3-1** Usemos o robô de um membro para determinar os valores de $\cos(\theta)$ e $\text{sen}(\theta)$ para $\theta = 0°, 90°, -90°$ e $180°$. Determinemos, também, os valores de $x$ e $y$.

**Solução** **Caso I:** $\theta = 0°$

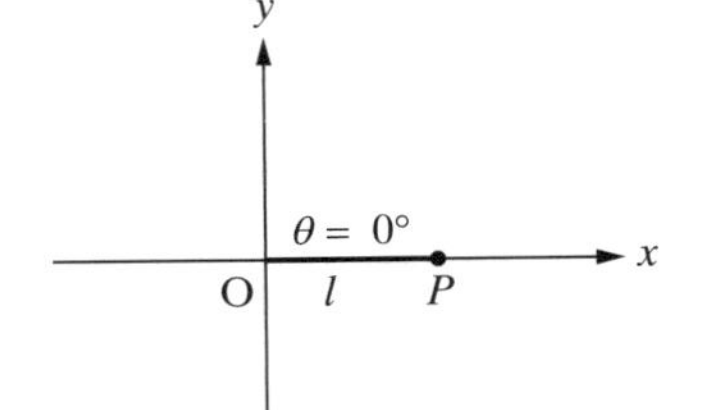


Por inspeção,

$x = l\cos(0°) = l \Rightarrow \cos(0°) = 1$

$y = l\,\text{sen}(0°) = 0 \Rightarrow \text{sen}(0°) = 0$

**Caso II:** $\theta = 90°$

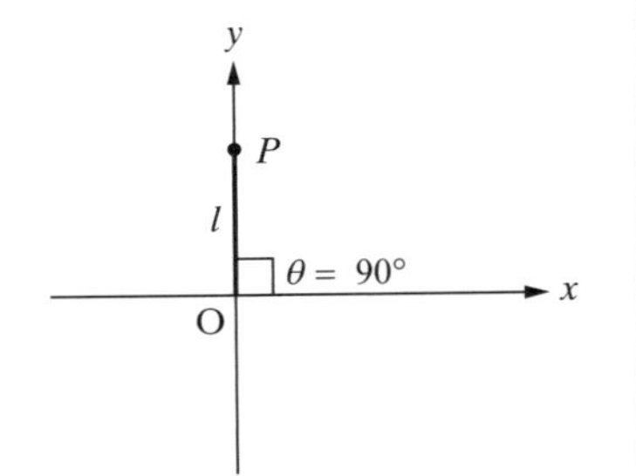


Por inspeção,

$x = l\cos(90°) = 0 \Rightarrow \cos(90°) = 0$

$y = l\,\text{sen}(90°) = l \Rightarrow \text{sen}(90°) = 1$

**Caso III:** $\theta = -90°$

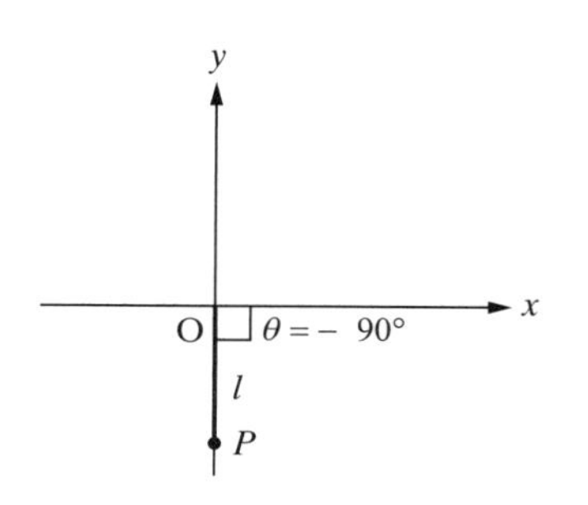


Por inspeção,

$$x = l\cos(-90°) = 0 \Rightarrow \cos(-90°) = 0$$
$$y = l\,\text{sen}(-90°) = -l \Rightarrow \text{sen}(-90°) = -1$$

**Caso IV:** $\theta = 180°$

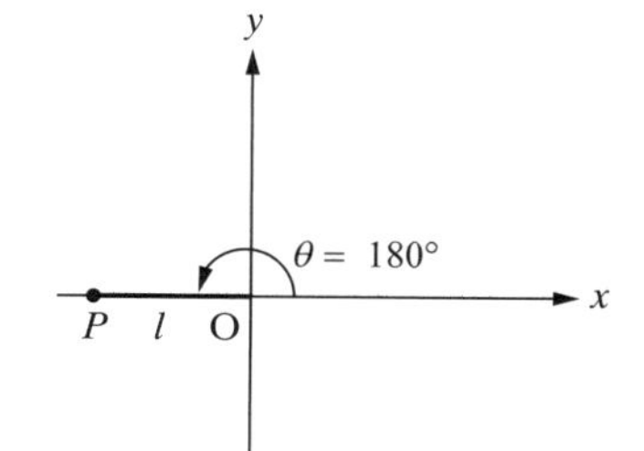


Por inspeção,

$$x = l\cos(180°) = -l \Rightarrow \cos(180°) = -1$$
$$y = l\,\text{sen}(180°) = 0 \Rightarrow \text{sen}(180°) = 0$$

**Exemplo 3-2** Determinemos a posição $P(x, y)$ do robô para $\theta = 45°, -45°, 135°$ e $-135°$.

**Solução** **Caso I:** $\theta = 45°$

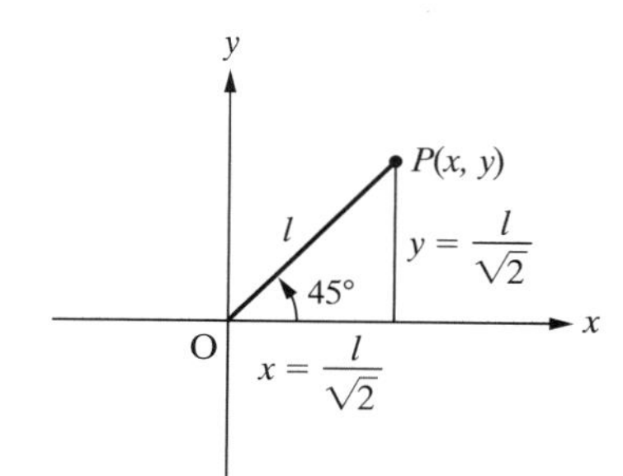


$$x = l\cos(45°) = \frac{l}{\sqrt{2}} \Rightarrow \cos(45°) = \frac{1}{\sqrt{2}}$$
$$y = l\,\text{sen}(45°) = \frac{l}{\sqrt{2}} \Rightarrow \text{sen}(45°) = \frac{1}{\sqrt{2}}$$

**Caso II:** $\theta = -45°$

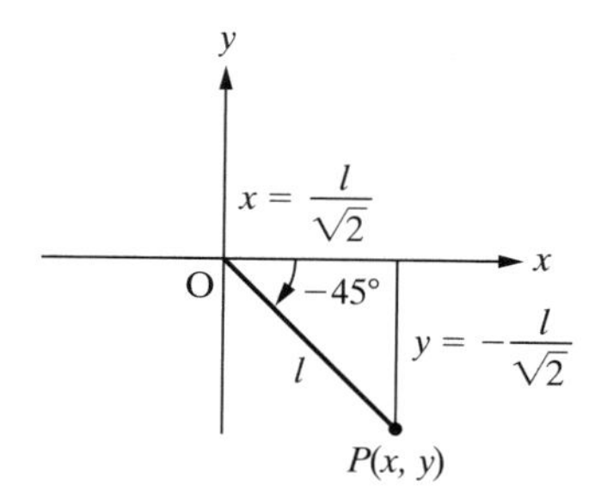


$$x = l\cos(-45°) = \frac{l}{\sqrt{2}} \Rightarrow \cos(-45°) = \frac{1}{\sqrt{2}}$$
$$y = l\,\text{sen}(-45°) = -\frac{l}{\sqrt{2}} \Rightarrow \text{sen}(-45°) = -\frac{1}{\sqrt{2}}$$

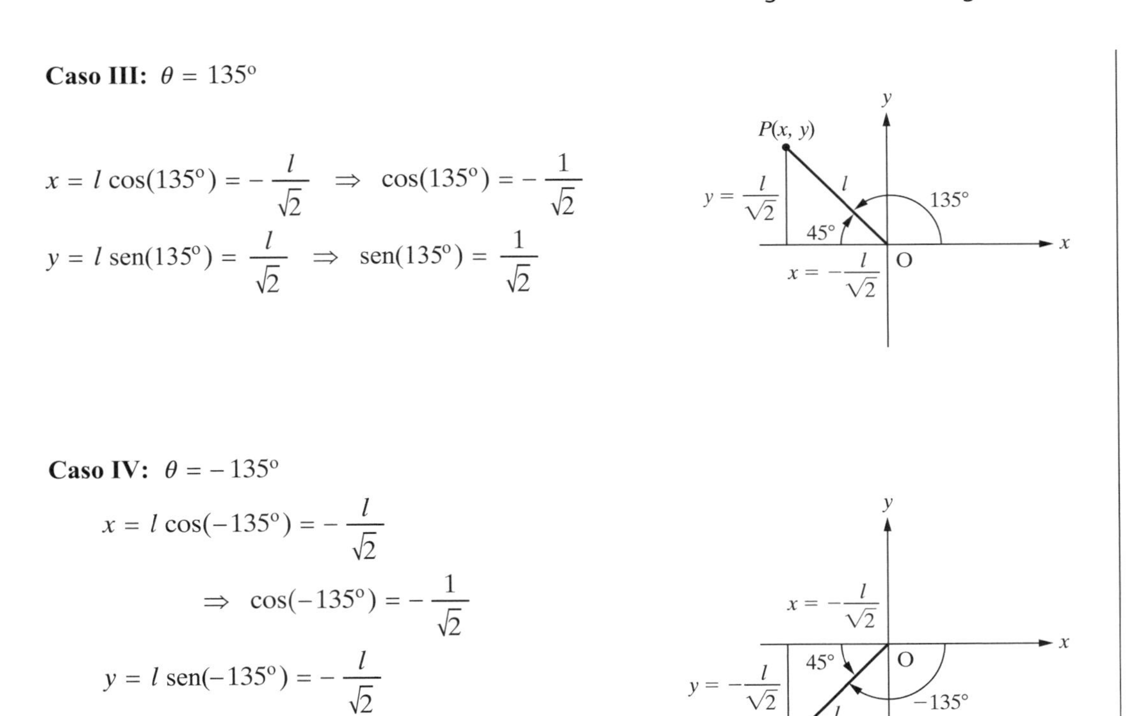

**Caso III:** $\theta = 135^\circ$

$$x = l\cos(135^\circ) = -\frac{l}{\sqrt{2}} \Rightarrow \cos(135^\circ) = -\frac{1}{\sqrt{2}}$$

$$y = l\,\mathrm{sen}(135^\circ) = \frac{l}{\sqrt{2}} \Rightarrow \mathrm{sen}(135^\circ) = \frac{1}{\sqrt{2}}$$



**Caso IV:** $\theta = -135^\circ$

$$x = l\cos(-135^\circ) = -\frac{l}{\sqrt{2}}$$

$$\Rightarrow \cos(-135^\circ) = -\frac{1}{\sqrt{2}}$$

$$y = l\,\mathrm{sen}(-135^\circ) = -\frac{l}{\sqrt{2}}$$

$$\Rightarrow \mathrm{sen}(-135^\circ) = -\frac{1}{\sqrt{2}}$$



Os Exemplos 3-1 e 3-2 mostram que, no primeiro quadrante ($0 < \theta < 90^\circ$), as funções sen e cos são positivas. Como as outras funções trigonométricas (tg = sen/cos, cot = 1/tg, sec = 1/cos e csc = 1/sen, por exemplo) são funções de sen e cos, todas as funções trigonométricas são positivas no primeiro quadrante, como ilustrado na Fig. 3.3. No segundo quadrante, sen e csc são positivas e todas as outras funções trigonométricas, negativas. No terceiro quadrante, as funções sen e cos são ambas negativas. Portanto, apenas tg e cot são positivas. Por fim, no quarto quadrante, apenas cos e sec são positivas. Para memorizar isto, uma frase que pode ser usada é **"Tudo Sen Tg Cos"**. Outra é **"Todos Sempre Temem Cálculo"**, o que pode ser verdade para estudantes de engenharia!

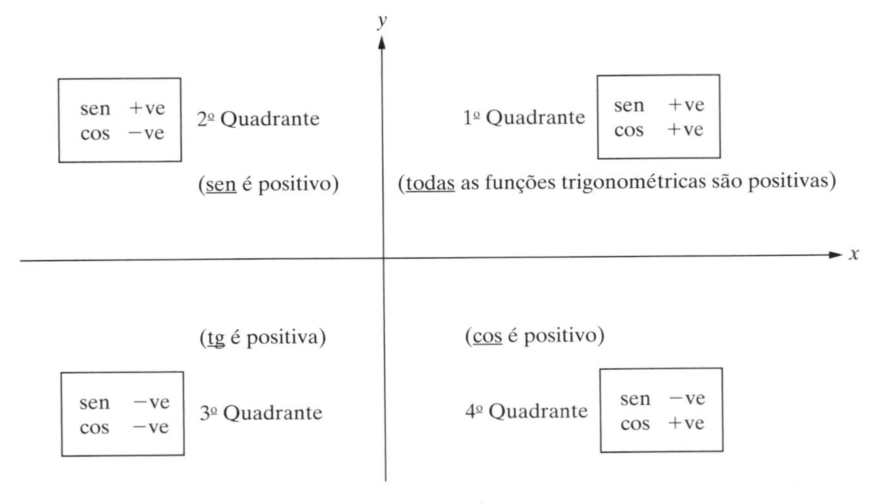



**Figura 3.3** Funções trigonométricas nos quatro quadrantes.

Os valores das funções sen e cos para $\theta = 0°, 30°, 45°, 60°$ e $90°$ são dados na Tabela 3.1. Os valores das funções sen e cos para vários outros ângulos podem ser obtidos a partir da Tabela 3.1, como explicado nos próximos exemplos.

**TABELA 3.1** Valores das funções sen e cos para ângulos frequentes.

| | Ângulo | | | | |
|---|---|---|---|---|---|
| graus (rad) | 0° (0) | 30° $(\frac{\pi}{6})$ | 45° $(\frac{\pi}{4})$ | 60° $(\frac{\pi}{3})$ | 90° $(\frac{\pi}{2})$ |
| sen | $\sqrt{\frac{0}{4}} = 0$ | $\sqrt{\frac{1}{4}} = \frac{1}{2}$ | $\sqrt{\frac{2}{4}} = \frac{1}{\sqrt{2}}$ | $\sqrt{\frac{3}{4}} = \frac{\sqrt{3}}{2}$ | $\sqrt{\frac{4}{4}} = 1$ |
| cos | $\sqrt{\frac{4}{4}} = 1$ | $\sqrt{\frac{3}{4}} = \frac{\sqrt{3}}{2}$ | $\sqrt{\frac{2}{4}} = \frac{1}{\sqrt{2}}$ | $\sqrt{\frac{1}{4}} = \frac{1}{2}$ | $\sqrt{\frac{0}{4}} = 0$ |

**Exemplo 3-3**

Determinemos sen $\theta$ e cos $\theta$ para $\theta = 120°$. Determinemos, também, a posição da extremidade do robô de um membro para este ângulo.

**Solução**

A posição da extremidade do robô para $\theta = 120°$ é mostrada na Fig. 3.4.

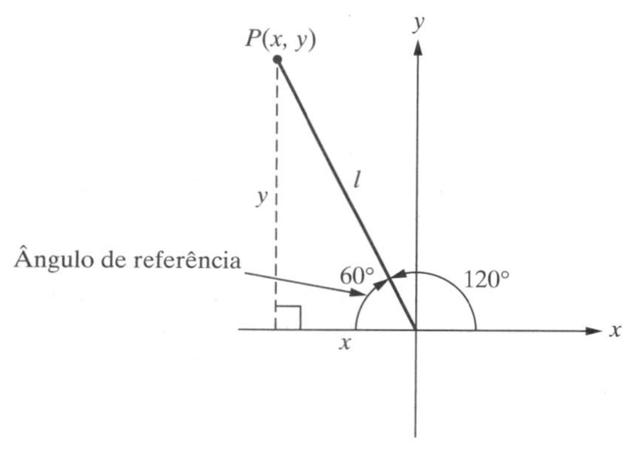


**Figura 3.4** Robô plano de um membro com ângulo de 120°.

Notemos que o ponto $P$ está no segundo quadrante, de modo que sen(120°) deve ter valor positivo e cos(120°), valor negativo. Esses valores podem ser calculados usando o ângulo de referência para $\theta = 120°$, que, neste caso, é 60°. O ângulo de referência é sempre positivo, e é o ângulo agudo formado pelo eixo $x$ e o lado terminal do ângulo (neste exemplo, 120°).

Se o ângulo $\theta$ estiver no primeiro quadrante, o ângulo de referência é o próprio ângulo $\theta$. Se o ângulo $\theta$ estiver no segundo quadrante, o ângulo de referência é $180° - \theta$ (ou $\pi - \theta$, caso o ângulo seja dado em radianos). Se o ângulo $\theta$ estiver no terceiro quadrante, o ângulo de referência é $\theta + 180°$. Se o ângulo $\theta$ estiver no quarto quadrante, o ângulo de referência é valor absoluto de $\theta$. Portanto, os valores de sen(120°) e de cos(120°) podem ser escritos como:

$$x = l\cos(120°) = -l\cos(60°) = -\frac{l}{2}$$

$$y = l\,\text{sen}(120°) = l\,\text{sen}(60°) = \frac{\sqrt{3}}{2}\,l.$$

Notemos que $\cos(120°) = -\cos(60°) = -\frac{1}{2}$ e $\text{sen}(120°) = \text{sen}(60°) = \frac{\sqrt{3}}{2}$. Os valores de sen(120°) e de cos(120°) também podem ser calculados usando as seguintes identidades trigonométricas:

$$\text{sen}(A \pm B) = \text{sen}(A)\cos(B) \pm \cos(A)\,\text{sen}(B)$$

$$\cos(A \pm B) = \cos(A)\cos(B) \mp \text{sen}(A)\,\text{sen}(B).$$

Portanto,

$$\begin{aligned}\text{sen}(120°) &= \text{sen}(90° + 30°)\\ &= \text{sen}(90°)\cos(30°) + \cos(90°)\,\text{sen}(30°)\\ &= (1)\left(\frac{\sqrt{3}}{2}\right) + (0)\left(\frac{1}{2}\right)\\ &= \frac{\sqrt{3}}{2}\end{aligned}$$

e

$$\begin{aligned}\cos(120°) &= \cos(90° + 30°)\\ &= \cos(90°)\cos(30°) - \text{sen}(90°)\,\text{sen}(30°)\\ &= (0)\left(\frac{\sqrt{3}}{2}\right) - (1)\left(\frac{1}{2}\right)\\ &= -\frac{1}{2}.\end{aligned}$$

Logo, para $\theta = 120°$, a posição da extremidade do robô de um membro é dada por $(x, y) = (\frac{-l}{2}, \frac{\sqrt{3}l}{2})$.

**Exemplo 3-4** Determinemos a posição da extremidade do robô de um membro para $\theta = 225° = -135°$.

**Solução** A posição da extremidade do robô para $\theta = 225°$ é mostrada na Fig. 3.5.

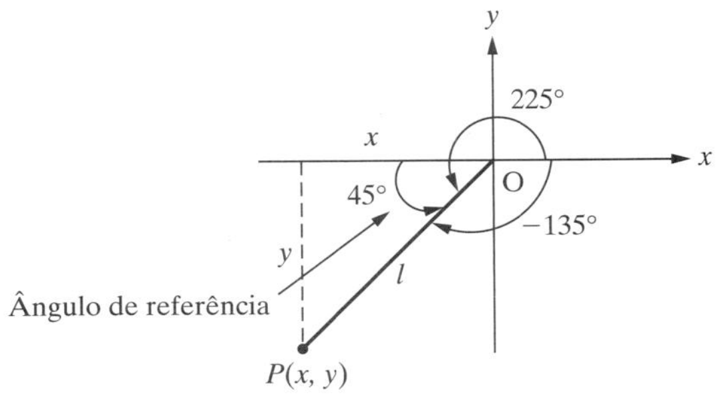


**Figura 3.5** Robô plano de um membro com ângulo de 225°.

$$x = l\cos(-135°) = -l\cos(45°) = -\frac{l}{\sqrt{2}}$$

$$y = l\,\text{sen}(-135°) = -\text{sen}(45°) = -\frac{l}{\sqrt{2}}$$

$$(x, y) = \left(-\frac{l}{\sqrt{2}}, -\frac{l}{\sqrt{2}}\right).$$

**Exemplo 3-5** Determinemos a posição da extremidade do robô de um membro para $\theta = 390°$.

**Solução** A posição da extremidade do robô para $\theta = 390°$ é mostrada na Fig. 3.6.

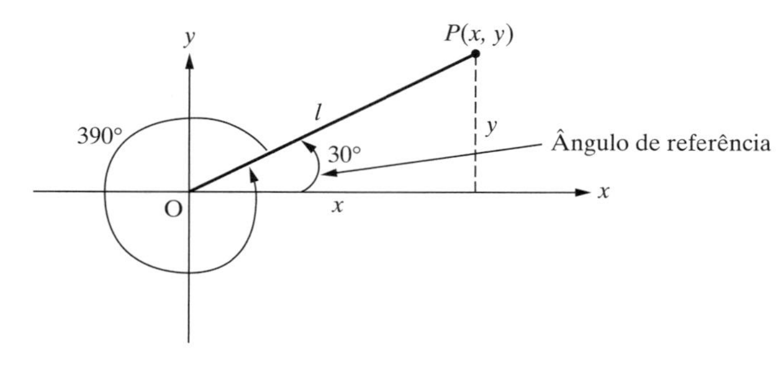


**Figura 3.6** Robô plano de um membro com ângulo de 390°.

$$x = l\cos(390°) = l\cos(30°) = y\,\frac{\sqrt{3}\,l}{2}$$

$$= l\,\text{sen}(390°) = l\,\text{sen}(30°) = \frac{l}{2}$$

$$(x, y) = \left(\frac{\sqrt{3}\,l}{2}, \frac{l}{2}\right).$$

**Exemplo 3-6** Determinemos a posição da extremidade do robô de um membro para $\theta = -510°$.

**Solução** A posição da extremidade do robô para $\theta = -510°$ é mostrada na Fig. 3.7.

$$x = l\cos(-510°) = -l\cos(30°) = -\frac{\sqrt{3}\,l}{2}$$

$$y = l\,\text{sen}(-510°) = -l\,\text{sen}(30°) = -\frac{l}{2}$$

$$(x, y) = \left(-\frac{\sqrt{3}\,l}{2}, -\frac{l}{2}\right).$$

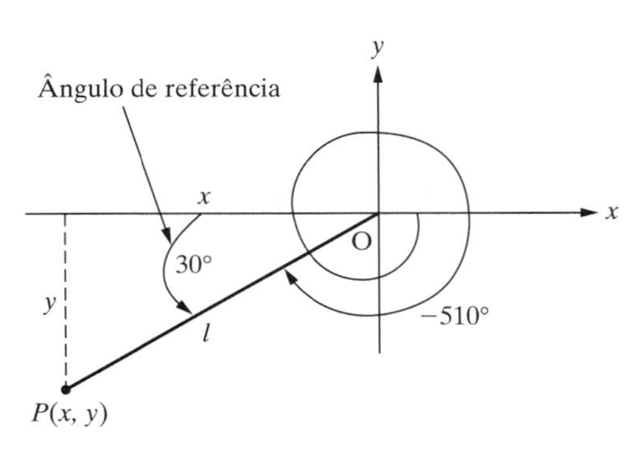


**Figura 3.7** Robô plano de um membro com ângulo de –510°.

### 3.2.2 Cinemática Inversa de Robô de um Membro

Para mover a extremidade do robô para certa posição $P(x, y)$, é necessário determinar o ângulo da junta $\theta$ pelo qual o motor deve se mover. Isto é conhecido como problema inverso; por exemplo, dados $x$ e $y$, determinar o ângulo $\theta$ e o comprimento $l$. As equações (3.1) e (3.2) fornecem a relação entre a posição da extremidade do robô e o ângulo $\theta$. Elevando ao quadrado e somando $x$ e $y$ a estas equações, obtemos:

$$x^2 + y^2 = (l \cos \theta)^2 + (l \operatorname{sen} \theta)^2$$
$$= l^2 (\operatorname{sen}^2\theta + \cos^2\theta).$$

Usando a identidade trigonométrica $\mathbf{sen^2}\theta + \mathbf{cos^2}\theta = \mathbf{1}$, temos:

$$x^2 + y^2 = l^2.$$

Portanto, $l = \pm\sqrt{x^2 + y^2}$. Como a distância não pode ser negativa, $\boldsymbol{l} = \sqrt{\boldsymbol{x^2 + y^2}}$. Agora, dividimos $y$ em (3.2) por $x$ de (3.1):

$$\frac{y}{x} = \frac{l \operatorname{sen}\theta}{l \cos\theta} = \operatorname{tg}(\theta). \qquad (3.3)$$

Assim, o ângulo $\theta$ pode ser determinado da posição da extremidade do robô por meio da equação (3.3):

$$\theta = \operatorname{tg}^{-1}\left(\frac{y}{x}\right) = \operatorname{atg}\left(\frac{y}{x}\right). \qquad (3.4)$$

Na equação (3.4), $y$ é dividido por $x$ antes do cálculo da tangente inversa (arco tangente ou ATG), e $\left(\frac{y}{x}\right)$ pode ser positivo ou negativo. Se $\left(\frac{y}{x}\right)$ for positivo, o ângulo obtido da função ATG está entre 0° e 90° (primeiro quadrante); se $\left(\frac{y}{x}\right)$ for negativo, o ângulo obtido da função ATG está entre 0° e –90° (quarto quadrante). Por isto a função ATG é chamada de função arco tangente de dois quadrantes. Contudo, se $x$ e $y$ forem ambos negativos (terceiro quadrante) ou se $x$ for negativo e $y$ for positivo (segundo quadrante), os ângulos obtidos da função ATG estarão errados, pois deveriam estar no terceiro ou no segundo quadrante, respectivamente. Assim, é importante manter registro dos sinais de $x$ e $y$. Isto pode ser feito posicionando o ponto $P$ no quadrante apropriado ou usando a função arco tangente de quatro quadrantes (ATG2), como explicado nos próximos exemplos.

**Exemplo 3-7** Determinemos $l$ e $\theta$ para os seguintes pontos $(x, y)$:

**Caso I:** $(x, y) = (1, 0)$:

Por inspeção, $l = 1$ e $\theta = 0°$.

Também, $l = \sqrt{x^2 + y^2} = \sqrt{1^2 + 0^2} = 1$,

$\theta = \text{tg}^{-1}\left(\frac{0}{1}\right) = \text{tg}^{-1}(0) = 0°$.

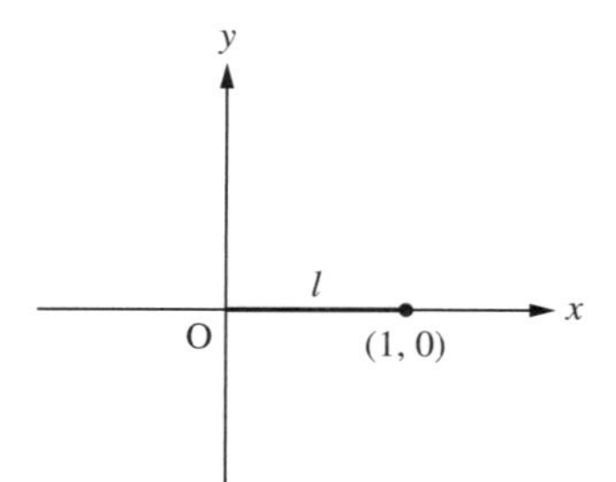


**Caso II:** $(x, y) = (0, 1)$:

Por inspeção, $l = 1$ e $\theta = 90°$.

Também, $l = \sqrt{x^2 + y^2} = \sqrt{0^2 + 1^2} = 1$,

$\theta = \text{tg}^{-1}\left(\frac{1}{0}\right) = \text{tg}^{-1}(\infty) = 90°$.

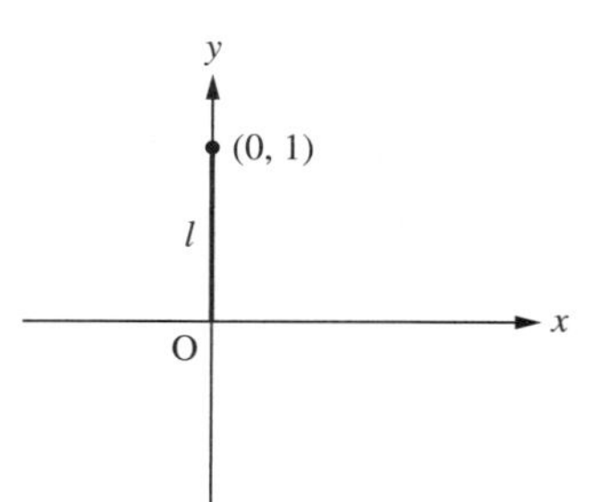


**Caso III:** $(x, y) = (0, -1)$:

Por inspeção, $l = 1$ e $\theta = -90°$.

Também, $l = \sqrt{x^2 + y^2} = \sqrt{0^2 + (-1)^2} = 1$,

$\theta = \text{tg}^{-1}(\frac{-1}{0}) = \text{tg}^{-1}(-\infty) = -90°$.

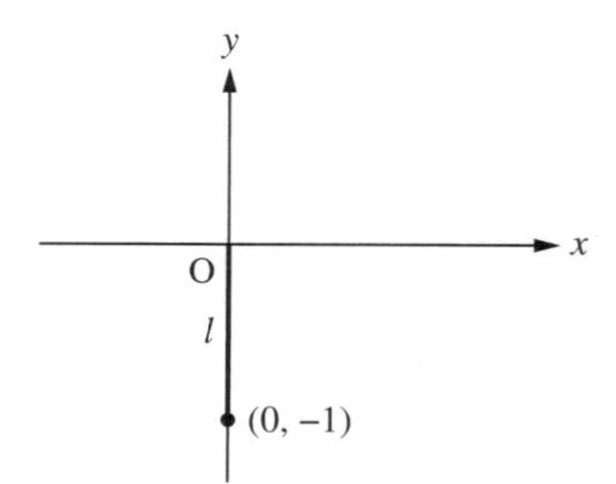


**Caso IV:** $(x, y) = (-1, 0)$:

Por inspeção, $l = 1$ e $\theta = 180°$.

Também, $l = \sqrt{x^2 + y^2} = \sqrt{(-1)^2 + 0^2} = 1$,

$\theta = \text{tg}^{-1}\left(\frac{0}{-1}\right) = \text{tg}^{-1}(-0) = 180°$.

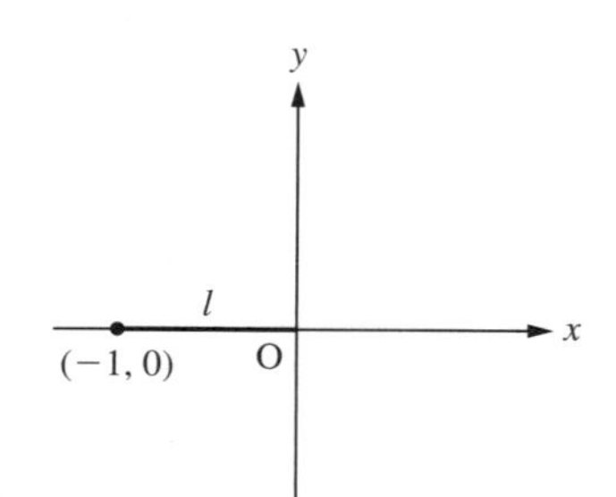

Contudo, uma calculadora nos fornecerá 0° como resposta. Neste caso, a resposta da calculadora deve ser ajustada como explicado no Exemplo 3-10.

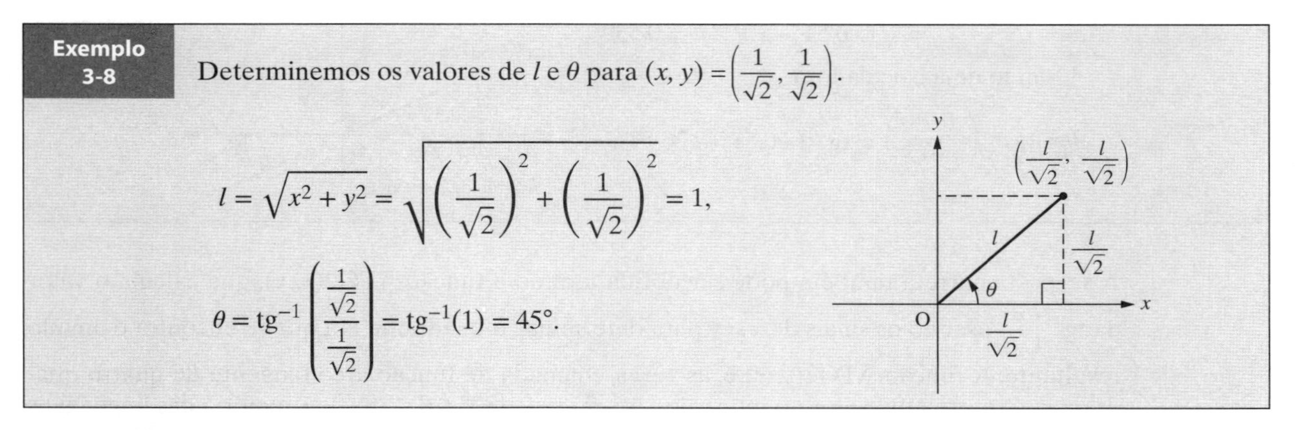


**Exemplo 3-8**

Determinemos os valores de $l$ e $\theta$ para $(x, y) = \left(\frac{1}{\sqrt{2}}, \frac{1}{\sqrt{2}}\right)$.

$$l = \sqrt{x^2 + y^2} = \sqrt{\left(\frac{1}{\sqrt{2}}\right)^2 + \left(\frac{1}{\sqrt{2}}\right)^2} = 1,$$

$$\theta = \text{tg}^{-1}\left(\frac{\frac{1}{\sqrt{2}}}{\frac{1}{\sqrt{2}}}\right) = \text{tg}^{-1}(1) = 45°.$$

**Exemplo 3-9**

Determinemos os valores de $l$ e $\theta$ para $(x, y) = \left(\frac{1}{\sqrt{2}}, -\frac{1}{\sqrt{2}}\right)$.

$$l = \sqrt{x^2 + y^2} = \sqrt{\left(\frac{1}{\sqrt{2}}\right)^2 + \left(-\frac{1}{\sqrt{2}}\right)^2} = 1,$$

$$\theta = \text{tg}^{-1}\left(\frac{-\frac{1}{\sqrt{2}}}{\frac{1}{\sqrt{2}}}\right) = \text{tg}^{-1}(-1) = -45°.$$

y
$\frac{l}{\sqrt{2}}$
O
x
$\theta$
$l$
$-\frac{l}{\sqrt{2}}$
$\left(\frac{l}{\sqrt{2}}, -\frac{l}{\sqrt{2}}\right)$

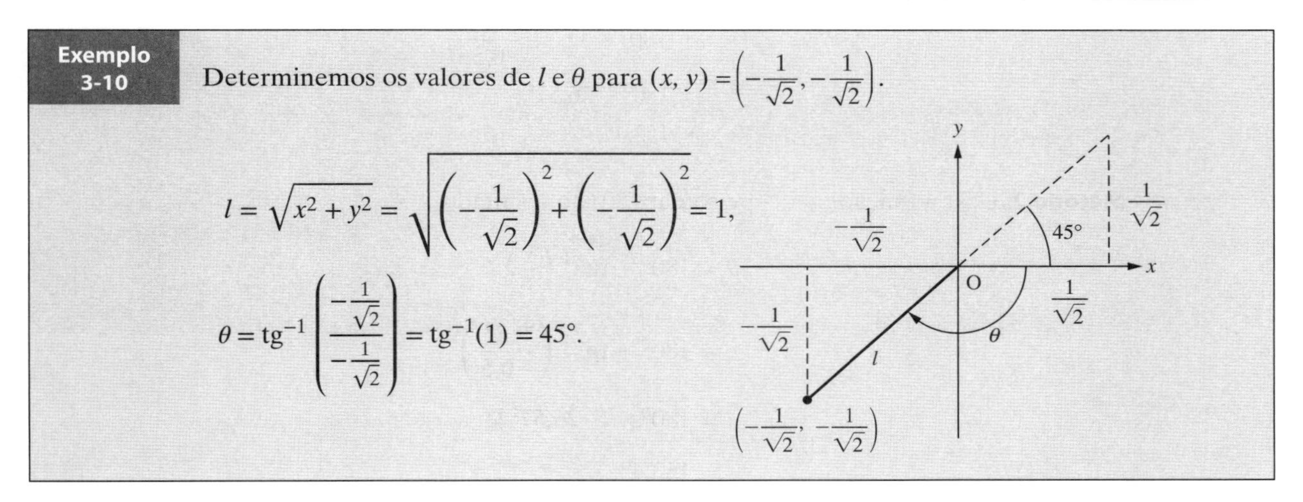


**Exemplo 3-10**

Determinemos os valores de $l$ e $\theta$ para $(x, y) = \left(-\frac{1}{\sqrt{2}}, -\frac{1}{\sqrt{2}}\right)$.

$$l = \sqrt{x^2 + y^2} = \sqrt{\left(-\frac{1}{\sqrt{2}}\right)^2 + \left(-\frac{1}{\sqrt{2}}\right)^2} = 1,$$

$$\theta = \text{tg}^{-1}\left(\frac{-\frac{1}{\sqrt{2}}}{-\frac{1}{\sqrt{2}}}\right) = \text{tg}^{-1}(1) = 45°.$$

A resposta $\theta = 45°$ obtida no Exemplo 3-10 está incorreta, e é igual ao valor obtido no Exemplo 3-8, no qual $(x, y) = \left(\frac{1}{\sqrt{2}}, \frac{1}{\sqrt{2}}\right)$. Recordemos que a função $\text{tg}^{-1}\left(\frac{x}{y}\right)$ da calculadora sempre retorna um valor no intervalo $-90° \leq \theta \leq 90°$. Para obter a resposta correta, é melhor determinar o quadrante em que o ponto se encontra e, depois, corrigir a resposta. Como, neste caso, o ponto está no terceiro quadrante, o ângulo deve estar entre $-90°$ e $-180°$. Portanto, a resposta correta pode ser obtida subtraindo 180° do ângulo fornecido por $\text{tg}^{-1}\left(\frac{x}{y}\right)$. O outro método consiste em obter o ângulo de referência e, então, somar o ângulo de referência a $-180°$. Assim, a resposta correta é $\theta = 45° - 180° = -135°$.

**Exemplo 3-11**

Determinemos os valores de $l$ e $\theta$ para $(x, y) = (-0{,}5, 0{,}5)$.

$$l = \sqrt{x^2 + y^2} = \sqrt{(-0{,}5)^2 + (0{,}25)^2} = 0{,}559$$

Usando uma calculadora,

$$\theta = \text{tg}^{-1}\left(\frac{0{,}25}{-0{,}5}\right) = \text{tg}^{-1}(-0{,}5) = -26{,}57°.$$

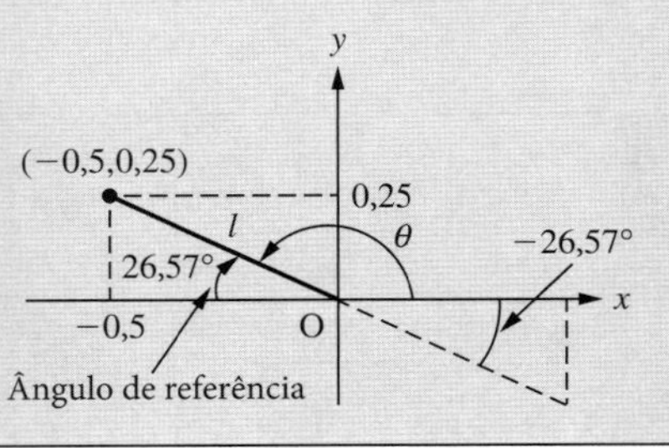


A resposta correta também pode ser obtida usando a função ATG2($y$, $x$), que calcula o valor da $\text{tg}^{-1}\left(\frac{x}{y}\right)$ usando os sinais de $x$ e $y$ para determinar o quadrante em que se encontra o ângulo resultante. A função ATG2($y$, $x$) é, às vezes, chamada de função arco tangente de quatro quadrantes, e retorna um valor no intervalo $-\pi \leq \theta \leq \pi$ ($-180° \leq \theta \leq 180°$). A maioria das linguagens de programação de computadores, incluindo MATLAB, tem a função ATG2($y$, $x$) predefinida em sua biblioteca. (Notemos que a função ATG2($y$, $x$) requer os valores individuais de $x$ e $y$ e não $\left(\frac{y}{x}\right)$.) Desta forma, MATLAB fornece:

$$\begin{aligned} \text{atg2}\left(-\frac{1}{\sqrt{2}}, -\frac{1}{\sqrt{2}}\right) &= -2{,}3562 \text{ rad} \\ &= -135°. \end{aligned} \tag{3.5}$$

É claro que a resposta $\theta = -26{,}57°$ obtida no Exemplo 3-11 está errada. O ângulo correto pode ser determinado usando um dos três métodos a seguir.

**Método 1:** Determinar o ângulo de referência e subtraí-lo de 180°:

$$\begin{aligned} \theta &= 180° - \text{ângulo de referência} \\ &= 180° - \text{tg}^{-1}\left(\frac{0{,}25}{0{,}5}\right) \\ &= 180° - 26{,}57° \\ &= 153{,}4°. \end{aligned} \tag{3.6}$$

**Método 2:** Usar a função $\text{tg}^{-1}\left(\frac{y}{x}\right)$ e somar 180° ao resultado.

$$\begin{aligned} \theta &= 180° + \text{tg}^{-1}\left(\frac{y}{x}\right) \\ &= 180° + \text{tg}^{-1}\left(\frac{0{,}25}{-0{,}5}\right) \\ &= 180° + (-26{,}57°) \\ &= 153{,}4°. \end{aligned} \tag{3.7}$$

**Método 3:** Usar a função ATG2($y$, $x$) em MATLAB.

$$\begin{aligned} \theta &= \text{atg2}(0{,}25, -0{,}5) \\ &= 2{,}6779 \text{ rad} \\ &= (2{,}6779 \text{ rad})\left(\frac{180°}{\pi \text{ rad}}\right) \\ &= 153{,}4°. \end{aligned} \tag{3.8}$$

## 3.3 ROBÔ PLANO DE DOIS MEMBROS

A Fig. 3.8 mostra um robô plano de dois membros que se move no plano $x$-$y$. O membro superior, de comprimento $l_1$, é girado pelo motor do ombro; o membro inferior, de comprimento $l_2$, é girado pelo motor do cotovelo. Sensores de posição são instalados nas junções e fornecem o valor do ângulo $\theta_1$ medido do eixo real positivo (eixo $x$) ao membro superior, e o ângulo relativo $\theta_2$, medido do membro superior ao membro inferior do robô. Esses ângulos são **positivos** no **sentido anti-horário** e **negativos** no **sentido horário**. Nesta seção, deduziremos as cinemáticas direta e inversa de robô de dois membros.

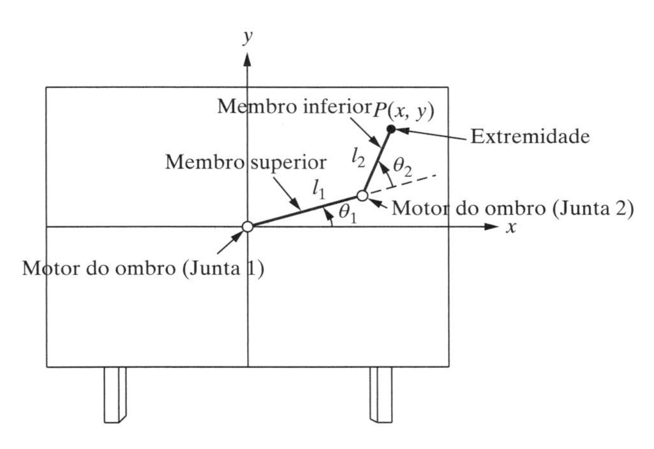


Figura 3.8 Robô plano de dois membros.

### 3.3.1 Cinemática Direta de Robô de Dois Membros

A cinemática direta do robô plano de dois membros é o problema de determinar a posição da extremidade do robô $P(x, y)$, conhecidos os ângulos $\theta_1$ e $\theta_2$ das juntas. Como ilustrado nas Figs. 3.8 e 3.9,

$$x = x_1 + x_2 \tag{3.9}$$

$$y = y_1 + y_2. \tag{3.10}$$

Do triângulo retângulo $OAP_1$, temos:

$$x_1 = l_1 \cos \theta_1 \tag{3.11}$$

$$y_1 = l_1 \operatorname{sen} \theta_1. \tag{3.12}$$

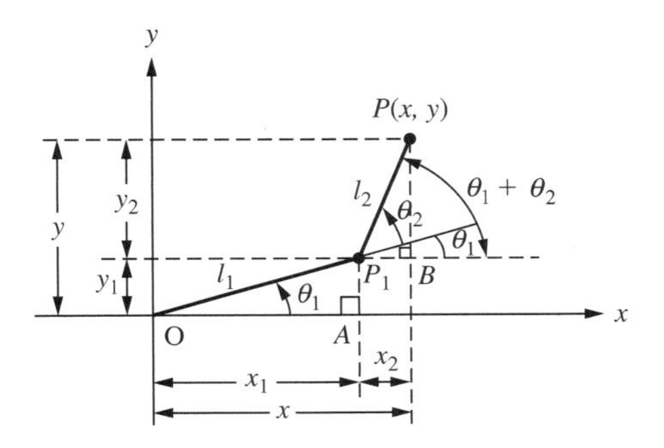


Figura 3.9 Robô plano de dois membros.

**Exemplo 3-12** Determinemos a posição $P(x, y)$ da extremidade do robô para as configurações dadas a seguir. Desenhemos, ainda, a orientação do robô no plano $x$-$y$.

**Solução** **Caso I:** $\theta_1 = \theta_2 = 0°$

Por inspeção:

$x = l_1 + l_2$ e $y = 0$.

Usando as equações (3.15) e (3.16):

$x = l_1 \cos(0°) + l_2 \cos(0° + 0°) = l_1 + l_2$

$y = l_1 \operatorname{sen}(0°) + l_2 \operatorname{sen}(0° + 0°) = 0.$

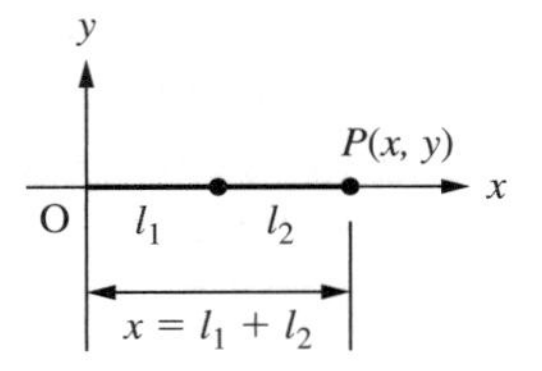


**Caso II:** $\theta_1 = 180°, \theta_2 = 0°$

Por inspeção:

$x = -(l_1 + l_2)$ e $y = 0$.

Usando as equações (3.15) e (3.16):

$x = l_1 \cos(180°) + l_2 \cos(180° + 0°)$
$= l_1(-1) + l_2(-1) = -(l_1 + l_2)$

$y = l_1 \operatorname{sen}(180°) + l_2 \operatorname{sen}(180° + 0°)$
$= l_1(0) + l_2(0) = 0.$

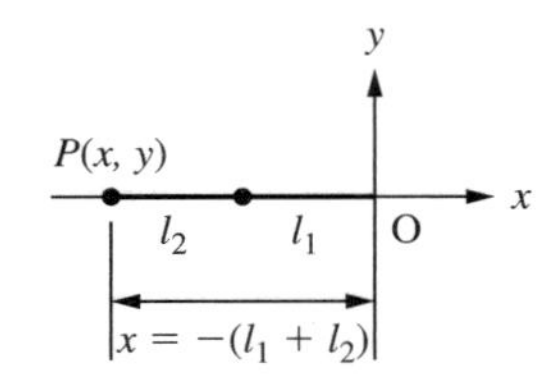


**Caso III:** $\theta_1 = 90°, \theta_2 = -90°$

Por inspeção:

$x = l_2$ e $y = l_1$.

Usando as equações (3.15) e (3.16):

$x = l_1 \cos(90°) + l_2 \cos(90° - 90°)$
$= l_1(0) + l_2(1) = l_2$

$y = l_1 \operatorname{sen}(90°) + l_2 \operatorname{sen}(90° - 90°)$
$= l_1(1) + l_2(0) = l_1.$

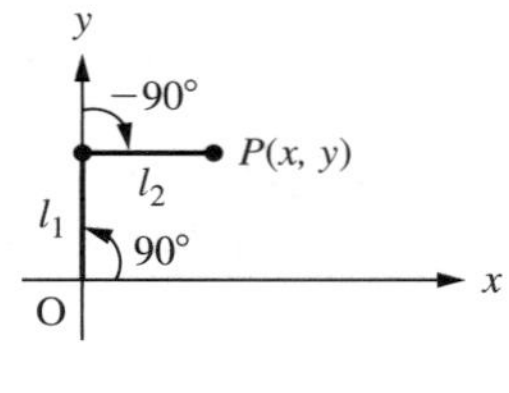


**Caso IV:** $\theta_1 = 45°, \theta_2 = -45°$

Usando as equações (3.15) e (3.16):

$x = l_1 \cos(45°) + l_2 \cos(45° - 45°)$

$= l_1 \left(\frac{1}{\sqrt{2}}\right) + l_2(1) = \frac{l_1}{\sqrt{2}} + l_2$

$y = l_1 \operatorname{sen}(45°) + l_2 \operatorname{sen}(45° - 45°)$

$= l_1 \left(\frac{1}{\sqrt{2}}\right) + l_2(0) = \frac{l_1}{\sqrt{2}}.$

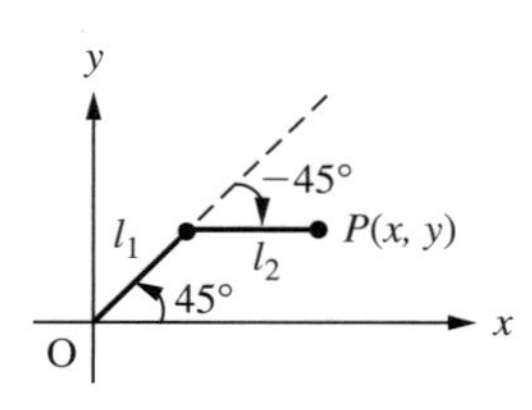


De modo similar, usando o triângulo retângulo $P_1BP$,

$$x_2 = l_2 \cos(\theta_1 + \theta_2) \tag{3.13}$$

$$y_2 = l_2 \operatorname{sen}(\theta_1 + \theta_2). \tag{3.14}$$

Substituindo as equações (3.11) e (3.13) na equação (3.9), obtemos:

$$x = l_1 \cos \theta_1 + l_2 \cos(\theta_1 + \theta_2). \tag{3.15}$$

Da mesma forma, substituindo as equações (3.12) e (3.14) na equação (3.10), escrevemos:

$$y = l_1 \operatorname{sen} \theta_1 + l_2 \operatorname{sen}(\theta_1 + \theta_2). \quad (3.16)$$

As equações (3.15) e (3.16) fornecem a posição da extremidade do robô em termos dos ângulos $\theta_1$ e $\theta_2$ das juntas.

### 3.3.2 Cinemática Inversa de Robô de Dois Membros

A cinemática inversa de um robô plano de dois membros é o problema de determinar os ângulos $\theta_1$ e $\theta_2$ das juntas, conhecida a posição $P(x, y)$ da extremidade do robô. Este problema pode ser resolvido usando solução geométrica ou algébrica. Neste capítulo, consideraremos apenas a solução algébrica.

**Exemplo 3-13**

Determinemos os ângulos $\theta_1$ e $\theta_2$ das juntas quando a posição da extremidade do robô é dada por $P(x, y) = (12, 6)$, como ilustrado na Fig. 3.10. Assumamos $l_1 = l_2 = 5\sqrt{2}$.

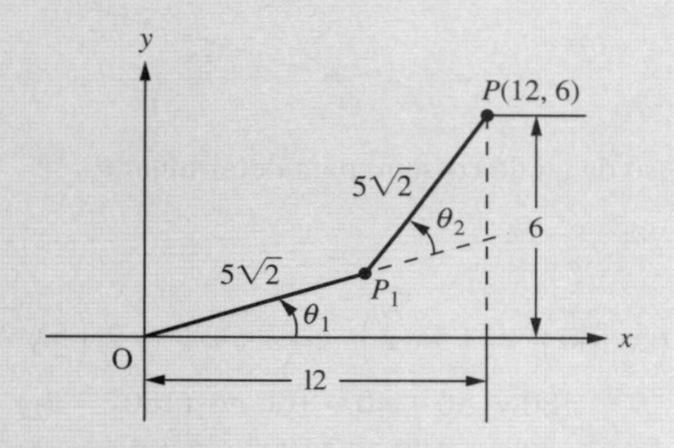


**Figura 3.10** Configuração de dois membros para determinação de $\theta_1$ e $\theta_2$.

**Solução**

Na solução algébrica, os ângulos $\theta_1$ e $\theta_2$ das juntas são determinados com uso das leis de cosseno e seno de Pascal. A lei do cosseno de Pascal pode ser usada para determinar os ângulos desconhecidos de um triângulo cujos lados sejam conhecidos. Por exemplo, se os três lados do triângulo mostrado na Fig. 3.11 forem conhecidos, o desconhecido ângulo $\gamma$ pode ser calculado usando a Lei do Cosseno:

$$\boldsymbol{a^2 = b^2 + c^2 - 2\,b\,c \cos \gamma} \quad (3.17)$$

ou

$$\cos \gamma = \frac{b^2 + c^2 - a^2}{2\,b\,c}.$$

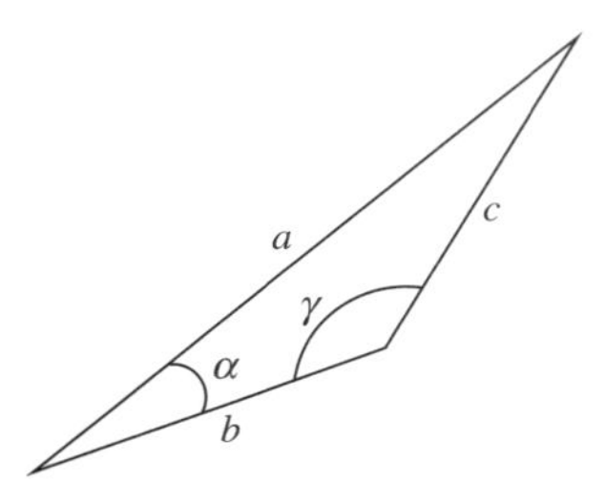


**Figura 3.11** Um triângulo com um ângulo desconhecido e três lados conhecidos.

De modo similar, na Fig. 3.11, se os dois lados ($a$ e $c$) e o ângulo ($\gamma$) do triângulo forem conhecidos, o ângulo desconhecido $\alpha$ pode ser calculado usando a Lei do Seno:

$$\frac{\mathbf{sen}\,\boldsymbol{\alpha}}{\boldsymbol{c}} = \frac{\mathbf{sen}\,\boldsymbol{\gamma}}{\boldsymbol{a}}$$

ou

$$\text{sen}\,\alpha = \frac{c}{a}\,\text{sen}\,\gamma.$$

**Solução para $\theta_2$:** Na Fig. 3.10, o ângulo $\theta_2$ pode ser obtido do triângulo $OPP_1$ formado pela junção dos pontos O e $P$. Nesse triângulo (Fig. 3.12), três lados são conhecidos e um dos ângulos $180° - \theta_2$ é desconhecido. Aplicando a lei do cosseno ao triângulo $OPP_1$, temos:

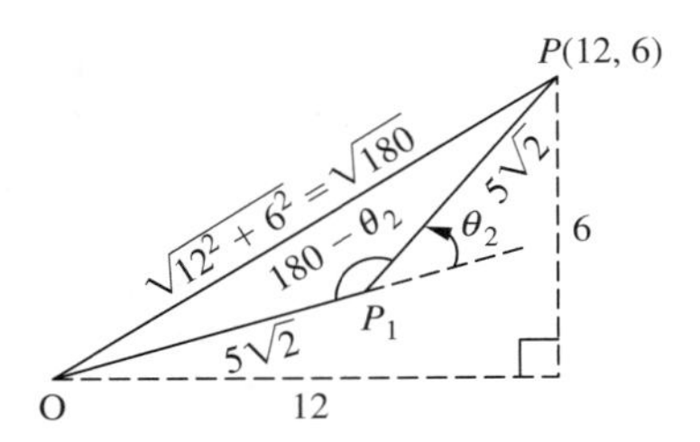


Figura 3.12 Uso da lei do cosseno para determinar $\theta_2$.

$$\begin{aligned}\left(\sqrt{180}\right)^2 &= \left(5\sqrt{2}\right)^2 + \left(5\sqrt{2}\right)^2 - 2\left(5\sqrt{2}\right)\left(5\sqrt{2}\right)\cos(180° - \theta_2)\\ 180 &= 50 + 50 - 100\cos(180° - \theta_2)\\ 80 &= -100\cos(180° - \theta_2)\\ -0{,}8 &= \cos(180° - \theta_2).\end{aligned} \tag{3.18}$$

Como $\cos(180° - \theta_2) = -\cos(\theta_2)$, a equação (3.18) pode ser escrita como $\cos\theta_2 = 0{,}8$. Para o valor positivo de $\cos\theta_2$, $\theta_2$ está ou no primeiro ou no quarto quadrante, dependendo do valor de sen $\theta_2$, como indicado na Fig. 3.13. Se o valor de sen $\theta_2$ for positivo, o ângulo $\theta_2$ é positivo. Contudo, se o valor de sen $\theta_2$ for negativo, o ângulo $\theta_2$ é negativo.

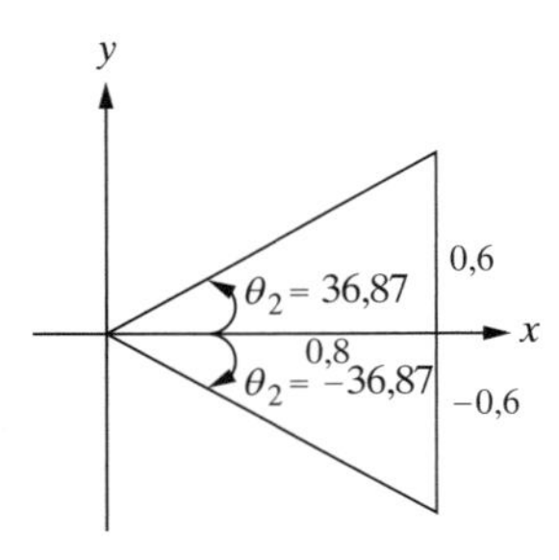


Figura 3.13 Duas soluções para $\theta_2$.

Portanto, há duas soluções possíveis para $\theta_2$: $\theta_2 = 36{,}87°$ e $\theta_2 = -36{,}87°$. Na Fig. 3.14, a solução positiva $\theta_2 = 36{,}87°$ é chamada de solução com cotovelo para cima e a solução negativa $\theta_2 = -36{,}87°$, de solução com cotovelo para baixo.

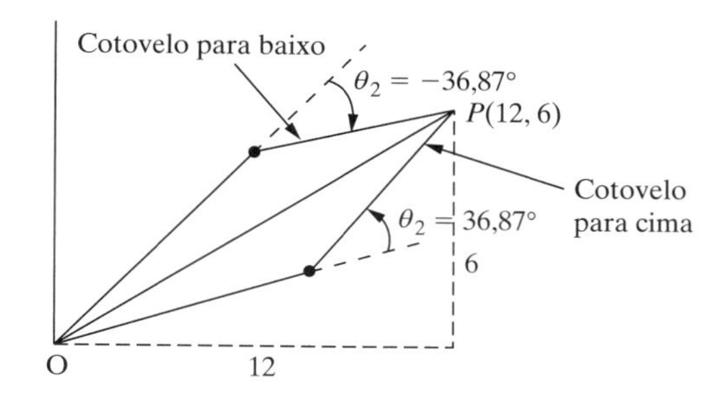


Figura 3.14 Soluções de $\theta_2$ com cotovelo para cima e para baixo.

**Solução com Cotovelo para Cima para $\theta_1$:** O ângulo $\theta_1$ da solução com cotovelo para cima é mostrado na Fig. 3.15. O ângulo $\theta_1 + \alpha$ pode ser obtido da Fig. 3.15 como

$$\tan(\theta_1 + \alpha) = \frac{6}{12}$$

$$\theta_1 + \alpha = \tan^{-1}\left(\frac{6}{12}\right)$$

$$\theta_1 + \alpha = 26{,}57°$$

$$\theta_1 = 26{,}57° - \alpha. \tag{3.19}$$

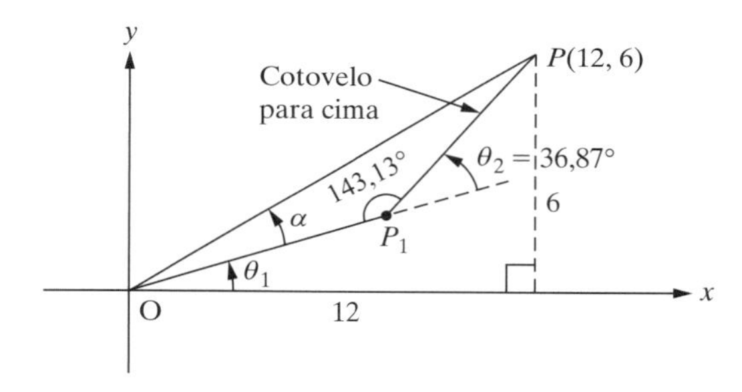


Figura 3.15 Configuração com cotovelo para cima para determinação do ângulo $\theta_1$.

O ângulo $\alpha$ necessário à determinação de $\theta_1$ na equação (3.19) por ser obtido aplicando a lei do seno ou do cosseno ao triângulo $OP_1P$ mostrado na Fig. 3.16. Aplicando a lei do seno, temos:

$$\frac{\operatorname{sen}\alpha}{5\sqrt{2}} = \frac{\operatorname{sen} 143{,}13°}{\sqrt{180}}.$$

Portanto,

$$\operatorname{sen}\alpha = \frac{5\sqrt{2}}{\sqrt{180}} \operatorname{sen} 143{,}13°$$
$$= 0{,}3164.$$

Como o robô está na configuração com cotovelo para cima, o ângulo $\alpha$ é positivo. Logo,

$$\alpha = \operatorname{sen}^{-1}(0{,}3164)$$
$$\alpha = 18{,}45°.$$

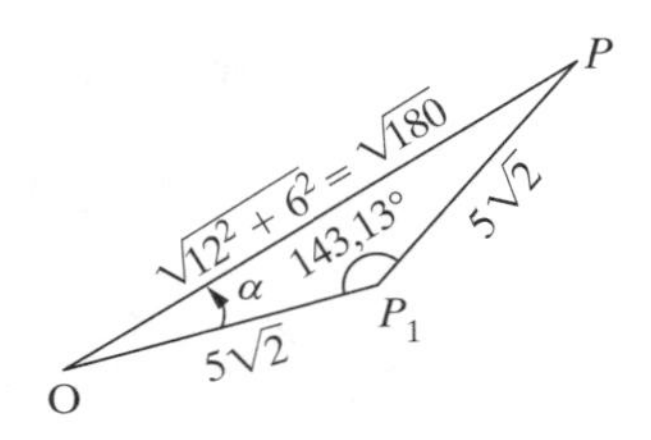


**Figura 3.16** Configuração com cotovelo para cima para determinação do ângulo $\alpha$.

Substituindo $\alpha$ = 18,45° na equação (3.19), temos:

$$\theta_1 = 26{,}57 - 18{,}45 = 8{,}12°.$$

Assim, a solução da cinemática inversa para a posição de extremidade do robô $P(12,6)$ quando o cotovelo está para cima é dada por:

$$\theta_1 = 8{,}12° \text{ e } \theta_2 = 36{,}87°.$$

**Solução com Cotovelo para Baixo para $\theta_1$:** O ângulo $\theta_1$ da solução com cotovelo para baixo é mostrado na Fig. 3.17. O ângulo $\theta_1 - \alpha$ pode ser obtido da Fig. 3.17 como:

$$\begin{aligned}
\tan(\theta_1 - \alpha) &= \frac{6}{12} \\
\theta_1 - \alpha &= \tan^{-1}\left(\frac{6}{12}\right) \\
\theta_1 - \alpha &= 26{,}57° \\
\theta_1 &= 26{,}57° + \alpha.
\end{aligned} \tag{3.20}$$

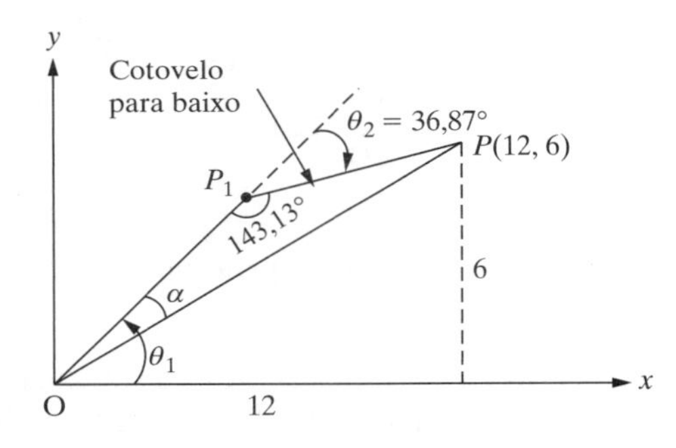


**Figura 3.17** Configuração com cotovelo para baixo para determinação do ângulo $\theta_1$.

O ângulo $\alpha$ necessário à determinação de $\theta_1$ na equação (3.20) por ser obtido aplicando a lei do seno ou do cosseno ao triângulo $OP_1P$ mostrado na Fig. 3.18. Aplicando a lei do cosseno, temos:

$$\left(5\sqrt{2}\right)^2 = \left(5\sqrt{2}\right)^2 + \left(\sqrt{180}\right)^2 - 2\left(5\sqrt{2}\right)\left(\sqrt{180}\right)\cos\alpha.$$

Portanto,

$$\begin{aligned}
0 &= 180 - 2\left(5\sqrt{2}\right)\left(\sqrt{180}\right)\cos\alpha \\
\cos\alpha &= \frac{180}{2 \times \sqrt{180} \times 5\sqrt{2}} \\
\cos\alpha &= 0{,}9487 \\
\alpha &= \cos^{-1}(0{,}9487) \\
\alpha &= 18{,}43°.
\end{aligned}$$

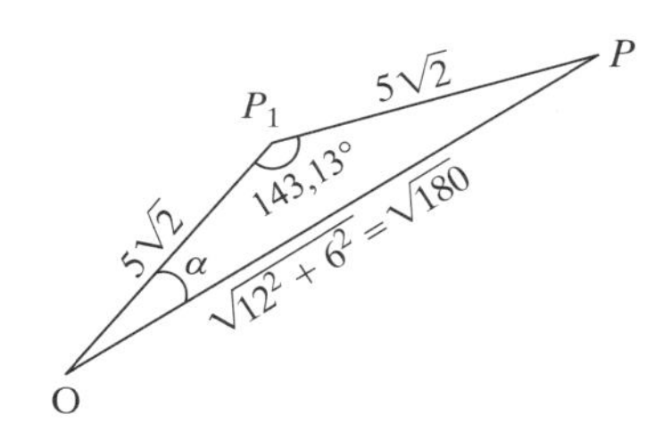


**Figura 3.18** Configuração com cotovelo para baixo para determinação do ângulo $\alpha$.

Substituindo $\alpha$ = 18,43° na equação (3.20), temos:

$$\theta_1 = 26{,}57 + 18{,}43 = 45°.$$

Assim, a solução da cinemática inversa para a posição de extremidade do robô $P(12,6)$ quando o cotovelo está para baixo é dada por:

$$\theta_1 = 45° \quad \text{e} \quad \theta_2 = -36{,}87°.$$

### 3.3.3 Exemplos Adicionais de Robô de Dois Membros

**Exemplo 3-14**

Consideremos o robô plano de dois membros com orientações $\theta_1$ e $\theta_2$ positivas mostrado na Fig. 3.19.

(a) Sejam $\theta_1 = \frac{2\pi}{3}$ rad, $\theta_2 = \frac{5\pi}{6}$ rad, $l_1$ = 10 polegadas e $l_2$ = 12 polegadas. Desenhemos a orientação do robô no plano $x$-$y$ e determinemos as coordenadas $x$ e $y$ do ponto $P(x, y)$.

(b) Admitamos que o mesmo robô esteja posicionado no primeiro quadrante e na configuração com cotovelo para cima, como ilustrado na Fig. 3.19. Com a extremidade do robô posicionada no ponto $P(x, y) = (12, 6)$, determinemos os valores de $\theta_1$ e $\theta_2$.

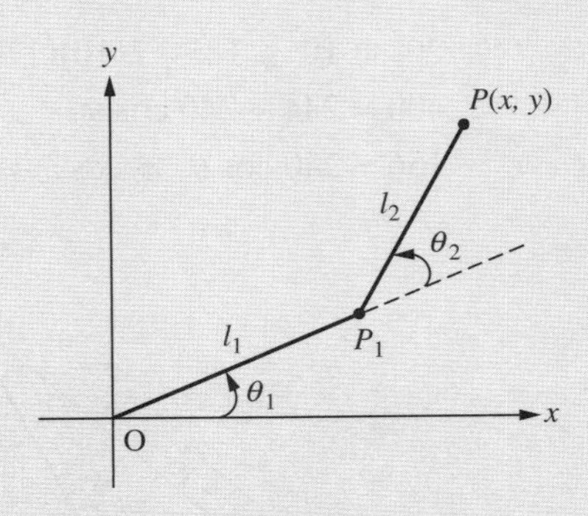


**Figura 3.19** Robô plano de dois membros para o Exemplo 3-14.

**Solução**

(a) A orientação do robô de dois membros para $\theta_1$ = rad = 120°, $\theta_2$ = rad = 150°, $l_1$ = 10 in e $l_2$ = 12 in é mostrada na Fig. 3.20. As coordenadas $x$ e $y$ da posição da extremidade do robô são dadas por:

$$
\begin{aligned}
x &= l_1 \cos \theta_1 + l_2 \cos(\theta_1 + \theta_2) \\
&= 10 \cos(120°) + 12 \cos(270°) \\
&= 10 \left(-\frac{1}{2}\right) + 12\ (0) \\
&= -5 \text{ in} \\
y &= l_1 \operatorname{sen} \theta_1 + l_2 \operatorname{sen}(\theta_1 + \theta_2) \\
&= 10 \operatorname{sen}(120°) + 12 \operatorname{sen}(270°) \\
&= 10 \left(\frac{\sqrt{3}}{2}\right) + 12\ (-1) \\
&= -3{,}34 \text{ in}
\end{aligned} \tag{3.21}
$$

Portanto, $P(x, y) = (-5'', -3{,}34'')$.

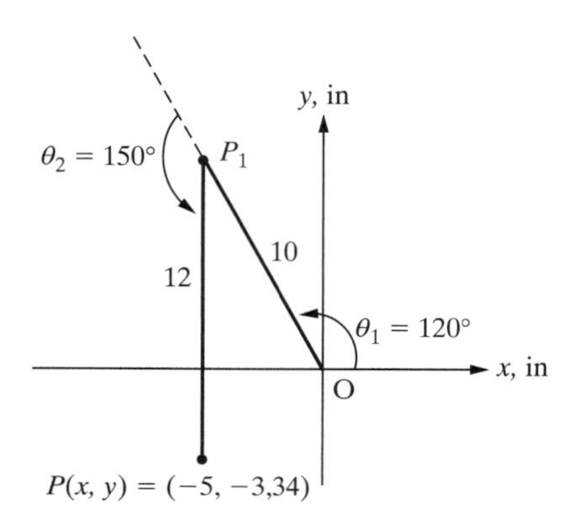


**Figura 3.20** Orientação do robô plano de dois membros para $\theta_1 = 120°$ e $\theta_2 = 150°$.

(b) Para o robô de dois membros posicionado no primeiro quadrante, como ilustrado na Fig. 3.19, o ângulo $\theta_2$ pode ser determinado aplicando a lei do cosseno no triângulo $OP_1P$ mostrado na Fig. 3.21. O ângulo desconhecido $180° - \theta_2$ e os três lados do triângulo $OP_1P$ são mostrados na Fig. 3.21. Aplicando a lei do cosseno, temos:

$$
\begin{aligned}
20^2 &= 10^2 + 12^2 - 2(10)(12) \cos(180° - \theta_2) \\
400 &= 244 + 240 \cos \theta_2 \\
156 &= 240 \cos \theta_2 \Rightarrow \cos \theta_2 = 0{,}65.
\end{aligned} \tag{3.22}
$$

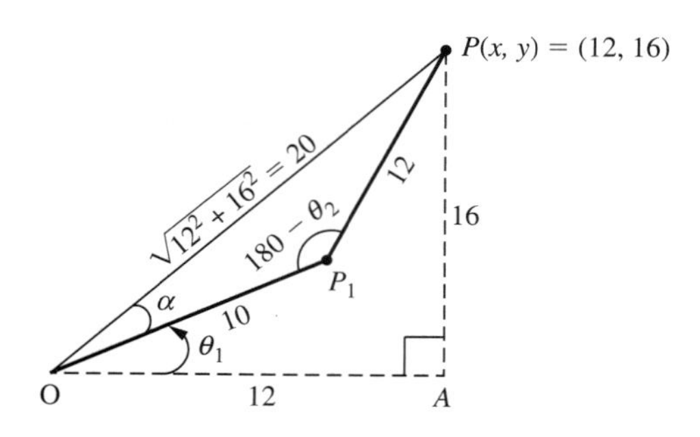


**Figura 3.21** Triângulo $OP_1P$ para determinação dos ângulos $\theta_1$ e $\theta_2$.

Como o robô está na configuração com cotovelo para cima, o ângulo $\theta_2$ é positivo e dado por $\theta_2 = \cos^{-1}(0{,}65) = 49{,}46°$. Ademais, da Fig. 3.21, o ângulo $\theta_1 + \alpha$ pode ser calculado a partir do triângulo retângulo $OAP$:

$$\tan(\theta_1 + \alpha) = \frac{16}{12} \quad \Rightarrow \theta_1 = \tan^{-1}\left(\frac{16}{12}\right) - \alpha.$$

Logo,

$$\theta_1 = 53{,}13° - \alpha. \tag{3.23}$$

O ângulo $\alpha$ pode ser obtido com aplicação da lei do cosseno ou do seno ao triângulo $OP_1P$. Aplicando a lei do seno, temos:

$$\frac{\operatorname{sen}\alpha}{12} = \frac{\operatorname{sen}(180° - \theta_2)}{20}.$$

Logo,

$$\begin{aligned}\operatorname{sen}\alpha &= \frac{12}{20}\operatorname{sen}(180° - 49{,}46°)\\ &= 0{,}4560\\ \alpha &= \operatorname{sen}^{-1}(0{,}4560)\\ \alpha &= 27{,}13°.\end{aligned}$$

Substituindo $\alpha = 27{,}13°$ na equação (3.23)

$$\theta_1 = 53{,}13 - 27{,}13 = 26{,}0°.$$

**Exemplo 3-15**

Consideremos um robô plano de dois membros com orientações $\theta_1$ e $\theta_2$ positivas, como ilustrado na Fig. 3.19. Sejam $\theta_1 = 120°$, $\theta_2 = -30°$, $l_1 = 8$ cm e $l_2 = 4$ cm.

(a) Desenhemos a orientação do robô no plano $x$-$y$.
(b) Determinemos as coordenadas $x$ e $y$ do ponto $P(x, y)$.
(c) Determinemos a distância do ponto $P$ à origem.

**Solução**

(a) A orientação do robô de dois membros para $\theta_1 = 120°$, $\theta_2 = -30°$, $l_1 = 8$ cm e $l_2 = 4$ cm é mostrada na Fig. 3.22.

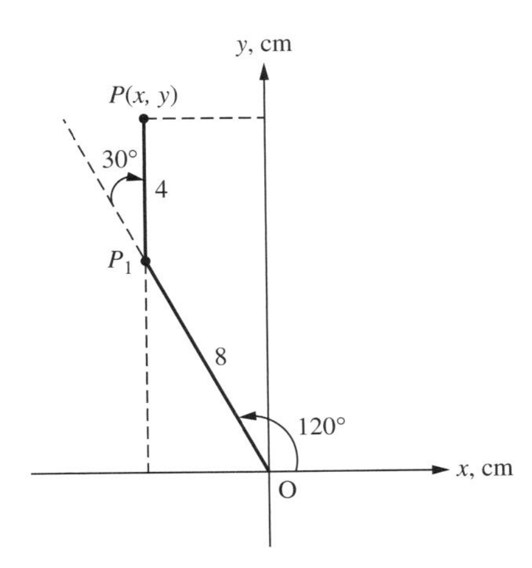


**Figura 3.22** Orientação do robô plano de dois membros para $\theta_1 = 120°$ e $\theta_2 = -30°$.

(b) As coordenadas $x$ e $y$ da posição da extremidade do robô são dadas por:

$$\begin{aligned} x &= l_1 \cos \theta_1 + l_2 \cos(\theta_1 + \theta_2) \\ &= 8 \cos(120°) + 4 \cos(90°) \\ &= 8 \left(-\frac{1}{2}\right) + 4\ (0) \\ &= -4 \text{ cm.} \end{aligned}$$

$$\begin{aligned} y &= l_1 \operatorname{sen} \theta_1 + l_2 \operatorname{sen}(\theta_1 + \theta_2) \\ &= 8 \operatorname{sen}(120°) + 4 \operatorname{sen}(90°) \\ &= 8 \left(\frac{\sqrt{3}}{2}\right) + 4\ (1) \\ &= 10{,}93 \text{ cm.} \end{aligned}$$

Portanto, $P(x, y) = (-4 \text{ cm}, 10{,}93 \text{ cm})$.

(c) A distância da extremidade do robô $P(x, y)$ à origem é dada por

$$\begin{aligned} d &= \sqrt{x^2 + y^2} \\ &= \sqrt{(-4)^2 + (10{,}93)^2} \\ &= 11{,}64 \text{ cm.} \end{aligned}$$

Portanto, a distância da extremidade do robô à origem é de 11,64 cm.

**Exemplo 3-16**

Consideremos um robô plano de dois membros com orientações $\theta_1$ e $\theta_2$ positivas, como ilustrado na Fig. 3.19.

(a) Sejam $\theta_1 = 135°$, $\theta_2 = 45°$ e $l_1 = l_2 = 10$ in. Desenhemos a orientação do robô no plano $x$-$y$ e determinemos as coordenadas $x$ e $y$ do ponto $P(x, y)$.

(b) Admitamos que a extremidade desse robô esteja posicionada no segundo quadrante e orientada com cotovelo para cima, como indicado na Fig. 3.23. Com a extremidade do robô posicionada no ponto $P(x, y) = (-17{,}07'', 7{,}07'')$, determinemos os valores de $\theta_1$ e $\theta_2$.

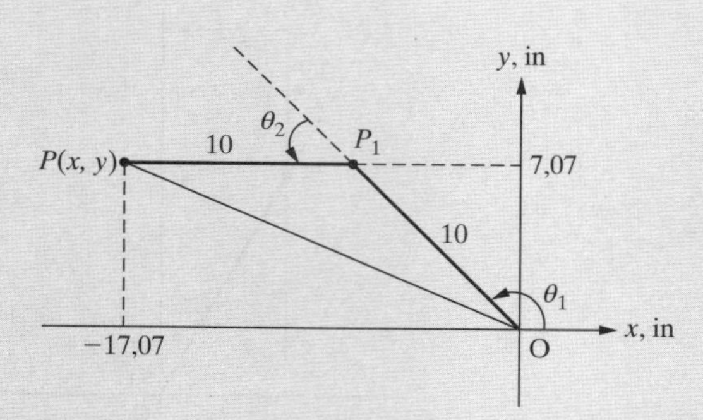


**Figura 3.23** Robô plano de dois membros na configuração com cotovelo para cima, com $P(x, y) = (-17{,}07'', 7{,}07'')$.

**Solução** Solução

(a) A orientação do robô de dois membros com cotovelo para cima, com $\theta_1 = 135°$, $\theta_2 = 45°$ e $l_1 = l_2 = 10$ in é mostrada na Fig. 3.24. As coordenadas $x$ e $y$ da posição da extremidade do robô são dadas por:

$$\begin{aligned} x &= l_1 \cos \theta_1 + l_2 \cos(\theta_1 + \theta_2) \\ &= 10 \cos 135° + 10 \cos 180° \\ &= 10\left(-\frac{\sqrt{2}}{2}\right) + 10\,(-1) \\ &= -17{,}07 \text{ in} \\ y &= l_1 \operatorname{sen} \theta_1 + l_2 \operatorname{sen}(\theta_1 + \theta_2) \\ &= 10 \operatorname{sen} 135° + 10 \operatorname{sen} 180° \\ &= 10\left(\frac{\sqrt{2}}{2}\right) + 10(0) \\ &= 7{,}07 \text{ in} \end{aligned} \tag{3.24}$$

Portanto, $P(x, y) = (-17{,}07'', 7{,}07'')$.

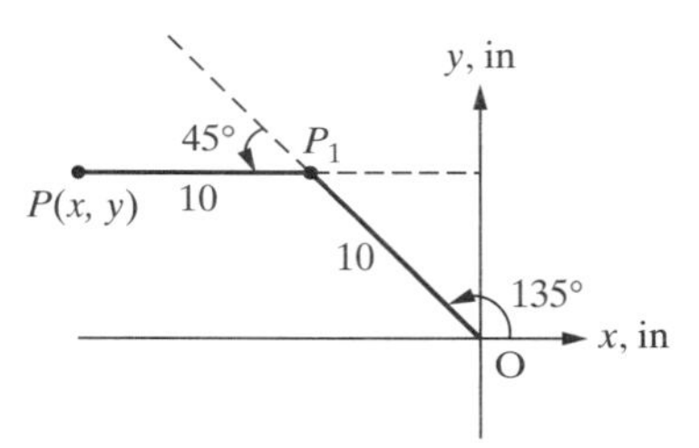


**Figura 3.24** Orientação do robô de dois membros com $\theta_1 = 135°$, $\theta_2 = 45°$.

(b) O ângulo $\theta_2$ pode ser calculado aplicando a lei do cosseno ao triângulo $OP_1P$ na Fig. 3.25. O ângulo desconhecido $180° - \theta_2$ e os três lados do triângulo $OP_1P$ são mostrados na Fig. 3.25. Aplicando a lei do cosseno, temos:

$$\begin{aligned} (18{,}48)^2 &= 10^2 + 10^2 - 2(10)(10)\cos(180° - \theta_2) \\ 341{,}4 &= 200 + 200 \cos \theta_2 \\ 141{,}4 &= 200 \cos \theta_2 \;\Rightarrow\; \cos \theta_2 = 0{,}707. \end{aligned}$$

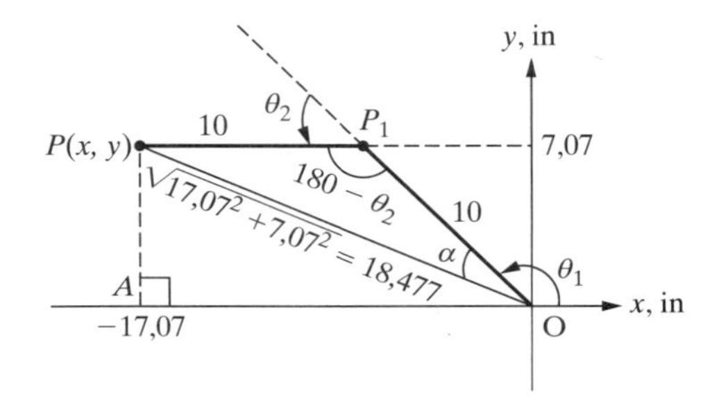


**Figura 3.35** Triângulo $OP_1P$ para cálculo dos ângulos $\theta_1$ e $\theta_2$.

Como o robô está na configuração com cotovelo para cima, o ângulo $\theta_2$ é positivo e dado por $\theta_2 = \cos^{-1}(0{,}707) = 45°$. Na Fig. 3.25, também vemos que o ângulo $\theta_1 + \alpha$ pode ser determinado a partir do triângulo retângulo $OAP$:

$$\theta_1 + \alpha = \text{atan2}(7{,}07, -17{,}07)$$
$$\theta_1 + \alpha = 157{,}5°.$$

Logo,

$$\theta_1 = 157{,}5° - \alpha. \tag{3.25}$$

O ângulo $\alpha$ pode ser calculado do triângulo $OP_1P$ por aplicação da lei do cosseno ou do seno. Aplicando a lei do cosseno, temos:

$$\begin{aligned} 10^2 &= (18{,}48)^2 + 10^2 - 2(10)(18{,}48)\cos\alpha \\ -341{,}4 &= -369{,}54\cos\alpha \\ 0{,}9239 &= \cos\alpha. \end{aligned}$$

Logo, $\alpha = 22{,}5°$. Substituindo $\alpha = 22{,}5°$ na equação (3.25), obtemos:

$$\theta_1 = 157{,}5 - 22{,}5° = 135{,}0°.$$

**Exemplo 3-17**

Consideremos o robô plano de dois membros com orientações $\theta_1$ e $\theta_2$ positivas, como ilustrado na Fig. 3.19.

(a) Sejam $\theta_1 = -135°$, $\theta_2 = -45°$ e $l_1 = l_2 = 10$ polegadas. Desenhemos a orientação do robô no plano $x$-$y$ e determinemos as coordenadas $x$ e $y$ do ponto $P(x, y)$.

(b) Admitamos que a extremidade do robô esteja posicionada no terceiro quadrante e orientada com cotovelo para baixo (sentido horário), como indicado na Fig. 3.26. Com a extremidade do robô posicionada no ponto $P(x, y) = (-17{,}07'', -7{,}07'')$, determinemos os valores de $\theta_1$ e $\theta_2$.

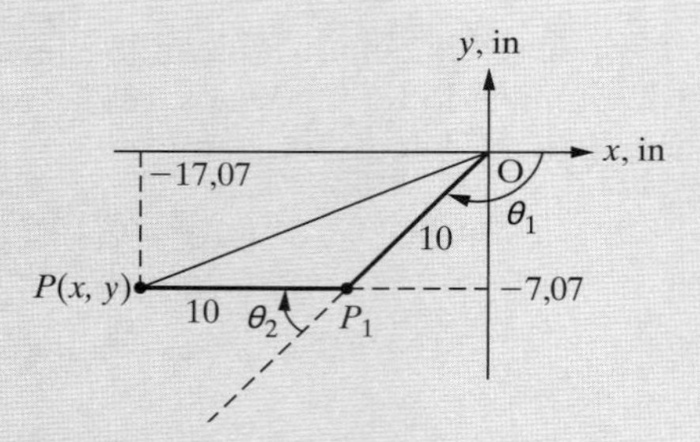


**Figura 3.26** Robô plano de dois membros orientado com cotovelo para baixo, com $P(x, y) = (-17{,}07'', -7{,}07'')$.

**Solução**

(a) A orientação do robô de dois membros para $\theta_1 = -135°$, $\theta_2 = -45°$ e $l_1 = l_2 = 10$ in é mostrada na Fig. 3.27. As coordenadas $x$ e $y$ da posição da extremidade do robô são dadas por:

$$\begin{aligned} x &= l_1\cos\theta_1 + l_2\cos(\theta_1 + \theta_2) \\ &= 10\cos(-135°) + 10\cos(-180°) \\ &= 10\left(-\frac{\sqrt{2}}{2}\right) + 10\,(-1) \\ &= -17{,}07 \text{ in}. \end{aligned}$$

$$\begin{aligned} y &= l_1 \operatorname{sen} \theta_1 + l_2 \operatorname{sen}(\theta_1 + \theta_2) \\ &= 10 \operatorname{sen}(-135°) + 10 \operatorname{sen}(-180°) \\ &= 10\left(-\frac{\sqrt{2}}{2}\right) + 10(0) \\ &= -7{,}07 \text{ in} \end{aligned}$$

Logo, $P(x, y) = (-17{,}07'', -7{,}07'')$.

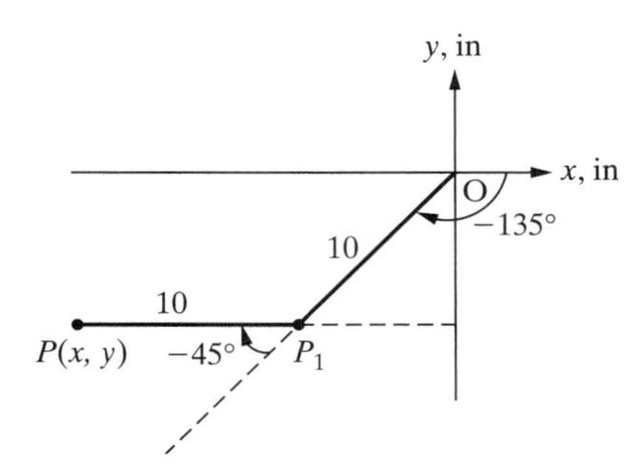


**Figura 3.27** Orientação do robô plano de dois membros com $\theta_1 = -135°$ e $\theta_2 = -45°$.

(b) O ângulo $\theta_2$ pode ser calculado aplicando a lei do cosseno ao triângulo $OP_1P$ mostrado na Fig. 3.28. O ângulo desconhecido $180° - \theta_2$ e os três lados do triângulo $OP_1P$ são mostrados na Fig. 3.28. Aplicando a lei do cosseno, temos:

$$\begin{aligned} (18{,}48)^2 &= 10^2 + 10^2 - 2(10)(10)\cos(180° - \theta_2) \\ 341{,}4 &= 200 + 200 \cos \theta_2 \\ 141{,}4 &= 200 \cos \theta_2 \quad \Rightarrow \quad \cos \theta_2 = 0{,}707. \end{aligned}$$

Portanto, $\theta_2 = \cos^{-1}(0{,}707) = 45°$ ou $-45°$. Como o ângulo $\theta_2$ está no sentido horário, $\theta_2 = -45°$. A Fig. 3.28 mostra, ainda, que o ângulo $\theta_1 + \alpha$ pode ser determinado a partir do triângulo $OAP$:

$$\begin{aligned} \theta_1 + \alpha &= \text{atg2}(-7{,}07, 17{,}07) \\ \theta_1 + \alpha &= -157{,}5°. \end{aligned}$$

Logo,

$$\theta_1 = -157{,}5° - \alpha. \tag{3.26}$$

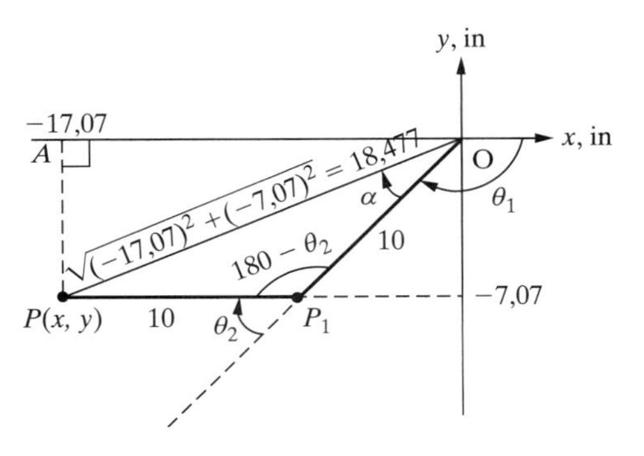


**Figura 3.28** Triângulo $OP_1P$ usado para determinação dos ângulos $\theta_1$ e $\theta_2$.

O ângulo $\alpha$ pode ser calculado a partir do triângulo $OP_1P$ com aplicação da lei do cosseno ou do seno. Aplicando a lei do cosseno, temos:

$$\begin{aligned} 10^2 &= (18{,}477)^2 + 10^2 - 2(10)(18{,}477)\cos\alpha \\ -341{,}4 &= -369{,}54\cos\alpha \\ 0{,}9239 &= \cos\alpha. \end{aligned}$$

Como o ângulo $\alpha$ tem o sentido horário, $\alpha = -22{,}5°$. Substituindo $\alpha = -22{,}5°$ na equação (3.26), obtemos:

$$\theta_1 = -157{,}5° - (-22{,}5°) = -135{,}0°.$$

Logo, $\theta_1 = -135°$.

**Exemplo 3-18** Consideremos um robô plano de dois membros com orientações $\theta_1$ e $\theta_2$ positivas, como ilustrado na Fig. 3.19.

(a) Sejam $\theta_1 = -45°$, $\theta_2 = 45°$ e $l_1 = l_2 = 10$ in. Desenhemos a orientação do robô no plano $x$-$y$ e determinemos as coordenadas $x$ e $y$ do ponto $P(x, y)$.

(b) Admitamos que a extremidade do robô esteja posicionada no quarto quadrante e orientada com cotovelo para cima (sentido anti-horário), como indicado na Fig. 3.29. Com a extremidade do robô posicionada no ponto $P(x, y) = (17{,}07'', -7{,}07'')$, determinemos os valores de $\theta_1$ e $\theta_2$.

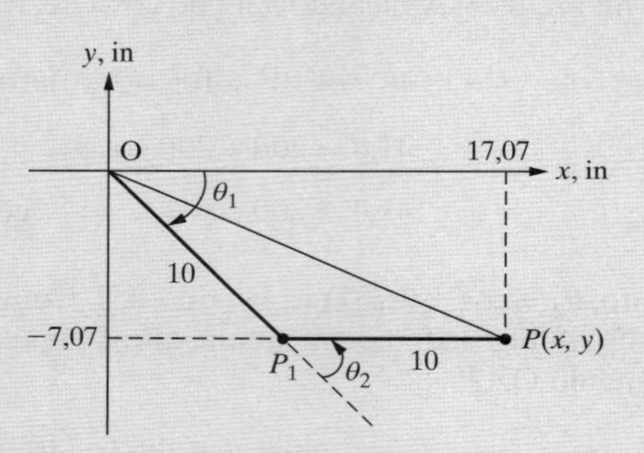


**Figura 3.29** Robô plano de dois membros orientado com cotovelo para cima, com $P(x, y) = (17{,}07'', -7{,}07'')$.

**Solução** (a) A orientação do robô de dois membros para $\theta_1 = -45°$, $\theta_2 = 45°$ e $l_1 = l_2 = 10$ in é mostrada na Fig. 3.30. As coordenadas $x$ e $y$ da posição da extremidade do robô são dadas por:

$$\begin{aligned} x &= l_1 \cos\theta_1 + l_2\cos(\theta_1 + \theta_2) \\ &= 10\cos(-45°) + 10\cos(0°) \\ &= 10\left(\frac{\sqrt{2}}{2}\right) + 10(1) \\ &= 17{,}07 \text{ in} \end{aligned}$$

$$\begin{aligned} y &= l_1 \operatorname{sen}\theta_1 + l_2\operatorname{sen}(\theta_1 + \theta_2) \\ &= 10\operatorname{sen}(-45°) + 10\operatorname{sen}(0°) \\ &= 10\left(-\frac{\sqrt{2}}{2}\right) + 10(0) \\ &= -7{,}07 \text{ in} \end{aligned}$$

Logo, $P(x, y) = (17{,}07'', -7{,}07'')$.

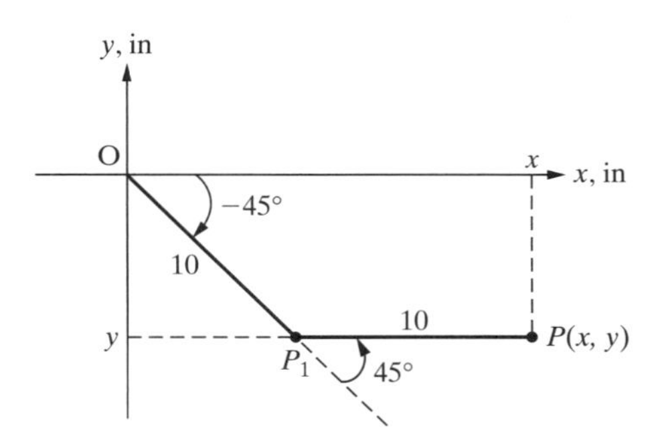


**Figura 3.30** Orientação do robô plano de dois membros com $\theta_1 = -45°$ e $\theta_2 = 45°$.

(b) O ângulo $\theta_2$ pode ser calculado aplicando a lei do cosseno ao triângulo $OP_1P$ mostrado na Fig. 3.31. O ângulo desconhecido $180° - \theta_2$ e os três lados do triângulo $OP_1P$ são mostrados na Fig. 3.31. Aplicando a lei do cosseno, temos:

$$(18{,}48)^2 = 10^2 + 10^2 - 2(10)(10)\cos(180° - \theta_2)$$
$$341{,}4 = 200 + 200\cos\theta_2$$
$$141{,}4 = 200\cos\theta_2 \Rightarrow \cos\theta_2 = 0{,}707.$$

Como o robô está na configuração com cotovelo para cima, $\theta_2 = \cos^{-1}(0{,}707) = 45°$. A Fig. 3.31 mostra, ainda, que o ângulo $\theta_1 - \alpha$ pode ser determinado a partir do triângulo $OAP$:

$$\theta_1 - \alpha = \text{atg2}(-7{,}07, 17{,}07)$$
$$\theta_1 - \alpha = -22{,}5°.$$

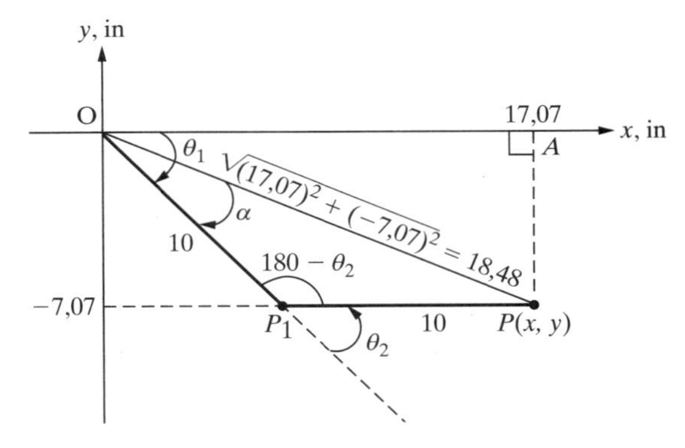


**Figura 3.31** Triângulo $OP_1P$ usado para determinação dos ângulos $\theta_1$ e $\theta_2$.

Logo,

$$\theta_1 = -22{,}5° + \alpha. \tag{3.27}$$

O ângulo $\alpha$ pode ser calculado a partir do triângulo $OP_1P$ com aplicação da lei do cosseno ou do seno. Aplicando a lei do cosseno, temos:

$$10^2 = (18{,}48)^2 + 10^2 - 2(10)(18{,}48)\cos\alpha$$
$$-341{,}4 = -369{,}5\cos\alpha$$
$$0{,}9239 = \cos\alpha.$$

Como o ângulo $\alpha$ tem o sentido horário, $\alpha = -22{,}5°$. Substituindo $\alpha = -22{,}5°$ na equação (3.27), obtemos:

$$\theta_1 = -22{,}5 + (-22{,}5)° = -45{,}0°.$$

Logo, $\theta_1 = -45°$.

## 3.4 EXEMPLOS ADICIONAIS DE TRIGONOMETRIA NA ENGENHARIA

**Exemplo 3-19** Um robô plano de um membro e comprimento $l = 1{,}5$ m se move no plano $x$-$y$. Para um ângulo de junta $\theta = -165°$, determinemos a posição $P(x, y)$ da extremidade do robô no plano $x$-$y$.

**Solução** Com $\theta = -165°$, a extremidade do robô de um membro é mostrada na Fig. 3.32. Nesta figura, vemos que a extremidade do robô está no terceiro quadrante e que o ângulo de referência é 15°. Como as funções sen e cos são ambas negativas no terceiro quadrante, a posição $P(x, y)$ da extremidade do robô é dada por:

$$x = 1{,}5\cos(165°) = -1{,}5\cos(15°) = -1{,}5 \times 0{,}9659 = -1{,}449 \text{ m}$$
$$y = 1{,}5\,\text{sen}(165°) = -1{,}5\,\text{sen}(15°) = -1{,}5 \times 0{,}2588 = -0{,}388 \text{ m}$$

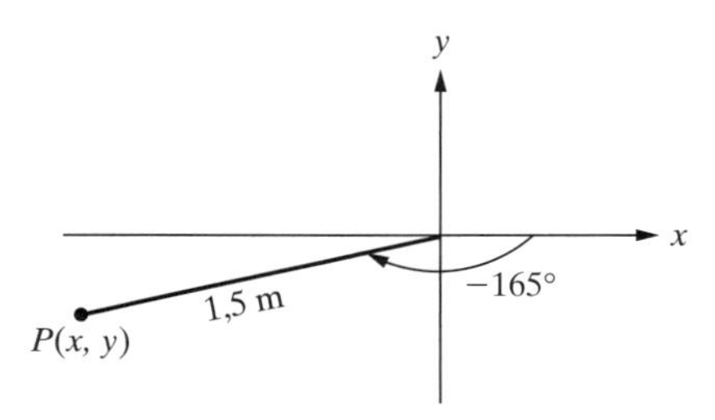


Figura 3.32 Robô plano de um membro para o Exemplo 3-19.

**Exemplo 3-20** As componentes $x$ e $y$ da extremidade de um robô de um membro são −10 cm e 5 cm, respectivamente. Determinemos a posição da extremidade do robô no plano $x$-$y$. Determinemos, também, o comprimento $l$ do membro do robô e o ângulo $\theta$.

**Solução** A extremidade do robô de um membro com $x = -10$ cm e $y = 5$ cm é ilustrada na Fig. 3.33. O comprimento $l$ é dado por:

$$l = \sqrt{(-10)^2 + (5)^2} = \sqrt{100 + 25} = \sqrt{125} = 11{,}18 \text{ cm}.$$

Como a extremidade do robô está no segundo quadrante, o ângulo $\theta$ é dado por:

$$\begin{aligned}\theta &= 180° - \text{atg}\left(\frac{5}{10}\right)\\ &= 180° - \text{atg}(0{,}5)\\ &= 180° - 26{,}57°\\ &= 153{,}4°.\end{aligned}$$

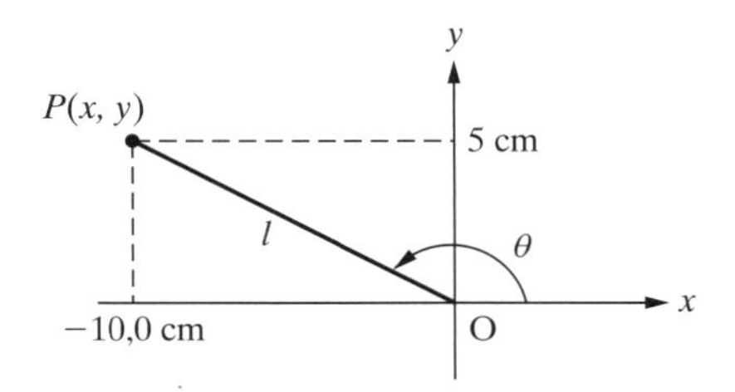


Figura 3.33 Robô plano de um membro para o Exemplo 3-20.

Usando a função ATG2($y$, $x$) de MATLAB, o ângulo $\theta$ é calculado como:

$$\begin{aligned}\theta &= \text{atg2}(5, -10)\\ &= 2{,}6779 \text{ rad}\\ &= (2{,}6779 \text{ rad})\left(\frac{180°}{\pi \text{ rad}}\right)\\ &= 153{,}4°.\end{aligned}$$

**Exemplo 3-21**

No Exemplo 1-8, o engenheiro civil calculou a elevação da pedra angular da construção, que está posicionada entre os dois marcos na Fig. 1.19. O mesmo engenheiro deve, agora, calcular o ângulo de inclinação e a distância horizontal entre os dois marcos, como ilustrado na Fig. 3.34.

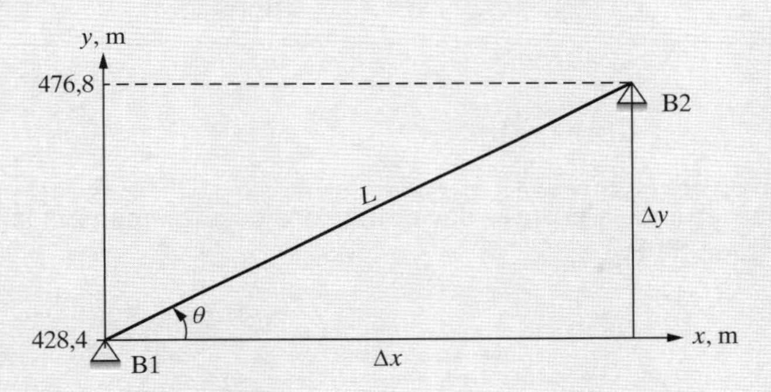


Figura 3.34 Elevação entre dois marcos.

Os marcos B1 e B2 estão separados por uma distância $l$ de 1001,2 m, e suas elevações são de 428,4 m e 476,8 m, respectivamente.

(a) Determinemos o ângulo de inclinação $\theta$ do aclive e o grau percentual, $\frac{\Delta y}{\Delta x} \times 100$.
(b) Calculemos a distância horizontal entre os dois marcos.
(c) Comprovemos os resultados das partes (a) e (b) usando o teorema de Pitágoras.

**Solução**

(a) O ângulo de inclinação $\theta$ pode ser determinado a partir do triângulo retângulo mostrado na Fig. 3.34:

$$\begin{aligned}\text{sen } \theta &= \frac{\Delta y}{L}\\ &= \frac{E_2 - E_1}{L}\\ &= \frac{476{,}8 - 428{,}4}{1001{,}2}\\ &= 0{,}0483.\end{aligned}$$

Portanto, o ângulo de inclinação é $\theta = \text{sen}^{-1}(0{,}0483) = 2{,}768°$. O grau percentual pode, agora, ser calculado como:

$$\begin{aligned}\text{Grau percentual} &= \frac{\Delta y}{\Delta x} \times 100 \\ &= 100 \times \text{tg}\,\theta \\ &= 100 \times \text{tg}(2{,}768°) \\ &= 4{,}84\%.\end{aligned}$$

(b) A distância horizontal entre os dois marcos pode ser calculada como:

$$\begin{aligned}\Delta x &= L \cos\theta \\ &= (1001{,}2)\cos(2{,}468°) \\ &= (1001{,}2)\,(0{,}99883) \\ &= 1000{,}0\text{ m}.\end{aligned} \tag{3.28}$$

(c) A distância horizontal também pode ser calculada usando o teorema de Pitágoras:

$$\begin{aligned}\Delta x &= \sqrt{L^2 - \Delta y^2} \\ &= \sqrt{(1001{,}2)^2 - (48{,}4)^2} \\ &= 1000\text{ m}.\end{aligned}$$

**Exemplo 3-22**

Consideremos a posição das pontas dos pés de uma pessoa sentada em uma cadeira, como ilustrado na Fig. 3.35.

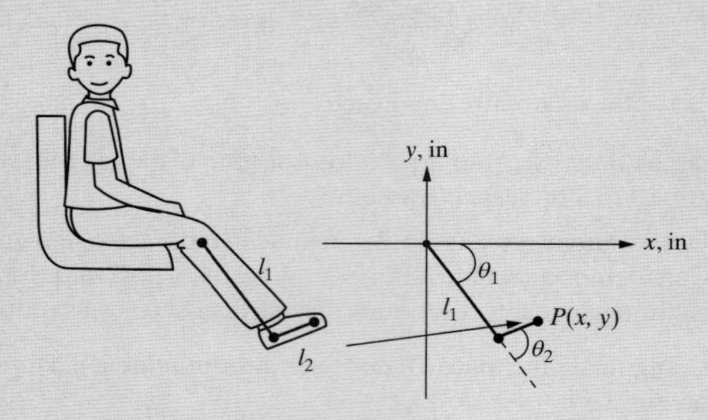


**Figura 3.35** Posição das pontas dos pés de uma pessoa sentada em uma cadeira.

(a) Sejam $\theta_1 = -30°$, $\theta_2 = 45°$, $l_1 = 20$ polegadas e $l_2 = 5$ polegadas. Determinemos as coordenadas $x$ e $y$ da posição das pontas dos pés $P(x, y)$.

(b) Admitamos que as pernas sejam posicionadas de modo que as pontas dos pés estejam localizadas no primeiro quadrante e orientadas com tornozelo para cima (sentido anti-horário), como ilustrado na Fig. 3.36. Com as pontas dos pés posicionadas em $P(x, y) = (19{,}5'', 2{,}5'')$, determinemos os valores de $\theta_1$ e $\theta_2$.

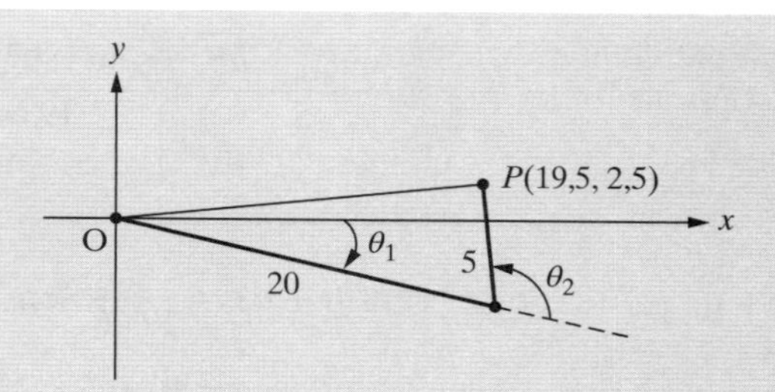


**Figura 3.36** Tornozelo para cima.

**Solução** (a) As coordenadas $x$ e $y$ da posição das pontas dos pés pode ser calculada como:

$$\begin{aligned} x &= l_1 \cos\theta_1 + l_2 \cos(\theta_1 + \theta_2) \\ &= 20\cos(-30°) + 5\cos(-30° + 45°) \\ &= 20\left(\frac{\sqrt{3}}{2}\right) + 5(0{,}9659) \\ &= 22{,}15 \text{ in} \end{aligned}$$

$$\begin{aligned} y &= l_1 \operatorname{sen}\theta_1 + l_2 \operatorname{sen}(\theta_1 + \theta_2) \\ &= 20\operatorname{sen}(-30°) + 5\operatorname{sen}(-30° + 45°) \\ &= 20\left(-\frac{1}{2}\right) + 5(0{,}2588) \\ &= -18{,}71 \text{ in} \end{aligned}$$

Assim, $P(x, y) = (22{,}15'', -18{,}71'')$.

(b) O ângulo $\theta_2$ pode ser calculado aplicando a lei do cosseno ao triângulo $OP_1P$ mostrado na Fig. 3.37. O ângulo desconhecido $180° - \theta_2$ e os três lados do triângulo $OP_1P$ são mostrados na Fig. 3.37. Aplicando a lei do cosseno, temos:

$$\begin{aligned} (19{,}66)^2 &= 20^2 + 5^2 - 2(20)(5)\cos(180° - \theta_2) \\ 386{,}5 &= 425 - 200\cos(180° - \theta_2) \\ -38{,}5 &= -200\cos(180° - \theta_2) \Rightarrow \cos(180° - \theta_2) = 0{,}1925 \end{aligned}$$

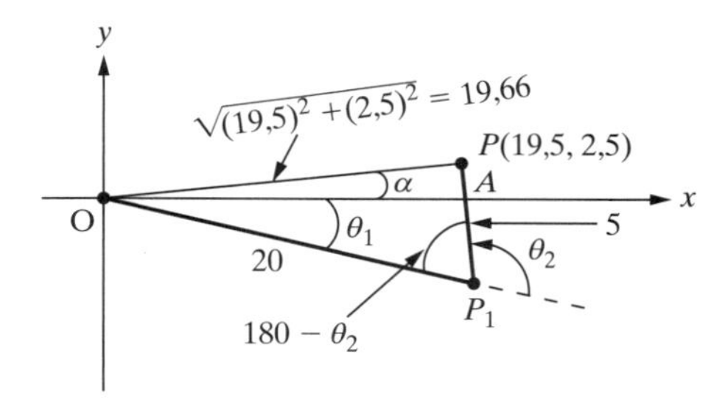


**Figura 3.37** Triângulo $OP_1P$ para determinação dos ângulos $\theta_1$ e $\theta_2$.

Como a perna está com tornozelo para cima, $(180° - \theta_2) = \cos^{-1}(0{,}1925) = 78{,}9°$. Portanto, $\theta_2 = 101{,}1°$. Na Fig. 3.37 vemos, ainda, que o ângulo $\theta_1 + \alpha$ pode ser calculado com aplicação da lei do cosseno ou do seno ao triângulo $OP_1P$. Aplicando a lei do seno, obtemos:

$$\frac{\text{sen}(\theta_1 + \alpha)}{5} = \frac{\text{sen}(180° - \theta_2)}{19{,}66}.$$

Logo,

$$\text{sen}(\theta_1 + \alpha) = \frac{5}{19{,}66}\ \text{sen}\ 78{,}9°$$

$$\theta_1 + \alpha = 14{,}45°. \tag{3.29}$$

O ângulo $\alpha$ pode ser calculado a partir do triângulo retângulo $OAP$ ilustrado na Fig. 3.37:

$$\alpha = \text{atg}\ 2(2{,}5,\ 19{,}5) = 7{,}31°.$$

Substituindo o valor de $\alpha$ na equação (3.29), temos:

$$\theta_1 = 14{,}45 - \alpha$$
$$= 14{,}45° - 7{,}31°$$

ou

$$\theta_1 = 7{,}14°.$$

**Exemplo 3-23**

Em um estudo de captura de movimentos de uma corredora, um quadro mostra esta suportando seu peso em uma perna, como ilustrado na Fig. 3.38. O comprimento do segmento do pé (do tornozelo à ponta do pé) é de 7,9 polegadas, e o comprimento da parte inferior da perna (do tornozelo ao joelho) é de 17,1 polegadas.

(a) Dados os ângulos mostrados na Fig. 3.38, determinemos a posição do joelho quando a ponta do pé da corredora toca o solo no ponto $x = y = 0$.

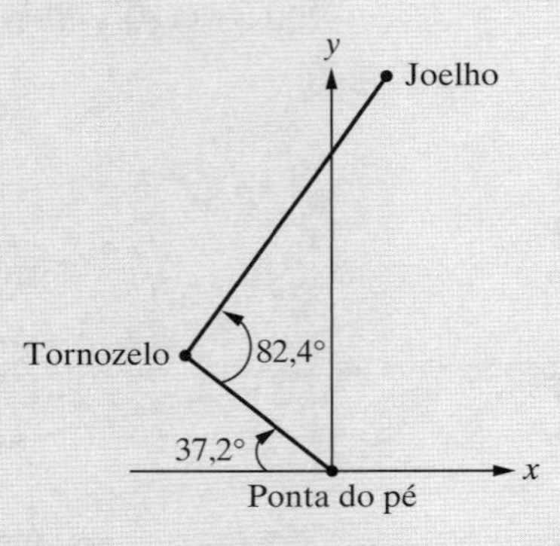


**Figura 3.38** Posição da perna da corredora durante um estudo de captura de movimentos.

(b) Admitamos que a perna esteja posicionada de modo que o joelho esteja no segundo quadrante, na orientação "joelho para baixo" (sentido horário), como indicado na Fig. 3.39. Com a ponta do pé no ponto $P(x, y) = (-4'', 24'')$, determinemos os valores de $\theta_1$ e $\theta_2$.

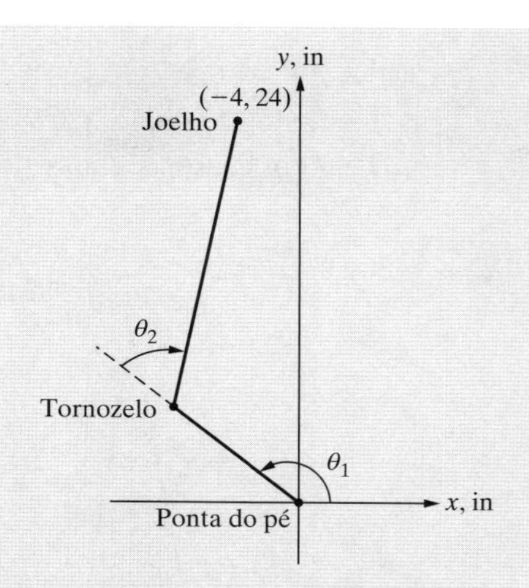


**Figura 3.39** Posição da perna da corredora para determinação $\theta_1$ e $\theta_2$.

**Solução** (a) Usando os ângulos $\theta_1$ e $\theta_2$ mostrados na Fig. 3.40, as coordenadas $x$ e $y$ da posição do joelho são calculadas como:

$$\begin{aligned} x &= l_1 \cos\theta_1 + l_2 \cos(\theta_1 + \theta_2) \\ &= 7{,}9 \cos(142{,}8°) + 17{,}1 \cos(142{,}8° - 97{,}6°) \\ &= 7{,}9\,(-0{,}7965) + 17{,}1(0{,}7046) \\ &= 5{,}76 \text{ in} \end{aligned}$$

$$\begin{aligned} y &= l_1 \operatorname{sen}\theta_1 + l_2 \operatorname{sen}(\theta_1 + \theta_2) \\ &= 7{,}9 \operatorname{sen}(142{,}8°) + 17{,}1 \operatorname{sen}(142{,}8° - 97{,}6°) \\ &= 7{,}9\,(0{,}6046) + 17{,}1(0{,}7096) \\ &= 16{,}9 \text{ in} \end{aligned}$$

Portanto, $P(x, y) = (5{,}76'', 16{,}9'')$.

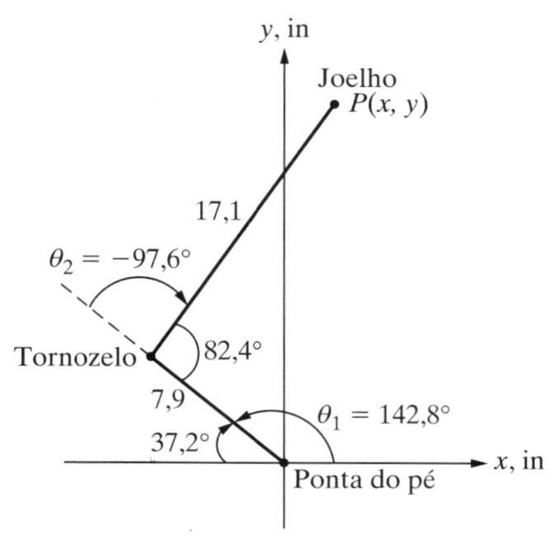


**Figura 3.40** Ângulos $\theta_1$ e $\theta_2$ para determinação da posição do joelho.

(b) O ângulo $\theta_2$ pode ser calculado com aplicação da lei do cosseno ao triângulo $TAK$ mostrado na Fig. 3.41. O ângulo desconhecido $180° - \theta_2$ e os três lados do triângulo $TAK$ são mostrados na Fig. 3.41. Aplicando a lei do cosseno, temos:

$$(24{,}33)^2 = 7{,}9^2 + 17{,}1^2 - 2(7{,}9)(17{,}1)\cos(180° - \theta_2)$$
$$592 = 425 - 270{,}18\cos(180° - \theta_2)$$
$$167 = 270{,}18\cos(\theta_2) \Rightarrow \cos(\theta_2) = 0{,}6181 \Rightarrow \theta_2 = 51{,}82°.$$

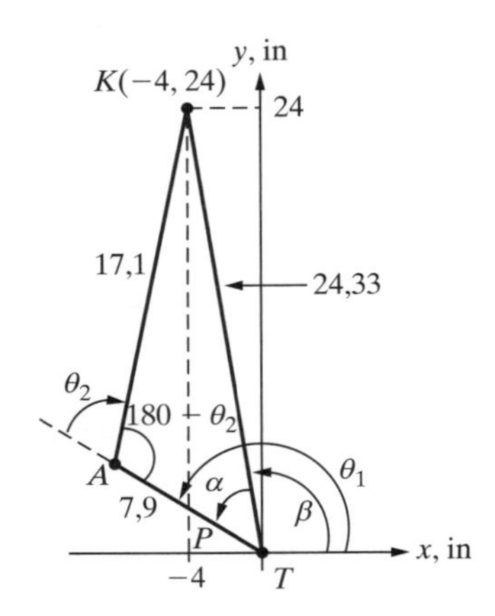


**Figura 3.41** Triângulo *TAK* para determinação do ângulo $\theta_2$.

Na Fig. 3.41, vemos que o ângulo $\alpha$ pode ser calculado com aplicação da lei do cosseno ou do seno ao triângulo *TAK*. Aplicando a lei do seno, obtemos:

$$\frac{\operatorname{sen}(\alpha)}{17{,}1} = \frac{\operatorname{sen}(180° - \theta_2)}{24{,}33}.$$

Portanto,

$$\operatorname{sen}(\alpha) = \frac{17{,}1}{24{,}33}\operatorname{sen} 129{,}2°$$

o que resulta em

$$\alpha = 33°.$$

O ângulo $\beta$ pode ser calculado do triângulo retângulo *TKP* mostrado na Fig. 3.41:

$$\beta = \operatorname{atg} 2(24, -4) \Rightarrow \beta = 99{,}46°.$$

O ângulo $\theta_1$ pode, agora, ser calculado somando os ângulos $\alpha$ e $\beta$, como indicado na Fig. 3.41:

$$\begin{aligned}\theta_1 &= \alpha + \beta \\ &= 51{,}82° + 99{,}46° \\ &= 151{,}28°.\end{aligned}$$

Assim, $\theta_1 = 151{,}8°$. Como a perna está na posição "joelho para baixo", $\theta_2 = -51{,}82°$.

## EXERCÍCIOS

**3-1** Um telêmetro a laser registra as distâncias do laser à base e ao topo de um prédio, como ilustrado na Fig. E3.1. Determine o ângulo $\theta$ e a altura do prédio.

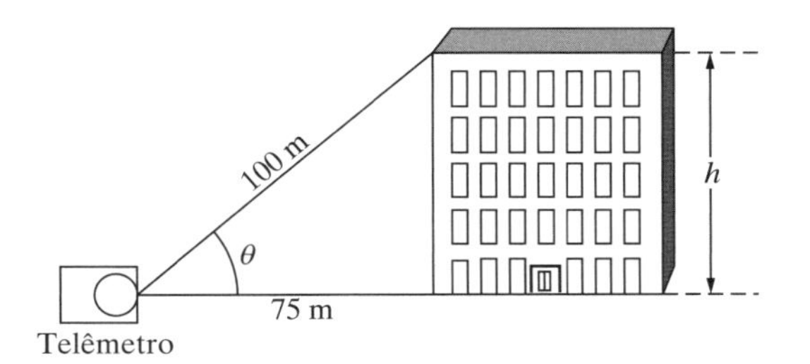


**Figura E3.1** Uso de telêmetro para determinar a altura de um prédio.

**3-2** Os olhos de um jogador de 2,23 m de altura estão a 2,10 m do solo, como ilustrado na Fig. E3.2. Admitindo que a abertura de uma cesta de basquetebol esteja a 3,05 m do solo, determine a distância $l$ e o ângulo $\theta$ dos olhos do jogador à cesta.

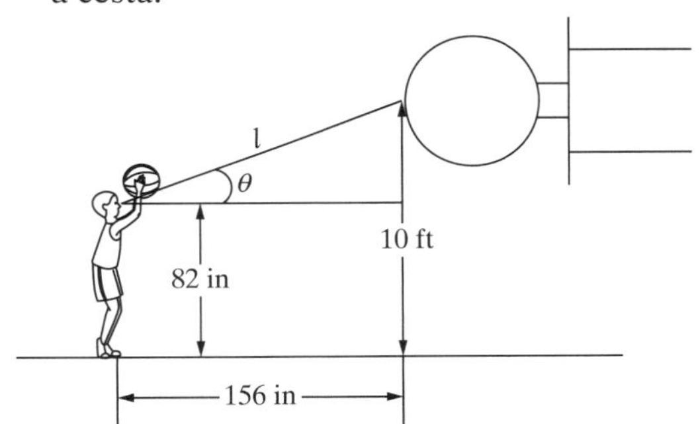


**Figura E3.2** Jogador de basquetebol diante da cesta.

**3-3** Refaça o Exercício 3-2 para um jogador cujos olhos estão a 1,83 m do solo.

**3-4** Para calcular o imposto predial, uma prefeitura contrata uma pessoa para determinar a área de diferentes terrenos em um novo loteamento. A pessoa calcula a área do terreno 1 ilustrado na Fig. E3.4 como 94.640 m$^2$. Esta é a resposta correta? Se não, determine a resposta correta.

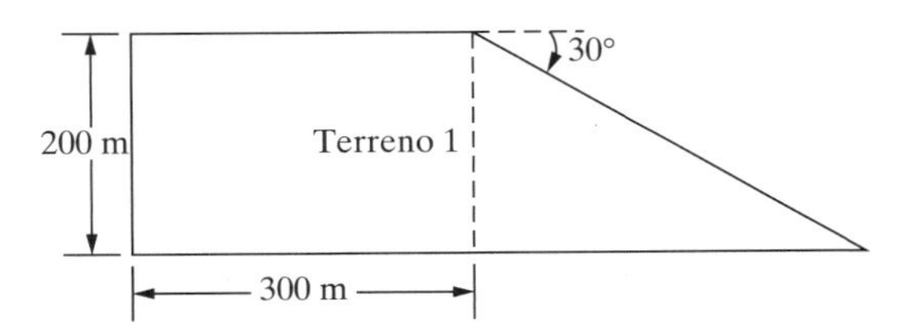


**Figura E3.4** Dimensões do terreno 1 no novo loteamento.

**3-5** Essa mesma pessoa calcula a área do terreno 2 mostrado na Fig. E3.5 como 50.000 m$^2$. Esta é a resposta correta? Se não, determine a resposta correta.

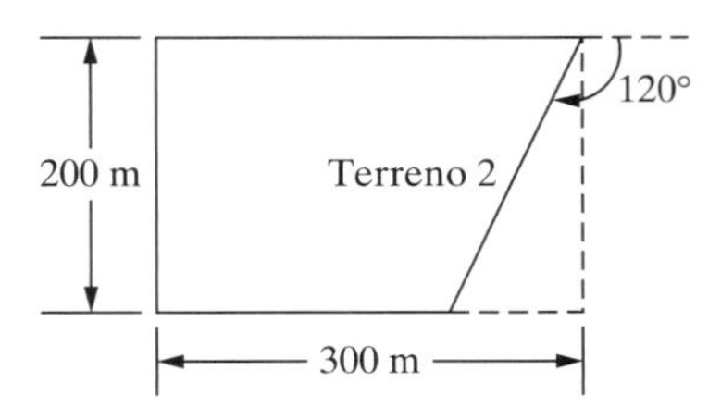


**Figura E3.5** Dimensões do terreno 2 no novo loteamento.

**3-6** Um raio laser é direcionado por um pequeno furo no centro de um círculo com raio de 1,73 m. A origem do raio está a 5 m do círculo, como ilustrado na Fig. E3.6.

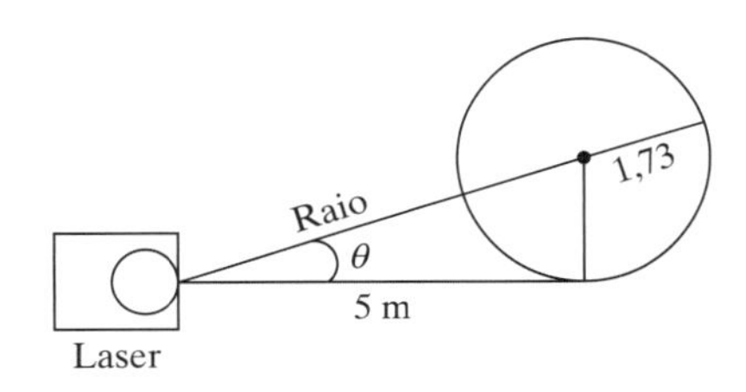


**Figura E3.6** Raio laser para o Exercício 3-6.

Qual deve ser o ângulo $\theta$ para que o raio passe pelo furo? Use a lei do seno.

**3-7** Uma estrutura em treliça consiste em três triângulos isósceles, como ilustrado na Fig. E3.7. Determine o ângulo $\theta$ usando a lei do cosseno ou do seno.

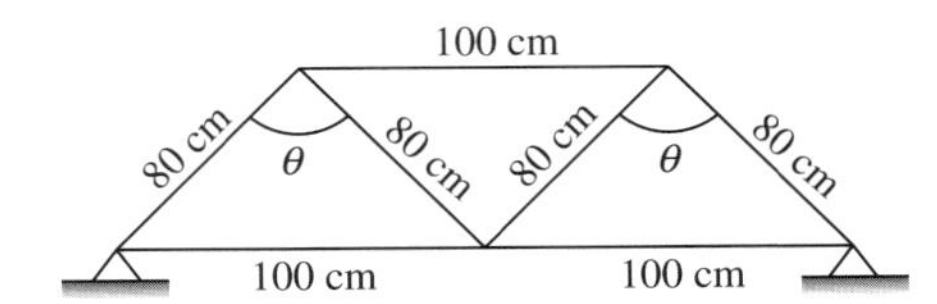


**Figura E3.7** Estrutura em treliça para o Exercício 3-7.

**3-8** Um foguete é lançado de uma plataforma localizada a $l = 500$ m da torre de controle, como ilustrado na Fig. E3-8. Admitindo que a torre de controle tenha 15 m de altura, e que o foguete esteja a uma distância $d = 575$ m do topo da torre, determine a altura $h$ do foguete em relação ao solo. Determine, também, o ângulo $\theta$.

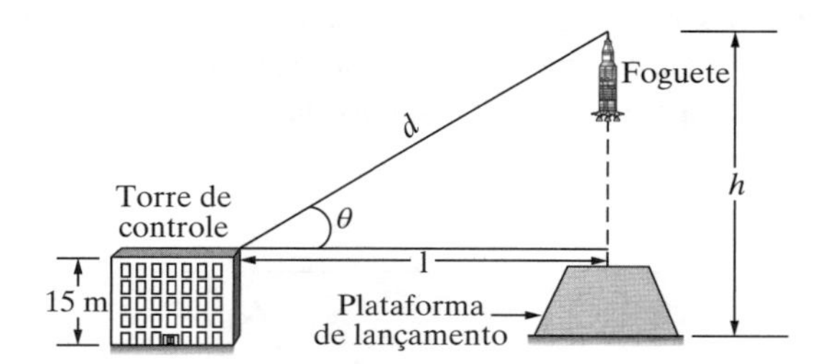


**Figura E3.8** Foguete lançado de uma plataforma para o Exercício 3-8.

**3-9** Refaça o Exercício 3-8 para $l = 300$ m e $d = 500$ m.

**3-10** Um robô plano de um membro se move no plano $x$-$y$, como ilustrado na Fig. E3.10. Para os dados valores de $l$ e $\theta$, determine a posição $P(x, y)$ da extremidade do robô.

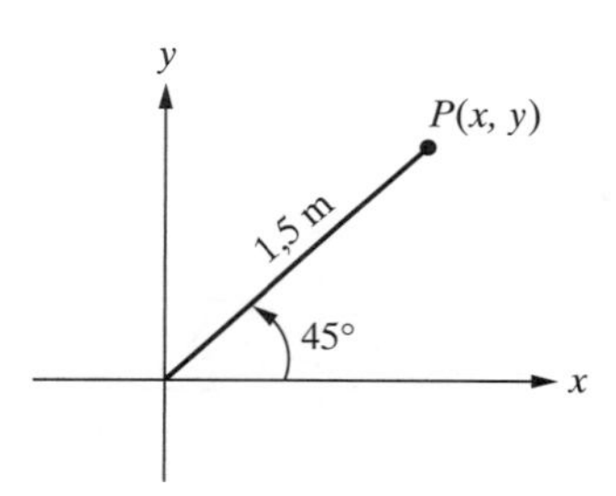


**Figura E3.10** Robô plano de um membro para o Exercício 3-10.

**3-11** Um robô plano de um membro se move no plano $x$-$y$, como ilustrado na Fig. E3.11. Para os dados valores de $l$ e $\theta$, determine a posição $P(x, y)$ da extremidade do robô.

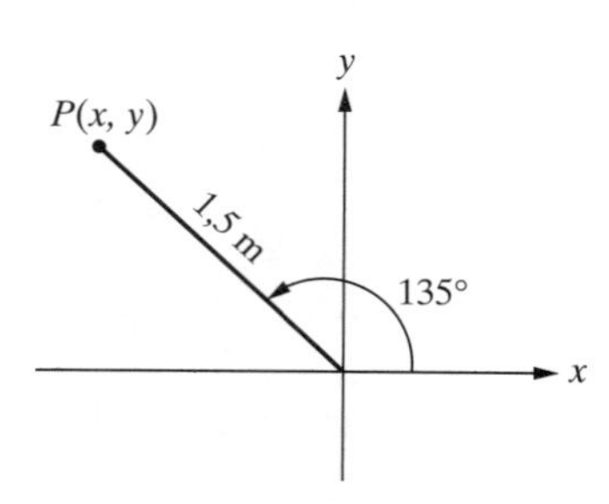


**Figura E3.11** Robô plano de um membro para o Exercício 3-11.

**3-12** Um robô plano de um membro se move no plano $x$-$y$, como ilustrado na Fig. E3.12. Para os dados valores de $l$ e $\theta$, determine a posição $P(x, y)$ da extremidade do robô.

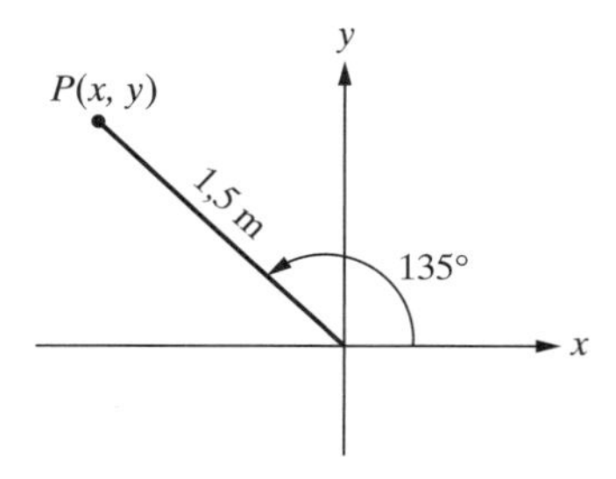


**Figura E3.12** Robô plano de um membro para o Exercício 3-12.

**3-13** Um robô plano de um membro se move no plano $x$-$y$, como ilustrado na Fig. E3.13. Para os dados valores de $l$ e $\theta$, determine a posição $P(x, y)$ da extremidade do robô.

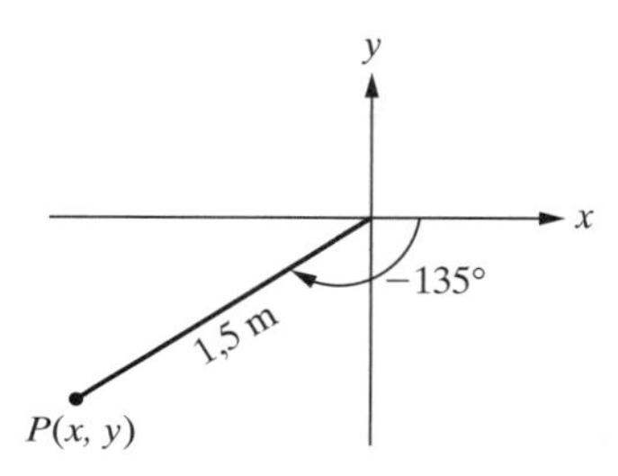


**Figura E3.13** Robô plano de um membro para o Exercício 3-13.

**3-14** Considere o robô de um membro ilustrado na Fig. E3.14.

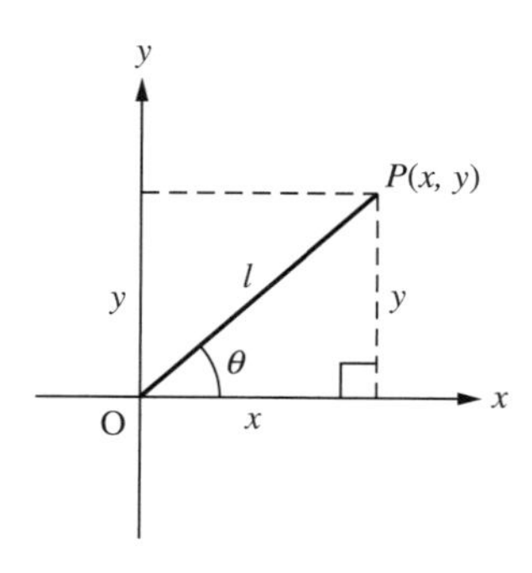


**Figura E3.14** Robô plano de um membro para o Exercício 3-14.

Seja $l = 5$ cm. Desenhe a posição da extremidade do robô e determine as coordenadas $(x, y)$ da posição $P$ para:

(a) $\theta = \frac{\pi}{4}$ rad
(b) $\theta = \frac{4\pi}{4}$ rad
(c) $\theta = -135°$
(d) $\theta = -\frac{\pi}{4}$ rad

**3-15** Refaça o Exercício 3-14 para $l = 10$ polegadas e

(a) $\theta = 150°$
(b) $\theta = -\frac{2\pi}{3}$ rad
(c) $\theta = 420°$
(d) $\theta = -\frac{9\pi}{4}$ rad

**3-16** Considere novamente o robô de um membro ilustrado na Fig. E3.14. Determine o comprimento $l$ e o ângulo $\theta$ estando extremidade do robô posicionada nos seguintes pontos:

(a) $P(x, y) = (3, 4)$ cm
(b) $P(x, y) = (-4, 3)$ cm
(c) $P(x, y) = (-3, -3)$ cm
(d) $P(x, y) = (5, -4)$ cm

**3-17** Refaça o Exercício 3-16 para
(a) $P(x, y) = (4, 2)$ in
(b) $P(x, y) = (-2, 4)$ in
(c) $P(x, y) = (-5, -7{,}5)$ in
(d) $P(x, y) = (6, -6)$ in

**3-18** Considere o robô de dois membros ilustrado na Fig. E3.18.

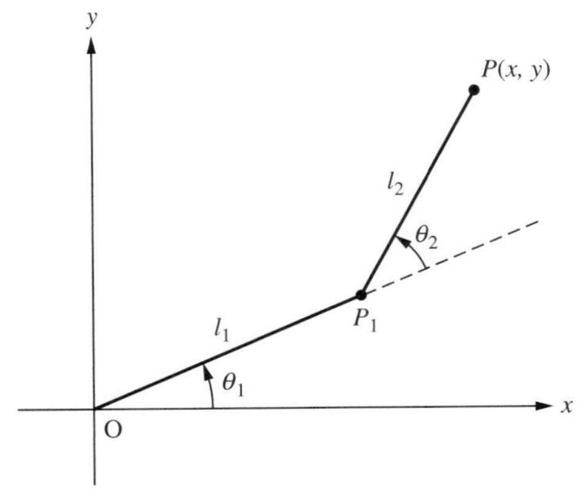


**Figura E3.18** Robô plano de dois membros para o Exercício 3-18.

Desenhe a orientação do robô e determine as coordenadas $(x, y)$ do ponto $P$ para:

(a) $\theta_1 = 30°$, $\theta_2 = 45°$, $l_1 = l_2 = 5$ cm
(b) $\theta_1 = 30°$, $\theta_2 = -45°$, $l_1 = l_2 = 5$ cm
(c) $\theta_1 = \frac{3\pi}{4}$ rad, $\theta_2 = \frac{\pi}{2}$ rad, $l_1 = l_2 = 5$ cm
(d) $\theta_1 = \frac{3\pi}{4}$ rad, $\theta_2 = -\frac{\pi}{2}$ rad, $l_1 = l_2 = 5$ cm
(e) $\theta_1 = -30°$, $\theta_2 = 45°$, $l_1 = l_2 = 5$ cm
(f) $\theta_1 = -30°$, $\theta_2 = -45°$, $l_1 = l_2 = 5$ cm
(g) $\theta_1 = -\frac{3\pi}{4}$ rad, $\theta_2 = \frac{\pi}{2}$ rad, $l_1 = l_2 = 5$ cm
(h) $\theta_1 = -\frac{3\pi}{4}$ rad, $\theta_2 = -\frac{\pi}{2}$ rad, $l_1 = l_2 = 5$ cm

**3-19** Admita que o robô plano de dois membros mostrado na Fig. E3.18 esteja posicionado no primeiro quadrante e orientado com cotovelo para cima. Com a extremidade do robô posicionada no ponto $P(x, y) = (9, 9)$, determine os valores de $\theta_1$ e $\theta_2$. Use $l_1 = 6$ polegadas e $l_2 = 8$ polegadas.

**3-20** Admita que o robô plano de dois membros mostrado na Fig. E3.18 esteja posicionado no primeiro quadrante e orientado com cotovelo para baixo. Com a extremidade do robô posicionada no ponto $P(x, y) = (10, 5)$, determine os valores de $\theta_1$ e $\theta_2$. Use $l_1 = 6$ polegadas e $l_2 = 8$ polegadas.

**3-21** Considere o robô plano de dois membros com $l_1 = l_2 = 5$ polegadas e orientado com cotovelo para cima, como ilustrado na Fig. E3.21. Com a extremidade do robô posicionada no ponto $P(x, y) = (7{,}5, -2{,}8)$, determine os valores de $\theta_1$ e $\theta_2$.

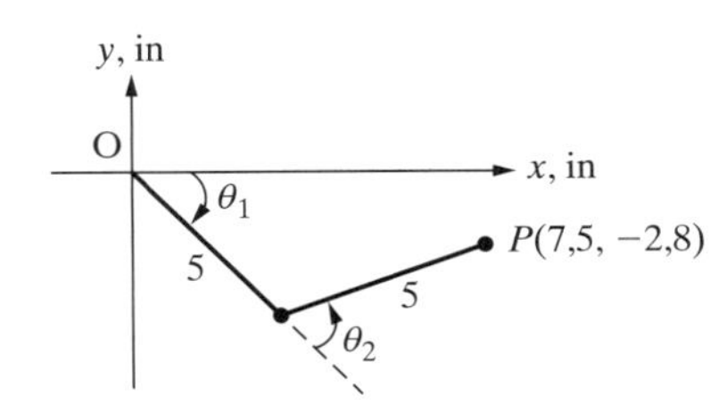


**Figura E3.21** Robô plano de dois membros para o Exercício 3-21.

**3-22** Considere um robô plano de dois membros com $l_1 = l_2 = 5$ polegadas e orientado com cotovelo para baixo, como ilustrado na Fig. E3.22. Com a extremidade do robô posicionada no ponto

$P(x, y) = (4{,}83, -8{,}36)$, determine os valores de $\theta_1$ e $\theta_2$.

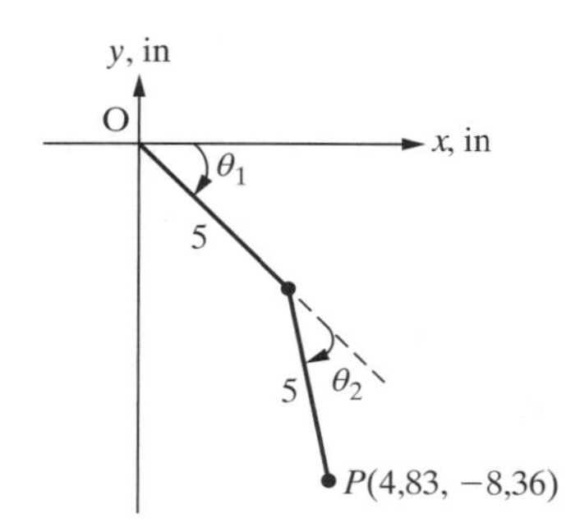


**Figura E3.22** Robô plano de dois membros para o Exercício 3-22.

**3-23** Considere um robô plano de dois membros com $l_1 = l_2 = 10$ cm e orientado com cotovelo para baixo, como ilustrado na Fig. E3.23. Com a extremidade do robô posicionada no ponto $P(x, y) = (-17, -1)$, determine os valores de $\theta_1$ e $\theta_2$.

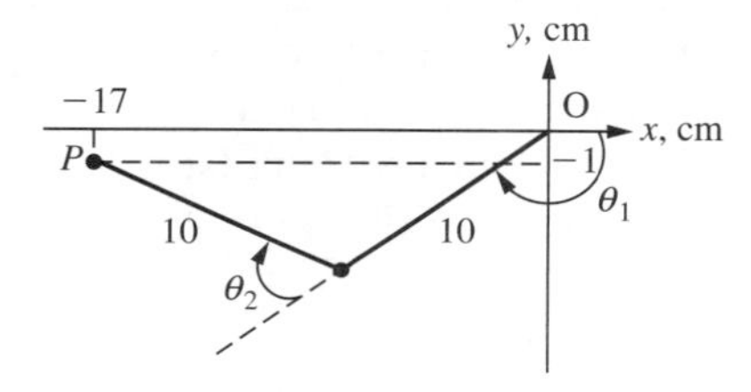


**Figura E3.23** Robô plano de dois membros para o Exercício 3-23.

**3-24** Considere um robô plano de dois membros com $l_1 = l_2 = 10$ cm e orientado com cotovelo para cima, como ilustrado na Fig. E3.24. Com a extremidade do robô posicionada no ponto $P(x, y) = (-14{,}5, -16{,}73)$, determine os valores de $\theta_1$ e $\theta_2$.

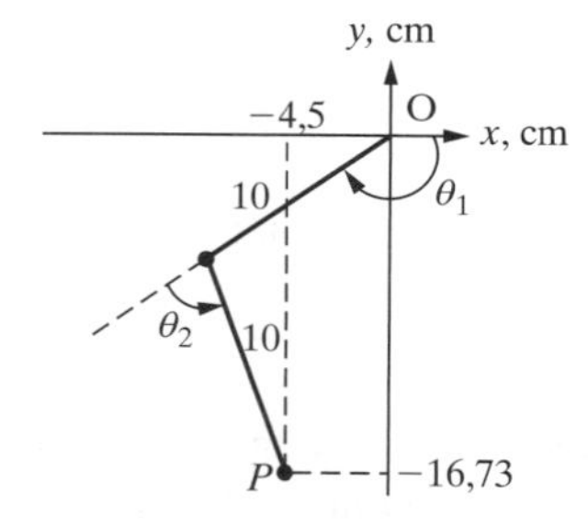


**Figura E3.24** Robô plano de dois membros para o Exercício 3-24.

**3-25** Considere um robô plano de dois membros orientado com cotovelo para cima, como ilustrado na Fig. E3.25. Com a extremidade do robô posicionada no ponto $P(x, y) = (-13, 12)$, determine os valores de $\theta_1$ e $\theta_2$. Use $l_1 = 10$ polegadas e $l_2 = 8$ polegadas.

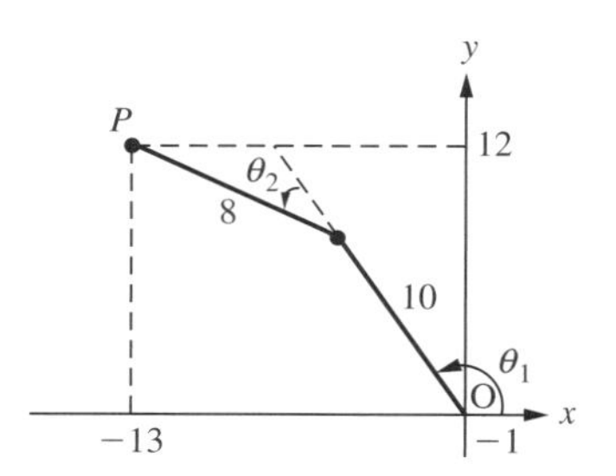


**Figura E3.25** Robô plano de dois membros para o Exercício 3-25.

**3-26** Considere um robô plano de dois membros orientado com cotovelo para baixo, como ilustrado na Fig. E3.26. Com a extremidade do robô posicionada no ponto $P(x, y) = (-1, 15)$, determine os valores de $\theta_1$ e $\theta_2$. Use $l_1 = 10$ polegadas e $l_2 = 8$ polegadas.

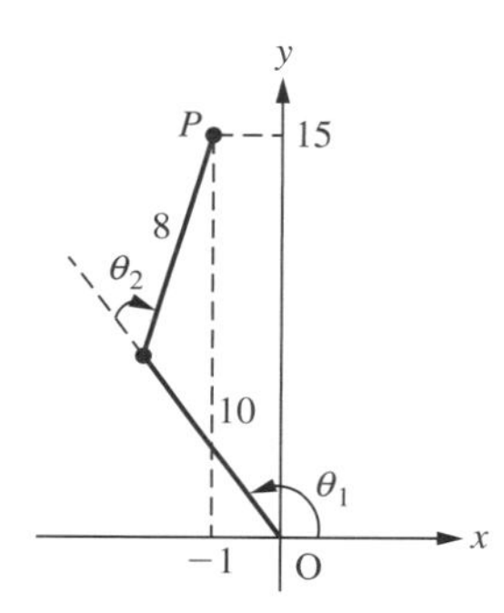


**Figura E3.26** Robô plano de dois membros para o Exercício 3-26.

**3-27** Considere um robô plano de dois membros orientado com cotovelo para cima, como ilustrado na Fig. E3.25. Com a extremidade do robô posicionada no ponto $P(x, y) = (13{,}66$ cm, $-3{,}66$ cm), determine os valores de $\theta_1$ e $\theta_2$ usando as leis do cosseno e do seno.

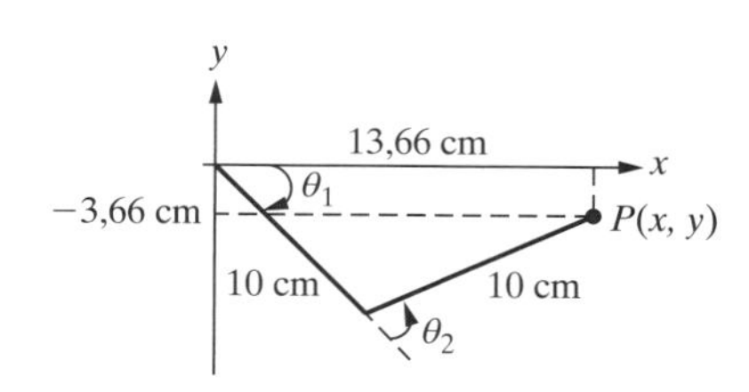


**Figura E3.27** Robô plano de dois membros para o Exercício 3-27.

**3-28** Um aeroplano viaja na direção 60° noroeste, com velocidade de 500 milhas por hora em relação ao ar, como ilustrado na Fig. E3.28. O vento sopra da direção 30° sudoeste, com velocidade de 50 milhas por hora. Calcule, usando as leis do cosseno e do seno, a magnitude da velocidade $V$ e o ângulo $\theta$ do avião em relação ao solo.

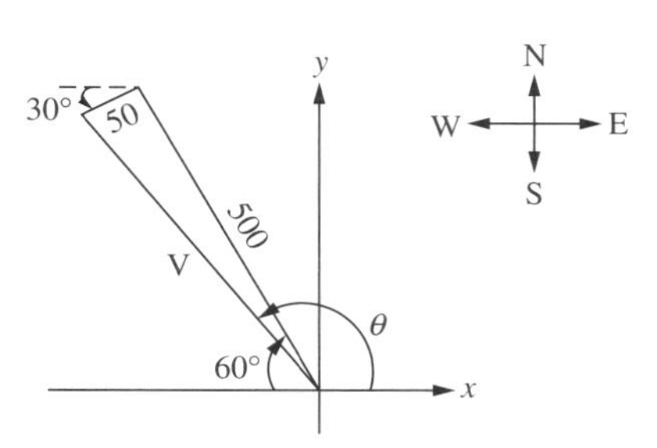


**Figura 3.28** Velocidade de um avião para o Exercício 3-28.

**3-29** Uma grande barcaça cruza um rio na direção 30° noroeste, com velocidade de 12 milhas por hora contra a correnteza, como ilustrado na Fig. E3.39. O rio flui em direção ao leste, com velocidade de 4 milhas por hora. Calcule, usando as leis do cosseno e do seno, a magnitude da velocidade $V$ e o ângulo $\theta$ da barcaça.

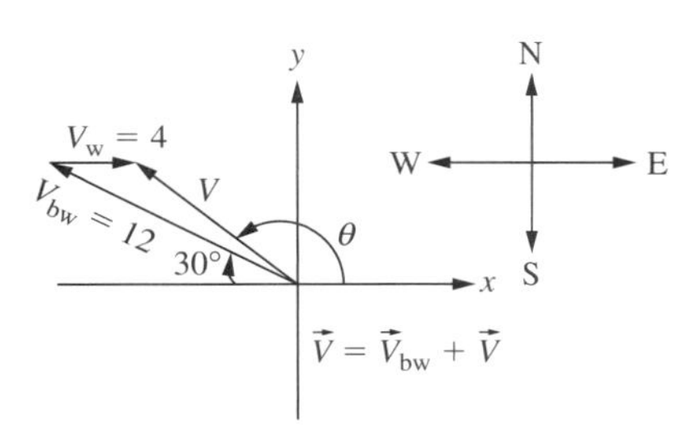


**Figura E3.29** Barcaça cruzando o rio contra a correnteza.

**3-30** O triângulo de impedâncias de um resistor ($R$) e de um indutor ($L$) conectados em série em um circuito AC é mostrado na Fig. E3.30, na qual $R = 100\ \Omega$ é a resistência do resistor e $X_L = 30\ \Omega$, a reatância indutiva do indutor. Determine a impedância $Z$ o ângulo de fase $\theta$.

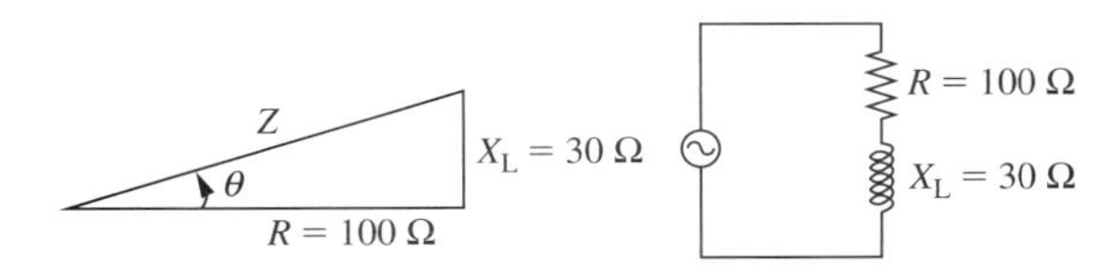


**Figura E3.30** Circuito série AC com $R$ e $L$.

**3-31** O triângulo de impedâncias de um resistor ($R$) e de um capacitor ($C$) conectados em série em um circuito AC é mostrado na Fig. E3.31, na qual $R = 100\ \Omega$ é a resistência do resistor e $XC_L = 30\ \Omega$, a reatância capacitiva do capacitor. Determine a impedância $Z$ o ângulo de fase $\theta$.

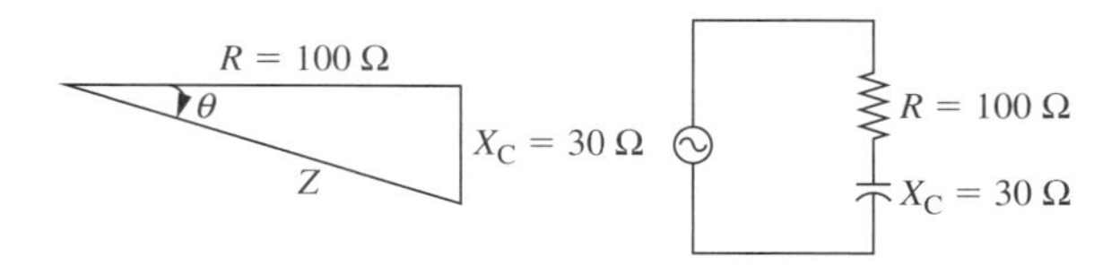


**Figura E3.31** Circuito série AC com $R$ e $C$.

**3-32** O triângulo de impedâncias de um resistor ($R$) e de um indutor ($L$) conectados em série em um circuito AC é mostrado na Fig. E3.32, na qual $R = 1000\ \Omega$ é a resistência do resistor e $Z = 1{,}005\ \text{k}\Omega$, a impedância total do circuito. Determine a reatância indutiva $X_L$ e o ângulo de fase $\theta$.

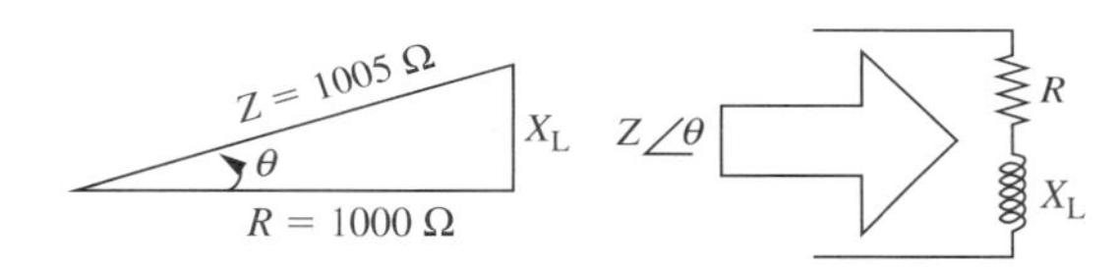


**Figura E3.32** Triângulo de impedâncias para determinação da reatância indutiva.

**3-33** O triângulo de impedâncias de um resistor ($R$) e de um capacitor ($C$) conectados em série em um circuito AC é mostrado na Fig. E3.33, na qual $R = 1000\ \Omega$ é a resistência do resistor e $Z = 1{,}118\ \text{k}\Omega$, a impedância total do circuito. Determine a reatância capacitiva $X_C$ e o ângulo de fase $\theta$.

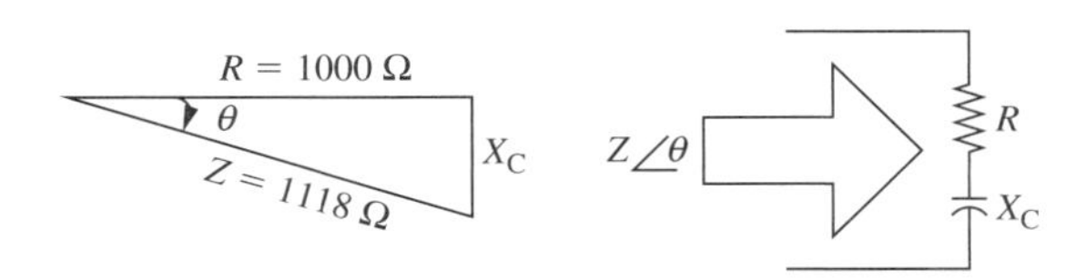


**Figura E3.33** Triângulo de impedâncias para determinação da reatância capacitiva.

**3-34** O diagrama fasorial de um circuito RL série é mostrado na Fig. E3.34, na qual $V_R$ é a queda de tensão no resistor, $V_L$ é a queda de tensão no indutor e $V$, a tensão AC em volts aplicada ao circuito RL. Determine a tensão total $V$ e o ângulo de fase $\theta$.

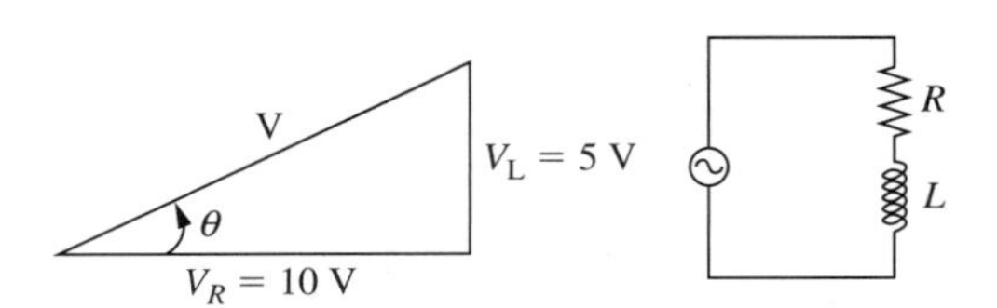


**Figura E3.34** Diagrama fasorial de um circuito RL.

**3-35** O diagrama fasorial de um circuito RC série é mostrado na Fig. E3.35, na qual $V_R$ é a queda de tensão no resistor, $V_C$ é a queda de tensão no capacitor e $V$, a tensão AC em volts aplicada ao circuito RC. Determine a tensão total $V$ e o ângulo de fase $\theta$.

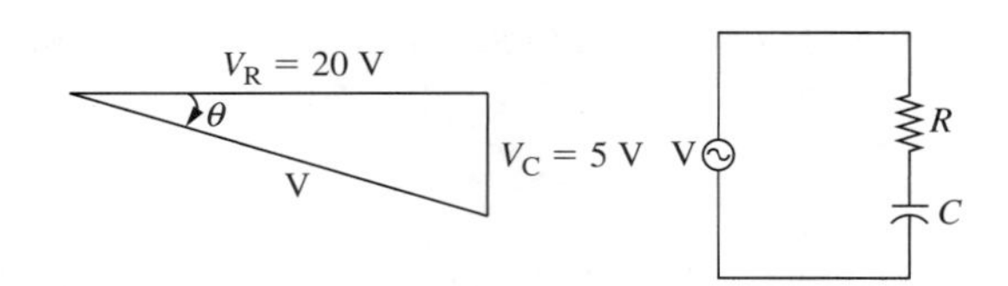


**Figura E3.35** Diagrama fasorial de um circuito RC.

**3-36** Um sistema AC trifásico tem a configuração triangular plana mostrada na Fig. E3.36. A tensão de cada fase é de 100 V e o ângulo entre fases adjacentes, de 120°. Determine a tensão entre as fases $a$ e $b$ (ou seja, determine $V_{ab}$).

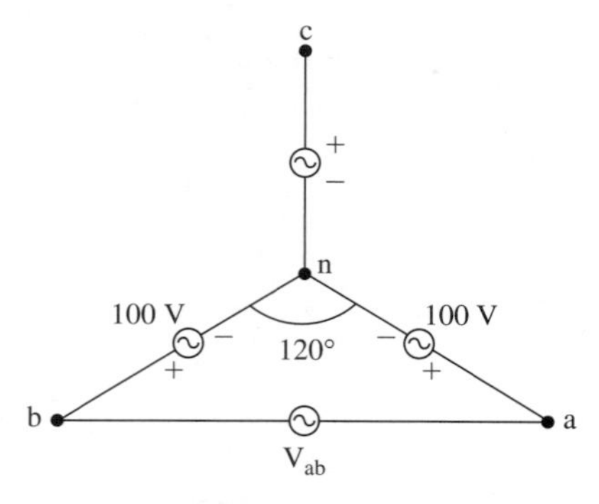


**Figura E3.36** Sistema AC trifásico.

**3-37** Considere a elevação entre os dois marcos mostrados na Fig. E3.37. A distância $L$ entre os marcos B1 e B2 é de 500 m e as respectivas elevações, 500 e 600 m.

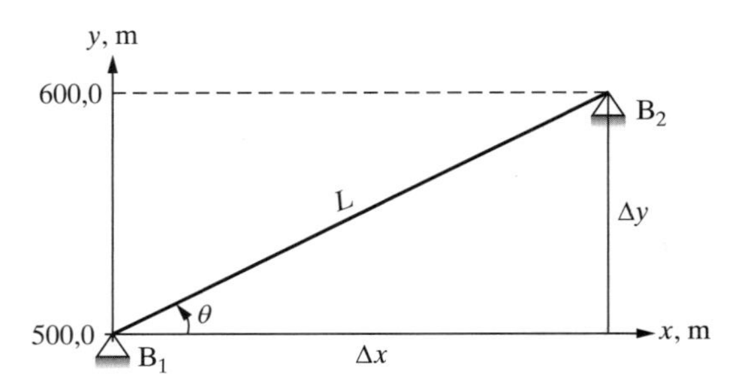


**Figura E3.37** Elevação entre dois marcos.

(a) Calcule o ângulo de inclinação $\theta$ e o grau percentual do aclive.

(b) Calcule a distância horizontal entre os marcos.

(c) Comprove o resultado da parte (b) usando o teorema de Pitágoras.

**3-38** Refaça o Exercício 3-37 para uma distância $L$ entre os dois marcos de 200 m.

**3-39** Considere a elevação entre os dois marcos mostrados na Fig. E3.39. A distância $L$ entre os marcos B1 e B2 é de 200 m e as respectivas elevações, 500 e 400 m.

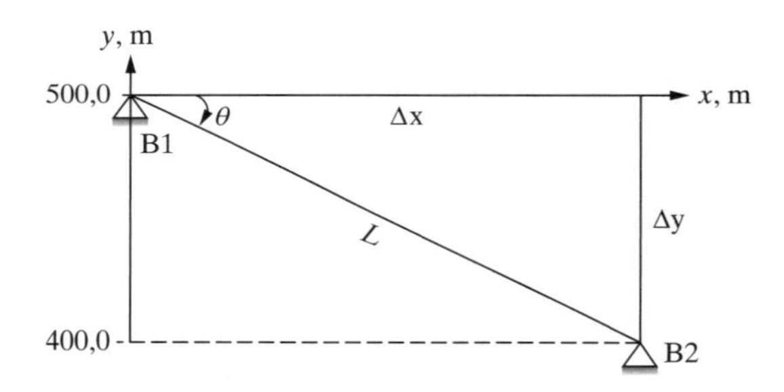


**Figura E3.39** Elevação entre dois marcos para o Exercício 3-39.

(a) Calcule o ângulo de inclinação $\theta$ e o grau percentual do declive.

(b) Calcule a distância horizontal entre os marcos.

(c) Comprove o resultado da parte (b) usando o teorema de Pitágoras

**3-40** Refaça o Exercício 3-39 para uma distância $L$ entre os dois marcos de 100 m.

**3-41** Para determinar a altura de um prédio, um inspetor mede o ângulo do prédio a partir de dois pontos distintos A e B, como ilustrado na Fig. E3.41. A distância entre os dois pontos é de 10 m. Determine a altura $h$ do prédio.

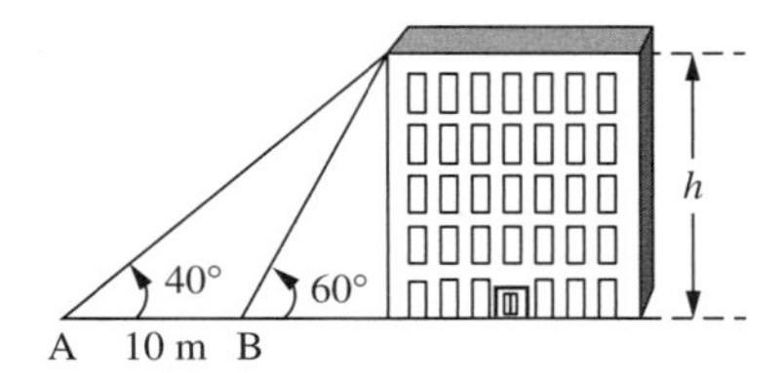


**Figura E3.41** Esquema usado pelo inspetor para determinar a altura de um prédio.

**3-42** O gás trifluoreto de boro ($BF_3$) tem a configuração triangular plana ilustrada na Fig. E3.42. O comprimento da ligação B-F é de 1,3 angstrom. Moléculas adjacentes de fluoreto formam um ângulo de 120°. Determine a distância entre moléculas adjacentes de fluoreto.

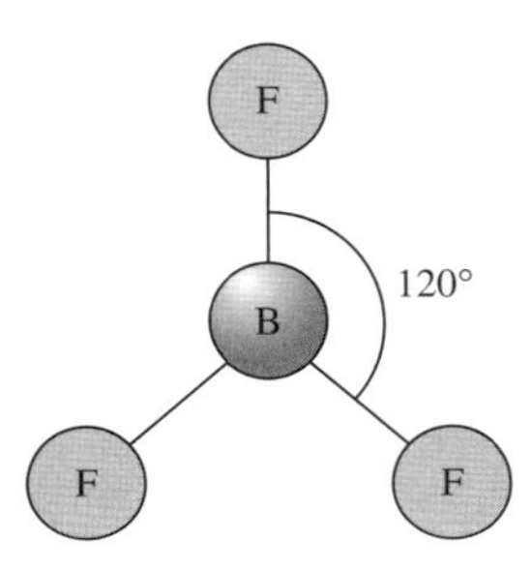


**Figura E3.42** Configuração plana de trifluoreto de boro.

**3-43** As forças exercidas na patela pelo quadríceps e pelos tendões patelares são ilustradas na Fig. E3.43. A força exercida pelo quadríceps é de 38 N e a força patelar, de 52 N.

(a) Determine a magnitude da força resultante.

(b) Qual é o ângulo formado pela força patelar e a horizontal, como ilustrado na Fig. E3.43?

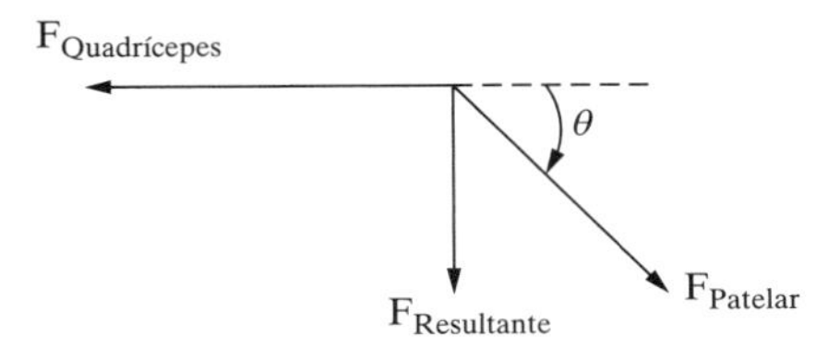


**Figura E3.43** Forças exercidas sobre a patela.

**3-44** Refaça o Exercício 3-43 para força exercida pelo quadríceps de 30 N e força patelar de 40 N.

**3-45** Considere a posição da ponta dos pés de uma pessoa sentada em uma cadeira, como ilustrado na Fig. E3.45.

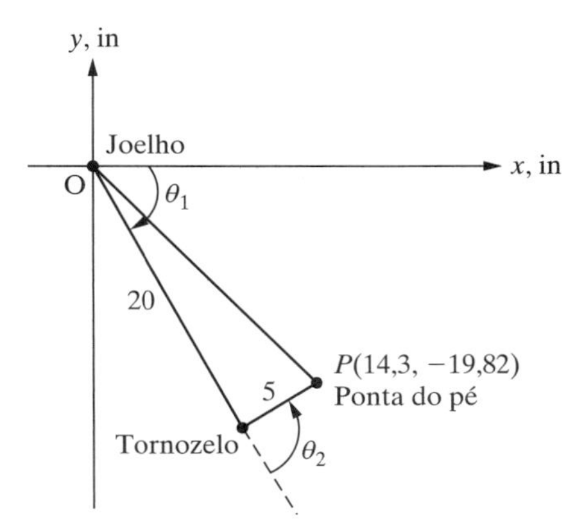


**Figura E3.45** Perna com tornozelo para cima.

(a) Sejam $\theta_1 = -45°, \theta_2 = 30°, l_1 = 20$ polegadas e $l_2 = 5$ polegadas. Determine as coordenadas $x$ e $y$ da posição da ponta dos pés $P(x, y)$.

(b) Admitindo que a perna, com tornozelo para cima (sentido anti-horário), seja posicionada de modo que a ponta dos pés esteja no quarto quadrante, como ilustrado na Fig. E3.45. Com a ponta dos pés posicionada em $P(x, y) = (14{,}33'', -19{,}82'')$, determine os valores de $\theta_1$ e $\theta_2$.

**3-46** Em um estudo de captura de movimentos de uma corredora, um quadro mostra esta suportando seu peso em uma perna, como ilustrado na Fig. E3.46. O comprimento do segmento de pé (do tornozelo ao polegar) é de 8 polegadas, e o comprimento da perna inferior (do tornozelo ao joelho), de 18 polegadas.

(a) Dados os ângulos mostrados na Fig. E3.46(a), determine a posição do joelho da corredora quando a ponta do pé toca o solo no ponto $x = y = 0$.

(b) Admitindo que a perna, com tornozelo para cima (sentido horário), seja posicionada de modo que o joelho esteja no segundo quadrante, como ilustrado na Fig. E3.46(b). Dado que o joelho está posicionado em $P(x, y) = (-6{,}25'', 25'')$, determine os valores $\theta_1$ e $\theta_2$.

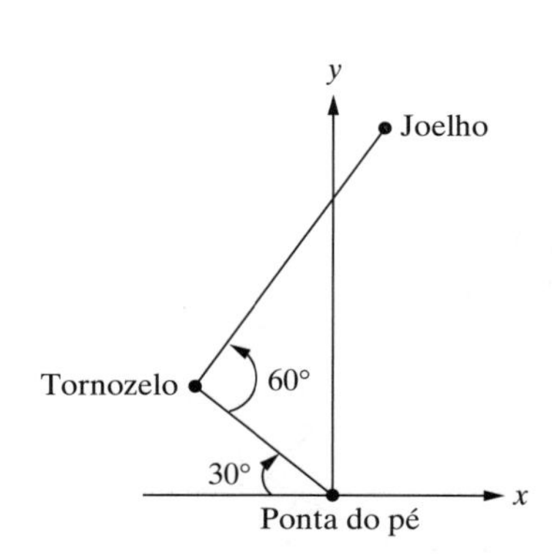


(a) Durante o estudo de captura de movimento

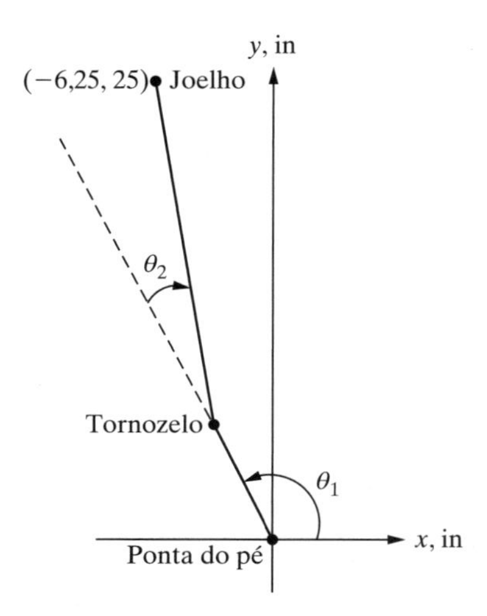


(b) Para determinação de $\theta_1$ e $\theta_2$

**Figura E3.46** Posição da perna da corredora.

# Vetores Bidimensionais na Engenharia

CAPÍTULO 4

Neste capítulo, apresentaremos aplicações de vetores bidimensionais na engenharia. Vetores têm papel muito importante na engenharia. Grandezas como deslocamento (posição), velocidade, aceleração, forças, *momentum*, campos elétricos e magnéticos têm associadas a elas não apenas magnitude, mas também direção. A descrição do deslocamento de um objeto de sua posição inicial requer distância e direção. Um vetor é uma forma conveniente de expressar magnitude e direção, e pode ser representado no sistema de coordenadas cartesianas ou polares (forma retangular ou polar).

Por exemplo, um automóvel viajando para o norte a 80 km/h pode ser representado por um vetor bidimensional com coordenadas polares com magnitude (velocidade) de 80 km/h e direção ao longo do eixo $y$ positivo. O automóvel também pode ser representado por um vetor em coordenadas cartesianas com componente $x$ zero e componente $y$ de 80 km/h. Neste capítulo, as extremidades dos robôs planos de um e de dois membros introduzidos no Capítulo 3 serão representadas por vetores em coordenadas cartesianas e polares. Os conceitos de vetor unitário, magnitude e direção de vetor são apresentados.

## 4.1 INTRODUÇÃO

Graficamente, um vetor $\overrightarrow{OP}$, ou simplesmente $\vec{P}$, com ponto inicial O e ponto final $P$ pode ser desenhado como mostrado na Fig. 4.1. A magnitude do vetor é a distância entre os pontos O e $P$ (magnitude = $P$), enquanto a direção é dada pela direção da seta ou pelo ângulo $\theta$ no sentido anti-horário, medido a partir do eixo $x$, como indicado na Fig. 4.1. A seta acima da letra $P$ indica que $P$ é um vetor. Em numerosos livros de engenharia, vetores também são representados por letras em negrito, como **P**.

## 4.2 VETOR DE POSIÇÃO NA FORMA RETANGULAR

A posição da extremidade de um robô de um membro representada por um vetor bidimensional $\vec{P}$ (Fig. 4.2) pode ser escrita na forma retangular como:

$$\vec{P} = P_x\,\hat{\imath} + P_y\,\hat{\jmath},$$

em que $\hat{\imath}$ é o vetor unitário na direção $x$ e $\hat{\jmath}$, o vetor unitário na direção $y$, como ilustrado na Fig. 4.2. Notemos que a magnitude de vetores unitários é igual a 1. As componentes $x$ e $y$, $P_x$ e $P_y$, do vetor $\vec{P}$ são dadas por:

$$P_x = P\cos\theta$$

$$P_y = P\,\text{sen}\,\theta.$$

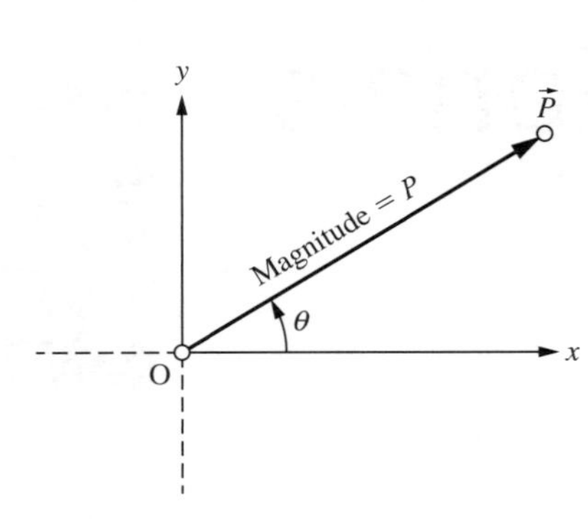


Figura 4.1 Representação de um vetor.

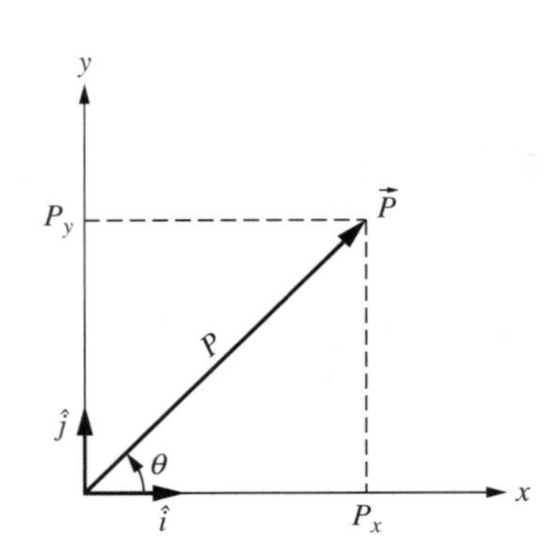


Figura 4.2 Robô plano de um membro como vetor de posição em coordenadas cartesianas.

## 4.3 VETOR DE POSIÇÃO NA FORMA POLAR

A posição da extremidade de um robô de um membro representada por um vetor bidimensional $\vec{P}$ (Fig. 4.2) pode ser escrita na forma polar como:

$$\vec{P} = P\angle\theta.$$

em que $P$ é a magnitude e $\theta$, o ângulo (fase) ou direção do vetor de posição $\vec{P}$. Essas duas grandezas podem ser obtidas das componentes cartesianas $P_x$ e $P_y$ como:

$$P = \sqrt{P_x^2 + P_y^2}$$
$$\theta = \text{atg2}\,(P_y,\ P_x).$$

**Exemplo 4-1** O comprimento (magnitude) do robô de um membro ilustrado na Fig. 4.2 é $P = 0{,}5$ m, e a direção é $\theta = 30°$. Determinemos as componentes $P_x$ e $P_y$, e escrevamos $\vec{P}$ na notação vetorial retangular.

**Solução** As componentes $x$ e $y$, $P_x$ e $P_y$, são dadas por:

$$P_x = 0{,}5\cos 30°$$
$$= 0{,}5\left(\frac{\sqrt{3}}{2}\right) = 0{,}433\ \text{m}$$
$$P_y = 0{,}5\ \text{sen}\,30°$$
$$= 0{,}5\left(\frac{1}{2}\right) = 0{,}25\ \text{m}.$$

Portanto, a posição da extremidade do robô de um membro pode ser escrita na forma vetorial como:

$$\vec{P} = 0{,}433\,\hat{i} + 0{,}25\,\hat{j}\ \text{m}.$$

**Exemplo 4-2** O comprimento do robô de um membro mostrado na Fig. 4.2 é dado por $P = \sqrt{2}$ m e a direção, por $\theta = 135°$. Determinemos as componentes $P_x$ e $P_y$, e escrevamos $\vec{P}$ na notação vetorial retangular.

**Solução** As componentes $x$ e $y$, $P_x$ e $P_y$, são dadas por:

$$P_x = \sqrt{2}\cos 135° = -\sqrt{2}\cos 45°$$
$$= -\sqrt{2}\left(\frac{1}{\sqrt{2}}\right) = -1{,}0 \text{ m}$$
$$P_y = \sqrt{2}\,\text{sen}\,135° = \sqrt{2}\,\text{sen}\,45°$$
$$= \sqrt{2}\left(\frac{1}{\sqrt{2}}\right) = 1{,}0 \text{ m}.$$

Assim, a posição da extremidade do robô de um membro pode ser escrita na forma vetorial como:

$$\vec{P} = -1{,}0\,\hat{i} + 1{,}0\,\hat{j} \text{ m}.$$

**Exemplo 4-3**

As componentes $x$ e $y$ de um robô de um membro são dadas por $P_x = \frac{\sqrt{3}}{4}$ m e $P_y = \frac{1}{4}$ m, como ilustrado na Fig. 4.3. Determinemos a magnitude (comprimento) e a direção do robô representado como um vetor de posição $\vec{P}$.

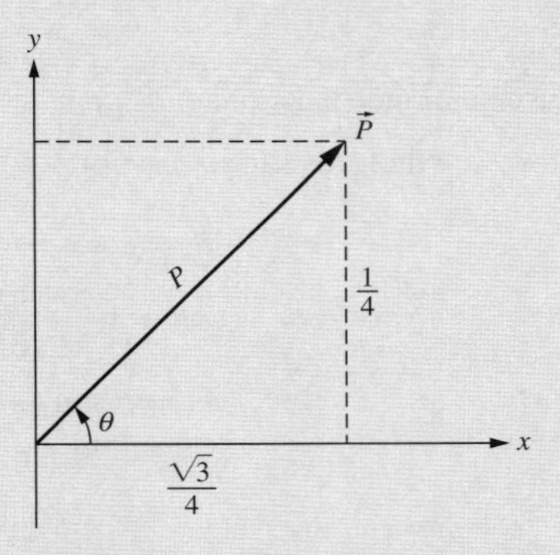


**Figura 4.3** Robô plano de um membro para o Exemplo 4-3.

**Solução** O comprimento (magnitude) do robô de um membro é dado por:

$$P = \sqrt{P_x^2 + P_y^2}$$
$$= \sqrt{\left(\frac{\sqrt{3}}{4}\right)^2 + \left(\frac{1}{4}\right)^2}$$
$$= 0{,}5 \text{ m}$$

e a direção $\theta$, por:

$$\theta = \text{atg2}\left(\frac{1}{4}, \frac{\sqrt{3}}{4}\right)$$
$$= 30°.$$

Logo, a posição do robô de um membro pode ser escrita na forma polar como:

$$\vec{P} = 0{,}5\angle 30°\,\text{m}.$$

A posição da extremidade do robô também pode ser escrita em coordenadas cartesianas como:

$$\vec{P} = \frac{\sqrt{3}}{4}\,\hat{i} + \frac{1}{4}\,\hat{j}\ \text{m}.$$

**Exemplo 4-4**

Uma pessoa empurra um aspirador de pó com uma força $F = 20$ libras (lb), em um ângulo de $-40°$ em relação ao piso, como ilustrado na Fig. 4.4. Determinemos as componentes horizontal e vertical da força.

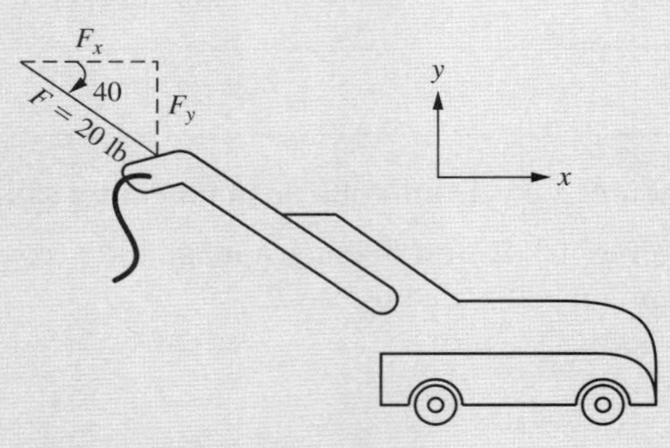


**Figura 4.4** Pessoa empurrando um aspirador de pó.

**Solução** As componentes $x$ e $y$ da força são dadas por:

$$\begin{aligned} F_x &= F\cos(-40°) \\ &= 20\cos 40° \\ &= 15{,}32\ \text{lb} \\ F_y &= F\,\text{sen}\,(-40°) \\ &= -20\,\text{sen}\,40° \\ &= -12{,}86\ \text{lb}. \end{aligned}$$

Portanto, $\vec{F} = 15{,}32\,\hat{i} - 12{,}86\hat{j}$ lb.

## 4.4 ADIÇÃO DE VETORES

A soma de dois vetores $\vec{P_1}$ e $\vec{P_2}$ é um vetor $\vec{P}$ escrito como:

$$\vec{P} = \vec{P}_1 + \vec{P}_2. \tag{4.1}$$

Vetores podem ser somados gráfica e algebricamente. Graficamente, a adição de dois vetores pode ser obtida posicionando o ponto inicial de $\vec{P_2}$ no ponto final de $\vec{P_1}$ e, então, desenhando um segmento de reta do ponto inicial de $\vec{P_1}$ ao final de $\vec{P_2}$, formando um triângulo, como ilustrado na Fig. 4.5.

Algebricamente, a adição de dois vetores dada na equação (4.1) pode ser efetuada somando as componentes $x$ e $y$ dos dois vetores. Os vetores $\vec{P_1}$ e $\vec{P_2}$ podem ser escritos na forma cartesiana como:

$$\vec{P}_1 = P_{x1}\,\hat{i} + P_{y1}\,\hat{j} \tag{4.2}$$

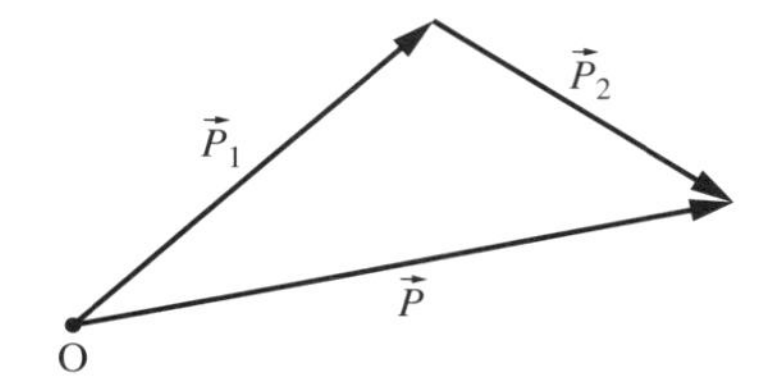


**Figura 4.5** Adição gráfica de dois vetores.

$$\vec{P}_2 = P_{x2}\,\hat{i} + P_{y2}\,\hat{j}. \tag{4.3}$$

Substituindo as equações (4.2) e (4.3) na equação (4.1), temos:

$$\begin{aligned}\vec{P} &= (P_{x1}\,\hat{i} + P_{y1}\,\hat{j}) + (P_{x2}\,\hat{i} + P_{y2}\,\hat{j})\\ &= (P_{x1} + P_{x2})\,\hat{i} + (P_{y1} + P_{y2})\,\hat{j}\\ &= P_x\,\hat{i} + P_y\,\hat{j}\end{aligned}$$

em que $P_x = P_{x1} + P_{x2}$ e $P_y = P_{y1} + P_{y2}$. Portanto, a adição algébrica de vetores implica a adição das respectivas componentes $x$ e $y$.

### 4.4.1 Exemplos de Adição de Vetores na Engenharia

**Exemplo 4-5** Um robô plano de dois membros é mostrado na Fig. 4.6. Determinemos a magnitude e o ângulo da posição da extremidade do robô, admitindo que os comprimentos do primeiro e do segundo membro sejam, respectivamente, $P_1 = \frac{1}{\sqrt{2}}$ m e $P_2 = 0{,}5$ m, $\theta_1 = 45°$ e $\theta_2 = -15°$. Em outras palavras, escrevamos $\vec{P}$ em coordenadas polares.

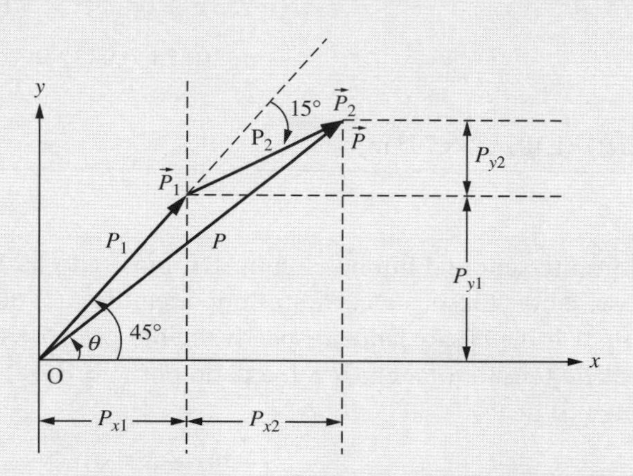


**Figura 4.6** Posição de um robô de dois membros usando adição de vetores.

**Solução** As componentes $x$ e $y$ do primeiro membro do robô plano, $P_1$, podem ser escritas como:

$$\begin{aligned}P_{x1} &= P_1 \cos 45°\\ &= \left(\frac{1}{\sqrt{2}}\right)\left(\frac{1}{\sqrt{2}}\right)\\ &= 0{,}5\ \text{m}\end{aligned}$$

$$P_{y1} = P_1 \operatorname{sen} 45°$$
$$= \left(\frac{1}{\sqrt{2}}\right)\left(\frac{1}{\sqrt{2}}\right)$$
$$= 0{,}5 \;\text{ m.}$$

Portanto, $\overrightarrow{P_1} = 0{,}5\,\hat{\imath} + 0{,}5\,\hat{\jmath}$m. De modo similar, as componentes $x$ e $y$ do segundo membro, $\overrightarrow{P_2}$, podem ser escritas como:

$$P_{x2} = P_2 \cos 30°$$
$$= 0{,}5\left(\frac{\sqrt{3}}{2}\right)$$
$$= 0{,}433 \;\text{ m}$$
$$P_{y2} = P_2 \operatorname{sen} 30°$$
$$= 0{,}5\left(\frac{1}{2}\right)$$
$$= 0{,}25 \;\text{ m.}$$

Logo, $\overrightarrow{P_2} = 0{,}433\,\hat{\imath} + 0{,}25\,\hat{\jmath}$ m. Por fim, como $\overrightarrow{P} = \overrightarrow{P_1} + \overrightarrow{P_2}$,

$$\vec{P} = (0{:}5\,\hat{\imath} + 0{:}5\,\hat{\jmath}) + (0{:}433\,\hat{\imath} + 0{:}25\,\hat{\jmath})$$
$$= 0{:}933\,\hat{\imath} + 0{:}75\,\hat{\jmath}.$$

Magnitude e a direção do vetor $\overrightarrow{P}$ são dadas por:

$$P = \sqrt{(0{:}933)^2 + (0{:}75)^2} = 1{:}197 \;\text{ m.}$$
$$\theta = \text{atg2}(0{,}75,\, 0{,}933) = 38{,}79°.$$

Assim, $\overrightarrow{P} = 1{,}197\ \angle 38{,}79°$ m.

**Exemplo 4-6**

Uma corrente senoidal flui no circuito RL mostrado na Fig. 4.7. Os fasores (vetores usados para representar tensões e correntes em circuitos AC) de tensão no resistor $R = 20\ \Omega$ e no indutor $L = 100$ mH são dados, respectivamente, por $\overline{V}_R = 2\ \angle 0°$ V e $\overline{V}_L = 3{,}77\ \angle 90°$ V. O fasor da queda de tensão total em $R$ e $L$ é dado por $\overline{V} = \overline{V}_R + \overline{V}_L$; determinemos a magnitude e a fase (ângulo) de $\overline{V}$.

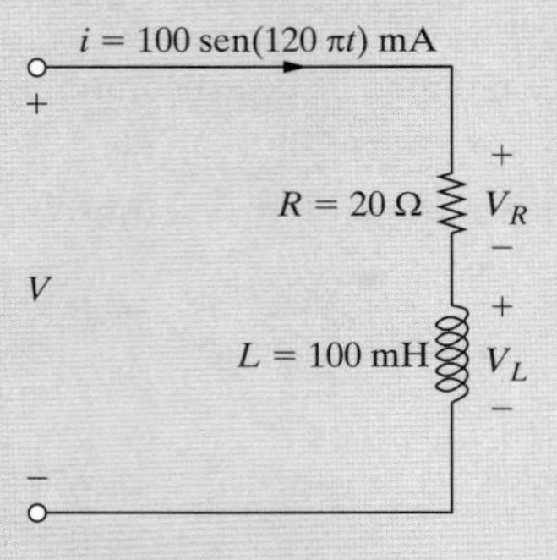


**Figura 4.7** Soma de fasores de tensão em um circuito RL.

**Solução** As componentes $x$ e $y$ do fasor de tensão $\vec{V}_R$ são dadas por:

$$\begin{aligned} V_{Rx} &= 2 \cos 0° \\ &= 2{,}0 \ \text{V} \\ V_{Ry} &= 2 \text{ sen } 0° \\ &= 0 \ \text{V}. \end{aligned}$$

Portanto, $\vec{V}_R = 2{,}0\,\hat{i} + 0\,\hat{j}$ V. De modo similar, as componentes $x$ e $y$ do fasor de tensão $\vec{V}_L$ são dadas por:

$$\begin{aligned} V_{Lx} &= 3{,}77 \cos 90° \\ &= 0 \ \text{V} \\ V_{Ly} &= 3{,}77 \text{ sen } 90° \\ &= 3{,}77 \ \text{V}. \end{aligned}$$

Logo, $\vec{V}_L = 0\,\hat{i} + 3{,}77\,\hat{j}$ V. Por fim, como $\vec{V} = \vec{V}_R + \vec{V}_L$,

$$\begin{aligned} \vec{V} &= (2{,}0\,\hat{i} + 0\,\hat{j}) + (0\,\hat{i} + 3{,}77\,\hat{j}) \\ &= 2{,}0\,\hat{i} + 3{,}77\,\hat{j} \ \text{V}. \end{aligned}$$

Assim, a magnitude e a fase do fasor de tensão total são dadas por:

$$V = \sqrt{(2{,}0)^2 + (3{,}77)^2} = 4{,}27 \ \text{V}$$
$$\theta = \text{atg2}(3{,}77, 2{,}0) = 62{,}05°.$$

Por conseguinte, $\vec{V} = 4{,}27\ \angle 62{,}05°$ V.

**Exemplo 4-7** Um navio viaja 200 milhas a 45° nordeste e 300 milhas em direção ao leste, como ilustrado na Fig. 4.8. Determinemos a resultante posição do navio.

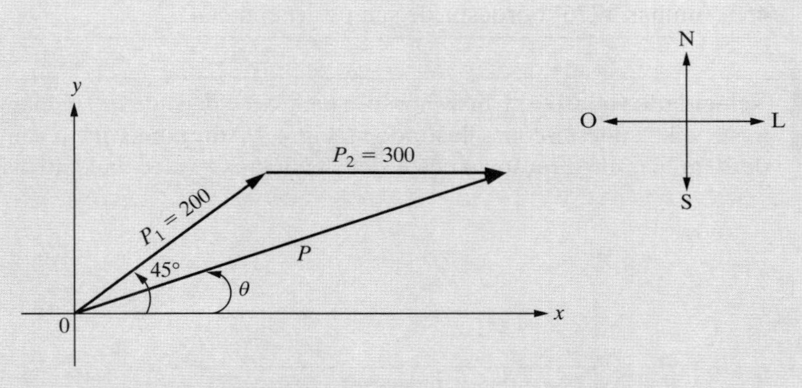


**Figura 4.8** Posição resultante do navio após a viagem.

**Solução** As componentes $x$ e $y$ do vetor de posição são dadas por:

$$\begin{aligned} P_{x1} &= P_1 \cos 45° \\ &= 200 \left( \frac{1}{\sqrt{2}} \right) \end{aligned}$$

$$
\begin{aligned}
&= 141{,}4 \text{ mi} \\
P_{y1} &= P_1 \operatorname{sen} 45^\circ \\
&= 200\left(\frac{1}{\sqrt{2}}\right) \\
&= 141{,}4 \text{ mi.}
\end{aligned}
$$

Portanto, $\vec{P_1} = 141{,}4\,\hat{i} + 141{,}4\,\hat{j}$ milhas. De modo similar, as componentes $x$ e $y$ do vetor de posição $\vec{P_2}$ são dadas por:

$$
\begin{aligned}
P_{x2} &= P_2 \cos 0^\circ \\
&= 300\,(1) \\
&= 300 \text{ mi} \\
P_{y2} &= P_2 \operatorname{sen} 0^\circ \\
&= 300\,(0) \\
&= 0 \text{ mi.}
\end{aligned}
$$

Assim, $\vec{P_2} = 300\,\hat{i} + 0\,\hat{j}$ milhas. Como $\vec{P} = \vec{P_1} + \vec{P_2}$,

$$
\begin{aligned}
\vec{P} &= (141{,}4\,\hat{i} + 141{,}4\,\hat{j}) + (300\,\hat{i} + 0\,\hat{j}) \\
&= 441{,}4\,\hat{i} + 141{,}4\,\hat{j} \text{ mi.}
\end{aligned}
$$

Logo, após viajar 200 milhas para o nordeste e 300 milhas para o leste, a distância e a direção do navio são dadas por:

$$
P = \sqrt{(441{,}4)^2 + (141{,}4)^2} = 463{,}5 \text{ mi}
$$

$$
\theta = \text{atg2}(141{,}4,\ 441{,}4) = 17{,}76^\circ.
$$

Com isto, $\vec{P} = 463{,}5 \angle 17{,}76^\circ$ milhas. Em outras palavras, agora, o navio está posicionado a 463,5 milhas, 17,76° nordeste, de sua posição inicial.

**Exemplo 4-8**

**Velocidade Relativa:** Um avião voa a uma velocidade de 100 milhas por hora (mph) em relação ao ar, a 30° sudeste, como ilustrado na Fig. 4.9. Admitindo que o vento sopre a uma velocidade de 20 milhas em direção ao oeste, determinemos a velocidade do avião em relação ao solo.

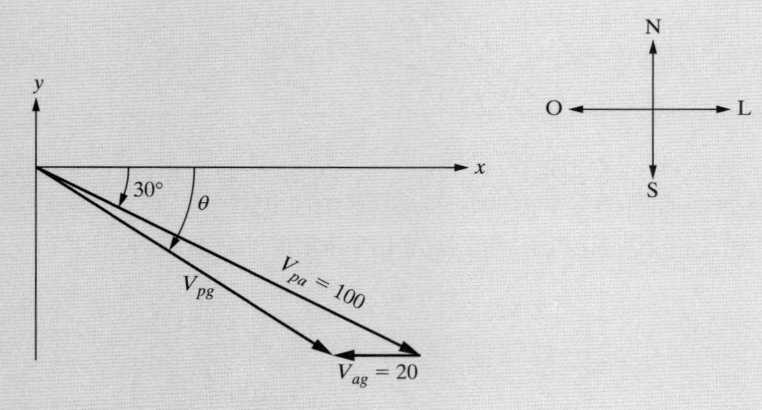


**Figura 4.9** Velocidade do avião em relação ao solo.

**Solução** As componentes $x$ e $y$ da velocidade do avião em relação ao ar, $\vec{V}_{pa}$, são dadas por:

$$\begin{aligned} V_{xpa} &= V_{pa} \cos(-30°) \\ &= 100\left(\frac{\sqrt{3}}{2}\right) \\ &= 86{,}6 \text{ mph} \\ V_{ypa} &= V_{pa} \operatorname{sen}(-30°) \\ &= -100\left(\frac{1}{2}\right) \\ &= -50{,}0 \text{ mph.} \end{aligned}$$

Portanto, $\vec{V}_{pa} = 86{,}6\,\hat{i} - 50{,}0\,\hat{j}$ mph. De modo similar, as componentes $x$ e $y$ da velocidade do ar (vento) em relação ao solo, $\vec{V}_{ag}$, são dadas por:

$$\begin{aligned} V_{xag} &= V_{ag} \cos(180°) \\ &= 20\,(-1) \\ &= -20 \text{ mph} \\ V_{yag} &= V_{ag} \operatorname{sen}(180°) \\ &= 20\,(0) \\ &= 0 \text{ mph.} \end{aligned}$$

Logo, $\vec{V}_{ag} = -20\,\hat{i} + 0\,\hat{j}$ mph. Por fim, a velocidade do avião em relação ao solo, $\vec{V}_{pg} = \vec{V}_{pa} + \vec{V}_{ag}$, é dada por:

$$\begin{aligned} \vec{V}_{pg} &= (86{,}6\,\hat{i} - 50\,\hat{j}) + (-20\,\hat{i} + 0\,\hat{j}) \\ &= 66{,}6\,\hat{i} - 50\,\hat{j} \text{ mph.} \end{aligned}$$

Assim, a velocidade e a direção do avião em relação ao solo são dadas por:

$$V_{pg} = \sqrt{(66{,}6)^2 + (-50)^2} = 83{,}3 \text{ mph}$$

$$\theta = \text{atg2}(-50,\, 66{,}6) = -36{,}9°.$$

Com isto, $\vec{V}_{pg} = 83{,}3\ \angle -36{,}9°$ mph.

**Nota:** A velocidade do avião em relação ao solo também pode ser calculada com aplicação das leis do cosseno e do seno discutidas no Capítulo 3. Usando o triângulo mostrado na Fig. 4.10, a velocidade do avião em relação ao solo pode ser determinada com aplicação da lei do cosseno como:

$$\begin{aligned} V_{pg}^2 &= 20^2 + 100^2 - 2\,(20)\,(100) \cos(30°) \\ &= 6936 \end{aligned}$$

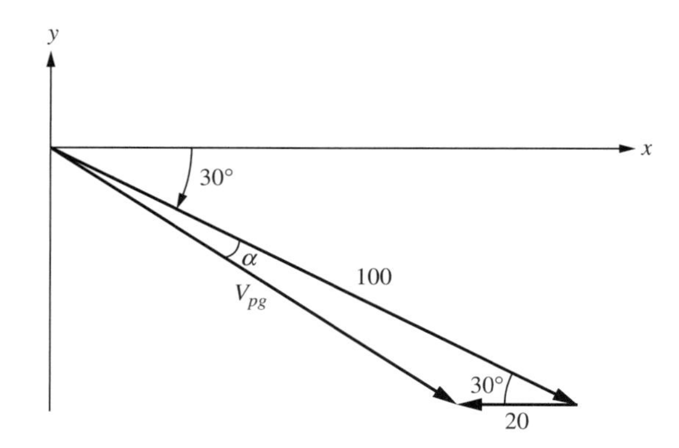


Figura 4.10 Triângulo para determinar a velocidade e a direção do avião.

Portanto, $V_{pg} = 83{,}28$ mph. Aplicando a lei do seno, o ângulo $\alpha$ é calculado como:

$$\frac{\text{sen}30^\circ}{V_{pg}} = \frac{\text{sen}\alpha}{20}.$$

Logo, $\text{sen}\,\alpha = \dfrac{20\,\text{sen}\,30^\circ}{V_{pg}} = 0{,}12$ e $\alpha = 6{,}896^\circ$. A direção da velocidade do avião em relação ao solo pode, agora, ser calculada como $\theta = 30 + \alpha = 36{,}89^\circ$. Com isto, a velocidade do avião em relação ao solo fica dada por:

$$\vec{V}_{pg} = 83{,}3\angle{-36{,}9^\circ} \text{ mph}.$$

Notemos que, embora funcione bem na adição de dois vetores, esta abordagem geométrica se torna improdutiva na adição de três ou mais grandezas vetoriais. Nestes casos, a abordagem algébrica é preferível.

**Exemplo 4-9**

**Equilíbrio Estático:** Um objeto de 100 kg é pendurado por dois cabos de mesmo comprimento, como ilustrado na Fig. 4.11. Determinemos a tensão em cada cabo.

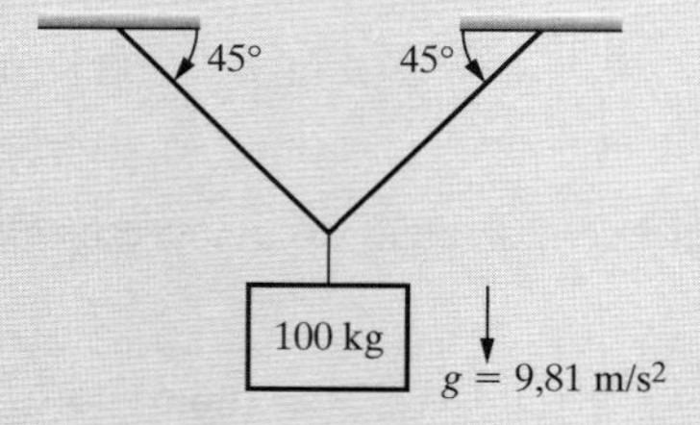


Figura 4.11 Objeto pendurado por dois cabos.

**Solução**

O diagrama de corpo livre (DCL) do sistema mostrado na Fig. 4.11 pode ser desenhado como indicado na Fig. 4.12.

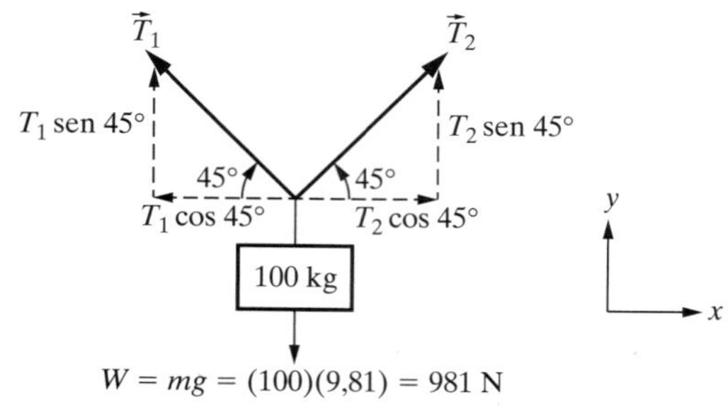


Figura 4.12 Diagrama de corpo livre do sistema mostrado na Fig. 4.11.

Assumamos que o sistema mostrado na Fig. 4.11 esteja em equilíbrio estático (sem aceleração) e que, portanto, a soma das forças seja igual a zero (**primeira lei de Newton**); ou seja,

$$\sum \vec{F} = 0$$

ou

$$\vec{T}_1 + \vec{T}_2 + \vec{W} = 0. \tag{4.4}$$

As componentes $x$ e $y$ da tensão $\vec{T}_1$ são dadas por

$$\begin{aligned} T_{x1} &= -T_1 \cos 45° \\ &= -T_1 \left(\frac{1}{\sqrt{2}}\right) \text{ N} \\ T_{y1} &= T_1 \operatorname{sen} 45° \\ &= T_1 \left(\frac{1}{\sqrt{2}}\right) \text{ N.} \end{aligned}$$

Portanto, $\vec{T}_1 = -\frac{T_1}{\sqrt{2}}\hat{i} + \frac{T_1}{\sqrt{2}}\hat{j}$ N. De modo similar, as componentes $x$ e $y$ da tensão $\vec{T}_2$ e do peso $\vec{W}$ são dadas por:

$$\begin{aligned} T_{x2} &= T_2 \cos 45° \\ &= T_2 \left(\frac{1}{\sqrt{2}}\right) \text{ N} \\ T_{y2} &= T_2 \operatorname{sen} 45° \\ &= T_2 \left(\frac{1}{\sqrt{2}}\right) \text{ N} \\ W_x &= W \cos(-90°) \\ &= 0 \text{ N} \\ W_y &= W \operatorname{sen}(-90°) \\ &= -981 \text{ N.} \end{aligned}$$

Logo, $\vec{T}_2 = \frac{T_2}{\sqrt{2}}\hat{i} + \frac{T_2}{\sqrt{2}}\hat{j}$ N e $\vec{W} = 0\,\hat{i} + -981\,\hat{j} +$ N. Substituindo $\vec{T}_1$, $\vec{T}_2$ e $\vec{W}$ na equação (4.4), temos:

$$\left(-\frac{T_1}{\sqrt{2}}\hat{i} + \frac{T_1}{\sqrt{2}}\hat{j}\right) + \left(\frac{T_2}{\sqrt{2}}\hat{i} + \frac{T_2}{\sqrt{2}}\hat{j}\right) + (0\hat{i} - 981\hat{j}) = 0$$

$$\left(-\frac{T_1}{\sqrt{2}} + \frac{T_2}{\sqrt{2}}\right)\hat{i} + \left(\frac{T_1}{\sqrt{2}} + \frac{T_2}{\sqrt{2}} - 981\right)\hat{j} = 0. \tag{4.5}$$

Na equação (4.5), a componente $x$ é a soma das forças na direção $x$ e a componente $y$, a soma das forças na direção $y$. Como o lado direito da equação (4.5) é zero, a soma das forças nas direções $x$ e $y$ é zero, ou seja, $\Sigma F_x = 0$ e $\Sigma F_y = 0$. Logo,

$$\sum F_x = \left(-\frac{T_1}{\sqrt{2}} + \frac{T_2}{\sqrt{2}}\right) = 0 \tag{4.6}$$

e

$$\sum F_y = \left(\frac{T_1}{\sqrt{2}} + \frac{T_2}{\sqrt{2}}\right) - 981 = 0. \tag{4.7}$$

Somando as equações (4.6) e (4.7), obtemos $\frac{2T_2}{\sqrt{2}} = 981$ ou $T_2 = 693{,}7$ N. Da equação (4.6), temos $T_2 = T_1$. Portanto, os dois cabos estão sujeitos à mesma tensão $T_1 = T_2 = 693{,}7$ N.

**Exemplo 4-10**

**Equilíbrio Estático:** Um televisor de 100 kg é carregado em um caminhão usando uma rampa inclinada em 30°. Determinemos as forças normal e friccional no aparelho de TV quando o mesmo está na rampa.

**Figura 4.13** Televisor sendo carregado em um caminhão por uma rampa.

**Solução**

O diagrama de corpo livre (DCL) do aparelho de TV na rampa, como ilustrado na Fig. 4.13, é dado na Fig. 4.14, na qual $W = 100 \times 9{,}81 = 981$ Newtons.

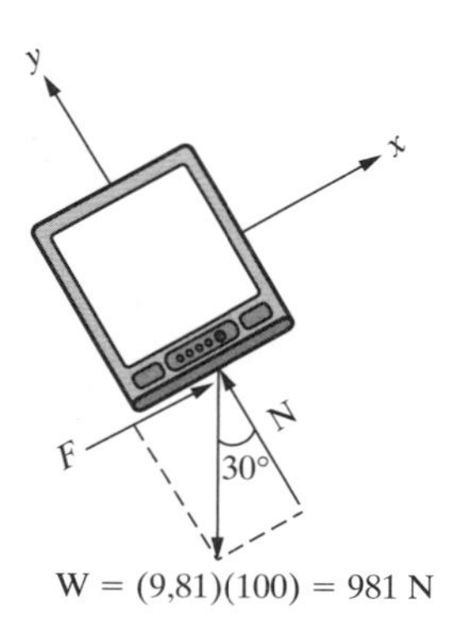


**Figura 4.14** Diagrama de corpo livre de um aparelho de TV em uma rampa de 30°.

Usemos eixos girados para simplificar os cálculos. Assumamos que o sistema mostrado na Fig. 4.13 esteja em equilíbrio estático; portanto, a soma de todas as forças é igual a zero (primeira lei de Newton):

$$\sum \vec{F} = 0$$

$$\vec{F} + \vec{N} + \vec{W} = 0. \tag{4.8}$$

Os componentes $x$ e $y$ do peso do aparelho de TV, $\overline{W}$, são dadas por:

$$\begin{aligned} W_x &= -W \text{ sen } 30° \\ &= -981 \left(\frac{1}{2}\right) \\ &= -490{,}5 \text{ N} \\ W_y &= -W \cos 30° \\ &= -981 \left(\frac{\sqrt{3}}{2}\right) \\ &= -849{,}6 \text{ N.} \end{aligned}$$

Logo, $\overline{W} = -490{,}5\,\hat{\imath} - 849{,}6\,\hat{\jmath}$ N. De modo similar, as componentes $x$ e $y$ da força friccional $\overline{F}$ e da força normal $\overline{N}$ são dadas por:

$$\begin{aligned} F_x &= F \cos 0° \\ &= F \text{ N} \\ F_y &= F \text{ sen} 0° \\ &= 0 \text{ N} \\ N_x &= N \cos (90°) \\ &= 0 \text{ N} \\ N_y &= N \text{ sen} (90°) \\ &= N \text{ N.} \end{aligned}$$

Assim, $\overline{F} = F\,\hat{\imath} + 0\,\hat{\jmath}$ N e $\overline{N} = 0\,\hat{\imath} + N\,\hat{\jmath}$ N. Substituindo $\overline{F}$, $\overline{N}$ e $\overline{W}$ na equação (4.8), temos:

$$\begin{aligned} (F\hat{\imath} + 0\hat{\jmath}) + (0\hat{\imath} + N\hat{\jmath}) + (-490{,}5\hat{\imath} - 849{,}6\hat{\jmath}) &= 0 \\ (F + 0 - 490{,}5)\hat{\imath} + (0 + N - 849{,}6)\hat{\jmath} &= 0. \end{aligned} \tag{4.9}$$

Igualando as componentes $x$ e $y$ na equação (4.9) a zero, obtemos

$$F - 490{,}5 = 0 \quad \Rightarrow \quad F = 490{,}5 \text{ N}$$

$$N - 849{,}6 = 0 \quad \Rightarrow \quad N = 849{,}6 \text{ N.}$$

**Exemplo 4-11**

Um garçom estende o braço para servir o prato de comida a um cliente. O diagrama de corpo livre é mostrado na Fig. 4.15, em que $F_m = 400$ N é a força no músculo deltoide, $W_a = 40$ N é o peso do braço, $W_p = 20$ N é o peso do prato de comida; $R_x$ e $R_y$ são, respectivamente, as componentes $x$ e $y$ da força de reação no ombro.

(a) Usando o sistema de coordenadas $x$-$y$ mostrado na Fig. 4.15, escrevamos a força no músculo $\overline{F}_m$, o peso do braço $\overline{W}_a$ e o peso do prato $\overline{W}_p$ na notação vetorial padrão (ou seja, usando os vetores unitários $\hat{\imath}$ e $\hat{\jmath}$).

(b) Determinemos os valores de $R_x$ e $R_y$ necessários ao equilíbrio estático: $\overline{R} + \overline{F}_m + \overline{W}_a + \overline{W}_p = 0$. Determinemos, também, a magnitude e a direção de $\overline{R}$.

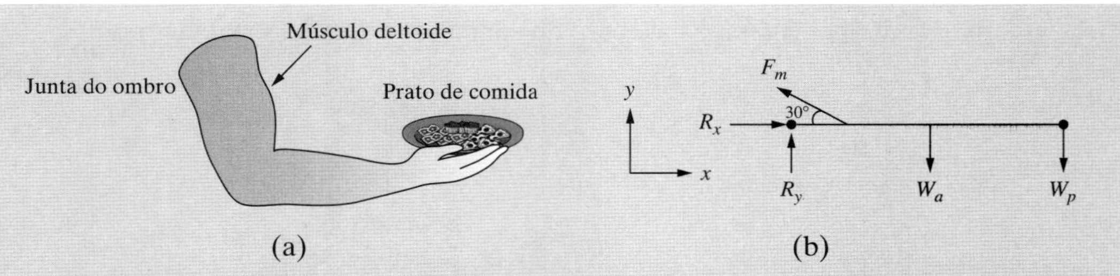


**Figura 4.15** Garçom servindo um prato de comida a um cliente.

**Solução** (a) As componentes $x$ e $y$ da força no músculo deltoide $\vec{F}_m$ são dadas por:

$$\begin{aligned}F_{m,x} &= F_m \cos 150° \\ &= -400 \cos 30° \\ &= -400 \times 0{,}866 \\ &= -346{,}4 \text{ N} \\ F_{m,y} &= F_m \operatorname{sen} 150° \\ &= 400 \operatorname{sen} 30° \\ &= 400 \times 0{,}5 \\ &= 200 \text{ N.}\end{aligned}$$

Portanto, $\vec{F}_m = -346{,}4\,\hat{i} + 200\,\hat{j}$ N. De modo similar, as componentes $x$ e $y$ do peso do braço $\vec{W}_a$ e do peso do prato $\vec{W}_p$ são dadas por:

$$\begin{aligned}W_{a,x} &= W_a \cos(-90)° \\ &= 0 \text{ N} \\ W_{a,y} &= W_a \operatorname{sen}(-90)° \\ &= -40 \text{ N} \\ W_{p,x} &= W_p \cos(-90)° \\ &= 0 \text{ N} \\ W_{p,y} &= W_p \operatorname{sen}(-90)° \\ &= -20 \text{ N.}\end{aligned}$$

Logo, $\vec{W}_a = 0\,\hat{i} - 40\,\hat{j}$ N e $\vec{W}_p = 0\,\hat{i} - 20\,\hat{j}$ N.

(b) Como assumimos que o sistema mostrado na Fig. 4.15 está em equilíbrio estático, a soma de todas as forças é igual a zero (primeira lei de Newton):

$$\vec{F}_m + \vec{W}_a + \vec{W}_p + \vec{R} = 0.$$

$$(-346{,}4\hat{i} + 200\hat{j}) + (0\hat{i} - 40\hat{j}) + (0\hat{i} - 20\hat{j}) + (R_x\hat{i} + R_y\hat{j}) = 0$$

$$(R_x - 346{,}4 + 0 + 0)\hat{i} + (R_y + 200 - 40 - 20)\hat{j} = 0 \qquad (4.10)$$

Igualando as componentes $x$ e $y$ na equação (4.10) a zero, temos:

$$\sum F_x = 0: \quad \Rightarrow \quad R_x - 346{,}4 = 0 \quad \Rightarrow \quad R_x = 346{,}4 \text{ N}$$

$$\sum F_y = 0: \quad \Rightarrow \quad R_y + 200 - 40 - 20 = 0 \quad \Rightarrow \quad R_y = -140 \text{ N.}$$

Assim, $\vec{R} = 346{,}4\,\hat{i} - 140\,\hat{j}$ N. A magnitude e a direção de $\vec{R}$ podem ser calculadas como:

$$\vec{R} = \sqrt{(346{,}4)^2 + (-140)^2}\angle \text{atg2}(-140,\ 346{,}4)$$
$$= 373{,}6\ \angle{-22}°\text{N} \qquad (4.11)$$

**Exemplo 4-12**

Usando captura de movimentos, as posições de cada segmento de braço foram medidas enquanto uma pessoa lançava uma bola. O comprimento do braço do ombro ao cotovelo ($P_1$) é de 12 polegadas e o comprimento do cotovelo à mão ($P_2$), de 18 polegadas. O ângulo $\theta_1$ é de 45° e o ângulo $\theta_2$, de 20°.

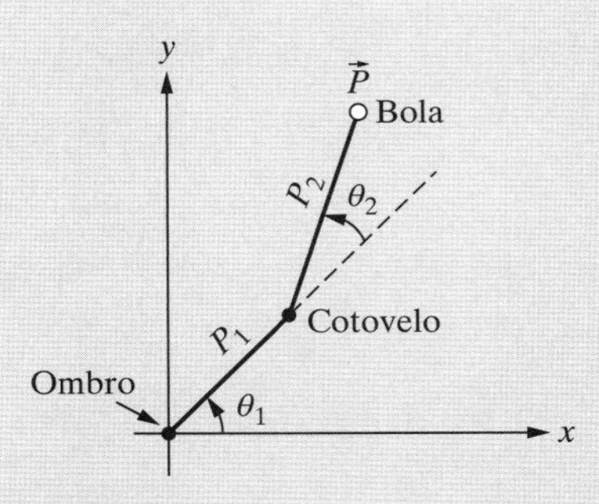


**Figura 4.16** Posição do braço no lançamento da bola.

(a) Usando o sistema de coordenadas $x$-$y$ mostrado na Fig. 4.16, escrevamos a posição da bola $\vec{P} = \vec{P}_1 + \vec{P}_2$ na notação vetorial padrão.

(b) Determinemos a magnitude e a direção de $\vec{P}$.

**Solução** (a) As componentes $x$ e $y$ da posição $\vec{P}_1$ são dadas por:

$$P_{1x} = P_1 \cos 45°$$
$$= 12 \times \frac{\sqrt{2}}{2}$$
$$= 8{,}49 \text{ in}$$
$$P_{1y} = P_1 \,\text{sen}\, 45°$$
$$= 12 \times \frac{\sqrt{2}}{2}$$
$$= 8{,}49 \text{ in.}$$

Logo, $\vec{P}_1 = 8{,}484\,\hat{i} + 8{,}484\,\vec{R}$ polegadas. De modo similar, as componentes $x$ e $y$ da posição $\vec{P}_2$ são dadas por:

$$P_{2x} = P_2 \cos(45° + 20°)$$
$$= 18 \times (0{,}4226)$$
$$= 7{,}61 \text{ in}$$

$$
\begin{aligned}
P_{2y} &= P_2 \operatorname{sen}(45° + 20°) \\
&= 18 \times (0{,}9063) \\
&= 16{,}31 \text{ in.}
\end{aligned}
$$

Ou seja, $\vec{P}_2 = 7{,}61\,\hat{\imath} + 16{,}31\,\hat{\jmath}$ polegadas. Podemos, agora, escrever a posição do braço, $\vec{P}$, na notação vetorial padrão somando os vetores $\vec{P}_1$ e $\vec{P}_2$:

$$
\begin{aligned}
\vec{P} &= \vec{P}_1 + \vec{P}_2 \\
&= 8{,}49\hat{\imath} + 8{,}49\hat{\jmath} + 7{,}61\hat{\imath} + 16{,}31\hat{\jmath} \\
&= 16{,}1\hat{\imath} + 25{,}80\hat{\jmath} \text{ in.}
\end{aligned} \tag{4.12}
$$

(b) A magnitude da posição $\vec{P}$ é dada por:

$$
\begin{aligned}
P &= \sqrt{P_x^2 + P_y^2} \\
&= \sqrt{16{,}1^2 + 25{,}8^2} \\
&= 29{,}6 \text{ in.}
\end{aligned}
$$

A direção da posição $\vec{P}$ é dada por:

$$
\begin{aligned}
\theta &= \operatorname{atg2}(P_y, P_x) \\
&= \operatorname{atg2}(25{,}8, 16{,}1) \\
&= 58°.
\end{aligned}
$$

Portanto, o vetor $\vec{P}$ pode ser escrito na forma polar como $\vec{P} = 29{,}6\ \angle 58°$ polegadas.

## EXERCÍCIOS

**4-1** Represente a posição da extremidade de um robô de um membro com 12 polegadas de comprimento como um vetor de posição bidimensional na direção 60°. Desenhe o vetor de posição e determine suas componentes $x$ e $y$. Escreva o vetor $\vec{P}$ nas formas retangular e polar.

**4-2** Represente a posição da extremidade de um robô de um membro com 1,5 pé de comprimento como um vetor de posição bidimensional na direção –30°. Desenhe o vetor de posição e determine suas componentes $x$ e $y$. Escreva o vetor $\vec{P}$ nas formas retangular e polar.

**4-3** Represente a posição da extremidade de um robô de um membro com 1 m de comprimento como um vetor de posição bidimensional na direção 120°. Desenhe o vetor de posição e determine suas componentes $x$ e $y$. Escreva o vetor $\vec{P}$ nas formas retangular e polar.

**4-4** Represente a posição da extremidade de um robô de um membro com 2 m de comprimento como um vetor de posição bidimensional na direção –135°. Desenhe o vetor de posição e determine suas componentes $x$ e $y$. Escreva o vetor $\vec{P}$ nas formas retangular e polar.

**4-5** A posição da extremidade de um robô de um membro é representada por um vetor de posição $\vec{P}$, como ilustrado na Fig. E4.5. Determine as componentes $x$ e $y$ do vetor, admitindo que o comprimento do membro do robô seja $P$ = 10 polegadas e $\theta$ = 30°. Escreva o vetor $\vec{P}$ nas formas retangular e polar.

**4-6** Refaça o Exercício 4-5 para $P$ = 14,42 cm e $\theta$ = 123,7°.

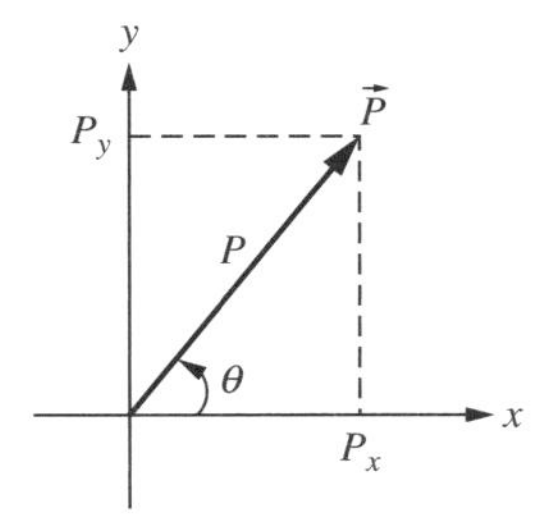


**Figura E4.5** Robô de um membro representado em coordenadas polares.

**4-7** Refaça o Exercício 4-5 para $P = 15$ cm e $\theta = -120°$.

**4-8** Refaça o Exercício 4-5 para $P = 6$ polegadas e $\theta = -60°$.

**4-9** As componentes $x$ e $y$ do vetor $\vec{P}$ mostrado na Fig. E4.9 são dadas por $P_x = 2$ cm e $P_y = 3$ cm. Determine a magnitude e a direção do vetor $\vec{P}$ nas formas retangular e polar.

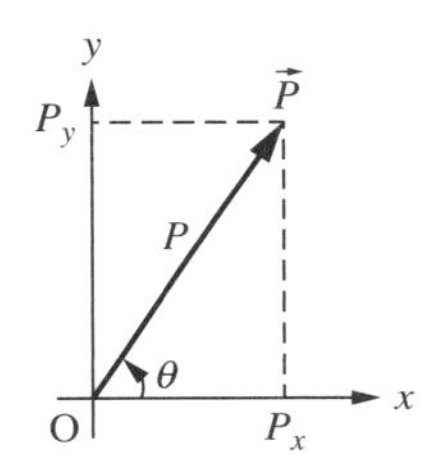


**Figura E4.9** Vetor de posição para o Exercício 4-9.

**4-10** As componentes $x$ e $y$ do vetor $\vec{P}$ mostrado na Fig. E4.10 são dadas por $P_x = 3$ polegadas e $P_y = -4$ polegadas. Determine a magnitude e a direção do vetor nas formas retangular e polar.

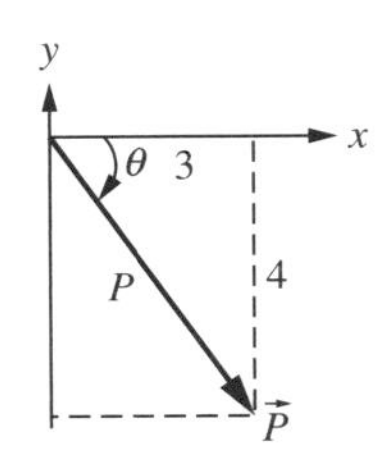


**Figura E4.10** Vetor de posição para o Exercício 4-10.

**4-11** As componentes $x$ e $y$ do vetor $\vec{P}$ mostrado na Fig. E4.11 são dadas por $P_x = -1{,}5$ cm e $P_y = 2$ cm. Determine a magnitude e a direção do vetor $\vec{P}$ nas formas retangular e polar.

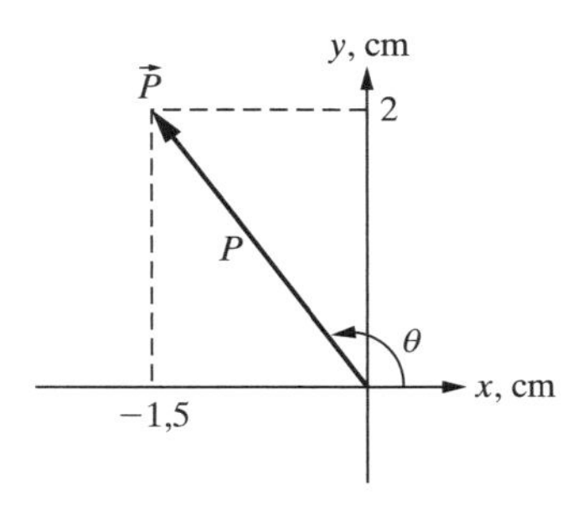


**Figura E4.11** Vetor de posição para o Exercício 4-11.

**4-12** As componentes $x$ e $y$ do vetor $\vec{P}$ mostrado na Fig. E4.12 são dadas por $P_x = -1$ polegada e $P_y = -2$ polegadas. Determine a magnitude e a direção do vetor $\vec{P}$ nas formas retangular e polar.

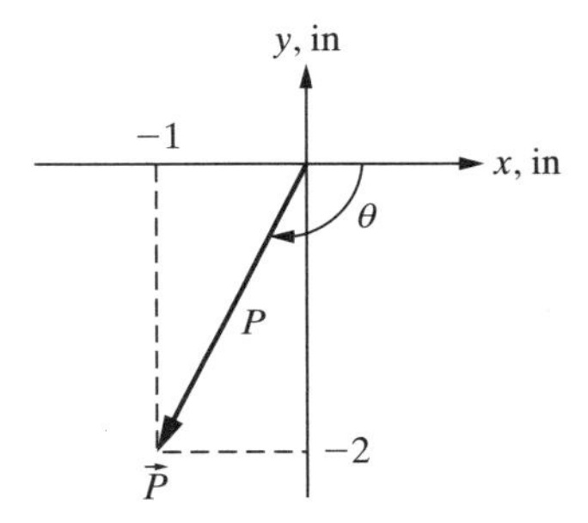


**Figura E4.12** Vetor de posição para o Exercício 4-12.

**4-13** Um policial que investiga um acidente empurra uma roda (mostrada na Fig. E4.13) para medir marcas de derrapagem. Admitindo que o policial aplique uma força de 20 libras em um ângulo $\theta = 45°$, determine as forças horizontal e vertical que agem sobre a roda.

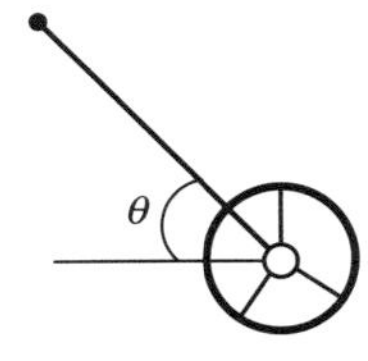


**Figura E4.13** Roda para medida de marcas de derrapagem.

**4-14** Refaça o Exercício 4-13 admitindo que o policial aplique uma força de 10 libras em um ângulo $\theta = 60°$.

**4-15** Em um circuito RL, a queda de tensão $V_L$ no indutor está adiantada de 90° em relação à queda de tensão no resistor, como indicado na

Fig. E4.15. Para $V_R = 10$ V e $V_L = 5$ V, determine a tensão total $\vec{V} = \vec{V}_R + \vec{V}_L$.

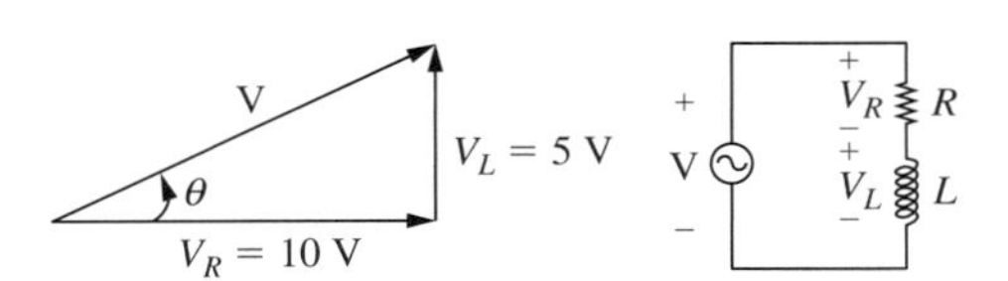


**Figura E4.15** Diagrama fasorial de tensão em um circuito RL.

**4-16** Refaça o Exercício 4-15 para $V_R = 10$ V e $V_L = 15$ V.

**4-17** Em um circuito RC, a queda de tensão $V_C$ no indutor está atrasada de –90° em relação à queda de tensão no resistor, como indicado na Fig. E4.17. Para $V_R = 20$ V e $V_C = 5$ V, determine a tensão total $\vec{V} = \vec{V}_R + \vec{V}_C$.

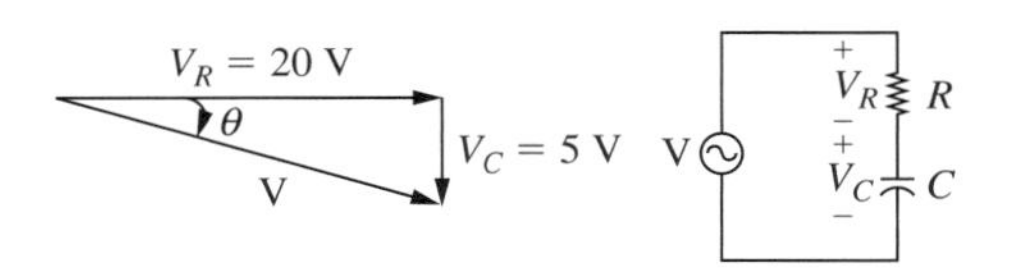


**Figura E4.17** Diagrama fasorial de tensão em um circuito RC.

**4-18** Refaça o Exercício 4-17 para $V_R = 10$ V e $V_C = 20$ V.

**4-19** Em um circuito elétrico, a tensão $\vec{V}_2$ está atrasada de 30° em relação à tensão $\vec{V}_1$, como ilustrado na Fig. E4.19.

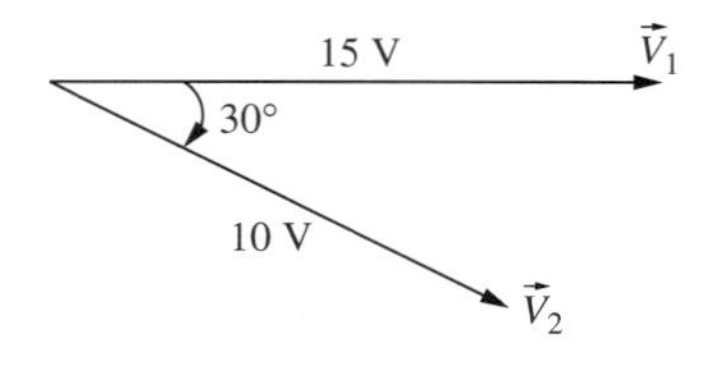


**Figura E4.19** Tensões $\vec{V}_1$ e $\vec{V}_2$ para o Exercício 4-19.

Determine a soma das duas tensões; em outras palavras, calcule $\vec{V} = \vec{V}_1 + \vec{V}_2$.

**4-20** Em um circuito elétrico, a tensão $\vec{V}_2$ está adiantada de 60° em relação à tensão $\vec{V}_1$, como ilustrado na Fig. E4.20. Determine a soma das duas tensões; em outras palavras, calcule $\vec{V} = \vec{V}_1 + \vec{V}_2$.

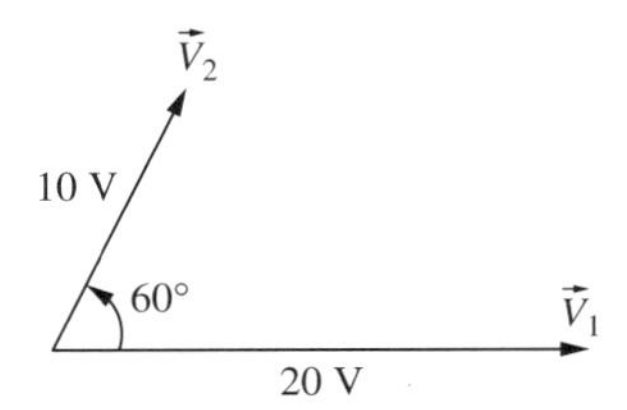


**Figura E4.20** Tensões $\vec{V}_1$ e $\vec{V}_2$ para o Exercício 4-20.

**4-21** Um avião viaja a 45° nordeste com velocidade de 300 milhas por hora (mph) em relação ao ar. O vento sopra a 30° sudeste com velocidade de 40 mph, como ilustrado na Fig. E4.21. Determine, usando adição de vetores, a velocidade (magnitude do vetor de velocidade $\vec{V}$) e a direção $\theta$ do avião em relação ao solo. Comprove sua resposta calculando magnitude e direção por aplicação das leis do cosseno e do seno.

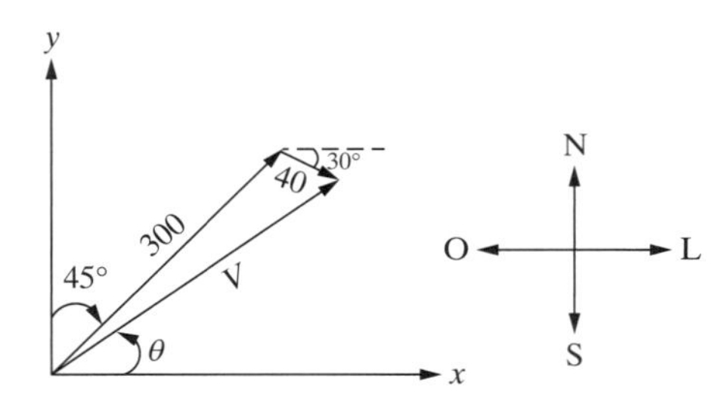


**Figura E4.21** Velocidade de avião para o Exercício 4-21.

**4-22** Um avião viaja a –60° com velocidade de 500 milhas por hora (mph) em relação ao ar. O vento sopra a 30° com velocidade de 50 mph, como ilustrado na Fig. E4.22. Determine, usando adição de vetores, a velocidade (magnitude do vetor de velocidade $\vec{V}$) e a direção $\theta$ do avião em relação ao solo. Comprove sua resposta calculando magnitude e direção por aplicação das leis do cosseno e do seno.

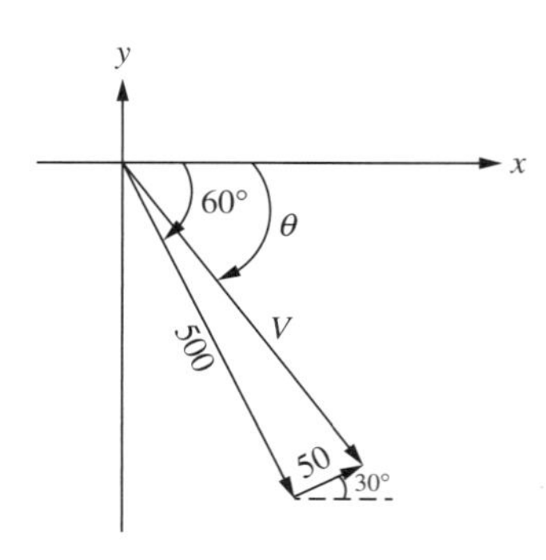


**Figura E4.22** Velocidade de avião para o Exercício 4-22.

**4-23** Uma grande barcaça cruza um rio a 30° noroeste, com velocidade de 15 milhas por hora (mph) em relação à água, como ilustrado na Fig. E4.23. O rio flui em direção ao leste com velocidade de 5 mph.

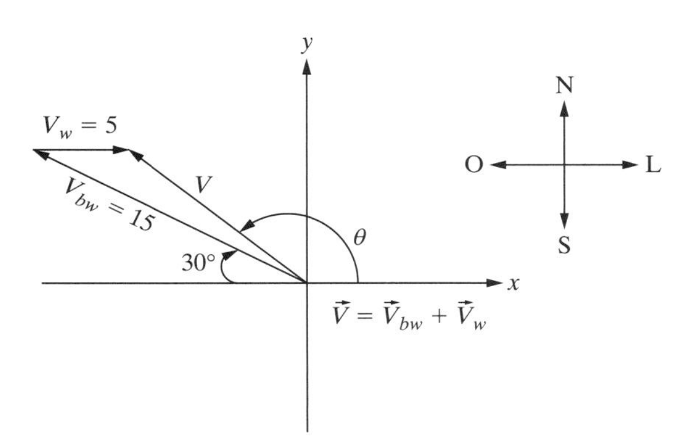


**Figura E4.23** Barcaça cruzando o rio contra a correnteza.

(a) Calcule a velocidade resultante $\vec{V}$ da barcaça usando adição vetorial (utilize a notação $\hat{i}$ e $\hat{j}$).

(b) Determine a magnitude e a direção de $\vec{V}$.

(c) Refaça a parte (b) usando as leis do seno e do cosseno.

**4-24** Um navio cruza um rio a –150°, com velocidade $V_{SW}$ = 30 milhas por hora (mph) em relação à água, como ilustrado na Fig. E4.24. O rio flui na direção a 135° com velocidade $V_w$ = 10 mph.

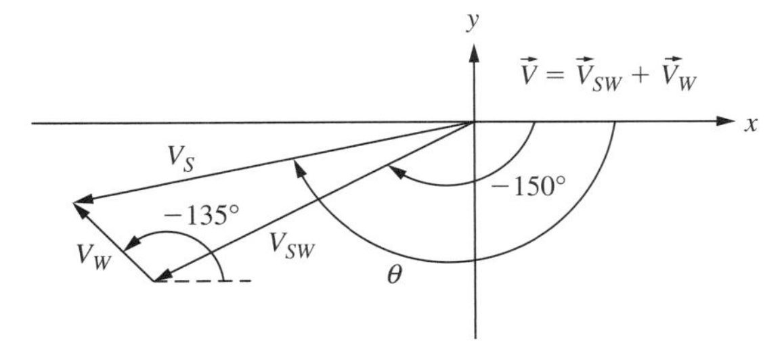


**Figura E4.24** Navio cruzando o rio contra a correnteza.

(a) Calcule a velocidade resultante $\vec{V}$ do navio usando adição vetorial (utilize a notação $\hat{i}$ e $\hat{j}$).

(b) Determine a magnitude e a direção de $\vec{V}$.

(c) Refaça a parte (b) usando as leis do seno e do cosseno.

**4-25** Um barco cruza um rio diagonalmente a 45° sudoeste, com velocidade em relação à água $V_{bw}$ = 12 milhas por hora (mph), como ilustrado na Fig. E4.25. O rio flui em direção ao leste com velocidade $V_w$ = 4 mph.

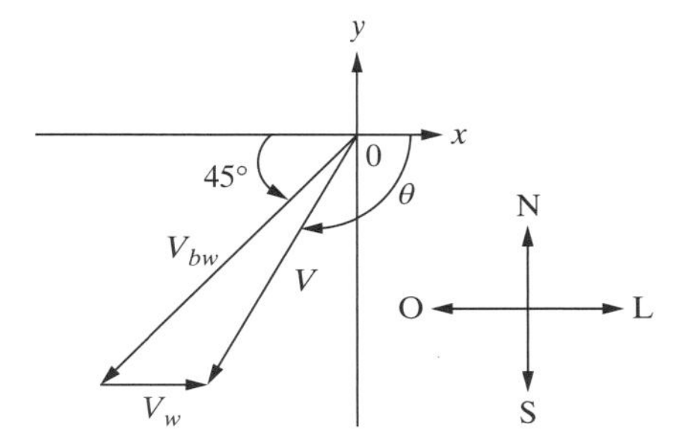


**Figura E4.25** Barco cruzando um rio diagonalmente.

(a) Calcule a velocidade resultante $\vec{V}$ do barco, dada por $\vec{V} = \vec{V}_{bw} + \vec{V}_w$. Nesse cálculo, expresse todos os vetores na notação vetorial padrão (ou seja, usando vetores unitários $\hat{i}$ e $\hat{j}$). Depois de obter $\vec{V}$, determine suas magnitude $V$ e direção $\theta$.

(b) Refaça a parte (a) aplicando as leis do seno e do cosseno.

**4-26** Um robô plano de dois membros é mostrado na Fig. E4.26.

(a) Calcule a posição $\vec{P}$ da extremidade do robô plano usando adição vetorial (utilize a notação $\hat{i}$ e $\hat{j}$).

(b) Determine a magnitude e a direção da posição da extremidade do robô. Em outras palavras, escreva o vetor $\vec{P}$ em coordenadas polares.

(c) Refaça a parte (b) aplicando as leis do seno e do cosseno.

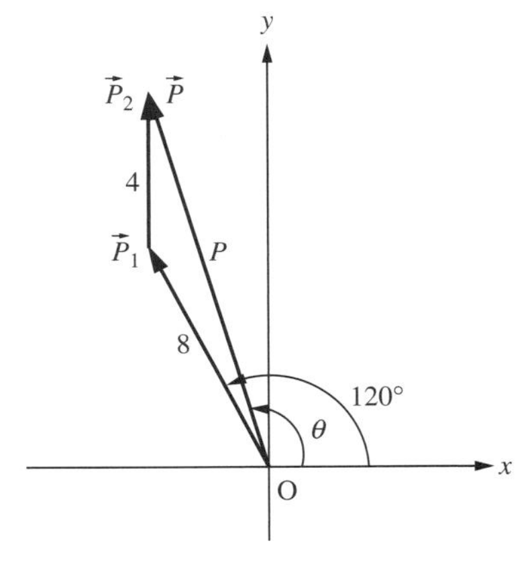


**Figura E4.26** Robô de dois membros para o Exercício 4-26.

**4-27** Um robô plano de dois membros é mostrado na Fig. E4.27.

(a) Calcule a posição $\vec{P}$ da extremidade do robô plano usando adição vetorial (utilize a notação $\hat{i}$ e $\hat{j}$).

(b) Determine a magnitude e a direção da posição da extremidade do robô. Em outras palavras, escreva o vetor $\vec{P}$ em coordenadas polares.

(c) Refaça a parte (b) aplicando as leis do seno e do cosseno.

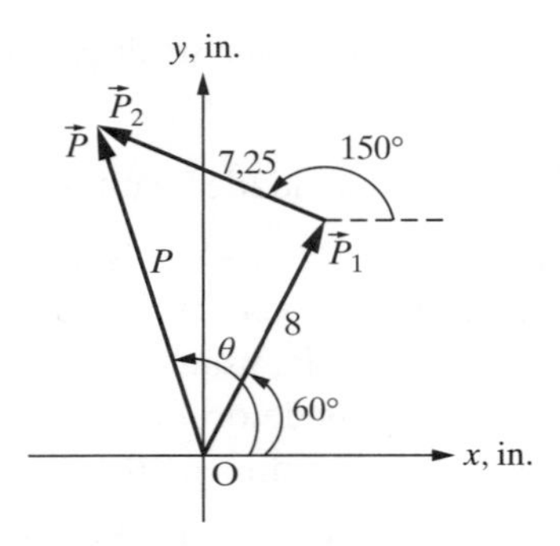


**Figura E4.27** Robô de dois membros para o Exercício 4-27.

**4-28** Um robô plano de dois membros é mostrado na Fig. E4.28.

(a) Calcule a posição $\vec{P}$ da extremidade do robô plano usando adição vetorial (utilize a notação $\hat{i}$ e $\hat{j}$).

(b) Determine a magnitude e a direção da posição da extremidade do robô. Em outras palavras, escreva o vetor $\vec{P}$ em coordenadas polares.

(c) Refaça a parte (b) aplicando as leis do seno e do cosseno.

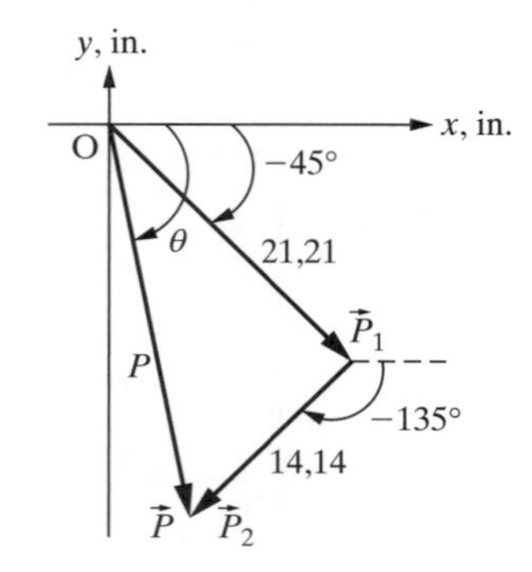


**Figura E4.28** Robô de dois membros para o Exercício 4-28.

**4-29** Um robô plano de dois membros é mostrado na Fig. E4.29.

(a) Calcule a posição $\vec{P}$ da extremidade do robô plano usando adição vetorial (utilize a notação $\hat{i}$ e $\hat{j}$).

(b) Determine a magnitude e a direção da posição da extremidade do robô. Em outras palavras, escreva o vetor $\vec{P}$ em coordenadas polares.

(c) Refaça a parte (b) aplicando as leis do seno e do cosseno.

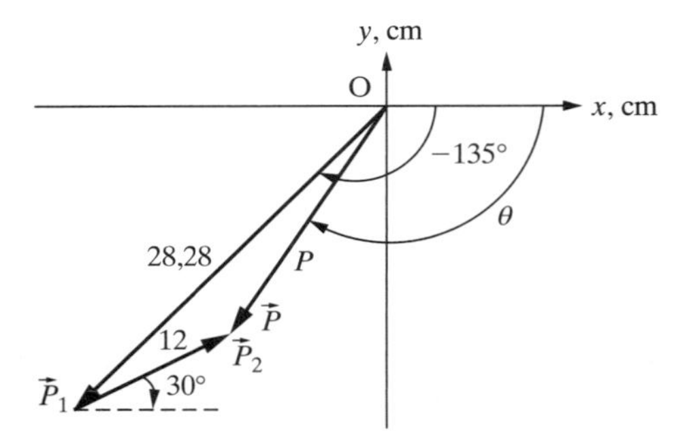


**Figura E4.29** Robô de dois membros para o Exercício 4-29.

**4-30** Um peso de 200 libras é suspenso por dois cabos, como ilustrado na Fig. E4.30.

(a) Determine o ângulo $\alpha$.

(b) Expresse $\vec{T}_1$ e $\vec{T}_2$ na notação vetorial retangular e determine os valores de $T_1$ e $T_2$ necessários ao equilíbrio estático (ou seja, $\vec{T}_1 + \vec{T}_2 + \vec{W} = 0$)

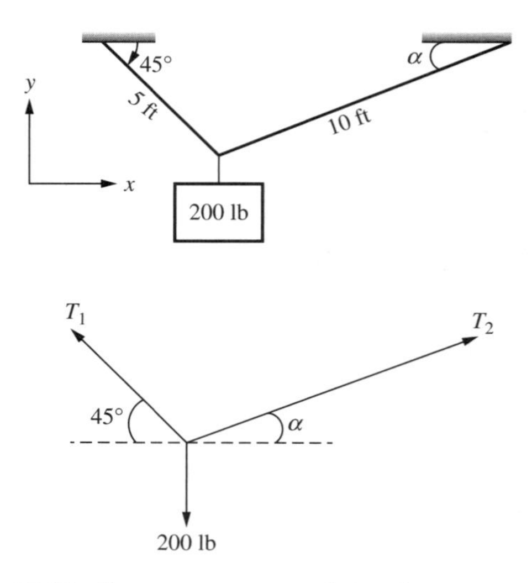


**Figura E4.30** Peso suspenso por dois cabos para o Exercício 4-30.

**4-31** Um peso de 100 kg é pendurado do teto por cabos que fazem ângulos de 30° e 60° com o teto, como ilustrado na Fig. E4.31. Assumindo que o peso não esteja em movimento ($\vec{T}_1 + \vec{T}_2 + \vec{W} = 0$), calcule as tensões $T_1$ e $T_2$.

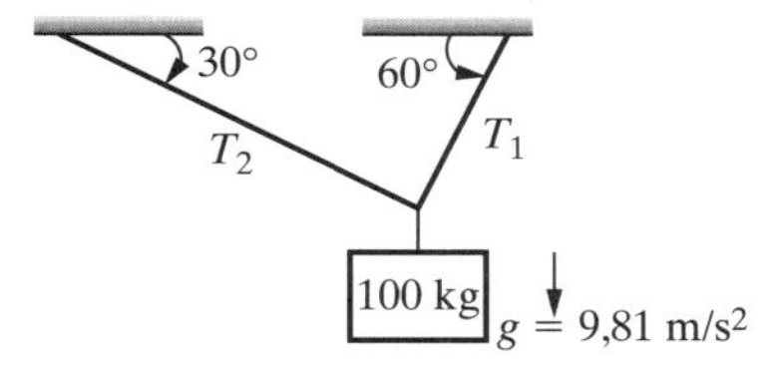


**Figura E4.31** Peso pendurado do teto por cabos para o Exercício 4-31.

**4-32** Um veículo pesando 10 kN está estacionado em uma rampa, como mostrado na Fig. E4.32.

(a) Determine o ângulo $\theta$.

(b) Expresse a força normal $\vec{N}$, a força friccional $\vec{F}$ e o peso $\vec{W}$ na notação vetorial retangular.

(c) Determine os valores de $F$ e $N$ necessários ao equilíbrio estático (ou seja, para $\vec{N} + \vec{F} + \vec{W} = 0$).

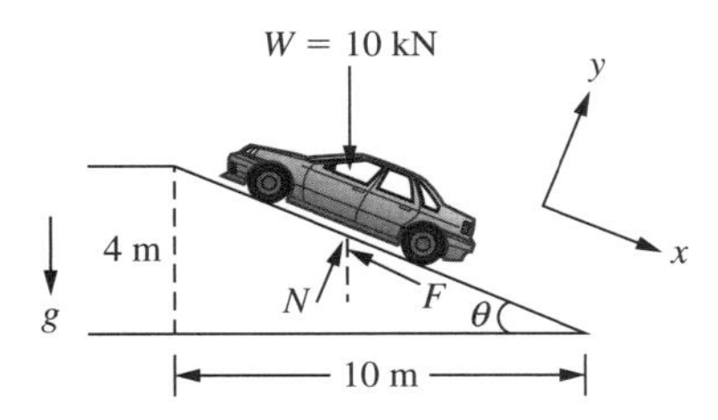


**Figura E4.32** Veículo estacionado em uma rampa para o Exercício 4-32.

**4-33** Um veículo pesando 2000 libras está estacionado em uma rampa, como mostrado na Fig. E4.33.

(a) Determine o ângulo $\theta$.

(b) Expresse a força normal $\vec{N}$, a força friccional $\vec{F}$ e o peso $\vec{W}$ na notação vetorial retangular.

(c) Determine os valores de $F$ e $N$ necessários ao equilíbrio estático (ou seja, para $\vec{N} + \vec{F} + \vec{W} = 0$).

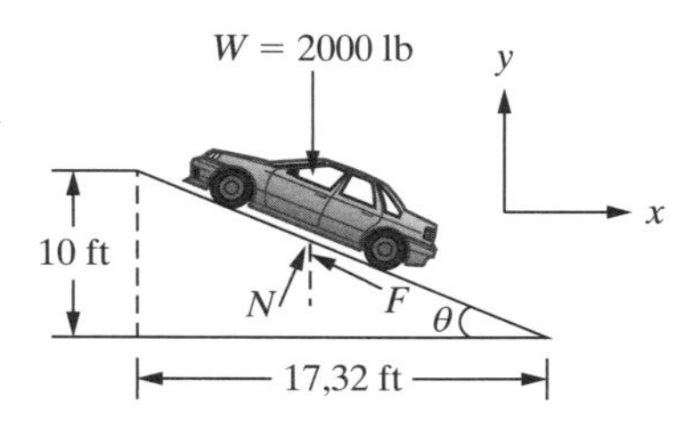


**Figura E4.33** Veículo estacionado em uma rampa para o Exercício 4-33.

**4-34** Um engradado com peso $W = 100$ libras está em uma rampa inclinada de 27° em relação ao solo, como ilustrado na Fig. E4.34. O diagrama de corpo livre para as forças externas é mostrado na mesma Fig. E4.34.

(a) Usando o sistema de coordenadas *x-y* mostrado na Fig. E4.34, escreva a força friccional $\vec{F}$ e a força normal $\vec{N}$ na notação vetorial retangular (ou seja, em termos dos vetores unitários $\hat{i}$ e $\hat{j}$).

(b) Determine os valores de $F$ e $N$ necessários ao equilíbrio estático; em outras palavras, determine os valores de $F$ e $N$ para $\vec{N} + \vec{F} + \vec{W} = 0$.

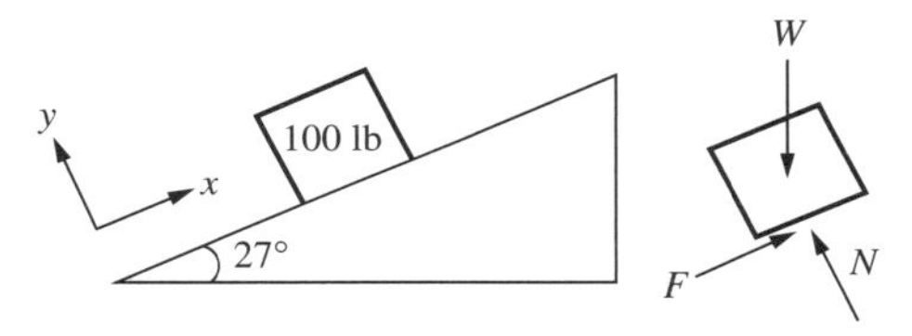


**Figura E4.34** Engradado em uma rampa para o Exercício 4-34.

**4-35** Um televisor de 500 N encontra-se em uma rampa, como ilustrado na Fig. E4.35. O diagrama de corpo livre para as forças externas é mostrado na mesma Fig. E4.35.

(a) Determine o ângulo $\theta$.

(b) Usando o sistema de coordenadas *x-y* mostrado na Fig. E4.35, escreva a força friccional $\vec{F}$ e a força normal $\vec{N}$ na notação vetorial retangular (ou seja, em termos dos vetores unitários $\hat{i}$ e $\hat{j}$).

(c) Determine os valores de $F$ e $N$ necessários ao equilíbrio estático; em outras palavras, determine os valores de $F$ e $N$ para $\vec{N} + \vec{F} + \vec{W} = 0$.

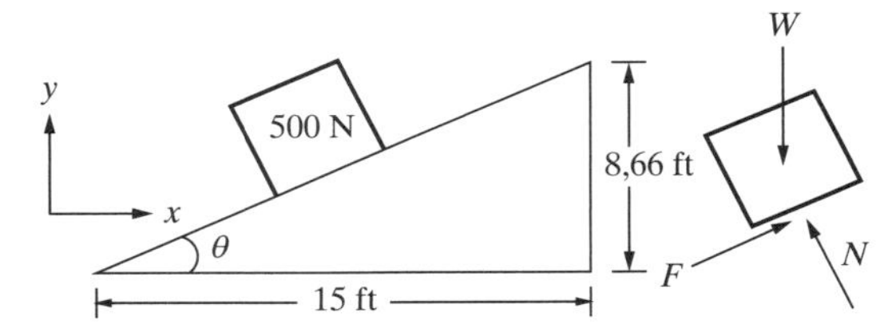


**Figura E4.35** Televisor em uma rampa para o Exercício 4-35.

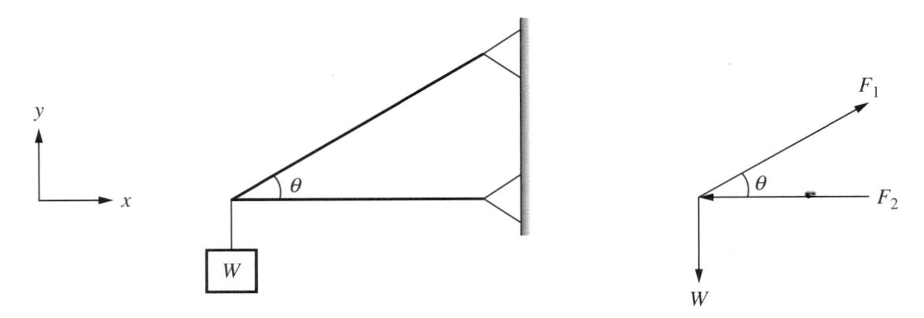


Figura E4.36 Peso suportado por treliça de duas barras.

**4-36** Uma treliça de duas barras suporta um peso $W$ = 750 libras, como ilustrado na Fig. E4.36. A treliça foi construída com $\theta$ = 38,7°.

(a) Usando o sistema de coordenadas $x$-$y$ positivo mostrado na Fig. E4.36, escreva as forças $\vec{F}_1$, $\vec{F}_2$ e o peso $\vec{W}$ na notação vetorial retangular (ou seja, em termos dos vetores unitários $\hat{i}$ e $\hat{j}$).

(b) Determine os valores de $F_1$ e $F_2$ para $\vec{F}_1 + \vec{F}_2 + \vec{W} = 0$.

**4-37** Uma treliça de duas barras está sujeita a uma carga vertical $P$ = 346 libras, como mostrado na Fig. E4.37. A treliça foi construída com $\theta_1$ = 39,6° e $\theta_2$ = 62,4°.

(a) Usando o sistema de coordenadas $x$-$y$ positivo mostrado na Fig. E4.37, escreva as forças $\vec{F}_1$, $\vec{F}_2$ e $\vec{P}$ na notação vetorial retangular (ou seja, em termos dos vetores unitários $\hat{i}$ e $\hat{j}$).

(b) Determine os valores de $F_1$ e $F_2$ para $\vec{F}_1 + \vec{F}_2 + \vec{P} = 0$.

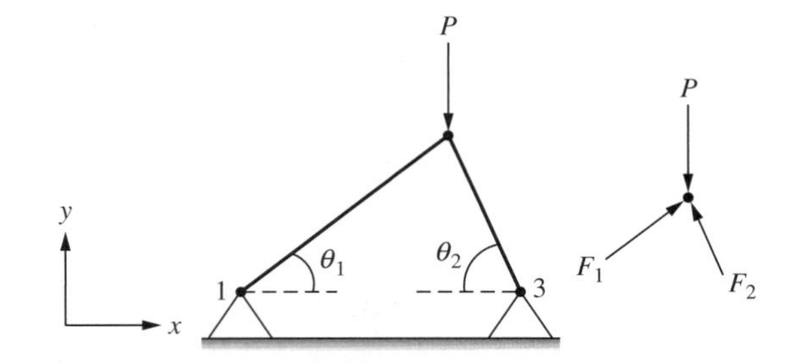


Figura E4.37 Treliça de duas barras sujeita a uma carga vertical.

**4-38** Uma força $F$ = 100 N é aplicada a uma treliça de duas barras como mostrado na Fig. E4.38. Expresse as forças $\vec{P}$, $\vec{F}_1$ e $\vec{F}_2$ em termos dos vetores unitários $\hat{i}$ e $\hat{j}$, e determine os valores de $F_1$ e $F_2$ para $\vec{F}_1 + \vec{F}_2 + \vec{F} = 0$.

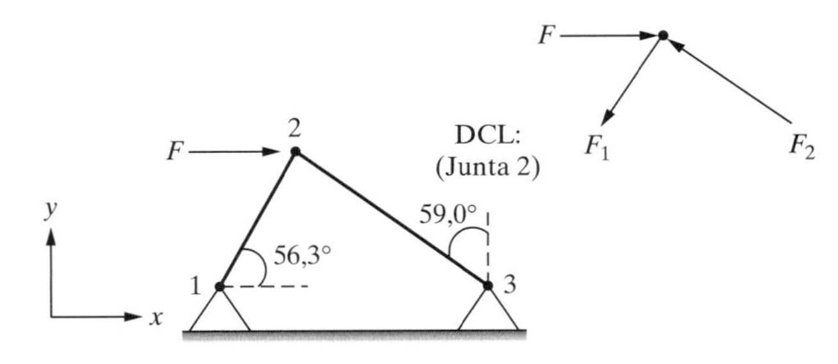


Figura E4.38 Força aplicada à junta 2 de uma treliça.

**4-39** Um bloco de peso $W$ = 125 libras-força repousa em uma prateleira articulada, como ilustrado na Fig. E4.39. A prateleira foi construída com $\theta$ = 41,7°.

(a) Usando o sistema de coordenadas $x$-$y$ positivo mostrado na Fig. E4.39, escreva as forças $\vec{F}_1$, $\vec{F}_2$ e o peso $\vec{W}$ na notação vetorial retangular (ou seja, em termos dos vetores unitários $\hat{i}$ e $\hat{j}$).

(b) Determine os valores de $F_1$ e $F_2$ para $\vec{F}_1 + \vec{F}_2 + \vec{W} = 0$.

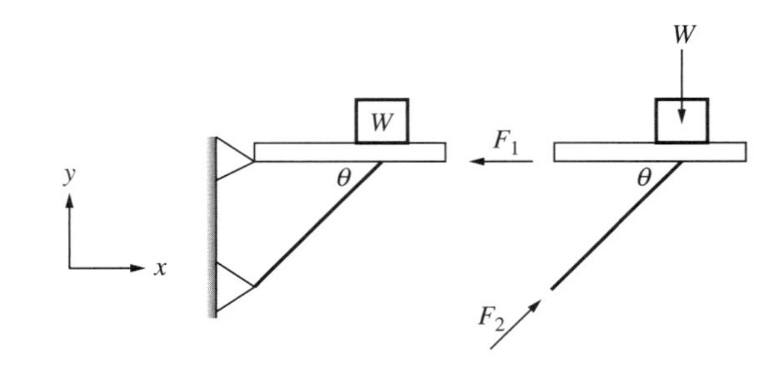


Figura E4.39 Peso em repouso em prateleira articulada.

**4-40** Um garçom estende o braço para servir um prato de comida ao cliente. O diagrama de corpo livre é mostrado na Fig. E4.40, na qual $F_m = 250\sqrt{2}$ N é a força no músculo deltoide, $W_a$ = 35 N é o peso do braço, $W_p$ = 15 N é o peso do prato de comida, $R_x$ e $R_y$ são

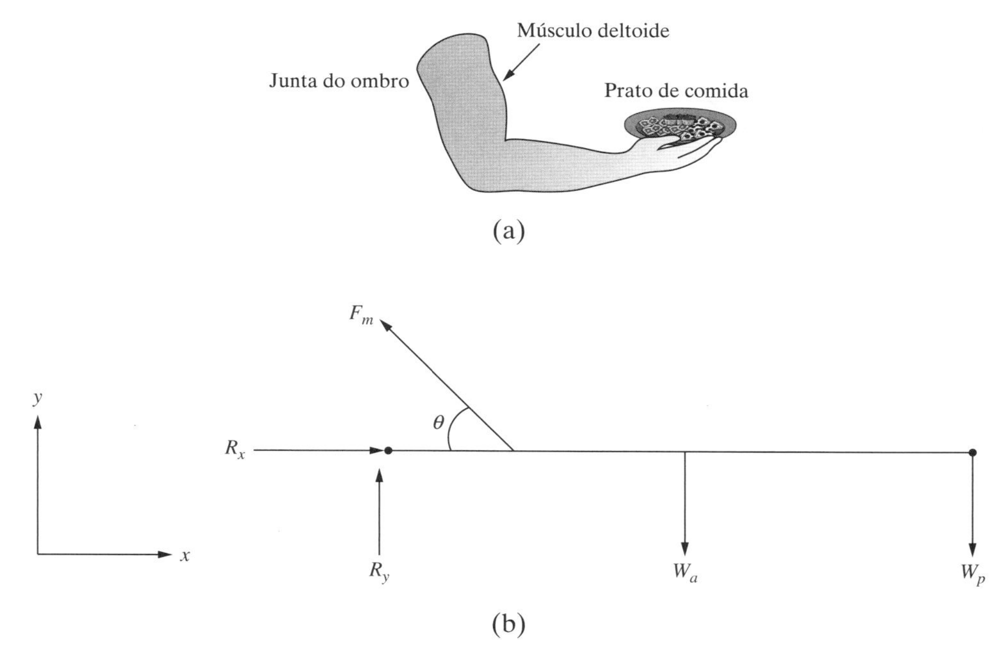


**Figura E4.40** Garçom servindo prato de comida ao cliente.

as componentes $x$ e $y$ das forças de reação no ombro, e $\theta = 45°$.

(a) Usando o sistema de coordenadas $x$-$y$ positivo mostrado na Fig. E.4.40, escreva a força no músculo deltoide $\vec{F}_m$, o peso do braço $\vec{W}_a$ e o peso do prato $\vec{W}_p$ na notação vetorial padrão (ou seja, em termos dos vetores unitários $\hat{i}$ e $\hat{j}$).

(b) Determine os valores $R_x$ e $R_y$ necessários ao equilíbrio estático: $\vec{R} + \vec{F}_m + \vec{W}_a + \vec{W}_p = 0$. Determine, também, a magnitude e a direção de $\vec{R}$.

**4-41** Refaça o Exercício 4-40 para $F_m = 50$ libras, $W_a = 7$ libras-força, $W_p = 3$ libras-força e $\theta = 30°$.

**4-42** Usando captura de movimentos, as posições $\vec{P}_1$ e $\vec{P}_2$ de cada segmento de braço foram medidas enquanto uma pessoa lançava uma bola. O comprimento do ombro ao cotovelo ($P_1$) é de 10 polegadas e o comprimento do cotovelo à mão que segura a bola ($P_2$), de 13 polegadas. O ângulo $\theta_1$ é de 60° e o ângulo $\theta_2$, de 65°.

(a) Usando o sistema de coordenadas $x$-$y$ positivo mostrado na Fig. E.4.42, escreva a posição da bola $\vec{P} = \vec{P}_1$ e $\vec{P}_2$ na notação vetorial padrão.

(b) Determine a magnitude e a direção de $\vec{P}$.

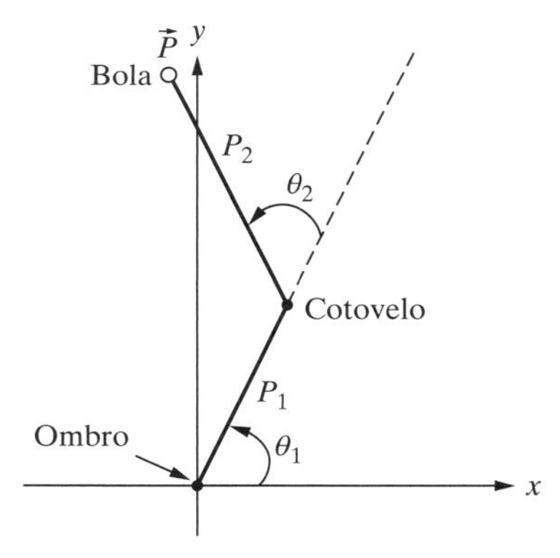


**Figura E4.42** Posição do braço que atira a bola.

**4-43** Refaça o Exercício 4-42 para $P_1 = 1$ pé, $P_2 = 1{,}5$ pé, $\theta_1 = 45°$ e $\theta_2 = 60°$.

# CAPÍTULO 5 Números Complexos na Engenharia

## 5.1 INTRODUÇÃO

Números complexos têm papel significativo em todos os ramos da engenharia, e um bom entendimento deste tópico é necessário. Contudo, é especialmente importante que engenheiros eletricistas dominem este assunto. Embora números imaginários não sejam comumente empregados na vida cotidiana, são usados na engenharia e na física para representar grandezas físicas como impedância de circuitos RL, RC e RLC.

Números complexos são números que consistem em duas partes: uma real e uma imaginária. Um número imaginário é a raiz quadrada de um número real negativo (−1). A raiz quadrada de um número real negativo é dita ser imaginária porque não existe um número real cujo quadrado seja negativo. O número imaginário $\sqrt{-1}$ é representado pela letra *i* pelos matemáticos e por quase todos os ramos da engenharia, excluindo a engenharia elétrica. Engenheiros eletricistas usam a letra *j* para representar números imaginários porque, na engenharia elétrica, a letra *i* é usada para representar corrente. Para evitar confusão, representaremos $\sqrt{-1}$ por *j* em todo o capítulo.

Em geral, números imaginários são usados em combinação com um número real para formar um número complexo, $a + bj$, sendo $a$ a parte real (número real) e $b$, a parte imaginária (número real que multiplica a unidade imaginária $j$). O número complexo é útil para representar variáveis bidimensionais cujas duas dimensões têm significância física e são representadas em um plano complexo (que tem a mesma aparência do plano cartesiano discutido no Capítulo 4). Neste plano, a parte imaginária do número complexo é medida no eixo vertical (no plano cartesiano, este seria o eixo $y$) e a parte real, no eixo horizontal (eixo $x$ do plano cartesiano). O robô plano de um membro discutido no Capítulo 3 poderia ser descrito por um número complexo cuja parte real representaria sua componente na direção $x$ e a parte imaginária, a componente na direção $y$. **Notemos que o exemplo do robô plano de um membro é usado somente para mostrar a similaridade entre vetores bidimensionais e números complexos. A posição da extremidade do robô, em geral, não é descrita por um número complexo.**

Operações com números complexos seguem, em grande parte, as mesmas regras das operações com números reais. Contudo, as duas partes de um número complexo não podem ser combinadas. Embora as duas partes sejam unidas por um sinal de mais, a adição não pode ser efetuada. A expressão deve ser deixada como uma soma indicada.

## 5.2 POSIÇÃO DE UM ROBÔ DE UM MEMBRO COMO NÚMERO COMPLEXO

O robô plano de um membro mostrado na Fig. 5.1 pode ser representado por um número complexo como:

$$P = P_x + j\ P_y$$

ou

$$P = P_x + P_y\, j,$$

em que $j = \sqrt{-1}$ é o número imaginário, $P_x = Re(P) = l\cos(\theta)$ é a parte real e $P_y = Im(P) = l\,\text{sen}(\theta)$ é a parte imaginária do número complexo $P$. Os números $P_x$ e $P_y$ são como as componentes de

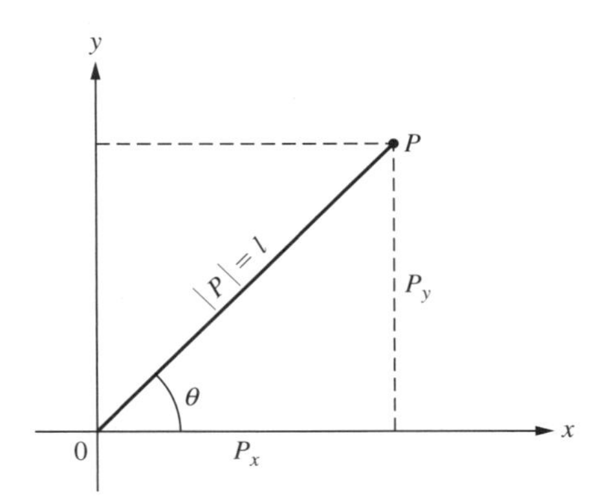


Figura 5.1 Representação de um robô plano de um membro como um número complexo.

$P$ nas direções $x$ e $y$ (análogo a um vetor bidimensional). De modo similar, o robô plano de um membro pode ser representado na forma polar como:

$$P = |P| \angle\theta,$$

em que $|P| = l = \sqrt{P_x^2 + P_y^2}$ é a magnitude e $\theta = \text{atg2}(P_y, P_x)$ é a fase (ângulo) do número complexo $P$. Portanto,

$$\begin{aligned} P &= P_x + j\ P_y \\ &= |P| \cos\theta + j\,(|P| \text{ sen }\theta) \\ &= |P|\,(\cos\theta + j \text{ sen }\theta) \\ &= |P|\, e^{j\theta} \end{aligned} \tag{5.1}$$

em que $\cos\theta + j \text{ sen }\theta = e^{j\theta}$ é a fórmula (ou identidade) de Euler. O número complexo escrito como na equação (5.1) é conhecido como forma exponencial do número complexo e pode ser usado para expressar as funções cosseno e seno. A função cosseno é a parte real da função exponencial e a função seno, a parte imaginária da função exponencial; ou seja,

$$\cos\theta = Re(e^{j\theta})$$

e

$$\text{sen}\theta = Im(e^{j\theta})$$

Em resumo, um ponto $P$ no plano retangular (plano $x$-$y$) pode ser descrito como um vetor ou como um número complexo:

$\vec{P} = P_x\ \vec{i} + P_y\ \vec{j}$ ······forma vetorial
$P = P_x + j\,P_y$ ·········número complexo na forma retangular
$P = |P|\ \angle\theta$ ··········· número complexo na forma polar
$P = |P|\ \ e^{j\theta}$ ··········· número complexo na forma exponencial

## 5.3 IMPEDÂNCIA DE *R*, *L* E *C* COMO UM NÚMERO COMPLEXO

### 5.3.1 Impedância de um Resistor *R*

A impedância do resistor mostrado na Fig. 5.2 pode ser escrita como $Z_R = R\ \Omega$, sendo $R$ a resistência em ohms ($\Omega$). Para $R = 100\ \Omega$, a impedância do resistor pode ser escrita como um número complexo nas formas retangular e polar como:

$$
\begin{aligned}
Z_R &= R \ \Omega \\
&= 100 \ \Omega \\
&= 100 + j\,0 \ \Omega \\
&= 100 \ \angle 0° \Omega \\
&= 100 \ e^{j\,0°} \Omega.
\end{aligned}
$$

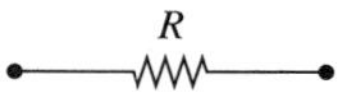

Figura 5.2 Um resistor.

### 5.3.2 Impedância de um Indutor *L*

A impedância do indutor mostrado na Fig. 5.3 pode ser escrita como $Z_L = j\omega L\ \Omega$, sendo $L$ a indutância em henrys (H) e $\omega = 2\pi f$, a frequência angular em rad/s ($f$ é a frequência linear ou frequência em hertz (Hz)). Para $L = 25$ mH e $f = 60$ Hz, a impedância do indutor pode ser escrita como um número complexo nas formas retangular e polar como:

$$
\begin{aligned}
Z_L &= j\,\omega\, L \ \Omega \\
&= j\,(2\,\pi\, 60)\,(0{,}025)\ \Omega \\
&= 0 + j\,9{,}426\ \Omega \\
&= 9{,}426\ \angle 90° \Omega \\
&= 9{,}426\, e^{j\,90°}\, \Omega.
\end{aligned}
$$

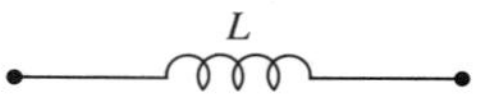

Figura 5.3 Um indutor.

### 5.3.3 Impedância de um Capacitor *C*

A impedância do capacitor mostrado na Fig. 5.4 pode ser escrita como $Z_C = \frac{1}{j\omega C}\,\Omega$, sem que $C$ é a capacitância em farads (F) e $\omega$, a frequência angular em rad/s. Para $C = 20\,\mu$C e $f = 60$ Hz, a impedância do capacitor pode ser escrita como um número complexo nas formas retangular e polar como:

$$
\begin{aligned}
Z_C &= \frac{1}{j\,\omega\, C}\ \Omega \\
&= 0 + \frac{1}{j\,(120\,\pi)\,(20 * 10^{-6})}\ \Omega \\
&= 0 + \frac{132{,}6}{j}\ \Omega \\
&= 0 + \frac{132{,}6}{j}\,(\frac{j}{j})\ \Omega \\
&= 0 + \frac{132{,}6\, j}{j^2}\ \Omega \\
&= 0 - 132{,}6\, j\ \Omega
\end{aligned}
$$

em que $j^2 = (\sqrt{-1})^2 = -1$. A impedância do capacitor também pode ser escrita nas formas polar e exponencial como:

$$\begin{aligned} Z_C &= 132{,}6 \angle{-90°}\,\Omega \\ &= 132{,}6\, e^{-j\,90°}\,\Omega. \end{aligned}$$

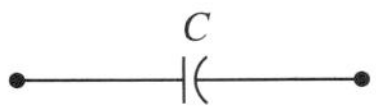

**Figura 5.4** Um capacitor.

## 5.4 IMPEDÂNCIA DE UM CIRCUITO RLC SÉRIE

A impedância total do circuito RLC série mostrado na Fig. 5.5 é dada por:

$$Z_T = Z_R + Z_L + Z_C \tag{5.2}$$

em que $Z_R = R\,\Omega$, $Z_L = j\omega L\,\Omega$ e $Z_C = \frac{1}{j\omega C}\,\Omega$.

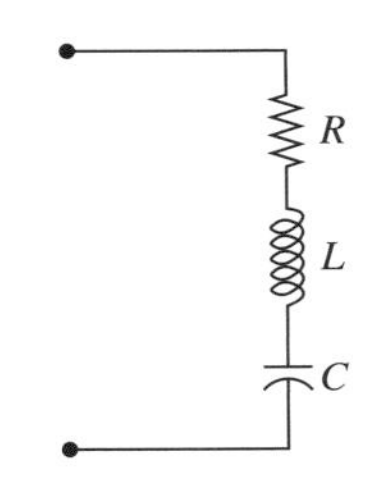


**Figura 5.5** Circuito RLC série.

Para os valores $R = 100\,\Omega$, $L = 25$ mH, $C = 20\,\mu$F e $\omega = 120\pi$ rad/s, as impedâncias de $R$, $L$ e $C$ foram calculadas na Seção 5.3 como:

$$\begin{aligned} Z_R &= 100 + j\,0\,\Omega \\ Z_L &= 0 + j\,9{,}426\,\Omega \\ Z_C &= 0 - j\,132{,}6\,\Omega. \end{aligned}$$

Como $Z_T = Z_R + Z_L + Z_C$, a impedância total do circuito RLC série pode ser calculada como:

$$\begin{aligned} Z_T &= (100 + j\,0) + (0 + j\,9{,}426) + (0 - j\,132{,}6)\,\Omega \\ &= (100 + 0 + 0) + j\,(0 + 9{,}426 + (-132{,}6))\,\Omega \\ &= 100 - j\,123{,}174\,\Omega. \end{aligned}$$

Portanto, na forma retangular, a impedância total do circuito RLC série mostrado na Fig. 5.5 é $Z_T = 100 - j\,123{,}174\,\Omega$. As formas polar e exponencial da impedância total podem ser calculadas da forma retangular como:

**Forma Polar:** $Z_T = |Z_T| \angle\theta$, em que

$$\begin{aligned} |Z_T| &= \sqrt{100^2 + (-123{,}174)^2} \\ &= 158{,}7\,\Omega \\ \theta &= \text{atg2}(-123{,}174,\ 100) \\ &= -50{,}93°. \end{aligned}$$

Logo, $Z_T = 158{,}7\ \angle{-50{,}93°}$.

**Forma Exponencial:** $Z_T = |Z_T|\, e^{j\theta} = 158{,}7\ e^{-j50{,}93°}\Omega$.

**Nota:** Adição e subtração de números complexos são feitas mais facilmente na forma retangular. Números complexos dados nas formas polar e exponencial devem ser convertidos à forma retangular antes efetuar adição e/ou subtração dos mesmos. Contudo, caso os resultados devam ser dados na forma polar ou exponencial, a conversão da forma retangular à forma polar ou exponencial é feita como último passo.

Em resumo, adição e subtração de números complexos podem ser efetuadas de acordo com os seguintes passos:

**Adição de Dois Números Complexos:** A adição de dois números complexos $Z_1 = a_1 + j\,b_1$ e $Z_2 = a_2 + j\,b_2$ pode ser feita da seguinte forma:

$$\begin{aligned} Z &= Z_1 + Z_2 \\ &= (a_1 + j\,b_1) + (a_2 + j\,b_2) \\ &= (a_1 + a_2) + j\,(b_1 + b_2) \\ &= a + j\,b. \end{aligned}$$

Ou seja, a parte real, $a$, da adição dos números complexos, $Z$, é obtida somando as partes reais dos dois números complexos na adição; a parte imaginária da adição dos números complexos é obtida somando as partes imaginárias dos dois números complexos na adição.

**Subtração de Dois Números Complexos:** De modo similar, a subtração dos dois números complexos $Z_1$ e $Z_2$ pode ser feita da seguinte forma:

$$\begin{aligned} Z &= Z_1 - Z_2 \\ &= (a_1 + j\,b_1) - (a_2 + j\,b_2) \\ &= (a_1 - a_2) + j\,(b_1 - b_2) \\ &= c + j\,d. \end{aligned}$$

Ou seja, a parte real, $c$, da subtração dos dois números complexos $Z_1$ e $Z_2$ ($Z_1 - Z_2$) é obtida subtraindo a parte real $a_2$ do número complexo $Z_2$ da parte real $a_1$ do número complexo $Z_1$. Da mesma forma, a parte imaginária da subtração dos dois números complexos, $Z_1 - Z_2$, é obtida subtraindo a parte imaginária $b_2$ do número complexo $Z_2$ da parte imaginária $b_1$ do número complexo $Z_1$.

## 5.5 IMPEDÂNCIA DE *R* E *L* CONECTADOS EM PARALELO

A impedância total $Z$ de um resistor $R$ conectado em paralelo com um indutor $L$, como mostrado na Fig. 5.6, é dada por:

$$\mathbf{Z} = \frac{\mathbf{Z}_R\,\mathbf{Z}_L}{\mathbf{Z}_R + \mathbf{Z}_L}$$

em que $Z_R = R\ \Omega$ e $Z_L = j\omega L\ \Omega$.

Para $R = 100\ \Omega$, $L = 25$ mH e $\omega = 120\pi$ rad/s, as impedâncias de $R$ e $L$ foram calculadas na Seção 5.3 como:

$$\begin{aligned} Z_R &= 100 + j\,0\ \ \Omega \\ &= 100\ \ e^{j0°}\Omega \\ Z_L &= 0\ +\ j\,9{,}426\ \Omega \\ &= 9{,}426\ \ e^{j90°}\Omega. \end{aligned}$$

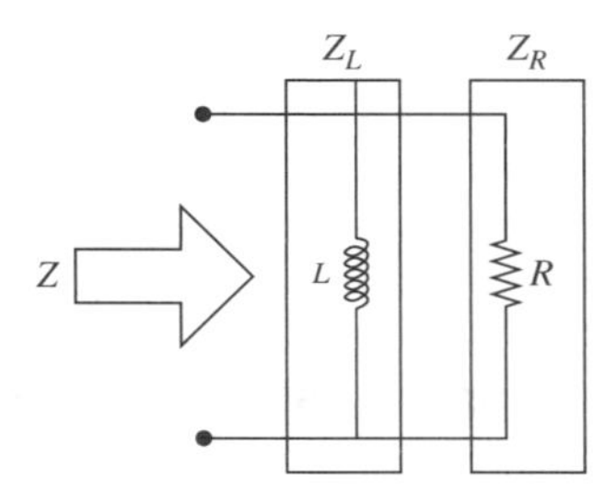


**Figura 5.6** Circuito RL paralelo.

Como $Z = \dfrac{Z_R Z_L}{Z_R + Z_L}$, a impedância total de $R$ conectado em paralelo com $L$ pode ser calculada como:

$$\begin{aligned} Z_T &= \frac{(100\ e^{j0^\circ})(9{,}426\ e^{j90^\circ})}{(100 + j\,0) + (0\ +\ j\,9{,}426)} \\ &= \frac{942{,}6\ e^{j90^\circ}}{100\ +\ j\,9{,}426} \\ &= \frac{942{,}6\ e^{j90^\circ}}{100{,}443\ e^{j5{,}384^\circ}} \\ &= 9{,}384\ e^{j84{,}62^\circ} \\ &= 9{,}384\ \angle 84{,}62^\circ. \end{aligned}$$

Portanto, na forma polar, a impedância total de um resistor de 100 Ω conectado em paralelo com um indutor de 25 mH é $Z = 9{,}384\ \angle 84{,}62^\circ$. A forma retangular da impedância total pode ser obtida da forma polar como:

$$\begin{aligned} Z &= 9{,}384\cos(84{,}62^\circ) + j\,9{,}384\ \text{sen}(84{,}62^\circ) \\ &= 0{,}88 + j\,9{,}34\ \Omega \end{aligned}$$

Logo, $Z = 0{,}88 + j\,9{,}34\ \Omega$.

Notemos que multiplicação e divisão de números complexos podem ser efetuadas nas formas retangular e polar. Contudo, mostraremos na Seção 5.7 que é melhor efetuar essas operações na forma polar. Números complexos dados na forma retangular devem ser convertidos à forma polar, sendo o resultado da multiplicação ou divisão obtido na forma polar. Caso o resultado deva ser dado na forma retangular, a conversão da forma polar à forma retangular é feita como último passo. A seguir, explicamos os passos para multiplicação e divisão de números complexos na forma polar.

**Multiplicação de Números Complexos na Forma Polar:** A multiplicação de dois números complexos $Z_1 = M_1\ \angle\theta_1$ e $Z_2 = M_2\ \angle\theta_2$ pode ser efetuada como:

$$\begin{aligned} Z &= Z_1 * Z_2 \\ &= M_1\ \angle\theta_1\ *\ M_2\ \angle\theta_2 \\ &= M_1\ e^{j\angle\theta_1}\ *\ M_2\ e^{j\angle\theta_2} \\ &= (M_1\, M_2)\ e^{j\angle(\theta_1+\theta_2)} \\ &= (M_1\, M_2)\ \angle(\theta_1 + \theta_2) \\ &= |Z|\ \angle\theta. \end{aligned}$$

Portanto, a magnitude $|Z|$ da multiplicação de números complexos dados na forma polar é obtida multiplicando as magnitudes dos números complexos na multiplicação; a fase (ângulo) $\angle\theta$ do resultado é a soma das fases dos números complexos sendo multiplicados. Notemos que este procedimento não é restrito à multiplicação de apenas dois números complexos, podendo ser usado na multiplicação de uma quantidade qualquer de números complexos.

**Divisão de Números Complexos na Forma Polar:** A divisão dos números complexos $Z_1$ e $Z_2$, dados na forma polar, pode ser efetuada como:

$$
\begin{aligned}
Z &= \frac{Z_1}{Z_2} \\
&= \frac{M_1 \angle\theta_1}{M_2 \angle\theta_2} \\
&= \frac{M_1 \, e^{j\angle\theta_1}}{M_2 \, e^{j\angle\theta_2}} \\
&= \frac{M_1}{M_2} \; e^{j(\angle(\theta_1 - \theta_2))} \\
&= \frac{M_1}{M_2} \; \angle(\theta_1 - \theta_2) \\
&= |Z| \angle\theta.
\end{aligned}
$$

Ou seja, a magnitude $|Z|$ da divisão de números complexos dados na forma polar é obtida dividindo a magnitude do número complexo dividendo $Z_1$ pela magnitude do número complexo divisor $Z_2$. A fase (ângulo) $\angle\theta$ do resultado é obtida subtraindo a fase número complexo divisor $Z_2$ da fase número complexo dividendo $Z_1$. Notemos que, se o dividendo ou divisor for o produto de números complexos, o produto de todos os números complexos dividendos ou divisores deve ser efetuado antecipadamente; depois, é efetuada a divisão dos dois números complexos.

## 5.6 CORRENTE NA ARMADURA DE UM MOTOR DC

O enrolamento do motor elétrico mostrado na Fig. 5.7 tem resistência $R = 10\ \Omega$ e indutância $L = 25$ mH. Com o motor conectado a uma fonte de tensão de 110 V, 60 Hz, como ilustrado, determinemos a corrente $I = \frac{V}{Z}$ que flui no enrolamento do motor, sendo $Z = Z_R + Z_L$ e $V = 110$ V.

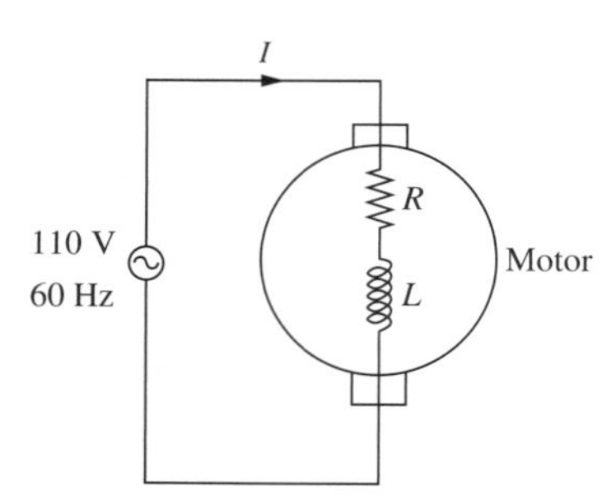


Figura 5.7 Tensão aplicada a um motor.

A impedância total do enrolamento do motor é dada por $Z = Z_R + Z_L$, sendo $Z_R = R = 10 + j\,0\ \Omega$ e $Z_L = j\,\omega L = 0 + j\,9{,}426\ \Omega$. Portanto, $Z = (10 + j\,0) + (0 + j\,9{,}426) = 10 + j9{,}426\ \Omega$; a corrente que flui no enrolamento do motor é calculada como:

$$I = \frac{V}{Z}$$
$$= \frac{110}{10 + j\,9{,}426}$$
$$= \frac{110 + j\,0}{10 + j\,9{,}426}\ \text{A}. \tag{5.3}$$

Como multiplicação e divisão de números complexos são mais facilmente efetuadas na forma exponencial ou na forma polar, a corrente na equação (5.3) será calculada na forma polar/exponencial. Convertendo o numerador e o denominador na equação (5.3) à forma exponencial, temos:

$$I = \frac{110\,e^{j0^\circ}}{\sqrt{10^2 + 9{,}426^2}\ e^{j\ \text{atg2}(9{,}426,10)}}$$
$$= \frac{110\,e^{j0^\circ}}{13{,}74\ e^{j\,43{,}3^\circ}}$$
$$= \frac{110\,e^{j(0^\circ - 43{,}3^\circ)}}{13{,}74}$$
$$= 8{,}01\ e^{-j\,43{,}3^\circ}$$
$$= 8{,}01\ \angle{-43{,}3^\circ}\text{A}. \tag{5.4}$$

Portanto, a corrente que flui no enrolamento do motor é de 8,01 A. O diagrama fasorial (diagrama vetorial) mostrando os vetores de tensão e de corrente é ilustrado na Fig. 5.8. Vemos, na Fig. 5.8, que a corrente está atrasada de 43,3° (fase negativa) em relação à tensão. A forma polar da corrente dada na equação (5.4) pode ser convertida à forma retangular como:

$$I = 8{,}01\ e^{-j\,43{,}3^\circ}$$
$$= 8{,}01\,(\cos 43{,}3^\circ - j\,\text{sen}\ 43{,}3^\circ)$$
$$= 5{,}83 - j\,5{,}49\ \ \text{A}.$$

**Nota:** Em geral, $e^{\pm\theta} = \cos\theta \pm j\ \text{sen}\ \theta$ requer $\theta$ em radianos. Contudo, para efeitos da multiplicação e da divisão de números complexos, a conversão a radianos não é necessária.

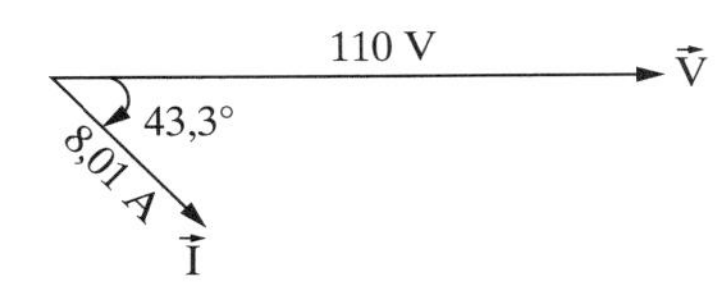


**Figura 5.8** Vetores de corrente e de tensão.

## 5.7 EXEMPLOS ADICIONAIS DE NÚMEROS COMPLEXOS EM CIRCUITOS ELÉTRICOS

**Exemplo 5-1**

Uma corrente $I$ flui no circuito RL mostrado na Fig. 5.9 e produz uma tensão $V = I\,Z$, em que $Z = R + j\,X_L$. Determinemos $V$ para $I = 0{,}1\ \angle 30^\circ$ A.

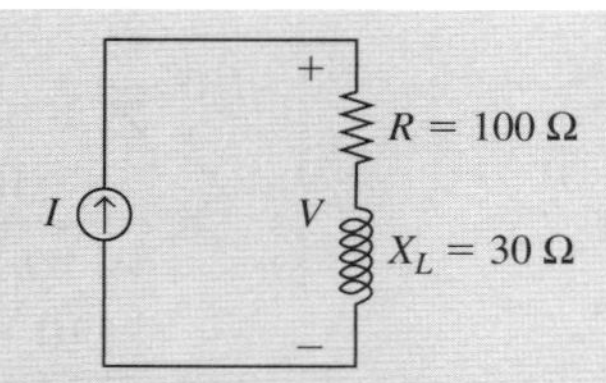


**Figura 5.9** Corrente fluindo em circuito RL.

**Solução** A impedância $Z$ do circuito RL pode ser calculada como:

$$Z = R + j\,X_L\ \Omega$$
$$= 100 + j\,30\ \Omega.$$

A tensão $V = I\,Z = (0{,}1\ \angle 30°)(100 + j\,30)$ V será calculada multiplicando os dois números complexos usando as formas retangular e polar/exponencial para ilustrar a maior facilidade da multiplicação de números complexos usando a forma polar/exponencial.

| **Forma Retangular** | **Forma Polar/Exponencial** |
|---|---|
| $I = 0{,}1\ \angle 30°$ | $I = 0{,}1\ \angle 30° = 0{,}1\ e^{j\,30°}\,\text{A}$ |
| $= 0{,}1\,(\cos 30° + j\,\text{sen}\ 30°)$ | $Z = 100 + j\,30$ |
| $= 0{,}0866 + j\,0{,}05\ \text{A}$ | $= \sqrt{100^2 + 30^2}\ \angle\text{atg2}\,(30, 100)$ |
| $Z = 100 + j\,30\ \ \Omega$ | $= 104{,}4\ \angle 16{,}7° = 104{,}4\ e^{j\,16{,}7°}\,\Omega$ |
| $V = I\,Z$ | $V = I\,Z$ |
| $= (0{,}0866 + j\,0{,}05)(100 + j\,30)$ | $= (0{,}1\ e^{j\,30°})(104{,}4\ e^{j\,16{,}7°})$ |
| $= 8{,}66 + j\,2{,}598 + j\,5 + 1{,}5\,j^2$ | $= (10{,}44)\ e^{j(30° + 16{,}7°)}$ |
| $= 8{,}66 + j\,2{,}598 + j\,5 + 1{,}5\,(-1)$ | $= (10{,}44)\ \angle 46{,}7°\text{V}$ |
| $= 7{,}16 + j\,7{,}598$ | |
| $= 10{,}44\ \angle 46{,}7°\text{V}$ | |

**Exemplo 5-2**

No circuito divisor de tensão mostrado na Fig. 5.10, a impedância do resistor é dada por $Z_1 = R$. A impedância total do indutor e do capacitor conectados em série é dada por $Z_2 = j\,X_L + \frac{1}{j}\,X_C$, com $j = \sqrt{-1}$. Para $R = 10$, $X_L = 10$ e $X_C = 20$, todos expressos em ohms:

(a) Expressemos as impedâncias $Z_1$ e $Z_2$ nas formas retangular e polar.

(b) Para uma fonte de tensão $V = 100\sqrt{2}\ \angle 45°$ V, calculemos a tensão $V_1$ dada por:

$$V_1 = \frac{Z_2}{Z_1 + Z_2}\ \text{V}. \tag{5.5}$$

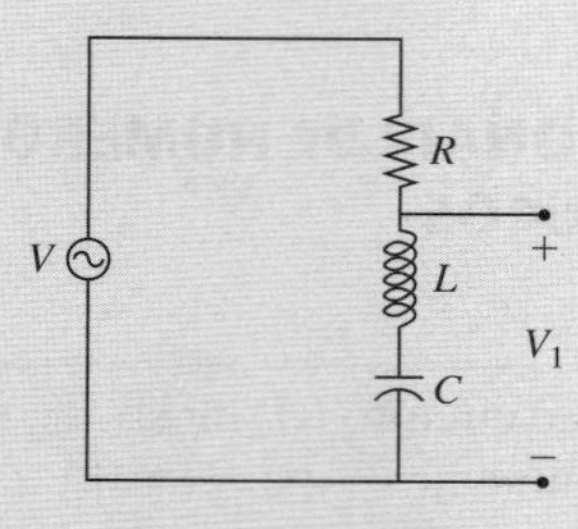


**Figura 5.10** Circuito divisor de tensão para o Exemplo 5-2.

**Solução** (a) A impedância $Z_1$ pode ser escrita na forma retangular como:

$$\begin{aligned} Z_1 &= R \\ &= 10 + j0\ \Omega. \end{aligned}$$

A impedância $Z_1$ pode ser escrita na forma polar como:

$$\begin{aligned} Z_1 &= \sqrt{10^2 + 0^2}\ \angle \text{atg2}(0, 10) \\ &= 10\ \angle 0°\Omega. \end{aligned}$$

A impedância $Z_2$ pode ser escrita na forma retangular como:

$$\begin{aligned} Z_2 &= j X_L + \frac{1}{j} X_C \\ &= j\,10 + \frac{1}{j}\ 20\ \left(\frac{j}{j}\right) \\ &= j\,10 - j\,20 \\ &= -j\,10 \\ &= 0 - j\,10\ \Omega. \end{aligned}$$

A impedância $Z_2$ pode ser escrita na forma polar como:

$$\begin{aligned} Z_2 &= \sqrt{0^2 + (-10)^2}\ \angle \text{atg2}(-10, 0) \\ &= 10\ \angle{-90°}\Omega. \end{aligned}$$

(b)

$$\begin{aligned} V_1 &= \frac{Z_2}{Z_1 + Z_2} V \\ &= \left(\frac{10\ \angle{-90°}}{(10 + j0) + (0 - j\,10)}\right)(100\ \sqrt{2}\ \angle 45°) \\ &= \left(\frac{10\ \angle{-90°}}{10 - j\,10}\right)(100\ \sqrt{2}\ \angle 45°) \\ &= \left(\frac{10\ \angle{-90°}}{10\ \sqrt{2}\ \angle{-45°}}\right)(100\ \sqrt{2}\ \angle 45°) \\ &= \left(\frac{1}{\sqrt{2}}\ \angle{-45°}\right)(100\ \sqrt{2}\ \angle 45°) \\ &= 100\ \angle 0° \text{V} \\ &= 100 + j0\text{V}. \end{aligned}$$

**Exemplo 5-3** No circuito mostrado na Fig. 5.11, a impedância dos vários componentes são $Z_R = R$, $Z_L = j\,X_L$ e $Z_C = \frac{1}{j} X_C$, com $j = \sqrt{-1}$. Para $R = 10$, $X_L = 10$ e $X_C = 10$, todos expressos em ohms:

(a) Expressemos a impedância total $Z = Z_C + \frac{Z_R Z_L}{Z_R + Z_L}$ nas formas retangular e polar.

(b) Para uma tensão $V = 50\sqrt{2}\ \angle 45°$ V aplicada ao circuito mostrado na Fig. 5.11, determinemos a corrente $I$ que flui no circuito, sendo $I$ dada por:

$$I = \frac{V}{Z} \tag{5.6}$$

**Solução** (a) A impedância $Z_R$ pode ser escrita nas formas retangular e polar como:

$$\begin{aligned} Z_R &= R \\ &= 10 + j0\ \Omega \\ &= 10\angle 0°\Omega. \end{aligned}$$

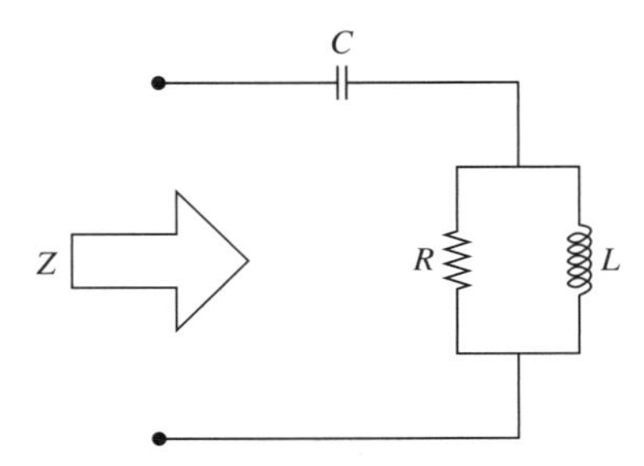


**Figura 5.11** Impedância total do circuito para o Exemplo 5-3.

A impedância $Z_L$ pode ser escrita nas formas retangular e polar como:

$$\begin{aligned} Z_L &= jX_L \\ &= 0 + j10\ \Omega \\ &= 10\angle 90°\Omega. \end{aligned}$$

A impedância $Z_C$ pode ser escrita nas formas retangular e polar como:

$$\begin{aligned} Z_C &= \frac{1}{j}X_C \\ &= -jX_C \\ &= 0 - j10\ \Omega \\ &= 10\angle -90°\Omega. \end{aligned}$$

A impedância total pode, agora, ser calculada como:

$$\begin{aligned} Z &= Z_C + \frac{Z_R Z_L}{Z_R + Z_L} \\ &= 0 - j10 + \frac{(10\angle 0°)(10\angle 90°)}{(10 + j0) + (0 + j10)} \\ &= 0 - j10 + \frac{100\angle 90°}{(10 + j10)} \\ &= 0 - j10 + \frac{100\angle 90°}{10\sqrt{2}\angle 45°} \end{aligned}$$

$$= 0 - j\,10 + 5\sqrt{2}\angle 45°$$
$$= 0 - j\,10 + 5 + j\,5$$
$$= 5 - j\,5\ \Omega$$
$$= 5\sqrt{2}\angle{-45°}\Omega.$$

(b)

$$I = \frac{V}{Z}$$
$$= \frac{50\sqrt{2}\angle 45°}{5\sqrt{2}\angle{-45°}}$$
$$= 10\angle 90°\,\text{A}$$
$$= 0 + j\,10\ \text{A}.$$

**Exemplo 5-4** Uma fonte de tensão senoidal $v_s = 100\cos(100\,t + 45°)$ V é aplicada a um circuito RLC série. Escrevamos a tensão $v_s$ da fonte na forma exponencial.

**Solução** Como $\cos(\theta) = Re(e^{j\theta})$, a tensão $v_s$ da fonte pode ser escrita na forma exponencial como:

$$v_s = Re(100\,e^{j(100\,t + 45°)})\text{V}.$$

**Exemplo 5-5** Uma fonte de corrente senoidal $i_s = 100\,\text{sen}(120\pi\,t + 60°)$ mA é aplicada a um circuito RL paralelo. Escrevamos a corrente $i_s$ da fonte na forma exponencial.

**Solução** Como $\text{sen}(\theta) = Im(e^{j\theta})$, a corrente $i_s$ da fonte pode ser escrita na forma exponencial como:

$$i_s = Im(100\,e^{j(120\,\pi\,t + 60°)})\text{mA}.$$

## 5.8 COMPLEXO CONJUGADO

O complexo conjugado de um número complexo $z = a + j\,b$ é definido como:

$$z^* = a - j\,b.$$

A multiplicação de um número complexo por seu conjugado resulta em um número real que é o quadrado da magnitude do número complexo:

$$z\,z^* = (a + j\,(b)(a - j\,(b)$$
$$= a^2 - j\,a\,b\, + j\,a\,b - j^2\,b^2$$
$$= a^2 - (-1)\,b^2$$
$$= a^2 + b^2.$$

Também,

$$|z|^2 = (\sqrt{a^2 + b^2})^2$$
$$= a^2 + b^2.$$

Portanto, $z\, z^* = |z|^2 = a^2 + b^2$.

**Exemplo 5-6** Para $z = 3 + j\,4$, calculemos $z\, z^*$ usando as formas retangular e polar.

**Solução** O conjugado do número complexo $z = 3 + j\,4$ é dado por

$$z^* = 3 - j\,4.$$

Calculando $z\, z^*$ usando a forma retangular, temos:

$$z\, z^* = (3 + j\,4)(3 - j\,4)$$
$$= 3^2 - j\,(3)(4) + j\,(3)(4) - j^2\, 4^2$$
$$= 3^2 - (-1)\, 4^2$$
$$= 3^2 + 4^2$$
$$= 25.$$

Logo, $z\, z^* = 25$. Nota: $|z|^2 = \left(\sqrt{3^2 + 4^2}\right)^2 = 25$. Agora, usando a forma polar para calcular $z\, z^*$, obtemos:

$$z = 3 + j\,4$$
$$z = \sqrt{3^2 + 4^2}\ \angle \text{atg2}(4,\ 3)$$
$$z = 5\ \angle 53{,}1^\circ$$
$$z^* = 3 - j\,4$$
$$z^* = \sqrt{3^2 + (-4)^2}\ \angle \text{atg2}(-4,\ 3)$$
$$z^* = 5\ \angle -53{,}1^\circ$$
$$z\, z^* = (5\ \angle 53{,}1^\circ)(5\ \angle -53{,}1^\circ)$$
$$= (5)(5) \angle (53{,}1^\circ - 53{,}1^\circ)$$
$$= 25\ \angle 0^\circ$$
$$= 25.$$

Logo, $z\, z^* = 25$. Notemos que o complexo conjugado de um número complexo na forma polar tem a mesma magnitude que o número complexo, mas a fase do complexo conjugado é o negativo da fase do número complexo.

## EXERCÍCIOS

**5-1** No circuito RL série mostrado na Fig. E5.1, a tensão $V_L$ está adiantada de 90° em relação à tensão $V_R$ (ou seja, se a fase de $V_R$ for 0°, a de $V_L$ será 90°). Para $V_R = 1 \angle 0°$ V e $V_L = 1 \angle 90°$ V,

(a) Escreva $V_R$ e $V_L$ na forma retangular.

(b) Determine $V = V_R + V_L$ nas formas retangular e polar.

(c) Escreva as partes real e imaginária de $V$.

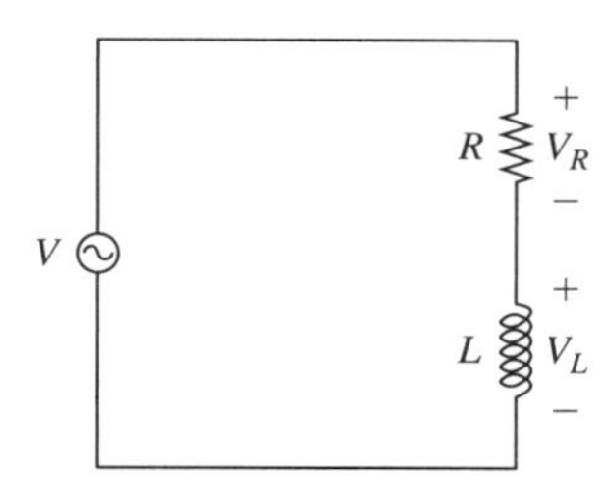


**Figura E5.1** Circuito RL série para o Exercício 5-1.

**5-2** Refaça o Exercício 5-1 para $V_R = 10 \angle -45°$ V e $V_L = 5 \angle 45°$ V.

**5-3** Refaça o Exercício 5-1 para $V_R = 9 \angle -26{,}6°$ V e $V_L = 4{,}5 \angle 63{,}4°$ V.

**5-4** No circuito RC mostrado na Fig. E5.4, a tensão $V_C$ está atrasada de 90° em relação à tensão $V_R$ (ou seja, se a fase de $V_R$ for 0°, a de $V_L$ será −90°). Para $V_R = 1 \angle 0°$ V e $V_C = 1 \angle -90°$ V,

(a) Escreva $V_R$ e $V_C$ na forma retangular.

(b) Determine $V = V_R + V_C$ nas formas retangular e polar.

(c) Escreva as partes real e imaginária de $V$.

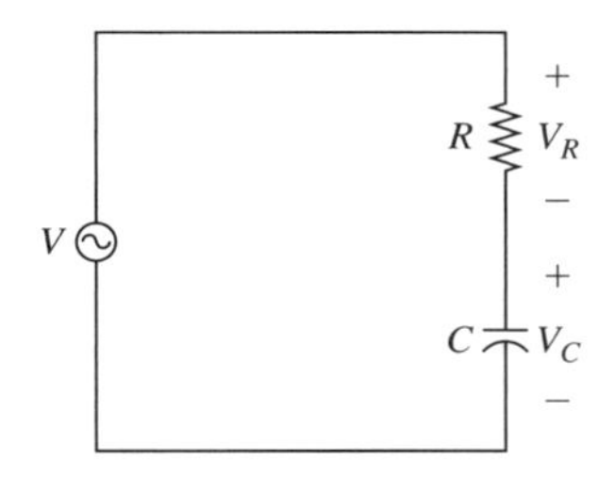


**Figura E5.4** Circuito RC para o Exercício 5-4.

**5-5** Refaça o Exercício 5-4 para $V_R = 9{,}5 \angle 18{,}44°$ V e $V_C = 3{,}16 \angle -71{,}56°$ V.

**5-6** Refaça o Exercício 5-4 para $V_R = 10 \angle 60°$ V e $V_C = 17{,}32 \angle -30°$ V.

**5-7** No circuito RL paralelo mostrado na Fig. E5.7, a corrente total $I$ é a soma das correntes que fluem no resistor ($I_R$) e no indutor ($I_L$). Para $I_R = 100 \angle 0°$ mA e $I_L = 200 \angle -90°$ mA,

(a) Escreva $I_R$ e $I_L$ na forma retangular.

(b) Determine $I = I_R + I_L$ nas formas retangular e polar.

(c) Escreva as partes real e imaginária de $I$.

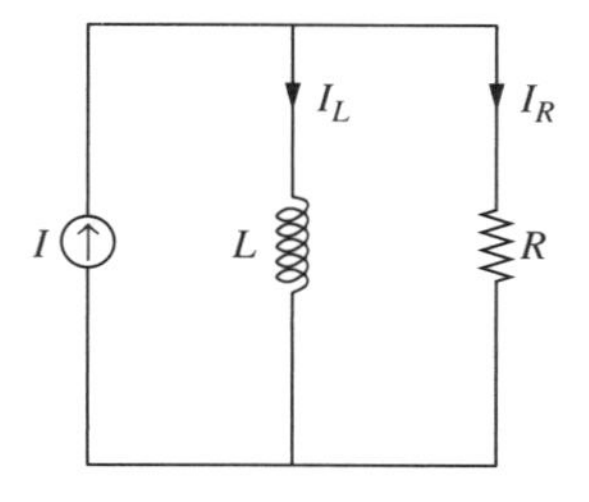


**Figura E5.7** Circuito RL paralelo para o Exercício 5-7.

**5-8** Refaça o Exercício 5-7 para $I_R = 0{,}707 \angle 45°$ A e $I_L = 0{,}707 \angle -45°$ A.

**5-9** Refaça o Exercício 5-7 para $I_R = 86{,}6 \angle 30°$ μA e $I_L = 50 \angle -60°$ μA.

**5-10** No circuito RC paralelo mostrado na Fig. E5.10, a corrente total $I$ é a soma das correntes que fluem no resistor ($I_R$) e no capacitor ($I_C$). Para $I_R = 83{,}2 \angle -33{,}7°$ mA e $I_C = 55{,}5 \angle 56{,}3°$ mA,

(a) Escreva $I_R$ e $I_C$ na forma retangular.

(b) Determine $I = I_R + I_C$ nas formas retangular e polar.

(c) Escreva as partes real e imaginária de $I$.

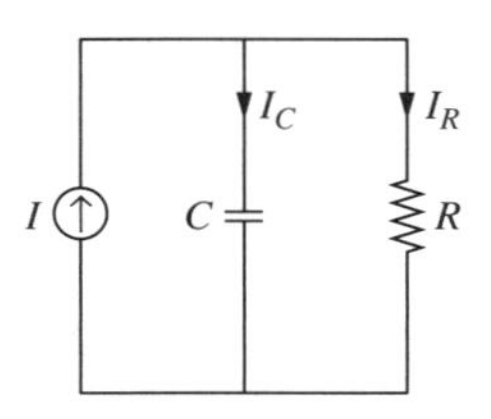


**Figura E5.10** Circuito RC paralelo para o Exercício 5-10.

**5-11** Refaça o Exercício 5-10 para $I_R = 0{,}5 \angle 0°$ mA e $I_C = 0{,}2 \angle 90°$ mA.

**5-12** Refaça o Exercício 5-10 para $I_R = 0{,}929 \angle -21{,}8°$ A e $I_C = 0{,}37 \angle 68{,}2°$ A.

**5-13** A tensão de saída no capacitor de um circuito RLC é medida em um osciloscópio como

$v_o(t) = 15 \cos(120\pi\, t - 60°)$ V. Escreva a tensão $v_o(t)$ na forma exponencial.

**5-14** A corrente que flui no resistor de um circuito RL paralelo é dada por $i_R(t) = 5$ sen$(5\pi\, t + 30°)$ mA. Escreva a corrente $i_R(t)$ na forma exponencial.

**5-15** Um resistor, um capacitor e um indutor são conectados em série como indicado na Fig. E5.15. A impedância total do circuito é $\boldsymbol{Z} = \boldsymbol{Z_R} + \boldsymbol{Z_L} + \boldsymbol{Z_C}$, em que $Z_R = R\ \Omega$, $Z_L = j\omega L\ \Omega$ e $Z_C = \frac{1}{j\omega C}\ \Omega$. Para $R = 100\ \Omega$, $L = 500$ mH, $C = 25\ \mu$F e $\omega = 120\ \pi$ rad/s,

(a) Determine a impedância total $Z$ na forma retangular.

(b) Determine a impedância total $Z$ na forma polar.

(c) Determine o complexo conjugado $Z^*$ e calcule o produto $Z\,Z^*$.

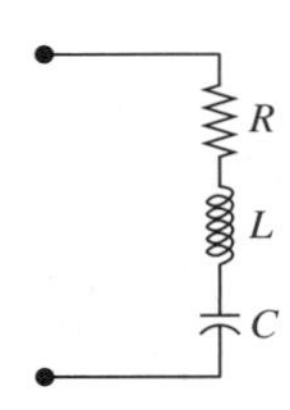


**Figura E5.15** Circuito RLC para o Exercício 5.15.

**5-16** Dois elementos de circuito são conectados em série como mostrado na Fig. E5.16. A impedância do primeiro elemento de circuito é $Z_1 = R_1 + j\,X_{L1}$. A impedância do segundo elemento de circuito é $Z_2 = R_2 + j\,X_{L2}$. Sejam $R_1 = 10\ \Omega$, $R_2 = 5\ \Omega$, $X_{L1} = 25\ \Omega$ e $X_{L2} = 15\ \Omega$.

(a) Determine a impedância total $Z = Z_1 + Z_2$.

(b) Determine a magnitude e a fase da impedância total; em outras palavras, calcule $Z = |Z|\ \angle\theta$.

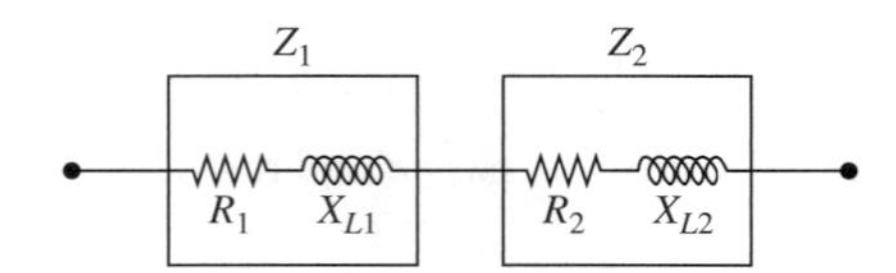


**Figura E5.16** Dois elementos de circuito em série para o Exercício 5-16.

**5-17** Um circuito RC é conectado a uma fonte de tensão alternada $V$ como mostrado na Fig. E5.17. A relação entre tensão e corrente é $V = I\,Z$, em que $Z = R - j\,X_C$. Para $R = 4\ \Omega$ e $X_C = 2\ \Omega$,

(a) Determine $I$ para $V = 120\ \angle 30°$ V.

(b) Determine $V$ para $I = 7{,}0\ \angle 45°$ A.

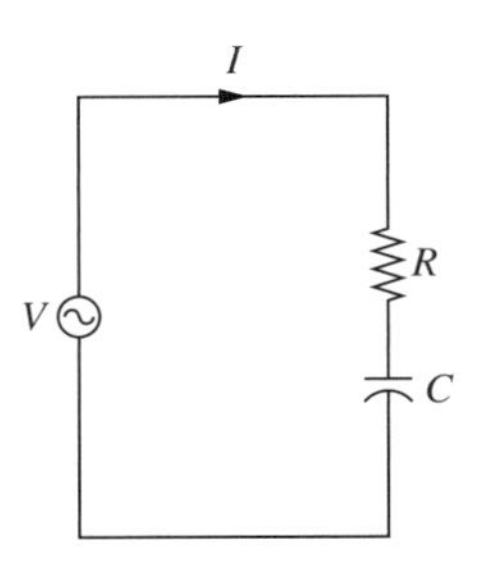


**Figura E5.17** Circuito RC conectado a uma fonte de tensão alternada para o Exercício 5-17.

**5-18** Um circuito elétrico série-paralelo consiste nos componentes mostrados na Fig. E5.18. As impedâncias dos dois componentes são $Z_1 = \frac{-j}{\omega C}$ e $Z_2 = R + j\,\omega\,L$, em que $C = 5\ \mu$F, $R = 100\ \Omega$, $L = 0{,}15$ H, $\omega = 120\pi$ rad/s e $j = \sqrt{-1}$.

(a) Escreva $Z_1$ e $Z_2$ como números complexos nas formas retangular e polar.

(b) Escreva o complexo conjugado de $Z_2$ e calcule o produto $Z_2^*$.

(c) Calcule a impedância total do circuito, $Z = \frac{Z_1 Z_2}{Z_1 + Z_2}$. Escreva a impedância total nas formas retangular e polar.

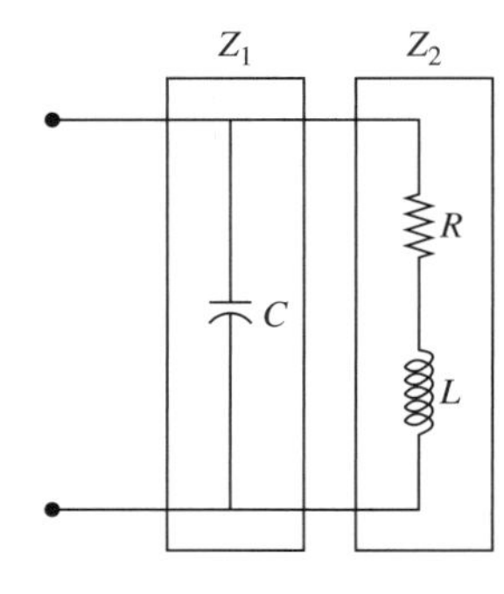


**Figura E5.18** Impedância de combinação série-paralelo de elementos de circuito para o Exercício 5-18.

**5-19** O circuito mostrado na Fig. E5.19 consiste em um resistor $R$, um indutor $L$ e um capacitor $C$. A impedância do resistor é $Z_1 = R\ \Omega$, a impedância do indutor é $Z_2 = j\,\omega\,L\ \Omega$ e a impedância do capacitor, $Z_3 = \frac{1}{j\omega C} C\ \Omega$, com $j = \sqrt{-1}$. Para $R = 100\ \Omega$, $L = 15$ mH, $C = 25\ \mu$F e $\omega = 120\pi$ rad/s,

(a) Calcule a grandeza $Z_2 + Z_3$ e expresse o resultado nas formas retangular e polar.

(b) Calcule a grandeza $Z_1 + Z_2 + Z_3$ e expresse o resultado nas formas retangular e polar.

(c) Calcule a função de transferência $H = \frac{Z_2 + Z_3}{Z_1 + Z_2 + Z_3}$ e expresse o resultado nas formas retangular e polar.

(d) Determine o complexo conjugado de $H$ e calcule o produto $H\,H^*$.

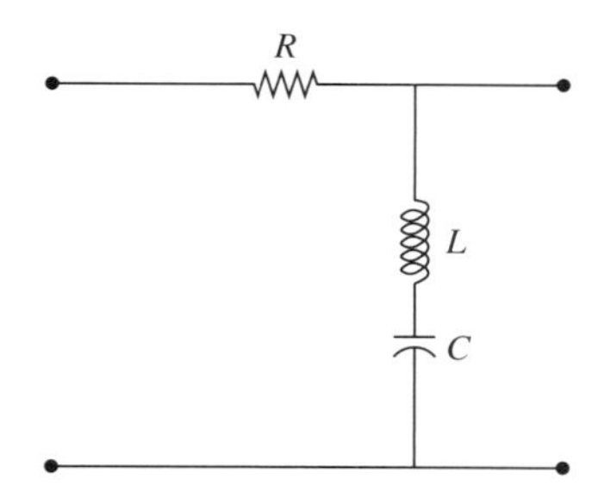


**Figura E5.19** Função de transferência de um circuito série-paralelo para o Exercício 5-19.

**5-20** Um circuito consiste em dois componentes, como mostrado na Fig. E5.20. As impedâncias dos dois componentes são $Z_1 = R_1 + j\,X_L$ e $Z_2 = R_2 - j\,X_C$, com $R_1 = 75\ \Omega$, $X_L = 100\ \Omega$, $R_2 = 50\ \Omega$ e $X_C = 125\ \Omega$.

(a) Escreva $Z_1$ e $Z_2$ como números complexos nas formas retangular e polar.

(b) Determine o complexo conjugado de $Z_2$ e calcule o produto $Z_2^*$.

(c) Calcule a impedância total dos dois componentes, $Z = \frac{Z_1 Z_2}{Z_1 + Z_2}$, e expresse o resultado nas formas retangular e polar.

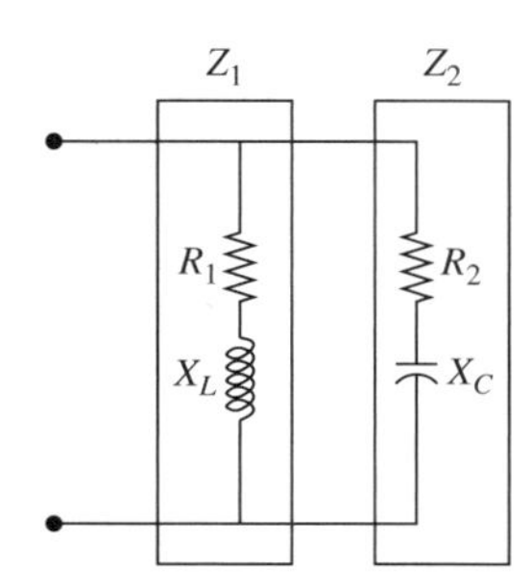


**Figura E5.20** Impedância de elementos conectados em paralelo para o Exercício 5-20.

**5-21** Uma fonte de tensão senoidal $V = 110$ V de frequência de 60 Hz ($\omega = 120\,\pi$ rad/s) é aplicada a um circuito RLC como mostrado na Fig. E5.21, na qual $Z_R = R\ \Omega$, $Z_L = j\,\omega\,L\ \Omega$ e $Z_C = \frac{1}{j\omega C}\ \Omega$. Para $R = 100\ \Omega$, $L = \frac{500}{\pi}$ mH, $C = \frac{500}{3\pi}\ \mu$F e $j^2 = -1$,

(a) Escreva $Z_R$, $Z_L$ e $Z_C$ como números complexos nas formas retangular e polar.

(b) Sendo a impedância total $Z = Z_R + Z_L + Z_C$, escreva $Z$ nas formas retangular e polar.

(c) Determine o complexo conjugado de $Z$ e calcule o produto $Z\,Z^*$.

(d) Seja $V_C = \frac{Z_C}{Z_R + Z_L + Z_C}$ V, calcule essa tensão e expresse-a nas formas retangular e polar.

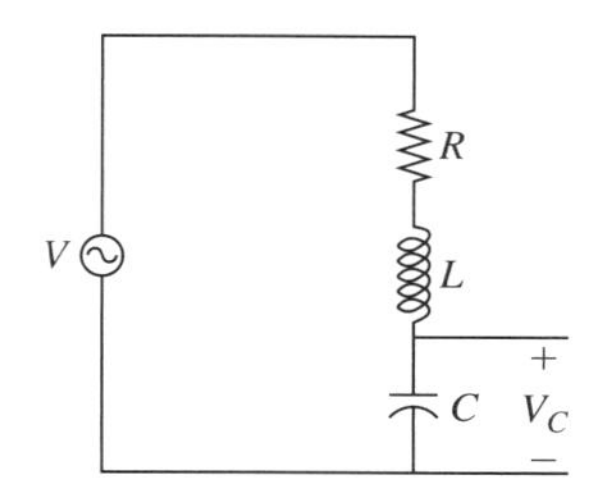


**Figura E5.21** Divisor de tensão para o Exercício 5-21.

**5-22** Uma fonte de tensão senoidal $V = 110\sqrt{2}\ \angle{-23{,}2°}$ V é aplicada ao circuito mostrado na Fig. E5.22, na qual $Z_1 = R_1 - j\,X_C\ \Omega$ e $Z_2 = R_2 + j\,X_L\ \Omega$. A tensão $V_1$ é dada por

$$V_1 = \frac{Z_2}{Z_1 + Z_2}\ \text{V}.$$

Para $R_1 = 50\ \Omega$, $R_2 = 100\ \Omega$, $X_L = 250\ \Omega$ e $X_C = 100\ \Omega$,

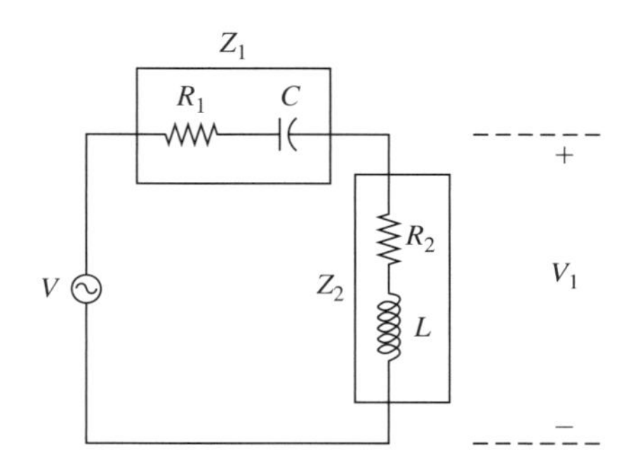


**Figura E5.22** Divisor de tensão para o Exercício 5-22.

(a) Escreva $Z_1$ e $Z_2$ como números complexos na forma polar.

(b) Calcule $V_1$ e expresse o resultado nas formas retangular e polar.

(c) Determine o complexo conjugado de $Z_1$ e calcule o produto $Z_1^*$.

**5-23** Um circuito elétrico consiste em um resistor $R$, um indutor $L$ e um capacitor $C$, conectados como mostrado na Fig. E5.23. A impedância do resistor é $Z_R = R\ \Omega$, a impedância do indutor é $Z_L = j\omega L\ \Omega$ e a impedância do capacitor, $Z_C = \frac{1}{j\omega C}$ C, com $j = \sqrt{-1}$. Para $R = 9\ \Omega$, $L = 3$ mH, $C = 250\ \mu$F e $\omega = 1000$ rad/s,

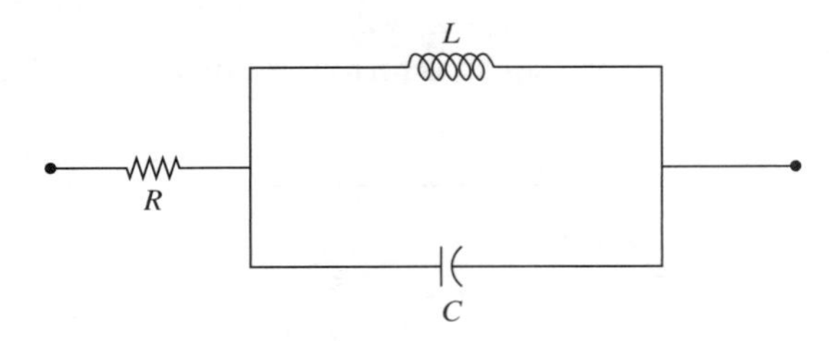


**Figura E5.23** Combinação série-paralelo de $R$, $L$ e $C$ para o Exercício 5-23.

(a) Escreva $Z_R$, $Z_L$ e $Z_C$ como números complexos nas formas retangular e polar.

(b) Calcule a impedância total da combinação em paralelo do indutor e capacitor, dada por $Z_{LC} = \frac{Z_L Z_C}{Z_L + Z_C}$. Expresse o resultado nas formas retangular e polar.

(c) Sabendo que a impedância total do circuito é $Z = Z_R + Z_{LC}$, determine-a e expresse-a nas formas retangular e polar.

(d) Determine o complexo conjugado de $Z$ e calcule o produto $Z\,Z^*$.

**5-24** No circuito mostrado na Fig. E5.24, as impedâncias dos vários componentes são $Z_R = R\ \Omega$, $Z_L = j\,X_L\ \Omega$ e $Z_C = \frac{1}{j}\ X_C$, com $j = \sqrt{-1}$. Para $R = 120\ \Omega$, $X_L = 120\sqrt{3}\ \Omega$ e $X_C = \frac{1}{50\sqrt{3}}\ \Omega$,

(a) Expresse as impedâncias $Z_R$, $Z_L$ e $Z_C$ como números complexos nas formas retangular e polar.

(b) Sabendo que a impedância total do circuito é dada por $Z = Z_C + \frac{Z_R Z_L}{Z_R + Z_L}$, determine-a e expresse-a nas formas retangular e polar.

(c) Determine o complexo conjugado de $Z$ e calcule o produto $Z\,Z^*$.

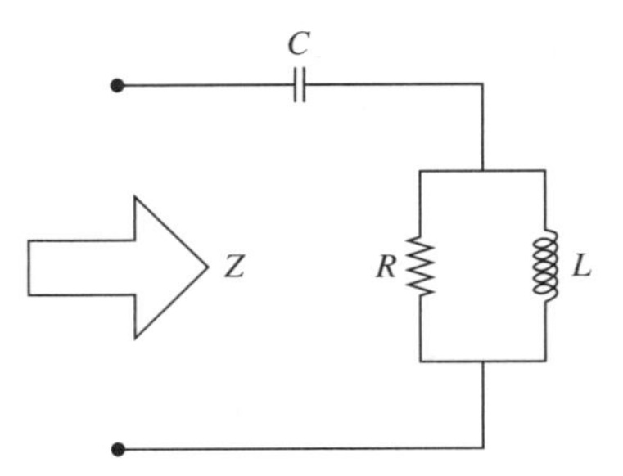


**Figura E5.24** Capacitor conectado em série com combinação de resistor e indutor em paralelo para o Exercício 5-24.

**5-25** No circuito RC mostrado na Fig. E5.25, as impedâncias de $R$ e $C$ são dadas, respectivamente, por $Z_R = R\,\Omega$ e $Z_C = -j\,X_C\,\Omega$, com $j = \sqrt{-1}$. Para $R = 100\ \Omega$ e $X_C = 50\ \Omega$,

(a) Expresse as impedâncias $Z_R$ e $Z_C$ como números complexos nas formas retangular e polar.

(b) Determine a impedância total $Z = Z_R + Z_C$ e expresse-a como número complexo nas formas retangular e polar.

(c) Para $V = 100\ \angle 0°$ V, determine a corrente $I = \frac{V}{Z}$ e expresse-a como número complexo nas formas retangular e polar.

(d) Calculada a corrente na parte (c), obtenha os fasores de tensão $V_R = I\,Z_R$ e $V_C = I\,Z_C$ nas formas retangular e polar.

(e) Mostre que a LTK é satisfeita para o circuito mostrado na Fig. E5.25; em outras palavras, mostre que $V = V_R + V_C$.

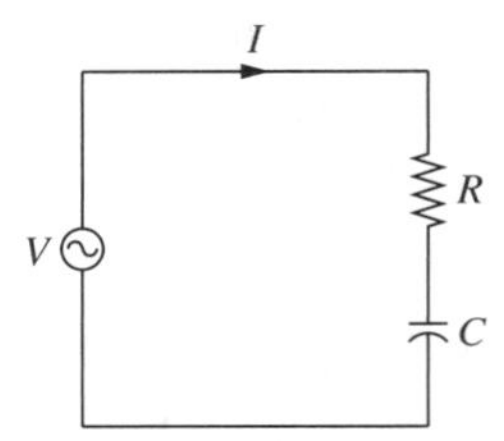


**Figura E5.25** Circuito RC para o Exercício 5-25.

**5-26** No circuito RL mostrado na Fig. E5.26, as impedâncias de $R$ e $L$ são dadas, respectivamente, por $Z_R = R\ \Omega$ e $Z_L = j\ \omega\ L\ \Omega$, com $j = \sqrt{-1}$. Para $R = 100\ \Omega$ e $X_L = 50\ \Omega$,

(a) Expresse as impedâncias $Z_R$ e $Z_L$ como números complexos nas formas retangular e polar.

(b) Determine a impedância total $Z = Z_R + Z_L$ e expresse-a como número complexo nas formas retangular e polar.

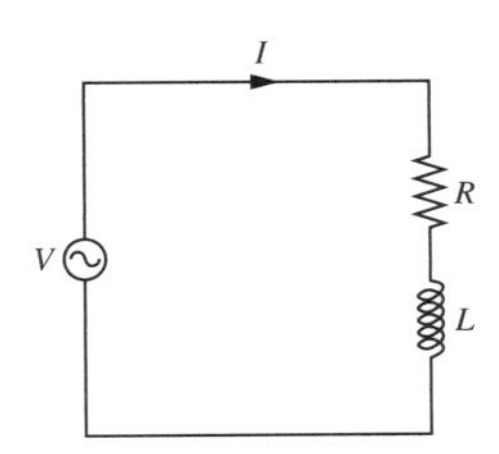


**Figura E5.26** Circuito RL para o Exercício 5-26.

(c) Para $V = 100\ \angle 0°$ V, determine a corrente $I = \frac{V}{Z}$ e expresse-a como número complexo nas formas retangular e polar.

(d) Calculada a corrente na parte (c), obtenha os fasores de tensão $V_R = I\,Z_R$ e $V_L = I\,Z_L$ nas formas retangular e polar.

(e) Mostre que a LTK é satisfeita para o circuito mostrado na Fig. E5.26; em outras palavras, mostre que $V = V_R + V_L$.

**5-27** Um resistor, um capacitor e um indutor são conectados em série como mostrado na Fig. E5.27. A impedância total do circuito é $Z = Z_R + Z_L + Z_C$, em que $Z_R = R\ \Omega$, $Z_L = j\,\omega\,L$ $\Omega$ e $Z_C = \frac{1}{j\omega C}\ \Omega$. Para $R = 100\ \Omega$, $L = 500$ mH, $C = 25\ \mu$F e $\omega = 120\,\pi$ rad/s,

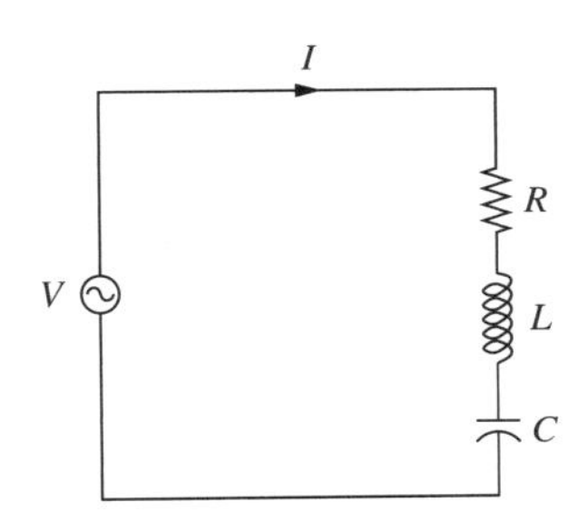


**Figura E5.27** Circuito RLC para o Exercício 5-27.

(a) Expresse as impedâncias $Z_R$, $Z_L$ e $Z_C$ como números complexos nas formas retangular e polar.

(b) Determine a impedância total $Z$ e expresse-a nas formas retangular e polar.

(c) Para $V = 100\ \angle 0°$ V, determine a corrente $I = \frac{V}{Z}$ e expresse-a como número complexo nas formas retangular e polar.

(d) Mostre que a LTK é satisfeita para o circuito mostrado na Fig. E5.27 (ou seja, mostre que $V = V_R + V_L + V_C$).

**5-28** No circuito divisor de corrente mostrado na Fig. E5.28, a soma dos fasores de corrente $I_1$ e $I_2$ é igual ao fasor de corrente total $I$ (ou seja, $I = I_1 + I_2$). Para $I_1 = 1\ \angle 0°$ e $I_2 = 1\ \angle 90°$, ambos medidos em mA,

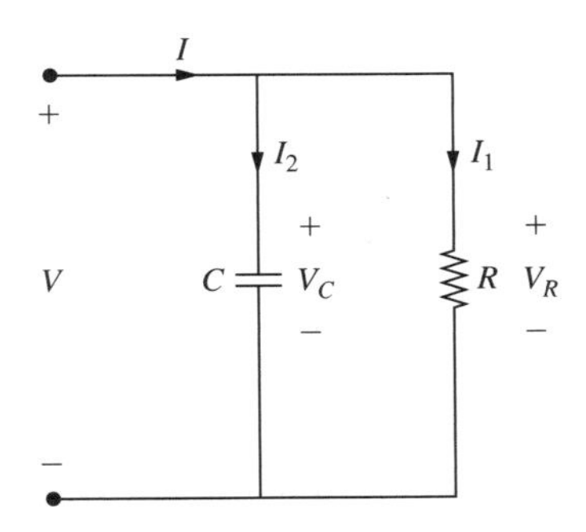


**Figura E5.28** Circuito divisor de corrente para os Exercícios E5-28 e E5-29.

(a) Escreva $I_1$ e $I_2$ na forma retangular.

(b) Determine o fasor de corrente total $I$ e expresse-o nas formas retangular e polar.

(c) Sejam $Z_R = 1000\ \Omega$ e $Z_C = \frac{10^3}{j}\ \Omega$. Escreva $V_R$ e $V_C$ como números complexos nas formas retangular e polar, sendo $V_R = I_1 \times Z_R$ e $V_C = I_2 \times Z_C$.

**5-29** No circuito divisor de corrente mostrado na Fig. E5.28, as correntes que fluem pelo resistor, $I_1$, e pelo capacitor, $I_2$, são dadas por

$$I_1 = \frac{Z_C}{Z_R + Z_C}\,I$$

$$I_2 = \frac{Z_R}{Z_R + Z_C}\,I$$

em que $Z_R = R\ \Omega$ é a impedância do resistor e $Z_C = \frac{X_C}{j}\ \Omega$, a impedância do capacitor.

(a) Para $R = 1$ k$\Omega$ e $X_C = 10^3\ \Omega$, expresse $Z_R$ e $Z_C$ como números complexos nas formas retangular e polar.

(b) Para $I = 1$ mA, determine $I_1$ e $I_2$ nas formas retangular e polar.

(c) Mostre que $I = I_1 + I_2$.

**5-30** No circuito divisor de corrente mostrado na Fig. E5.30, a soma dos fasores de corrente $I_1$ e $I_2$ é igual ao fasor de corrente total $I$ (ou seja, $I = I_1 + I_2$).

Para $I_1 = \sqrt{2}\ \angle 45°$ e $I_2 = \sqrt{2}\ \angle{-45°}$, ambos medidos em mA,

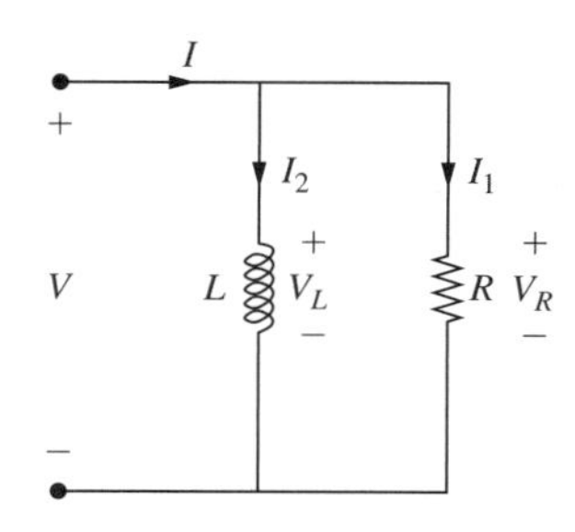


**Figura E5.30** Circuito divisor de corrente para os Exercícios E5-30 e E5-31.

(a) Escreva $I_1$ e $I_2$ na forma retangular.

(b) Determine o fasor de corrente total $I$ e expresse-o nas formas retangular e polar.

(c) Sejam $Z_R = 1000\ \Omega$ e $Z_L = j\,1000\ \Omega$. Escreva $V_R$ e $V_L$ como números complexos nas formas retangular e polar, sendo $V_R = I_1 \times Z_R$ e $V_L = I_2 \times Z_L$.

**5-31** No circuito divisor de corrente mostrado na Fig. E5.30, as correntes que fluem pelo resistor, $I_1$, e pelo indutor, $I_2$, são dadas por

$$I_1 = \frac{Z_L}{Z_R + Z_L} I$$

$$I_2 = \frac{Z_R}{Z_R + Z_L} I$$

em que $Z_R = R\ \Omega$ é a impedância do resistor e $Z_L = j\,X_L\ \Omega$, a impedância do indutor.

(a) Para $R = 1\ \text{k}\Omega$ e $X_L = 10^3\ \Omega$, expresse $Z_R$ e $Z_L$ como números complexos nas formas retangular e polar.

(b) Para $I = 1$ mA, determine $I_1$ e $I_2$ nas formas retangular e polar.

(c) Mostre que $I = I_1 + I_2$.

**5-32** No circuito Amp-Op mostrado na Fig. E5.32, a tensão de saída $V_o$ é dada por

$$V_o = -\frac{Z_C}{Z_R} V_{entrada}$$

em que $Z_R = R\ \Omega$ é a impedância do resistor e $Z_C = -j\,X_C\ \Omega$, a impedância do capacitor.

(a) Para $R = 2\ \text{k}\Omega$ e $X_C = 1\ \text{k}\Omega$, expresse $Z_R$ e $Z_C$ como números complexos nas formas retangular e polar.

(b) Para $V_{entrada} = 10\ \angle 0°$ V, determine $V_o$ nas formas retangular e polar.

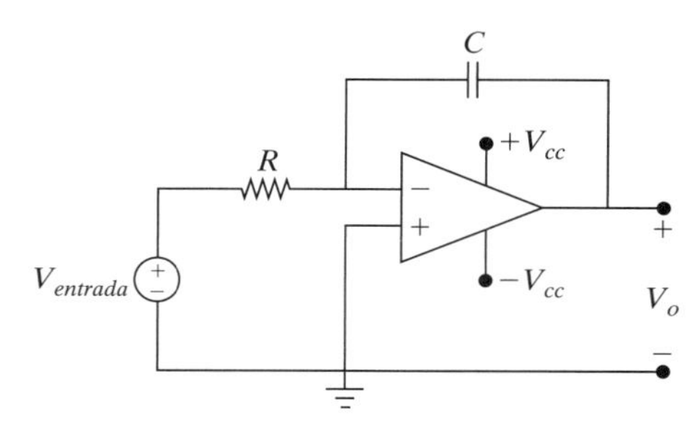


**Figura E5.32** Circuito Amp-Op para o Exercício 5.32.

**5-33** No circuito Amp-Op mostrado na Fig. E5.33, a tensão de saída $V_o$ é dada por

$$V_o = -\frac{Z_R}{Z_C} V_{entrada}$$

em que $Z_R = R\ \Omega$ é a impedância do resistor e $Z_C = -j\,X_C\ \Omega$, a impedância do capacitor.

(a) Para $R = 1\ \text{k}\Omega$ e $X_C = 2\ \text{k}\Omega$, expresse $Z_R$ e $Z_C$ como números complexos nas formas retangular e polar.

(b) Para $V_{entrada} = 5\ \angle 90°$ V, determine $V_o$ nas formas retangular e polar.

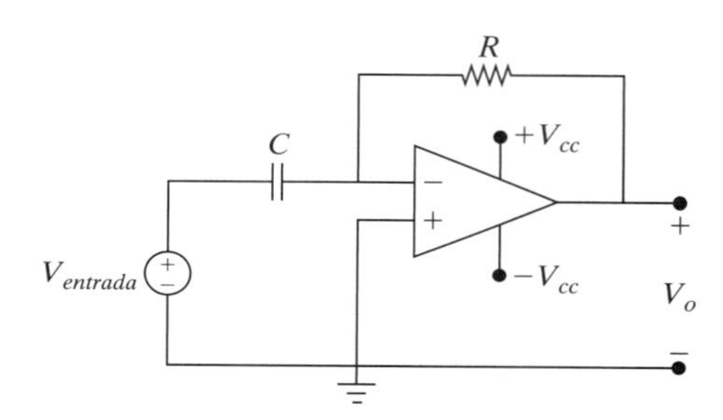


**Figura E5.33** Circuito Amp-Op para o Exercício 5.33.

**5-34** No circuito Amp-Op mostrado na Fig. E5.34, a tensão de saída $V_o$ é dada por

$$V_o = -\frac{Z_{R2} + Z_C}{Z_{R1}} V_{entrada}$$

em que $Z_{R1} = R1\ \Omega$ é a impedância do resistor $R1$, $Z_{R2} = R2\ \Omega$ é a impedância do resistor $R2$ e $Z_C = -j\,X_C\ \Omega$, a impedância do capacitor.

(a) Para $R1 = 1\ \text{k}\Omega$, $R2 = 2\ \text{k}\Omega$ e $X_C = 2\ \text{k}\Omega$, expresse $Z_{R1}$, $Z_{R2}$ e $Z_C$ como números complexos nas formas retangular e polar.

(b) Para $V_{entrada} = 2\ \angle 45°$ V, determine $V_o$ nas formas retangular e polar.

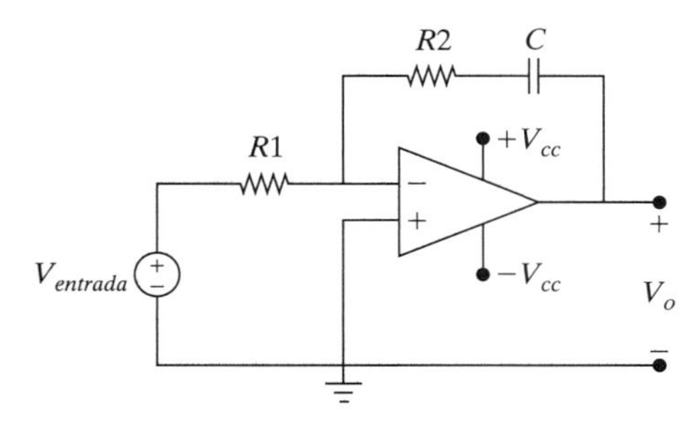


**Figura E5.34** Circuito Amp-Op para o Exercício 5.34.

**5-35** No circuito Amp-Op mostrado na Fig. E5.35, a tensão de saída $V_o$ é dada por

$$V_o = -\frac{Z_{R2}}{Z_{R1} + Z_C} V_{entrada}$$

em que $Z_{R1} = R1\ \Omega$ é a impedância do resistor $R1$, $Z_{R2} = R2\ \Omega$ é a impedância do resistor $R2$ e $Z_C = -j\, X_C\ \Omega$, a impedância do capacitor.

(a) Para $R1$ = 1,5 kΩ, $R2$ = 1 kΩ e $X_C$ = 0,5 kΩ, expresse $Z_{R1}$, $Z_{R2}$ e $Z_C$ como números complexos nas formas retangular e polar.

(b) Para $V_{entrada} = 1\ \angle{-45°}$ V, determine $V_o$ nas formas retangular e polar.

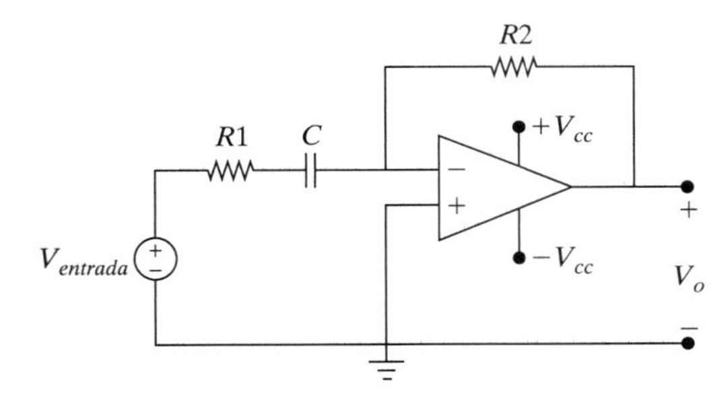


**Figura E5.35** Circuito Amp-Op para o Exercício 5.35.

**5-36** No circuito Amp-Op mostrado na Fig. E5.36, a tensão de saída $V_o$ é dada por

$$V_o = -\frac{Z_{R2} + Z_{C2}}{Z_{R1} + Z_{C1}} V_{entrada}$$

em que $Z_{R1} = R1\ \Omega$ é a impedância do resistor $R1$, $Z_{R2} = R2\ \Omega$ é a impedância do resistor $R2$, $Z_{C1} = -j\, X_{C1}\ \Omega$, a impedância do capacitor $C1$ e $Z_{C2} = -j\, X_{C2}\ \Omega$, a impedância do capacitor $C2$.

(a) Para $R1$ = 10 kΩ, $R2$ = 5 kΩ e $X_{C1}$ = 2,5 kΩ e $X_{C2}$ = 5 kΩ, expresse $Z_{R1}$, $Z_{R2}$, $Z_{C1}$ e $Z_{C2}$ como números complexos nas formas retangular e polar.

(b) Para $V_{entrada} = 1{,}5\ \angle 0°$ V, determine $V_o$ nas formas retangular e polar.

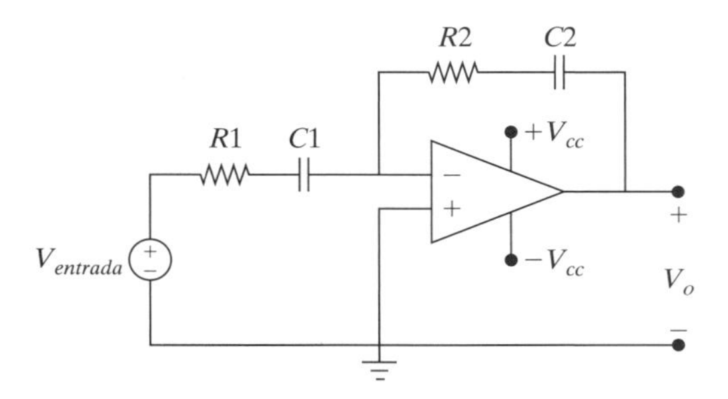


**Figura E5.36** Circuito Amp-Op para o Exercício 5.36.

**5-37** As conversões triângulo-estrela (Δ-$Y$) e estrela-triângulo ($Y$-Δ) são usadas em circuitos elétricos para determinar impedâncias equivalentes de circuitos complexos. No circuito mostrado na Fig. E5.37, as impedâncias $Z_a$, $Z_b$ e $Z_c$, conectadas na configuração em triângulo, podem ser convertidas nas impedâncias equivalentes $Z_1$, $Z_2$ e $Z_3$, conectadas na configuração em estrela. As impedâncias $Z_1$, $Z_2$ e $Z_3$ podem ser escritas em termos das impedâncias $Z_a$, $Z_b$ e $Z_c$ como:

$$\mathbf{Z_1} = \frac{\mathbf{Z_a Z_b}}{\mathbf{Z_a + Z_b + Z_c}}$$
$$\mathbf{Z_2} = \frac{\mathbf{Z_a Z_c}}{\mathbf{Z_a + Z_b + Z_c}}$$
$$\mathbf{Z_3} = \frac{\mathbf{Z_c Z_b}}{\mathbf{Z_a + Z_b + Z_c}}. \qquad (5.7)$$

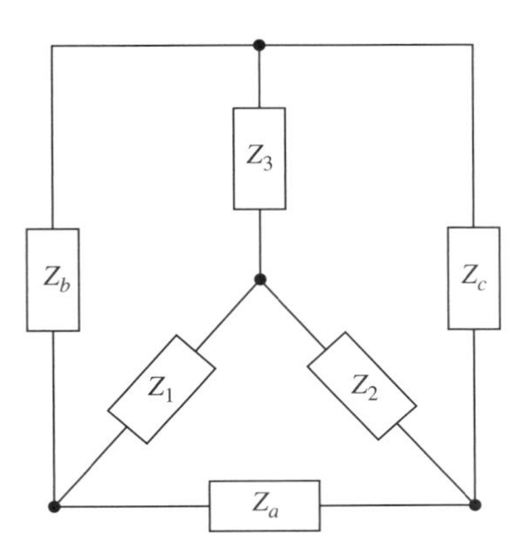


**Figura E5.37** Impedâncias conectadas nas configurações em triângulo e em estrela.

(a) Para $Z_a = 20\ \Omega$, $Z_b = -j\,10\ \Omega$ e $Z_c = 20 + j\,50\ \Omega$, expresse $Z_a$, $Z_b$ e $Z_c$ como números complexos nas formas retangular e polar.

(b) Determine $Z_1$, $Z_2$ e $Z_3$ nas formas retangular e polar.

**5-38** Refaça o Exercício 5-37 para $Z_a = 10\ \Omega$, $Z_b = j\,20\ \Omega$ e $Z_c = 20 + j\,10\ \Omega$.

**5-39** No circuito mostrado na Fig. E5.37, as impedâncias $Z_1$, $Z_2$ e $Z_3$, conectadas na configuração em estrela, podem ser convertidas nas impedâncias equivalentes $Z_a$, $Z_b$ e $Z_c$, conectadas na configuração em triângulo, como:

$$\mathbf{Z}_a = \frac{\mathbf{Z}_1\mathbf{Z}_2 + \mathbf{Z}_2\mathbf{Z}_3 + \mathbf{Z}_3\mathbf{Z}_1}{\mathbf{Z}_3}$$

$$\mathbf{Z}_b = \frac{\mathbf{Z}_1\mathbf{Z}_2 + \mathbf{Z}_2\mathbf{Z}_3 + \mathbf{Z}_3\mathbf{Z}_1}{\mathbf{Z}_2}$$

$$\mathbf{Z}_c = \frac{\mathbf{Z}_1\mathbf{Z}_2 + \mathbf{Z}_2\mathbf{Z}_3 + \mathbf{Z}_3\mathbf{Z}_1}{\mathbf{Z}_1}. \qquad (5.8)$$

(a) Para $Z_1 = 2{,}5 - j\,2{,}5\ \Omega$, $Z_2 = 17{,}5 + j\,7{,}5\ \Omega$ e $Z_3 = 3{,}75 - j\,8{,}75\ \Omega$, expresse $Z_1$, $Z_2$ e $Z_3$ como números complexos nas formas retangular e polar.

(b) Determine $Z_a$, $Z_b$ e $Z_c$ nas formas retangular e polar.

**5-40** Refaça o Exercício 5-39 para $Z_1 = 3{,}33 + j\,3{,}33\ \Omega$, $Z_2 = 5{,}0 - j\,1{,}66\ \Omega$ e $Z_3 = 3{,}5 + j\,10{,}6\ \Omega$.

# Senoides na Engenharia

CAPÍTULO

6

Uma senoide é um sinal que descreve um suave movimento repetitivo de um objeto que oscila a uma taxa (frequência) constante em relação a um ponto de equilíbrio. A senoide tem a forma de uma função seno (sen) ou cosseno (cos) (discutidas no Capítulo 3), e encontra aplicações em todos os ramos da engenharia. Essas funções são os sinais mais importantes, pois qualquer outro tipo de sinal pode ser construído com sinais nas formas de seno e de cosseno. Entre exemplos de senoides estão o movimento de um robô plano de um membro que gira a uma taxa constante, a oscilação de um sistema mola-massa não amortecido, e a forma de onda de tensão de uma fonte de potência elétrica. Por exemplo, a frequência da forma de onda de tensão associada à potência elétrica no Brasil é de 60 ciclos por segundo (Hz); em diversas outras partes do mundo, esta frequência é de 50 Hz. Neste capítulo, usaremos o exemplo do robô plano de um membro que gira a uma taxa constante para desenvolver a forma genérica de senoides e explicar os conceitos de amplitude, frequência (linear e angular), ângulo de fase e deslocamento de fase (defasagem). A soma de senoides de mesma frequência também será explicada nos contextos de sistemas elétricos e mecânicos.

## 6.1 ROBÔ PLANO DE UM MEMBRO COMO UMA SENOIDE

Um robô plano de um membro de comprimento $l$ e ângulo $\theta$ é mostrado na Fig. 6.1. No Capítulo 3, vimos que a extremidade do robô tem coordenadas $x = l \cos\theta$ e $y = l \operatorname{sen}\theta$. Variando $\theta$ de 0 a $2\pi$ radianos e assumindo $l = 1$ ($l$ tem a mesma unidade de $x$ e $y$), desenhamos os gráficos de $y = l \operatorname{sen}\theta$ e $x = l \cos\theta$ mostrados nas Figs. 6.2 e 6.3, respectivamente.

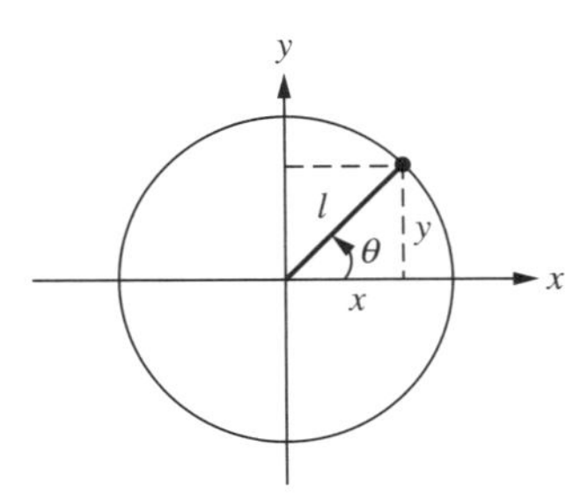


**Figura 6.1** Robô plano de um membro.

Podemos ver na Fig. 6.2 que sen $\theta$ vai de 0 (para $\theta = 0$) a 1 (para $\theta = \pi/2$) e de volta a 0 (para $\theta = \pi$), a $-1$ (para $\theta = 3\pi/2$) e de volta a 0 (para $\theta = 2\pi$), completando um ciclo. Na Fig. 6.3, vemos que cos $\theta$ vai de 1 (para $\theta = 0$) a 0 (para $\theta = \pi/2$), a $-1$ (para $\theta = \pi$), ), a 0 (para $\theta = 3\pi/2$) e de volta a 1 (para $\theta = 2\pi$), completando um ciclo. Notemos que o valor mínimo das funções sen e cos é $-1$, e que o valor máximo das funções sen e cos é 1.

As Figs. 6.4 e 6.5 mostram dois ciclos das funções seno e cosseno, respectivamente. Podemos ver nestas figuras que $\operatorname{sen}(\theta + 2\pi) = \operatorname{sen}(\theta)$ e $\cos(\theta + 2\pi) = \cos(\theta)$, para $0 \le \theta \le 2\pi$. De modo

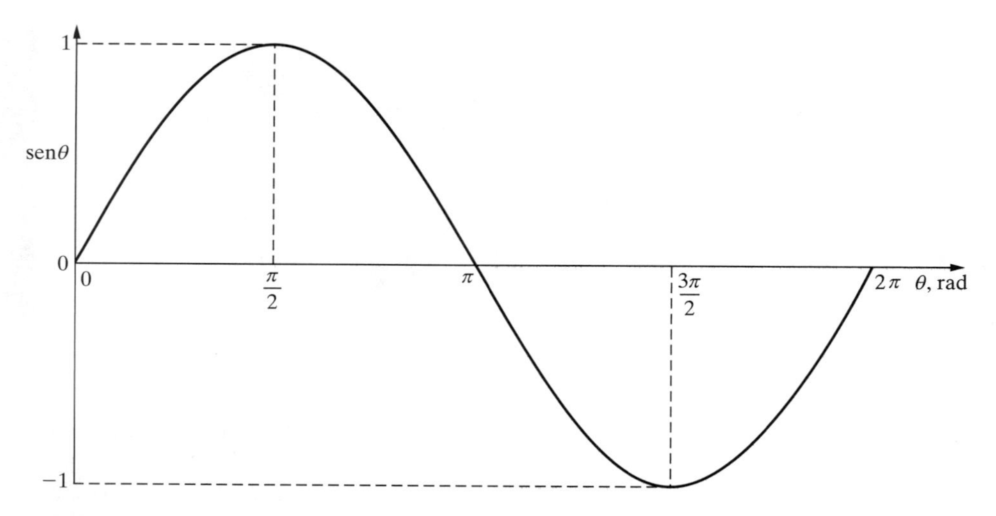


**Figura 6.2** Coordenada $y$ do robô de um membro com $l = 1$ (função seno).

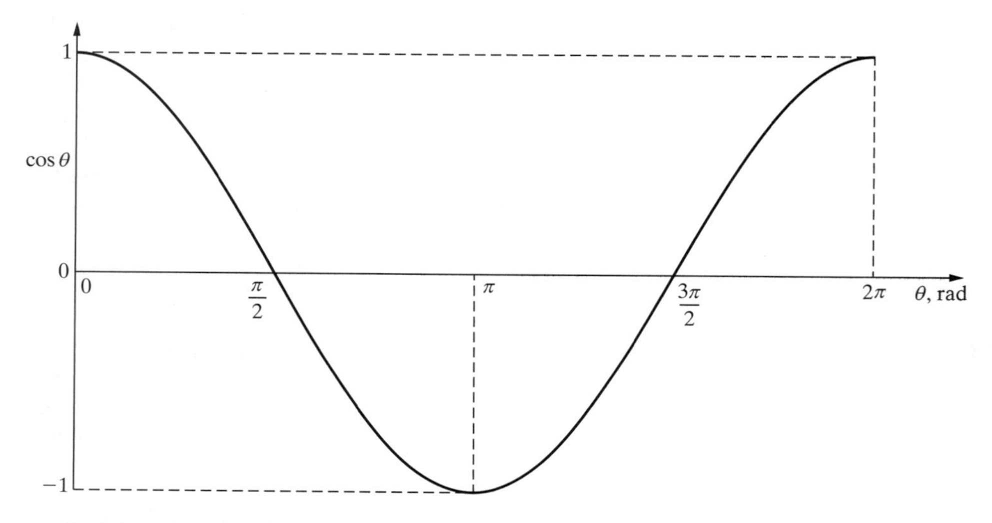


**Figura 6.3** Coordenada $x$ do robô de um membro com $l = 1$ (função cosseno).

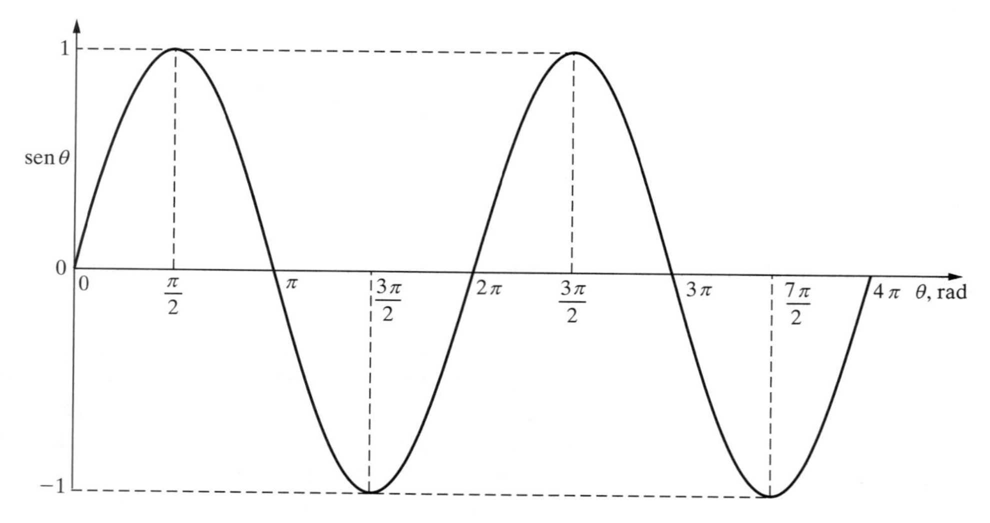


**Figura 6.4** Dois ciclos da função seno.

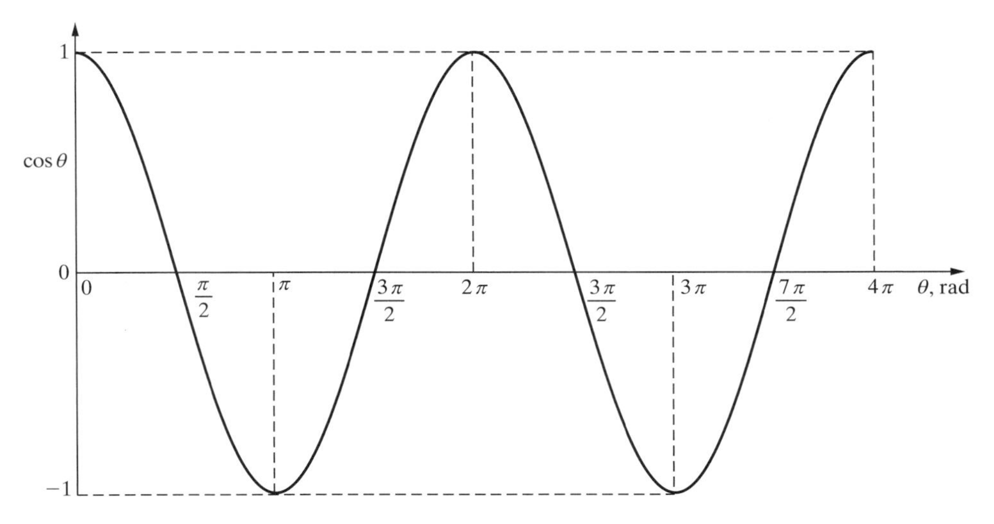


**Figura 6.5** Dois ciclos da função cosseno.

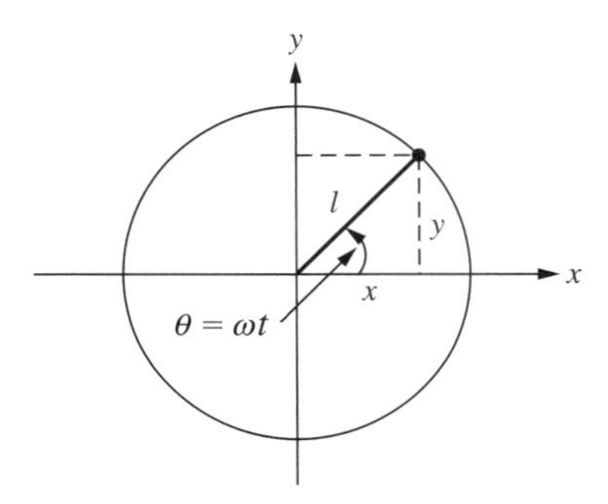


**Figura 6.6** Robô plano de um membro girando a uma frequência angular constante $\omega$.

similar, os gráficos das funções seno e cosseno completarão outro ciclo entre $4\pi$ e $6\pi$, e assim por diante, a cada intervalo de $2\pi$. Por isto, as funções seno e cosseno são chamadas de funções periódicas, com período $T = 2\pi$ rad. Como $\pi = 180°$, o período das funções seno e cosseno também pode ser escrito como 360°.

## 6.2 MOVIMENTO ANGULAR DO ROBÔ PLANO DE UM MEMBRO

Consideremos, agora que o robô plano de um membro mostrado na Fig. 6.1 gire a uma frequência angular $\omega$, como ilustrado na Fig. 6.6.

O ângulo percorrido no tempo $t$ é dado por $\theta = \omega t$. Portanto, $y(t) = l\ \text{sen}(\theta) = l\ \text{sen}(\omega t)$ e $x(t) = l\cos(\theta) = l\cos(\omega t)$. Admitamos que o robô comece em $\theta = 0$ no tempo $t = 0$ s e leve $t = 2\pi$ s para completar uma revolução. Como $\theta = \omega t$, a frequência angular é $\omega = \frac{\theta}{t} = \frac{2\pi\, rad}{2\pi\, s} = 1$ rad/s, e o período de tempo para completar um ciclo é $T = 2\pi$ s. Os resultantes gráficos de $y = l\ \text{sen}\ t$ e $x = l\cos t$ são mostrados nas Figs. 6.7 e 6.8, respectivamente. As coordenadas $x$ e $y$ oscilam entre $l$ e $-l$, sendo $l$ a *amplitude* das senoides.

### 6.2.1 Relações entre Frequência e Período

Nas Figs. 6.7 e 6.8, foram necessários $2\pi$ s para completar um ciclo dos sinais senoidais, e concluímos que $\omega = 1$ rad/s (ou seja, em 1 s, o robô deu um giro de 1 rad).

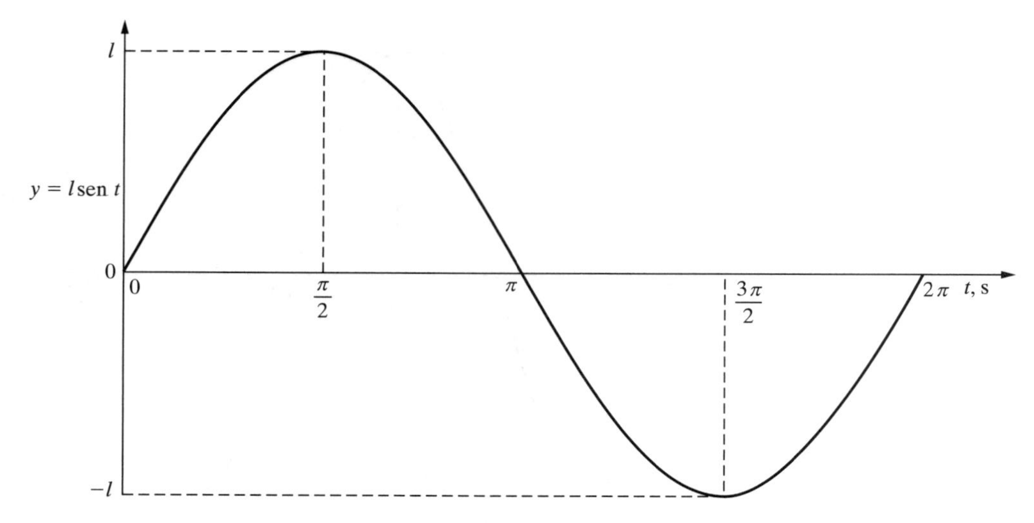


Figura 6.7 Coordenada $y$ do robô plano de um membro completando um ciclo em $2\pi$ s.

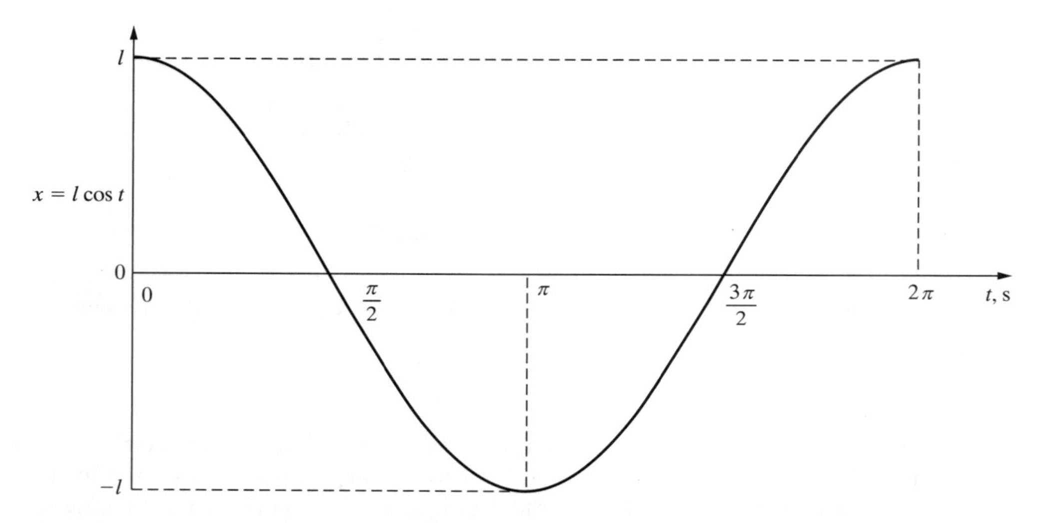


Figura 6.8 Coordenada $x$ do robô plano de um membro completando um ciclo em $2\pi$ s.

Como uma revolução (ciclo) = $2\pi$ rad, um robô girando a 1 rad/s passa por $1/2\pi$ ciclo em 1 s. Isto recebe a denominação de frequência linear ou simplesmente frequência $f$, cuja unidade de medida é ciclo/s ($s^{-1}$). Portanto, a relação entre **frequência angular** $\omega$ e **frequência linear** $f$ é dada por:

$$\omega = 2\pi f.$$

Por definição, o período $T$ é o número de segundos por ciclo, o que significa que $f$ é o recíproco de $T$. Em outras palavras,

$$f = \frac{1}{T}.$$

Portanto $\omega = 2\pi f$,

$$\omega = \frac{2\pi}{T}.$$

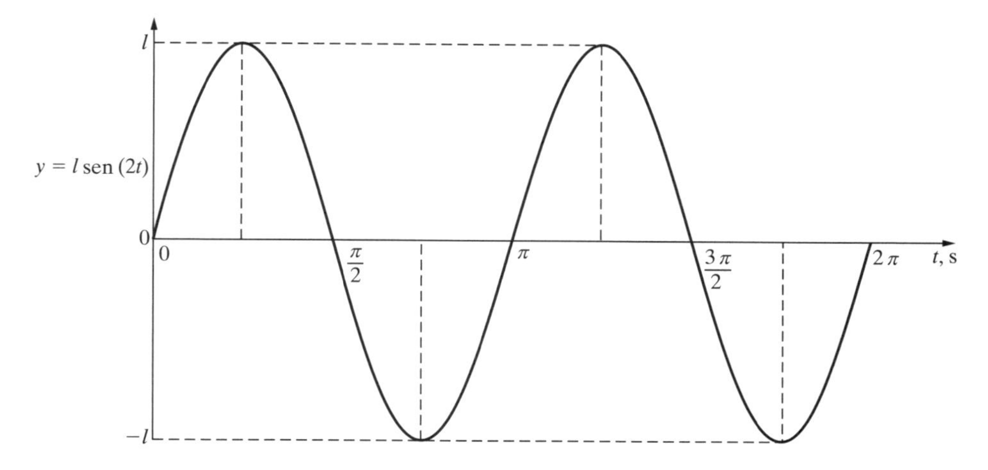


**Figura 6.9** Coordenada $y$ do robô plano de um membro que completa dois ciclos em $2\pi$ s ou $\omega = 2$ rad/s.

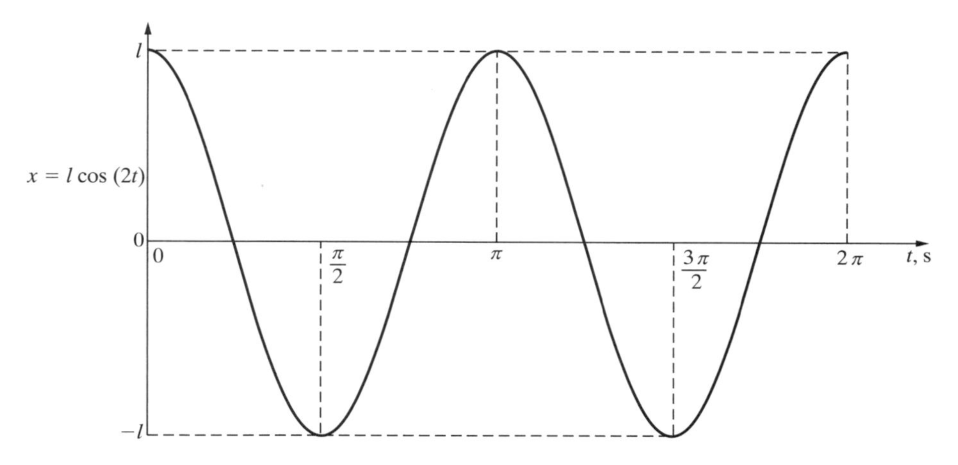


**Figura 6.10** Coordenada $x$ do robô plano de um membro que completa dois ciclos em $2\pi$ s ou $\omega = 2$ rad/s.

Resolvendo $T$, temos

$$\boldsymbol{T = \frac{2\pi}{\omega}.}$$

Essas relações permitem o cálculo de $f$, $\omega$ ou $T$ quando apenas *uma* das três grandezas é dada. Por exemplo, consideremos que um robô de um membro de comprimento $l$ efetue duas revoluções completas (ou seja, $4\pi$ rad) em $2\pi$ s. A frequência angular é $\omega = \frac{4\pi\, rad}{2\pi\, s} = 2$ rad/s; o período é $T = 2\pi/2 = \pi$ s; a frequência é $f = 2/2\pi = 1/\pi$ Hz. Portanto, $y(t) = l\,\text{sen}(\omega t) = l\,\text{sen}(2t)$ e $x(t) = l\cos(\omega t) = l\cos(2t)$; os respectivos gráficos são mostrados nas Figs. 6.9 e 6.10.

## 6.3 ÂNGULO DE FASE, DESLOCAMENTO DE FASE E DESLOCAMENTO TEMPORAL

Consideremos, agora, que um robô de comprimento $l = 10$ polegadas comece a girar de uma posição inicial $\theta = \pi/8$ rad e leve $T = 1$ s para completar uma revolução, como ilustrado na Fig. 6.11. Em um instante de tempo $t$ qualquer, as coordenadas $x$ e $y$ do robô são dadas por:

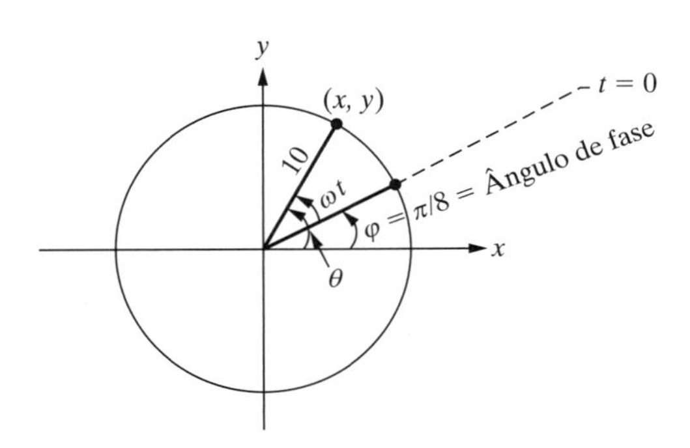


**Figura 6.11** Robô plano de um membro que começa a girar de um ângulo $\theta = \pi/8$ rad.

$$\begin{aligned} x(t) &= l \cos\theta \\ &= l \cos(\omega t + \phi) \\ &= l \cos\left(\omega t + \frac{\pi}{8}\right) \end{aligned}$$

e

$$\begin{aligned} y(t) &= l \operatorname{sen}\theta \\ &= l \operatorname{sen}(\omega t + \phi) \\ &= l \operatorname{sen}\left(\omega t + \frac{\pi}{8}\right). \end{aligned}$$

Como $l = 10$, $\omega = 2\pi/T = 2\pi/1 = 2\pi$ rad/s, e $\phi = \pi/8$ rad, as coordenadas $x$ e $y$ do robô são dadas por:

$$x(t) = 10 \cos\left(2\pi t + \frac{\pi}{8}\right)$$

e

$$y(t) = 10 \operatorname{sen}\left(2\pi t + \frac{\pi}{8}\right), \tag{6.1}$$

em que $\phi = \pi/8$ é denominado *ângulo de fase*. Como $\phi$ representa a mudança ou deslocamento da fase zero para a fase de $\pi/8$, também recebe a denominação de deslocamento de fase ou defasagem. Portanto, o deslocamento de fase é uma variação angular em radianos ou graus. Se o ângulo de fase for positivo, a senoide é deslocada para a esquerda, como ilustrado na Fig. 6.12; se o ângulo de fase for negativo, a senoide se desloca para a direita. Por exemplo, o valor da senoide dado pela equação (6.1) não é zero no tempo $t = 0$. Como o ângulo de fase é positivo, a senoide dada pela equação (6.1) é deslocada para a esquerda.

O *deslocamento temporal* é o tempo necessário para o robô – que se move a uma velocidade $\omega$ – percorrer o deslocamento de fase $\phi$. Igualando $\phi = \omega t$, podemos escrever:

$$\begin{aligned} \text{Deslocamento temporal} &= \frac{\text{Ângulo de fase}}{\text{Frequência angular}} = \frac{\phi}{\omega} \\ &= \frac{\frac{\pi}{8}}{2\pi} \\ &= \frac{1}{16} \text{ s.} \end{aligned}$$

Notemos que o ângulo de fase usado para calcular o deslocamento temporal deve ser dado em radianos.

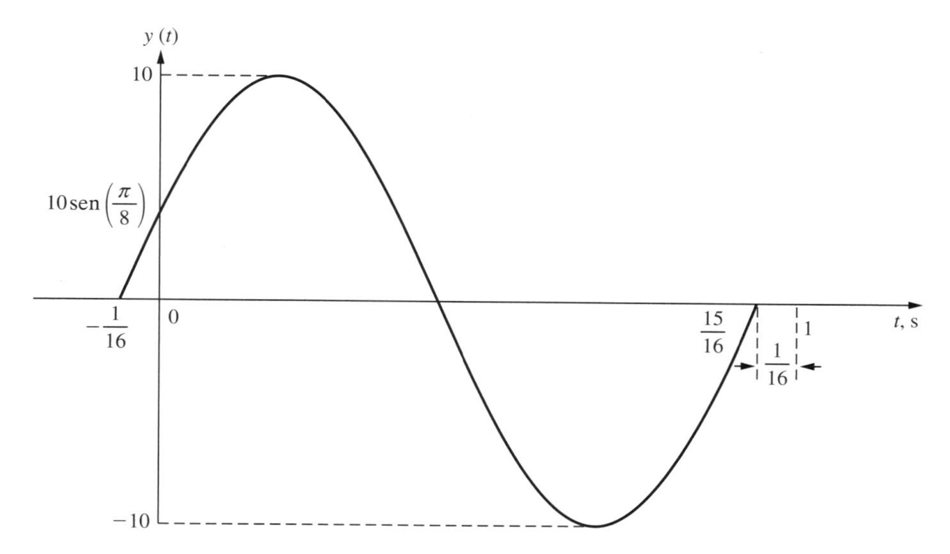


Figura 6.12 Gráfico da função seno deslocada para a esquerda por um ângulo de fase de $\pi/8$ radianos (ângulo de fase positivo).

## 6.4 FORMA GERAL DE UMA SENOIDE

A expressão geral de uma senoide é

$$x(t) = A\text{sen}(\omega t + \phi) \tag{6.2}$$

em que $A$ é a amplitude, $\omega$ é a frequência angular e $\phi$, o ângulo de fase.

**Exemplo 6-1**

Consideremos um carrinho de massa $m$ se move sobre rodas sem atrito, como ilustrado na Fig. 6.13. O carrinho está atado a uma mola de rigidez $k$.

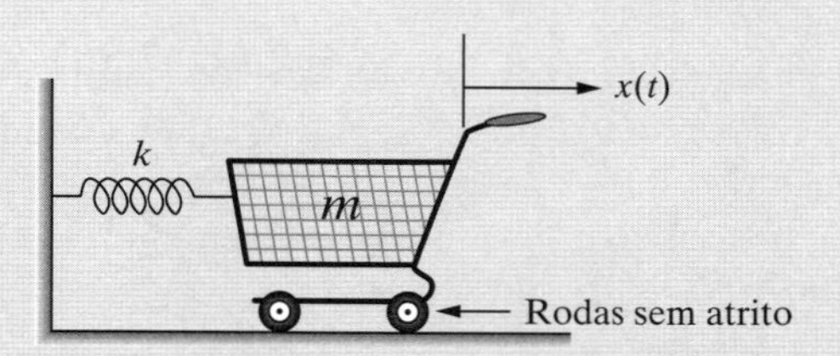


Figura 6.13 Movimento harmônico de um sistema mola-massa.

Seja a posição $x(t)$ da massa dada por:

$$x(t) = 2\,\text{sen}\left(6\pi t + \frac{\pi}{2}\right)\text{ m.} \tag{6.3}$$

(a) Determinemos a amplitude, frequências linear e angular, período, ângulo de fase e deslocamento temporal.
(b) Calculemos o valor de $x(t)$ em $t = 2{,}0$ s.
(c) Calculemos o tempo necessário para que o sistema atinja o máximo deslocamento negativo.
(d) Desenhemos o gráfico do deslocamento $x(t)$ para $0 \leq t \leq 3$ s.

**Solução** (a) Comparando a posição $x(t) = 2 \text{ sen}\left(6\pi t + \frac{\pi}{2}\right)$ da massa com a expressão geral da senoide na equação (6.2), obtemos:

$$\text{Amplitude} A = 2 \text{ m}$$
$$\text{Frequência angular } \omega = 6\pi \text{ rad/s}$$
$$\text{Ângulo de fase } \phi = \frac{\pi}{2} \text{ rad.}$$

Como a frequência angular é $\omega = 2\pi f$, a frequência linear $f$ é dada por:

$$f = \frac{\omega}{2\pi} = \frac{6\pi}{2\pi} = 3 \text{ Hz},$$

e o período do movimento harmônico, por:

$$T = \frac{1}{f} = \frac{1}{3} \text{ s.}$$

O deslocamento temporal pode ser obtido do ângulo de fase e da frequência angular como:

$$\begin{aligned}\text{Deslocamento temporal} &= \frac{\phi}{\omega} \\ &= \left(\frac{\pi}{2}\right)\left(\frac{1}{6\pi}\right) \\ &= \frac{1}{12} \text{ s.}\end{aligned}$$

(b) Para calcular $x(t)$ em $t = 2{,}0$ s, substituímos $t = 2{,}0$ s na equação (6.3), obtendo:

$$\begin{aligned}x(2) &= 2 \text{ sen}\left(6\pi(2) + \frac{\pi}{2}\right) \\ &= 2 \text{ sen}\left(12\pi + \frac{\pi}{2}\right) \\ &= 2 \text{sen}(12{,}5\pi) \\ &= 2 \text{sen}(12{,}5\pi - 12\pi) \\ &= 2 \text{sen}\left(\frac{\pi}{2}\right) \\ &= 2{,}0 \text{ m.}\end{aligned}$$

No cálculo de $x(2)$, subtraímos $12\pi$ do ângulo $12{,}5\pi$ para obter o valor de $\text{sen}(12{,}5\pi)$. Notemos que múltiplos inteiros de $2\pi$ sempre podem ser somados e/ou subtraídos do argumento de funções seno e cosseno. Isto é possível porque as funções seno e cosseno são periódicas, com período de $2\pi$.

(c) O deslocamento atinge o primeiro máximo negativo de –2 m quando $\text{sen}(\theta) = \text{sen}\left(6\pi t + \frac{\pi}{2}\right) = -1$ ou $\theta = \left(6\pi t + \frac{\pi}{2}\right) = \frac{3\pi}{2}$. Resolvendo para $t$, obtemos:

$$6\pi t + \frac{\pi}{2} = \frac{3\pi}{2}$$

$$\Rightarrow \quad 6\pi t = \frac{3\pi}{2} - \frac{\pi}{2}$$
$$= \pi$$
$$\Rightarrow \quad t = \frac{\pi}{6\pi}$$

ou

$$t = \frac{1}{6}\ \text{s}.$$

(d) O gráfico do deslocamento $x(t)$ para $0 \le t \le 3$ s é mostrado na Fig. 6.14.

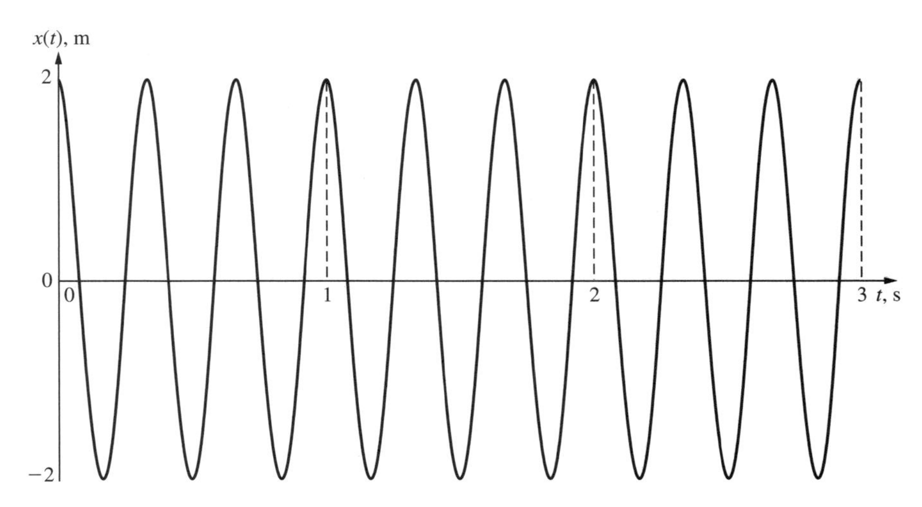


**Figura 6.14** Movimento harmônico do sistema mola-massa durante 3 segundos.

## 6.5 ADIÇÃO DE SENOIDES DE MESMA FREQUÊNCIA

A adição de duas senoides de mesma frequência e diferentes amplitudes e fases resulta em outra senoide (sen ou cos) de mesma frequência. As resultantes amplitude e fase diferem das amplitudes e fases das senoides originais, como ilustrado no exemplo a seguir.

**Exemplo 6-2**

Consideremos um circuito elétrico com dois elementos $R$ e $L$ conectados em série, como ilustrado na Fig. 6.15.

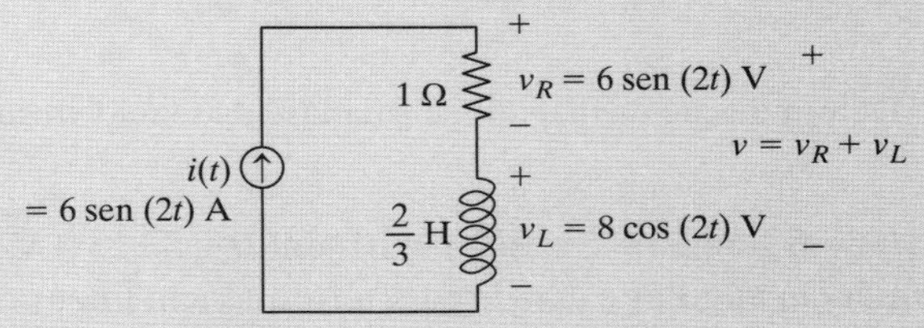

$i(t) = 6\ \text{sen}\ (2t)$ A

$1\ \Omega$ — $v_R = 6\ \text{sen}\ (2t)$ V

$\frac{2}{3}$ H — $v_L = 8\cos(2t)$ V

$v = v_R + v_L$

**Figura 6.15** Adição de senoides em um circuito RL.

Na Fig. 6.15, a corrente $i(t) = 6\,\text{sen}(2\,t)$ A flui no circuito e produz duas tensões: $v_R = 6\,\text{sen}(2t)$ V no resistor e $v_L = 8\cos(2\,t)$ V no indutor. A tensão total $v(t)$ na fonte do circuito pode ser obtida por aplicação da LTK como:

$$v(t) = v_R(t) + v_L(t),$$

ou

$$v(t) = 6\,\text{sen}(2\,t) + 8\cos(2\,t)\ \text{V}. \tag{6.4}$$

A tensão total dada na equação (6.4) pode ser escrita como uma senoide (sen ou cos) de frequência 2 rad/s. O objetivo é determinar a amplitude e o ângulo de fase da senoide resultante. Em termos da função seno, escrevamos:

$$v(t) = 6\,\text{sen}(2\,t) + 8\cos(2\,t) = M\,\text{sen}(2\,t + \phi), \tag{6.5}$$

Nosso objetivo é a determinação de $M$ e $\phi$. Usando a identidade trigonométrica $\text{sen}(A + B) = \text{sen}(A)\cos(B) + \cos(A)\text{sen}(B)$ no lado direito, a equação (6.5) pode ser reescrita como:

$$6\,\text{sen}(2\,t) + 8\cos(2\,t) = (M\cos\phi)\,\text{sen}(2\,t) + (M\,\text{sen}\phi)\cos(2\,t). \tag{6.6}$$

Igualando os coeficientes de $\text{sen}(2t)$ e de $\cos(2t)$ nos dois lados da equação (6.6), temos:

$$\text{senos}: \quad M\cos(\phi) = 6 \tag{6.7}$$

$$\text{cossenos}: \quad M\,\text{sen}(\phi) = 8. \tag{6.8}$$

Para o cálculo da magnitude $M$ e da fase $\phi$, as equações (6.7) e (6.8) são convertidas à forma polar, como mostrado na Fig. 6.16:

$$\begin{aligned} M &= \sqrt{6^2 + 8^2} \\ &= 10 \\ \phi &= \text{atg2}(8, 6) \\ &= 53{,}13°. \end{aligned}$$

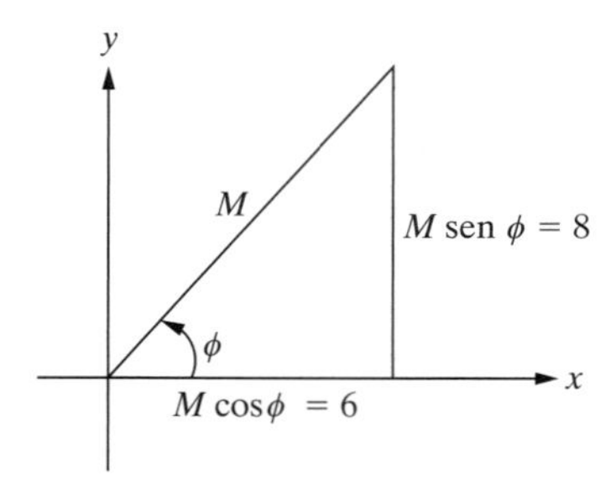


**Figura 6.16** Determinação da magnitude e da fase da senoide resultante no circuito RL.

Portanto, $v(t) = 6\,\text{sen}(2t) + 8\cos(2t) = 10\,\text{sen}(2t + 53{,}13°)$ V. A amplitude da senoide de tensão é 10 V, a frequência angular é $\omega = 2$ rad/s, a frequência linear é $f = \omega/2\pi = 2/2\pi = 1/\pi$ Hz, o período é $T = \pi = 3{,}142$ s, o ângulo de fase é $53{,}13° = (53{,}13°)(\pi\ \text{rad}/180°) = 0{,}927$ rad; o deslocamento temporal pode ser calculado como:

$$t = \frac{\phi}{\omega}$$
$$= \frac{0{,}927}{2}$$
$$= 0{,}464 \text{ s.}$$

O gráfico das formas de onda de tensão e de corrente é mostrado na Fig. 6.17. Podemos ver na Fig. 6.17 que a forma de onda de tensão está deslocada para a esquerda de 0,464 s (deslocamento temporal).

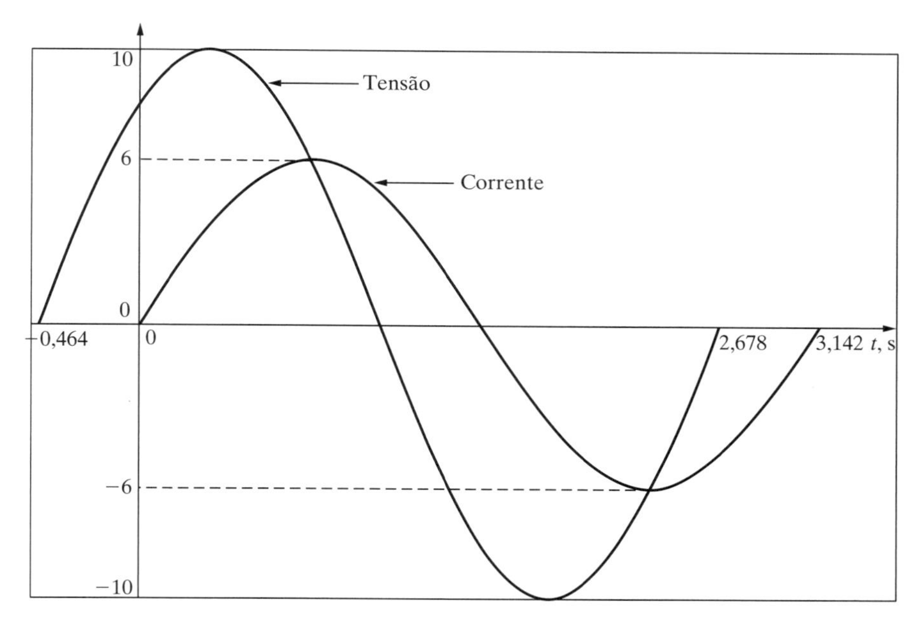


**Figura 6.17** Formas de onda de tensão e de corrente em um circuito RL.

Em outras palavras, a tensão no circuito RL *está adiantada* de 53,3° em relação à corrente. Mostraremos mais adiante que o oposto ocorre em um circuito RC, em que a forma de onda de tensão *está atrasada* em relação à de corrente.

**Nota:** A tensão $v(t)$ também pode ser representada como uma senoide usando a função cosseno:

$$v(t) = 6\,\text{sen}(2\,t) + 8\,\cos(2\,t) = M\,\cos(2\,t + \phi_1). \tag{6.9}$$

A amplitude $M$ e o ângulo de fase $\phi_1$ podem ser determinados seguindo um procedimento similar ao delineado anteriormente. Usando a identidade trigonométrica $\cos(A + B) = \cos(A)\cos(B) - \text{sen}(A)\text{sen}(B)$ no lado direito da equação (6.9), temos:

$$6\,\text{sen}(2\,t) + 8\,\cos(2\,t) = (-M\,\text{sen}\phi_1)\,\text{sen}(2\,t) + (M\,\cos\phi_1)\,\cos(2\,t). \tag{6.10}$$

Igualando os coeficientes de $\text{sen}(2t)$ e $\cos(2t)$ nos dois lados da equação (6.10), obtemos:

$$\text{senos}: \quad M\,\text{sen}(\phi_1) = -6 \tag{6.11}$$
$$\text{cossenos}: \quad M\,\cos(\phi_1) = 8. \tag{6.12}$$

Para o cálculo da magnitude $M$ e da fase $\phi_1$, as equações (6.11) e (6.12) são convertidas à forma polar, como mostrado na Fig. 6.18.

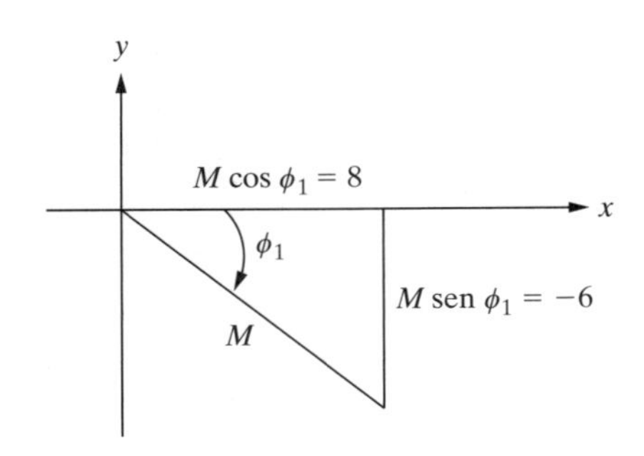


Figura 6.18 Determinação da magnitude e da fase de uma função cosseno.

Portanto,

$$\begin{aligned} M &= \sqrt{6^2 + 8^2} \\ &= 10 \\ \phi_1 &= \text{atg2}(-6, 8) \\ &= -36{,}87° \end{aligned}$$

Logo, $v(t) = 6 \text{ sen}(2t) + 8 \cos(2t) = 10 \cos(2t - 36{,}87°)$ V.

Essa expressão também pode ser obtida diretamente da função seno usando a identidade trigonométrica sen $\theta = \cos(\theta - 90°)$. Assim,

$$\begin{aligned} 10 \text{ sen}(2\,t + 53{,}13°) &= 10 \cos(\,(2\,t + 53{,}13°) - 90°) \\ &= 10 \cos(2\,t - 36{,}87°). \end{aligned}$$

De forma geral, os resultados deste exemplo podem ser expressos como:

$$\begin{aligned} A \cos \omega t + B \text{ sen} \omega t &= \sqrt{A^2 + B^2} \cos(\omega t - \text{atg2}(B, A)) \\ A \cos \omega t + B \text{ sen} \omega t &= \sqrt{A^2 + B^2} \text{ sen}(\omega t + \text{atg2}(A, B)). \end{aligned}$$

**Exemplo 6-3**

Consideremos o circuito RC representado na Fig. 6.19.

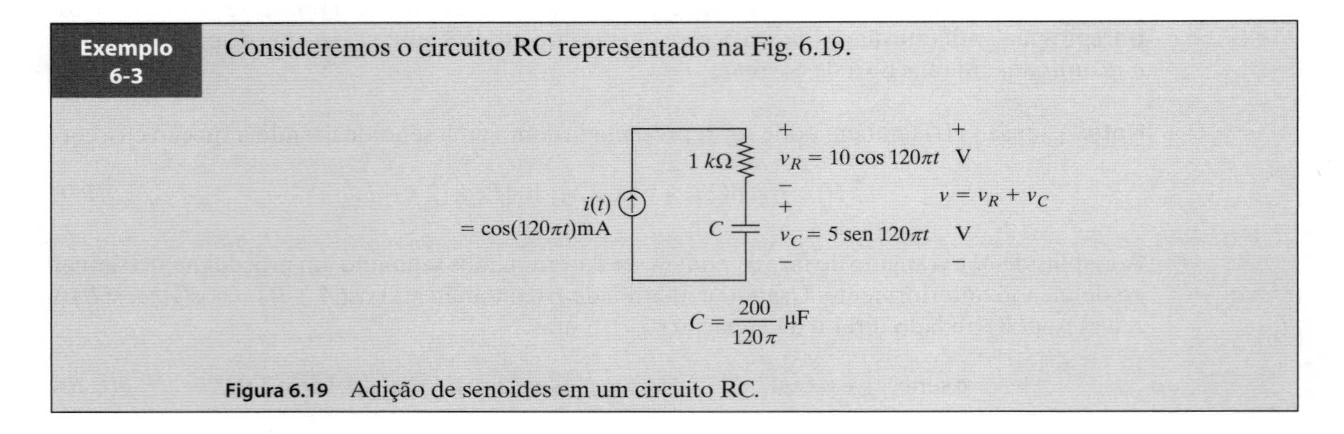


Figura 6.19 Adição de senoides em um circuito RC.

Na Fig. 6.19, a corrente $i(t) = \cos(120\,\pi\,t)$ mA flui no circuito e produz duas tensões: $v_R = 10 \cos(120\,\pi\,t)$ no resistor e $v_C = 5 \text{ sen}(120\,\pi\,t)$ no capacitor. A tensão total $v(t)$ pode ser obtida com aplicação da LTK como:

$$\begin{aligned} v(t) &= v_R(t) + v_C(t) \\ &= 10 \cos(120\,\pi\,t) + 5 \text{ sen}(120\,\pi\,t). \end{aligned} \tag{6.13}$$

A tensão total dada pela equação (6.13) pode ser escrita como uma única senoide de frequência $120\pi$ rad/s. Nosso objetivo é determinar a magnitude e o ângulo de fase dessa senoide. A tensão total pode ser escrita como uma função cosseno da seguinte forma:

$$\begin{aligned} 10\cos(120\pi t) + 5\,\text{sen}(120\pi t) &= M\cos(120\pi t + \phi_2) \\ &= (M\cos\phi_2)\cos(120\pi t) + (-M\text{sen}\phi_2)\text{sen}(120\pi t), \end{aligned} \quad (6.14)$$

em que usamos a identidade trigonométrica cos(A + B) = cos(A)cos(B) – sen(A)sen(B) no lado direito da equação. Igualando os coeficientes de sen($120\pi t$) e cos($120\pi t$) nos dois lados da equação (6.14), obtemos:

$$\text{cossenos}: \quad M\cos(\phi_2) = 10\,M \quad (6.15)$$

$$\text{senos}: \quad \text{sen}(\phi_2) = -5. \quad (6.16)$$

Para o cálculo da magnitude $M$ e da fase $\phi_2$, as equações (6.15) e (6.16) são convertidas à forma polar, como mostrado na Fig. 6.20. Portanto,

$$\begin{aligned} M &= \sqrt{10^2 + 5^2} \\ &= 11{,}18 \\ \phi_2 &= \text{atg2}(-5, 10) \\ &= -26{,}57°, \end{aligned}$$

que fornece $v(t) = 11{,}18\cos(120\pi t - 26{,}57°)$ V.

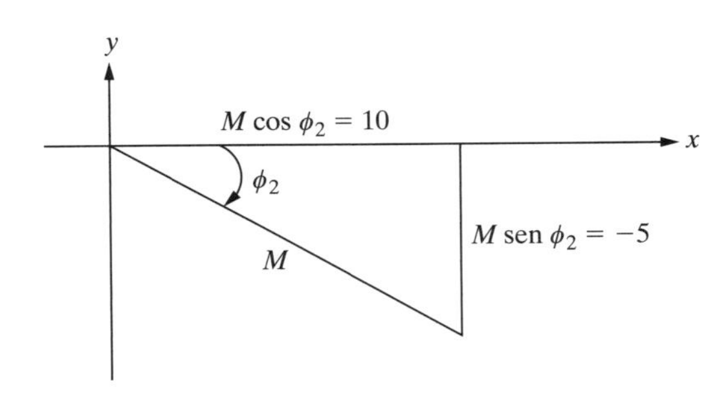


**Figura 6.20** Determinação da magnitude e da fase da senoide resultante em um circuito RC.

A amplitude da senoide de tensão é 11,8 V, a frequência angular é $\omega = 120\pi$ rad/s, a frequência linear é $f = \omega/2\pi = 60$ Hz, o período é $T = 16{,}7$ ms, o ângulo de fase é –26,57°, e o deslocamento temporal é de 1,23 ms.

O gráfico das formas de onda de tensão e de corrente é mostrado na Fig. 6.21. Podemos ver nesta figura que a forma de onda de tensão está deslocada para a direita de 1,23 ms (deslocamento temporal). Em outras palavras, a tensão nesse circuito RC *está atrasada* de 26,57° em relação à corrente.

**Exemplo 6-4**

Em um teste de fatiga, um implante de quadril fica sujeito a uma carga cíclica, como ilustrado na Fig. 6.22. A carga aplicada ao implante de quadril é dada por:

$$F(t) = 250\,\text{sen}(6\pi t) + 1250\text{ N}$$

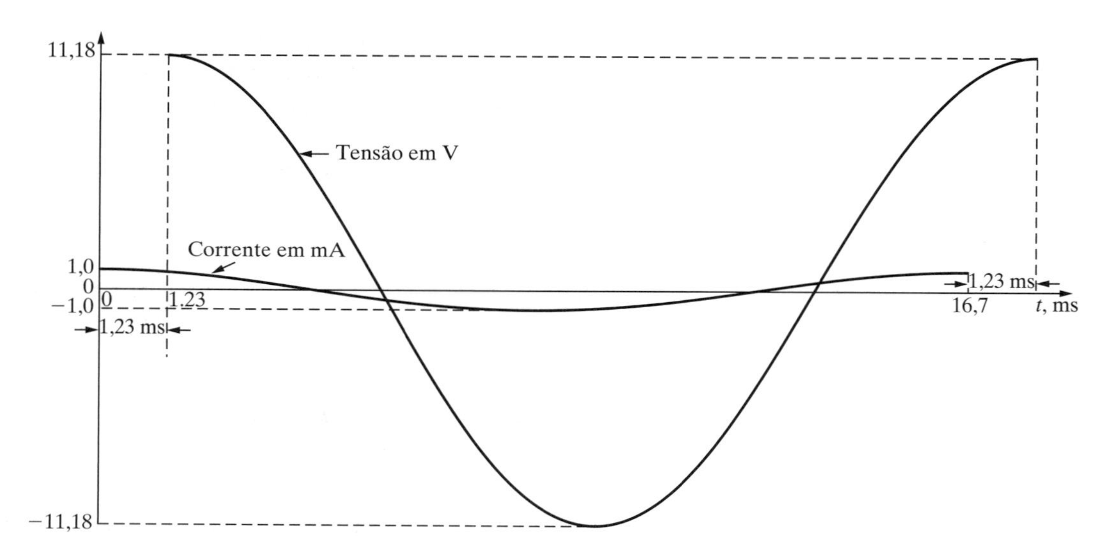


Figura 6.21 Formas de onda de tensão e de corrente em um circuito RC.

(a) Escrevamos a amplitude, frequência (em hertz), período (em segundos), ângulo de fase (em graus), deslocamento temporal (em segundos) e o deslocamento vertical (em newtons) do perfil de carga.
(b) Desenhemos o gráfico de um ciclo de $F(t)$ e indiquemos o primeiro instante de tempo em que a força alcança seu valor máximo.

Figura 6.22 Implante de quadril sujeito a uma carga cíclica.

**Solução** (a) Comparando a força $F(t) = 250\ \text{sen}(\pi\ t) + 1250$ com a forma geral da equação (6.2), obtemos:

$$\text{Amplitude} = 250\ \text{N}.$$

$$\text{Frequência}: \omega = 2\ \pi f$$
$$= 6\pi \qquad \Rightarrow f = 3\ \text{Hz}.$$

$$\text{Período}: \quad T = \frac{1}{f}$$
$$= \frac{1}{3}\ \text{s}.$$

$$\text{Ângulo de fase}: \phi = 0°.$$

$$\text{Deslocamento temporal}: 6\,\pi t = 0 \quad \Rightarrow \quad t = 0\text{ s (Não há deslocamento temporal.)}$$

$$\text{Deslocamento vertical} = 1250\text{ N}.$$

(b) Um gráfico de um ciclo da força periódica $F(t)$ é mostrado na Fig. 6.23. Podemos ver nesta figura que o primeiro instante de tempo em que a força tem o valor máximo de 1500 N é $t_{\text{máx}} = 1/12$ s. O instante de tempo em que a força $F(t)$ é máxima também pode ser calculado analiticamente como:

$$250\,\text{sen}(6\pi\, t_{\text{máx}}) + 1250 = 1500 \quad \Rightarrow \quad 250\,\text{sen}(6\pi t_{\text{máx}}) = 250 \quad \Rightarrow \quad \text{sen}(6\pi t_{\text{máx}}) = 1.$$

Portanto,

$$6\,\pi t_{\text{máx}} = \frac{\pi}{2}, \frac{3\pi}{2}, \cdots,$$

que resulta em

$$t_{\text{máx}} = \frac{1}{12}, \frac{1}{4} \cdots \text{ s.}$$

Assim, o primeiro instante de tempo em que a força máxima ocorre é $t = 1/12$ s.

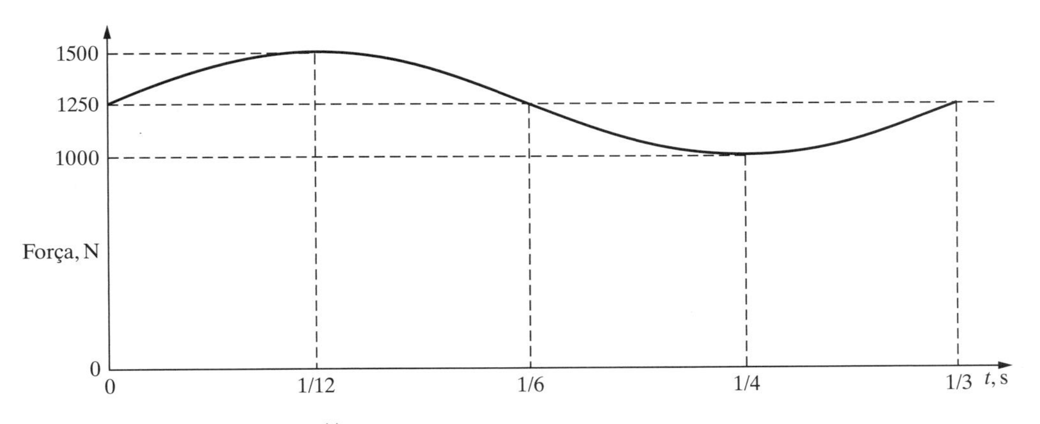


**Figura 6.23** Um ciclo da força $F(t)$.

# EXERCÍCIOS

**6-1** A extremidade de um robô de um membro está posicionada em $\theta = 0$, no tempo $t = 0$, como ilustrado na Fig. E6.1. O robô gasta 1 s para se mover de $\theta = 0$ a $\theta = 2\pi$ rad. Para $l = 5$ polegadas, desenhe o gráfico das coordenadas $x$ e $y$ do robô em função do tempo. Determine a amplitude, frequência, período, ângulo de fase e deslocamento temporal.

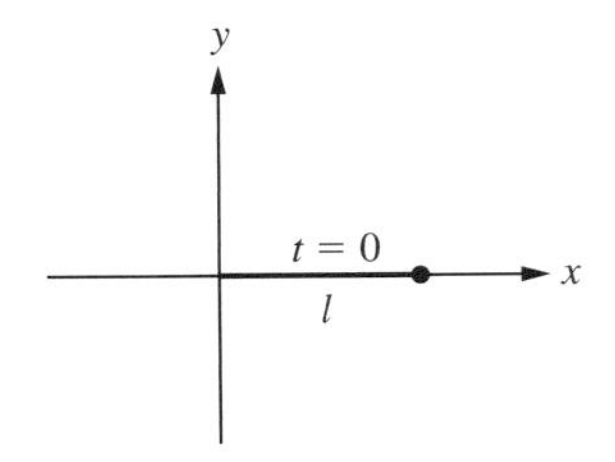


**Figura E6.1** Robô de um membro que gira a partir de $\theta = 0°$.

**6-2** A extremidade de um robô de um membro está posicionada em $\theta = \pi/6$ rad, no tempo $t = 0$, como ilustrado na Fig. E6.2. O robô gasta 2 s para se mover de $\theta = \pi/6$ rad a $\theta = \pi/6 + 2\pi$ rad. Para $l = 10$ polegadas, desenhe o gráfico das coordenadas $x$ e $y$ do robô em função do tempo. Determine a amplitude, frequência, período, ângulo de fase e deslocamento temporal.

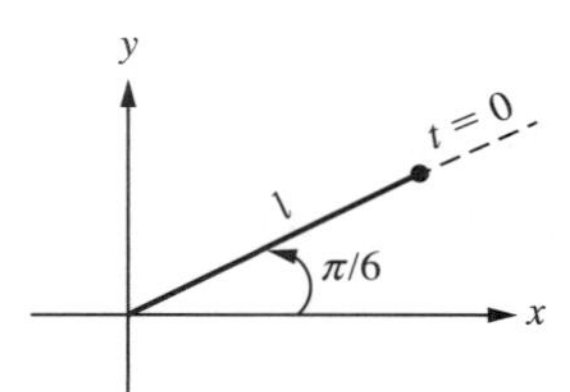


**Figura E6.2** Robô de um membro que gira a partir de $\theta = 30°$.

**6-3** A extremidade de um robô de um membro está posicionada em $\theta = -\pi/4$ rad, no tempo $t = 0$, como ilustrado na Fig. E6.3. O robô gira a uma frequência angular de $2\pi$ rad/s. Para $l = 20$ cm, desenhe o gráfico das coordenadas $x$ e $y$ do robô em função do tempo. Determine a amplitude, frequência, período, ângulo de fase e deslocamento temporal.

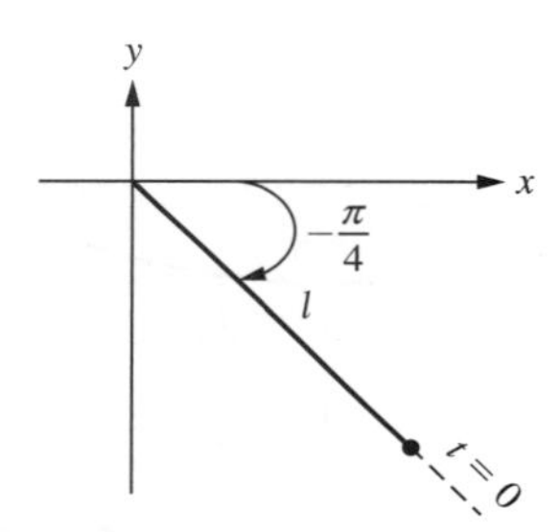


**Figura E6.3** Robô de um membro que gira a partir de $\theta = -45°$.

**6-4** A extremidade de um robô de um membro está posicionada em $\theta = \pi/2$ rad, no tempo $t = 0$, como ilustrado na Fig. E6.4. O robô gasta 4 s para se mover de $\theta = \pi/2$ rad a $\theta = \pi/2 + 2\pi$ rad. Para $l = 10$ cm, desenhe o gráfico das coordenadas $x$ e $y$ em função do tempo. Determine a amplitude, frequência, período, ângulo de fase e deslocamento temporal.

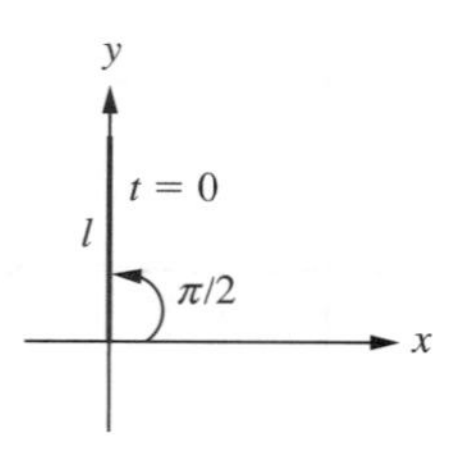


**Figura E6.4** Robô de um membro que gira a partir de $\theta = 90°$.

**6-5** A extremidade de um robô de um membro está posicionada em $\theta = 3\pi/4$ rad, no tempo $t = 0$, como ilustrado na Fig. E6.5. O robô gasta 2 s para se mover de $\theta = 3\pi/4$ rad a $\theta = 3\pi/4 + 2\pi$ rad. Para $l = 15$ cm, desenhe o gráfico das coordenadas $x$ e $y$ em função do tempo. Determine a amplitude, frequência, período, ângulo de fase e deslocamento temporal.

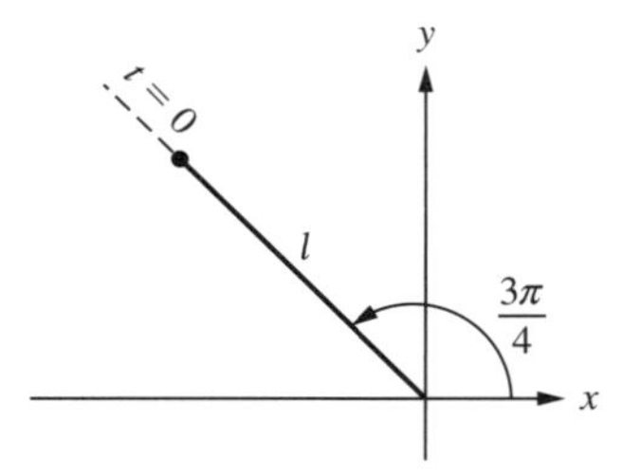


**Figura E6.5** Robô de um membro que gira a partir de $\theta = 135°$.

**6-6** A extremidade de um robô de um membro está posicionada em $\theta = \pi$ rad, no tempo $t = 0$, como ilustrado na Fig. E6.6. O robô gasta 3 s para se mover de $\theta = \pi$ rad a $\theta = 3\pi$ rad. Para $l = 5$ cm, desenhe o gráfico das coordenadas $x$ e $y$ em função do tempo. Determine a amplitude, frequência, período, ângulo de fase e deslocamento temporal.

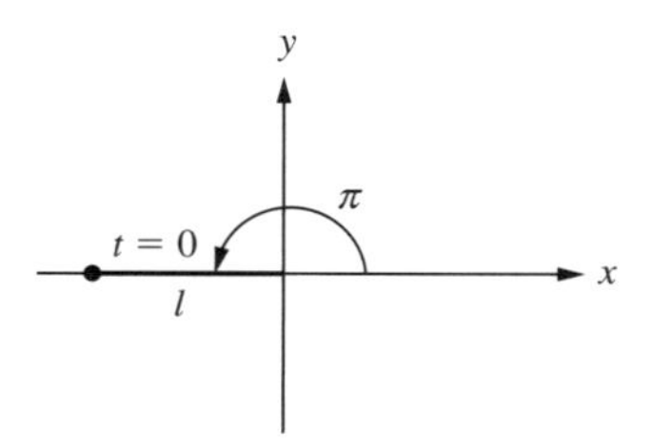


**Figura E6.6** Robô de um membro que gira a partir de $\theta = 180°$.

**6-7** Um sistema mola-massa em movimento senoidal na direção $y$ é ilustrado na Fig. E6.7. Determine a amplitude, período, frequência e ângulo de fase do movimento. Escreva a expressão para $y(t)$.

**6-8** Um sistema mola-massa em movimento senoidal na direção $x$ é ilustrado na Fig. E6.8. Determine a amplitude, período, frequência e ângulo de fase do movimento. Escreva a expressão para $x(t)$.

**6-9** Refaça o Exercício 6-8 para o movimento senoidal mostrado na Fig. E6.9.

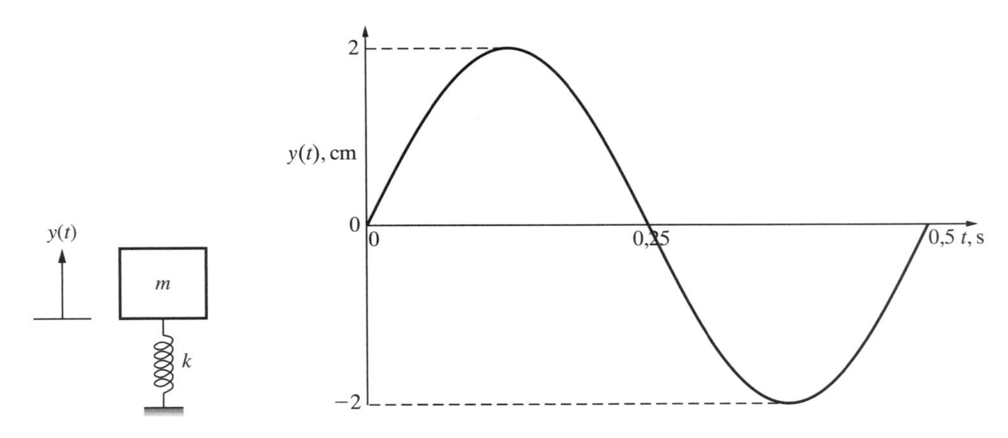


**Figura E6.7** Movimento senoidal de um sistema mola-massa na direção $y$ para o Exercício 6-7.

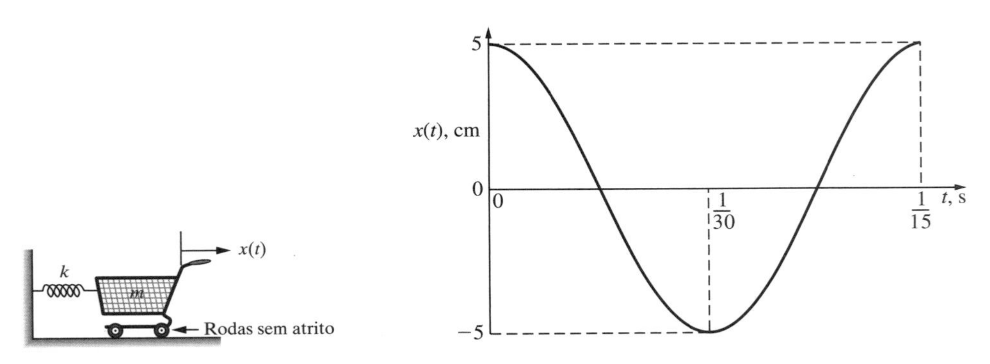


**Figura E6.8** Movimento senoidal de um sistema mola-massa na direção $x$ para o Exercício 6-8.

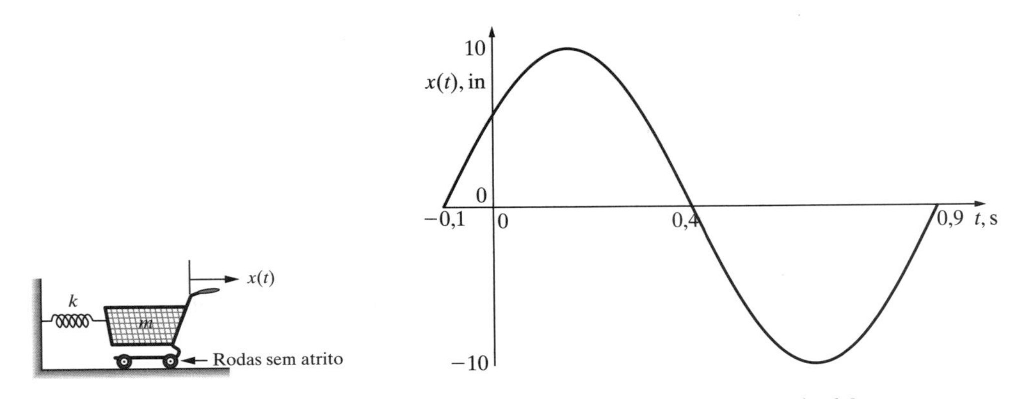


**Figura E6.9** Movimento senoidal de um sistema mola-massa na direção $x$ para o Exercício 6-9.

**6-10** Refaça o Exercício 6-8 para o movimento senoidal mostrado na Fig. E6.10.

**6-11** Um sistema mola-massa é puxado de $x = 10$ cm e liberado. O sistema passa a vibrar em um movimento harmônico simples na direção horizontal; em outras palavras, o sistema viaja para a frente e para trás entre 10 cm e −10 cm. O sistema gasta $\pi/2$ s para completar um ciclo do movimento harmônico. Determine:

(a) A amplitude, a frequência e o período do movimento.

(b) O tempo necessário para o sistema chegar a −10 cm.

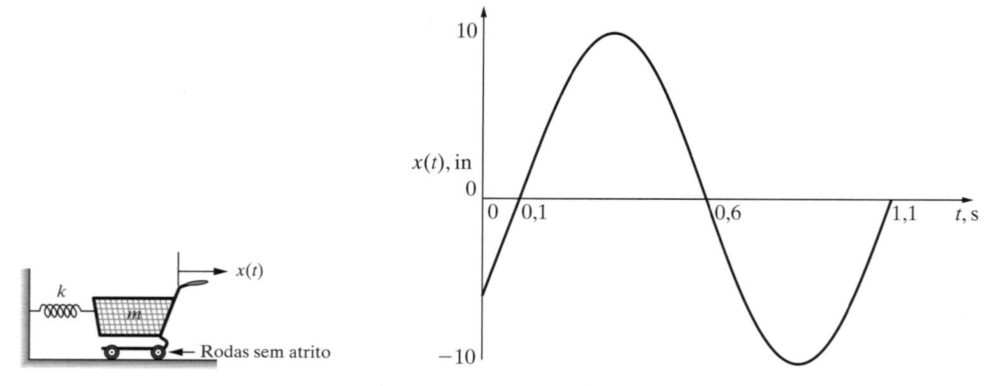


**Figura E6.10** Movimento senoidal de um sistema mola-massa na direção $x$ para o Exercício 6-10.

(c) Desenhe o gráfico de um ciclo de $x(t)$ e nele indique a amplitude, o período e o deslocamento temporal.

**6-12** O sistema mola-massa do Exercício 6-11 é deslocado de –10 cm e leva $\pi/4$ s para completar um ciclo.

Determine:

(a) A amplitude, a frequência e o período do movimento.

(b) O tempo necessário para o sistema alcançar o ponto de equilíbrio (isto é, $x(t) = 0$).

(c) Desenhe o gráfico de um ciclo de $x(t)$ e nele indique a amplitude, o período e o deslocamento temporal.

**6-13** A posição do sistema mola-massa mostrado na Fig. E6.13 é dada por $x(t) = 8 \text{ sen}\left(2\pi t + \frac{\pi}{4}\right)$ cm.

(a) Determine a amplitude, a frequência, o período e o deslocamento temporal da posição da massa.

(b) Calcule o tempo necessário para o sistema alcançar o primeiro deslocamento máximo.

(c) Desenhe o gráfico de um ciclo de $x(t)$ e nele indique a amplitude e o deslocamento temporal.

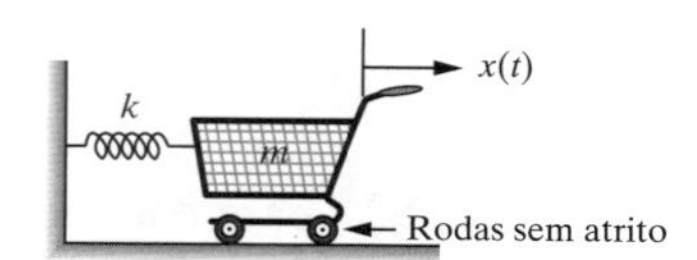


**Figura E6.13** Sistema mola-massa para o Exercício 6-13.

**6-14** A posição do sistema mola-massa mostrado na Fig. E6.13 é dada por $x(t) = 10 \text{ sen}\left(4\pi t - \frac{\pi}{2}\right)$ cm.

(a) Determine a amplitude, a frequência, o período e o deslocamento temporal da posição $x(t)$.

(b) Calcule o tempo necessário para o sistema alcançar $x(t) = 0$ cm e o tempo para chegar a $x(t) = 10$ cm pela primeira vez (após $t = 0$).

(c) Desenhe o gráfico de um ciclo de $x(t)$ e nele indique a amplitude e o deslocamento temporal.

**6-15** A posição do sistema mola-massa mostrado na Fig. E6.13 é dada por $x(t) = 5\cos(\pi t)$ cm.

(a) Determine a amplitude, a frequência e o período do movimento.

(b) Calcule o tempo necessário para o sistema alcançar o primeiro máximo deslocamento negativo (isto é, $x(t) = -5$ cm).

(c) Desenhe o gráfico de um ciclo de $x(t)$ e nele indique a amplitude e o deslocamento temporal.

**6-16** Um pêndulo simples de comprimento $L = 100$ cm é mostrado na Fig. E6.16. O deslocamento angular $\theta(t)$ em radianos é dado por:

$$\theta(t) = 0{,}5 \cos\left(\sqrt{\frac{g}{L}}\, t\right).$$

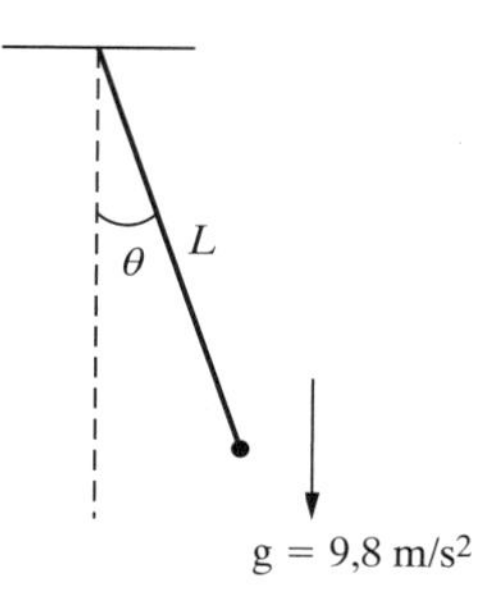


**Figura E6.16** Pêndulo simples.

(a) Determine a amplitude, a frequência e o período da oscilação de $\theta(t)$

(b) Calcule o tempo necessário para o sistema alcançar o primeiro deslocamento angular zero (isto é, $\theta(t) = 0$).

(c) Desenhe o gráfico de um ciclo de $\theta(t)$ e nele indique a amplitude e o período.

**6-17** Refaça o Exercício 6-16 para $L = 10$ polegadas e $\theta(t) = 5\,\text{sen}\left(\sqrt{\frac{g}{L}}t + \frac{\pi}{2}\right)$. Note que $g = 32{,}2$ pés/s$^2$.

**6-18** Uma corrente senoidal $i(t) = 0{,}1\ \text{sen}(100t)$ amperes é aplicada ao circuito RC mostrado na Fig. E6.18. As tensões no resistor e no capacitor são dadas por:

$$v_R(t) = 20\,\text{sen}(100\,t)\ \text{V}$$
$$v_C(t) = -20\cos(100\,t)\ \text{V}$$

em que $t$ está em segundos.

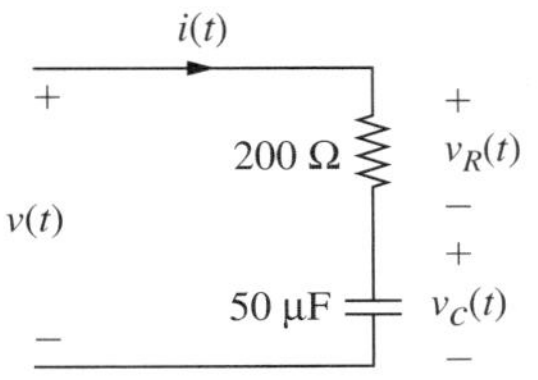


**Figura E6.18** Circuito RC para o Exercício 6-18.

(a) A tensão aplicada no circuito é dada por $v(t) = v_R(t) + v_C(t)$. Escreva $v(t)$ na forma $v(t) = M\,\text{sen}(100t + \theta)$; em outras palavras, determine $M$ e $\theta$.

(b) Seja $v(t) = 28{,}28\ \text{sen}(100t - \frac{\pi}{4})$ volts. Obtenha a amplitude, frequência (em Hz), período (em segundos), ângulo de fase (em graus) e deslocamento temporal (em segundos) da tensão $v(t)$.

(c) Desenhe o gráfico de um ciclo da tensão $v(t) = 28{,}28\ \text{sen}(100t - \frac{\pi}{4})$ e nele indique o primeiro instante de tempo (após $t = 0$) em que a tensão atinge 28,28 V.

**6-19** Uma corrente senoidal $i(t) = 200\cos(120\pi\,t + 14{,}86)$ mA é aplicada ao circuito RC mostrado na Fig. E6.18. As tensões no resistor e no capacitor são dadas por:

$$v_R(t) = 40\cos(120\,\pi t + 14{,}86°)\ \text{V}$$
$$v_C(t) = 10{,}61\cos(120\,\pi t - 75{,}14°)\ \text{V}$$

em que $t$ está em segundos.

(a) A tensão aplicada no circuito é dada por $v(t) = v_R(t) + v_C(t)$. Escreva $v(t)$ na forma $v(t) = M\cos(120\pi\,t + \theta)$; em outras palavras, determine $M$ e $\theta$.

(b) Seja $v(t) = 41{,}38\cos(120\pi\,t)$ volts. Obtenha a amplitude, frequência (em Hz), período (em segundos), ângulo de fase (em graus) e deslocamento temporal (em segundos) da tensão $v(t)$.

(c) Desenhe o gráfico de um ciclo da tensão $v(t) = 41{,}38\cos(120\pi\ t)$ e nele indique o primeiro instante de tempo (após $t = 0$) em que a tensão atinge –41,38 V.

**6-20** A um circuito RL é aplicada uma tensão senoidal de frequência 120 $\pi$ rad/s, como mostrado na Fig. E6.20. A corrente $i(t) = 10\cos(120\pi\ t)$ A flui no circuito. As tensões no resistor e no indutor são dadas, respectivamente, por $v_R(t) = 10\cos(120\pi\,t)$ e $v_L(t) = 12\cos(120\pi\,t + \frac{\pi}{2})$ volts, sendo $t$ em segundos.

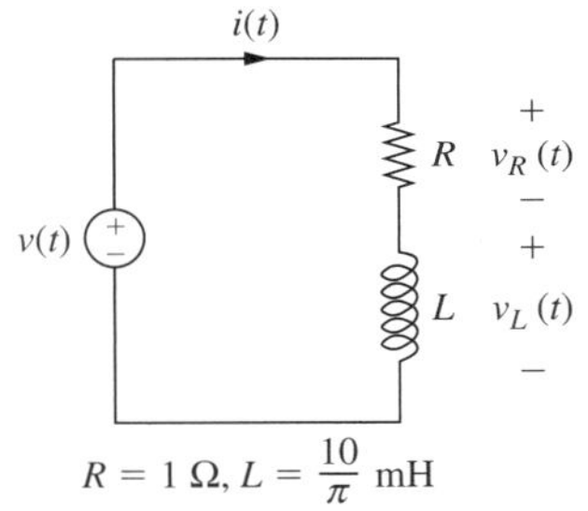


**Figura E6.20** Circuito RL série para o Exercício 6-20.

(a) Obtenha a amplitude, frequência (em Hz), período (em segundos), deslocamento de fase (em graus) e deslocamento temporal (em segundos) da tensão $v_L(t)$.

(b) Desenhe o gráfico de um ciclo da tensão $v_L(t)$ e nele indique o primeiro instante de tempo após $t = 0$ em que a tensão é máxima.

(c) A tensão total no circuito é dada por $v(t) = v_R(t) + v_L(t)$. Escreva $v(t)$ na forma $v(t) = M\cos(120\pi\ t + \theta)$; em outras palavras, determine $M$ e $\theta$.

**6-21** A um circuito RL é aplicada uma tensão senoidal de frequência $20\pi$ rad/s, como mostrado na Fig. E6.20. A corrente $i(t) = 500\ \text{sen}(20\pi\ t)$ mA flui no circuito. As tensões no resistor e no indutor são dadas, respectivamente, por $v_R(t) = 0{,}5\ \text{sen}(20\pi\,t)$ e $v_L(t) = 0{,}1\ \text{sen}(20\pi\,t + \frac{\pi}{2})$ volts, sendo $t$ em segundos.

(a) Obtenha a amplitude, frequência (em Hz), período (em segundos), deslocamento de fase (em graus) e deslocamento temporal (em segundos) da tensão $v_L(t)$.

(b) Desenhe o gráfico de um ciclo da tensão $v_L(t)$ e nele indique o primeiro instante de tempo após $t = 0$ em que a tensão é mínima.

(c) A tensão total no circuito é dada por $v(t) = v_R(t) + v_L(t)$. Escreva $v(t)$ na forma $v(t) = M\cos(20\pi\, t + \theta)$; em outras palavras, determine $M$ e $\theta$.

**6-22** Uma tensão senoidal $v(t) = 10\ \text{sen}(1000t)$ V é aplicada ao circuito RLC mostrado na Fig. E6.22. A corrente $i(t) = 0{,}707\ \text{sen}(1000t + 45°)$ A que flui no circuito produz as seguintes tensões em $R$, $L$ e $C$:

$$v_R(t) = 7{,}07\ \text{sen}(1000\,t + 45°)\ \text{V}$$
$$v_L(t) = 7{,}07\ \text{sen}(1000\,t + 135°)\ \text{V}$$
$$v_C(t) = 14{,}14\ \text{sen}(1000\,t - 45°)\ \text{V}.$$

(a) Obtenha a amplitude, frequência (em Hz), período (em segundos), deslocamento de fase (em radianos) e deslocamento temporal (em ms) da corrente $i(t) = 0{,}707\ \text{sen}(1000t + 45°)$ A.

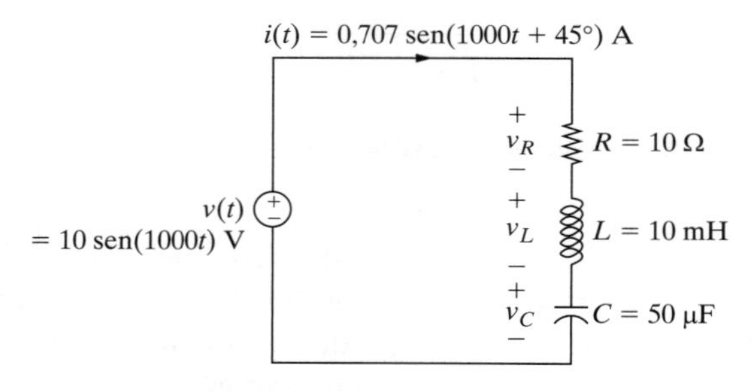


Figura E6.22 Circuito RLC para o Exercício 6-22.

(b) Desenhe o gráfico de um ciclo da corrente $i(t) = 0{,}707\ \text{sen}(1000t + 45°)$ A e nele indique o primeiro instante de tempo (após $t = 0$) em que a corrente é igual a 0,707 A.

(c) Usando identidades trigonométricas, mostre que $v_1(t) = v_R(t) + v_C(t) = 15\ \text{sen}\ 1000t - 5\cos 1000t$.

(d) Escreva $v_1(t)$ obtido na parte (c) na forma $v_1(t) = M\cos(1000t + \theta)$; em outras palavras, determine $M$ e $\theta$.

**6-23** A um circuito RL paralelo é aplicada uma tensão senoidal de frequência $120\pi$ rad/s, como mostrado na Fig. E6.23. As correntes $i_1(t)$ e $i_2(t)$ são dadas por:

$$i_1(t) = 10\,\text{sen}(120\pi t)\ \text{A}$$
$$i_2(t) = 10\,\text{sen}\left(120\pi t - \frac{\pi}{2}\right)\ \text{A}.$$

(a) Dado que $i(t) = i_1(t) + i_2(t)$, escreva $i(t)$ na forma $i(t) = M\ \text{sen}(120\pi\, t + \theta)$; em outras palavras, determine $M$ e $\theta$.

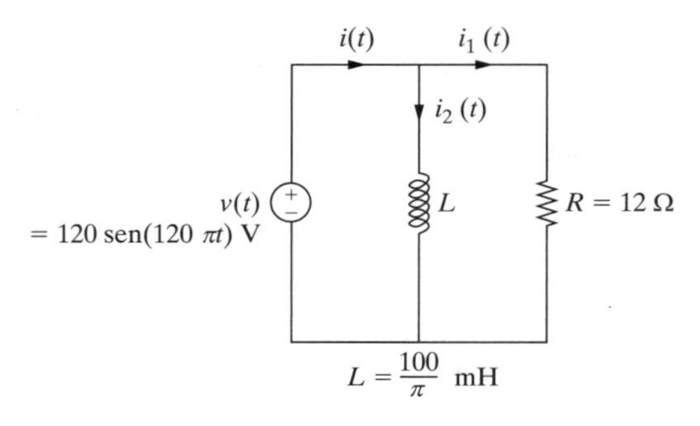


Figura E6.23 Circuito RL paralelo para o Exercício 6-23.

(b) Seja $i(t) = 14{,}14\ \text{sen}(120\pi\, t - \frac{\pi}{4})$ A. Determine a amplitude, frequência (em Hz), período (em segundos), deslocamento de fase (em graus) e deslocamento temporal (em segundos) de $i(t)$.

(c) Com base em seus resultados para a parte (b), desenhe o gráfico de um ciclo da corrente $i(t)$ e nele indique claramente o primeiro instante de tempo após $t = 0$ em que a corrente alcança seu valor máximo.

**6-24** A um circuito RL paralelo é aplicada uma tensão senoidal de frequência $10\pi$ rad/s, como mostrado na Fig. E6.24. As correntes $i_1(t)$ e $i_2(t)$ são dadas por:

$$i_1(t) = 100\cos(10\pi t)\ \text{mA}$$
$$i_2(t) = 100\ \text{sen}(10\pi t)\ \text{mA}.$$

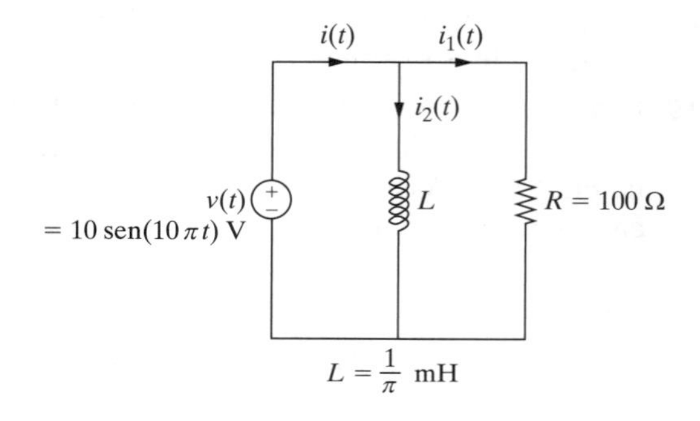


Figura E6.24 Circuito RL paralelo para o Exercício 6-24.

(a) Dado que $i(t) = i_1(t) + i_2(t)$, escreva $i(t)$ na forma $i(t) = M\ \text{sen}(10\pi t + \theta)$; em outras palavras, determine $M$ e $\theta$.

(b) Seja $i(t) = 0{,}1414\ \text{sen}(10\pi t + \frac{\pi}{4})$ mA. Determine a amplitude, frequência (em Hz), período (em segundos), deslocamento de fase (em graus) e deslocamento temporal (em segundos) de $i(t)$.

(c) Com base em seus resultados para a parte (b), desenhe o gráfico de um ciclo da corrente $i(t)$ e nele indique claramente o primeiro instante de tempo após $t = 0$ em que a corrente alcança seu valor máximo.

**6-25** Considere o circuito RC representado na Fig. E6.25, no qual as correntes são $i_1(t) = 2\ \text{sen}(120\pi t)$ A e $i_2(t) = 2\sqrt{3}\ \text{sen}(120\pi t + \frac{\pi}{2})$ A.

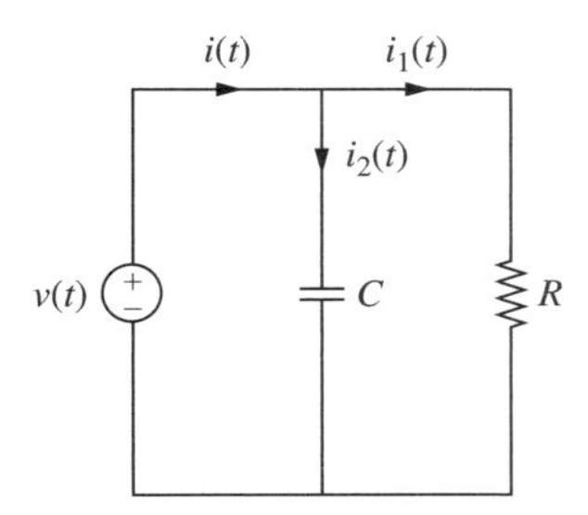


**Figura E6.25** Circuito RC paralelo para o Exercício 6-25.

(a) Dado que $i(t) = i_1(t) + i_2(t)$, escreva $i(t)$ na forma $i(t) = M\ \text{sen}(120\pi t + \phi)$ A; em outras palavras, determine $M$ e $\phi$.

(b) Seja $i(t) = 4\ \text{sen}(120\pi t + \frac{\pi}{3})$ A. Determine a amplitude, frequência (em Hz), período (em segundos), deslocamento de fase (em graus) e deslocamento temporal (em segundos) de $i(t)$.

(c) Com base em seus resultados para a parte (b), desenhe o gráfico de um ciclo da corrente $i(t)$ e nele indique claramente o primeiro instante de tempo após $t = 0$ em que a corrente alcança seu valor máximo.

**6-26** Considere o circuito RC mostrado na Fig. E6.25, no qual as correntes são $i_1(t) = 100\cos(100\pi t + \frac{\pi}{4})$ mA e $i_2(t) = 500\cos(100\pi t + \frac{3\pi}{4})$ mA.

(a) Dado que $i(t) = i_1(t) + i_2(t)$, escreva $i(t)$ na forma $i(t) = M\ \text{sen}(100\pi t + \phi)$ A; em outras palavras, determine $M$ e $\phi$.

(b) Seja $i(t) = 0{,}51\ \text{sen}(100\pi t + 146{,}3°)$ A. Determine a amplitude, frequência (em Hz), período (em segundos), deslocamento de fase (em graus) e deslocamento temporal (em segundos) de $i(t)$.

(c) Com base em seus resultados para a parte (b), desenhe o gráfico de um ciclo da corrente $i(t)$ e nele indique claramente o primeiro instante de tempo após $t = 0$ em que a corrente alcança seu valor máximo.

**6-27** Duas tensões $v_1(t) = 10\ \text{sen}(100\pi t - 45°)$ V e $v_2(t) = 10\ \text{sen}(100\pi t)$ V são aplicadas ao circuito Amp-Op ilustrado na Fig. E6.27.

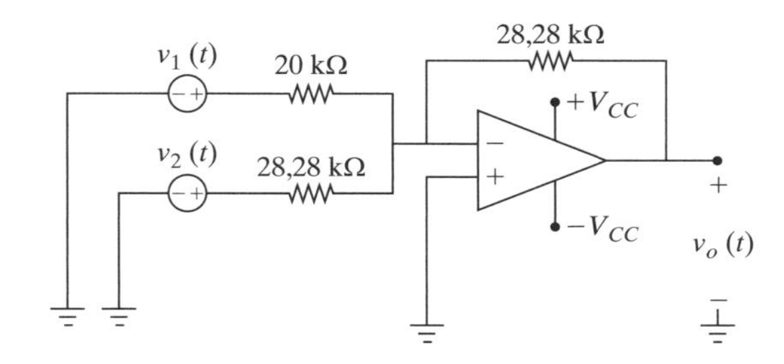


**Figura E6.27** Circuito Amp-Op para o Exercício 6-27.

(a) Determine a amplitude, frequência (em Hz), período (em segundos), deslocamento de fase (em radianos) e deslocamento temporal (em segundos) da tensão $v_1(t)$.

(b) Desenhe o gráfico de um ciclo da tensão $v_1(t)$ e nele indique claramente o primeiro instante de tempo após $t = 0$ em que a tensão é igual a 10 V.

(c) A tensão de saída $v_o(t)$ é dada por $v_o(t) = -(\sqrt{2}v_1(t) + v_2(t))$. Escreva $v_o(t)$ na forma $v_o(t) = M\cos(100\pi t + \theta°)$ A; em outras palavras, determine $M$ e $\theta$.

**6-28** Refaça o Exercício 6-27 para $v_1(t) = 10\cos(100\pi t + 90°)$ V e $v_2(t) = 3\ \text{sen}(100\pi t + \frac{\pi}{4})$ V.

**6-29** Duas tensões $v_1(t) = 10\ \text{sen}(500\pi t - \frac{3\pi}{4})$ V e $v_2(t) = 5\ \text{sen}(500\pi t)$ V são aplicadas ao circuito Amp-Op representado na Fig. E6.29.

(a) Obtenha a amplitude, frequência (em Hz), período (em segundos), ângulo de fase ou deslocamento de fase (em radianos) e deslocamento temporal (em segundos) da tensão $v_1(t)$.

(b) Desenhe o gráfico de um ciclo da tensão $v_1(t)$ e nele indique claramente o primeiro instante de tempo após $t = 0$ em que a tensão é igual a $10\sqrt{2}$ V.

(c) A tensão de saída $v_o(t)$ é dada por $v_o(t) = v_1(t) + v_2(t)$. Escreva $v_o(t)$ na forma $v_o(t) =$

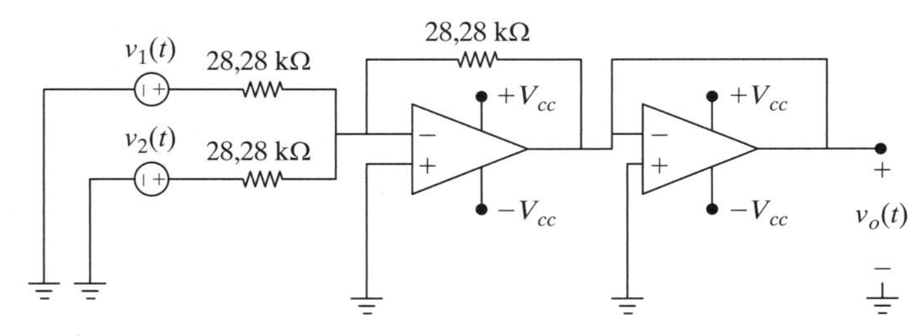


**Figura E6.29** Circuito Amp-Op para o Exercício 6-29.

$M$ sen$(500\pi\ t + \theta)$ (ou seja, determine $M$ e $\theta$).

**6-30** Um par de molas e massas vibra em movimento harmônico simples, como ilustrado na Fig. E6.30. As posições das massas em polegadas são dadas por $y_1(t) = 5\sqrt{2}\ \cos(2\pi\ t + \frac{\pi}{4})$ e $y_2(t) = 10\cos(2\pi\ t)$, com $t$ em segundos.

(a) Obtenha a amplitude, frequência (em Hz), período (em segundos), deslocamento de fase (em graus) e deslocamento temporal (em segundos) da posição $y_1(t)$ da primeira massa.

(b) Desenhe o gráfico de um ciclo da posição $y_1(t)$ e nele indique claramente o primeiro instante de tempo após $t = 0$ em que a posição é zero.

(c) A distância vertical entre as duas massas é dada por $\delta(t) = y_1(t) - y_2(t)$. Escreva $\delta(t)$ na forma $\delta(t) = M$ sen$(2\pi\, t + \theta°)$; em outras palavras, determine $M$ e $\theta$.

**6-31** Sejam as posições das massas no Exercício 6-30 dadas por

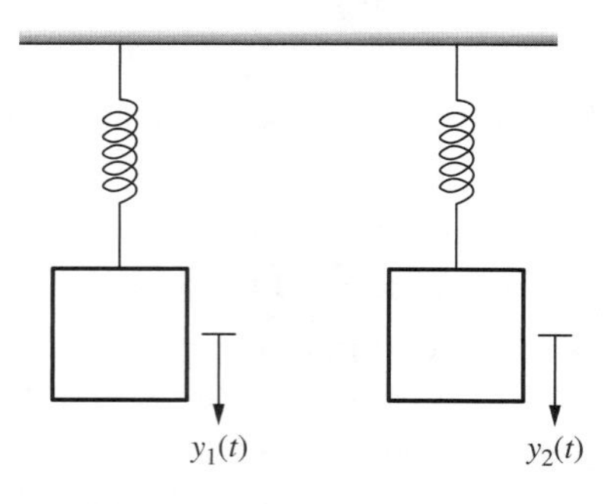


**Figura E6.30** Par de molas e massas para o Exercício 6-30.

$y_1(t) = 8$ sen$(4\pi\, t + \frac{\pi}{3})$ e $y_2(t) = 6\cos(4\pi\, t)$, com $t$ em segundos.

(a) Obtenha a amplitude, frequência (em Hz), período (em segundos), deslocamento de fase (em graus) e deslocamento temporal (em segundos) da posição $y_1(t)$ da primeira massa.

(b) Desenhe o gráfico de um ciclo da posição $y_1(t)$ e nele indique claramente o primeiro instante de tempo após $t = 0$ em que a posição é zero.

(c) Escreva $\delta(t) = y_1(t) - y_2(t)$ na forma $\delta(t) = M\cos(2\pi\ t + \theta°)$; em outras palavras, determine $M$ e $\theta$.

**6-32** Duas massas oscilantes são conectadas por uma mola, como ilustrado na Fig. E6.32. As posições das massas em polegadas são dadas por $x_1(t) = 5\sqrt{2}\cos(2\pi\ t + \frac{\pi}{4})$ e $x_2(t) = 10\cos(2\pi\ t)$, com $t$ em segundos.

(a) Obtenha a amplitude, frequência (em Hz), período (em segundos), deslocamento de fase (em graus) e deslocamento temporal (em segundos) da posição $x_1(t)$ da primeira massa.

(b) Desenhe o gráfico de um ciclo da posição $x_1(t)$ e nele indique claramente o primeiro instante de tempo após $t = 0$ em que a posição é zero.

(c) O alongamento da mola é dado por $\delta(t) = x_2(t) - x_1(t)$. Escreva $\delta(t)$ na forma $\delta(t) = M$ sen$(2\pi\, t + \phi)$; em outras palavras, determine $M$ e $\phi$.

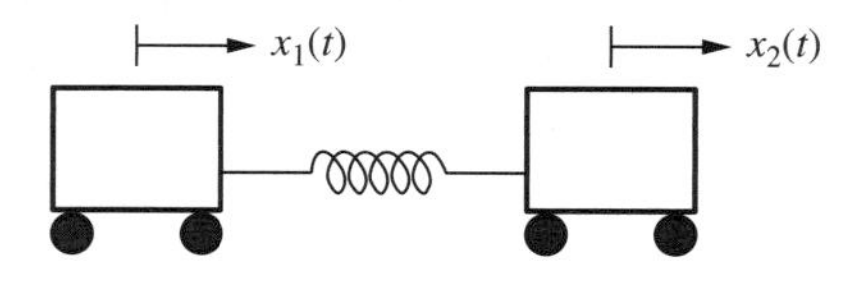


**Figura E6.32** Duas massas oscilantes para o Exercício 6-32.

**6-33** Sejam as posições das duas massas no Exercício 6-31 dadas por $x_1(t) = 8$ sen$(4\pi\ t + \frac{\pi}{4})$ e $x_2(t) = 16\cos(4\pi\ t)$, com $t$ em segundos.

(a) Determine a amplitude, frequência (em Hz), período (em segundos), deslocamento de fase (em graus) e deslocamento temporal (em segundos) da posição $x_1(t)$ da primeira massa.

(b) Desenhe o gráfico de um ciclo da posição $x_1(t)$ e nele indique claramente o primeiro instante de tempo após $t = 0$ em que a posição é zero.

(c) Escreva $\delta(t) = x_2(t) - x_1(t)$ na forma $\delta(t) = M \cos(4\pi t + \phi)$; em outras palavras, determine $M$ e $\phi$.

**6-34** Uma empresa de manufatura tem um aquecedor e o motor de uma esteira rolante ligados na mesma tomada de 220 V, como ilustrado na Fig. E6.34. As tensões no aquecedor e no motor são dadas, respectivamente, por $V_A(t) = 66 \cos(120\pi t)$ V e $V_M(t) = 180 \cos(120\pi t + \frac{\pi}{3})$ V, com $t$ em segundos.

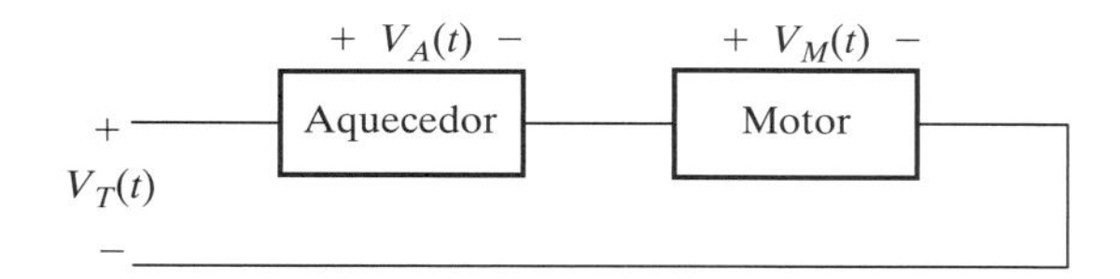


**Figura E6.34** Motor de esteira rolante e aquecedor ligados à mesma tomada de 220 V.

(a) Obtenha a amplitude, frequência (em Hz), período (em segundos), ângulo de fase (em graus) e deslocamento temporal (em segundos) da tensão no motor $V_M(t)$.

(b) Desenhe o gráfico de um ciclo da tensão no motor $V_M(t)$ e nele indique claramente o primeiro instante de tempo em que a tensão é máxima.

(c) Escreva tensão $V_M(t)$ na forma $V_M(t) = A \operatorname{sen}(120\pi t) + B \cos(120\pi t)$ (ou seja, determine $A$ e $B$).

(d) A tensão total é $V_T(t) = V_A(t) + V_M(t)$. Escreva $V_T(t)$ na forma $V_T(t) = V \cos(120\pi t + \theta)$ (ou seja, determine $V$ e $\theta$).

**6-35** Refaça o Exercício 6-34 para $V_A(t) = 100 \operatorname{sen}(120\pi t)$ V e $V_M(t) = 64 \operatorname{sen}(120\pi t + 70°)$ V.

**6-36** No circuito trifásico mostrado na Fig. E6-36, $v_{ab}(t) = v_{an}(t) - v_{bn}(t)$, em que $v_{an}(t) = 120 \operatorname{sen}(120\pi t)$ V e $v_{bn}(t) = 120 \operatorname{sen}(120\pi t - 120°)$ V são as tensões linha-neutro, e $v_{ab}$ é a tensão linha-linha do sistema trifásico.

(a) Determine a amplitude, frequência (em Hz), período (em segundos), ângulo de fase (em graus) e deslocamento temporal (em segundos) da tensão $v_{bn}(t)$.

(b) Desenhe o gráfico de um ciclo da tensão linha-neutro $v_{bn}(t)$ e nele indique claramente o primeiro instante de tempo em que a tensão é máxima.

(c) Escreva tensão linha-linha $v_{ab}(t)$ na forma $v_{ab}(t) = A \operatorname{sen}(120\pi t) + B \cos(120\pi t)$ (ou seja, determine $A$ e $B$).

(d) Escreva $v_{ab}(t)$ na forma $v_{ab}(t) = V \cos(120\pi t + \theta)$ (ou seja, determine $V$ e $\theta$).

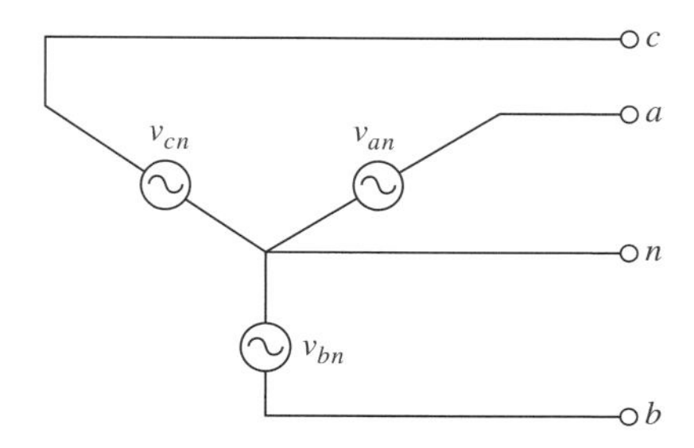


**Figura E6.36** Circuito trifásico balanceado.

**6-37** No circuito trifásico ilustrado na Fig. E6.36, $v_{bc}(t) = v_{bn}(t) - v_{cn}(t)$, em que $v_{bn}(t) = 120 \operatorname{sen}(120\pi t - 120°)$ V e $v_{cn}(t) = 120 \operatorname{sen}(120\pi t + 120°)$ V são as tensões linha-neutro, e $v_{bc}$ é a tensão linha-linha do sistema trifásico.

(a) Determine a amplitude, frequência (em Hz), período (em segundos), ângulo de fase (em graus) e deslocamento temporal (em segundos) da tensão $v_{bn}(t)$.

(b) Desenhe o gráfico de um ciclo da tensão linha-neutro $v_{cn}(t)$ e nele indique claramente o primeiro instante de tempo em que a tensão é máxima.

(c) Escreva tensão linha-linha $v_{bc}(t)$ na forma $v_{bc}(t) = A \operatorname{sen}(120\pi t) + B \cos(120\pi t)$ (ou seja, determine $A$ e $B$).

(d) Escreva $v_{bc}(t)$ na forma $v_{bc}(t) = V \cos(120\pi t + \theta)$ (ou seja, determine $V$ e $\theta$).

**6-38** No circuito trifásico ilustrado na Fig. E6.36, $v_{ca}(t) = v_{cn}(t) - v_{an}(t)$, em que $v_{cn}(t) = 120 \operatorname{sen}(120\pi t + 120°)$ V e $v_{an}(t) = 120 \cos(120\pi t - 90°)$ V são as tensões linha-neutro, e $v_{ca}$ é a tensão linha-linha do sistema trifásico.

(a) Escreva a amplitude, frequência (em Hz), período (em segundos), ângulo de fase (em graus) e deslocamento temporal (em segundos) da tensão $v_{an}(t)$.

(b) Desenhe o gráfico de um ciclo da tensão linha-neutro $v_{an}(t)$ e nele indique claramente o primeiro instante de tempo em que a tensão chega a 60 V.

(c) Escreva tensão linha-linha $v_{ca}(t)$ na forma $v_{ca}(t) = A\ \text{sen}(120\pi\ t) + B \cos(120\pi\ t)$ (ou seja, determine $A$ e $B$).

(d) Escreva $v_{ca}(t)$ na forma $v_{ca}(t) = V \cos(120\pi\ t + \theta)$ (ou seja, determine $V$ e $\theta$).

**6-39** Em um teste de fatiga, o implante de quadril mostrado na Fig. E6.39 é submetido a uma carga cíclica. A carga aplicada ao implante é dada por:

$$F(t) = 200\ \text{sen}(5\ \pi\ t) + 1000\ \text{N}$$

(a) Determine a amplitude, frequência (em Hz), período (em segundos), ângulo de fase (em graus), deslocamento temporal (em segundos) e deslocamento vertical (em N) do perfil de carga.

(b) Desenhe o gráfico de um ciclo $F(t)$ e nele indique claramente o primeiro instante de tempo em que a força atinge seu valor máximo.

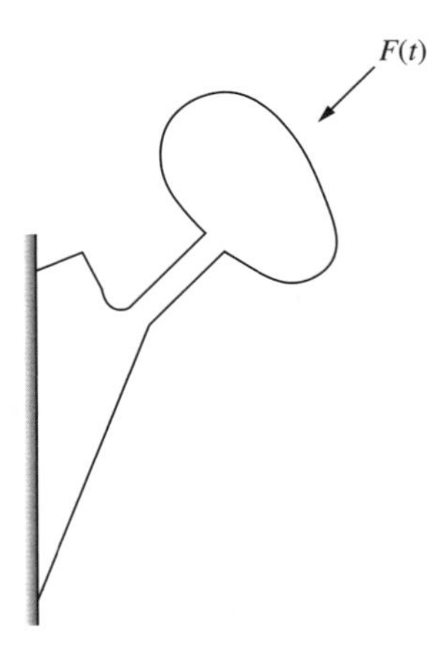


**Figura E6.39** Implante de quadril sujeito a uma carga cíclica.

**6-40** Refaça o Exercício 6-39 para $F(t) = 15\ \text{sen}(10\pi\ t) + 75$ N.

# Sistemas de Equações na Engenharia

CAPÍTULO 7

## 7.1 INTRODUÇÃO

A solução de um sistema de equações lineares é um assunto importante em todos os ramos da engenharia. Neste capítulo, resolveremos sistemas de equações 2 × 2 usando quatro métodos distintos: método da substituição, método gráfico, método da álgebra matricial e regra de Cramer. Assumimos que o aluno tenha familiaridade com os métodos da substituição e gráfico, do curso de álgebra do ensino médio. Explicaremos o método da álgebra matricial e a regra de Cramer em detalhe. Neste capítulo, nosso objetivo é capacitar os alunos a resolverem sistemas de equações encontrados em cursos iniciais do currículo de engenharia, como física, estática, dinâmica e análise de circuitos DC. Embora os exemplos apresentados sejam limitados a sistemas de equações 2 × 2, a abordagem da álgebra matricial é aplicável a sistemas lineares com um número qualquer de incógnitas e é adequado a implementação imediata em MATLAB.

## 7.2 SOLUÇÃO DE UM CIRCUITO DE DUAS MALHAS

Consideremos o circuito resistivo de duas malhas ilustrado na Fig. 7.1, em que as correntes $I_1$ e $I_2$ são desconhecidas. Usando uma combinação da lei de tensão de Kirchhoff (LTK) e da lei de Ohm, um sistema de duas equações com duas incógnitas $I_1$ e $I_2$ pode ser obtido como:

$$10\,I_1 + 4\,I_2 = 6 \tag{7.1}$$

$$12\,I_2 + 4\,I_1 = 9. \tag{7.2}$$

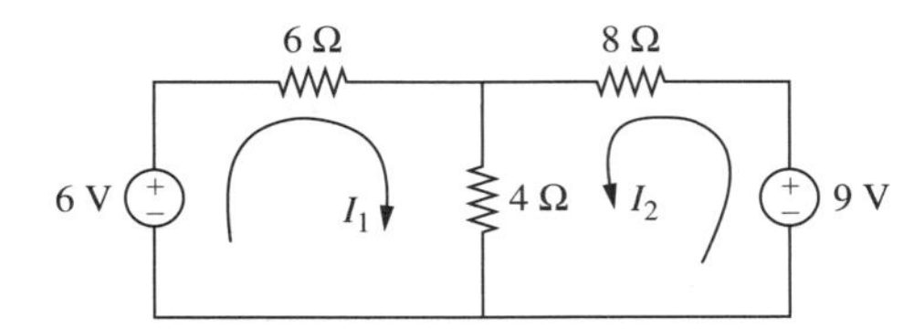


Figura 7.1 Circuito resistivo de duas malhas.

As equações (7.1) e (7.2) representam um sistema de equações para $I_1$ e $I_2$, que pode ser resolvido por quatro métodos distintos, como delineado a seguir:

1. **Método da Substituição:** Resolvendo a equação (7.1) para a primeira variável $I_1$, obtemos:

$$10\,I_1 = 6 - 4\,I_2$$

$$I_1 = \frac{6 - 4\,I_2}{10}. \tag{7.3}$$

A corrente $I_2$ pode, agora, ser calculada com a substituição de $I_1$ da equação (7.3) na equação (7.2):

$$12\,I_2 + 4\left(\frac{6-4\,I_2}{10}\right) = 9$$
$$12\,I_2 + 2{,}4 - 1{,}6\,I_2 = 9$$
$$10{,}4\,I_2 = 6{,}6$$
$$I_2 = \frac{6{,}6}{10{,}4}$$
$$I_2 = 0{,}6346 \text{ A}. \qquad (7.4)$$

A corrente $I_1$ é, por fim, calculada com a substituição do valor da segunda variável $I_2$ da equação (7.4) na equação (7.3):

$$I_1 = \frac{6-4(0{,}6346)}{10}$$
$$I_1 = 0{,}3462 \text{ A}.$$

Portanto, a solução do sistema de equações (7.1) e (7.2) é dada por:

$$(I_1, I_2) = (0{,}3462 \text{ A}, 0{,}6346 \text{ A}).$$

2. **Método Gráfico:** Começamos assumindo que $I_1$ seja a variável independente e $I_2$, a variável dependente. Resolvendo a equação (7.1) para a variável dependente $I_2$, temos:

$$10\,I_1 + 4\,I_2 = 6$$
$$4\,I_2 = -10\,I_1 + 6$$
$$I_2 = -\frac{5}{2}I_1 + \frac{3}{2}. \qquad (7.5)$$

De modo similar, resolvendo a equação (7.2) para $I_2$, obtemos:

$$4\,I_1 + 12\,I_2 = 9$$
$$12\,I_2 = -4\,I_1 + 9$$
$$I_2 = -\frac{1}{3}I_1 + \frac{3}{4}. \qquad (7.6)$$

As equações (7.5) e (7.6) são equações lineares da forma $y = m\,x + b$. A solução simultânea das equações (7.5) e (7.6) é o ponto de intersecção das duas retas. O gráfico das duas retas, incluindo o ponto de intersecção, é mostrado na Fig. 7.2. O ponto de intersecção $(I_1, I_2) \approx (0{,}35 \text{ A}, 0{,}63 \text{ A})$ é a solução do sistema de equações $2 \times 2$ das equações (7.1) e (7.2).

Notemos que o método gráfico fornece apenas resultados aproximados; por conseguinte, este método não é, em geral, usado quando há necessidade de um resultado preciso. Ademais, se as duas retas não se cruzarem, uma das duas possibilidades pode ocorrer:

(i) As duas retas são paralelas (mesma inclinação, mas diferentes pontos de cruzamento em $y$) e o sistema de equações não tem solução.

(ii) As duas retas são paralelas com igual inclinação e ponto de cruzamento em $y$ (uma reta está sobre a outra; são a mesma reta) e o sistema de equações tem infinitas soluções. Neste caso, as duas equações são dependentes (ou seja, uma equação pode ser obtida com a efetuação de operações lineares na outra equação).

3. **Método da Álgebra Matricial:** O método da álgebra matricial também pode ser usado para resolver o sistema de equações dado pelas equações (7.1) e (7.2). Reescrevendo o sistema de equações (7.1) e (7.2) de modo que as duas variáveis estejam alinhadas, temos:

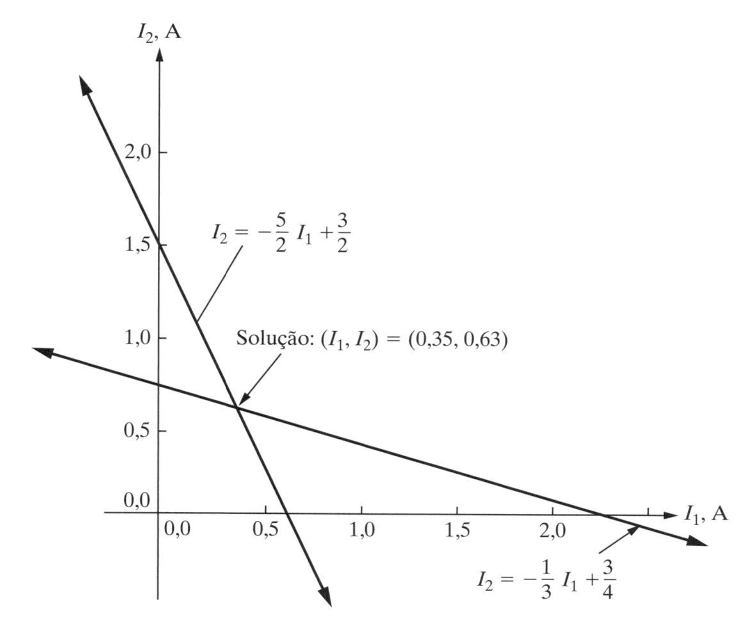


**Figura 7.2** Gráfico do sistema de equações 2 × 2 das equações (7.1) e (7.2).

$$10\,I_1 + 4\,I_2 = 6 \tag{7.7}$$

$$4\,I_1 + 12\,I_2 = 9. \tag{7.8}$$

Escrevendo as equações (7.7) e (7.8) na forma matricial, obtemos:

$$\begin{bmatrix} 10 & 4 \\ 4 & 12 \end{bmatrix} \begin{bmatrix} I_1 \\ I_2 \end{bmatrix} = \begin{bmatrix} 6 \\ 9 \end{bmatrix}. \tag{7.9}$$

A equação (7.9) tem a forma $\mathbf{A\,x = b}$, em que

$$\mathbf{A} = \begin{bmatrix} 10 & 4 \\ 4 & 12 \end{bmatrix} \tag{7.10}$$

é uma matriz de coeficientes 2 × 2,

$$\mathbf{x} = \begin{bmatrix} I_1 \\ I_2 \end{bmatrix} \tag{7.11}$$

é uma matriz 2 × 1 (vetor-coluna) de incógnitas, e

$$\mathbf{b} = \begin{bmatrix} 6 \\ 9 \end{bmatrix} \tag{7.12}$$

é uma matriz de 2 × 1 no lado direito (LD) da equação (7.9). Para qualquer sistema da forma $\mathbf{A\,x = b}$, a solução é dada por:

$$\mathbf{x = A^{-1}\,b}$$

em que $\mathbf{A}^{-1}$ é a inversa da matriz $\mathbf{A}$. Para um sistema de equações 2 × 2 com

$$\mathbf{A} = \begin{bmatrix} a & b \\ c & d \end{bmatrix},$$

a inversa da matriz **A** é dada por:

$$A^{-1} = \frac{1}{\Delta}\begin{bmatrix} d & -b \\ -c & a \end{bmatrix}$$

em que $\Delta = |\mathbf{A}|$ é o determinante da matriz **A**, dado por:

$$\begin{aligned}\Delta &= \begin{vmatrix} a & b \\ c & d \end{vmatrix} \\ &= a\,d - b\,c.\end{aligned}$$

Notemos que, se $\Delta = |\mathbf{A}| = 0$, $\mathbf{A}^{-1}$ não existe. Em outras palavras, neste caso, o sistema de equações $\mathbf{A}\,\mathbf{x} = \mathbf{b}$ não tem solução. Para o problema do circuito de duas malhas, temos:

$$\begin{aligned}\mathbf{A} &= \begin{bmatrix} 10 & 4 \\ 4 & 12 \end{bmatrix} \\ &= \begin{bmatrix} a & b \\ c & d \end{bmatrix}.\end{aligned}$$

A inversa da matriz **A** é dada por:

$$\begin{aligned}\mathbf{A}^{-1} &= \frac{1}{\Delta}\begin{bmatrix} d & -b \\ -c & a \end{bmatrix} \\ &= \frac{1}{\Delta}\begin{bmatrix} 12 & -4 \\ -4 & 10 \end{bmatrix}\end{aligned}$$

com $\Delta = |\mathbf{A}| = a\,d - c\,b = (10)(12) - (4)(4) = 104$. Portanto, a inversa da matriz pode ser calculada como:

$$\begin{aligned}\mathbf{A}^{-1} &= \frac{1}{104}\begin{bmatrix} 12 & -4 \\ -4 & 10 \end{bmatrix} \\ &= \begin{bmatrix} \frac{3}{26} & -\frac{1}{26} \\ -\frac{1}{26} & \frac{5}{52} \end{bmatrix}.\end{aligned} \tag{7.13}$$

A solução do sistema de equações $\mathbf{x} = \begin{bmatrix} I_1 \\ I_2 \end{bmatrix}$ pode, agora, ser obtida multiplicando $A^{-1}$ (dada na equação (7.13)) pela matriz-coluna $b$ (dada na equação (7.12)):

$$\begin{aligned}\mathbf{x} &= \mathbf{A}^{-1}\,\mathbf{b} \\ \begin{bmatrix} I_1 \\ I_2 \end{bmatrix} &= \begin{bmatrix} \frac{3}{26} & -\frac{1}{26} \\ -\frac{1}{26} & \frac{5}{52} \end{bmatrix}\begin{bmatrix} 6 \\ 9 \end{bmatrix} \\ &= \begin{bmatrix} \frac{3}{26}(6) + \left(-\frac{1}{26}\right)(9) \\ \left(-\frac{1}{26}\right)(6) + \left(\frac{5}{52}\right)(9) \end{bmatrix} \\ &= \begin{bmatrix} \frac{18-9}{26} \\ \frac{-12+45}{52} \end{bmatrix} \\ &= \begin{bmatrix} 0{,}3462 \\ 0{,}6346 \end{bmatrix}.\end{aligned}$$

A solução do sistema de equações (7.1) e (7.2) é, portanto, dada por:

$$(I_1, I_2) = (0{,}3462\text{A}, 0{,}6346\text{A}).$$

4. **Regra de Cramer:** Para um sistema de equações **Ax** = **b**, a solução é dada por:

$$x_1 = \frac{|A_1|}{|A|},\quad x_2 = \frac{|A_2|}{|A|}, \ldots x_i = \frac{|A_i|}{|A|}$$

em que $|\mathbf{A}_i|$ é obtido substituindo a *i*-ésima coluna da matriz **A** pelo vetor-coluna **b**. Escrevendo o sistema de equações 2 × 2:

$$a_{11}\,x_1 + a_{12}\,x_2 = b_1$$
$$a_{21}\,x_1 + a_{22}\,x_2 = b_2$$

na forma matricial

$$\begin{bmatrix} a_{11} & a_{12} \\ a_{21} & a_{22} \end{bmatrix} \begin{bmatrix} x_1 \\ x_2 \end{bmatrix} = \begin{bmatrix} b_1 \\ b_2 \end{bmatrix},$$

a regra de Cramer fornece a solução do sistema de equações como:

$$x_1 = \frac{\begin{vmatrix} b_1 & a_{12} \\ b_2 & a_{22} \end{vmatrix}}{\begin{vmatrix} a_{11} & a_{12} \\ a_{21} & a_{22} \end{vmatrix}} = \frac{a_{22}\,b_1 - a_{12}\,b_2}{a_{11}\,a_{22} - a_{12}\,a_{21}},$$

$$x_2 = \frac{\begin{vmatrix} a_{11} & b_1 \\ a_{21} & b_2 \end{vmatrix}}{\begin{vmatrix} a_{11} & a_{12} \\ a_{21} & a_{22} \end{vmatrix}} = \frac{a_{11}\,b_2 - a_{21}\,b_1}{a_{11}\,a_{22} - a_{12}\,a_{21}}.$$

Para o circuito de duas malhas, o sistema de equações 2 × 2 é:

$$\begin{bmatrix} 10 & 4 \\ 4 & 12 \end{bmatrix} \begin{bmatrix} I_1 \\ I_2 \end{bmatrix} = \begin{bmatrix} 6 \\ 9 \end{bmatrix}.$$

Usando a regra de Cramer, as correntes $I_1$ e $I_2$ são calculadas como:

$$I_1 = \frac{\begin{vmatrix} 6 & 4 \\ 9 & 12 \end{vmatrix}}{\begin{vmatrix} 10 & 4 \\ 4 & 12 \end{vmatrix}} = \frac{6(12) - 9(4)}{10(12) - 4(4)} = \frac{36}{104} = 0{,}3462 \text{ A},$$

$$I_2 = \frac{\begin{vmatrix} 10 & 6 \\ 4 & 9 \end{vmatrix}}{\begin{vmatrix} 10 & 4 \\ 4 & 12 \end{vmatrix}}$$

$$= \frac{10(9) - 4(6)}{10(12) - 4(4)}$$

$$= \frac{66}{104}$$

$$= 0{,}6346 \text{ A}.$$

Portanto, $I_1 = 0{,}3462$ A e $I_2 = 0{,}6346$ A. Vale notar que a regra de Cramer é, provavelmente, a mais rápida para a solução de sistemas 2 × 2, mas não é mais rápida que MATLAB.

## 7.3 TENSÃO EM CABOS

Um objeto que pesa 95 N é pendurado do teto por dois cabos, como ilustrado na Fig. 7.3. Determinemos a tensão em cada cabo usando os métodos da substituição, da álgebra matricial e regra de Cramer.

Como o sistema ilustrado na Fig. 7.3 está em equilíbrio, a soma de todas as forças mostradas no diagrama de corpo livre deve ser igual a zero. Isto implica que todas as forças nas direções $x$ e $y$ são iguais a zero (como vimos no Capítulo 4). As componentes da tensão $\vec{T}_1$ nas direções $x$ e $y$ são dadas por $-T_1 \cos(45°)$ N e $T_1 \text{ sen}(45°)$ N, respectivamente. De modo similar, as componentes da tensão $\vec{T}_2$ nas direções $x$ e $y$ são dadas por $T_2 \cos(30°)$ N e $T_2 \text{ sen}(30°)$ N, respectivamente. As componentes do peso do objeto são 0 N na direção $x$ e –95 N na direção $y$. Somando as forças na direção $x$, obtemos:

$$-T_1 \cos(45°) + T_2 \cos(30°) = 0$$

$$-0{,}7071\, T_1 + 0{,}8660\, T_2 = 0. \tag{7.14}$$

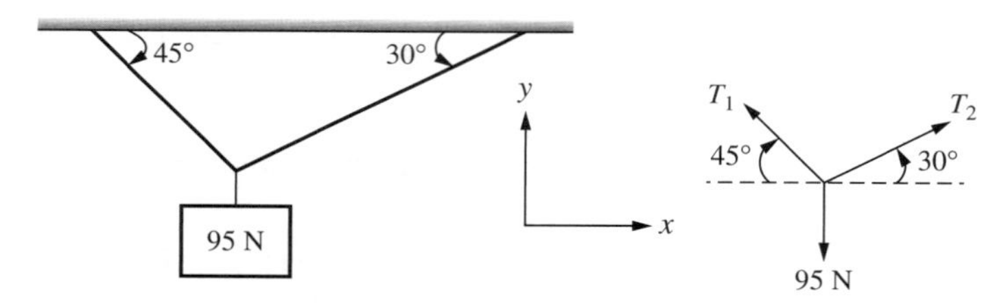


**Figura 7.3** Objeto de 95 N pendurado por dois cabos.

Somando as forças na direção $y$, temos:

$$T_1 \text{ sen}(45°) + T_2 \text{ sen}(30°) = 95$$

$$0{,}7071\, T_1 + 0{,}5\, T_2 = 95. \tag{7.15}$$

As equações (7.14) e (7.15) constituem um sistema de equações 2 × 2 com duas incógnitas $T_1$ e $T_2$, que pode ser escrito na forma matricial como:

$$\begin{bmatrix} -0{,}7071 & 0{,}8660 \\ 0{,}7071 & 0{,}5 \end{bmatrix} \begin{bmatrix} T_1 \\ T_2 \end{bmatrix} = \begin{bmatrix} 0 \\ 95 \end{bmatrix}. \tag{7.16}$$

A solução do sistema de equações ($T_1$ e $T_2$) será, agora, calculada usando três métodos: método da substituição, método da álgebra matricial e regra de Cramer.

1. **Método da Substituição:** Usando a equação (7.14), a segunda variável $T_2$ é escrita em termos da primeira variável $T_1$ como:

$$\begin{aligned} 0{,}8660\,T_2 &= 0{,}7071\,T_1 \\ T_2 &= 0{,}8165\,T_1. \end{aligned} \tag{7.17}$$

Substituindo $T_2$ da equação (7.17) na equação (7.15), temos:

$$\begin{aligned} 0{,}7071\,T_1 + 0{,}5\,(0{,}8165\,T_1) &= 95 \\ 1{,}115\,T_1 &= 95 \\ T_1 &= 85{,}17\ \text{N}. \end{aligned} \tag{7.18}$$

Agora, a substituição de $T_1$ da equação (7.18) na equação (7.17) nos fornece:

$$\begin{aligned} T_2 &= 0{,}8165\,(85{,}17) \\ &= 69{,}55\ \text{N}. \end{aligned}$$

Portanto, $T_1 = 85{,}2$ N e $T_2 = 69{,}6$ N.

2. **Método da Álgebra Matricial:** As duas incógnitas ($T_1$ e $T_2$) no sistema $2 \times 2$ das equações (7.14) e (7.15) são, agora, determinadas usando o método da álgebra matricial. Escrevamos as equações (7.14) e (7.15) na forma:

$$\mathbf{A}\,\mathbf{x} = \mathbf{b} \tag{7.19}$$

em que as matrizes **A**, **x** e **b** são dadas por:

$$\begin{aligned} \mathbf{A} &= \begin{bmatrix} -0{,}7071 & 0{,}8660 \\ 0{,}7071 & 0{,}5 \end{bmatrix} \\ \mathbf{x} &= \begin{bmatrix} T_1 \\ T_2 \end{bmatrix} \\ \mathbf{b} &= \begin{bmatrix} 0 \\ 95 \end{bmatrix}. \end{aligned} \tag{7.20}$$

Portanto, a solução do sistema de equações $2 \times 2$ $\mathbf{x} = \begin{bmatrix} T_1 \\ T_2 \end{bmatrix}$ é calculada resolvendo a equação (7.19) como:

$$\mathbf{x} = \mathbf{A}^{-1}\,\mathbf{b} \tag{7.21}$$

em que $\mathbf{A}^{-1}$ é a inversa da matriz **A**. Para $\mathbf{A} = \begin{bmatrix} a & b \\ c & d \end{bmatrix}$, a matriz inversa é dada por:

$$\mathbf{A}^{-1} = \frac{1}{\Delta} \begin{bmatrix} d & -b \\ -c & a \end{bmatrix}$$

em que $\Delta = a\,d - b\,c$. Como, neste exemplo, $a = -0{,}7071$, $b = 0{,}8660$, $c = 0{,}7071$ e $d = 0{,}5$, temos:

$$\begin{aligned} \Delta &= (-0{,}7071)\,(0{,}5) - (0{,}7071)\,(0{,}8660) \\ &= -0{,}9659 \end{aligned}$$

$$\mathbf{A}^{-1} = \frac{1}{-0{,}9659}\begin{bmatrix} 0{,}5 & -0{,}8660 \\ -0{,}7071 & -0{,}7071 \end{bmatrix}$$

$$= \begin{bmatrix} -0{,}5177 & 0{,}8966 \\ 0{,}7321 & 0{,}7321 \end{bmatrix}. \tag{7.22}$$

Substituindo as matrizes $\mathbf{A}^{-1}$, da equação (7.22), e $\mathbf{b}$, da equação (7.20), na equação (7.21), temos:

$$\mathbf{x} = \begin{bmatrix} -0{,}5177 & 0{,}8966 \\ 0{,}7321 & 0{,}7321 \end{bmatrix}\begin{bmatrix} 0 \\ 95 \end{bmatrix}$$

$$\begin{bmatrix} T_1 \\ T_2 \end{bmatrix} = \begin{bmatrix} 0 + 0{,}8966(95) \\ 0 + 0{,}7321(95) \end{bmatrix}$$

$$= \begin{bmatrix} 85{,}2 \\ 69{,}6 \end{bmatrix}.$$

Logo, $T_1 = 85{,}2$ N e $T_2 = 69{,}6$ N.

3. **Regra de Cramer:** As duas incógnitas ($T_1$ e $T_2$) no sistema 2 × 2 das equações (7.14) e (7.15) são, agora, determinadas com aplicação da regra de Cramer. Usando a equação matricial (7.19), as tensões $T_1$ e $T_2$ são calculadas como:

$$T_1 = \frac{\begin{vmatrix} 0 & 0{,}8660 \\ 95 & 0{,}5 \end{vmatrix}}{\begin{vmatrix} -0{,}7071 & 0{,}866 \\ 0{,}7071 & 0{,}5 \end{vmatrix}}$$

$$= \frac{0 - 95(0{,}8660)}{-0{,}7071(0{,}5) - 0{,}7071(0{,}8660)}$$

$$= \frac{-82{,}27}{-0{,}9659}$$

$$= 85{,}2 \text{ N}$$

$$T_2 = \frac{\begin{vmatrix} -0{,}7071 & 0 \\ 0{,}7071 & 95 \end{vmatrix}}{-0{,}9659}$$

$$= \frac{-0{,}7071(95) - 0}{-0{,}9659}$$

$$= \frac{-67{,}16}{-0{,}9659}$$

$$= 69{,}6 \text{ N}.$$

Portanto, $T_1 = 85{,}2$ N e $T_2 = 69{,}6$ N.

## 7.4 EXEMPLOS ADICIONAIS DE SISTEMAS DE EQUAÇÕES NA ENGENHARIA

**Exemplo 7-1**

**Forças de Reação em um Veículo:** O peso de um veículo é suportado por forças de reação nas rodas dianteiras e traseiras, como ilustrado na Fig. 7.4. Para um peso $W = 4800$ libras-força (lb), as forças de reação $R_1$ e $R_2$ satisfazem a equação:

$$R_1 + R_2 - 4800 = 0 \quad (7.23)$$

Admitindo,

$$6\,R_1 - 4\,R_2 = 0. \quad (7.24)$$

(a) Determinemos $R_1$ e $R_2$ usando o método da substituição.
(b) Escrevamos o sistema de equações (7.23) e (7.24) na forma matricial $\mathbf{A}\,\mathbf{x} = \mathbf{b}$, com $\mathbf{x} = \begin{bmatrix} R_1 \\ R_2 \end{bmatrix}$.
(c) Calculemos $R_1$ e $R_2$ usando o método da álgebra matricial, efetuando os cálculos manualmente e mostrando todos os passos.
(d) Determinemos $R_1$ e $R_2$ usando a regra de Cramer.

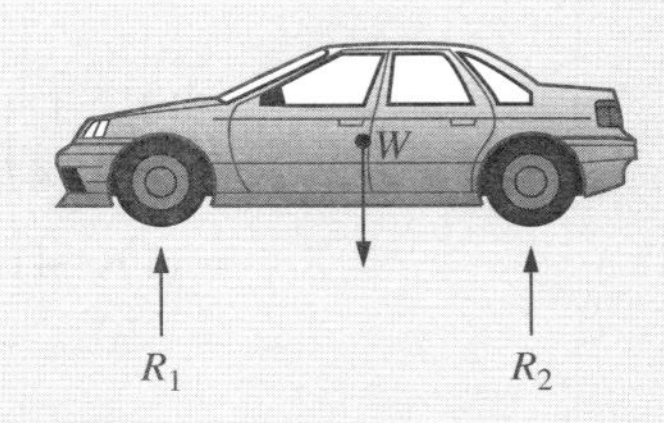


Figura 7.4 Forças de reação atuando em um veículo.

**Solução**

(a) **Método da Substituição:** Usando a equação (7.23), escrevemos $R_1$ em função de $R_2$ como:

$$R_1 = 4800 - R_2. \quad (7.25)$$

Substituindo $R_1$ da equação (7.25) na equação (7.24), temos:

$$\begin{aligned} 6\,(4800 - R_2) - 4\,R_2 &= 0 \\ 28,800 - 6\,R_2 - 4\,R_2 &= 0 \\ 10\,R_2 &= 28,800 \\ R_2 &= 2880 \text{ lb.} \end{aligned} \quad (7.26)$$

Agora, substituindo $R_2$ da equação (7.26) na equação (7.25), obtemos:

$$\begin{aligned} R_1 &= 4800 - 2880 \\ &= 1920 \text{ lb.} \end{aligned}$$

Portanto, $R_1 = 1920$ lb e $R_2 = 2880$ lb.

(b) Escrevemos as equações (7.23) e (7.24) na forma matricial como:

$$\begin{bmatrix} 1 & 1 \\ 6 & -4 \end{bmatrix} \begin{bmatrix} R_1 \\ R_2 \end{bmatrix} = \begin{bmatrix} 4800 \\ 0 \end{bmatrix}. \quad (7.27)$$

(c) **Método da Álgebra Matricial:** Da equação matricial (7.27), as matrizes **A**, **x** e **b** são dadas por:

$$\mathbf{A} = \begin{bmatrix} 1 & 1 \\ 6 & -4 \end{bmatrix} \tag{7.28}$$

$$\mathbf{b} = \begin{bmatrix} 4800 \\ 0 \end{bmatrix} \tag{7.29}$$

$$\mathbf{x} = \begin{bmatrix} R_1 \\ R_2 \end{bmatrix}. \tag{7.30}$$

As forças de reação podem, então, ser determinadas calculando a inversa da matriz **A** e multiplicando o resultado pela matriz-coluna **b**:

$$\mathbf{x} = \mathbf{A}^{-1}\mathbf{b}$$

em que

$$\mathbf{A}^{-1} = \frac{1}{|\mathbf{A}|}\begin{bmatrix} -4 & -1 \\ -6 & 1 \end{bmatrix} \tag{7.31}$$

e

$$\begin{aligned} |\mathbf{A}| &= \begin{vmatrix} 1 & 1 \\ 6 & -4 \end{vmatrix} \\ &= (1)(-4) - (6)(1) \\ &= -10. \end{aligned} \tag{7.32}$$

Substituindo a equação (7.32) na equação (7.31), a inversa da matriz **A** é calculada como

$$\begin{aligned} \mathbf{A}^{-1} &= \frac{1}{-10}\begin{bmatrix} -4 & -1 \\ -6 & 1 \end{bmatrix} \\ &= \begin{bmatrix} 0{,}4 & 0{,}1 \\ 0{,}6 & -0{,}1 \end{bmatrix}. \end{aligned} \tag{7.33}$$

As forças de reação são, agora, calculadas multiplicando $\mathbf{A}^{-1}$ da equação (7.33) pela matriz-coluna **b** dada na equação (7.29):

$$\begin{aligned} \mathbf{x} &= \begin{bmatrix} 0{,}4 & 0{,}1 \\ 0{,}6 & -0{,}1 \end{bmatrix}\begin{bmatrix} 4800 \\ 0 \end{bmatrix} \\ \begin{bmatrix} R_1 \\ R_2 \end{bmatrix} &= \begin{bmatrix} (0{,}4)(4800) + 0 \\ (0{,}6)(4800) + 0 \end{bmatrix} \\ &= \begin{bmatrix} 1920 \\ 2880 \end{bmatrix}. \end{aligned}$$

Logo, $R_1 = 1920$ lb e $R_2 = 2880$ lb.

(d) **Regra de Cramer:** As forças de reação $R_1$ e $R_2$ são determinadas com aplicação da regra de Cramer às equações (7.23) e (7.24) como:

$$R_1 = \frac{\begin{vmatrix} 4800 & 1 \\ 0 & -4 \end{vmatrix}}{-10}$$

$$= \frac{(4800)(-4) - (0)(1)}{-10}$$

$$= 1920.$$

$$R_2 = \frac{\begin{vmatrix} 1 & 4800 \\ 6 & 0 \end{vmatrix}}{-10}$$

$$= \frac{(1)(0) - (6)(4800)}{-10}$$

$$= 2880.$$

Portanto, $R_1 = 1920$ lb e $R_2 = 2880$ lb.

**Exemplo 7-2**

**Forças Externas Atuando em uma Treliça:** Uma treliça de duas barras é submetida a forças externas nas direções horizontal e vertical, como ilustrado na Fig. 7.5. As forças $F_1$ e $F_2$ satisfazem o seguinte sistema de equações:

$$0{,}8\,F_1 + 0{,}8\,F_2 - 200 = 0 \quad (7.34)$$

$$0{,}6\,F_1 - 0{,}6\,F_2 - 100 = 0. \quad (7.35)$$

(a) Determinemos $F_1$ e $F_2$ usando o método da substituição.
(b) Escrevamos o sistema de equações (7.34) e (7.35) na forma matricial $\mathbf{Ax} = \mathbf{b}$, com $\mathbf{x} = \begin{bmatrix} F_1 \\ F_2 \end{bmatrix}$.
(c) Calculemos $F_1$ e $F_2$ usando o método da álgebra matricial, efetuando os cálculos manualmente e mostrando todos os passos.
(d) Determinemos $F_1$ e $F_2$ usando a regra de Cramer.

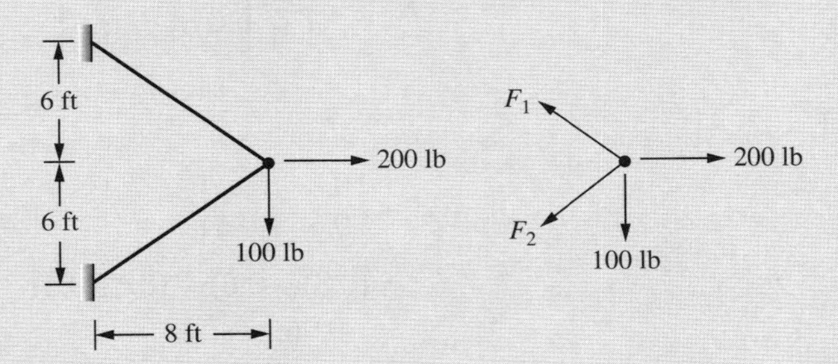


**Figura 7.5** Treliça submetida a forças externas.

**Solução**

(a) **Método da Substituição:** Usando a equação (7.34), escrevemos $F_1$ em função de $F_2$ como:

$$0{,}8\,F_1 = 200 - 0{,}8\,F_2$$

$$F_1 = 250 - F_2. \quad (7.36)$$

Substituindo $F_1$ da equação (7.36) na equação (7.35), temos:

$$0{,}6\,(250 - F_2) - 0{,}6\,F_2 = 100$$

$$250 - 2\,F_2 = 166{,}67$$

$$F_2 = \frac{(250 - 166{,}67)}{2}$$

$$= 41{,}67 \text{ lb}. \quad (7.37)$$

Agora, substituindo $F_2$ da equação (7.37) na equação (7.36), obtemos:

$$\begin{aligned} F_1 &= 250 - 41{,}67 \\ &= 208{,}33 \text{ lb}. \end{aligned}$$

Portanto, $F_1 = 208{,}33$ lb e $F_2 = 41{,}67$ lb.

(b) Escrevemos as equações (7.34) e (7.35) na forma matricial como:

$$\begin{bmatrix} 0{,}8 & 0{,}8 \\ 0{,}6 & -0{,}6 \end{bmatrix} \begin{bmatrix} F_1 \\ F_2 \end{bmatrix} = \begin{bmatrix} 200 \\ 100 \end{bmatrix}. \quad (7.38)$$

(c) **Método da Álgebra Matricial:** Escrevendo a equação matricial (7.38) na forma **A**, **x** = **b**, temos:

$$\mathbf{A} = \begin{bmatrix} 0{,}8 & 0{,}8 \\ 0{,}6 & -0{,}6 \end{bmatrix} \quad (7.39)$$

$$\mathbf{b} = \begin{bmatrix} 200 \\ 100 \end{bmatrix} \quad (7.40)$$

$$\mathbf{x} = \begin{bmatrix} F_1 \\ F_2 \end{bmatrix}. \quad (7.41)$$

As forças $F_1$ e $F_2$ podem, então, ser determinadas calculando a inversa da matriz **A** e multiplicando o resultado pela matriz-coluna **b**:

$$\mathbf{x} = \mathbf{A}^{-1}\mathbf{b}$$

em que

$$\mathbf{A}^{-1} = \frac{1}{|A|} \begin{bmatrix} -0{,}6 & -0{,}8 \\ -0{,}6 & 0{,}8 \end{bmatrix} \quad (7.42)$$

e

$$\begin{aligned} |\mathbf{A}| &= \begin{vmatrix} 0{,}8 & 0{,}8 \\ 0{,}6 & -0{,}6 \end{vmatrix} \\ &= (0{,}8)(-0{,}6) - (0{,}6)(0{,}8) \\ &= -0{,}96. \end{aligned} \quad (7.43)$$

Substituindo a equação (7.43) na equação (7.42), a inversa da matriz **A** é calculada como:

$$\begin{aligned} \mathbf{A}^{-1} &= \frac{1}{-0{,}96} \begin{bmatrix} -0{,}6 & -0{,}8 \\ -0{,}6 & 0{,}8 \end{bmatrix} \\ &= \begin{bmatrix} 0{,}625 & 0{,}833 \\ 0{,}625 & -0{,}833 \end{bmatrix}. \end{aligned} \quad (7.44)$$

As forças $F_1$ e $F_2$ são, agora, calculadas multiplicando $\mathbf{A}^{-1}$ da equação (7.44) pela matriz-coluna **b** dada na equação (7.40):

$$\mathbf{x} = \begin{bmatrix} 0{,}625 & 0{,}833 \\ 0{,}625 & -0{,}833 \end{bmatrix} \begin{bmatrix} 200 \\ 100 \end{bmatrix}$$

$$\begin{bmatrix} F_1 \\ F_2 \end{bmatrix} = \begin{bmatrix} (0{,}625)(200) + (0{,}833)(100) \\ (0{,}625)(200) + (-0{,}833)(100) \end{bmatrix}$$

$$= \begin{bmatrix} 208{,}33 \\ 41{,}67 \end{bmatrix} \text{ lb}$$

Logo, $F_1 = 208{,}33$ lb e $F_2 = 41{,}67$ lb.

(d) **Regra de Cramer:** As forças $F_1$ e $F_2$ são determinadas com aplicação da regra de Cramer às equações (7.34) e (7.35) como:

$$F_1 = \frac{\begin{vmatrix} 200 & 0{,}8 \\ 100 & -0{,}6 \end{vmatrix}}{-0{,}96}$$

$$= \frac{(200)(-0{,}6) - (100)(0{,}8)}{-0{,}96}$$

$$= 208{,}33 \text{ lb}$$

$$F_2 = \frac{\begin{vmatrix} 0{,}8 & 200 \\ 0{,}6 & 100 \end{vmatrix}}{-0{,}96}$$

$$= \frac{(0{,}8)(100) - (0{,}6)(200)}{-0{,}96}$$

$$= 41{,}67 \text{ lb}$$

Portanto, $F_1 = 208{,}33$ lb e $F_2 = 41{,}67$ lb.

**Exemplo 7-3**

**Circuito Amp-Op Somador:** Um circuito Amp-Op somador é mostrado na Fig. 7.6. Uma análise do circuito Amp-Op revela que as condutâncias $G_1$ e $G_2$, em mho (℧) satisfazem o seguinte sistema de equações:

$$10\,G_1 + 5\,G_2 = 125 \quad (7.45)$$

$$9\,G_1 - 19 = 4\,G_2. \quad (7.46)$$

(a) Determinemos $G_1$ e $G_2$ usando o método da substituição.

(b) Escrevamos o sistema de equações (7.45) e (7.46) na forma matricial **A x = b**, com $\mathbf{x} = \begin{bmatrix} G_1 \\ G_2 \end{bmatrix}$.

(c) Calculemos $G_1$ e $G_2$ usando o método da álgebra matricial, efetuando os cálculos manualmente e mostrando todos os passos.

(d) Determinemos $G_1$ e $G_2$ usando a regra de Cramer.

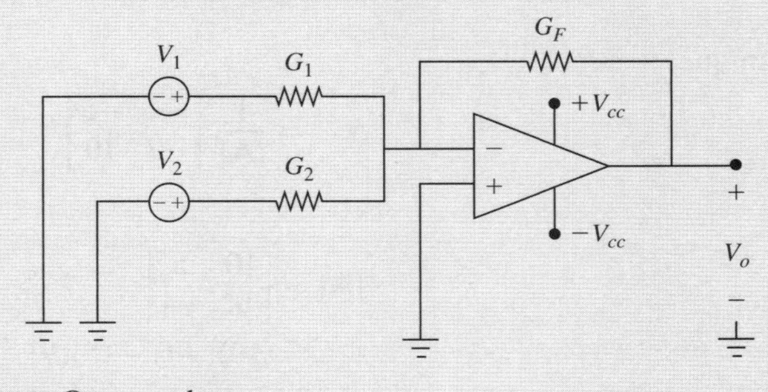


**Figura 7.6** Circuito Amp-Op somador.

**Solução** (a) **Método da Substituição:** Usando a equação (7.45), escrevemos $G_1$ em termos de $G_2$ como:

$$10\,G_1 = 125 - 5\,G_2$$
$$G_1 = 12{,}5 - 0{,}5\,G_2. \tag{7.47}$$

Substituindo $G_1$ da equação (7.47) na equação (7.46), temos:

$$9\,(12{,}5 - 0{,}5\,G_2) - 19 = 4\,G_2$$
$$93{,}5 - 4{,}5\,G_2 = 4\,G_2$$
$$93{,}5 = 8{,}5\,G_2$$
$$G_2 = 11\ \mho. \tag{7.48}$$

Agora, substituindo $G_2$ da equação (7.48) na equação (7.47), obtemos:

$$G_1 = 12{,}5 - 0{,}5(11)$$
$$= 7{,}0\ \mho.$$

Portanto, $G_1 = 7\ \mho$ e $G_2 = 11\ \mho$.

(b) Reescrevamos as equações (7.45) e (7.46) como:

$$10\,G_1 + 5\,G_2 = 125 \tag{7.49}$$
$$9\,G_1 - 4\,G_2 = 19. \tag{7.50}$$

Agora, podemos escrever as equações (7.49) e (7.50) na forma matricial como:

$$\begin{bmatrix} 10 & 5 \\ 9 & -4 \end{bmatrix} \begin{bmatrix} G_1 \\ G_2 \end{bmatrix} = \begin{bmatrix} 125 \\ 19 \end{bmatrix}. \tag{7.51}$$

(c) **Método da Álgebra Matricial:** Escrevendo a equação matricial em (7.64) na forma $\mathbf{A\,x} = \mathbf{b}$, temos:

$$\mathbf{A} = \begin{bmatrix} 10 & 5 \\ 9 & -4 \end{bmatrix} \tag{7.52}$$

$$\mathbf{b} = \begin{bmatrix} 125 \\ 19 \end{bmatrix} \tag{7.53}$$

$$\mathbf{x} = \begin{bmatrix} G_1 \\ G_2 \end{bmatrix}. \tag{7.54}$$

As admitâncias $G_1$ e $G_2$ podem, então, ser determinadas calculando a inversa da matriz **A** e multiplicando o resultado pela matriz-coluna **b**:

$$\mathbf{x} = \mathbf{A}^{-1}\,\mathbf{b}$$

em que

$$\mathbf{A}^{-1} = \frac{1}{|\mathbf{A}|} \begin{bmatrix} -4 & -5 \\ -9 & 10 \end{bmatrix} \tag{7.55}$$

e

$$|\mathbf{A}| = \begin{vmatrix} 10 & 5 \\ 9 & -4 \end{vmatrix}$$
$$= (10)(-4) - (5)(9)$$
$$= -85. \tag{7.56}$$

Substituindo a equação (7.56) na equação (7.55), a inversa da matriz **A** é calculada como

$$\mathbf{A}^{-1} = \frac{1}{-85}\begin{bmatrix} -4 & -5 \\ -9 & 10 \end{bmatrix}$$

$$= \begin{bmatrix} \frac{4}{85} & \frac{5}{85} \\ \frac{9}{85} & -\frac{10}{85} \end{bmatrix}. \qquad (7.57)$$

As admitâncias $G_1$ e $G_2$ são, agora, calculadas multiplicando $\mathbf{A}^{-1}$ da equação (7.57) pela matriz-coluna **b** dada na equação (7.53):

$$\mathbf{x} = \begin{bmatrix} \frac{4}{85} & \frac{5}{85} \\ \frac{9}{85} & -\frac{10}{85} \end{bmatrix}\begin{bmatrix} 125 \\ 19 \end{bmatrix}$$

$$\begin{bmatrix} G_1 \\ G_2 \end{bmatrix} = \begin{bmatrix} \left(\frac{4}{85}\right)(125) + \left(\frac{5}{85}\right)(19) \\ \left(\frac{9}{85}\right)(125) + \left(-\frac{10}{85}\right)(19) \end{bmatrix}$$

$$= \begin{bmatrix} \frac{(100+19)}{17} \\ \frac{(225-38)}{17} \end{bmatrix} = \begin{bmatrix} 7 \\ 11 \end{bmatrix} \text{℧}.$$

Logo, $G_1 = 7$ ℧ e $G_2 = 11$ ℧.

(d) **Regra de Cramer:** As admitâncias $G_1$ e $G_2$ são determinadas resolvendo o sistema de equações (7.45) e (7.46) pela regra de Cramer como:

$$G_1 = \frac{\begin{vmatrix} 125 & 5 \\ 19 & -4 \end{vmatrix}}{-85}$$

$$= \frac{(125)(-4) - (19)(5)}{-85}$$

$$= 7 \text{ ℧}$$

$$G_2 = \frac{\begin{vmatrix} 10 & 125 \\ 9 & 19 \end{vmatrix}}{-85}$$

$$= \frac{(10)(19) - (9)(125)}{-85}$$

$$= 11 \text{ ℧}.$$

Portanto, $G_1 = 7$ ℧ e $G_2 = 11$ ℧.

**Exemplo 7-4**

**Força no Músculo Gastrocnêmio:** Um motorista aplica uma força contínua $F_p = 30$ N ao pedal acelerador, como ilustrado na Fig. 7.7. O diagrama de força livre do pé do motorista também é mostrado na figura. Com base no sistema de coordenadas *x*-*y* indicado, a força do músculo gastrocnêmio $F_m$ e o peso do pé $W_F$ satisfazem o seguinte sistema de equações:

$$F_m \cos 60° - W_F \cos 30° = R_x \qquad (7.58)$$

$$F_m \operatorname{sen} 60° - W_F \operatorname{sen} 30° = R_y - F_P. \tag{7.59}$$

em que $R_x$ e $R_y$ são as reações no tornozelo.

(a) Sejam $R_x = \frac{70}{\sqrt{3}}$ N e $R_y = 120$ N. Escrevamos o sistema de equações em termos de $F_m$ e $W_F$.
(b) Determinemos $F_m$ e $W_F$ usando o método da substituição.
(c) Escrevamos o sistema de equações (7.58) e (7.59) na forma matricial **A x = b**, com $\mathbf{x} = \begin{bmatrix} F_m \\ W_F \end{bmatrix}$.
(d) Calculemos $F_m$ e $W_F$ usando o método da álgebra matricial, efetuando os cálculos manualmente e mostrando todos os passos.
(e) Determinemos $F_m$ e $W_F$ usando a regra de Cramer.

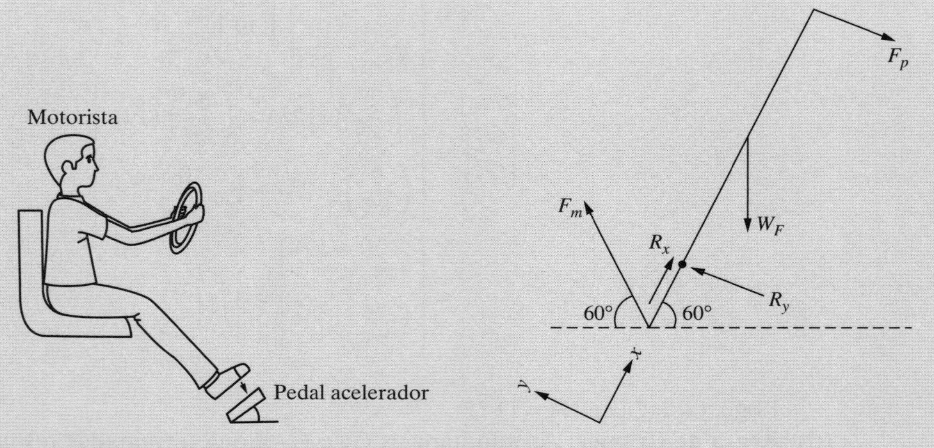


**Figura 7.7** Motorista aplicando uma força contínua ao pedal acelerador.

**Solução** (a) Reescrevendo as equações (7.58) e (7.59) em termos dos dados fornecidos, temos:

$$0{,}5\,F_m - 0{,}866\,W_F = 40{,}4 \tag{7.60}$$

$$0{,}866\,F_m - 0{,}5\,W_F = 90. \tag{7.61}$$

(b) **Método da Substituição:** Usando a equação (7.60), escrevemos $F_m$ em função de $W_F$ como:

$$0{,}5\,F_m = 40{,}4 + 0{,}866\,W_F$$

$$F_m = 80{,}8 + 1{,}732\,W_F. \tag{7.62}$$

Substituindo $F_m$ da equação (7.62) na equação (7.61), temos:

$$0{,}866\,(80{,}8 + 1{,}732\,W_F) - 0{,}5\,W_F = 90$$

$$70 + 1{,}5\,W_F - 0{,}5\,W_F = 90$$

$$W_F = 20 \text{ N}. \tag{7.63}$$

Agora, substituindo $W_F$ da equação (7.63) na equação (7.62), obtemos:

$$F_m = 80{,}8 + 1{,}732(20)$$
$$= 115{,}4 \text{ N}.$$

Portanto, $F_m = 115{,}4$ N e $W_F = 20$ N.

(c) Escrevendo as equações (7.60) e (7.61) na forma matricial $\mathbf{Ax} = \mathbf{b}$, temos:

$$\begin{bmatrix} 0{,}5 & -0{,}866 \\ 0{,}866 & -0{,}5 \end{bmatrix} \begin{bmatrix} F_m \\ W_F \end{bmatrix} = \begin{bmatrix} 40{,}4 \\ 90 \end{bmatrix} \tag{7.64}$$

em que:

$$\mathbf{A} = \begin{bmatrix} 0{,}5 & -0{,}866 \\ 0{,}866 & -0{,}5 \end{bmatrix}, \tag{7.65}$$

$$\mathbf{b} = \begin{bmatrix} 40{,}4 \\ 90 \end{bmatrix}, \tag{7.66}$$

$$\text{e} \quad \mathbf{x} = \begin{bmatrix} F_m \\ W_F \end{bmatrix}. \tag{7.67}$$

(d) **Método da Álgebra Matricial:** As forças $F_m$ e $W_F$ podem ser determinadas calculando a inversa da matriz **A** e multiplicando o resultado pela matriz-coluna **b**:

$$\mathbf{x} = \mathbf{A}^{-1}\mathbf{b},$$

em que:

$$\mathbf{A}^{-1} = \frac{1}{|\mathbf{A}|} \begin{bmatrix} -0{,}5 & 0{,}866 \\ -0{,}866 & 0{,}5 \end{bmatrix}, \tag{7.68}$$

$$\text{e} \quad |\mathbf{A}| = \begin{vmatrix} 0{,}5 & -0{,}866 \\ 0{,}866 & -0{,}5 \end{vmatrix}$$

$$= (0{,}5)(-0{,}5) - (0{,}866)(-0{,}866)$$

$$= 0{,}5. \tag{7.69}$$

Substituindo a equação (7.69) na equação (7.68), a inversa da matriz **A** é calculada como:

$$\mathbf{A}^{-1} = \frac{1}{0{,}5} \begin{bmatrix} -0{,}5 & 0{,}866 \\ -0{,}866 & 0{,}5 \end{bmatrix}$$

$$= \begin{bmatrix} -1{,}0 & 1{,}732 \\ -1{,}732 & 1{,}0 \end{bmatrix}. \tag{7.70}$$

As forças $F_m$ e $W_F$ são, agora, calculadas multiplicando $\mathbf{A}^{-1}$ da equação (7.70) pela matriz-coluna **b** dada na equação (7.66):

$$\mathbf{x} = \begin{bmatrix} -1{,}0 & 1{,}732 \\ -1{,}732 & 1{,}0 \end{bmatrix} \begin{bmatrix} 40{,}4 \\ 90 \end{bmatrix}$$

$$\begin{bmatrix} F_m \\ W_F \end{bmatrix} = \begin{bmatrix} -1{,}0(40{,}4) + 1{,}732\,(90) \\ -1{,}732(40{,}4) + 1{,}0\,(90) \end{bmatrix}$$

$$= \begin{bmatrix} 115{,}4 \\ 20{,}0 \end{bmatrix} \text{N}.$$

Logo, $F_m = 115{,}4$ N e $W_F = 20$ N.

(e) **Regra de Cramer:** As forças $F_m$ e $W_F$ são determinadas resolvendo o sistema de equações (7.60) e (7.61) pela regra de Cramer como:

$$F_m = \frac{\begin{vmatrix} 40{,}4 & -0{,}866 \\ 90 & -0{,}5 \end{vmatrix}}{0{,}5}$$

$$= \frac{(40{,}4)(-0{,}5) - (90)(-0{,}866)}{0{,}5}$$

$$= 115{,}4 \text{ N}$$

$$W_F = \frac{\begin{vmatrix} 0{,}5 & 40{,}4 \\ 0{,}866 & 90 \end{vmatrix}}{0{,}5}$$

$$= \frac{(0{,}5)(90) - (0{,}866)(40{,}4)}{0{,}5}$$

$$= 20{,}0 \text{ N.}$$

Portanto, $F_m = 115{,}4$ N e $W_F = 20$ N.

**Exemplo 7-5**

**Mistura de Duas Componentes Líquidas:** Um engenheiro ambiental deseja produzir uma mistura de solução inseticida em *spray* de volume $V = 1000$ litros (l) e concentração $C = 0{,}15$ a partir de duas soluções de concentrações $c_1 = 0{,}12$ e $c_2 = 0{,}17$. Os volumes necessários das duas soluções $v_1$ e $v_2$ podem ser determinados de um sistema de equações que descreve as condições para volumes e concentrações como:

$$v_1 + v_2 = V \qquad (7.71)$$

$$c_1\, v_1 + c_2\, v_2 = C\, V \qquad (7.72)$$

(a) Dados $V = 1000$ l, $c_1 = 0{,}12$, $c_2 = 0{,}17$ e $C = 0{,}15$, reescrevamos o sistema de equações em termos de $v_1$ e $v_2$.
(b) Determinemos $v_1$ e $v_2$ usando o método da substituição.
(c) Escrevamos o sistema de equações (7.71) e (7.72) na forma matricial $\mathbf{A\,x} = \mathbf{b}$, com $\mathbf{x} = \begin{bmatrix} v_1 \\ v_2 \end{bmatrix}$.
(d) Calculemos $v_1$ e $v_2$ usando o método da álgebra matricial, efetuando os cálculos manualmente e mostrando todos os passos.
(e) Determinemos $v_1$ e $v_2$ usando a regra de Cramer.

**Solução**

(a) Reescrevendo as equações (7.71) e (7.72) com os dados fornecidos, temos:

$$v_1 + v_2 = 1000 \qquad (7.73)$$

$$0{,}12\, v_1 + 0{,}17\, v_2 = 150. \qquad (7.74)$$

(b) **Método da Substituição:** Usando a equação (7.73), escrevemos o volume $v_2$ em termos de $v_1$ como:

$$v_2 = 1000 - v_1. \qquad (7.75)$$

Substituindo $v_2$ da equação (7.75) na equação (7.74), temos:

$$0{,}12\, v_1 + 0{,}17\,(1000 - v_1) = 150$$

$$0{,}12\, v_1 + 170 - 0{,}17\, v_1 = 150$$

$$-0{,}05\, v_1 = -20$$

$$v_1 = 400. \qquad (7.76)$$

Agora, substituindo $v_1$ da equação (7.76) na equação (7.75), obtemos:

$$v_2 = 1000 - 400$$

$$= 600.$$

Portanto, $v_1 = 400$ l e $v_2 = 600$ l.

(c) Escrevemos as equações (7.73) e (7.74) na forma matricial $\mathbf{Ax} = \mathbf{b}$ como:

$$\begin{bmatrix} 1 & 1 \\ 0{,}12 & 0{,}17 \end{bmatrix} \begin{bmatrix} v_1 \\ v_2 \end{bmatrix} = \begin{bmatrix} 1000 \\ 150 \end{bmatrix}, \tag{7.77}$$

em que

$$\mathbf{A} = \begin{bmatrix} 1 & 1 \\ 0{,}12 & 0{,}17 \end{bmatrix}, \tag{7.78}$$

$$\mathbf{b} = \begin{bmatrix} 1000 \\ 150 \end{bmatrix}, \tag{7.79}$$

$$\text{e} \quad \mathbf{x} = \begin{bmatrix} v_1 \\ v_2 \end{bmatrix}. \tag{7.80}$$

(d) **Método da Álgebra Matricial:** Os volumes $v_1$ e $v_2$ podem ser determinados calculando a inversa da matriz **A** e multiplicando o resultado pela matriz-coluna **b**:

$$\mathbf{x} = \mathbf{A}^{-1}\mathbf{b},$$

em que

$$\mathbf{A}^{-1} = \frac{1}{|\mathbf{A}|} \begin{bmatrix} 0{,}17 & -1 \\ -0{,}12 & 1 \end{bmatrix} \tag{7.81}$$

$$\begin{aligned} \text{e} \quad |\mathbf{A}| &= \begin{vmatrix} 1 & 1 \\ 0{,}12 & 0{,}17 \end{vmatrix} \\ &= (1)(0{,}17) - (0{,}12)(1) \\ &= 0{,}05. \end{aligned} \tag{7.82}$$

Substituindo a equação (7.82) na equação (7.81), a inversa da matriz **A** é calculada como:

$$\begin{aligned} \mathbf{A}^{-1} &= \frac{1}{0{,}05} \begin{bmatrix} 0{,}17 & -1 \\ -0{,}12 & 1 \end{bmatrix} \\ &= \begin{bmatrix} 3{,}4 & -20 \\ -2{,}4 & 20 \end{bmatrix}. \end{aligned} \tag{7.83}$$

Os volumes $v_1$ e $v_2$ são, agora, calculados multiplicando $\mathbf{A}^{-1}$ da equação (7.83) pela matriz-coluna **b** dada na equação (7.79):

$$\mathbf{x} = \begin{bmatrix} 3{,}4 & -20 \\ -2{,}4 & 20 \end{bmatrix} \begin{bmatrix} 1000 \\ 150 \end{bmatrix}$$

$$\begin{bmatrix} v_1 \\ v_2 \end{bmatrix} = \begin{bmatrix} 3{,}4\,(1000) - 20\,(150) \\ -2{,}4\,(1000) + 20\,(150) \end{bmatrix}$$

$$= \begin{bmatrix} 400 \\ 600 \end{bmatrix}.$$

Logo, $v_1 = 400$ l e $v_2 = 600$ l.

(e) **Regra de Cramer:** Os volumes $v_1$ e $v_2$ são determinados resolvendo o sistema de equações (7.73) e (7.74) pela regra de Cramer como:

$$v_1 = \frac{\begin{vmatrix} 1000 & 1 \\ 150 & 0{,}17 \end{vmatrix}}{0{,}05}$$

$$= \frac{(1000)(0{,}17) - (150)(1)}{0{,}05}$$

$$= 400$$

$$v_2 = \frac{\begin{vmatrix} 1 & 1000 \\ 0{,}12 & 150 \end{vmatrix}}{0{,}05}$$

$$= \frac{(1)(150) - (0{,}12)(1000)}{0{,}05}$$

$$= 600.$$

Portanto, $v_1 = 400$ l e $v_2 = 600$ l.

## EXERCÍCIOS

**7-1** Considere o circuito de duas malhas mostrado na Fig. E7.1, em que as correntes $I_1$ e $I_2$ (em A) satisfazem o seguinte sistema de equações:

$$16\,I_1 - 9\,I_2 = 110 \qquad (7.84)$$

$$20\,I_2 - 9\,I_1 + 110 = 0. \qquad (7.85)$$

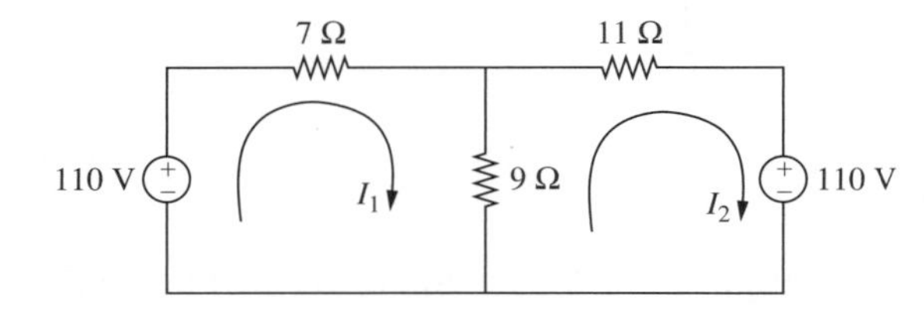


**Figura E7.1** Circuito de duas malhas para o Exercício 7-1.

(a) Calcule $I_1$ e $I_2$ usando o método da substituição.

(b) Escreva o sistema de equações (7.84) e (7.85) na forma matricial $A\ I = b$, em que $I = \begin{bmatrix} I_1 \\ I_2 \end{bmatrix}$.

(c) Calcule $I_1$ e $I_2$ usando o método da álgebra matricial. Efetue os cálculos manualmente e mostre todos os passos.

(d) Calcule $I_1$ e $I_2$ usando a regra de Cramer.

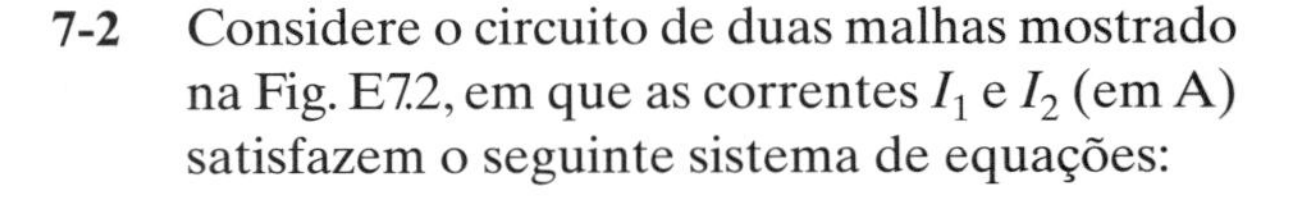

**7-2** Considere o circuito de duas malhas mostrado na Fig. E7.2, em que as correntes $I_1$ e $I_2$ (em A) satisfazem o seguinte sistema de equações:

$$18\,I_1 - 10\,I_2 - 246 = 0 \qquad (7.86)$$

$$22\,I_2 - 10\,I_1 = -334. \qquad (7.87)$$

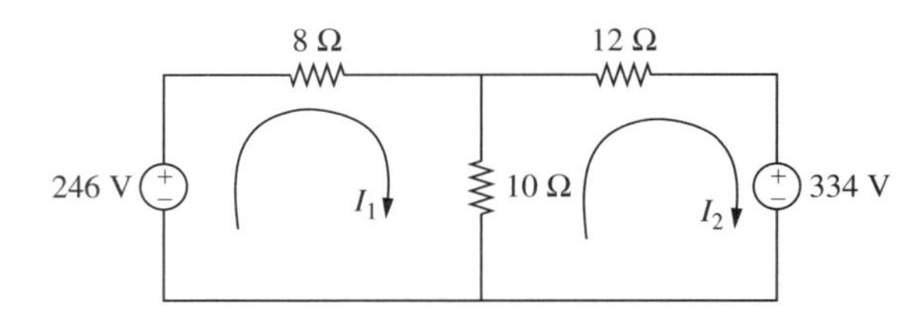


**Figura E7.2** Circuito de duas malhas para o Exercício 7-2.

(a) Calcule $I_1$ e $I_2$ usando o método da substituição.

(b) Escreva o sistema de equações (7.86) e (7.87) na forma matricial $A\ I = b$, em que $I = \begin{bmatrix} I_1 \\ I_2 \end{bmatrix}$.

(c) Calcule $I_1$ e $I_2$ usando o método da álgebra matricial. Efetue os cálculos manualmente e mostre todos os passos.

(d) Calcule $I_1$ e $I_2$ usando a regra de Cramer.

**7-3** Considere o circuito de duas malhas mostrado na Fig. E7.3, em que as correntes $I_1$ e $I_2$ (em A) satisfazem o seguinte sistema de equações:

$$1100\,I_1 + 1000\,I_2 - 9 = 0 \qquad (7.88)$$

$$1100\,I_2 + 1000\,I_1 = 0. \qquad (7.89)$$

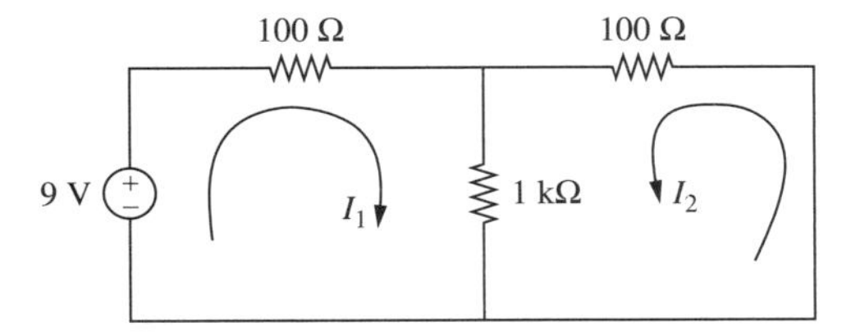


**Figura E7.3** Circuito de duas malhas para o Exercício 7-3.

(a) Calcule $I_1$ e $I_2$ usando o método da substituição.

(b) Escreva o sistema de equações (7.88) e (7.89) na forma matricial $A\,I = b$, em que $I = \begin{bmatrix} I_1 \\ I_2 \end{bmatrix}$.

(c) Calcule $I_1$ e $I_2$ usando o método da álgebra matricial. Efetue os cálculos manualmente e mostre todos os passos.

(d) Calcule $I_1$ e $I_2$ usando a regra de Cramer.

**7-4** Considere o circuito de dois nós mostrado na Fig. E7.4, em que as tensões $V_1$ e $V_2$ (em V) satisfazem o seguinte sistema de equações:

$$4\,V_1 - V_2 = 20 \qquad (7.90)$$

$$-3\,V_1 + 8\,V_2 = 40. \qquad (7.91)$$

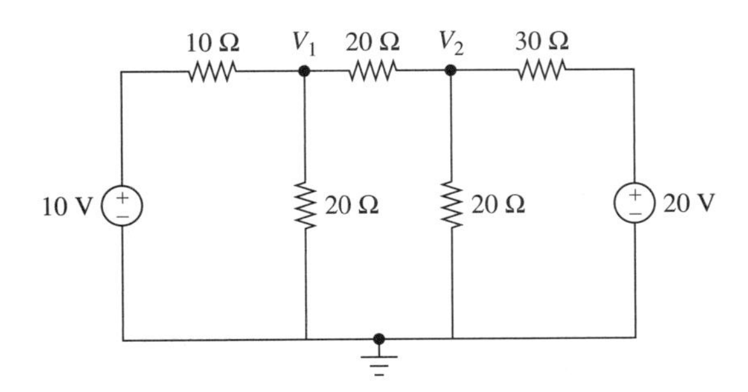


**Figura E7.4** Circuito de dois nós para o Exercício 7-4.

(a) Calcule $V_1$ e $V_2$ usando o método da substituição.

(b) Escreva o sistema de equações (7.90) e (7.91) na forma matricial $A\,V = b$, em que $V = \begin{bmatrix} V_1 \\ V_2 \end{bmatrix}$.

(c) Calcule $V_1$ e $V_2$ usando o método da álgebra matricial. Efetue os cálculos manualmente e mostre todos os passos.

(d) Calcule $V_1$ e $V_2$ usando a regra de Cramer.

**7-5** Considere o circuito de dois nós mostrado na Fig. E7.5, em que as tensões $V_1$ e $V_2$ (em V) satisfazem o seguinte sistema de equações:

$$17\,V_1 = 10\,V_2 + 50 \qquad (7.92)$$

$$11\,V_2 - 6V_1 - 42 = 0. \qquad (7.93)$$

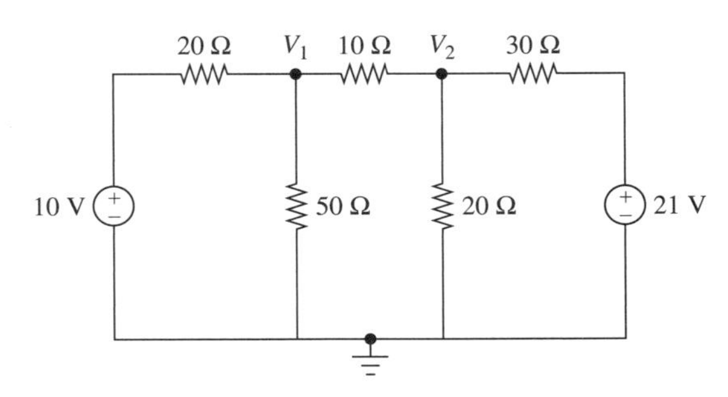


**Figura E7.5** Circuito de dois nós para o Exercício 7-5.

(a) Calcule $V_1$ e $V_2$ usando o método da substituição.

(b) Escreva o sistema de equações (7.92) e (7.93) na forma matricial $A\,V = b$, em que $V = \begin{bmatrix} V_1 \\ V_2 \end{bmatrix}$.

(c) Calcule $V_1$ e $V_2$ usando o método da álgebra matricial. Efetue os cálculos manualmente e mostre todos os passos.

(d) Calcule $V_1$ e $V_2$ usando a regra de Cramer.

**7-6** Considere o circuito de dois nós mostrado na Fig. E7.6, em que as tensões $V_1$ e $V_2$ (em V) satisfazem o seguinte sistema de equações:

$$0{,}2\,V_1 - 0{,}1\,V_2 = 4 \qquad (7.94)$$

$$0{,}3\,V_2 - 0{,}1\,V_1 + 2 = 0. \qquad (7.95)$$

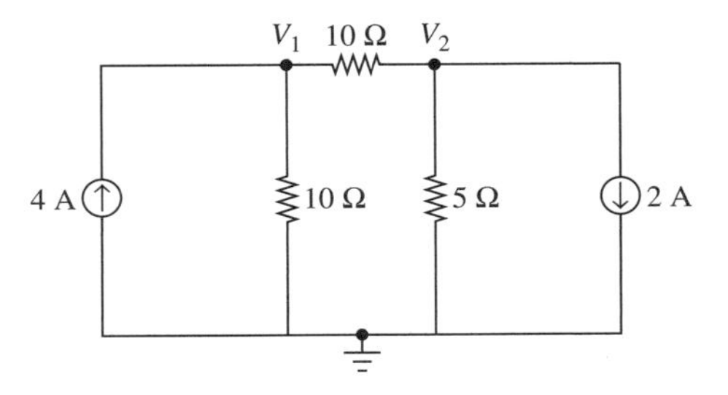


**Figura E7.6** Circuito de dois nós para o Exercício 7-6.

(a) Calcule $V_1$ e $V_2$ usando o método da substituição.

(b) Escreva o sistema de equações (7.94) e (7.95) na forma matricial $A\ V = b$, em que $V = \begin{bmatrix} V_1 \\ V_2 \end{bmatrix}$.

(c) Calcule $V_1$ e $V_2$ usando o método da álgebra matricial. Efetue os cálculos manualmente e mostre todos os passos.

(d) Calcule $V_1$ e $V_2$ usando a regra de Cramer.

**7-7** Uma análise do circuito mostrado na Fig. E7.7 resulta no seguinte sistema de equações:

$$-4\,V_2 + 7\,V_1 = 0 \quad (7.96)$$

$$2\,V_1 - 7\,V_2 + 10 = 0. \quad (7.97)$$

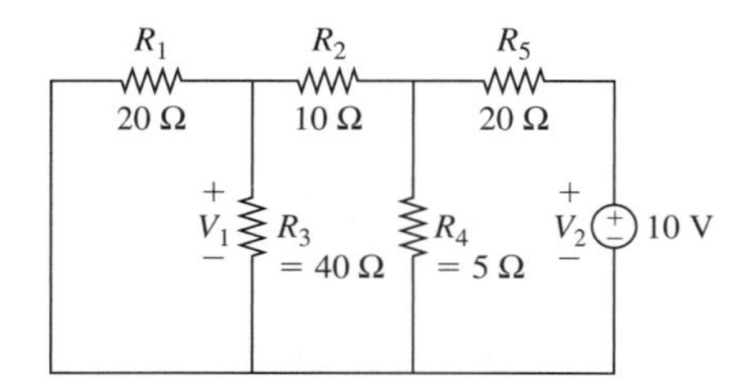


**Figura E7.7** Circuito de dois nós para o Exercício 7-7.

(a) Calcule $V_1$ e $V_2$ usando o método da substituição.

(b) Escreva o sistema de equações (7.96) e (7.97) na forma matricial $A\ V = b$, em que $V = \begin{bmatrix} V_1 \\ V_2 \end{bmatrix}$.

(c) Calcule $V_1$ e $V_2$ usando o método da álgebra matricial. Efetue os cálculos manualmente e mostre todos os passos.

(d) Calcule $V_1$ e $V_2$ usando a regra de Cramer.

**7-8** Um circuito Amp-Op somador é mostrado na Fig. 7.6. Uma análise do circuito Amp-Op revela que as admitâncias $G_1$ e $G_2$, em mho (℧) satisfazem o seguinte sistema de equações:

$$5\,G_1 - 145 = -10\,G_2 \quad (7.98)$$

$$-9\,G_2 + 71 = -4\,G_1. \quad (7.99)$$

(a) Calcule $G_1$ e $G_2$ usando o método da substituição.

(b) Escreva o sistema de equações (7.98) e (7.99) na forma matricial $A\ G = b$, em que $G = \begin{bmatrix} G_1 \\ G_2 \end{bmatrix}$.

(c) Calcule $G_1$ e $G_2$ usando o método da álgebra matricial. Efetue os cálculos manualmente e mostre todos os passos.

(d) Calcule $G_1$ e $G_2$ usando a regra de Cramer.

**7-9** Um circuito Amp-Op somador é mostrado na Fig. 7.6. Uma análise do circuito Amp-Op revela que as admitâncias $G_1$ e $G_2$, em mho (℧) satisfazem o seguinte sistema de equações:

$$10\,G_1 + 10\,G_2 = 0{,}2 \quad (7.100)$$

$$5\,G_1 + 15\,G_2 = 0{,}125. \quad (7.101)$$

(a) Calcule $G_1$ e $G_2$ usando o método da substituição.

(b) Escreva o sistema de equações (7.100) e (7.101) na forma matricial $A\ G = b$, em que $G = \begin{bmatrix} G_1 \\ G_2 \end{bmatrix}$.

(c) Calcule $G_1$ e $G_2$ usando o método da álgebra matricial. Efetue os cálculos manualmente e mostre todos os passos.

(d) Calcule $G_1$ e $G_2$ usando a regra de Cramer.

**7-10** Um objeto de 20 kg está suspenso por dois cabos, como ilustrado na Fig. E7.10. As tensões $T_1$ e $T_2$ satisfazem o seguinte sistema de equações:

$$0{,}5\,T_1 = 0{,}866\,T_2 \quad (7.102)$$

$$0{,}5\,T_2 + 0{,}866\,T_1 = 196. \quad (7.103)$$

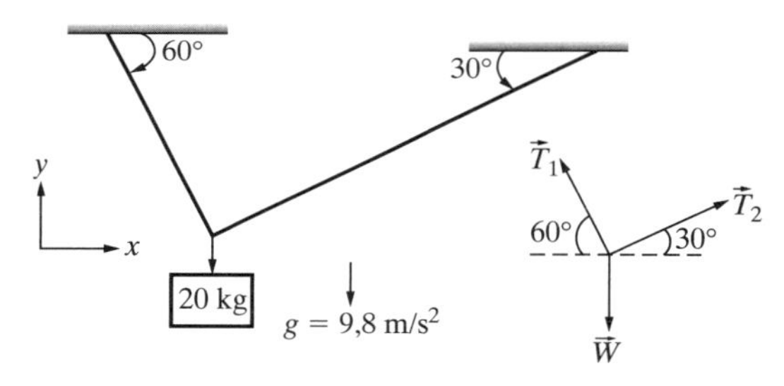


**Figura E7.10** Objeto de 20 kg suspenso por dois cabos para o Exercício 7-10.

(a) Escreva o sistema de equações (7.102) e (7.103) na forma matricial $A\ T = b$, em que:

$$T = \begin{bmatrix} T_1 \\ T_2 \end{bmatrix}.$$

Em outras palavras, determine as matrizes **A** e **b**. Quais são as dimensões de **A** e **b**?

(b) Calcule $T_1$ e $T_2$ usando o método da álgebra matricial. Efetue os cálculos manualmente.

(c) Calcule $T_1$ e $T_2$ usando a regra de Cramer.

**7-11** Um objeto de 100 libras está suspenso por dois cabos, como ilustrado na Fig. E7.11. As tensões $T_1$ e $T_2$ satisfazem o seguinte sistema de equações:

$$0{,}6\ T_1 + 0{,}8\ T_2 = 100 \qquad (7.104)$$
$$0{,}8\ T_1 - 0{,}6\ T_2 = 0. \qquad (7.105)$$

(a) Escreva o sistema de equações (7.104) e (7.105) na forma matricial $A\ x = b$, em que

$$x = \begin{bmatrix} T_1 \\ T_2 \end{bmatrix}.$$

Em outras palavras, determine as matrizes **A** e **b**.

(b) Calcule $T_1$ e $T_2$ usando o método da álgebra matricial. Efetue os cálculos manualmente e mostre todos os passos.

(c) Calcule $T_1$ e $T_2$ usando a regra de Cramer.

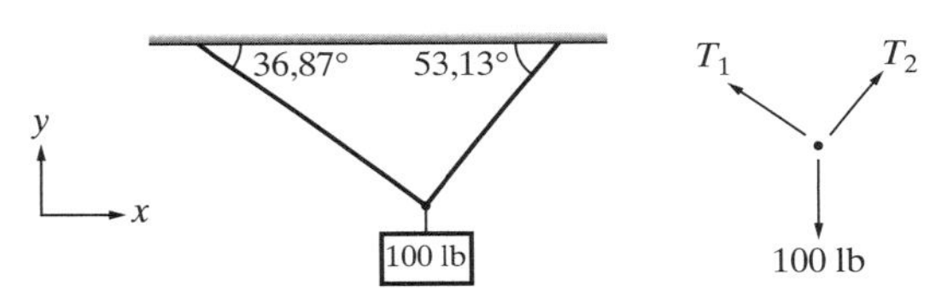


**Figura E7.11** Objeto de 100 libras suspenso por dois cabos para o Exercício 7-11.

**7-12** Uma treliça de duas barras suporta um peso $W$ = 750 libras, como ilustrado na Fig. E7.12. As forças $F_1$ e $F_2$ satisfazem o seguinte sistema de equações:

$$0{,}866\,F_1 = F_2 \qquad (7.106)$$
$$0{,}5\,F_1 = 750. \qquad (7.107)$$

(a) Escreva o sistema de equações (7.106) e (7.107) na forma matricial $A\ F = b$, em que

$$F = \begin{bmatrix} F_1 \\ F_2 \end{bmatrix}.$$

Em outras palavras, determine as matrizes **A** e **b**.

(b) Calcule $F_1$ e $F_2$ usando o método da álgebra matricial. Efetue os cálculos manualmente e mostre todos os passos.

(c) Calcule $F_1$ e $F_2$ usando a regra de Cramer.

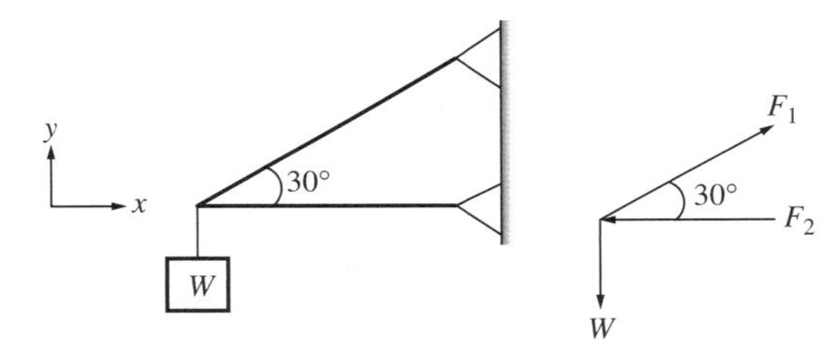


**Figura E7.12** Treliça de duas barras suportando peso para o Exercício 7-12.

**7-13** Um objeto de 10 kg é suspenso de uma treliça de duas barras como ilustrado na Fig. E7.13. As forças $F_1$ e $F_2$ satisfazem o seguinte sistema de equações:

$$0{,}707\,F_1 = F_2 \qquad (7.108)$$
$$0{,}707\,F_1 = 98{,}1. \qquad (7.109)$$

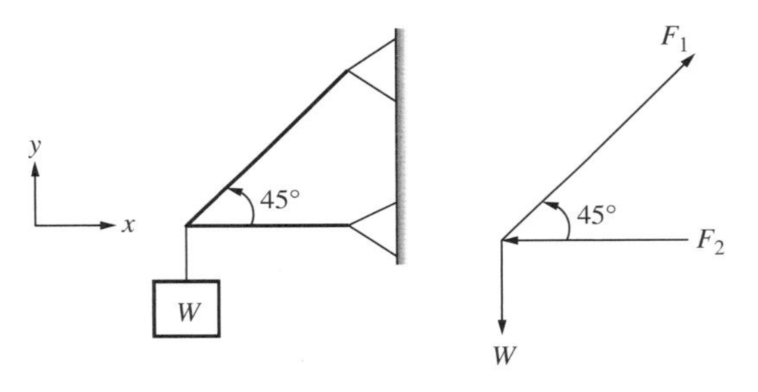


**Figura E7.13** Objeto suspenso de uma treliça de duas barras para o Exercício 7-13.

(a) Escreva o sistema de equações (7.108) e (7.109) na forma matricial $A\ F = b$, em que

$$F = \begin{bmatrix} F_1 \\ F_2 \end{bmatrix}.$$

Em outras palavras, determine as matrizes **A** e **b**.

(b) Calcule $F_1$ e $F_2$ usando o método da álgebra matricial. Efetue os cálculos manualmente e mostre todos os passos.

(c) Calcule $F_1$ e $F_2$ usando a regra de Cramer.

**7-14** Uma força $F$ = 100 N é aplicada a uma treliça de duas barras como ilustrado na Fig. E7.14. As forças $F_1$ e $F_2$ satisfazem o seguinte sistema de equações:

$$-0{,}5548\,F_1 - 0{,}8572\,F_2 = -100 \qquad (7.110)$$
$$0{,}832\,F_1 = 0{,}515F_2. \qquad (7.111)$$

(a) Escreva o sistema de equações (7.110) e (7.111) na forma matricial $A\ F = b$, em que

$$F = \begin{bmatrix} F_1 \\ F_2 \end{bmatrix}.$$

Em outras palavras, determine as matrizes $A$ e $b$.

(b) Calcule $F_1$ e $F_2$ usando o método da álgebra matricial. Efetue os cálculos manualmente e mostre todos os passos.

(c) Calcule $F_1$ e $F_2$ usando a regra de Cramer.

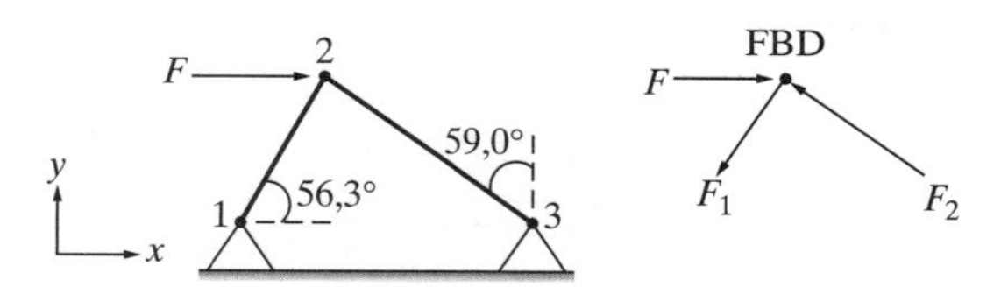


**Figura E7.14** Força de 100 N aplicada a uma treliça de duas barras para o Exercício 7-14.

**7-15** Uma força $F = 200$ libras-força é aplicada a uma treliça de duas barras como ilustrado na Fig. E7.15. As forças $F_1$ e $F_2$ satisfazem o seguinte sistema de equações:

$$0{,}866\,F_1 + 0{,}707\,F_2 = 200 \qquad (7.112)$$

$$0{,}5\,F_1 - 0{,}707\,F_2 = 0. \qquad (7.113)$$

(a) Escreva o sistema de equações (7.112) e (7.113) na forma matricial $A\ F = b$, em que

$$F = \begin{bmatrix} F_1 \\ F_2 \end{bmatrix}.$$

Em outras palavras, determine as matrizes $A$ e $b$.

(b) Calcule $F_1$ e $F_2$ usando o método da álgebra matricial. Efetue os cálculos manualmente e mostre todos os passos.

(c) Calcule $F_1$ e $F_2$ usando a regra de Cramer.

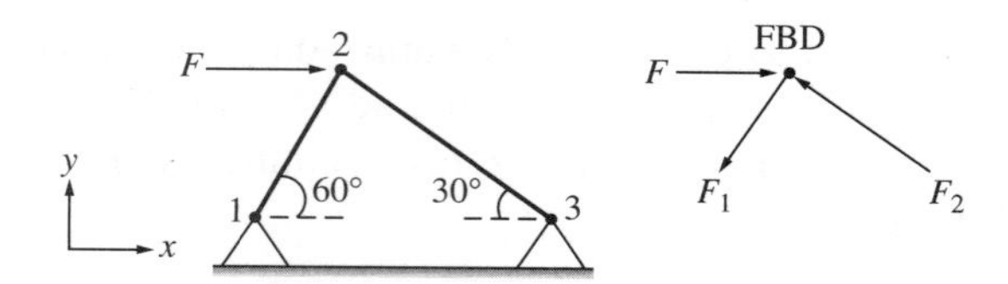


**Figura E7.15** Força de 200 libras-força aplicada a uma treliça de duas barras para o Exercício 7-15.

**7-16** O peso de um veículo é suportado por forças de reação nas rodas dianteiras e traseiras do mesmo, como ilustrado na Fig. E7.16. Com o peso do veículo $W = 4800$ libras-força, as forças de reação satisfazem o seguinte sistema de equações:

$$R_1 + R_2 - 4800 = 0 \qquad (7.114)$$

$$6\,R_1 - 4\,R_2 = 0. \qquad (7.115)$$

(a) Calcule $R_1$ e $R_2$ usando o método da substituição.

(b) Escreva o sistema de equações (7.114) e (7.115) na forma matricial $A\ x = b$, em que

$$x = \begin{bmatrix} R_1 \\ R_2 \end{bmatrix}.$$

Em outras palavras, determine as matrizes $A$ e $b$.

(c) Calcule $R_1$ e $R_2$ usando o método da álgebra matricial. Efetue os cálculos manualmente e mostre todos os passos.

(d) Calcule $R_1$ e $R_2$ usando a regra de Cramer.

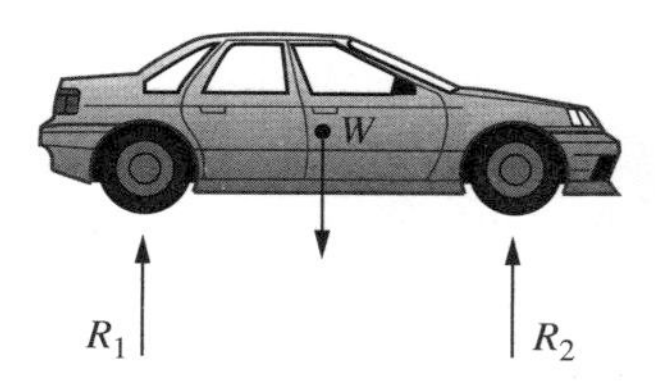


**Figura E7.16** Veículo suportado por forças de reação.

**7-17** Resolva o Exercício 7-16 para o sistema de equações dado pelas equações (7.116) e (7.117):

$$R_1 + R_2 - 3000 = 0 \qquad (7.116)$$

$$7\,R_1 - 3\,R_2 = 0. \qquad (7.117)$$

**7-18** Resolva o Exercício 7-16 para o sistema de equações dado pelas equações (7.118) e (7.119):

$$R_1 + R_2 = 5000 \qquad (7.118)$$

$$4\,R_1 = 6\,R_2. \qquad (7.119)$$

**7-19** Um veículo com peso $W = 10$ kN está estacionado em uma rampa ($\theta = 21{,}8°$), como ilustrado na Fig. E7.19. As forças $F$ e $N$ satisfazem o seguinte sistema de equações:

$$0{,}9285\,F = 0{,}3714\,N \quad (7.120)$$
$$0{,}9285\,N + 0{,}3714\,F - 10 = 0 \quad (7.121)$$

em que as forças $F$ e $N$ estão em kN.

(a) Escreva o sistema de equações (7.120) e (7.121) na forma matricial $A\,x = b$, em que

$$x = \begin{bmatrix} F \\ N \end{bmatrix}.$$

Em outras palavras, determine as matrizes $A$ e $b$.

(b) Calcule $F$ e $N$ usando o método da álgebra matricial. Efetue os cálculos manualmente e mostre todos os passos.

(c) Calcule $F$ e $N$ usando a regra de Cramer.

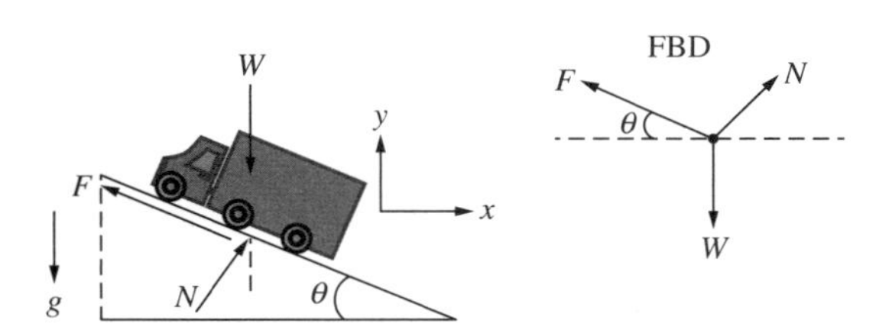


**Figura E7.19** Um caminhão estacionado em uma rua inclinada.

**7-20** Um veículo com peso $W$ = 2000 libras está estacionado em uma rampa ($\theta$ = 35°), como ilustrado na Fig. E7.19. As forças $F$ e $N$ satisfazem o seguinte sistema de equações:

$$-0{,}8192\,F + 0{,}5736\,N = 0 \quad (7.122)$$
$$0{,}8192\,N + 0{,}5736\,F = 2000. \quad (7.123)$$

em que as forças $F$ e $N$ estão em lb. Resolva as partes (a)-(c) do Exercício 7-19 para o sistema de equações dado por (7.122) e (7.123).

**7-21** Um engradado com peso $W$ = 100 libras (lb) é empurrado ao longo de uma rampa ($\theta$ = 30°) com força $F_a$ = 30 lb, como ilustrado na Fig. E7.21. As forças $F_f$ e $N$ satisfazem o seguinte sistema de equações:

$$0{,}866\,F_f - 0{,}5N + 30 = 0 \quad (7.124)$$
$$0{,}866\,N + 0{,}5\,F_f - 100 = 0. \quad (7.125)$$

(a) Escreva o sistema de equações (7.124) e (7.125) na forma matricial $A\,x = b$, em que

$$x = \begin{bmatrix} F_f \\ N \end{bmatrix}.$$

Em outras palavras, determine as matrizes $A$ e $b$.

(b) Calcule $F_f$ e $N$ usando o método da álgebra matricial. Efetue os cálculos manualmente e mostre todos os passos.

(c) Calcule $F_f$ e $N$ usando a regra de Cramer.

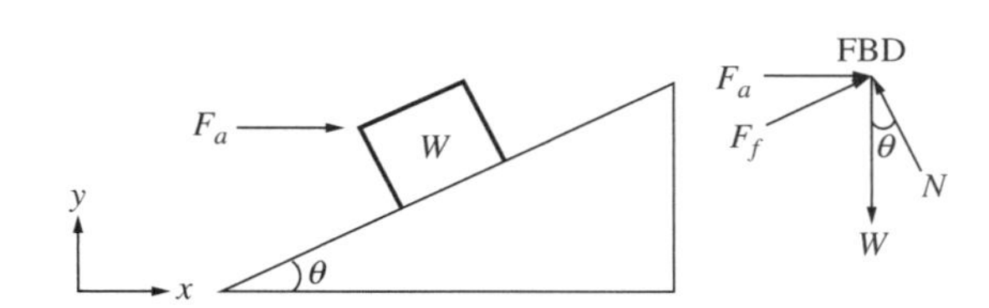


**Figura E7.21** Engradado empurrado por uma força.

**7-22** Um engradado com peso $W$ = 500 N é empurrado ao longo de uma rampa ($\theta$ = 20°) com força $F_a$ = 100 N, como ilustrado na Fig. E7.21. As forças $F_f$ e $N$ satisfazem o seguinte sistema de equações:

$$0{,}9397\,F_f + 100 = 0{,}342\,N \quad (7.126)$$
$$0{,}9397\,N + 0{,}342\,F_f - 500 = 0. \quad (7.127)$$

Resolva as partes (a)-(c) do Exercício 7-21 para o sistema de equações dado por (7.126) e (7.127).

**7-23** Uma mesa de 100 kg encontra-se em um plano horizontal com coeficiente de atrito $\mu$ = 0,4. A mesa é puxada com uma força $F$ = 800 N, a um ângulo $\theta$ = 45°, como ilustrado na Fig. E7.23. A força normal $N_f$ e a aceleração $a$ em m/s$^2$ satisfazem o seguinte sistema de equações:

$$565{,}6 - 0{,}4\,N_f = 100\,a \quad (7.128)$$
$$N_f + 565{,}5 = 9{,}81 \times 100. \quad (7.129)$$

(a) Calcule $N_f$ e $a$ usando o método da substituição.

(b) Escreva o sistema de equações (7.128) e (7.129) na forma matricial $A\,x = b$, em que

$$x = \begin{bmatrix} N_f \\ a \end{bmatrix}.$$

Em outras palavras, determine as matrizes $A$ e $b$.

(c) Calcule $N_f$ e $a$ usando o método da álgebra matricial.

(d) Calcule $N_f$ e $a$ usando a regra de Cramer.

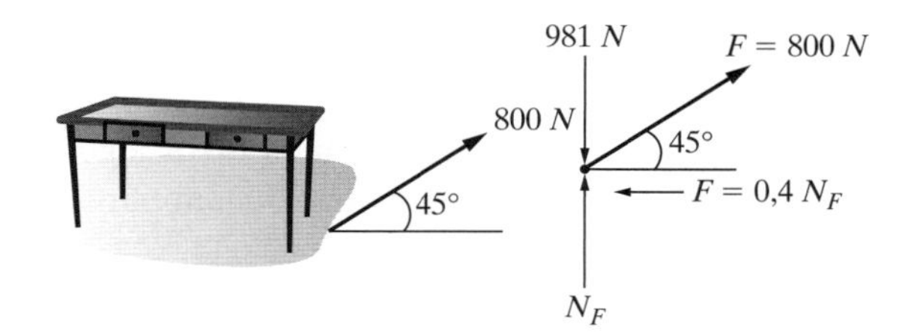


**Figura E7.23** Mesa puxada por uma força *F*.

**7-24** Uma mesa de 200 kg encontra-se em um plano horizontal com coeficiente de atrito $\mu = 0{,}3$. A mesa é puxada com uma força $F = 1000$ N, a um ângulo $\theta = 20°$, como ilustrado na Fig. E7.23. A força normal $N_f$ e a aceleração $a$ em m/s$^2$ satisfazem o seguinte sistema de equações:

$$939{,}7 - 0{,}3\,N_f = 200\,a \qquad (7.130)$$
$$N_f + 342 = 9{,}81 \times 200. \qquad (7.131)$$

Resolva as partes (a)–(d) do Exercício 7-23 para o sistema de equações dado por (7.130) e (7.131).

**7-25** O peso de um veículo é suportado por forças de reação nas rodas dianteiras e traseiras do mesmo, como ilustrado na Fig. E7.25. As forças de reação satisfazem o seguinte sistema de equações:

$$R_1 + R_2 - m\,g = 0 \qquad (7.132)$$
$$l_1\,R_1 - l_2\,R_2 - m\,a\,k = 0. \qquad (7.133)$$

(a) Escreva o sistema de equações (7.132) e (7.133) para $l_1 = 2$ m, $l_2 = 1{,}5$ m, $k = 1{,}5$ m, $g = 9{,}81$ m/s$^2$, $m = 1000$ kg e $a = 5$ m/s$^2$.

(b) Para o sistema de equações obtido na parte (a), calcule $R_1$ e $R_2$ usando o método da substituição.

(c) Escreva o sistema de equações na forma matricial $A\,x = b$, em que

$$x = \begin{bmatrix} R_1 \\ R_2 \end{bmatrix}.$$

Em outras palavras, determine as matrizes $A$ e $b$.

(d) Calcule $R_1$ e $R_2$ usando o método da álgebra matricial.

(e) Calcule $R_1$ e $R_2$ usando a regra de Cramer.

**7-26** Refaça o Exercício 7-25 para $l_1 = 2$ m, $l_2 = 1{,}5$ m, $k = 1{,}5$ m, $g = 9{,}81$ m/s$^2$, $m = 1000$ kg e $a = -5$ m/s$^2$.

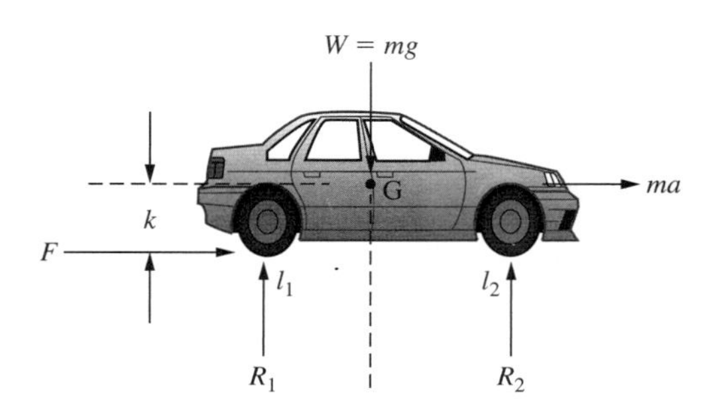


**Figura E7.25** Veículo suportado por forças de reação.

**7-27** Refaça o Exercício 7-25 para $l_1 = 2$ m, $l_2 = 2$ m, $k = 1{,}5$ m, $g = 9{,}81$ m/s$^2$, $m = 1200$ kg e $a = 4{,}5$m/s$^2$.

**7-28** Refaça o Exercício 7-25 para $l_1 = 2$ m, $l_2 = 2$ m, $k = 1{,}5$ m, $g = 9{,}81$ m/s$^2$, $m = 1200$ kg e $a = -4{,}5$ m/s$^2$.

**7-29** Um motorista aplica uma força contínua $F_p = 25$ N ao pedal acelerador, como ilustrado na Fig. E7.29. O diagrama de corpo livre do pé do motorista também é mostrado na figura. Com base no sistema de coordenadas *x*-*y* mostrado, a força no músculo gastrocnêmio $F_m$ e o peso do pé $W_F$ satisfazem o seguinte sistema de equações:

$$F_m \cos 45° - W_F \cos 30° = R_x \qquad (7.134)$$
$$F_m \,\text{sen}\, 45° - W_F \,\text{sen}\, 30° = R_y - F_P. \qquad (7.135)$$

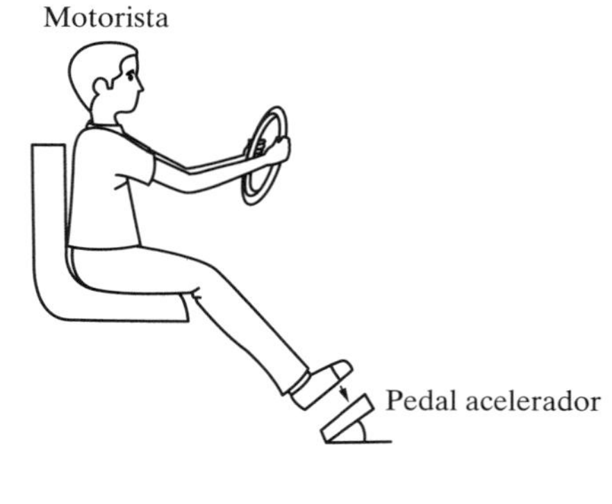


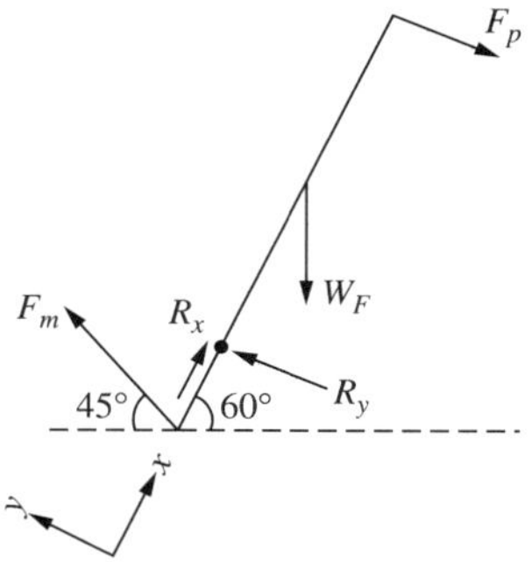


**Figura E7.29** Motorista aplicando força contínua ao pedal acelerador.

(a) Para $R_x = 70/\sqrt{2}$ N e $R_y = 105$ N, reescreva o sistema de equações (7.134) e (7.135) em termos de $F_m$ e $W_F$.

(b) Calcule $F_m$ e $W_F$ usando o método da substituição.

(b) Escreva o sistema de equações obtido na parte (a) na forma matricial $A\ x = b$, em que $x = \begin{bmatrix} F_m \\ W_F \end{bmatrix}$.

(c) Calcule $F_m$ e $W_F$ usando o método da álgebra matricial. Efetue os cálculos manualmente e mostre todos os passos.

(d) Calcule $F_m$ e $W_F$ usando a regra de Cramer.

**7-30** Um engenheiro ambiental deseja produzir uma mistura de solução inseticida em *spray* de volume $V = 500$ litros (l) e concentração $C = 0{,}2$ a partir de duas soluções de concentrações $c_1 = 0{,}15$ e $c_2 = 0{,}25$. Os necessários volumes das duas soluções $v_1$ e $v_2$ podem ser determinados de um sistema de equações que descreve as condições para volumes e concentrações como:

$$v_1 + v_2 = V \quad (7.136)$$

$$c_1\ v_1 + c_2\ v_2 = C\ V \quad (7.137)$$

(a) Dados $V = 500$ l, $c_1 = 0{,}15$, $c_2 = 0{,}25$ e $C = 0{,}2$, reescreva o sistema de equações (7.136) e (7.137) em termos de $v_1$ e $v_2$.

(b) Determine $v_1$ e $v_2$ usando o método da substituição.

(c) Escreva o sistema de equações obtido na parte (a) na forma matricial $A\ x = b$, com $x = \begin{bmatrix} v_1 \\ v_2 \end{bmatrix}$.

(d) Calcule $v_1$ e $v_2$ usando o método da álgebra matricial. Efetue os cálculos manualmente e mostre todos os passos.

(e) Determine $v_1$ e $v_2$ usando a regra de Cramer.

**7-31** Refaça o Exercício 7-30 para $V = 400$ l, $C = 0{,}25$, $c_1 = 0{,}2$, $c_2 = 0{,}4$.

**7-32** Considere o circuito de duas malhas mostrado na Fig. E7.32, em que as correntes $I_1$ e $I_2$ (em A) satisfazem o seguinte sistema de equações:

$$(0{,}1\,s + 1)\,I_1 - I_2 = \frac{100}{s} \quad (7.138)$$

$$-1\,I_1 + \left(1 + \frac{2}{s}\right) I_2 = 0. \quad (7.139)$$

(a) Calcule $I_1$ e $I_2$ usando o método da substituição.

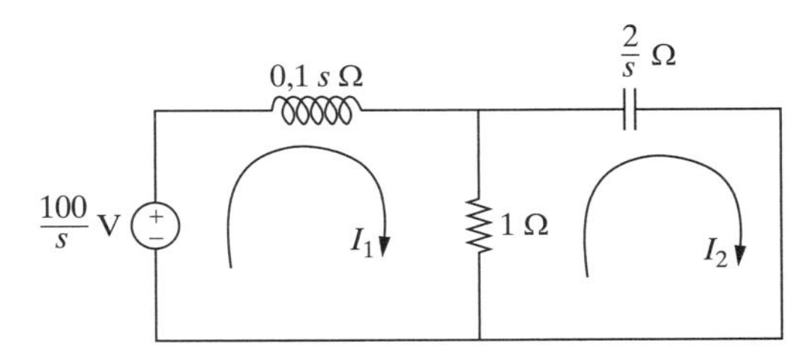


**Figura E7.32** Circuito de duas malhas para o Exercício 7-32.

(b) Escreva o sistema de equações (7.138) e (7.139) na forma matricial $A\ I = b$, em que $I = \begin{bmatrix} I_1 \\ I_2 \end{bmatrix}$.

(c) Calcule $I_1$ e $I_2$ usando o método da álgebra matricial.

(d) Calcule $I_1$ e $I_2$ usando a regra de Cramer.

**7-33** Considere o circuito de duas malhas mostrado na Fig. E7.33, em que as correntes $I_1$ e $I_2$ (em A) satisfazem o seguinte sistema de equações:

$$(0{,}2\,s + 10)\,I_1 - 0{,}2\,s\,I_2 = \frac{100}{s} \quad (7.140)$$

$$-0{,}2\,s\,I_1 + \left(0{,}2\,s + \frac{10}{s}\right) I_2 = 0. \quad (7.141)$$

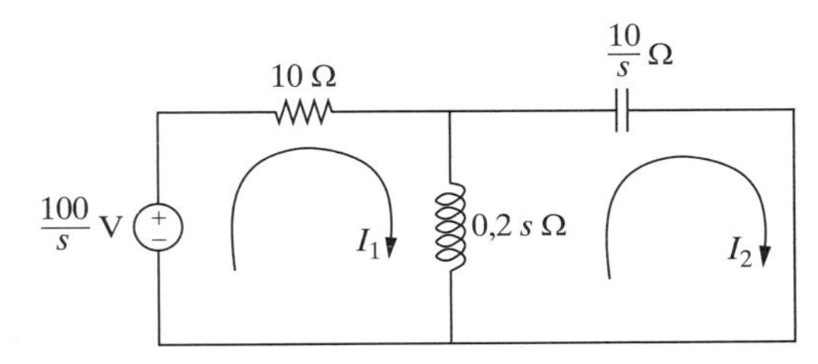


**Figura E7.33** Circuito de duas malhas para o Exercício 7-33.

(a) Calcule $I_1$ e $I_2$ usando o método da substituição.

(b) Escreva o sistema de equações (7.140) e (7.141) na forma matricial $A\ I = b$, em que $I = \begin{bmatrix} I_1 \\ I_2 \end{bmatrix}$.

(c) Calcule $I_1$ e $I_2$ usando o método da álgebra matricial.

(d) Calcule $I_1$ e $I_2$ usando a regra de Cramer.

**7-34** Considere o circuito de dois nós mostrado na Fig. E7.34, em que as tensões $V_1$ e $V_2$ (em V) satisfazem o seguinte sistema de equações:

$$\left(\frac{5}{s} + 0{,}1\right) V_1 - 0{,}1\,V_2 = \frac{0{,}1}{s} \quad (7.142)$$

$$\left(0{,}1 + \frac{5}{s}\right) V_2 - 0{,}1\,V_1 = \frac{0{,}2}{s}. \quad (7.143)$$

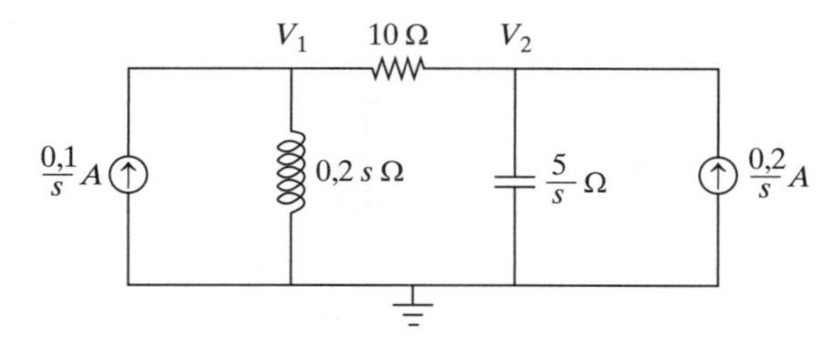


Figura E7.34 Circuito de dois nós para o Exercício 7-34.

(a) Escreva o sistema de equações (7.142) e (7.143) na forma matricial $A\ V = b$, em que $V = \begin{bmatrix} V_1 \\ V_2 \end{bmatrix}$.

(b) Calcule $V_1$ e $V_2$ usando o método da álgebra matricial.

(c) Calcule $V_1$ e $V_2$ usando a regra de Cramer.

**7-35** Um sistema mecânico e o correspondente diagrama de corpo livre são mostrados na Fig. E7.35, em que $f = 50$ N é a força aplicada. Os deslocamentos $X_1(s)$ e $X_2(s)$ das duas molas no domínio $s$ satisfazem o seguinte sistema de equações:

$$40\,X_1(s) - 40\,X_2(s) = \frac{50}{s} \qquad (7.144)$$

$$-40\,X_1(s) + \left(s^2 + 65\right) X_2(s) = 0 \qquad (7.145)$$

(a) Escreva o sistema de equações (7.144) e (7.145) na forma matricial $A\ X(s) = b$, em que $X(s) = \begin{bmatrix} X_1(s) \\ X_2(s) \end{bmatrix}$.

(b) Obtenha as expressões de $X_1(s)$ e $X_2(s)$ usando o método da álgebra matricial.

(c) Obtenha as expressões de $X_1(s)$ e $X_2(s)$ usando a regra de Cramer.

**7-36** A Fig. E7.36 mostra um sistema com dois elementos de massa e duas molas. A massa $m_1$ é puxada com força $f = 100$ N, e os deslocamentos $X_1(s)$ e $X_2(s)$ das duas molas no domínio $s$ satisfazem o seguinte sistema de equações:

$$\left(2s^2 + 50\right) X_1(s) - 50\,X_2(s) = \frac{100}{s} \qquad (7.146)$$

$$-50\,X_1(s) + \left(2s^2 + 100\right) X_2(s) = 0 \qquad (7.147)$$

(a) Escreva o sistema de equações (7.146) e (7.147) na forma matricial $A\ X(s) = \mathrm{b}$, em que $X(s) = \begin{bmatrix} X_1(s) \\ X_2(s) \end{bmatrix}$.

(b) Obtenha as expressões de $X_1(s)$ e $X_2(s)$ usando o método da álgebra matricial.

(c) Obtenha as expressões de $X_1(s)$ e $X_2(s)$ usando a regra de Cramer.

**7-37** Um estagiário em uma companhia manufatora de materiais compostos tenta determinar as quantidades de dois materiais compostos distintos que podem ser feitas com o estoque disponível de fibra de carbono e resina. O estagiário sabe que o Composto A requer 0,15 libra de fibra de carbono e 1,6 onça de resina polimérica, e que o Composto B requer 3,2 libras de fibra de carbono e 2,0 onças de resina polimérica. Dado que o estoque de fibra de carbono e resina corresponde a 15 libras e 10 onças, respectivamente, as quantidades dos compostos a serem manufaturados satisfazem o sistema de equações:

$$0{,}15\,x_A + 3{,}2\,x_B = 15 \qquad (7.148)$$

$$1{,}6\,x_A + 2{,}0\,x_B = 10, \qquad (7.149)$$

em que $x_A$ e $x_B$ são as quantidades dos Compostos A e B (em libras), respectivamente.

(a) Calcule $x_A$ e $x_B$ usando o método da substituição.

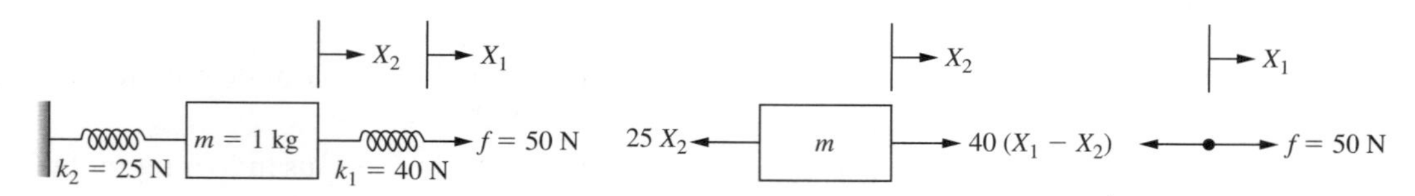


Figura E7.35 Sistema mecânico para o Exercício 7-35.

Figura E7.36 Sistema mecânico para o Exercício 7-36.

(b) Escreva o sistema de equações (7.148) e (7.149) na forma matricial $A\ x = b$, em que $x = \begin{bmatrix} x_A \\ x_B \end{bmatrix}$.

(c) Calcule $x_A$ e $x_B$ usando o método da álgebra matricial. Efetue os cálculos manualmente e mostre todos os passos.

(d) Calcule $x_A$ e $x_B$ usando a regra de Cramer.

**7-38** Refaça as partes (a)–(d) do Exercício 7-37 para o caso em que Composto A requer 1,6 libra de fibra de carbono e 0,5 onça de resina polimérica, o Composto B requer 1,75 libra de fibra de carbono e 0,78 onça de resina polimérica, o estoque de fibra de carbono e resina corresponde a 17 libras e 12 onças, respectivamente, e as quantidades dos compostos a serem manufaturados satisfazem o sistema de equações (7.150) e (7.151):

$$0{,}16\,x_A + 2{,}5\,x_B = 17 \qquad (7.150)$$

$$1{,}75\,x_A + 0{,}78\,x_B = 12. \qquad (7.151)$$

**7-39** Um engenheiro estrutural realiza uma análise de elementos finitos de uma estrutura de suporte em treliça de alumínio submetida a uma carga, como ilustrado na Fig. E7.39. Pelo método de elementos finitos, os deslocamentos nas direções horizontais e verticais no nó em que a carga é aplicada podem ser determinados do seguinte sistema de equações:

$$2{,}57\,u + 3{,}33\,v = -0{,}05 \qquad (7.152)$$

$$3{,}33\,u + 6{,}99\,v = 0, \qquad (7.153)$$

em que $u$ e $v$ são os deslocamentos nas direções horizontais e verticais, respectivamente.

(a) Calcule $u$ e $v$ usando o método da substituição.

(b) Escreva o sistema de equações (7.152) e (7.153) na forma matricial $A\ x = b$, em que $x = \begin{bmatrix} u \\ v \end{bmatrix}$.

(c) Calcule $u$ e $v$ usando o método da álgebra matricial. Efetue os cálculos manualmente e mostre todos os passos.

(d) Calcule $u$ e $v$ usando a regra de Cramer.

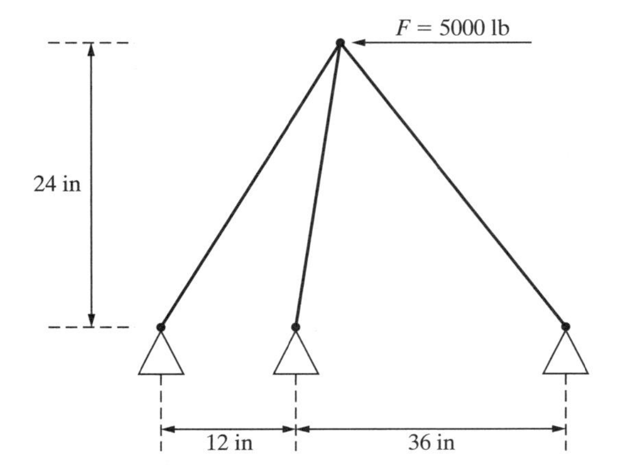


**Figura E7.39** Modelagem por elementos finitos de uma estrutura em treliça submetida a uma carga.

**7-40** Uma engenheira estrutural deve projetar uma grua a ser usada na descarga de barcaças em uma doca. A engenheira emprega a técnica de análise por elementos finitos para determinar o deslocamento na extremidade da grua. A modelagem por elementos finitos da estrutura da grua recolhendo uma carga de 2000 libras-força é ilustrada na Fig. E7.40. Os deslocamentos nas direções horizontal e vertical na extremidade da grua podem ser calculados do seguinte sistema de equações:

$$2{,}47\,u + 1{,}08\,v = 0 \qquad (7.154)$$

$$1{,}08\,u + 0{,}49\,v = -0{,}02, \qquad (7.155)$$

em que $u$ e $v$ são os deslocamentos nas direções horizontais e verticais, respectivamente.

(a) Calcule $u$ e $v$ usando o método da substituição.

(b) Escreva o sistema de equações (7.154) e (7.155) na forma matricial $A\ x = b$, em que $x = \begin{bmatrix} u \\ v \end{bmatrix}$.

(c) Calcule $u$ e $v$ usando o método da álgebra matricial. Efetue os cálculos manualmente e mostre todos os passos.

(d) Calcule $u$ e $v$ usando a regra de Cramer.

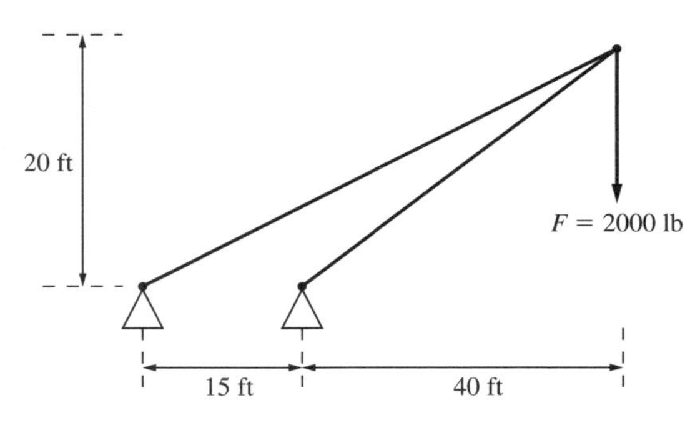


**Figura E7.40** Modelagem por elementos finitos da estrutura de uma grua submetida a uma carga.

# CAPÍTULO 8 Derivadas na Engenharia

## 8.1 INTRODUÇÃO

Neste capítulo, discutiremos o que é uma derivada e sua importância na engenharia. Enfatizaremos os conceitos de valores máximo e mínimo e aplicações de derivadas na solução de problemas de engenharia nos campos de dinâmica, circuitos elétricos e mecânica de materiais.

### 8.1.1 O que É uma Derivada?

Para explicar o que é uma derivada, um professor de engenharia pede a um aluno que deixe cair uma bola (ilustrada na Fig. 8.1) de uma altura $y = 1{,}0$ m e meça o tempo em que a bola atinge o solo. Usando um cronômetro de alta resolução, o aluno mede o instante do impacto no solo como $t = 0{,}452$ s. O professor, então, propõe as seguintes questões:

(a) Qual é a velocidade média da bola?
(b) Qual é a velocidade da bola no instante do impacto no solo?
(c) Quão rápido a bola acelerou?

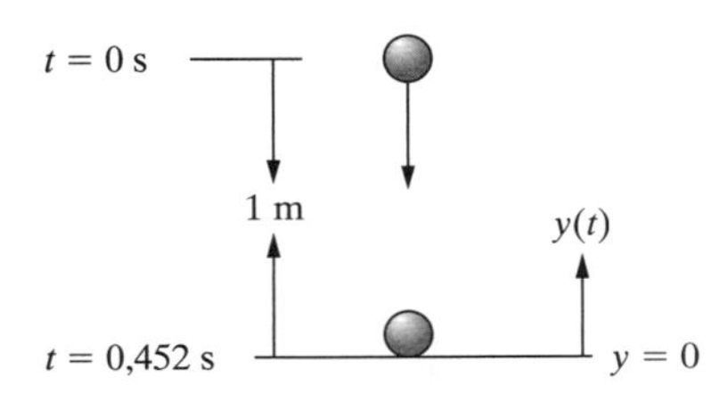


**Figura 8.1** Bola que cai de uma altura de 1 m.

Usando a informação dada, o aluno dá a seguinte resposta:

(a) **Velocidade Média:** A velocidade média é a distância total viajada por unidade de tempo, ou seja:

$$\bar{v} = \frac{\textbf{Distância total}}{\textbf{Tempo total}} = \frac{\Delta y}{\Delta t} = \frac{y_2 - y_1}{t_2 - t_1}$$

$$= -\frac{0 - 1{,}0}{0{,}452 - 0}$$

$$= -\frac{1{,}0}{0{,}452}$$

$$= -2{,}21 \text{ m/s}.$$

Notemos que o sinal negativo significa que a bola se move no sentido negativo da direção $y$.

(b) **Velocidade no Impacto:** O aluno conclui que não há informação suficiente para determinar a velocidade da bola no instante em que atinge o solo. Usando um detector de movimento por ultrassom no laboratório, o aluno repete o experimento e colhe os dados listados na Tabela 8.1.

**TABELA 8.1** Informação adicional relativa à bola em queda.

| $t$, s | 0 | 0,1 | 0,2 | 0,3 | 0,4 | 0,452 |
|---|---|---|---|---|---|---|
| $y(t)$, m | 1,0 | 0,951 | 0,804 | 0,559 | 0,215 | 0 |

O aluno calcula, então, a velocidade média, $\bar{v} = \Delta y/\Delta t$, em cada intervalo. Por exemplo, no intervalo $t = [0\ ,0{,}1]$, $\bar{v} = \frac{0{,}951 - 1{,}0}{0{,}1 - 0} = -0{,}490$ m/s. A velocidade média em cada um dos intervalos restantes é dada na Tabela 8.2.

**TABELA 8.2** Velocidade média da bola em diferentes intervalos de tempo.

| Interval | [0, 0,1] | [0,1, 0,2] | [0,2, 0,3] | [0,3, 0,4] | [0,4, 0,452] |
|---|---|---|---|---|---|
| $\bar{v}$, m/s | −0,490 | −1,47 | −2,45 | −3,44 | −4,13 |

O aluno propõe uma resposta aproximada de −4,13 m/s como a velocidade da bola no instante do impacto no solo, e alerta que necessitaria de um número infinito ($\infty$) de pontos de dados para obter a resposta exata, ou seja:

$$v(t = 0{,}452) = \lim_{t \to 0{,}452} \frac{y(0{,}452) - y(t)}{0{,}452 - t}.$$

O professor sugere que isto é semelhante à **definição de uma derivada**:

$$v(t) = \lim_{\Delta t \to 0} \frac{y(t + \Delta t) - y(t)}{\Delta t} = \frac{dy}{dt}$$

em que $\Delta t = 0{,}452 - t$.

As derivadas de algumas funções comuns na engenharia são listadas na Tabela 8.3. Notemos que $\omega, a, n, c, c_1$ e $c_2$ são constantes e não funções de $t$.

O professor sugere, então, um ajuste por curva quadrática dos dados medidos, o que resulta em:

$$y(t) = 1{,}0 - 4{,}905\, t^2.$$

Em um tempo qualquer, a velocidade é determinada calculando a derivada (ou diferenciando):

$$\begin{aligned} v(t) &= \frac{dy}{dt} \\ &= \frac{d}{dt}\left(1{,}0 - 4{,}905\, t^2\right) \\ &= \frac{d}{dt}(1{,}0) - 4{,}905\frac{d}{dt}\left(t^2\right) \\ &= 0 - 4{,}905(2\,t) \\ &= -9{,}81\, t \text{ m/s}. \end{aligned}$$

**TABELA 8.3** Algumas derivadas comuns na engenharia.

| **Função, $f(t)$** | **Derivada, $\frac{df(t)}{dt}$** |
|---|---|
| $\text{sen}(\omega t)$ | $\omega \cos(\omega t)$ |
| $\cos(\omega t)$ | $-\omega\, \text{sen}(\omega t)$ |
| $e^{at}$ | $a\, e^{at}$ |
| $t^n$ | $n\, t^{n-1}$ |
| $c f(t)$ | $c \frac{df(t)}{dt}$ |
| $c$ | $0$ |
| $c_1 f_1(t) + c_2 f_2(t)$ | $c_1 \frac{df_1(t)}{dt} + c_2 \frac{df_2(t)}{dt}$ |
| $f(t) \, . \, g(t)$ | $f(t) \frac{dg(t)}{dt} + g(t) \frac{df(t)}{dt}$ |
| $f(g(t))$ | $\frac{df}{dg} \times \frac{dg(t)}{dt}$ |

(c) O aluno, agora, é instado a calcular a aceleração sem colher dados adicionais. A **aceleração é a taxa de variação da velocidade**, ou seja:

$$
\begin{aligned}
a(t) &= \lim_{\Delta t \to 0} \frac{\Delta v(t)}{\Delta t} \\
&= \frac{dv(t)}{dt} \\
&= \frac{d}{dt} \frac{dy(t)}{dt} \\
&= \frac{d^2 y(t)}{dt^2}.
\end{aligned}
$$

Portanto, se $v(t) = -9{,}81\, t$, então

$$
\begin{aligned}
a(t) &= \frac{d}{dt}(-9{,}81\, t) \\
&= -9{,}81 \text{ m/s}^2.
\end{aligned}
$$

Logo, a **aceleração devido à gravidade é constante e igual a–9,81 m/s$^2$**.

## 8.2 MÁXIMOS E MÍNIMOS

Consideremos que a bola seja, agora, lançada para cima com velocidade inicial $v_o = 4{,}43$ m/s, como ilustrado na Fig. 8.2.

(a) Quanto tempo a bola gasta para alcançar a altura máxima?
(b) Qual é a velocidade da bola em $y = y_{\text{máx}}$?
(c) Qual é a **máxima** altura $y_{\text{máx}}$ alcançada pela bola?

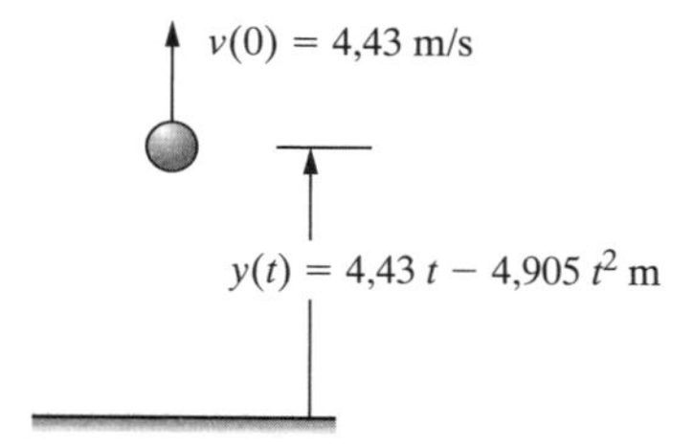


**Figura 8.2** Bola lançada para cima.

O professor sugere que a altura da bola seja governada pela seguinte equação quadrática:

$$y(t) = 4{,}43\,t - 4{,}905\,t^2\ \text{m}, \tag{8.1}$$

cujo gráfico é mostrado na Fig. 8.3.

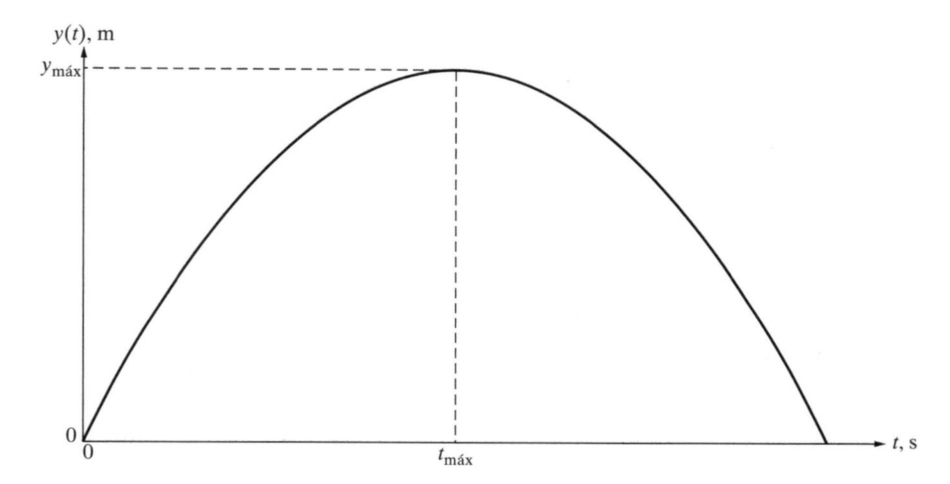


**Figura 8.3** Altura da bola lançada para cima.

Com base na definição de derivada, a **velocidade** $v(t)$ **em um tempo qualquer** $t$ **é a inclinação da reta tangente a** $y(t)$ **no instante** $t$, como ilustrado na Fig. 8.4. Portanto, no instante de tempo em que $y = y_{máx}$, a inclinação da reta tangente é zero (Fig. 8.5).

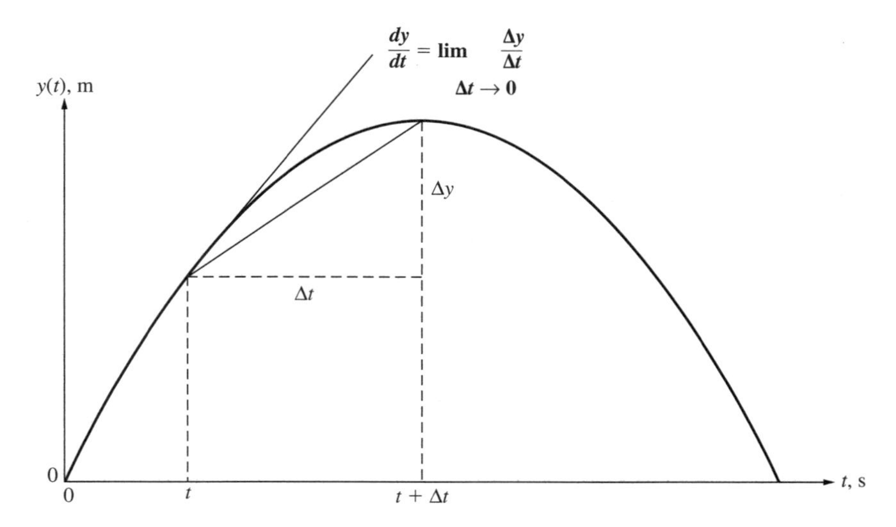


**Figura 8.4** Derivada como inclinação da reta tangente.

Para o problema em consideração, a velocidade é dada por:

$$\begin{aligned} v(t) &= \frac{dy(t)}{dt} \\ &= \frac{d}{dt}(4{,}43\,t - 4{,}905\,t^2) \\ &= 4{,}43 - 9{,}81\,t \text{ m/s.} \end{aligned} \tag{8.2}$$

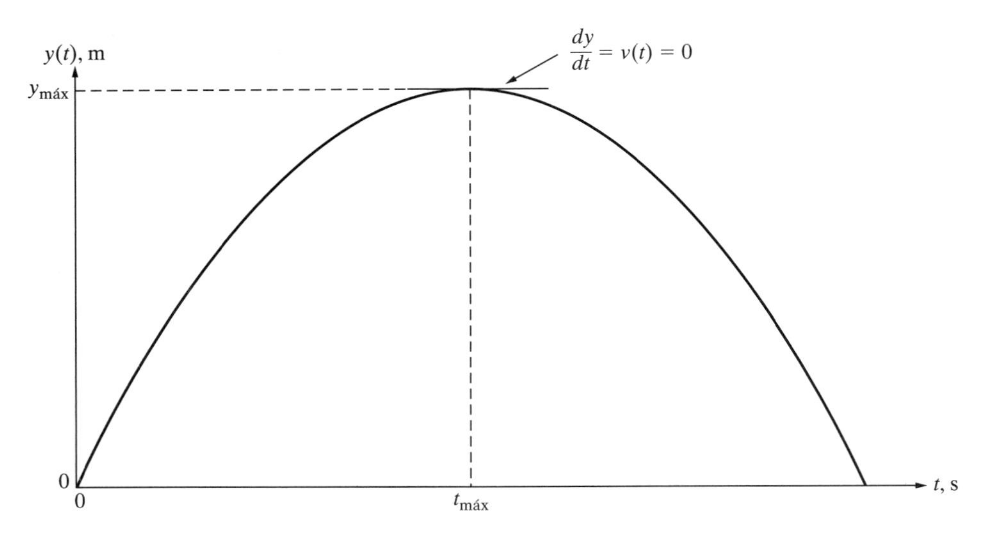


**Figura 8.5** Inclinação da reta tangente na altura máxima.

Com base na equação (8.2), o aluno dá a seguinte resposta à pergunta do professor:

(a) **Quanto tempo a bola gasta para alcançar a altura máxima?** No instante de tempo $t = t_{máx}$ em que a bola atinge a altura máxima, $v(t) = \frac{dy(t)}{dt} = 0$. Logo, igualando $v(t)$ a zero na equação (8.2), temos:

$$4{,}43 - 9{,}81t_{máx} = 0$$

$$t_{máx} = \frac{4{,}43}{9{,}81}$$

ou

$$t_{máx} = 0{,}4515 \text{ s.}$$

Portanto, a bola gasta 0,4515 s para alcançar a altura máxima.

(b) **Qual é a velocidade da bola em $y = y_{máx}$?** Como a inclinação da altura em $t = t_{máx}$ é zero, a velocidade em $y = y_{máx}$ é zero. O gráfico da velocidade $v(t) = 4{,}43 - 9{,}81\,t$, para os tempos $t = 0$ a $t = 0{,}903$ s, é mostrado na Fig. 8.6. Podemos ver que a velocidade é máxima em $t = 0$ s (velocidade inicial = 4,43 m/s), cai a zero em $t = 0{,}4515$ s ($t = t_{máx}$) e atinge um valor mínimo (–4,43 m/s) em $t = 0{,}903$ s.

(c) **Máxima altura:** A máxima altura pode, agora, ser calculada substituindo $t = t_{máx} = 0{,}4515$ s na equação (8.1) para $y(t)$:

$$\begin{aligned} y_{máx} &= y(t_{máx}) \\ &= 4{,}43\,(0{,}4515) - 4{,}905\,(0{,}4515)^2 \\ &= 1{,}0 \text{ m.} \end{aligned}$$

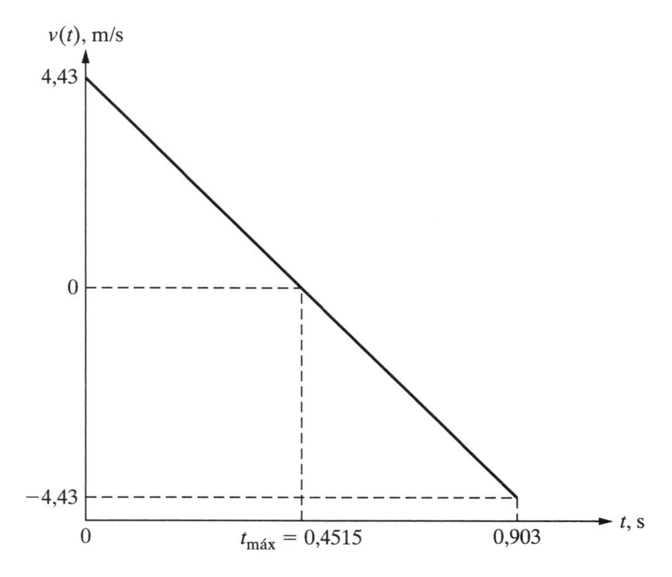


Figura 8.6 Perfil de velocidade da bola lançada para cima.

Concluímos, então, que **a derivada de uma função é zero nos pontos em que o valor da função é máximo e nos pontos em que o valor da função é mínimo**. Contudo, se a derivada é zero nos pontos de máximo e de mínimo, como podemos determinar se o valor da função em um desses pontos é máximo ou mínimo? Consideremos a função mostrada na Fig. 8.7, que tem valores de máximo e de mínimo locais. Como discutido anteriormente, a derivada de uma função em um ponto é inclinação da reta tangente à curva da função no ponto. Em pontos de máximo, a derivada (inclinação da tangente) da função ilustrada na Fig. 8.7 passa de positiva para negativa. Em pontos de mínimo, a derivada (inclinação da tangente) da função passa de negativa para positiva. Em outras palavras, a taxa de variação da derivada (derivada de segunda ordem da função) é negativa em pontos de máximo e positiva em pontos de mínimo. Portanto, a seguinte regra se aplica à localização de máximos e de mínimos:

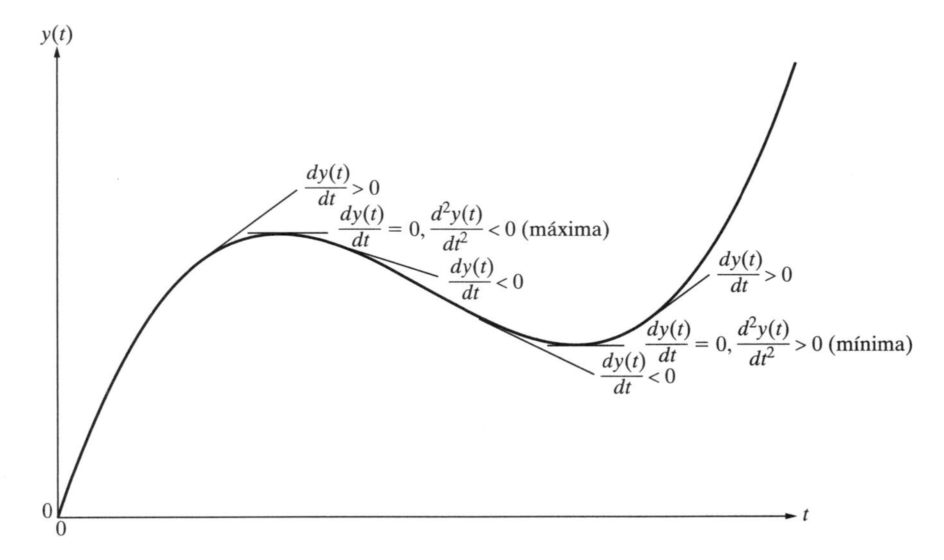


Figura 8.7 Gráfico de uma função com valores de máximo e de mínimo locais.

**Em um Máximo Local**

$$\frac{dy(t)}{dt} = 0, \quad \frac{d^2y(t)}{dt^2} < 0$$

**Em um Mínimo Local**

$$\frac{dy(t)}{dt} = 0, \quad \frac{d^2y(t)}{dt^2} > 0$$

Para determinar se um ponto em que a inclinação da tangente (derivada) à trajetória da bola lançada para cima é zero, corresponde a um máximo ou a um mínimo, o aluno calculou a derivada de segunda ordem da altura:

$$\frac{d^2y(t)}{dt^2} = \frac{d}{dt}(4{,}43 - 9{,}81\, t) = -9{,}81 < 0.$$

Assim, um ponto em que a inclinação da tangente à trajetória da bola é zero corresponde a um máximo, e a altura máxima é de 1,0 m.

Em geral, o procedimento para localização de máximos e mínimos de uma função qualquer $f(t)$ é o seguinte:

(a) Calcular a derivada da função em relação a $t$; em outras palavras, calcular $f'(t) = \frac{df(t)}{dt}$.
(b) Calcular a solução da equação $f'(t) = 0$; ou seja, calcular os valores de $t$ em que a função tem um máximo local ou um mínimo local.
(c) Para identificar os valores de $t$ que levam a um máximo local e os que levam a um mínimo local, calcular a derivada de segunda ordem $\left(f''(t) = \frac{d^2f(t)}{dt^2}\right)$ da função.
(d) Obter a derivada de segunda ordem nos valores de $t$ calculados no passo (b). Se a derivada de segunda ordem for negativa $\left(\frac{d^2f(t)}{dt^2} < 0\right)$, a função tem um máximo local nestes valores de $t$; se a derivada de segunda ordem for positiva, a função tem um mínimo local nestes valores de $t$.
(e) Obter a função $f(t)$ nos valores de $t$ calculados no passo (b), para calcular os valores máximos e mínimos.

## 8.3 APLICAÇÕES DE DERIVADAS EM DINÂMICA

Nesta seção, demonstraremos a aplicação de derivadas na determinação da velocidade e da aceleração de um objeto quando sua posição é conhecida. Ainda nesta seção, demonstraremos a aplicação de derivadas no desenho de gráficos de posição, velocidade e aceleração.

### 8.3.1 Posição, Velocidade e Aceleração

Consideremos que a posição $x(t)$ de um objeto seja definida por uma função linear com curvas parabólicas, como ilustrado na Fig. 8.8. Este movimento corresponde ao de um veículo que parte do repouso, acelera com máxima aceleração positiva (posição parabólica) até alcançar uma velocidade constante, que é mantida por certo período (posição linear), e para com máxima frenagem (máxima aceleração negativa, posição parabólica).

Como discutido anteriormente, a **velocidade** $v(t)$ é a taxa de variação instantânea da posição (ou seja, a derivada da posição) e dada por:

$$v(t) = \lim_{\Delta t \to 0} \frac{\Delta x(t)}{\Delta t}$$

ou

$$v(t) = \frac{dx(t)}{dt}.$$

Portanto, a velocidade $v(t)$ é a inclinação da posição $x(t)$, como ilustrado na Fig. 8.9. Nesta figura, também podemos observar que o objeto parte do repouso e se move a uma velocidade linear, com inclinação positiva, até alcançar uma velocidade constante, se desloca à velocidade constante e volta ao repouso após se mover a uma velocidade linear com inclinação negativa.

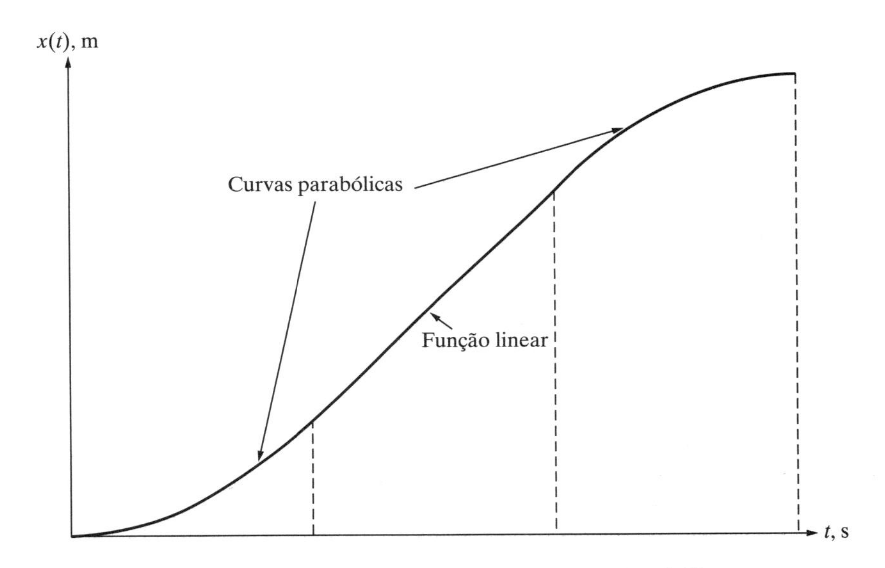


**Figura 8.8** Posição de um objeto como uma função linear com curvas parabólicas.

A **aceleração** $a(t)$ é a taxa de variação instantânea da velocidade (ou seja, a derivada da velocidade) e dada por:

$$a(t) = \frac{dv(t)}{dt},$$

ou

$$a(t) = \frac{d^2 x(t)}{dt^2}.$$

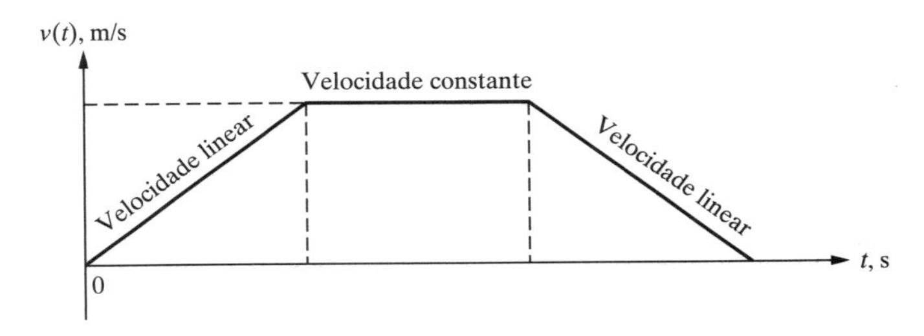


**Figura 8.9** Velocidade do objeto que se move como função linear com curvas parabólicas.

Portanto, a aceleração $a(t)$ é a inclinação da velocidade $v(t)$, mostrada na Fig. 8.10. Nesta figura, podemos ver que o objeto parte com máxima aceleração positiva até alcançar uma velocidade constante, segue com aceleração zero e, então, retorna ao repouso com frenagem máxima (aceleração negativa constante).

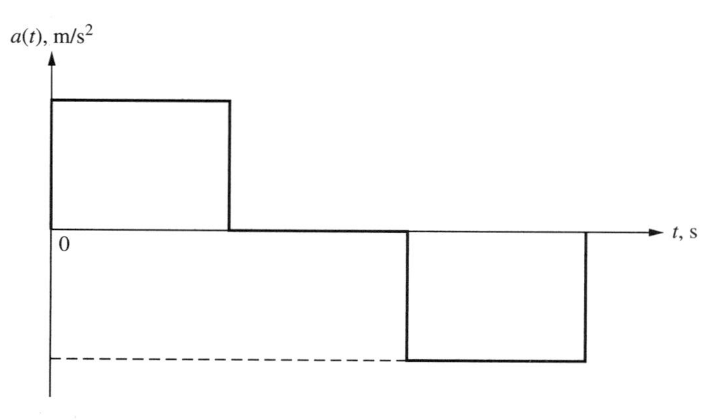


**Figura 8.10** Aceleração do objeto que se move como função linear com curvas parabólicas.

Nos exemplos a seguir, exercitaremos o cálculo de derivadas usando as fórmulas na Tabela 8.3.

**Exemplo 8-1**

O movimento de uma partícula representado na Fig. 8.11 é definido pela posição $x(t)$ da partícula. Determinemos posição, velocidade e aceleração da partícula em $t = 0{,}5$ segundo para

(a) $x(t) = \text{sen}(2\pi\, t)$ m

(b) $x(t) = 3t^3 - 4t^2 + 2t + 6$ m

(c) $x(t) = 20\cos(3\pi\, t) - 5t^2$ m

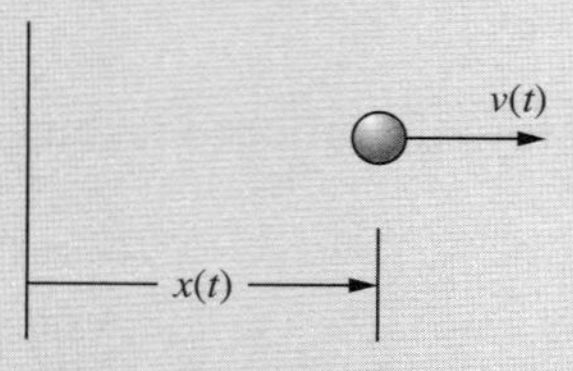


**Figura 8.11** Partícula que se move na direção horizontal.

**Solução**

(a) A velocidade e a aceleração da partícula podem ser determinadas calculando as derivadas de primeira e de segunda ordens de $x(t)$, respectivamente. Como:

$$x(t) = \text{sen}\, 2\,\pi t \text{ m}, \tag{8.3}$$

a velocidade é

$$\begin{aligned} v(t) &= \frac{dx(t)}{dt} \\ &= \frac{d}{dt}(\text{sen}\, 2\,\pi t) \end{aligned}$$

ou

$$v(t) = 2\,\pi \cos 2\,\pi t \text{ m/s}. \tag{8.4}$$

A aceleração da partícula pode, agora, ser calculada derivando a velocidade em relação ao tempo:

$$\begin{aligned} a(t) &= \frac{dv(t)}{dt} \\ &= \frac{d}{dt}(2\pi \cos 2\pi t) \\ &= (2\pi)\frac{d}{dt}(\cos 2\pi t) \\ &= (2\pi)(-2\pi \operatorname{sen} 2\pi t) \end{aligned}$$

ou

$$a(t) = -4\pi^2 \operatorname{sen} 2\pi t \text{ m/s}^2. \tag{8.5}$$

A posição, a velocidade e a aceleração da partícula em $t = 0{,}5$ s são, então, calculadas substituindo $t = 0{,}5$ s nas equações (8.3), (8.4) e (8.5):

$$\begin{aligned} x(0{,}5) &= \operatorname{sen}(2\pi(0{,}5)) = \operatorname{sen}\pi = 0 \text{ m} \\ v(0{,}5) &= 2\pi \cos(2\pi(0{,}5)) = 2\pi \cos\pi = -2\pi \text{ m/s} \\ a(0{,}5) &= -4\pi^2 \operatorname{sen}(2\pi(0{,}5)) = -4\pi^2 \operatorname{sen}\pi = 0 \text{ m/s}^2. \end{aligned}$$

(b) A posição da partícula é dada por:

$$x(t) = 3t^3 - 4t^2 + 2t + 6 \text{ m}. \tag{8.6}$$

A velocidade da partícula é, então, determinada derivando a equação (8.6):

$$\begin{aligned} v(t) &= \frac{dx(t)}{dt} \\ &= \frac{d}{dt}(3t^3 - 4t^2 + 2t + 6) \\ &= 3\frac{d}{dt}(t^3) - 4\frac{d}{dt}(t^2) + 2\frac{d}{dt}(t) + 6\frac{d}{dt}(1) \\ &= 3(3t^2) - 4(2t) + 2(1) + 6(0) \end{aligned}$$

ou

$$v(t) = 9t^2 - 8t + 2 \text{ m/s}. \tag{8.7}$$

A aceleração da partícula é, agora, determinada derivando a equação (8.7):

$$\begin{aligned} a(t) &= \frac{dv(t)}{dt} \\ &= \frac{d}{dt}(9t^2 - 8t + 2) \\ &= 9\frac{d}{dt}(t^2) - 8\frac{d}{dt}(t) + 2\frac{d}{dt}(1) \\ &= 9(2t) - 8(1) + 2(0) \end{aligned}$$

ou

$$a(t) = 18t - 8 \text{ m/s}^2. \tag{8.8}$$

A posição, a velocidade e a aceleração da partícula em $t = 0{,}5$ s são, então, calculadas substituindo $t = 0{,}5$ s nas equações (8.6), (8.7) e (8.8):

$$x(0{,}5) = 3\,(0{,}5)^3 - 4\,(0{,}5)^2 + 2\,(0{,}5) + 6 = 6{,}375 \text{ m}$$
$$v(0{,}5) = 9\,(0{,}5)^2 - 8\,(0{,}5) + 2 = 0{,}25 \text{ m/s}$$
$$a(0{,}5) = 18\,(0{,}5) - 8 = 1{,}0 \text{ m/s}^2.$$

(c) A posição da partícula é dada por:

$$x(t) = 20\cos(3\,\pi t) - 5\,t^2 \text{ m}. \tag{8.9}$$

A velocidade da partícula é, então, determinada derivando a equação (8.9):

$$\begin{aligned} v(t) &= \frac{dx(t)}{dt} \\ &= \frac{d}{dt}\,(20\cos(3\,\pi t) - 5\,t^2) \\ &= 20\,\frac{d}{dt}\,(\cos(3\,\pi t)\,) - 5\,\frac{d}{dt}\,(t^2) \\ &= 20\,(-3\,\pi \text{ sen } (3\,\pi t)\,) - 5\,(2\,t) \end{aligned}$$

ou

$$v(t) = -60\,\pi \text{ sen}(3\,\pi t) - 10\,t \text{ m/s}. \tag{8.10}$$

A aceleração da partícula é, agora, determinada derivando a equação (8.10):

$$\begin{aligned} a(t) &= \frac{dv(t)}{dt} \\ &= \frac{d}{dt}\,(-60\,\pi \text{ sen}(3\,\pi t) - 10\,t) \\ &= -\,60\,\pi\,\frac{d}{dt}\,(\text{sen}(3\,\pi t)) - 10\,\frac{d}{dt}\,(t) \\ &= -\,60\,\pi\,(3\,\pi \cos(3\,\pi t)) - 10\,(1). \end{aligned}$$

ou

$$a(t) = -180\,\pi^2 \cos(3\,\pi t) - 10 \text{ m/s}^2 \tag{8.11}$$

A posição, a velocidade e a aceleração da partícula em $t = 0{,}5$ s são, então, calculadas substituindo $t = 0{,}5$ s nas equações (8.9), (8.10) e (8.11):

$$\begin{aligned} x(0{,}5) &= 20 \cos\,(3\,\pi(0{,}5)) - 5\,(0{,}5)^2 \\ &= 20\cos\left(\frac{3\,\pi}{2}\right) - 5\,(0{,}25) \\ &= 0 - 1{,}25 \\ &= -1{,}25 \text{ m} \end{aligned}$$

$$v(0{,}5) = -60\,\pi \text{ sen } (3\,\pi(0{,}5)) - 10\,(0{,}5)$$

$$= -60\,\pi\,\text{sen}\left(\frac{3\,\pi}{2}\right) - 5$$

$$= 60\,\pi - 5$$

$$= 183{,}5 \text{ m/s}$$

$$a(0{,}5) = -180\,\pi^2 \cos(3\,\pi(0{,}5)) - 10$$

$$= -180\,\pi^2 \cos\left(\frac{3\,\pi}{2}\right) - 10$$

$$= -180\,\pi^2\,(0) - 10$$

$$= -10 \text{ m/s}^2.$$

No próximo exemplo, ilustraremos como derivadas podem ser usadas para ajudar a traçar o gráfico de funções.

**Exemplo 8-2**

O movimento da partícula representado na Fig. 8.12 é definido pela posição $y(t)$ da partícula como:

$$y(t) = \frac{1}{3}\,t^3 - 5\,t^2 + 21\,t + 10 \text{ m.} \tag{8.12}$$

(a) Determinemos os valores da posição e da aceleração quando a velocidade é zero.
(b) Usemos os resultados da parte (a) para desenhar o gráfico da posição $y(t)$ para $0 \le t \le 9$ s.

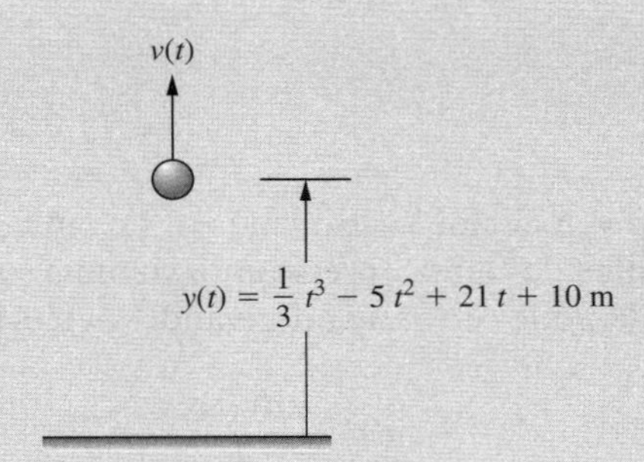


**Figura 8.12** Posição de uma partícula no plano vertical.

**Solução** (a) A velocidade da partícula pode ser determinada diferenciando a equação (8.12):

$$v(t) = \frac{dy(t)}{dt}$$

$$= \frac{d}{dt}\left(\frac{1}{3}\,t^3 - 5\,t^2 + 21\,t + 10\right)$$

$$= \frac{1}{3}\,\frac{d}{dt}(t^3) - 5\,\frac{d}{dt}(t^2) + 21\,\frac{d}{dt}(t) + 10\,\frac{d}{dt}(1)$$

$$= \frac{1}{3}(3\,t^2) - 5\,(2t) + 21\,(1) + 10\,(0)$$

ou

$$v(t) = t^2 - 10\,t + 21 \text{ m/s.} \tag{8.13}$$

O instante de tempo em que a velocidade é zero pode ser calculado igualando a equação (8.13) a zero:

$$t^2 - 10t + 21 = 0. \qquad (8.14)$$

A equação quadrática (8.14) pode ser resolvida com uso de um dos métodos discutidos no Capítulo 2. Por exemplo, fatorando a equação (8.14), temos:

$$(t-3)(t-7) = 0. \qquad (8.15)$$

As duas soluções da equação (8.15) são dadas por:

$$t - 3 = 0 \quad \Rightarrow \quad t = 3 \text{ s}$$
$$t - 7 = 0 \quad \Rightarrow \quad t = 7 \text{ s}$$

Notemos que a equação quadrática (8.14) também pode ser resolvida por aplicação da fórmula quadrática:

$$\begin{aligned} t &= \frac{10 \pm \sqrt{10^2 - 4(1)(21)}}{2(1)} \\ &= \frac{10 \pm \sqrt{16}}{2} \\ &= \frac{10 \pm 4}{2} \\ &= \frac{10 - 4}{2}, \ \frac{10 + 4}{2} \end{aligned}$$

ou

$$t = 3, \ \ 7 \text{ s}.$$

Portanto, a velocidade é zero em $t = 3$ s e em $t = 7$ s. Para determinar a aceleração nesses dois instantes de tempo, precisamos de uma expressão para a aceleração. A aceleração da partícula pode ser obtida derivando a velocidade da partícula (equação (8.13):

$$\begin{aligned} a(t) &= \frac{dv(t)}{dt} \\ &= \frac{d}{dt}(t^2 - 10t + 21) \\ &= \frac{d}{dt}(t^2) - 10\frac{d}{dt}(t) + 21\frac{d}{dt}(1) \end{aligned}$$

ou

$$a(t) = 2t - 10 \text{ m/s}^2. \qquad (8.16)$$

A posição e a aceleração no tempo $t = 3$ s podem ser calculadas substituindo $t = 3$ s nas equações (8.12) e (8.16), respectivamente:

$$y(3) = \frac{1}{3}(3)^3 - 5(3)^2 + 21(3) + 10 = 37 \text{ m}$$
$$a(3) = 2(3) - 10 = -4 \text{ m/s}^2.$$

De modo similar, a posição e a aceleração no tempo $t = 7$ s podem ser calculadas substituindo $t = 7$ s nas equações (8.12) e (8.16), respectivamente:

$$y(7) = \frac{1}{3}(7)^3 - 5(7)^2 + 21(7) + 10 = 26.3 \text{ m}$$

$$a(7) = 2(7) - 10 = 4 \text{ m/s}^2.$$

(b) Os resultados da parte (a) podem ser usados para desenhar o gráfico da posição $y(t)$. Vimos, na parte (a), que a velocidade da partícula é zero em $t = 3$ s e em $t = 7$ s. Como a velocidade é a derivada da posição, a derivada da posição é nula (ou seja, a inclinação da tangente à curva é zero) em $t = 3$ s e em $t = 7$ s. Isto significa que a posição $y(t)$ tem mínimos ou máximos locais em $t = 3$ s e $t = 7$ s. Para determinar se $y(t)$ tem mínimo ou máximo local, aplicamos o teste da derivada de segunda ordem (aceleração). Como, em $t = 3$ s, a aceleração é negativa ($a(3) = -4$ m/s$^2$), a posição $y(3) = 37$ m corresponde a um máximo local. Como, em $t = 7$ s, a aceleração é positiva ($a(7) = 4$ m/s$^2$), a posição $y(7) =$ 26,3 m corresponde a um mínimo local. Esta informação e as posições da partícula em $t =$ 0 ($y(0) = 10$ m) e $t = 9$ ($y(9) = 37$ m) podem ser usadas para desenhar a curva da posição $y(t)$ ilustrada na Fig. 8.13.

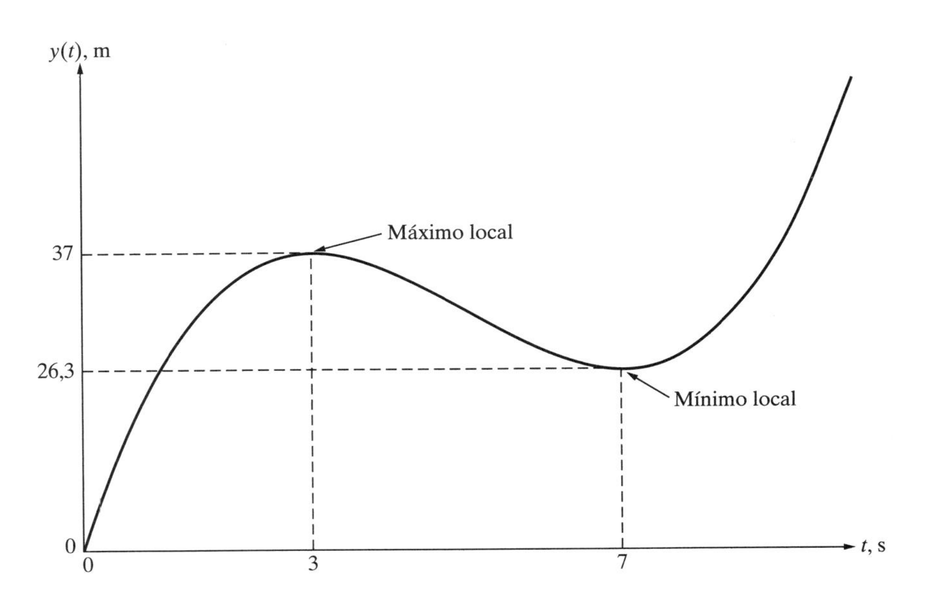


**Figura 8.13** Gráfico aproximado da posição $y(t)$ no Exemplo 8-2.

Derivadas são usadas com frequência na engenharia para ajudar a desenhar gráficos de funções, para as quais nenhuma equação é conhecida. O próximo exemplo explora um desses casos, que começa com um gráfico da aceleração $a(t)$.

**Exemplo 8-3**

A aceleração de um veículo foi medida como mostrado na Fig. 8.14. Sabendo que o veículo parte do repouso na posição $x = 0$ e viaja uma distância total de 16 m, desenhemos os gráficos da posição $x(t)$ e da velocidade $v(t)$ do veículo.

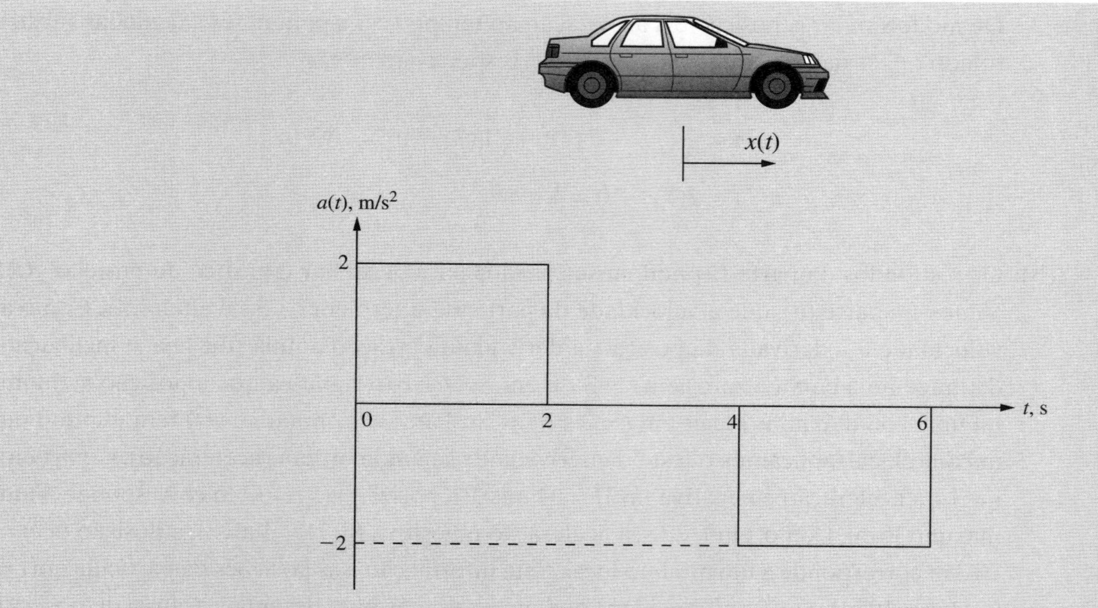


Figura 8.14 Aceleração de um veículo para o Exemplo 8-3.

**Solução** (a) **Gráfico da Velocidade:** A velocidade do veículo pode ser obtida do perfil de aceleração dado na Fig. 8.14. Sabendo que $v(0) = 0$ m/s e que $a(t) = \frac{dv(t)}{dt}$ (ou seja, $a(t)$ é a *inclinação* da tangente à curva de $v(t)$), cada intervalo pode ser analisado da seguinte forma:

$$0 \leq t \leq 2\,\text{s}: \quad \frac{dv(t)}{dt} = a(t) = 2 \quad \Rightarrow \quad v(t) \text{ é uma reta com inclinação} = 2$$

$$2 < t \leq 4\,\text{s}: \quad \frac{dv(t)}{dt} = a(t) = 0 \quad \Rightarrow \quad v(t) \text{ é uma constante}$$

$$4 < t \leq 6\,\text{s}: \quad \frac{dv(t)}{dt} = a(t) = -2 \quad \Rightarrow \quad v(t) \text{ é uma reta com inclinação} = -2$$

O gráfico do perfil de velocidade é mostrado na Fig. 8.15.

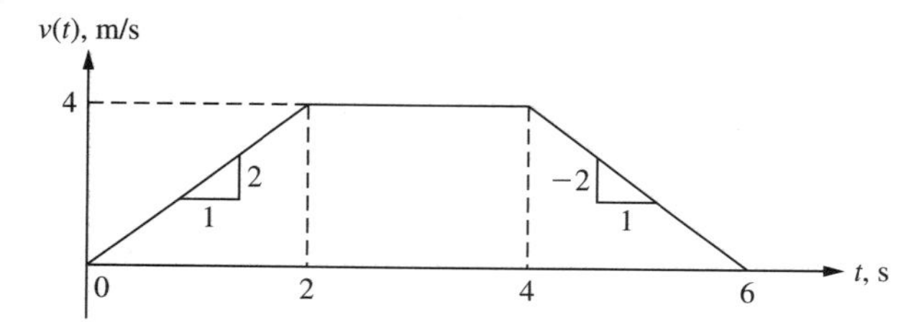


Figura 8.15 Perfil de velocidade para o Exemplo 8-3.

(b) **Gráfico da Posição:** Agora, usemos a velocidade $v(t)$ para construir a curva da posição $x(t)$. Sabendo que $x(0) = 0$ m e que $v(t) = \frac{dx(t)}{dt}$ (ou seja, $v(t)$ é a *inclinação* da tangente à curva de $x(t)$), cada intervalo pode ser analisado da seguinte forma:

(i) $0 \leq t \leq 2$ s: $v(t)$ é uma reta com inclinação igual a 2 com início na origem ($v(0) = 0$); logo, $v(t) = \frac{dx(t)}{dt} = 2\,t$ m/s. Da Tabela 8.3, a posição do veículo deve ser uma equação quadrática na forma:

$$x(t) = t^2 + C. \tag{8.17}$$

Isto pode ser verificado calculando a derivada; por exemplo, $v(t) = \frac{dx(t)}{dt} = \frac{d}{dt}(t^2 + C) = 2t$ m/s. Portanto, a equação da posição dada por (8.17) está correta. O valor de $C$ é obtido calculando o valor da equação (8.17) em $t = 0$ e substituindo o valor de $x(0) = 0$:

$$x(0) = 0 + C$$
$$0 = 0 + C$$
$$C = 0.$$

Assim, para $0 \le t \le 2$ s, $x(t) = t^2$ é uma função quadrática com inclinação positiva (concavidade para cima) e $x(2) = 4$ m, como mostrado na Fig. 8.16.

(ii) $2 < t \le 4$ s: $v(t)$ tem um valor constante de 4 m/s; por exemplo, $v(t) = \frac{dx(t)}{dt} = 4$. Portanto, $x(t)$ é uma reta com inclinação de 4 m/s que começa com o valor de 4 m em $t = 2$ s, como ilustrado na Fig. 8.16. Uma vez que a inclinação é de 4 m/s, a posição aumenta de 4 m a cada segundo. Assim, durante os dois segundos entre $t = 2$ e $t = 4$, a posição aumenta em 8 m. Como, no tempo $t = 2$ s, a posição era 4 m, no tempo $t = 4$ s, a posição será 4 m + 8 m = 12 m. A equação da posição em $2 < t \le 4$ s pode ser escrita como:

$$x(t) = 4 + 4\,(t - 2) = 4\,t - 4 \text{ m}.$$

(iii) $4 < t \le 6$ s: $v(t)$ é uma reta com inclinação de –2 m/s; portanto, $x(t)$ é uma função quadrática com inclinação decrescente (concavidade para baixo), que começa em $x(4) = 12$ m e termina em $x(6) = 16$ m com inclinação zero. O resultante gráfico da posição é mostrado na Fig. 8.16.

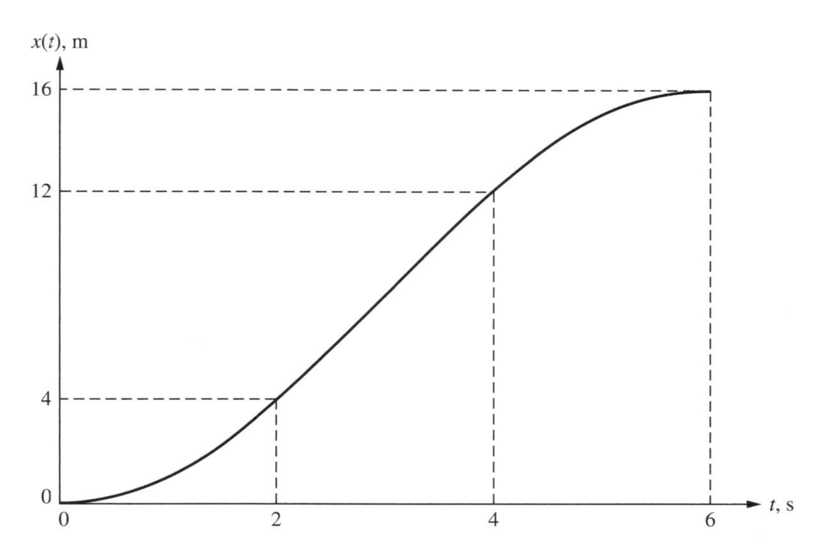


**Figura 8.16** Posição da partícula para o Exemplo 8-3.

**Exemplo 8-4**

A posição do carrinho ilustrado na Fig. 8.17 e que se move sobre rodas sem atrito é dada por:

$$x(t) = \cos(\omega t)\ m,$$

em que $\omega = 2\pi$.

(a) Determinemos a velocidade do carrinho.

(b) Mostremos que a aceleração do carrinho é dada por $a(t) = -\omega^2\cos(\omega t)$ m/s$^2$, com $\omega = 2\pi$.

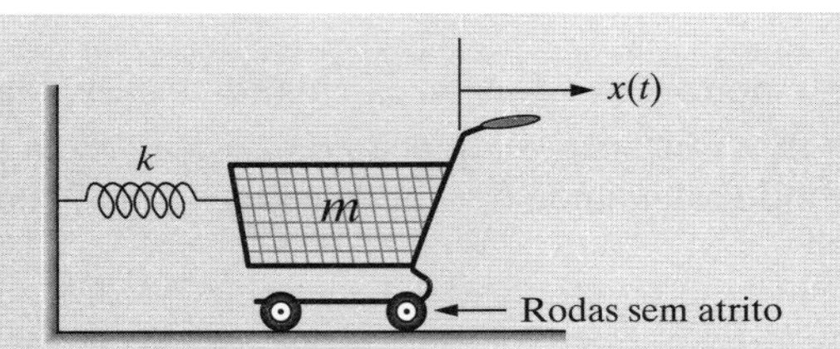


**Figura 8.17** Carrinho que se move sobre rodas sem atrito.

**Solução** (a) A velocidade $v(t)$ do carrinho é obtida derivando a posição $x(t)$:

$$\begin{aligned} v(t) &= \frac{dx(t)}{dt} \\ &= \frac{d}{dt}(\cos(2\pi t)) \\ &= -2\pi \operatorname{sen}(2\pi t) \ \text{m/s.} \end{aligned}$$

(b) A aceleração $a(t)$ do carrinho é obtida derivando a velocidade $v(t)$:

$$\begin{aligned} a(t) &= \frac{dv(t)}{dt} \\ &= \frac{d}{dt}(-2\pi \operatorname{sen}(2\pi t)) \\ &= -2\pi \frac{d}{dt}(\operatorname{sen}(2\pi t)) \\ &= -(2\pi)^2 \operatorname{sen}(2\pi t) \ \text{m/s}^2. \end{aligned}$$

Notemos que a derivada de segunda ordem de $\operatorname{sen}(\omega t)$ ou de $\cos(\omega t)$ é igual à própria função multiplicada por $-\omega^2$; por exemplo:

$$\frac{d^2}{dt^2}\operatorname{sen}(\omega t) = -\omega^2 \operatorname{sen}(\omega t)$$

$$\frac{d^2}{dt^2}\cos(\omega t) = -\omega^2 \cos(\omega t)$$

**Exemplo 8-5**

Um objeto de massa $m$ se move com velocidade $v_o$ e atinge uma viga em balanço (de comprimento $l$ e rigidez à flexão $EI$), como ilustrado na Fig. 8.18. O resultante deslocamento da viga é dado por:

$$y(t) = \frac{v_0}{\omega} \operatorname{sen}\omega t \tag{8.18}$$

em que $\omega = \sqrt{\frac{3EI}{ml^3}}$ é a frequência angular do deslocamento. Determinemos:

(a) O máximo deslocamento $y_{máx}$.
(b) Os valores do deslocamento e da aceleração quando a velocidade é zero.

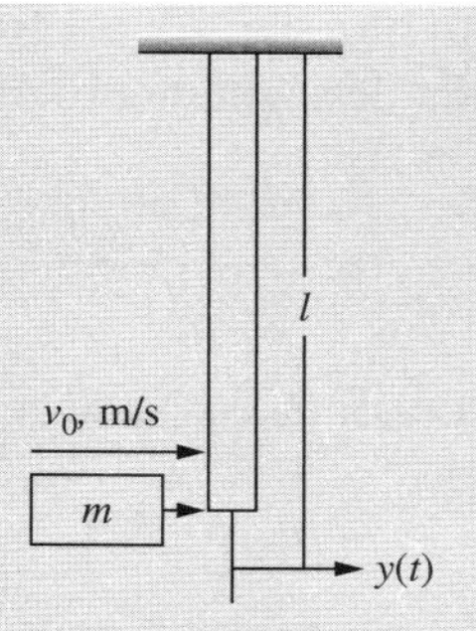


**Figura 8.18** Massa que atinge uma viga em balanço.

**Solução** (a) O máximo deslocamento pode ser determinado calculando, primeiro, o tempo $t_{\text{máx}}$ em que o deslocamento é máximo. Isto é feito igualando a derivada do deslocamento (ou velocidade) a zero (isto é, $v(t) = \frac{dy(t)}{dy} = 0$). Como $v_o$ e $\omega$ são constantes, a derivada é dada por:

$$\begin{aligned} v(t) &= \frac{dy(t)}{dt} \\ &= \frac{v_0}{\omega}\frac{d}{dt}(\text{sen }\omega t) \\ &= \frac{v_0}{\omega}(\omega\cos\omega t) \end{aligned}$$

ou

$$v(t) = v_0 \cos \omega t \text{ m/s.} \tag{8.19}$$

Igualando a equação (8.19) a zero, obtemos:

$$v_0 \cos \omega t_{\text{máx}} = 0 \quad \Rightarrow \quad \cos \omega t_{\text{máx}} = 0. \tag{8.20}$$

As soluções da equação (8.20) são:

$$\omega t_{\text{máx}} = \frac{\pi}{2}, \frac{3\pi}{2}, \dots,$$

ou

$$t_{\text{máx}} = \frac{\pi}{2\omega}, \frac{3\pi}{2\omega}, \dots. \tag{8.21}$$

Portanto, o descolamento da viga tem máximo ou mínimo local nos valores de $t$ dados pela equação (8.21). Para determinar o tempo em que o deslocamento é máximo, apliquemos a regra da derivada de segunda ordem. A derivada de segunda ordem do deslocamento é calculada diferenciando a equação (8.19):

$$\begin{aligned} \frac{d^2y(t)}{dt^2} &= v_o \frac{d}{dt}(\cos\omega t) \\ &= v_0(-\omega \text{ sen } \omega t) \end{aligned}$$

ou

$$\frac{d^2y(t)}{dt^2} = -v_0\,\omega \text{ sen } \omega t \text{ m/s}^2. \tag{8.22}$$

O valor da derivada de segunda ordem do deslocamento em $\frac{\pi}{2\omega}$ é dado por:

$$\frac{d^2y\left(\frac{\pi}{2\,\omega}\right)}{dt^2} = -v_0\,\omega\,\text{sen}\left(\frac{\pi}{2}\right) < 0.$$

De modo similar, o valor da derivada de segunda ordem do deslocamento em $\frac{3\pi}{2\omega}$ é dado por:

$$\frac{d^2y\left(\frac{3\,\pi}{2\,\omega}\right)}{dt^2} = -v_0\,\omega\,\text{sen}\left(\frac{3\,\pi}{2}\right) > 0.$$

Portanto, o deslocamento é máximo no tempo

$$t_{\text{máx}} = \frac{\pi}{2\,\omega}. \tag{8.23}$$

O deslocamento máximo pode ser calculado substituindo $t_{\text{máx}} = \frac{\pi}{2\omega}$ na equação (8.18):

$$\begin{aligned} y_{\text{máx}} &= \frac{v_0}{\omega}\text{sen}(\omega\,t_{\text{máx}}) \\ &= \frac{v_0}{\omega}\,\text{sen}\frac{\pi}{2} \\ &= \frac{v_0}{\omega} \\ &= \frac{v_0}{\sqrt{\frac{3\,E\,I}{m\,l^3}}} \end{aligned}$$

ou

$$y_{\text{máx}} = v_0\,\sqrt{\frac{m\,l^3}{3\,E\,I}}.$$

**Nota:** O máximo ou mínimo local de funções trigonométricas também pode ser determinado sem o cálculo de derivadas. A Fig. 8.19 mostra o gráfico do deslocamento da viga dado na equação (8.18).

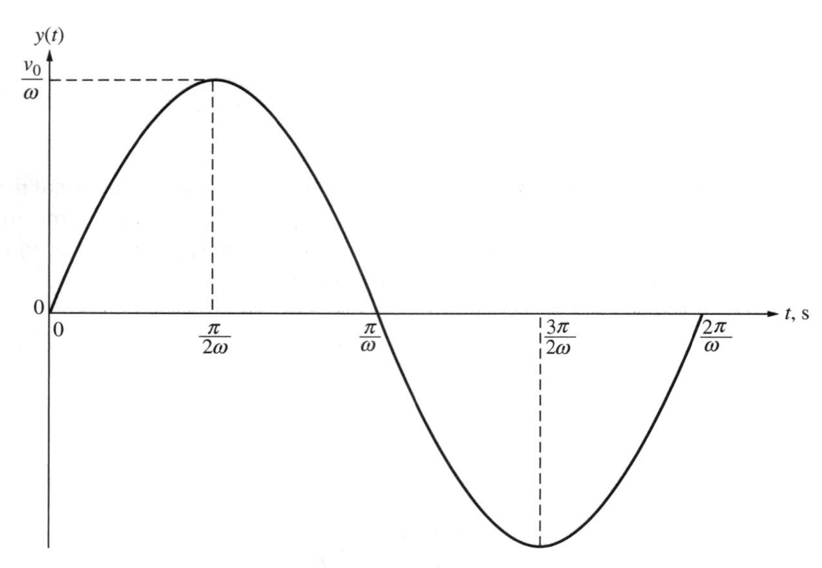


**Figura 8.19** Gráfico do deslocamento para determinação do valor máximo.

Podemos ver na Fig. 8.19 que o valor máximo do deslocamento da viga é simplesmente a amplitude $y_{máx} = \frac{v_o}{\omega} = \frac{v_o}{\sqrt{\frac{3EI}{ml^3}}}$, e que o tempo em que o deslocamento é máximo corresponde a

$$\omega t_{máx} = \frac{\pi}{2}$$

ou

$$t_{máx} = \frac{\pi}{2\,\omega}.$$

(b) A posição quando a velocidade é zero é simplesmente o valor máximo

$$y_{máx} = v_0\sqrt{\frac{m\,l^3}{3\,E\,I}}. \tag{8.24}$$

A aceleração calculada na parte (a) é dada por $a(t) = -v_o\omega$ sen $\omega t$. Logo, quando a velocidade é zero, a aceleração é:

$$\begin{aligned} a(t_{máx}) &= -v_0\,\omega\,\text{sen}(\omega\,t_{máx}) \\ &= -v_0\,\omega\,\text{sen}\left(\frac{\pi}{2}\right) \\ &= -v_0\,\omega \\ &= -v_0\sqrt{\frac{3\,E\,I}{m\,l^3}}. \end{aligned}$$

**Nota:** $a(t) = -v_o\omega$ sen $\omega t = -\omega^2\left(\frac{v_o}{\omega}\text{sen}\,\omega t\right) = -\omega^2\,y(t)$. Portanto, a aceleração é máxima quando o deslocamento $y(t)$ é máximo. Como a derivada de segunda ordem de uma senoide também é uma senoide de mesma frequência (multiplicada por $-\omega^2$), este é um resultado geral para movimento harmônico de qualquer sistema.

## 8.4 APLICAÇÕES DE DERIVADAS EM CIRCUITOS ELÉTRICOS

Derivadas têm papel importante em circuitos elétricos. Por exemplo, a relação entre tensão e corrente em indutores e em capacitores é uma relação de derivada. A relação entre potência e energia também é uma relação de derivada. Antes de discutirmos a aplicação de derivadas em circuitos elétricos, discutamos rapidamente a relação entre diferentes variáveis em elementos de circuitos. Consideremos o elemento de circuito ilustrado na Fig. 8.20, sendo $v(t)$ a tensão em volts (V) e $i(t)$, a corrente em amperes (A). Notemos que a corrente sempre flui pelo elemento de circuito, enquanto a tensão sempre ocorre nos terminais do elemento.

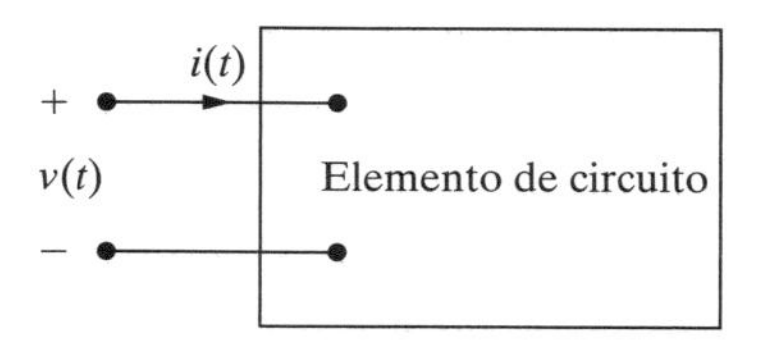


**Figura 8.20** Tensão e corrente em um elemento de circuito.

A tensão $v(t)$ é a taxa de variação da energia potencial elétrica $w(t)$ (em joules (J)) por unidade de carga $q(t)$ (em coloumbs (C)); ou seja, a tensão é a derivada da energia potencial elétrica em relação à carga, escrita como:

$$\boldsymbol{v(t) = \frac{dw}{dq}\ V.}$$

A corrente $i(t)$ é a taxa de variação (isto é, a derivada) da carga elétrica por unidade de tempo ($t$ em s), escrita como:

$$\boldsymbol{i(t) = \frac{dq(t)}{dt}\ A.}$$

A potência $p(t)$ (em watts (W)) é a taxa de variação (isto é, a derivada) da energia elétrica por unidade de tempo, escrita como:

$$\boldsymbol{p(t) = \frac{dw(t)}{dt}\ W.}$$

Notemos que, usando a regra da cadeia de diferenciação, a potência pode ser escrita como o produto de tensão e corrente:

$$p(t) = \frac{dw(t)}{dt} = \frac{dw}{dq} \times \frac{dq}{dt},$$

ou

$$p(t) = v(t) \times i(t). \tag{8.25}$$

A regra da cadeia de diferenciação é uma regra para o cálculo da derivada de composição de funções; por exemplo, se $f$ for uma função de $g$ e $g$ for uma função de $t$, a derivada da função composta $f(g(t))$ em relação ao tempo $t$ pode ser escrita como:

$$\frac{df}{dt} = \frac{df}{dg} \times \frac{dg}{dt}. \tag{8.26}$$

Por exemplo, a função $f(t) = \text{sen}(2\pi\ t)$ pode ser escrita como $f(t) = \text{sen}(g(t))$, em que $g(t) = 2\pi\ t$. Aplicando a regra da cadeia à equação (8.26), obtemos:

$$\begin{aligned}
\frac{df}{dt} &= \frac{df}{dg} \times \frac{dg}{dt} \\
&= \frac{d}{dt}(\text{sen}(g)) \times \frac{d}{dt}(2\pi t) \\
&= \cos(g) \times \frac{d}{dt}(2\pi t) \\
&= \cos(g) \times (2\pi) \\
&= 2\pi \cos(2\pi t).
\end{aligned}$$

A regra da cadeia também é útil no cálculo de derivadas de potências de funções senoidais, como $y_1(t) = \text{sen}^2(2\pi\ t)$, ou de potências de funções polinomiais, como $y_2(t) = (2t + 10)^2$. As derivadas dessas funções são calculadas como:

$$\begin{aligned}
\frac{dy_1}{dt} &= \frac{d}{dt}\left((\text{sen}(2\pi t))^2\right) \\
&= 2\ (\text{sen}(2\pi t))^1 \times \frac{d}{dt}(\text{sen}(2\pi t)) \\
&= 2\ \text{sen}(2\pi t) \times (2\pi \cos(2\pi t)) \\
&= 4\pi\ \text{sen}(2\pi t) \cos(2\pi t)
\end{aligned}$$

e

$$\begin{aligned}\frac{dy_2}{dt} &= \frac{d}{dt}\left((2t+10)^2\right)\\ &= 2\,(2t+10)^1 \times \frac{d}{dt}(2t+10)\\ &= 2\,(2t+10)\times(2)\\ &= 4\,(2t+10)\end{aligned}$$

Nos próximos exemplos, ilustraremos algumas das relações descritas no início da seção.

**Exemplo 8-6**

Para um dado elemento de circuito, a carga é:

$$q(t) = \frac{1}{50}\,\text{sen}\,250\,\pi t\ \text{C} \tag{8.27}$$

e a tensão fornecida pela fonte de tensão ilustrada na Fig. 8.21 é:

$$v(t) = 100\,\text{sen}\,250\,\pi t\ \text{V}. \tag{8.28}$$

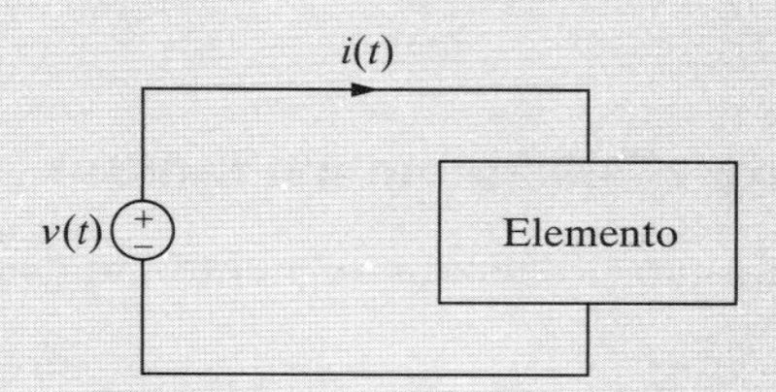


**Figura 8.21** Tensão aplicada a um elemento de circuito.

Determinemos as seguintes grandezas:

(a) Corrente $i(t)$,
(b) Potência $p(t)$,
(c) Máxima potência $p_{\text{máx}}$ fornecida ao elemento de circuito pela fonte de tensão.

**Solução** (a) **Corrente:** A corrente $i(t)$ pode ser determinada derivando a carga $q(t)$:

$$\begin{aligned}i(t) &= \frac{dq(t)}{dt}\\ &= \frac{d}{dt}\left(\frac{1}{50}\,\text{sen}\,250\,\pi t\right)\\ &= \frac{1}{50}\,(250\,\pi\,\cos 250\,\pi t)\end{aligned}$$

ou

$$i(t) = 5\,\pi\cos 250\,\pi t \quad \text{A}. \tag{8.29}$$

(b) **Potência:** A potência $p(t)$ pode ser determinada multiplicando a tensão dada na equação (8.28) pela corrente calculada na equação (8.29):

$$p(t) = v(t)\, i(t)$$
$$= (100 \text{ sen } 250\,\pi t)\,(5\,\pi \cos 250\,\pi t)$$
$$= 500\,\pi(\text{sen } 250\,\pi t)\,(\cos 250\,\pi t)$$

ou

$$p(t) = 250\,\pi \text{sen } 500\,\pi t \text{ W}. \tag{8.30}$$

A potência $p(t) = 250\,\pi$ sen $500\,\pi\, t$ W na equação (8.30) é obtida aplicando a identidade trigonométrica para o ângulo duplo sen$(2\theta) = 2$ sen $\theta \cos \theta$ ou (sen $250\pi\, t$) ($\cos 250\pi\, t$) = $\frac{\text{sen}(500\,\pi t)}{2}$, o que resulta em $p(t) = 250\,\pi$ sen $500\,\pi\, t$.

(c) **Máxima Potência Fornecida ao Circuito:** Como discutido na Seção 8.3, o valor máximo de uma função trigonométrica como $p(t) = 250\,\pi$ (sen $500\,\pi\, t$) pode ser obtido sem derivar a função e igualar o resultado a zero. Como $-1 \leq$ sen $500\,\pi\, t \leq 1$, a potência fornecida ao elemento de circuito é máxima quando sen $500\,\pi\, t = 1$. Logo,

$$P_{\text{máx}} = 250\,\pi \text{ W}.$$

o que é simplesmente a *amplitude* da potência.

### 8.4.1 Corrente e Tensão em um Indutor

A relação corrente-tensão em um elemento indutor (Fig. 8.22) é dada por:

$$\boldsymbol{v(t) = L\frac{di(t)}{dt}}, \tag{8.31}$$

em que $v(t)$ é a queda de tensão em V no indutor, $i(t)$ é a corrente em A que flui no indutor e $L$, a indutância em henry (H) do indutor. Notemos que, caso seja dada em mH (1 mH (milihenry) = $10^{-3}$ H), a indutância deve ser convertida a H antes de ser usada na equação (8.31).

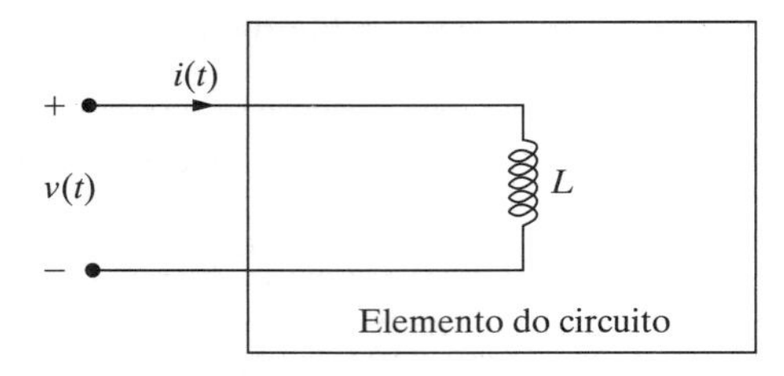


**Figura 8.22** Indutor como elemento de circuito.

**Exemplo 8-7**

Para o indutor mostrado na Fig. 8.22, com $L = 100$ mH e $i(t) = t\, e^{-3t}$ A,

(a) Determinemos a tensão $v(t) = L\frac{di(t)}{dt}$.
(b) Calculemos o valor da **corrente** quando a tensão é zero.
(c) Usemos os resultados de (a) e (b) para desenhar o gráfico da corrente $i(t)$.

**Solução** (a) A tensão $v(t)$ é determinada como:

$$v(t) = L\,\frac{di(t)}{dt}$$
$$= (100 \times 10^{-3})\,\frac{di(t)}{dt}$$

ou

$$v(t) = 0{,}1\,\frac{di(t)}{dt},$$

em que $\frac{di(t)}{dt} = \frac{d}{dt}(t\,e^{-3t})$. Para diferenciar o produto de duas funções ($t$ e $e^{-3t}$), usemos a regra da diferenciação de produtos (Tabela 8.3):

$$\frac{d}{dt}(f(t)\,g(t)) = f(t)\,\frac{d}{dt}(g(t)) + g(t)\,\frac{d}{dt}(f(t)). \tag{8.32}$$

Substituindo $f(t) = t$ e $g(t) = e^{-3t}$ na equação (8.32), obtemos:

$$\frac{d}{dt}\left(t\,e^{-3t}\right) = (t)\left(\frac{d}{dt}(e^{-3t})\right) + \left(\frac{d}{dt}(t)\right)\left(e^{-3t}\right)$$
$$= (t)\left(-3\,e^{-3t}\right) + (1)\left(e^{-3t}\right)$$
$$= e^{-3t}\,(-3\,t + 1). \tag{8.33}$$

Então,

$$v(t) = 0{,}1\,e^{-3t}(-3\,t + 1)\text{ V}. \tag{8.34}$$

(b) Para calcular a corrente quando a tensão é zero, primeiro, calculemos o tempo $t$ em que a tensão é zero e, depois, substituamos esse tempo na expressão da corrente. Igualando a equação (8.34) a zero, temos:

$$0{,}1\,e^{-3t}(-3\,t + 1) = 0.$$

Como $e^{-3t}$ nunca é zero, devemos ter $(-3\,t + 1) = 0$, o que resulta em $t = 1/3$ segundo. Portanto, o valor da corrente quando a tensão é zero é calculado substituindo $t = 1/3$ na corrente $i(t)$:

$$i\left(\frac{1}{3}\right) = \left(\frac{1}{3}\right)e^{-3\left(\frac{1}{3}\right)}$$
$$= \frac{1}{3}\,e^{-1}$$

ou

$$i = 0{,}123\text{ A}.$$

(c) Como a tensão é proporcional à derivada da corrente, a inclinação da tangente à curva da corrente é zero quando a tensão é zero. Por conseguinte, a corrente $i(t)$ é máxima ($i_{\text{máx}} = 0{,}123$ A) em $t = 1/3$ s. Ademais, em $t = 0$, $i(0) = 0$ A. Usando esses valores juntamente com os valores da corrente em $t = 1$ s ($i(1\text{ s}) = 0{,}0498$ A) e em $t = 2$ s ($i(2\text{ s}) = 0{,}00496$ A), o gráfico aproximado da corrente pode ser desenhado como na Fig. 8.23.

Notemos que $i = 0{,}123$ A **deve** ser um valor máximo (e não um mínimo), pois é o único ponto de inclinação zero e é maior do que os valores de $i(t)$ em $t = 0$ e $t = 2$ s. Logo, não é necessário aplicar o teste da derivada de segunda ordem.

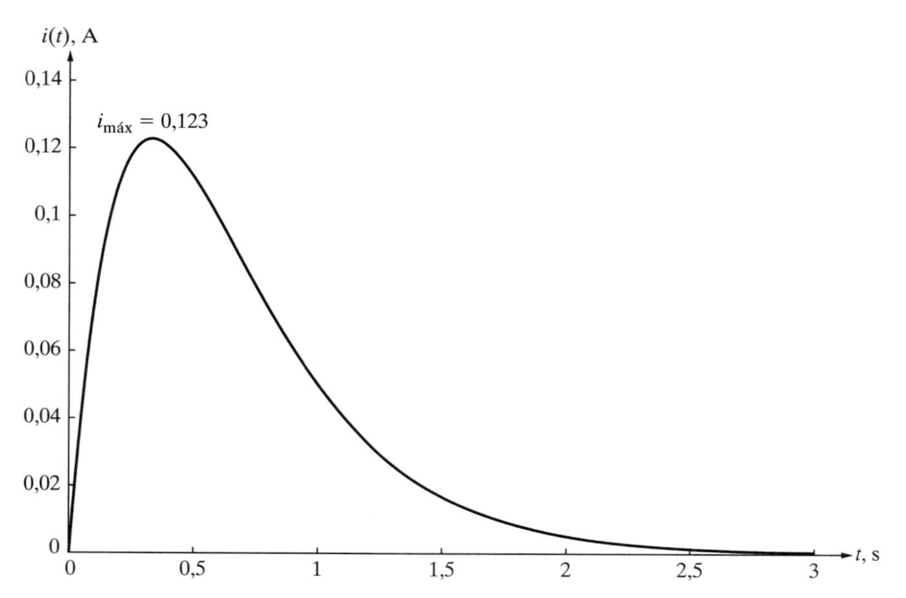


Figura 8.23 Gráfico aproximado da forma de onda de corrente para o Exemplo 8-7.

Como em dinâmica, derivadas também são usadas com frequência em circuitos para desenhar gráficos de funções para as quais não temos expressões, como ilustrado no próximo exemplo.

**Exemplo 8-8**

Para a tensão de entrada (onda quadrada) ilustrada na Fig. 8.24, desenhemos os gráficos da corrente $i(t)$ e da potência $p(t)$, com $L = 500$ mH. Assumamos $i(0) = 0$ A e $p(0) = 0$ W.

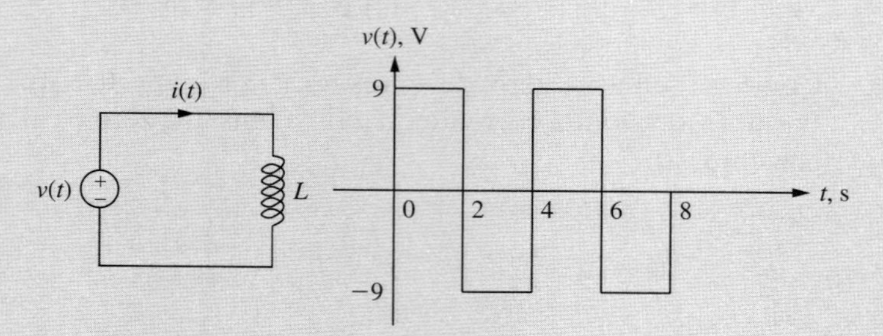


Figura 8.24 Onda quadrada de tensão aplicada a um indutor.

**Solução**

Para um indutor, a relação corrente-tensão é dada por $v(t) = L\,\frac{di(t)}{dt}$. Como a tensão é conhecida, a taxa de variação da corrente é dada por:

$$(500 \times 10^{-3})\,\frac{di(t)}{dt} = v(t)$$

$$\frac{di(t)}{dt} = \frac{1}{0{,}5}\,v(t) \qquad (8.35)$$

ou

$$\frac{di(t)}{dt} = 2\,v(t).$$

Portanto, a inclinação da corrente é o dobro da tensão aplicada. Como $v(t) = \pm 9$ V (constante em cada intervalo), a forma de onda da corrente tem inclinação constante de ±18 A/s; em outras palavras, a forma de onda da corrente é uma reta com inclinação constante de ±18 A/s. No intervalo $0 \le t \le 2$ s, a forma de onda da corrente é uma reta com inclinação constante de 18 A/s que começa em 0 A ($i(0) = 0$ A). Assim, o valor da corrente em $t = 2$ s é 36 A. No intervalo $2 < t \le 4$ s, a forma de onda da corrente é uma reta que começa em 36 A (em $t = 2$ s) com inclinação constante de −18 A/s ($i(0) = 0$ A). Logo, o valor da corrente em $t = 4$ s é 0 A. Isto completa um ciclo da forma de onda da corrente. Como o valor da corrente em $t = 4$ s é 0 (igual ao valor em $t = 0$ s) e a tensão aplicada no intervalo $4 < t \le 8$ s é igual à tensão aplicada no intervalo $0 \le t \le 4$ s, a forma de onda da corrente no intervalo $4 < t \le 8$ s é igual à forma de onda da corrente no intervalo $0 \le t \le 4$ s. O resultante gráfico de $i(t)$ é mostrado na Fig. 8.25. Portanto, quando uma onda quadrada de tensão é aplicada a um indutor, a corrente resultante é uma onda triangular. Como $p(t) = v(t)\, i(t)$ e a tensão é de ±9 V, a potência é dada por $p(t) = (\pm 9)\, i(t)$ W. No intervalo $0 \le t \le 2$ s, $v(t) = 9$ V; logo, $p(t) = 9\, i(t)$ W. A forma de onda da potência é uma reta que começa em 0 W com inclinação de $(9 \times 18) = 162$ W/s. Por conseguinte, a potência fornecida ao indutor imediatamente antes de $t = 2$ s é de 324 W. Imediatamente após $t = 2$ s, a tensão é de −9 V e a corrente, de 36 A. Assim, a potência cai para $(-9)\,(36) = -324$ w. No intervalo $2 < t \le 4$, $v(t) = -9$ V e a corrente tem inclinação negativa de −18 A/s. Logo, a forma de onda da potência é uma reta que começa em −324 W com inclinação de 162 W/s. Assim, $p(4) = -324 + 2(162) = 0$ W. Isto completa um ciclo da potência. Como o valor da potência em $t = 4$ s é 0 (igual ao valor em $t = 0$ s), e tensão aplicada e corrente no intervalo $4 \le t \le 8$ s são iguais à tensão e corrente no intervalo $0 \le t \le 4$ s, a forma de onda da potência em $4 \le t \le 8$ s é igual à forma de onda da potência em $0 \le t \le 4$ s. O resultante gráfico de $p(t)$ é mostrado na Fig. 8.26; essa forma de onda é conhecida como dente de serra.

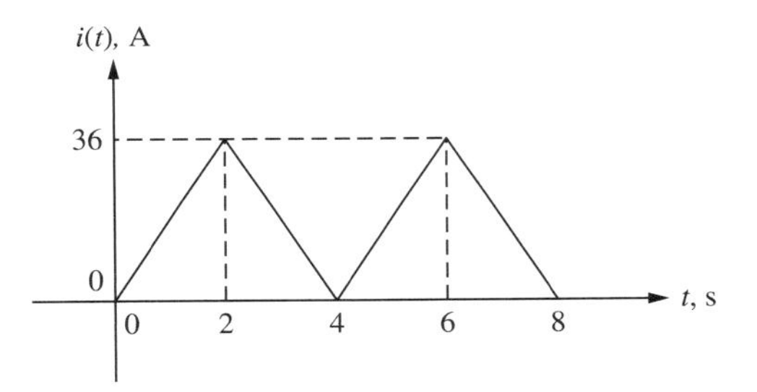


**Figura 8.25** Gráfico da forma de onda da corrente para o Exemplo 8-8.

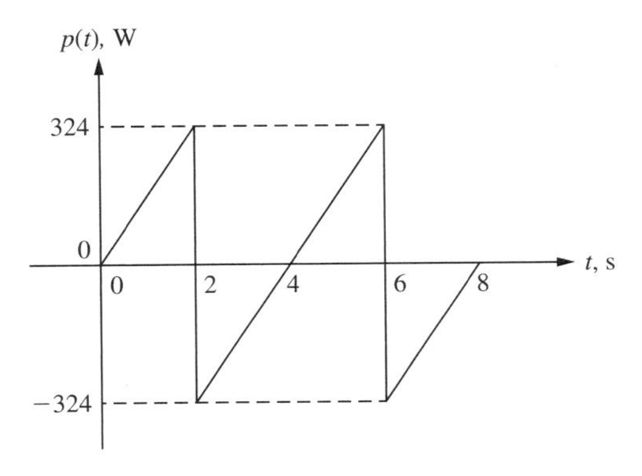


**Figura 8.26** Gráfico da potência para o Exemplo 8-8.

### 8.4.2 Corrente e Tensão em um Capacitor

A relação corrente-tensão em um elemento capacitor (Fig. 8.27) é dada por:

$$i(t) = C\,\frac{dv(t)}{dt}, \tag{8.36}$$

em que $v(t)$ é a queda de tensão em V no capacitor, $i(t)$ é a corrente em A que flui no capacitor e $C$ é a capacitância do capacitor em farads (F). Notemos que, se for dada em $\mu$F ($10^{-6}$ F), a capacitância deve ser convertida a F antes de ser usada na equação (8.36).

**Exemplo 8-9**

Consideremos o elemento capacitivo mostrado na Fig. 8.27, com $C = 25\ \mu\text{F}$ e $v(t) = 20\,e^{-500\,t}$ sen $5000\,\pi\,t$ V. Determinemos a corrente $i(t)$.

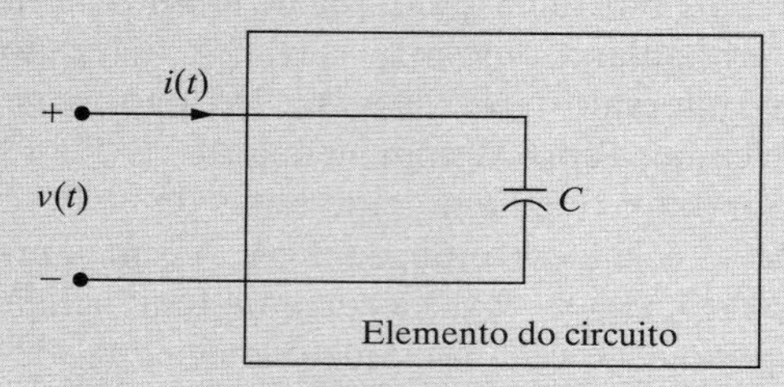


**Figura 8.27** Capacitor como elemento de circuito.

**Solução** A corrente $i(t)$ pode ser determinada da equação (8.36):

$$i(t) = C\,\frac{dv(t)}{dt}.$$

Substituindo o valor de $C$, temos:

$$i(t) = (25 \times 10^{-6})\,\frac{dv(t)}{dt},$$

em que $\frac{dv(t)}{dt} = \frac{d}{dt}(20\,e^{-500\,t}\text{ sen } 5000\,\pi\,t)$. Para diferenciar o produto das duas funções $e^{-500\,t}$ e sen $5000\,\pi\,t$, apliquemos a regra da diferenciação de produtos de funções. Sejam $f(t) = e^{-500\,t}$ e $g(t) =$ sen $5000\,\pi\,t$; logo:

$$\begin{aligned}\frac{d}{dt}(20\,e^{-500t}\text{sen } 5000\pi t) &= 20 \times \Big[e^{-500\,t}\frac{d}{dt}(\text{sen } 5000\,\pi t)\\ &\quad + (\text{sen} 5000\,\pi t)\frac{d}{dt}(e^{-500\,t})\Big]\\ &= 20 \times [(e^{-500\,t})\,(5000\pi \cos 5000\,\pi t)\\ &\quad + (\text{sen } 5000\,\pi t)(-500\,e^{-500\,t})]\\ &= 10{,}000\,e^{-500\,t}\,(10\,\pi \cos 5000\,\pi t - \text{sen } 5000\,\pi t).\end{aligned}$$

Então,

$$i(t) = 25 \times 10^{-6}\left(10{,}000\,e^{-500t}\,(10\,\pi \cos 5000\,\pi t - \text{sen } 5000\,\pi t)\right)$$

ou

$$i(t) = 0{,}25\, e^{-500\,t}\,(10\,\pi\cos 5000\,\pi t - \text{sen}\, 5000\,\pi t)\text{ A}$$

Usando resultados do Capítulo 6, isto também pode ser escrito como $i(t) = 2{,}5\,\pi\, e^{-500\,t}$ $\text{sen}(5000\pi\, t + 92°)$ A.

**Exemplo 8-10**

A corrente mostrada na Fig. 8.28 é usada para carregar um capacitor com $C = 20\,\mu$F. Sabendo que $i(t) = \frac{dq(t)}{dt} = C\frac{dv(t)}{dt}$, desenhemos os gráficos da carga armazenada no capacitor e da correspondente tensão $v(t)$. Assumamos $q(0) = v(0) = 0$.

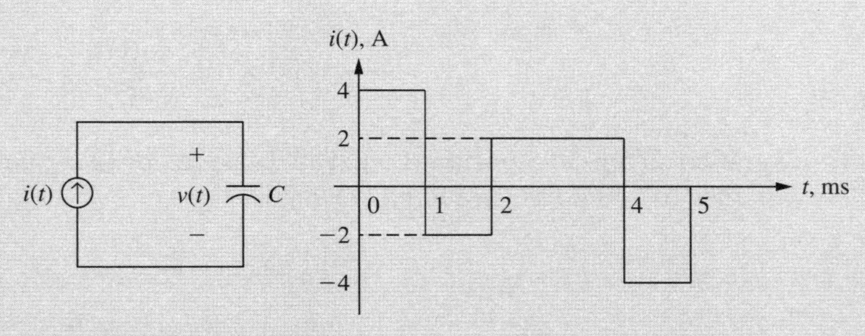


**Figura 8.28** Carregamento de um capacitor.

**Solução**

(a) **Carga:** Como $i(t) = \frac{dq(t)}{dt}$, a inclinação da curva de $q(t)$ em cada intervalo é dada por cada valor constante de corrente; por exemplo:

$$\begin{aligned}
0 \le t \le 1\text{ ms}: \quad & \frac{dq(t)}{dt} = 4\text{ C/s}\\
1 < t \le 2\text{ ms}: \quad & \frac{dq(t)}{dt} = -2\text{ C/s}\\
2 < t \le 4\text{ ms}: \quad & \frac{dq(t)}{dt} = 2\text{ C/s}\\
4 < t \le 5\text{ ms}: \quad & \frac{dq(t)}{dt} = -4\text{ C/s}\\
5 < t \le \infty\text{ ms}: \quad & \frac{dq(t)}{dt} = 0\text{ C/s.}
\end{aligned}$$

Assim, o gráfico da carga $q(t)$ armazenada no capacitor pode ser desenhado como mostrado na Fig. 8.29. Notemos que, como o tempo $t$ está em ms, a carga $q(t)$ está em mC.

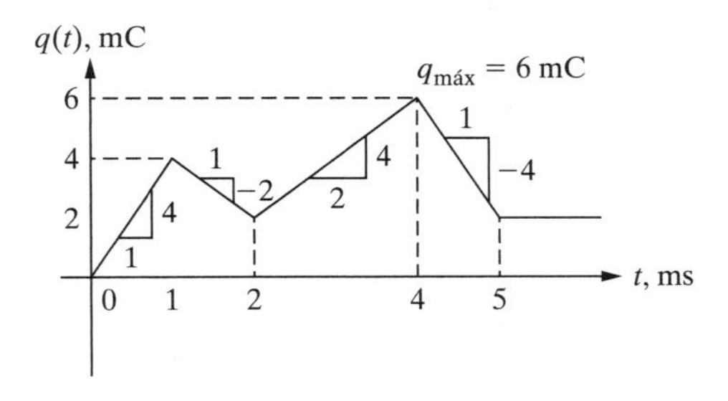


**Figura 8.29** Carga no capacitor do Exemplo 8-10.

(b) **Tensão:** Para determinar a queda de tensão no capacitor, primeiro, devemos obter a relação entre carga e tensão:

$$i(t) = C\frac{dv(t)}{dt} = \frac{dq(t)}{dt} \quad \Rightarrow \quad \frac{dv(t)}{dt} = \frac{1}{C}\frac{dq(t)}{dt}.$$

Portanto, a derivada (inclinação) da tensão $v(t)$ é igual à derivada (inclinação) da carga $q(t)$ multiplicada pelo recíproco da capacitância. Substituindo o valor de $C$, temos:

$$\frac{dv(t)}{dt} = \frac{1}{20 \times 10^{-6}}\frac{dq(t)}{dt},$$

ou

$$\frac{dv(t)}{dt} = 50 \times 10^{3}\frac{dq(t)}{dt}.$$

O gráfico da tensão é, portanto, igual ao da carga, com a escala das ordenadas multiplicada por $50 \times 10^3$, como mostrado na Fig. 8.30.

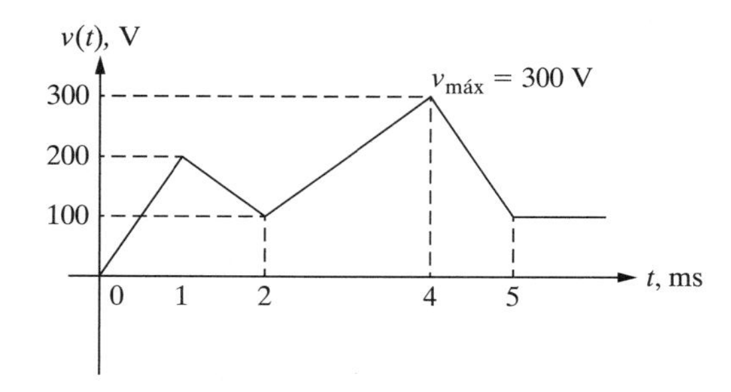


**Figura 8.30** Tensão no capacitor.

Notemos que, embora o tempo ainda seja medido em ms, a tensão é medida em volts.

## 8.5 APLICAÇÕES DE DERIVADAS EM RESISTÊNCIA DE MATERIAIS

Nesta seção, discutiremos a relação de derivada para vigas submetidas a carga transversal. As posições e valores de deflexões máximas são obtidos por meio das derivadas e os resultados são utilizados para desenhar gráficos de deflexão. Nesta seção, consideramos, também, a aplicação de derivadas no cálculo de máxima tensão quando carga e torção são axiais.

Consideremos uma viga de módulo elástico $E$ (libra-força/pol$^2$ ou N/m$^2$) e segundo momento de área (ou momento de inércia de área) $I$ (pol$^4$ ou m$^4$), como ilustrado na Fig. 8.31. O produto $E\,I$ é denominado rigidez à flexão, e é uma medida de quão rígida é a viga. Caso seja submetida a uma carga transversal distribuída $q(x)$ (libra-força/pol ou N/m), a viga sofre deflexão $y(x)$ (pol ou m) na direção $y$, com inclinação $\theta(x) = \frac{dy(x)}{dx}$ em radianos.

Os momentos e forças internos na viga, ilustrados na Fig. 8.32, são dados pelas expressões:

$$\textbf{Momento de força: } M(x) = EI\frac{d\theta(x)}{dx} = EI\frac{d^2y(x)}{dx^2} \text{ libra-força/in ou N-m} \tag{8.37}$$

$$\textbf{Força de cisalhamento: } V(x) = \frac{dM(x)}{dx} = EI\frac{d^3y(x)}{dx^3} \text{ libra-força ou N} \tag{8.38}$$

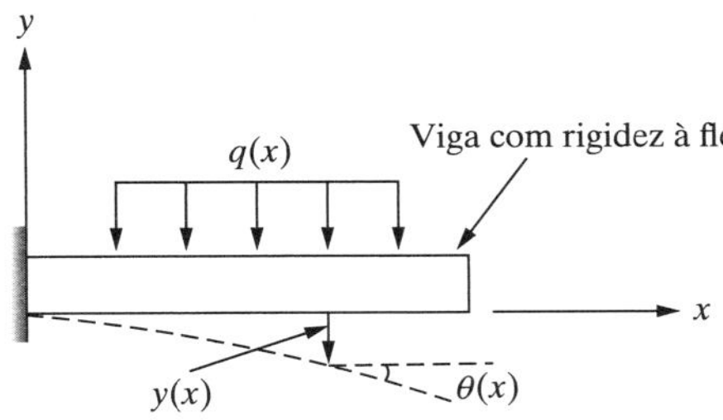

Figura 8.31 Viga submetida a carga na direção $y$.

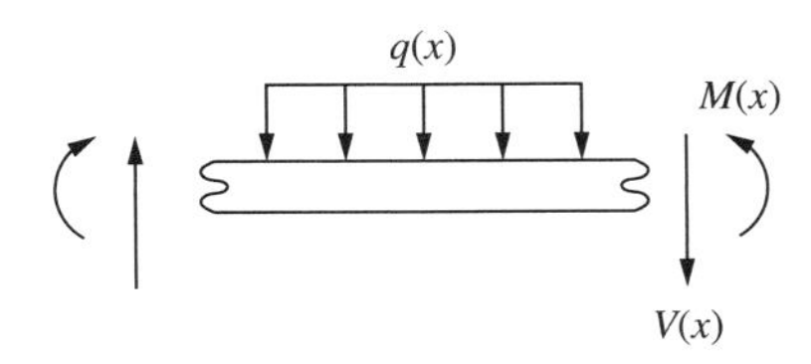


Figura 8.32 Forças internas em uma viga submetida a uma carga distribuída.

$$\textbf{Carga distribuída: } q(x) = -\frac{dV(x)}{dx} = -EI\,\frac{d^4y(x)}{dx^4} \text{ libra-força/in ou N/m} \tag{8.39}$$

Discussões mais detalhadas das relações anteriores encontram-se em qualquer livro sobre resistência de materiais.

**Exemplo 8-11**

Consideremos uma viga em balanço, de comprimento $l$, submetida a uma força $P$ na extremidade livre, como ilustrado na Fig. 8.33. Com a deflexão dada por:

$$y(x) = \frac{P}{6\,EI}\left(x^3 - 3\,l\,x^2\right) \text{ m,} \tag{8.40}$$

determinemos a deflexão e sua inclinação na extremidade livre da viga, em $x = l$.

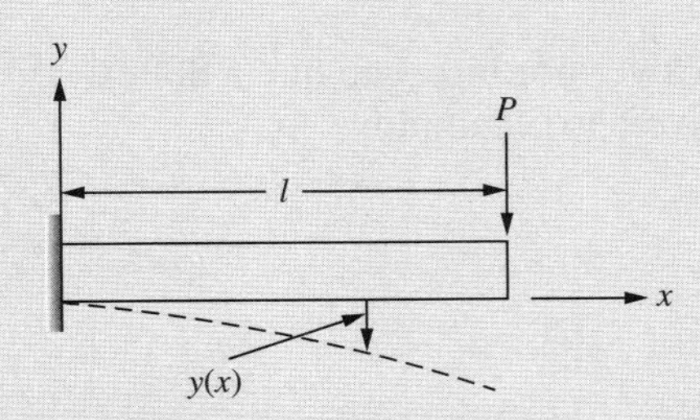


Figura 8.33 Viga em balanço submetida à força $P$ na extremidade livre.

**Solução** **Deflexão**: A deflexão da viga na extremidade livre pode ser determinada substituindo $x = l$ na equação (8.40):

$$y(l) = \frac{P}{6\,EI}\left[l^3 - 3\,l\,(l^2)\right]$$
$$= \frac{P}{6\,EI}\left(-2\,l^3\right)$$

ou

$$y(l) = -\frac{P\,l^3}{3\,EI} \text{ m.}$$

Esse resultado clássico é usado em vários cursos de engenharias mecânica e civil.

**Inclinação:** A inclinação da deflexão $\theta(x)$ pode ser obtida diferenciando a deflexão $y(x)$:

$$\begin{aligned}\theta(x) &= \frac{dy(x)}{dx}\\ &= \frac{d}{dx}\left[\frac{P}{6\,EI}\left(x^3 - 3\,l\,x^2\right)\right]\\ &= \frac{P}{6\,EI}\left[\frac{d}{dx}(x^3) - 3\,l\,\frac{d}{dx}(x^2)\right]\\ &= \frac{P}{6\,EI}\left[3\,(x^2) - 3\,l\,(2\,x)\right]\\ &= \frac{P}{6\,EI}\left(3\,x^2 - 6\,l\,x\right)\end{aligned}$$

ou

$$\theta(x) = \frac{P}{2\,EI}\,(x^2 - 2\,l\,x) \text{ rad.} \tag{8.41}$$

Notemos que os parâmetros $P$, $l$, $E$ e $I$ são tratados como constantes.

A inclinação $\theta(x)$ na extremidade livre pode, agora, ser calculada substituindo $x = l$ na equação (8.41):

$$\begin{aligned}\theta(l) &= \frac{P}{2\,EI}\,[l^2 - 2\,l\,(l)]\\ &= \frac{P}{2\,EI}\,(-\,l^2)\end{aligned}$$

ou

$$\theta(l) = -\frac{P\,l^2}{2\,EI} \text{ rad.}$$

**Nota:** Podemos ver por inspeção que a deflexão e a inclinação da deflexão são máximas na extremidade livre; por exemplo:

$$\begin{aligned}y_{\text{máx}} &= -\frac{P\,l^3}{3\,EI}\\ \theta_{\text{máx}} &= -\frac{P\,l^2}{2\,EI}.\end{aligned}$$

Podemos observar que, se a carga $P$ for dobrada, as máximas deflexão e inclinação seriam aumentadas por um fator 2. Contudo, se o comprimento $l$ for dobrado, a máxima deflexão seria aumentada por um fator 8 e a inclinação, por um fator 4!

**Exemplo 8-12**

Consideremos uma viga de comprimento $l$ com apoio simples e submetida a uma carga central $P$, como ilustrado na Fig. 8.34. Para $0 \le x \le l/2$, a deflexão é dada por:

$$y(x) = \frac{P}{48\,EI}\left(4\,x^3 - 3\,l^2\,x\right) \text{ m.} \tag{8.42}$$

Determinemos a máxima deflexão $y_{máx}$ e a inclinação da deflexão na extremidade $x = 0$.

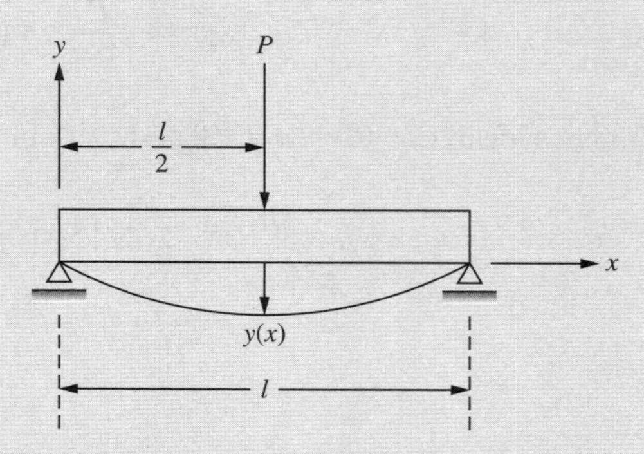


**Figura 8.34** Viga com apoio simples submetida a uma carga central $P$.

**Solução** A deflexão é máxima quando $\frac{dy(x)}{dx} = \theta(x) = 0$. A inclinação da deflexão pode ser obtida como:

$$\begin{aligned}
\theta(x) &= \frac{dy(x)}{dx} \\
&= \frac{d}{dx}\left[\frac{P}{48\,EI}(4\,x^3 - 3\,l^2\,x)\right] \\
&= \frac{P}{48\,EI}\left[\frac{d}{dx}(4\,x^3) - \frac{d}{dx}(3\,l^2\,x)\right] \\
&= \frac{P}{48\,EI}\left[4\,\frac{d}{dx}(x^3) - 3\,l^2\,\frac{d}{dx}(x)\right] \\
&= \frac{P}{48\,EI}\left[4(3\,x^2) - 3\,l^2(1)\right] \\
&= \frac{P}{48\,EI}\left(12\,x^2 - 3\,l^2\right)
\end{aligned}$$

ou

$$\theta(x) = \frac{P}{16\,EI}\left(4\,x^2 - l^2\right). \tag{8.43}$$

Para determinar a posição da deflexão máxima, $\theta(x)$ é igualado a zero e a resultante equação é resolvida para os valores de $x$:

$$\frac{P}{16\,EI}(4\,x^2 - l^2) = 0 \;\Rightarrow\; 4\,x^2 - l^2 = 0 \;\Rightarrow x = \pm\frac{l}{2}.$$

Como a deflexão é dada para $0 \leq x \leq l/2$, a deflexão é máxima em $x = l/2$. O valor da máxima deflexão pode, agora, ser calculado substituindo $x = l/2$ na equação (8.42):

$$\begin{aligned}
y_{máx} &= y\left(\frac{l}{2}\right) \\
&= \frac{P}{48\,EI}\left[4\left(\frac{l}{2}\right)^3 - 3\,l^2\left(\frac{l}{2}\right)\right] \\
&= \frac{P}{48\,EI}\left(\frac{l^3}{2} - \frac{3\,l^3}{2}\right)
\end{aligned}$$

ou

$$y_{\text{máx}} = -\frac{P\,l^3}{48\,EI}\ \text{m}.$$

De modo similar, a inclinação $\theta(x)$ em $x = 0$ pode ser obtida substituindo $x = 0$ na equação (8.43):

$$\theta(0) = \frac{P}{16\,EI}\,(4 * 0 - l^2)$$
$$= \frac{P}{16\,EI}\,(-l^2)$$

ou

$$\theta(0) = -\frac{P\,l^2}{16\,EI}\ \text{rad}.$$

**Exemplo 8-13**

Uma viga de comprimento $l$ com apoio simples é submetida a uma carga distribuída $q(x) = w_0 \text{sen}\left(\frac{\pi x}{l}\right)$, como ilustrado na Fig. 8.35. Com a deflexão dada por:

$$y(x) = -\frac{w_0\,l^4}{\pi^4\,EI}\ \text{sen}\left(\frac{\pi x}{l}\right)\ \text{m} \tag{8.44}$$

determinemos a inclinação da deflexão $\theta(x)$, o momento $M(x)$ e a força de cisalhamento $V(x)$.

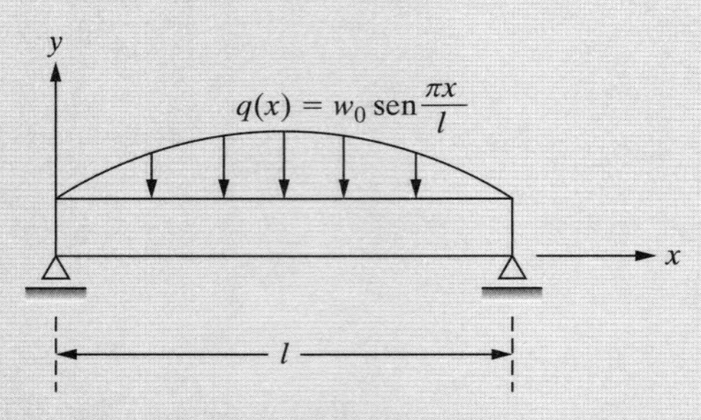


**Figura 8.35** Viga com apoio simples submetida a uma carga senoidal.

**Solução** **Inclinação:** A inclinação da deflexão $\theta(x)$ é dada por:

$$\theta(x) = \frac{dy(x)}{dx}$$
$$= \frac{d}{dx}\left[-\frac{w_0\,l^4}{\pi^4\,EI}\ \text{sen}\left(\frac{\pi x}{l}\right)\right]$$
$$= -\frac{w_0\,l^4}{\pi^4\,EI}\left[\frac{d}{dx}\,(\text{sen}\left(\frac{\pi x}{l}\right)\right]$$
$$= -\frac{w_0\,l^4}{\pi^4\,EI}\left[\frac{\pi}{l}\cos\left(\frac{\pi x}{l}\right)\right]$$

ou

$$\theta(x) = -\frac{w_0\,l^3}{\pi^3\,EI}\cos\left(\frac{\pi x}{l}\right)\ \text{rad}. \tag{8.45}$$

**Momento:** Por definição, o momento $M(x)$ é obtido multiplicando a derivada da inclinação $\theta(x)$ por $EI$:

$$M(x) = EI\,\frac{d\theta(x)}{dx} = EI\,\frac{d^2y(x)}{dx^2}.$$

Substituindo $\theta(x)$ dado na equação (8.45), temos:

$$M(x) = EI\,\frac{d}{dx}\left[-\frac{w_0\,l^3}{\pi^3\,EI}\cos\left(\frac{\pi x}{l}\right)\right]$$

$$= -\frac{w_0\,l^3}{\pi^3}\left[-\frac{\pi}{l}\,\text{sen}\left(\frac{\pi x}{l}\right)\right]$$

ou

$$M(x) = \frac{w_0\,l^2}{\pi^2}\,\text{sen}\left(\frac{\pi x}{l}\right)\ \text{N-m.} \qquad (8.46)$$

**Força de Cisalhamento:** Por definição, a força de cisalhamento $V(x)$ é a derivada do momento $M(x)$:

$$V(x) = \frac{dM(x)}{dx} = EI\,\frac{d^3y(x)}{dx^3}.$$

Substituindo $M(x)$ da equação (8.46) para M $(x)$, obtemos:

$$V(x) = \frac{d}{dx}\left[\frac{w_0\,l^2}{\pi^2}\,\text{sen}\left(\frac{\pi x}{l}\right)\right]$$

$$= \frac{w_0\,l^2}{\pi^2}\left[\frac{\pi}{l}\cos\left(\frac{\pi x}{l}\right)\right]$$

ou

$$V(x) = \frac{w_0\,l}{\pi}\cos\left(\frac{\pi x}{l}\right)\ \text{N.} \qquad (8.47)$$

Essa resposta pode ser confirmada mostrando que $q(x) = -\frac{dV(x)}{dx}$:

$$q(x) = -\frac{d}{dx}\left[\frac{w_0\,l}{\pi}\cos\left(\frac{\pi x}{l}\right)\right]$$

$$= -\frac{w_0\,l}{\pi}\left[-\frac{\pi}{l}\sin\left(\frac{\pi x}{l}\right)\right]$$

ou

$$q(x) = w_0\,\text{sen}\left(\frac{\pi x}{l}\right)\ \text{N/m,} \qquad (8.48)$$

o que reproduz a carga aplicada na Fig. 8.35.

### 8.5.1 Tensão Máxima sob Carga Axial

Nesta seção, discutiremos a aplicação de derivadas na determinação de tensão máxima sob carga axial. Uma tensão normal $\sigma$ resulta quando a viga é submetida a uma carga axial $P$ (no centroide da seção reta), como ilustrado na Fig. 8.36. A tensão normal é dada por:

$$\sigma = \frac{P}{A}, \tag{8.49}$$

em que $A$ é a seção reta da seção perpendicular ao eixo longitudinal da viga. Portanto, a tensão normal $\sigma$ age perpendicularmente à seção reta e tem unidade de força por unidade de área (psi ou N/m$^2$).[1]

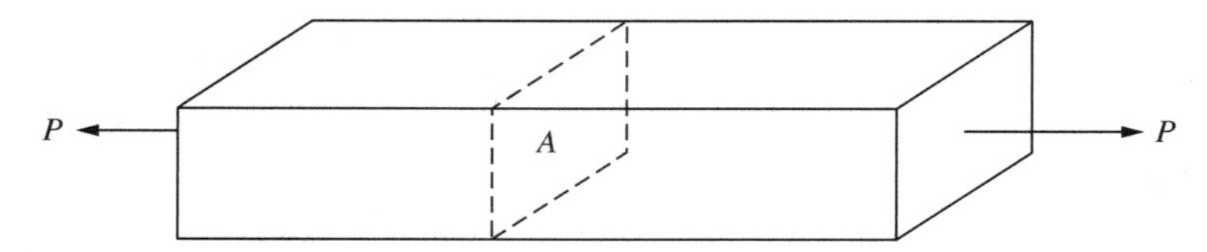


**Figura 8.36** Viga retangular submetida a carga axial.

Para determinar a tensão em um plano oblíquo, consideremos uma seção plana inclinada da viga, como ilustrado na Fig. 8.37.

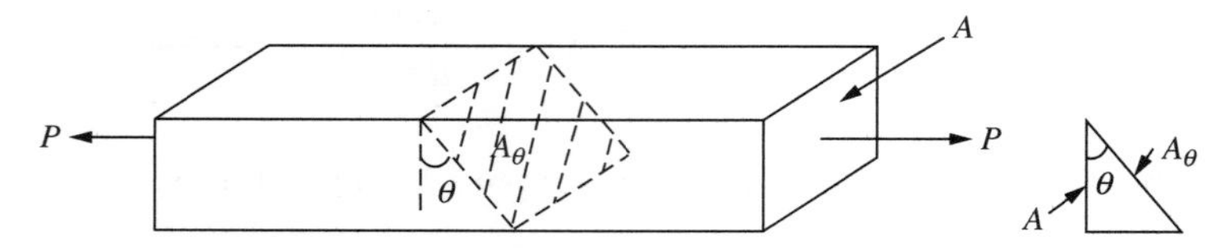


**Figura 8.37** Seção plana inclinada da viga retangular.

A relação entre as áreas da seção perpendicular ao eixo longitudinal e da seção inclinada é dada por:

$$A_\theta \cos\theta = A$$
$$A_\theta = \frac{A}{\cos\theta}.$$

A força $P$ pode ser desmembrada em componentes perpendicular ($F$) e paralela ($V$) ao plano inclinado. O diagrama de corpo livre das forças que agem no plano oblíquo é mostrado na Fig. 8.38. Notemos que, para satisfazer a condição de equilíbrio, a força resultante na direção axial deve ser igual a $P$.

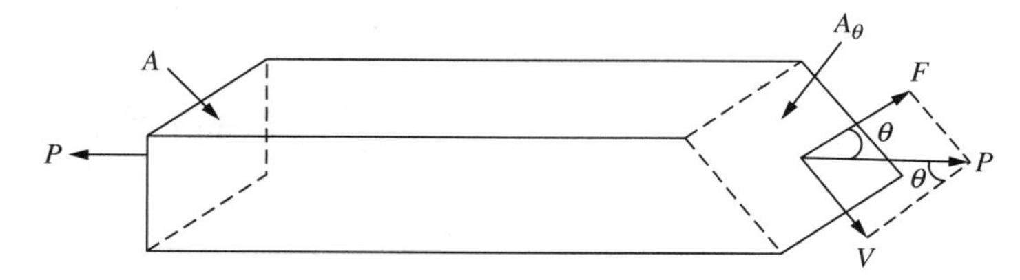


**Figura 8.38** Diagrama de corpo livre.

[1] PSI é a unidade de pressão ou tensão mecânica no Sistema Imperial Britânico e significa libra-força por polegada quadrada (*Pound-force per Square Inch*). (N.T.)

A relação entre $P$, $F$ e $V$ pode ser obtida do triângulo retângulo mostrado na Fig. 8.39:

$$F = P\cos\theta$$
$$V = P\,\text{sen}\,\theta$$

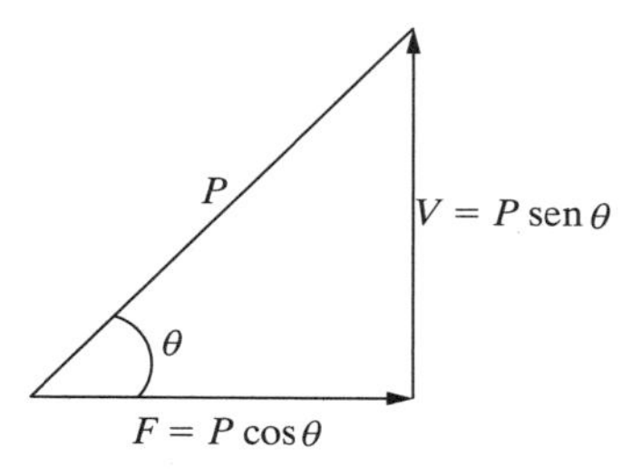


**Figura 8.39** Triângulo mostrando as forças $P$, $F$ e $V$.

A força $F$ perpendicular à seção plana inclinada produz uma tensão normal $\sigma_\theta$ (mostrada na Fig. 8.40) dada por:

$$\begin{aligned}\sigma_\theta &= \frac{F}{A_\theta}\\ &= \frac{P\cos\theta}{A/\cos\theta}\\ &= \frac{P\cos^2\theta}{A}.\end{aligned} \tag{8.50}$$

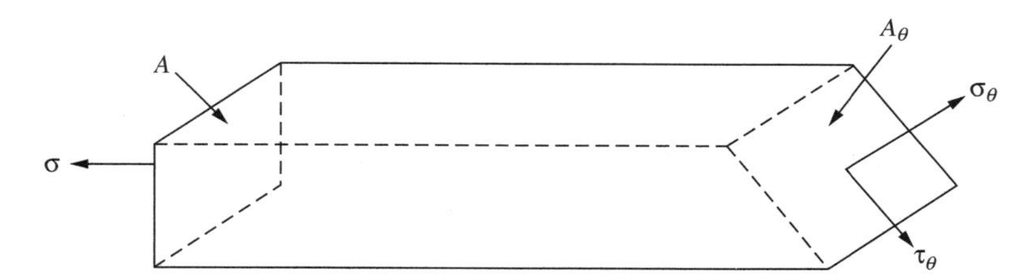


**Figura 8.40** Tensões normal e de cisalhamento atuando na seção plana inclinada.

A força tangencial $V$ produz uma tensão de cisalhamento $\tau_\theta$ dada por:

$$\begin{aligned}\tau_\theta &= \frac{V}{A_\theta}\\ &= \frac{P\text{sen}\theta}{A/\cos\theta}\\ &= \frac{P\text{sen}\theta\cos\theta}{A}.\end{aligned} \tag{8.51}$$

Substituindo $\sigma = \frac{P}{A}$ de (8.49) nas equações (8.50) e (8.51), as tensões normal e de cisalhamento na seção plana inclinada são obtidas como:

$$\sigma_\theta = \sigma\cos^2\theta \tag{8.52}$$

$$\tau_\theta = \sigma\text{sen}\theta\cos\theta. \tag{8.53}$$

Em geral, materiais quebradiços – como vidro, concreto e ferro fundido – falham devido aos valores máximos de $\sigma_\theta$ (tensão normal), enquanto materiais maleáveis – como aço, alumínio e bronze – falham devido aos valores máximos de $\tau_\theta$ (tensão de cisalhamento).

**Exemplo 8-14**

Usemos derivadas para determinar os valores de $\theta$ em que $\sigma_\theta$ e $\tau_\theta$ são máximas e calculemos seus valores máximos.

**Solução**

(a) **Primeiro, determinemos a derivada de $\sigma_\theta$ em relação a $\theta$:** A derivada de $\sigma_\theta$ é dada pela equação (8.52):

$$\begin{aligned} \frac{d\sigma_\theta}{d\theta} &= \sigma \frac{d}{d\theta}(\cos^2(\theta)) \\ &= \sigma \frac{d}{d\theta}(\cos\theta \cos\theta) \\ &= \sigma (\cos\theta\,(-\text{sen}\theta) + \cos\theta\,(-\text{sen}\,\theta)) \\ &= -2\,\sigma\,(\cos\theta\,\text{sen}\theta). \qquad (8.54) \end{aligned}$$

(b) **A seguir, igualemos a derivada na equação (8.54) a zero** e resolvamos a equação resultante para o valor de $\theta$ entre 0 e 90° em que $\sigma_\theta$ é máxima. Portanto, $-2 \cos\theta \,\text{sen}\,\theta = 0$, o que leva a:

$$\cos\theta = 0 \Rightarrow \theta = 90°$$

ou

$$\text{sen}\,\theta = 0 \Rightarrow \theta = 0°.$$

Logo, $\theta = 0°$ e 90° são os pontos críticos; em outras palavras, em $\theta = 0°$ e 90°, $\sigma_\theta$ tem um máximo ou mínimo local. Para determinar o valor de $\theta$ em que $\sigma_\theta$ tem um máximo, apliquemos o teste da derivada de segunda ordem. A derivada de segunda ordem de $\sigma_\theta$ é dada por:

$$\begin{aligned} \frac{d^2\sigma_\theta}{d\theta^2} &= \frac{d}{d\theta}(-2\,\sigma\cos\theta\,\text{sen}\,\theta) \\ &= -2\,\sigma\frac{d}{d\theta}(\cos\theta\,\text{sen}\,\theta) \\ &= -2\,\sigma\left[\cos\theta\frac{d}{d\theta}(\text{sen}\theta) + \frac{d}{d\theta}(\cos\theta)\,(\text{sen}\theta)\right] \\ &= -2\,\sigma\,[\cos\theta(\cos\theta) + (-\text{sen}\theta)\,\text{sen}\theta] \\ &= -2\,\sigma\,(\cos^2\theta - \text{sen}^2\theta) \end{aligned}$$

ou

$$\frac{d^2\sigma_\theta}{d\theta^2} = -2\,\sigma\cos 2\,\theta$$

em que $\cos 2\,\theta = \cos^2\theta - \text{sen}^2\theta$. Para $\theta = 0°$, $\frac{d^2\sigma_\theta}{d\theta^2} = -2\sigma < 0$. Assim, $\sigma_\theta$ tem **valor máximo** em $\theta = 0°$.

Para $\theta = 90°$, $\frac{d^2\sigma_\theta}{d\theta^2} = -2\sigma\cos(180°) = 2\sigma > 0$. Assim, $\sigma_\theta$ tem **valor mínimo** em $\theta = 90°$.

**Máximo Valor de $\sigma_\theta$:** Substituindo $\theta = 0°$ na equação (8.52), temos:

$$\sigma_{\text{máx}} = \sigma\cos^2(0°) = \sigma.$$

Isto significa que a máxima tensão normal sob carga axial é a própria tensão aplicada $\sigma$!

**Valor de $\theta$ em que $\tau_\theta$ é máxima:**

(a) **Primeiro, determinemos a derivada de $\tau_\theta$ em relação a $\theta$:** A derivada de $\tau_\theta$ é dada pela equação (8.53):

$$\begin{aligned}\frac{d\tau_\theta}{d\theta} &= \frac{d}{d\theta}(\sigma\,\text{sen}\,\theta\cos\theta)\\ &= \sigma\frac{d}{d\theta}(\text{sen}\,\theta\cos\theta)\\ &= \sigma\frac{d}{d\theta}\left(\frac{\text{sen}\,2\,\theta}{2}\right)\\ &= \frac{\sigma}{2}(2\cos 2\,\theta)\end{aligned}$$

ou

$$\frac{d\tau_\theta}{d\theta} = \sigma\cos 2\,\theta. \tag{8.55}$$

(b) **A seguir, igualemos a derivada na equação (8.55) a zero** e resolvamos a resultante equação $2\cos\theta = 0$ para o valor de $\theta$ (entre 0 e 90°) em que $\tau_\theta$ é máxima:

$$\cos 2\,\theta = 0 \;\Rightarrow\; 2\,\theta = 90° \;\Rightarrow\; \theta = 45°.$$

Logo, $\tau_\theta$ tem máximo ou mínimo local em $\theta = 45°$. Para determinar se $\tau_\theta$ tem máximo ou mínimo local em $\theta = 45°$, apliquemos o teste da derivada de segunda ordem. A derivada de segunda ordem de $\tau_\theta$ é dada por:

$$\begin{aligned}\frac{d^2\tau_\theta}{d\theta^2} &= \frac{d}{d\theta}(\sigma\cos 2\,\theta)\\ &= \sigma(-\text{sen}\,2\,\theta)(2)\\ &= -2\,\sigma\,\text{sen}\,2\,\theta\end{aligned}$$

Para $0 \le \theta \le 90° \Rightarrow 0 \le 2\theta \le 180° \Rightarrow \text{sen}\,2\sigma > 0$; logo, $\frac{d^2\tau_\theta}{d\theta^2} < 0$. Como a derivada de segunda ordem é negativa, $\tau_\theta$ tem **valor máximo** em $\theta = 45°$.

**Máximo Valor de $\tau_\theta$:** Substituindo $\theta = 45°$ na equação (8.53), temos:

$$\begin{aligned}\tau_{\text{máx}} &= \sigma\,\text{sen}\,45°, \cos 45°\\ &= \sigma\left(\frac{\sqrt{2}}{2}\right)\left(\frac{\sqrt{2}}{2}\right)\end{aligned}$$

ou

$$\tau_{\text{máx}} = \frac{\sigma}{2} \quad \text{at} \quad \theta = 45°.$$

Assim, o valor máximo da tensão de cisalhamento sob carga axial é igual à metade da tensão normal aplicada, mas a um ângulo de 45°. Por este motivo o teste de tração de uma amostra de aço resulta em falha a um ângulo de 45°.

## 8.6 EXEMPLOS ADICIONAIS DE DERIVADAS NA ENGENHARIA

**Exemplo 8-15**

A velocidade de um paraquedista que saltou de uma altura de 12.042 ft (ft) é representada na Fig. 8.41.

(a) Determinemos a equação da velocidade $v(t)$ para os cinco intervalos de tempo mostrados na Fig. 8.41.

(b) Sabendo que $a(t) = \frac{dv}{dt}$, calculemos a aceleração $a(t)$ do paraquedista para $0 \leq t \leq 301$ s.

(c) Usemos os resultados da parte (b) para desenhar o gráfico da aceleração $a(t)$ para $0 \leq t \leq 301$ s.

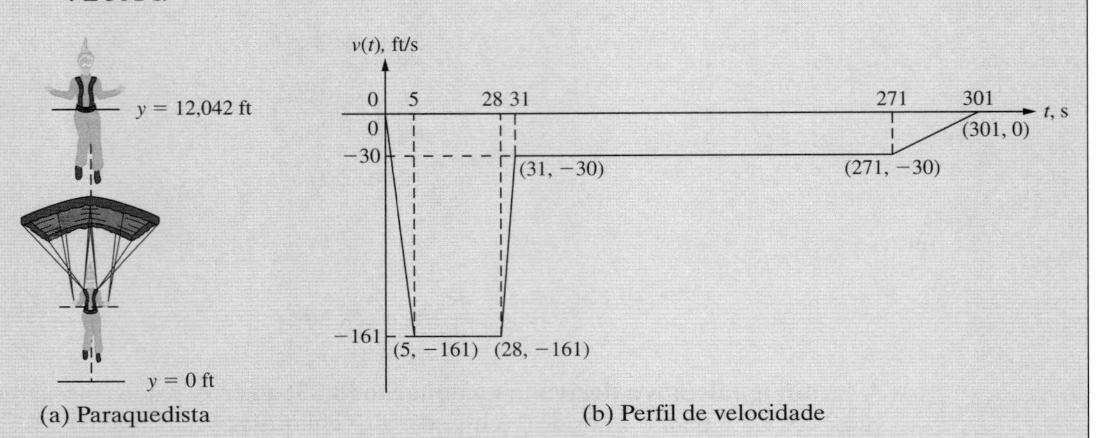


**Figura 8.41** Perfil de velocidade do paraquedista que saltou de uma altura de 12.042 ft.

**Solução**

(a) (i) $0 \leq t \leq 5$ s: $v(t)$ é linear com inclinação

$$m = \frac{-161 - 0}{5 - 0}$$
$$= -32{,}2 \text{ ft/s}.$$

Logo, $v(t) = -32{,}2$ ft/s.

(ii) $5 < t \leq 28$ s: $v(t)$ é constante:

$$v(t) = -161 \text{ ft/s}.$$

(iii) $28 < t \leq 31$ s: $v(t)$ é linear com inclinação

$$m = \frac{-161 - (-30)}{28 - 31}$$
$$= \frac{-131}{-3}$$
$$= 43{,}67 \text{ ft/s}.$$

Portanto, $v(t) = 43{,}67\ t + b$ ft/s. O valor de $b$ (cruzamento em $y$) pode ser obtido substituindo o ponto de dados $(t, v(t)) = (31, -30)$, o que resulta em:

$$-30 = 43{,}67(31) + b \quad \Rightarrow \quad b = \; -1383{,}67$$

Logo, $v(t) = 43{,}67\ t - 1383{,}67$ ft/s.

(iv) $31 < t \le 271$ s: $v(t)$ é constante:

$$v(t) = -30 \ \text{ ft/s.}$$

(v) $271 < t \le 301$ s: $v(t)$ é linear com inclinação

$$\begin{aligned} m &= \frac{-30 - 0}{271 - 301} \\ &= \frac{-30}{-30} \\ &= 1 \ \text{ ft/s.} \end{aligned}$$

Portanto, $v(t) = t + b$ ft/s. O valor de $b$ (cruzamento em $y$) pode ser obtido substituindo o ponto de dados $(t, v(t)) = (301, 0)$, resultando em:

$$0 = 1(301) + b \quad \Rightarrow \quad b = -301$$

Logo, $v(t) = t - 301$ ft/s.

(b) (i) $0 \le t \le 5$ s:

$$\begin{aligned} a(t) &= \frac{dv(t)}{dt} \\ &= \frac{d}{dt}(-32{,}3\ t) \\ &= -32{,}2 \ \text{ft/s}^2. \end{aligned}$$

(ii) $5 < t \le 28$ s:

$$\begin{aligned} a(t) &= \frac{dv(t)}{dt} \\ &= \frac{d}{dt}(-161) \\ &= 0 \ \text{ ft/s}^2. \end{aligned}$$

(iii) $28 < t \le 31$ s:

$$\begin{aligned} a(t) &= \frac{dv(t)}{dt} \\ &= \frac{d}{dt}(43{,}7\ t - 1383{,}67) \\ &= 43{,}7 \ \text{ ft/s}^2. \end{aligned}$$

(iv) $31 < t \le 271$ s:

$$\begin{aligned} a(t) &= \frac{dv(t)}{dt} \\ &= \frac{d}{dt}(-30) \\ &= 0 \ \text{ ft/s}^2. \end{aligned}$$

(v) $271 < t \leq 301$ s:

$$
\begin{aligned}
a(t) &= \frac{dv(t)}{dt} \\
&= \frac{d}{dt}(t - 301) \\
&= 1 \ \text{ft/s}^2.
\end{aligned}
$$

(c) O gráfico da aceleração do paraquedista obtida na parte (b) é desenhado como na Fig. 8.42.

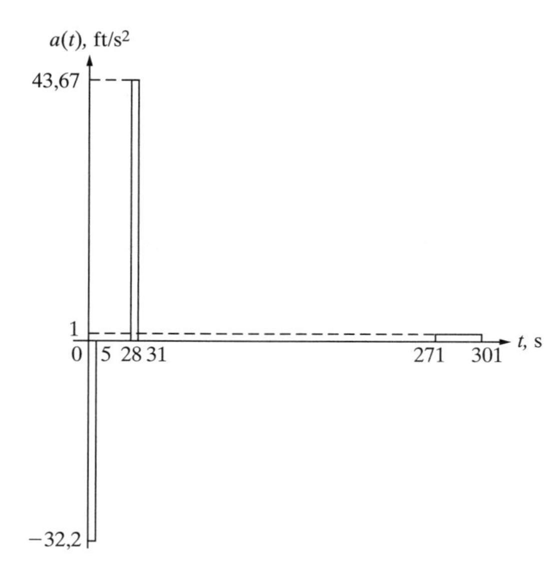


**Figura 8.42** Aceleração do paraquedista.

**Exemplo 8-16**

Um projeto de rodovia atravessa o topo de uma colina que tem aclive e declive de 10% e –8%, respectivamente. No aclive e no declive, foram definidos marcos $A$ e $B$, respectivamente, como ilustrado na Fig. 8.43. Com a origem do sistema de coordenadas $(x, y)$ posicionada no marco $A$, o engenheiro descreveu o segmento da rodovia na colina por um arco parabólico:

$$y(x) = a\,x^2 + b\,x \tag{8.56}$$

que é tangente ao aclive na origem.

(a) Determinemos a inclinação da reta tangente ao aclive e o valor de $b$ para o arco parabólico.

(b) Obtenhamos a equação reta para a tangente ao declive.

$$\hat{y} = c\,x + d \tag{8.57}$$

(c) Dado que, no ponto de tangência ( $\bar{x}$ ) ao declive, a elevação e a inclinação do arco parabólico são iguais aos respectivos valores da reta tangente ao declive:

$$y(\bar{x}) = \hat{y}(\bar{x}) \tag{8.58}$$

$$\frac{dy}{dx}\Big|_{x=\bar{x}} = \frac{d\hat{y}}{dx}_{x=\bar{x}} \tag{8.59}$$

Determinemos o ponto $(\bar{x}, \bar{y})$ em que o arco parabólico tangencia o declive. Determinemos, ainda, a correspondente elevação.

(d) Obtenhamos a equação do arco parabólico.

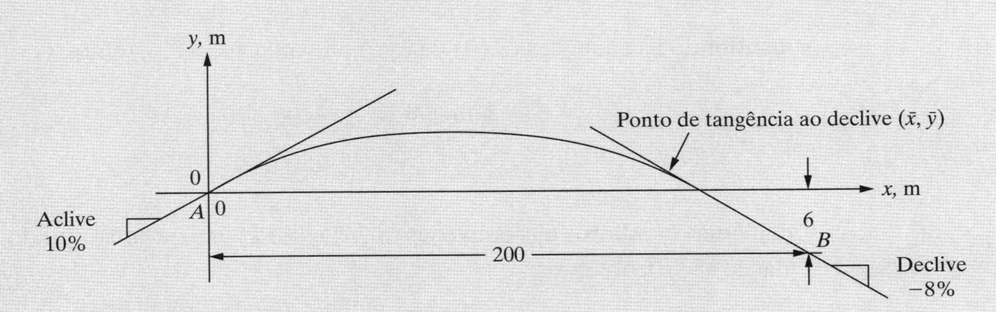


**Figura 8.43** Arco parabólico ao longo de uma colina.

**Solução** (a) A inclinação inicial do arco parabólico é igual à inclinação do aclive, que é expressa como a fração decimal 0,1. Como o arco tangencia o aclive na origem, a inclinação inicial é igual ao valor da derivada da equação (8.56) em $x = 0$. A derivada do arco parabólico é dada por:

$$\frac{dy}{dx} = \frac{d}{dx}(a x^2 + b x)$$
$$= 2 a x + b. \tag{8.60}$$

Assim, a inclinação da reta para o aclive pode ser obtida substituindo $x = 0$ na equação (8.60):

$$\frac{dy}{dx}|_{x=0} = b = 0{,}1. \tag{8.61}$$

Logo, a inclinação inicial do arco é dada pelo coeficiente $b$ da equação (8.56), cujo valor é $b = 0{,}1$.

(b) A inclinação da reta (equação (8.57)) para o declive é dada por $c = -0{,}08$. Portanto, a equação da reta pode ser escrita como:

$$\hat{y} = -0{,}08\, x + d. \tag{8.62}$$

Como esta reta passa pelo marco $B$, o valor de $d$, o cruzamento em $y$, pode ser calculado substituindo o ponto de dado (200, −6) na equação (8.62):

$$-6 = -0{,}08(200) + d$$
$$d = -6 + 16$$
$$d = 10.$$

Com isto, a equação da reta para o declive fica dada por:

$$\hat{y} = -0{,}08x + 10. \tag{8.63}$$

(c) Substituindo $x = \bar{x}$ na equação (8.60), temos:

$$\frac{dy}{dx}|_{x=\bar{x}} = 2 a \bar{x} + 0.1. \tag{8.64}$$

Calculando o valor da derivada da equação (8.63) em $x = \bar{x}$, obtemos:

$$\frac{d\hat{y}}{dx}|_{x=\bar{x}} = -0{,}08. \tag{8.65}$$

Substituindo as equações (8.64) e (8.65) na equação (8.59), temos:

$$\begin{aligned} 2\,a\,\bar{x} + 0{,}10 &= -0{,}08 \\ a\,\bar{x} &= -0{,}09. \end{aligned} \tag{8.66}$$

Calculando os valores das equações (8.56) e (8.62) em $\bar{x}$ e substituindo os resultados na equação (8.58), obtemos:

$$\begin{aligned} a\,\bar{x}^2 + 0{,}1\,\bar{x} &= -0{,}08\,\bar{x} + 10 \\ \bar{x}\,(a\,\bar{x} + 0{,}18) &= 10. \end{aligned} \tag{8.67}$$

Agora, substituindo o valor de $a$ da equação (8.66) na equação (8.67), o valor de $\bar{x}$ é calculado como:

$$\begin{aligned} \bar{x}(-0{,}09 + 0{,}18) &= 10 \\ 0{,}09\,\bar{x} &= 10 \\ \bar{x} &= \frac{10}{0{,}09} && (8.68) \\ &= 111{,}1 \text{ m}. && (8.69) \end{aligned}$$

Assim, o ponto de tangência está a uma distância horizontal de 111,1 m do marco $A$. A correspondente elevação $\bar{y}$ é calculada substituindo esse valor de na equação (8.63):

$$\begin{aligned} \bar{y} = \hat{y}(\bar{x}) &= -0{,}08\,\bar{x} + 10 \\ &= -0{,}08(111{,}1) + 10 \\ &= 1{,}11 \text{ m}. \end{aligned}$$

Portanto, o ponto de tangência ao declive é dada por (111,1, 1,11) m.

(d) Conhecido o valor de $\bar{x}$, o valor do coeficiente $a$ do arco parabólico pode ser calculado da equação (8.66):

$$\begin{aligned} a\,\bar{x} &= -0{,}09 \\ a &= \frac{-0{,}09}{111{,}1} \\ a &= -0{,}00081 \text{ m}^{-1}. \end{aligned} \tag{8.70}$$

A equação para o arco parabólico pode, agora, ser escrita substituindo os valores de $a$ e $b$ das equações (8.70) e (8.61) na equação (8.56):

$$y = -\,0{,}00081\,x^2 + 0{,}1\,x.$$

## EXERCÍCIOS

**8-1** Um protótipo de foguete é lançado do topo de um prédio de 50 ft de altura, como ilustrado na Fig. E8.1. A altura do foguete é dada por:

$$y(t) = y(0) + v(0)\,t - \frac{1}{2}\,g\,t^2 \text{ ft}$$

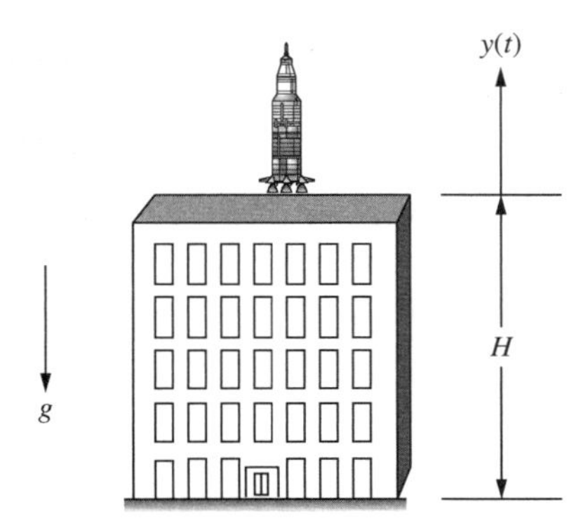


**Figura E8.1** Foguete lançado do topo de um prédio para o Exercício 8-1.

em que $y(t)$ é a altura do foguete no tempo $t$, $y(0) = H = 50$ ft é a altura inicial do foguete, $v(0) = 150$ ft/s é a velocidade inicial do foguete e $g = 32{,}2$ ft/s$^2$, a aceleração devido à gravidade. Determine:

(a) A equação quadrática para a altura $y(t)$ do foguete.

(b) A velocidade $v(t) = \frac{dy(t)}{dt}$.

(c) A aceleração $a(t) = \frac{dv(t)}{dt} = \frac{d^2y(t)}{dt^2}$.

(d) O tempo necessário para que o foguete atinja a altura máxima e a correspondente altura $y_{máx}$. Use seus resultados para desenhar o gráfico de $y(t)$.

**8-2** Refaça o Exercício 8-1 para $H = 15$ m, $v(0) = 49$ m/s e $g = 9{,}8$ m/s$^2$.

**8-3** A altura, no plano vertical, de uma bola lançada do solo com velocidade inicial $v(0) = 250$ m/s satisfaz a relação

$$y(t) = v(0)\,t - \frac{1}{2}\,g\,t^2 \text{ m.}$$

em que $g = 9{,}8$ m/s$^2$ é a aceleração devido à gravidade.

Determine:

(a) A equação quadrática para a altura $y(t)$ da bola.

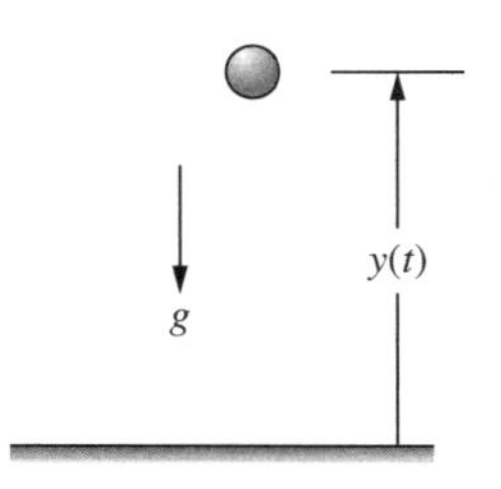


**Figura E8.3** Projetil no plano vertical.

(b) A velocidade $v(t) = \frac{dy(t)}{dt}$.

(c) A aceleração $a(t) = \frac{dv(t)}{dt} = \frac{d^2y(t)}{dt^2}$.

(d) O tempo necessário para que a bola atinja a altura máxima e a correspondente altura $y_{máx}$. Use seus resultados para desenhar o gráfico de $y(t)$.

**8-4** Refaça o Exercício 8-3 para $v(0) = 161$ ft/s e $g = 32{,}2$ ft/s$^2$.

**8-5** O movimento de uma partícula que se desloca na direção horizontal é representado na Fig. E8.5 pela posição $x(t)$. Determine posição, velocidade e aceleração no tempo $t = 3{,}0$ s, para:

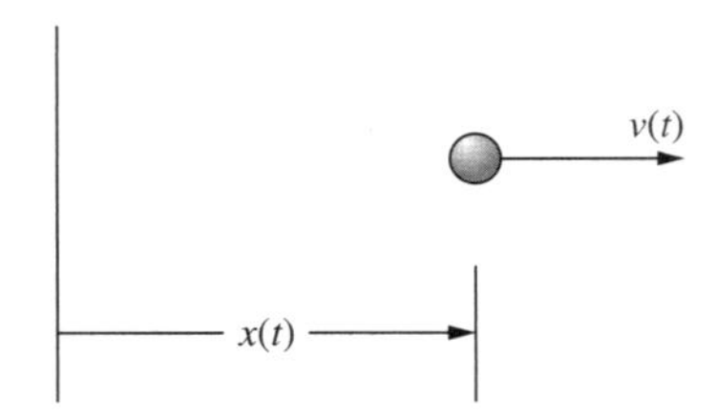


**Figura E8.5** Partícula que se move na direção horizontal.

(a) $x(t) = 4\cos\left(\frac{2}{3}\,\pi t\right) + 3\,\text{sen}\left(\frac{3}{2}\,\pi t\right)$ m.

(b) $x(t) = 3\,t^5 - 5\,t^2 + \frac{7}{t} + 2\,\sqrt{t}$ m.

(c) $x(t) = 2\,e^{4t} + 3\,e^{-5t} + 2\,(e^t - 1)$ m.

**8-6** O movimento de uma partícula que se desloca na direção horizontal é representado pela posição $x(t)$. Determine posição, velocidade e aceleração no tempo $t = 1{,}5$ s, para:

(a) $x(t) = 4\cos(5\,\pi t)$ m.

(b) $x(t) = 4\,t^3 - 6\,t^2 + 7\,t + 2$ m.

(c) $x(t) = 10\text{sen}(10\,\pi t) + 5\,e^{3t}$ m.

**8-7** O movimento de uma partícula no plano vertical é representado na Fig. E8.7. A altura da partícula é dada por:

$$y(t) = t^3 - 12\,t^2 + 36\,t + 20 \text{ m}.$$

(a) Determine os valores da posição e da aceleração quando a **velocidade** é zero.

(b) Use seus resultados para a parte (a) e desenhe o gráfico de $y(t)$ para $0 \le t \le 9$ s.

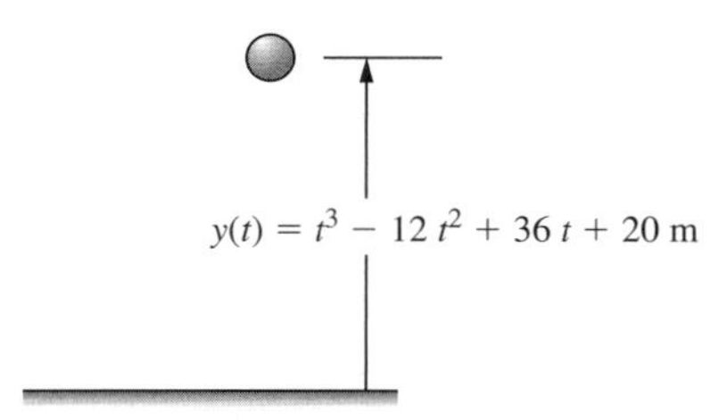


**Figura E8.7** Movimento de uma partícula no plano vertical.

**8-8** O movimento de uma partícula no plano vertical é representado na Fig. E8.8. A altura da partícula é dada por:

$$y(t) = 2\,t^3 - 15\,t^2 + 24\,t + 8 \text{ m}$$

(a) Determine os valores da posição e da aceleração quando a **velocidade** é zero.

(b) Use seus resultados para a parte (a) e desenhe o gráfico de $y(t)$ para $0 \le t \le 4$ s.

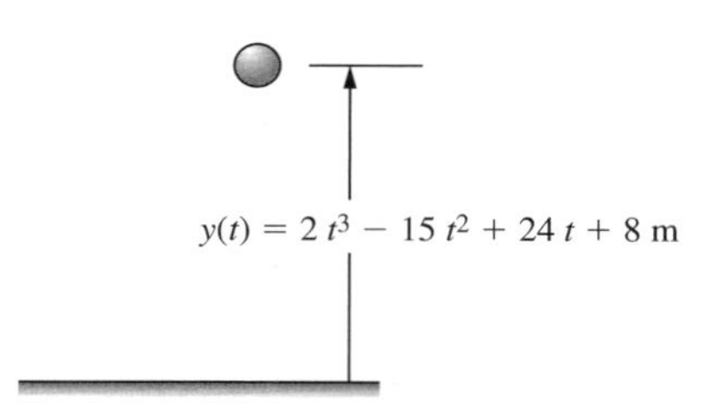


**Figura E8.8** Movimento de uma partícula no plano vertical.

**8-9** A tensão em um indutor é dada por $v(t) = L\frac{di(t)}{dt}$. Com $i(t) = t^3e^{-2t}$ A e $L = 0{,}125$ H,

(a) Determine a tensão $v(t)$.

(b) Determine o valor da **corrente** quando a tensão é zero.

(c) Use a informação anterior e desenhe o gráfico de $i(t)$.

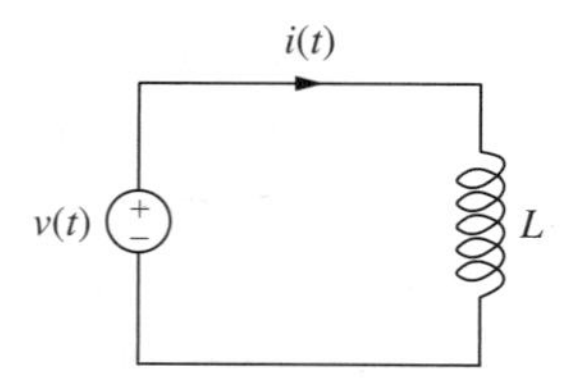


**Figura E8.9** Tensão e corrente em um indutor.

**8-10** Refaça o Exercício 8-9 para $L = 0{,}25$ H e $i(t) = t^2e^{-t}$ A.

**8-11** A tensão no indutor na Fig. E8.9 é dada por $v(t) = L\frac{di(t)}{dt}$. Determine a tensão $v(t)$, a potência $p(t) = v(t)\,i(t)$ e a máxima potência transferida quando a indutância é $L = 2$ mH e a corrente $i(t)$ é dada por:

(a) $i(t) = 13e^{-200t}$ A.

(b) $i(t) = 20\cos(2\pi\,60t)$ A.

**8-12** A corrente que flui no capacitor mostrado na Fig. E8.12 é dada por $i(t) = C\frac{dv(t)}{dt}$. Com $C = 500\,\mu$F e $v(t) = 250\,\text{sen}(200\pi\,t)$ V.

(a) Determine a corrente $i(t)$.

(b) Calcule a potência $p(t) = v(t)\,i(t)$ e seu valor máximo $p_{máx}$.

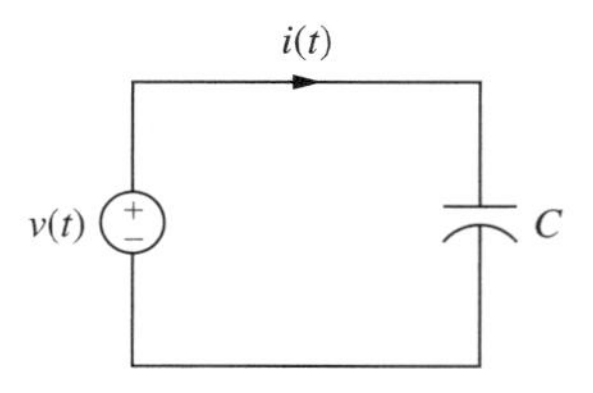


**Figura E8.12** Corrente fluindo em um capacitor.

**8-13** Refaça o Exercício 8-12 para $C = 40\,\mu$F e $v(t) = 500\cos(200\pi\,t)$ V.

**8-14** A corrente que flui no capacitor mostrado na Fig. E8.12 é dada por $i(t) = C\frac{dv(t)}{dt}$. Com $C = 2\,\mu$F e $v(t) = t^2e^{-10t}$ V.

(a) Determine a corrente $i(t)$.

(b) Calcule o valor da tensão quando a **corrente** é zero.

(c) Use a informação anterior e desenhe o gráfico de $v(t)$.

**8-15** Um veículo parte do repouso na posição $x = 0$. A velocidade do veículo durante os próximos 8 segundos é representada na Fig. E8.15.

(a) Sabendo que $a(t) = \frac{dv}{dt}$, desenhe o gráfico da aceleração $a(t)$.

(b) Sabendo que $v(t) = \frac{dx}{dt}$, desenhe o gráfico da posição $x(t)$ quando a posição mínima é $x = -16$ m e a posição final, $x = 0$.

**8-16** No tempo $t = 0$, um veículo posicionado em $x = 0$ se move a uma velocidade de 10 m/s. A velocidade do veículo durante os próximos 8 segundos é representada na Fig. E8.16.

(a) Sabendo que $a(t) = \frac{dv}{dt}$, desenhe o gráfico da aceleração $a(t)$.

(b) Sabendo que $v(t) = \frac{dx}{dt}$, desenhe o gráfico da posição $x(t)$ quando a posição máxima é $x = 30$ m e a posição final, $x = 10$.

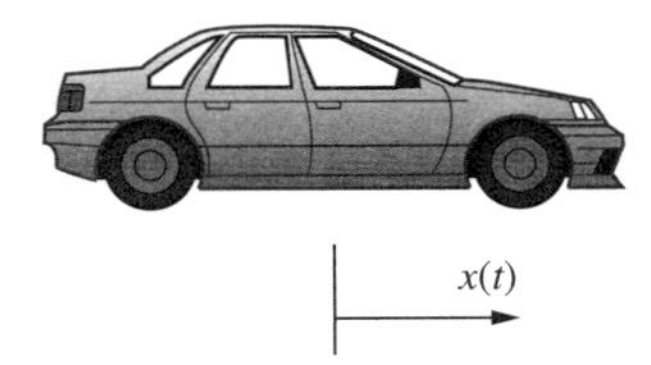


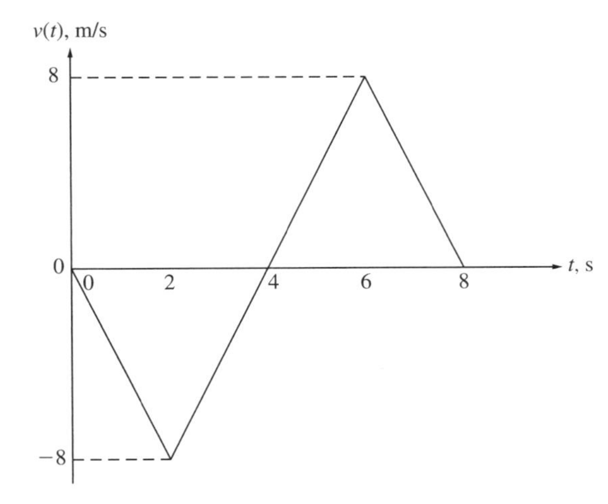


Figura E8.15 Velocidade de um veículo para o Exercício 8-15.

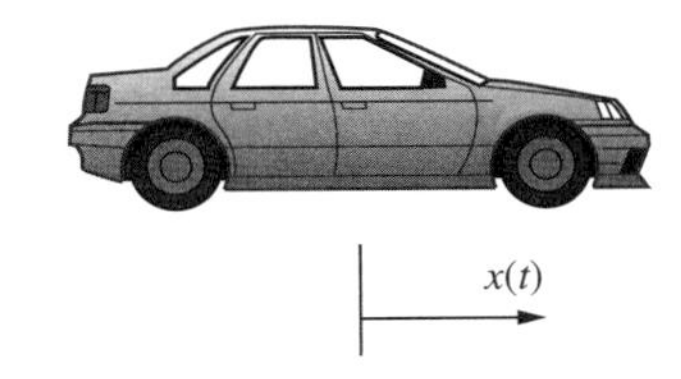


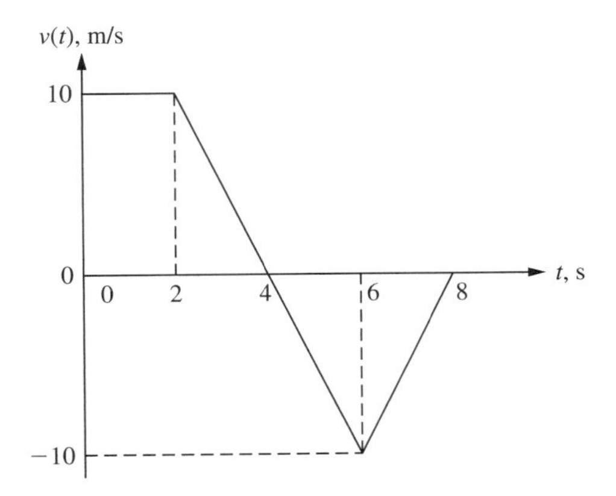


Figura E8.16 Velocidade de um veículo para o Exercício 8-16.

**8-17** No tempo $t = 0$, um veículo em movimento encontra-se na posição $x = 0$ e submetido à aceleração $a(t)$ representada na Fig. E8.17.

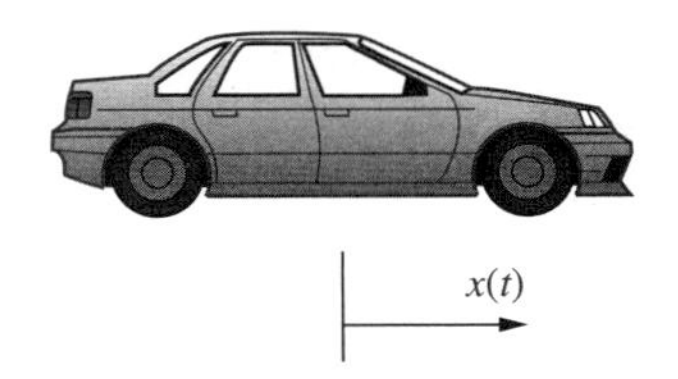


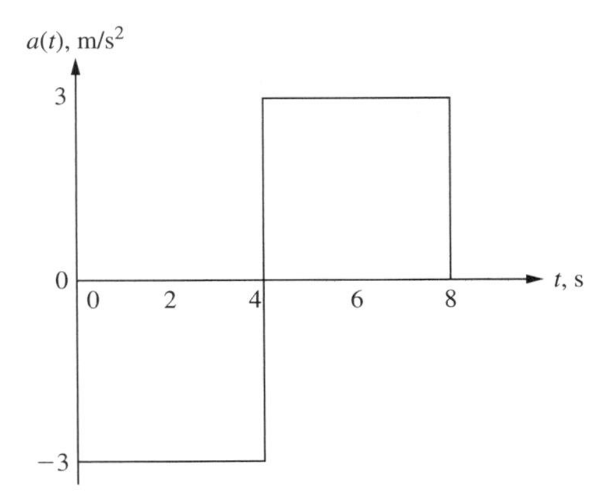


Figura E8.17 Aceleração de um veículo para o Exercício 8-17.

(a) Sabendo que $a(t) = \frac{dv}{dt}$, desenhe o gráfico da velocidade $v(t)$ para uma velocidade inicial de 12 m/s.

(b) Sabendo que $v(t) = \frac{dx}{dt}$, desenhe o gráfico da posição $x(t)$ quando a posição final é $x = 48$ m.

**8-18** Um veículo **parte do repouso** na posição $x = 0$, submetido à aceleração $a(t)$ representada na Fig. E8.18.

(a) Sabendo que $a(t) = \frac{dv}{dt}$, desenhe o gráfico da velocidade $v(t)$.

(b) Sabendo que $v(t) = \frac{dx}{dt}$, desenhe o gráfico da posição $x(t)$ quando a posição final é $x = 60$ m. No gráfico, indique claramente os valores **máximo** e **final** da posição.

**8-19** Um veículo **parte do repouso** na posição $x = 0$, submetido à aceleração $a(t)$ representada na Fig. E8.19.

(a) Sabendo que $a(t) = \frac{dv}{dt}$, desenhe o gráfico da velocidade $v(t)$.

(b) Sabendo que $v(t) = \frac{dx}{dt}$, desenhe o gráfico da posição $x(t)$ quando a posição final é $x = 15$ m. No gráfico, indique claramente os valores **máximo** e **final** da posição.

**8-20** Um veículo **parte do repouso** na posição $x = 0$, submetido à aceleração $a(t)$ representada na Fig. E8.20.

(a) Sabendo que $a(t) = \frac{dv}{dt}$, desenhe o gráfico da velocidade $v(t)$.

(b) Sabendo que $v(t) = \frac{dx}{dt}$, desenhe o gráfico da posição $x(t)$ quando a posição final é $x = 260$ m. No gráfico, indique claramente os valores **máximo** e **final** da posição.

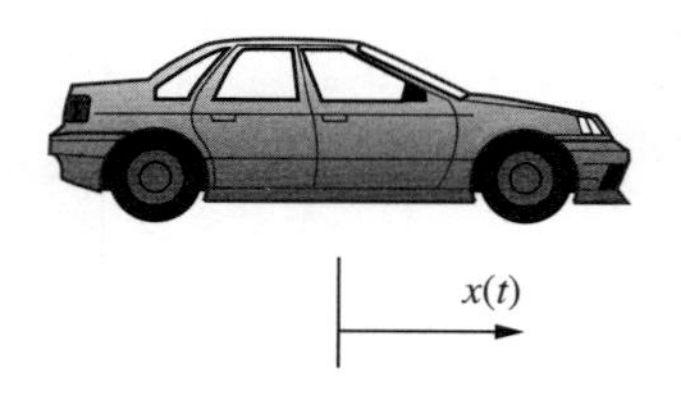


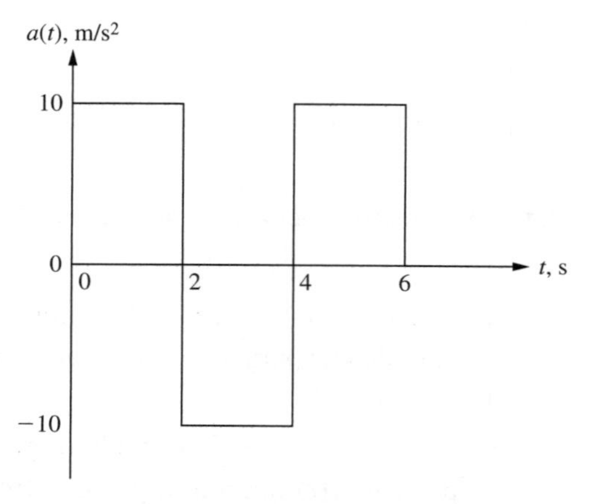


**Figura E8.18** Aceleração de um veículo para o Exercício 8-18.

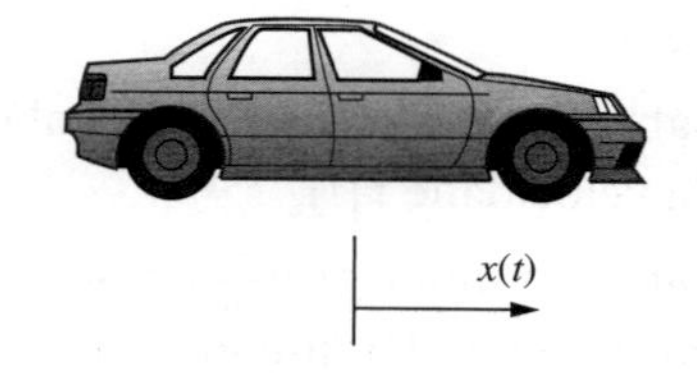


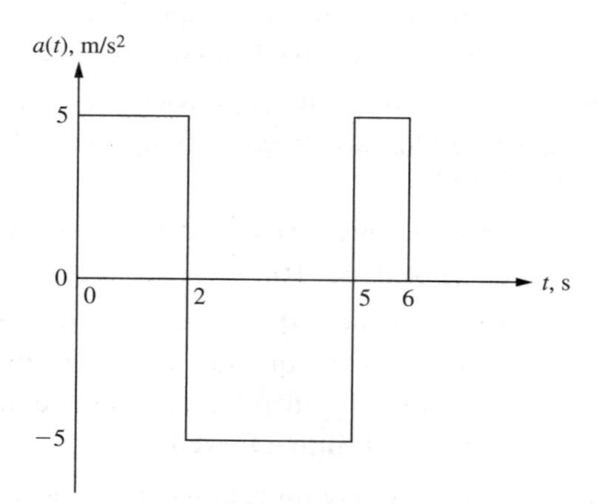


**Figura E8.19** Aceleração de um veículo para o Exercício 8-19.

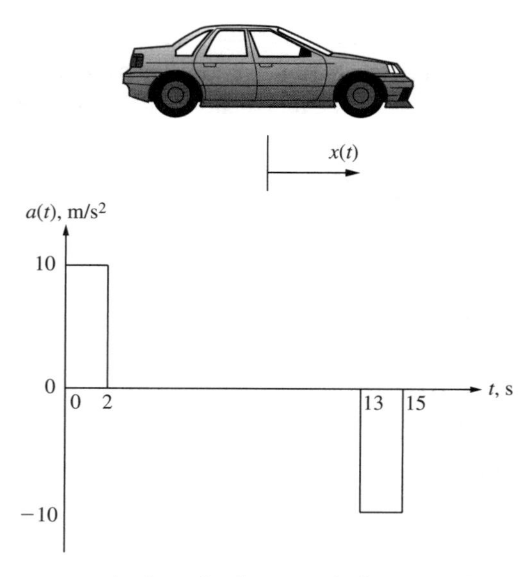


**Figura E8.20** Aceleração de um veículo para o Exercício 8-20.

**8-21** A tensão em um indutor é dada na Fig. E8.21. Sabendo que $v(t) = L\frac{di(t)}{dt}$ e $p(t) = v(t)\,i(t)$, desenhe os gráficos de $i(t)$ e $p(t)$. Assuma $L = 2$ H, $i(0) = 0$ A e $p(0) = 0$ W.

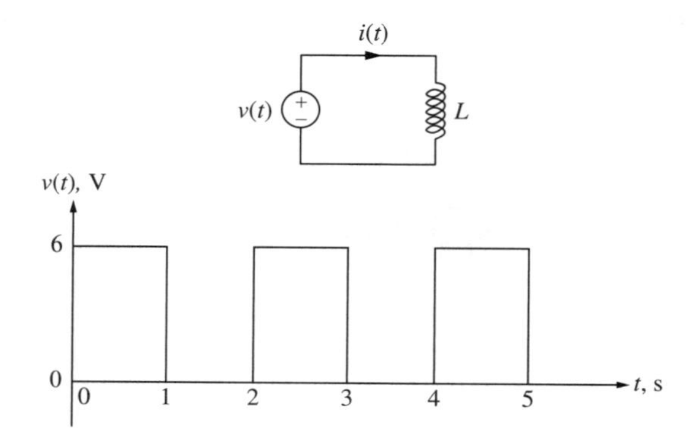


**Figura E8.21** Tensão em um indutor para o Exercício 8-21.

**8-22** A tensão em um indutor é dada na Fig. E8.22. Sabendo que $v(t) = L\frac{di(t)}{dt}$ e $p(t) = v(t)\,i(t)$, desenhe os gráficos de $i(t)$ e $p(t)$. Assuma $L = 0{,}25$ H, $i(0) = 0$ A e $p(0) = 0$ W.

**8-23** A tensão em um indutor é dada na Fig. E8.23. Sabendo que $v(t) = L\frac{di(t)}{dt}$ e $p(t) = v(t)\,i(t)$, desenhe os gráficos de $i(t)$ e $p(t)$. Assuma $L = 2$ mH, $i(0) = 0$ A e $p(0) = 0$ W.

**8-24** A corrente aplicada a um capacitor é dada na Fig. E8.24. Sabendo que $i(t) = \frac{dq(t)}{dt} = C\frac{dv(t)}{dt}$, desenhe os gráficos da carga armazenada $q(t)$ e da tensão $v(t)$. Assuma $C = 250\ \mu$F, $q(0) = 0$ C e $v(0) = 0$ V.

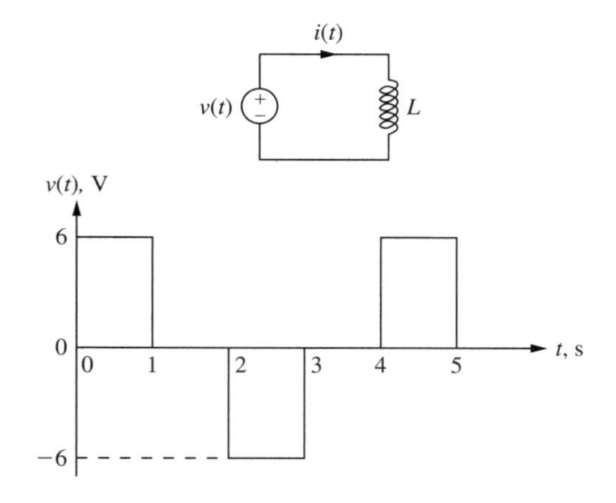


**Figura E8.22** Tensão em um indutor para o Exercício 8-22.

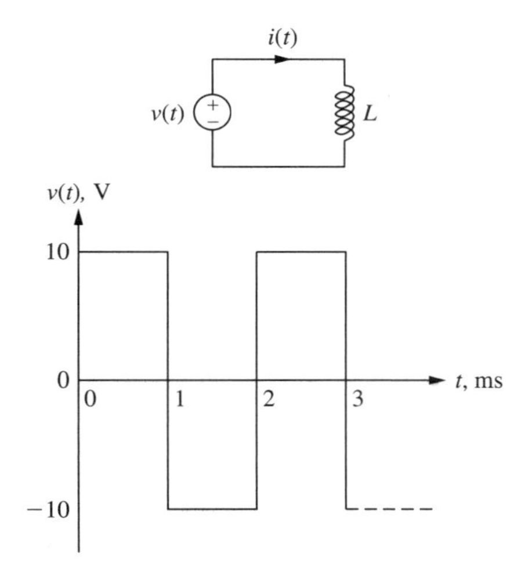


**Figura E8.23** Tensão em um indutor para o Exercício 8-23.

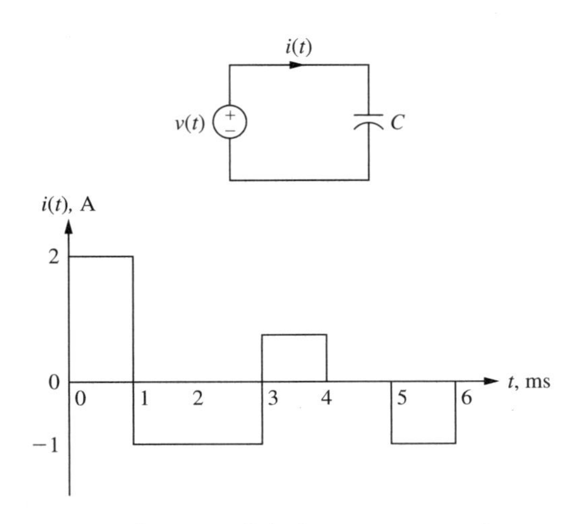


**Figura E8.24** Corrente fluindo em um capacitor para o Exercício 8-24.

**8-25** A corrente que flui em um capacitor é dada na Fig. E8.25. Sabendo que $i(t) = \frac{dq(t)}{dt} = C\frac{dv(t)}{dt}$, desenhe os gráficos da carga armazenada $q(t)$ e da tensão $v(t)$. Assuma $C = 250\ \mu\text{F}$, $q(0) = 0$ C e $v(0) = 0$ V.

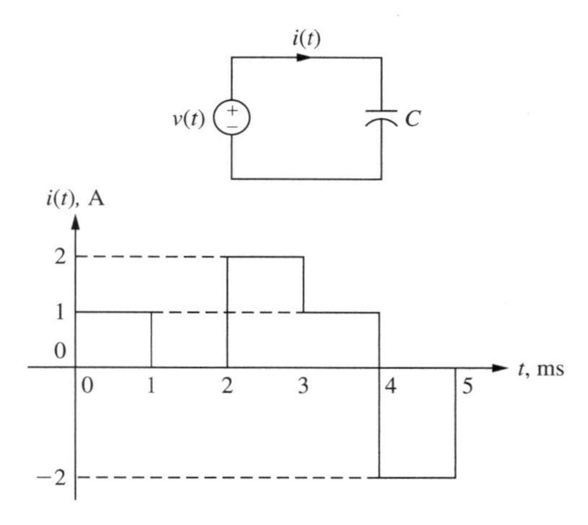


**Figura E8.25** Corrente fluindo em um capacitor para o Exercício 8-25.

**8-26** A corrente que flui em um capacitor de 500 $\mu$F é dada na Fig. E8.26. Sabendo que $i(t) = C\frac{dv(t)}{dt}$, desenhe o gráfico de $v(t)$ para $0 \le t \le 4$ segundos, para $v(0) = -4$ V, $v(2) = 2$ V, $v(4) = 2$ V e a máxima tensão é de 4 V.

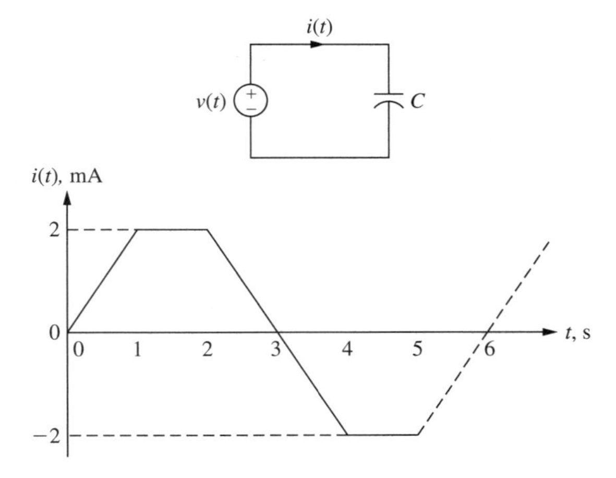


**Figura E8.26** Corrente fluindo em um capacitor para o Exercício 8-26.

**8-27** Uma viga com apoio simples é submetida a uma carga $P$, como mostrado na Fig. E8.27. A deflexão da viga é dada por:

$$y(x) = \frac{Pbx}{6EIl}(x^2 + b^2 - l^2), \quad 0 \le x \le \frac{l}{2}$$

em que $EI$ é a rigidez à flexão da viga. Determine:

(a) A posição e o valor da máxima deflexão $y_{máx}$.

(b) O valor da inclinação $\theta = \frac{dy(x)}{dx}$ na extremidade $x = 0$.

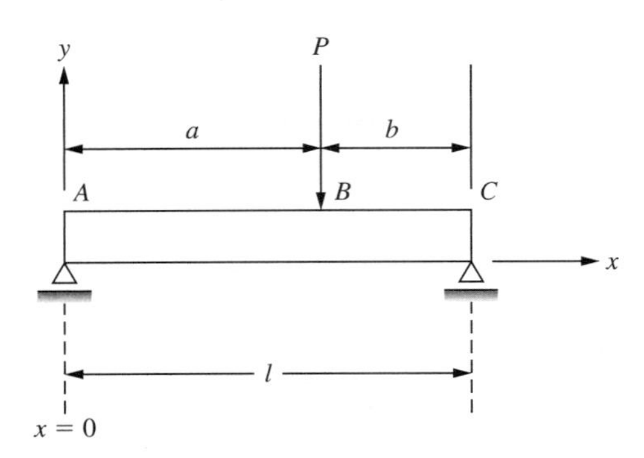


**Figura E8.27** Viga com apoio simples para o Exercício 8-27.

**8-28** Uma viga com apoio simples é submetida a uma carga $P$ em $x = \frac{L}{4}$, como mostrado na Fig. E8.28. A deflexão da viga é dada por:

$$y(x) = -\frac{P}{128\,EI}(7\,L^2\,x - 16x^3), \quad 0 \le x \le \frac{L}{4}$$

em que $EI$ é a rigidez à flexão da viga. Determine:

(a) A equação da inclinação $\theta = \frac{dy(x)}{dx}$.

(b) A posição e o valor da máxima deflexão $y_{máx}$.

(c) Os valores da deflexão e da inclinação em $x = 0$ e em $x = \frac{L}{4}$.

(d) Use os resultados das partes (b) e (c) e desenhe o gráfico da deflexão $y(x)$ para $0 \le x \le \frac{L}{4}$.

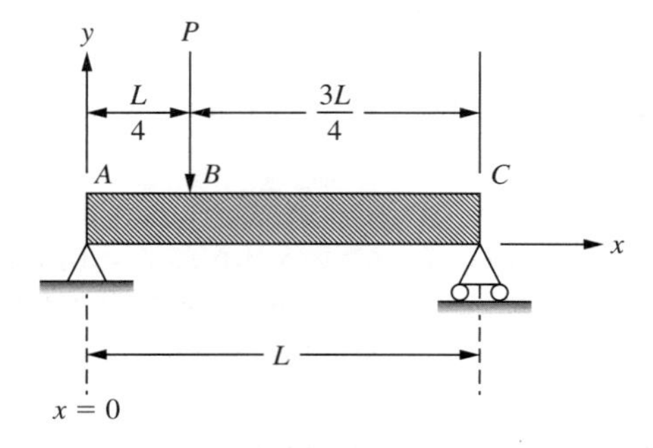


**Figura E8.28** Viga com apoio simples para o Exercício 8-28.

**8-29** Uma viga com apoio simples é submetida a um momento aplicado $M_o$ no centroide $x = \frac{L}{2}$, como mostrado na Fig. E8.29. A deflexão da viga é dada por:

$$y(x) = \frac{M_o}{6\,EI\,L}\left(L^2\,x - \frac{3\,L\,x^2}{4} - x^3\right),$$
$$0 \le x \le \frac{L}{2}$$

em que $EI$ é a rigidez à flexão da viga. Determine:

(a) A equação da inclinação $\theta = \frac{dy(x)}{dx}$.

(b) A posição e o valor da máxima deflexão $y_{máx}$.

(c) Os valores da deflexão e da inclinação nos pontos $A$ e $B$ ($x = 0$ e $x = \frac{L}{2}$).

(d) Use os resultados das partes (a)-(c) e desenhe o gráfico da deflexão $y(x)$ de $x = 0$ a $x = \frac{L}{2}$.

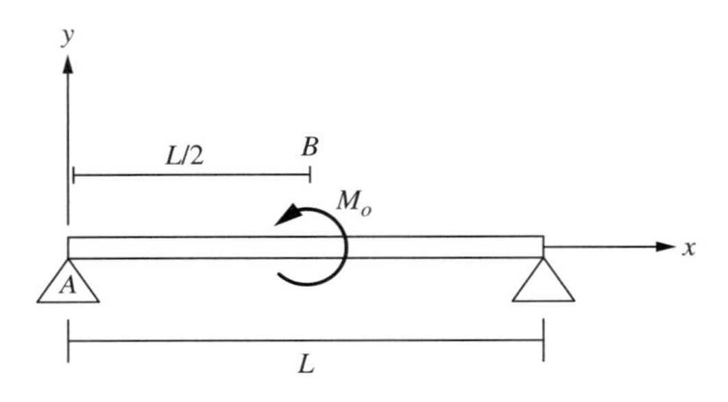


**Figura E8.29** Viga com apoio simples para o Exercício 8-29.

**8-30** Uma viga com apoio simples é submetida a uma carga distribuída senoidal, como mostrado na Fig. E8.30. A deflexão da viga é dada por:

$$y(x) = -\frac{w_o\,L^4}{16\,\pi^4\,EI}\,\text{sen}\left(\frac{2\,\pi\,x}{L}\right)$$

em que $EI$ é a rigidez à flexão da viga. Determine:

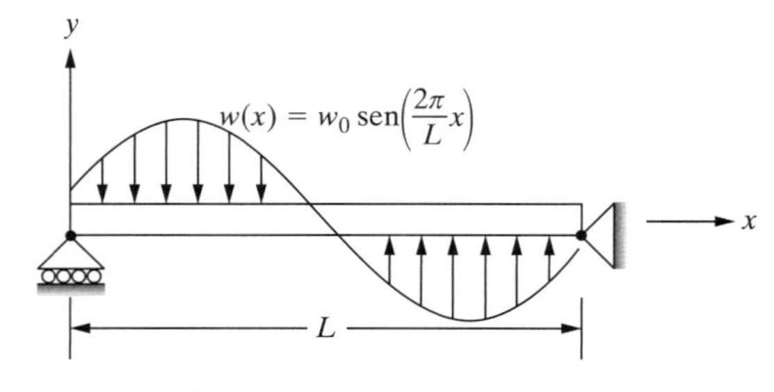


**Figura E8.30** Viga com apoio simples para o Exercício 8-30.

(a) A equação da inclinação $\theta = \frac{dy(x)}{dx}$.

(b) O valor da inclinação no ponto em que a **deflexão** é zero.

(c) O valor da deflexão no ponto em que a **inclinação** é zero.

(d) Use os resultados das partes (b) e (c) e desenhe o gráfico da deflexão $y(x)$.

**8-31** Considere uma viga submetida a uma carga linearmente distribuída e apoiada como mostrado na Fig. E8.31. A deflexão da viga é dada por:

$$y(x) = \frac{w_0}{120\,EI\,L}(-x^5 + 2\,L^2\,x^3 - L^4\,x)$$

em que $L$ é o comprimento e $EI$, a rigidez à flexão da viga. Determine:

(a) A posição e o valor da máxima deflexão $y_{máx}$.

(b) O valor da inclinação $\theta = \frac{dy(x)}{dx}$ nas extremidades $x = 0$ e $x = L$.

(c) Use os resultados das partes (a) e (b) e desenhe o gráfico da deflexão $y(x)$.

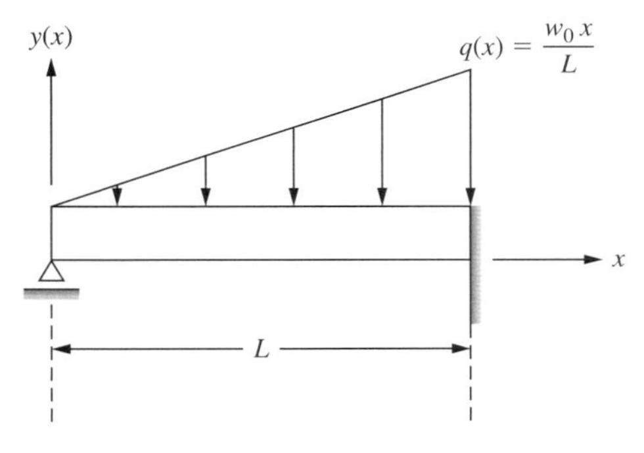


**Figura E8.31** Viga submetida a uma carga linearmente distribuída para o Exercício 8-31.

**8-32** Uma viga biengastada é submetida a uma carga distribuída senoidal, como ilustrado na Fig. E8.32.

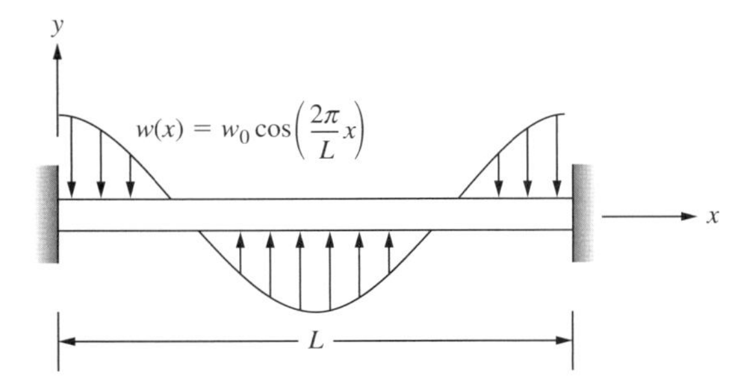


**Figura E8.32** Viga biengastada submetida a uma carga distribuída senoidal.

A deflexão da viga é dada por:

$$y(x) = -\frac{w_0\,L^4}{16\,\pi^4\,EI}\left[1 - \cos\left(\frac{2\,\pi}{L}\,x\right)\right].$$

(a) Determine a equação da inclinação $\theta = \frac{dy(x)}{dx}$.

(b) Calcule os valores da deflexão e da inclinação nos pontos $x = 0$ e $x = L$.

(c) Determine a posição e o valor da máxima deflexão.

(d) Use os resultados das partes (b) e (c) e desenhe o gráfico da deflexão $y(x)$. No gráfico, indique claramente a posição e o valor da máxima deflexão.

**8-33** Considere a flambagem de uma coluna biapoiada submetida a uma carga compressora axial $P$, como ilustrado na Fig. E8.33.

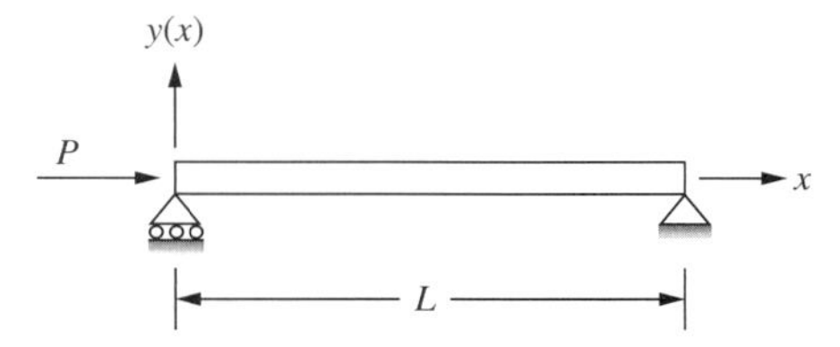


**Figura E8.33** Coluna biapoiada submetida a uma carga compressora axial.

A deflexão $y(x)$ do segundo modo de flambagem é dada por:

$$y(x) = -A\ \text{sen}\left(\frac{2\,\pi x}{L}\right),$$

em que $A$ é uma constante desconhecida.

(a) Determine a equação da inclinação $\theta = \frac{dy}{dx}$.

(b) Calcule o valor da inclinação nas posições em que a deflexão é zero.

(c) Calcule o valor da deflexão nas posições em que a inclinação é zero.

(d) Use os resultados das partes (b) e (c) e desenhe o gráfico da deflexão $y(x)$ da coluna flambada.

**8-34** Considere a flambagem de uma coluna apoiada-engastada submetida a uma carga compressora $P$, como ilustrado na Fig. E8.34.

A deflexão $y(x)$ da configuração flambada é dada por:

$$y(x) = -A\left[\operatorname{sen}\left(\frac{4{,}4934}{L}x\right) + \frac{0{,}97616}{L}x\right]$$

em que $A$ é uma constante desconhecida.

(a) Determine a equação da inclinação $\theta = \frac{dy}{dx}$.

(b) Calcule os valores da deflexão e da inclinação nos pontos $x = 0$ e $x = L$.

(c) Determine a posição e o valor da máxima deflexão.

(d) Use os resultados das partes (b) e (c) e desenhe o gráfico da deflexão $y(x)$ da coluna flambada.

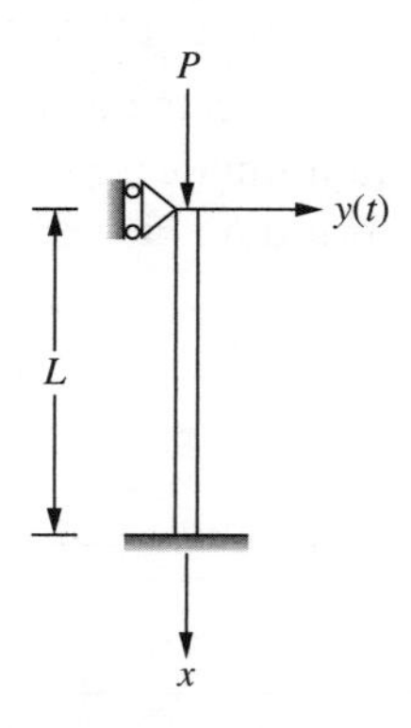


**Figura E8.34** Coluna apoiada-engastada submetida a uma carga compressora.

**8-35** Considere uma viga submetida a uma carga uniformemente distribuída e apoiada como indicado na Fig. E8.35. A deflexão da viga é dada por:

$$y(x) = \frac{-w}{48\,EI}(2x^4 - 5x^3L + 3x^2L^2)$$

em que $L$ é o comprimento da viga e $EI$, sua rigidez à flexão. Determine:

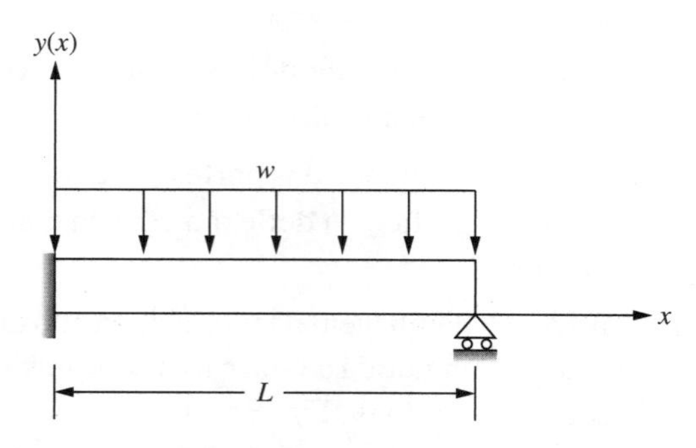


**Figura E8.35** Viga submetida a uma carga uniformemente distribuída para o Exercício 8-35.

(a) A posição e o valor da máxima deflexão $y_{máx}$.

(b) O valor da inclinação $\theta = \frac{dy(x)}{dx}$ nas extremidades $x = 0$ e $x = L$.

(c) Use os resultados das partes (a) e (b) e desenhe o gráfico da deflexão $y(x)$.

**8-36** Uma viga em balanço é apoiada na extremidade $x = L$ e submetida a um momento aplicado $M_o$, como ilustrado na Fig. E8.36. A deflexão $y(x)$ da viga é dada por:

$$y(x) = -\frac{M_o}{4\,EI\,L}(x^3 - L\,x^2)$$

em que $L$ é o comprimento da viga e $EI$, sua rigidez à flexão. Determine:

(a) A equação da inclinação $\theta = \frac{dy(x)}{dx}$.

(b) A posição e o valor da máxima deflexão $y_{máx}$.

(c) Os valores da deflexão e da inclinação nos pontos $A$ e $B$ ($x = 0$ e $x = L$).

(d) Use os resultados das partes (b) e (c) e desenhe o gráfico da deflexão $y(x)$. No gráfico, indique claramente a posição e o valor da máxima deflexão.

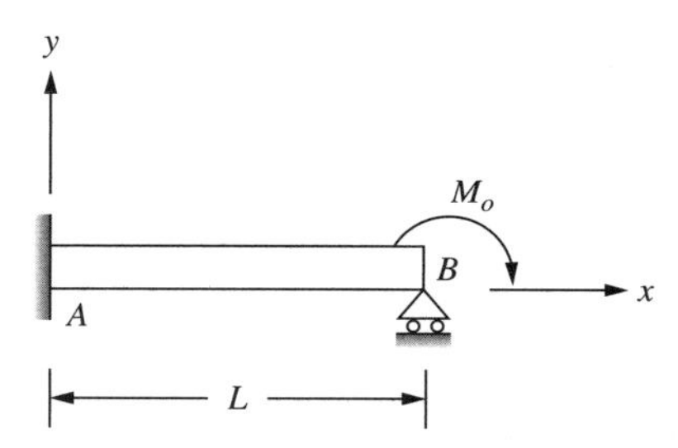


**Figura E8.36** Viga em balanço para o Exercício 8-36.

**8-37** Um tubo é submetido a um torque $T$, como mostrado na Fig. E8.37. As tensões internas normal e de cisalhamento na superfície variam com o ângulo em relação ao eixo e são dadas pelas equações (8.71) e (8.72), respectivamente.

$$\sigma_\theta = \frac{32\,T}{\pi d^3}\operatorname{sen}\theta\cos\theta \qquad (8.71)$$

$$\tau_\theta = \frac{16\,T}{\pi d^3}(\cos^2\theta - \operatorname{sen}^2\theta) \qquad (8.72)$$

Determine:

(a) O ângulo $\theta$ em que $\sigma_\theta$ é máximo.

(b) O ângulo $\theta$ em que $\tau_\theta$ é máximo.

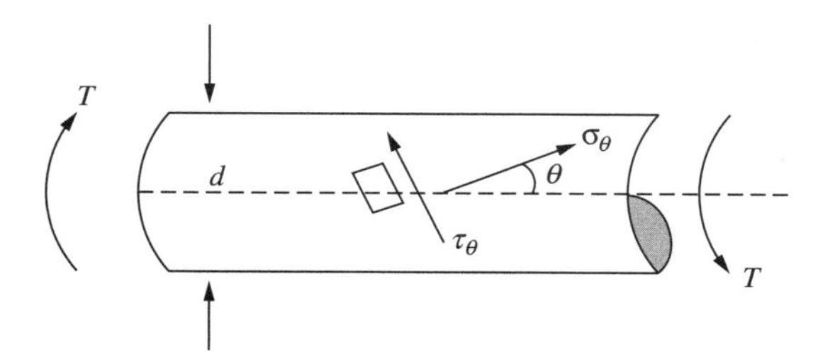


**Figura E8.37** Torque aplicado e forças internas em um tubo.

**8-38** A velocidade de um paraquedista que salta de uma altura de 13.000 ft é representada na Fig. E8.38.

(a) Determine a equação da velocidade $v(t)$ para os cinco intervalos de tempo mostrados na Fig. E8.38.

(b) Sabendo que $a(t) = \frac{dv}{dt}$, desenhe o gráfico da aceleração $a(t)$ do paraquedista para $0 \leq t \leq 180$ s.

(c) Use os resultados da parte (b) e desenhe o gráfico da altura $y(t)$ para $0 \leq t \leq 180$ s.

**8-39** Uma rodovia em projeto deve passar por uma colina limitada por aclive de 15% e declive de −10%. O aclive passa pelo ponto $A$ e o declive, pelo ponto $B$, como ilustrado na Fig. E8.39. Com a origem do sistema de coordenadas $(x, y)$ posicionada no ponto $A$, o engenheiro definiu o segmento da rodovia ao longo da colina pelo arco parabólico

$$y(x) = a\,x^2 + b\,x,$$

que tangencia o aclive na origem.

(a) Determine a inclinação da reta para o aclive e o valor de $b$ para o arco parabólico.

(b) Obtenha a equação da reta para o declive.

$$\hat{y} = c\,x + d$$

(c) Dado que, no ponto de tangência ao declive ($\bar{x}$), a elevação e a inclinação do arco parabólico são iguais aos respectivos valores da reta para o declive, ou seja,

$$y(\bar{x}) = \hat{y}(\bar{x})$$

$$\frac{dy}{dx}\Big|_{x=\bar{x}} = \frac{d\hat{y}}{dx}_{x=\bar{x}}$$

determine o ponto $(\bar{x}, \bar{y})$ em que o arco parabólico tangencia o declive. Calcule, ainda, a elevação do arco parabólico neste ponto.

(d) Obtenha a equação do arco parabólico.

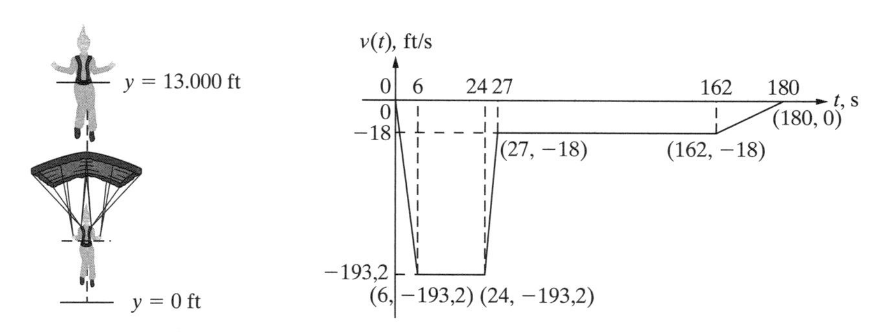


**Figura E8.38** Velocidade de um paraquedista que salta de uma altura de 13.000 ft.

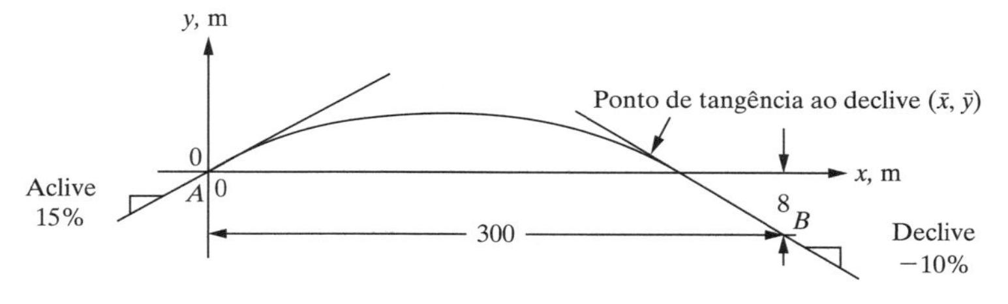


**Figura E8.39** Arco parabólico que descreve o segmento da rodovia ao longo da colina.

# CAPÍTULO 9 Integrais na Engenharia

Neste capítulo, discutiremos o que é integração e por que engenheiros precisam saber calcular integrais. É importante ressaltar que o objetivo deste capítulo não é ensinar técnicas de integração, como é típico de cursos de cálculo, mas expor aos alunos a relevância da integração na engenharia e ilustrar sua aplicação em problemas abordados em cursos básicos de engenharia, como física, estática, dinâmica e circuitos elétricos.

## 9.1 INTRODUÇÃO: O PROBLEMA DE ASFALTO

Um gerente deve contratar um empreiteiro para alargar a entrada de caminhões na sede de sua companhia, como ilustrado na Fig. 9.1. O asfalto se estende por 50 pés nas direções $x$ e $y$ e tem raio de 50 pés. Assim, a necessária quantidade de asfalto é a área sob a curva circular dada por:

$$(x-50)^2+(y-50)^2=2500. \tag{9.1}$$

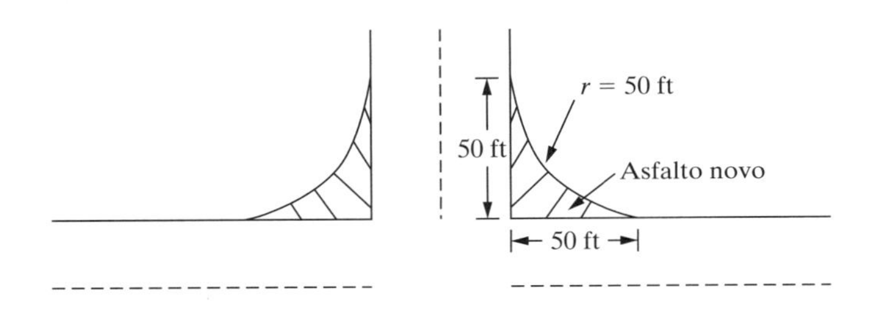


**Figura 9.1** Entrada da sede da companhia.

A empresa de asfalto cobra por pé quadrado e fornece uma estimativa baseada em uma "olhada" na área a ser asfaltada. O gerente pede a um jovem engenheiro que estime a área para assegurar que o orçamento seja justo. O jovem engenheiro propõe que a área seja estimada como uma série de $n$ retângulos inscritos, como indicado na Fig. 9.2. A área $A$ é dada por:

$$A \approx \sum_{i=1}^{n} f(x_i)\Delta x$$

em que $\Delta x = \frac{50}{n}$ é a largura de cada retângulo e $f(x)$, a altura. A equação da função $f(x)$ é obtida resolvendo a equação (9.1) para $y$:

$$y=f(x)=50-\sqrt{2500-(x-50)^2}. \tag{9.2}$$

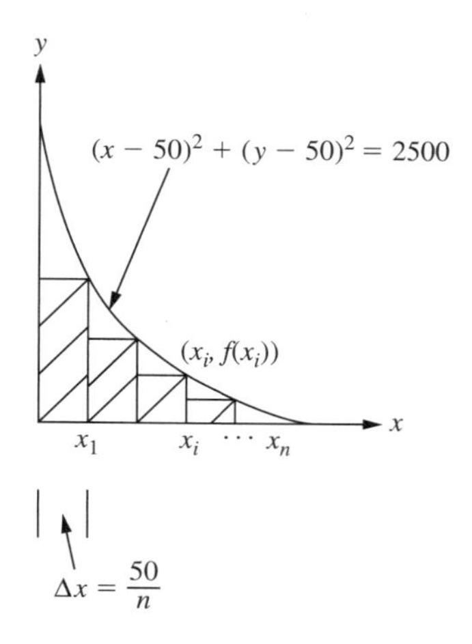


**Figura 9.2** Divisão da área a ser asfaltada em $n$ retângulos inscritos.

Tomemos, por exemplo, $n = 4$, como na Fig. 9.3. Assim, $\Delta x = \frac{50}{4} = 12{,}5$ pés e a área pode ser estimada como:

$$\begin{aligned} A &\approx \sum_{i=1}^{4} f(x_i)\Delta x \\ &= 12{,}5 * [f(x_1) + f(x_2) + f(x_3) + f(x_4)]. \end{aligned} \tag{9.3}$$

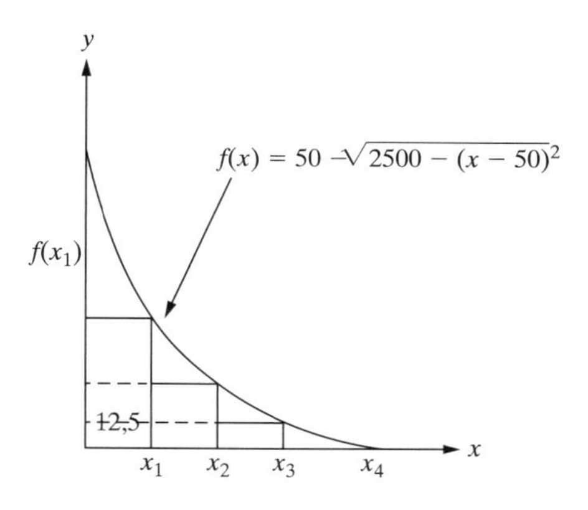


**Figura 9.3** Cálculo da área com quatro retângulos.

Os valores de $f(x_1), ..., f(x_4)$ são obtidos calculando o valor da equação (9.2) nos correspondentes valores de $x$:

$$f(x_1) = f(12{,}5) = 16{,}93$$

$$f(x_2) = f(25{,}0) = 6{,}70$$

$$f(x_3) = f(37{,}5) = 1{,}59$$

$$f(x_4) = f(50{,}0) = 0{,}0.$$

Substituindo esses valores na equação (9.3), temos:

$$\begin{aligned} A &\approx 12{,}5 \times (16{,}93 + 6{,}70 + 1{,}59 + 0) \\ &= 315{,}4 \ \text{ft}^2. \end{aligned}$$

O resultado **subestima** claramente o real valor da área. O jovem engenheiro diz que, para obter o valor correto, seria necessário considerar um número $\infty$ de retângulos:

$$A = \lim_{n\to\infty} \sum_{i=1}^{n} f(x_i)\,\Delta x.$$

No entanto, chega um experiente engenheiro que reconhece essa expressão como a definição da *integral definida*:

$$\lim_{n\to\infty} \sum_{i=1}^{n} f(x_i)\,\Delta x = \int_a^b f(x)\,dx. \tag{9.4}$$

Na equação (9.4), $\lim\limits_{n\to\infty} \sum_{i=1}^{n} g(x_1)\Delta x$ é a área sob $f(x)$ entre $x = a$ e $x = b$, enquanto $\int_a^b f(x)dx$ é a integral definida de $f(x)$ entre $x = a$ e $x = b$. No caso do problema de asfalto, $a = 0$ e $b = 50$, pois estes são os limites do asfalto na direção $x$. Portanto, a integral definida de uma função em um intervalo é a área sob a curva da função no mesmo intervalo. O valor da integral é obtido do teorema fundamental do cálculo:

$$\boldsymbol{\int_a^b f(x)\,dx = [F(x)]_a^b = F(b) - F(a)} \tag{9.5}$$

em que $F(x)$ é a **antiderivada** de $f(x)$. Se $F(x)$ for a antiderivada de $f(x)$, $f(x)$ é derivada de $F(x)$:

$$f(x) = \frac{d}{dx} F(x). \tag{9.6}$$

Logo, o cálculo da integral de uma função significa determinar sua antiderivada (ou seja, a derivada reversa). Com base no conhecimento de derivadas, as antiderivadas (integrais) de sen$(x)$ e $x^n$ podem, por exemplo, ser escritas como:

$$f(x) = \mathrm{sen}(x) \quad \Rightarrow \quad F(x) = -\cos(x) + C$$
$$f(x) = x^2 \quad \Rightarrow \quad F(x) = \frac{x^3}{3} + C$$
$$f(x) = x^n \quad \Rightarrow \quad F(x) = \frac{x^{n+1}}{n+1} + C,$$
$$\int \mathrm{sen}(x)\,dx = -\cos x + C$$
$$\int x^2\,dx = \frac{x^3}{3} + C$$
$$\int x^n\,dx = \frac{x^{n+1}}{n+1} + C.$$

As integrais anteriores são denominadas *integrais indefinidas*, pois não existem limites $a$ e $b$. Como $F(x)$ é a antiderivada de $f(x)$,

$$F(x) = \int f(x)\,dx. \tag{9.7}$$

As equações (9.6) e (9.7) mostram que diferenciação e integração são operações **inversas**, ou seja:

$$f(x) = \frac{d}{dx} F(x) = \frac{d}{dx} \int f(x)\,dx = f(x)$$
$$F(x) = \int f(x)\,dx = \int \frac{d}{dx} F(x)\,dx = F(x).$$

**TABELA 9.1** Antiderivadas de algumas funções comuns na engenharia.

| **Função, $f(x)$** | **Antiderivada, $F(x) = \int f(x)\,dx$** |
|---|---|
| $\text{sen}(\omega x)$ | $-\frac{1}{\omega}\cos(\omega x) + C$ |
| $\cos(\omega x)$ | $\frac{1}{\omega}\text{sen}(\omega x) + C$ |
| $e^{ax}$ | $\frac{1}{a}e^{ax} + C$ |
| $x^n$ | $\frac{1}{n+1}x^{n+1} + C$ |
| $c\,f(x)$ | $c\int f(x)\,dx$ |
| $f_1(x) + f_2(x)$ | $\int f_1(x)\,dx + \int f_2(x)\,dx$ |

Notemos que, na Tabela 9.1, $a$, $c$, $n$ e $\omega$ são constantes, pois não dependem de $x$. Com esta base, o jovem engenheiro calcula a área total como a soma de todas as áreas elementares $dA$, como mostrado na Fig. 9.4.

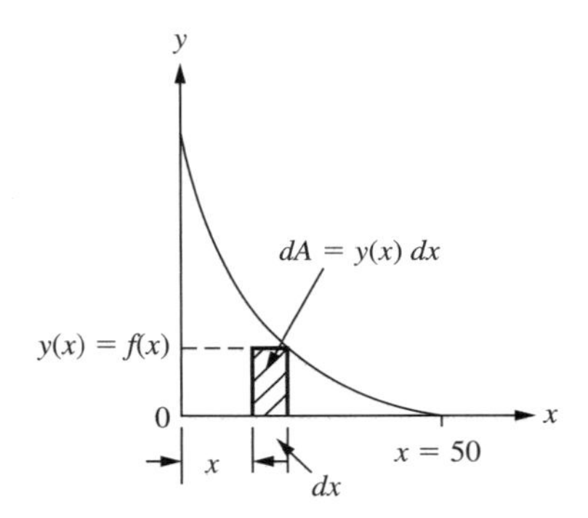


**Figura 9.4** Área a ser asfaltada, com área elementar $dA$.

A área total é, portanto, calculada como:

$$A = \int_0^{50} dA = \int_0^{50} y(x)\,dx.$$

Substituindo o valor de $y(x)$ da equação (9.2), temos:

$$\begin{aligned}
A &= \int_0^{50} \left(50 - \sqrt{2500 - (x-50)^2}\right) dx \\
&= \int_0^{50} 50\,dx - \int_0^{50} \sqrt{2500 - (x-50)^2}\,dx \\
&= 50\int_0^{50} dx - \int_0^{50} \sqrt{2500 - (x-50)^2}\,dx \\
&= 50\,[x]_0^{50} - \int_0^{50} \sqrt{2500 - (x-50)^2}\,dx \\
&= 50\,(50-0) - \int_0^{50} \sqrt{2500 - (x-50)^2}\,dx
\end{aligned}$$

ou

$$A = 2500 - I. \tag{9.8}$$

A integral $I = \int_0^{50} \sqrt{2500 - (x-50)^2}\,dx$ não é fácil cálculo manual. Contudo, esta integral pode ser calculada em MATLAB (ou outro pacote de *software* de engenharia), resultando em $I = 625\,\pi$. Substituindo $I$ na equação (9.8), obtemos:

$$A = 2500 - 625\,\pi$$
$$A = 536{,}5 \text{ ft}^2.$$

O experiente engenheiro nota que o mesmo resultado pode ser obtido sem recorrer ao cálculo! A área total é simplesmente a área de um quadrado (de dimensões 50 × 50) menos a área de um quarto de círculo de raio $r$ = 50 ft, como mostrado na Fig. 9.5. Assim,

$$\begin{aligned} A &= (50 \times 50) - \frac{1}{4}\left[\pi\,(50)^2\right] \\ &= 2500 - \frac{1}{4}(2500\,\pi) \\ &= 2500 - 625\,\pi \\ A &= 536{,}5 \text{ ft}^2. \end{aligned}$$

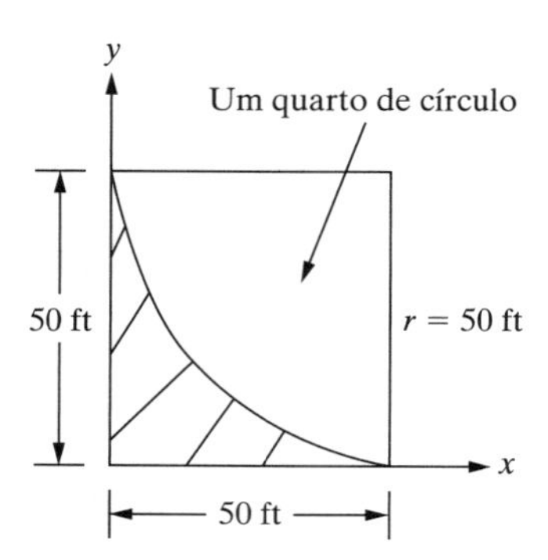


**Figura 9.5** Determinação da área sem recorrer ao cálculo.

De fato, um dos aspectos mais importantes do cálculo na engenharia é entender quando seu uso é realmente necessário!

## 9.2 CONCEITO DE TRABALHO

Trabalho é realizado quando uma força é aplicada a um objeto para movê-lo por certa distância. Se a força $F$ for constante, o trabalho realizado é apenas a força multiplicada pela distância, como indicado na Fig. 9.6.

$$\boldsymbol{W = F \times d}$$

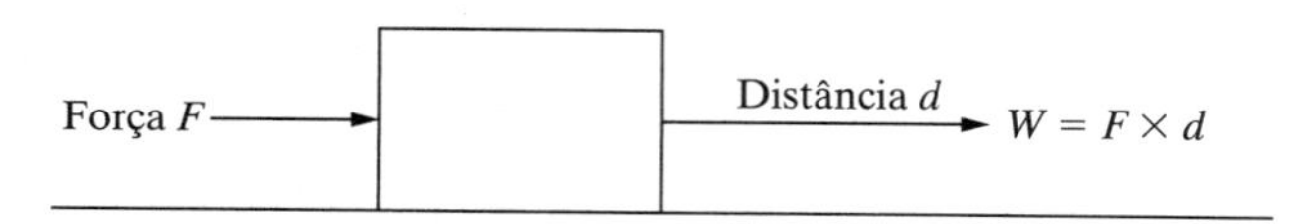


**Figura 9.6** Força $F$ movendo um objeto por uma distância $d$.

Se o objeto for deslocado por uma força constante $F$, como mostrado na Fig. 9.7, o trabalho realizado é a área sob a curva força-deslocamento

$$\begin{aligned} W &= F \times d \\ &= F \times (x_2 - x_1) \end{aligned}$$

em que $d = x_2 - x_1$ é a distância de deslocamento.

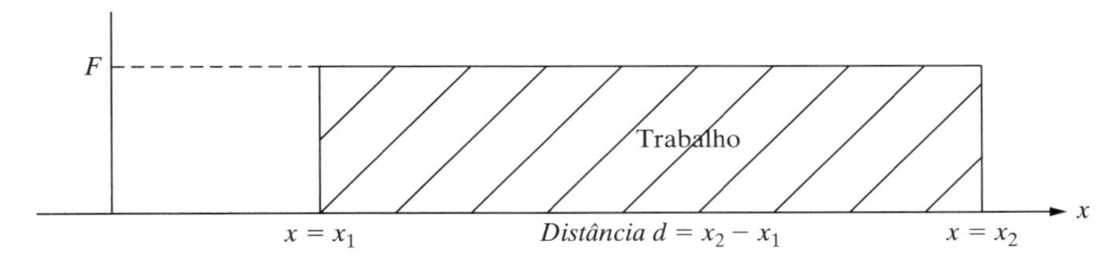


**Figura 9.7** Trabalho como a área sob a curva de uma força constante.

Se a força não for constante, mas uma função de $x$, como ilustrado na Fig. 9.8, a área sob a curva (ou seja, o trabalho) deve ser calculada por integração:

$$\begin{aligned} W &= \int_{x_1}^{x_2} F(x)\,dx \\ &= \int_{0}^{d} F(x)\,dx. \end{aligned} \tag{9.9}$$

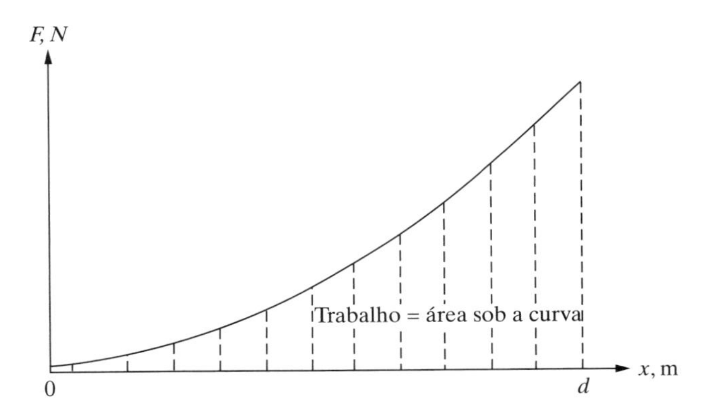


**Figura 9.8** Trabalho como a área sob a curva de uma força variável.

Os cálculos para a determinação do trabalho realizado por uma força variável (equação (9.9)) são ilustrados nos exemplos a seguir.

**Exemplo 9-1**

O trabalho realizado sobre o bloco representado na Fig. 9.7 é definido pela equação (9.9). Para $d = 1{,}0$ m, determinemos o trabalho realizado pelas seguintes forças:

(a) $f(x) = 2x^2 + 3x + 4$ N

(b) $f(x) = 2\,\text{sen}\left(\frac{\pi}{2}x\right) + 3\cos\left(\frac{\pi}{2}x\right)$ N

(c) $f(x) = 4e^{\pi x}$ N

**Solução** (a)

$$\begin{aligned}
W &= \int_0^d f(x)\,dx \\
&= \int_0^1 (2x^2 + 3x + 4)\,dx \\
&= 2\int_0^1 x^2\,dx + 3\int_0^1 x\,dx + 4\int_0^1 1\,dx \\
&= 2\left[\frac{x^3}{3}\right]_0^1 + 3\left[\frac{x^2}{2}\right]_0^1 + 4\,(x)_0^1 \\
&= \frac{2}{3}(1-0) + \frac{3}{2}(1-0) + 4\,(1-0) \\
&= \frac{2}{3} + \frac{3}{2} + 4 \\
&= \frac{37}{6}
\end{aligned}$$

ou

$$W = 6{,}17 \text{ N-m.}$$

(b)

$$\begin{aligned}
W &= \int_0^d f(x)\,dx \\
&= \int_0^1 \left[2\,\text{sen}\left(\frac{\pi}{2}x\right) + 3\cos\left(\frac{\pi}{2}x\right)\right] dx \\
&= 2\int_0^1 \text{sen}\left(\frac{\pi}{2}x\right) dx + 3\int_0^1 \cos\left(\frac{\pi}{2}x\right) dx \\
&= 2\left[-\frac{\cos\left(\frac{\pi}{2}x\right)}{\frac{\pi}{2}}\right]_0^1 + 3\left[\frac{\text{sen}\left(\frac{\pi}{2}x\right)}{\frac{\pi}{2}}\right]_0^1 \\
&= 2\left[-\frac{2}{\pi}\cos\left(\frac{\pi}{2}x\right)\right]_0^1 + 3\left[\frac{2}{\pi}\,\text{sen}\left(\frac{\pi}{2}x\right)\right]_0^1 \\
&= -\frac{4}{\pi}\left[\cos\left(\frac{\pi}{2}x\right)\right]_0^1 + \frac{6}{\pi}\left[\text{sen}\left(\frac{\pi}{2}x\right)\right]_0^1 \\
&= -\frac{4}{\pi}\left[\cos\left(\frac{\pi}{2}\right) - \cos(0)\right] + \frac{6}{\pi}\left[\text{sen}\left(\frac{\pi}{2}\right) - \text{sen}(0)\right] \\
&= -\frac{4}{\pi}(0-1) + \frac{6}{\pi}(1-0) \\
&= \frac{4}{\pi} + \frac{6}{\pi} = \frac{10}{\pi}
\end{aligned}$$

ou

$$W = 3{,}18 \text{ N-m.}$$

(c)

$$W = \int_0^d f(x)\,dx$$

$$= \int_0^1 (4e^{\pi x})\,dx$$

$$= 4\int_0^1 e^{\pi x}\,dx$$

$$= 4\left[\frac{1}{\pi}e^{\pi x}\right]_0^1$$

$$= \frac{4}{\pi}\,[e^{\pi} - e^{0}]$$

$$= \frac{4}{\pi}\,[e^{\pi} - 1]$$

ou

$$W = 28{,}2 \text{ N-m}.$$

**Nota:** Nos três casos, a distância por que o objeto foi deslocado é de 1,0 m, mas o trabalho (energia) realizado pela força é completamente diferente!

## 9.3 APLICAÇÃO DE INTEGRAIS EM ESTÁTICA

### 9.3.1 Centro de Gravidade (Centroide)

O centroide ou centro de gravidade de um objeto é um ponto no interior do objeto que representa a posição média de sua massa. Por exemplo, o centroide de um objeto bidimensional limitado por uma função $y = f(x)$ é dado por um ponto $G = (\overline{x}, \overline{y})$, como ilustrado na Fig. 9.9. A posição média $\overline{x}$ do material na direção $x$ é dada por:

$$\bar{x} = \frac{\sum \bar{x}_i A_i}{\sum A_i} \tag{9.10}$$

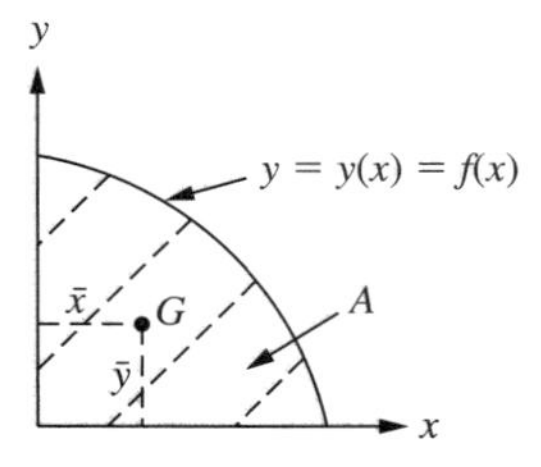


**Figura 9.9** Centroide de um objeto bidimensional.

enquanto a posição média $\overline{y}$ da área na direção $y$ é dada por:

$$\bar{y} = \frac{\sum \bar{y}_i A_i}{\sum A_i}. \tag{9.11}$$

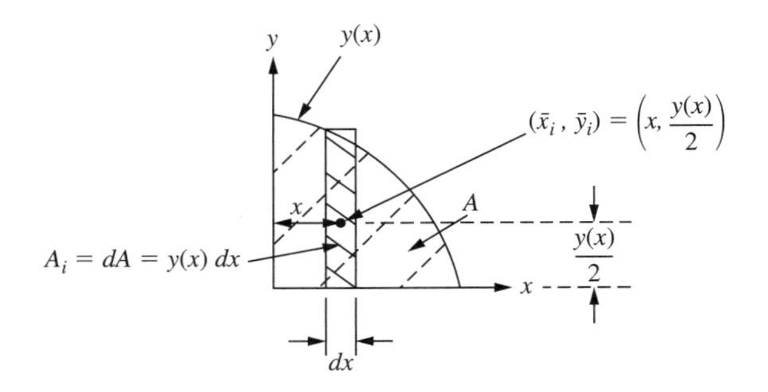


**Figura 9.10** Objeto bidimensional, com área elementar $dA$.

Para calcular os somatórios nas equações (9.10) e (9.11), consideremos um elemento de área retangular, de largura $dx$ e centroide $(\overline{x}_i, \overline{y}_i) = \left(x, \frac{y}{2}\right)$, como ilustrado na Fig. 9.10. Agora, considerando $\overline{x}_i = x, \overline{y}_i = \frac{yx}{2}$ e o elemento de área $A_i = dA = y(x)dx$, as equações (9.10) e (9.11) podem ser escritas como:

$$\bar{x} = \frac{\sum \bar{x}_i A_i}{\sum A_i} = \frac{\int x\,dA}{\int dA} = \frac{\int x\,y(x)\,dx}{\int y(x)\,dx} \tag{9.12}$$

e

$$\bar{y} = \frac{\sum \bar{y}_i A_i}{\sum A_i} = \frac{\displaystyle\int \frac{y(x)}{2}\,dA}{\int dA} = \frac{\displaystyle\frac{1}{2}\int (y(x))^2\,dx}{\int y(x)\,dx}. \tag{9.13}$$

**Exemplo 9-2**

**Centroide de Seção Triangular:** Consideremos uma seção triangular de base $b$ e altura $h$, como mostrado na Fig. 9.11. Determinemos a posição do centroide.

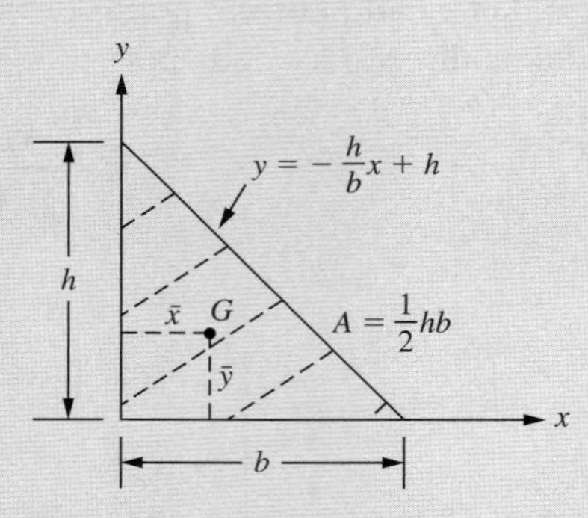


**Figura 9.11** Centroide de seção triangular.

**Solução** A seção triangular bidimensional mostrada na Fig. 9.11 é a área limitada pela reta

$$y(x) = -\frac{h}{b}x + h. \tag{9.14}$$

A área da seção é, então, dada por:

$$A = \int_0^b y(x)\,dx$$

ou

$$A = \frac{1}{2} bh, \tag{9.15}$$

que é apenas a área do triângulo. Esse resultado também pode ser obtido integrando $y(x) = -\frac{h}{b} x + h$ em relação a $x$, de 0 a $b$. Usando a informação nas equações (9.14) e (9.15), a coordenada $x$ do centroide é calculada da equação (9.12) como:

$$\begin{aligned}
\bar{x} &= \frac{\int x\, y(x)\, dx}{\int y(x)\, dx} \\
&= \frac{\int_0^b x \left(-\frac{h}{b}x + h\right)\, dx}{\frac{1}{2}\, b\, h} \\
&= 2\, \frac{\int_0^b \left(-\frac{h}{b}x^2 + hx\right)\, dx}{bh} \\
&= \left(\frac{2}{bh}\right) \left(-\frac{h}{b}\left[\frac{x^3}{3}\right]_0^b + h\left[\frac{x^2}{2}\right]_0^b\right) \\
&= \left(\frac{2}{bh}\right) \left(-\frac{h}{3b}(b^3 - 0) + \frac{h}{2}(b^2 - 0)\right) \\
&= \left(\frac{2}{bh}\right) \left(-\frac{hb^2}{3} + \frac{hb^2}{2}\right) \\
&= \left(\frac{2}{bh}\right) \left(\frac{hb^2}{6}\right)
\end{aligned}$$

ou

$$\bar{x} = \frac{b}{3}.$$

De modo similar, a coordenada $y$ do centroide é calculada da equação (9.13) como:

$$\begin{aligned}
\bar{y} &= \frac{\frac{1}{2}\int y^2(x)\, dx}{\int y(x)\, dx} \\
&= \left(\frac{1}{2}\right) \left(\frac{2}{b\, h}\right) \int_0^b \left(-\frac{h}{b}x + h\right)^2\, dx \\
&= \left(\frac{1}{h\, b}\right) \int_0^b \left[\left(\frac{h^2}{b^2}\right) x^2 - \left(\frac{2\, h}{b}\right) x\, h + h^2\right]\, dx \\
&= \left(\frac{1}{h\, b}\right) \left(\frac{h^2}{b^2}\left[\frac{x^3}{3}\right]_0^b - \left(\frac{2\, h^2}{b}\right)\left[\frac{x^2}{2}\right]_0^b + h^2\, (x)_0^b\right) \\
&= \left(\frac{1}{h\, b}\right) \left(\frac{h^2}{3\, b^2}(b^3 - 0) - \frac{h^2}{b}(b^2 - 0) + h^2\, (b - 0)\right)
\end{aligned}$$

$$= \left(\frac{1}{h\,b}\right)\left(\frac{h^2}{3\,b^2}(b^3-0)-\frac{h^2}{b}(b^2-0)+h^2\,(b-0)\right)$$

$$= \left(\frac{1}{h\,b}\right)\left(\frac{h^2\,b}{3}-h^2\,b+h^2\,b\right)$$

$$= \left(\frac{1}{b\,h}\right)\left(\frac{h^2\,b}{3}\right)$$

ou

$$\bar{y}=\frac{h}{3}.$$

Assim, o centroide de uma seção triangular de base $b$ e altura $h$ é dado por $(\overline{x},\overline{y})=\left(\frac{b}{3},\frac{h}{3}\right)$. Nesse exemplo, as coordenadas do centroide foram obtidas usando retângulos verticais. As coordenadas também podem ser calculadas usando retângulos horizontais, como mostrado na Fig. 9.12.

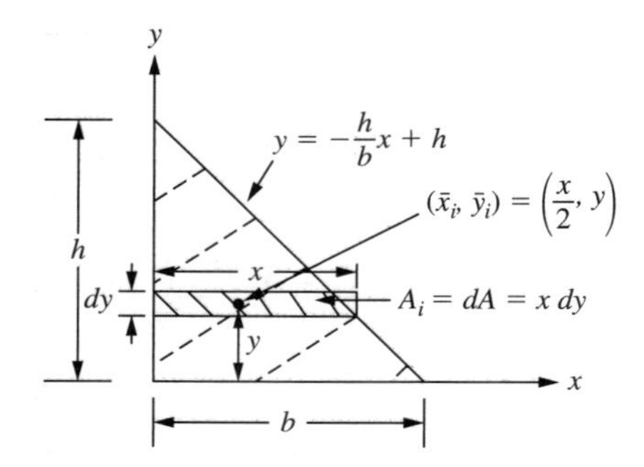


**Figura 9.12** Cálculo do centroide usando retângulos horizontais.

A área do elemento horizontal é dada por:

$$A_i = dA = x\,dy = g(y)dy$$

em que $x = g(y) = -\frac{b}{h}y + b$ é obtido resolvendo a equação da reta para $x$. Assim, o elemento de área do retângulo horizontal é calculado como:

$$A_i = dA = \left(-\frac{b}{h}y+b\right)\,dy.$$

A coordenada $y$ do centroide da seção triangular pode ser obtida como:

$$\bar{y}=\frac{\sum \bar{y}_i A_i}{\sum A_i}=\frac{\int y\,dA}{A} \tag{9.16}$$

ou

$$\bar{y}=\frac{\int_0^h y\left(-\frac{b}{h}y+b\right)\,dy}{\frac{1}{2}b\,h}$$

$$= \frac{2}{b\,h} \int_0^h \left(-\frac{b}{h} y^2 + b\,y\right) dy$$

$$= \frac{2}{b\,h} \left[\left(-\frac{b}{h}\right) \int_0^h y^2\,dy + [b] \int_0^h y\,dy\right]$$

$$= \frac{2}{b\,h} \left[\left(-\frac{b}{3h}\right) [y^3]_0^h + \left(\frac{b}{2}\right) [y^2]_0^h\right]$$

$$= \frac{2}{b\,h} \left[\left(-\frac{b}{3h}\right) (h^3 - 0) + \left(\frac{b}{2}\right) (h^2 - 0)\right]$$

$$= \frac{2}{b\,h} \left[-\frac{b\,h^2}{3} + \frac{b\,h^2}{2}\right]$$

o que resulta em:

$$\bar{y} = \frac{h}{3}.$$

Esse é o valor calculado anteriormente usando retângulos verticais!

**Exemplo 9-3**

A geometria de uma aleta de resfriamento é descrita pela área hachurada limitada pela parábola representada na Fig. 9.13.

(a) Dada equação da parábola $y(x) = -x^2 + 4$, determinemos a altura $h$ e a largura $b$ da aleta.
(b) Determinemos a área da aleta de resfriamento por integração em relação a $x$.
(c) Determinemos a coordenada $x$ do centroide por integração em relação a $x$.
(d) Determinemos a coordenada $y$ do centroide por integração em relação a $x$.

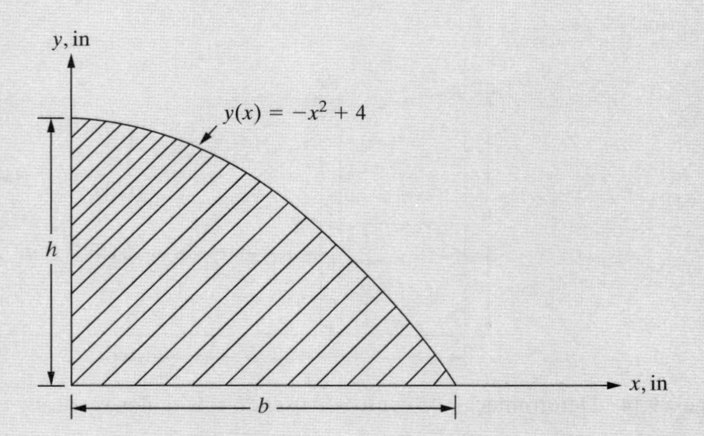


**Figura 9.13** Geometria de uma aleta de resfriamento.

**Solução** (a) A equação da parábola que descreve a aleta de resfriamento é dada por:

$$y(x) = -x^2 + 4. \tag{9.17}$$

A altura $h$ da aleta de resfriamento pode ser calculada substituindo $x = 0$ na equação (9.17):

$$h = y(0) = -0^2 + 4 = 4''.$$

A largura $b$ da aleta pode ser obtida igualando $y(x) = 0$, o que resulta em:

$$y(x) = -x^2 + 4 = 0 \Rightarrow x^2 = 4 \Rightarrow x = \pm 2.$$

Como a largura da aleta deve ser positiva, temos $b = 2$ in.

(b) A área $A$ da aleta é calculada integrando a equação (9.17) de 0 a $b$:

$$\begin{aligned} A &= \int_0^b y(x)\,dx \\ &= \int_0^2 (-x^2 + 4)\,dx \\ &= \left[-\frac{x^3}{3} + 4x\right]_0^2 \\ &= \left[\left(-\frac{2^3}{3} + 4(2)\right) - (0 + 0)\right] \end{aligned}$$

ou

$$A = \frac{16}{3}\ \text{in}^2.$$

(c) A coordenada $x$ do centroide pode ser obtida usando os retângulos verticais ilustrados na Fig. 9.14. Por definição,

$$\bar{x} = \frac{\sum \bar{x}_i A_i}{\sum A_i}$$

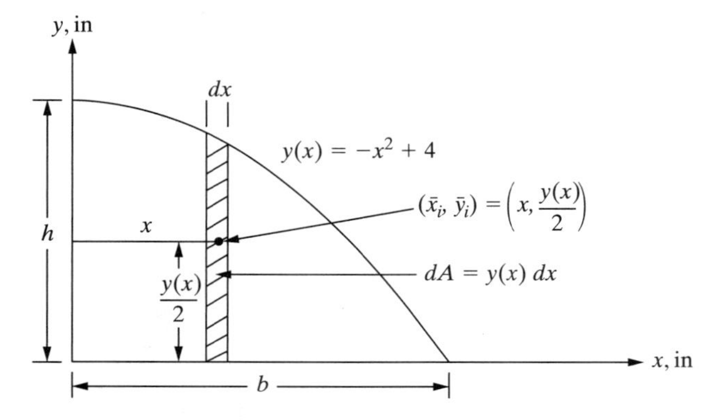


**Figura 9.14** Determinação do centroide usando retângulos verticais.

em que $\bar{x}_i = x$ e $A_i = dA = y(x)$. Assim,

$$\begin{aligned} \bar{x} &= \frac{\int xy(x)\,dx}{A} \\ &= \frac{\int_0^2 x(-x^2 + 4)\,dx}{\frac{16}{3}} \end{aligned}$$

$$= \frac{3}{16} \int_0^2 (-x^3 + 4x)\, dx$$

$$= \frac{3}{16} \left[ -\frac{x^4}{4} + 4\,\frac{x^2}{2} \right]_0^2$$

$$= \frac{3}{16} \left[ \left( -\frac{2^4}{4} + 2\,(2^2) \right) - (0+0) \right]$$

ou

$$\bar{x} = \frac{12}{16} \text{ in.}$$

Portanto, $\overline{x} = \frac{3}{4}$ in.

(d) De modo similar, a coordenada $y$ do centroide pode ser obtida por integração em relação a $x$:

$$\bar{y} = \frac{\sum \bar{y}_i A_i}{\sum A_i}$$

em que $\overline{y}_i = \frac{yx}{2}$ e $A_i = y(x)dx$. Com isto,

$$\bar{y} = \frac{\frac{1}{2} \int y^2(x)\, dx}{A}$$

$$= \frac{\frac{1}{2} \int_0^2 (-x^2+4)^2\, dx}{\frac{16}{3}}$$

$$= \frac{3}{32} \int_0^2 (x^4 - 8x^2 + 16)\, dx$$

$$= \frac{3}{32} \left[ \frac{x^5}{5} - 8\,\frac{x^3}{3} + 16x \right]_0^2$$

$$= \frac{3}{32} \left[ \left( \frac{2^5}{5} - 8\,\frac{2^3}{3} + 16\,(2) \right) - (0+0+0) \right]$$

$$= \frac{3}{32} \left[ \frac{32}{5} - \frac{64}{3} + 32 \right]$$

$$= 3 \left[ \frac{1}{5} - \frac{2}{3} + 1 \right]$$

$$= 3 \left[ \frac{3}{15} - \frac{10}{15} + \frac{15}{15} \right]$$

$$= \frac{24}{15}$$

ou

$$\bar{y} = \frac{8}{5}.$$

Portanto, $\bar{y} = \frac{8}{5}$ in.

### 9.3.2 Definição Alternativa de Centroide

Caso a origem do sistema de coordenadas *x*-*y* esteja localizada no centroide, como mostrado na Fig. 9.15, as coordenadas *x* e *y* do centroide são dadas por:

$$\bar{x} = \frac{\int x\,dA}{A} = 0 \qquad (9.18)$$

$$\bar{y} = \frac{\int y\,dA}{A} = 0. \qquad (9.19)$$

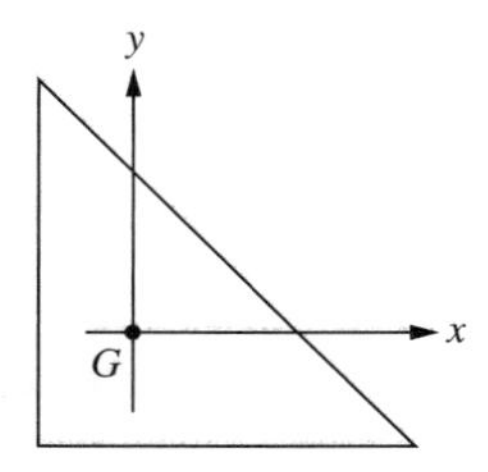


**Figura 9.15** Seção triangular com origem do sistema de coordenadas no centroide.

Portanto, uma definição alternativa de centroide localiza a origem de modo que $\int x dA = \int y dA = 0$ (ou seja, não existe primeiro momento em relação à origem). Como indicado na Fig. 9.16, isto significa que os primeiros momentos de área em relação aos eixos são zero:

$$\text{Primeiro momento de área em relação ao eixo } x = M_x = \int y\,dA = 0$$

$$\text{Primeiro momento de área em relação ao eixo } y = M_y = \int x\,dA = 0.$$

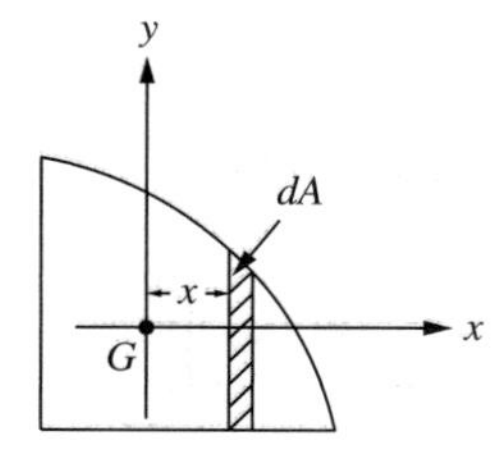


**Figura 9.16** Primeiro momento de área.

Essa definição de centroide é ilustrada para uma seção retangular no próximo exemplo.

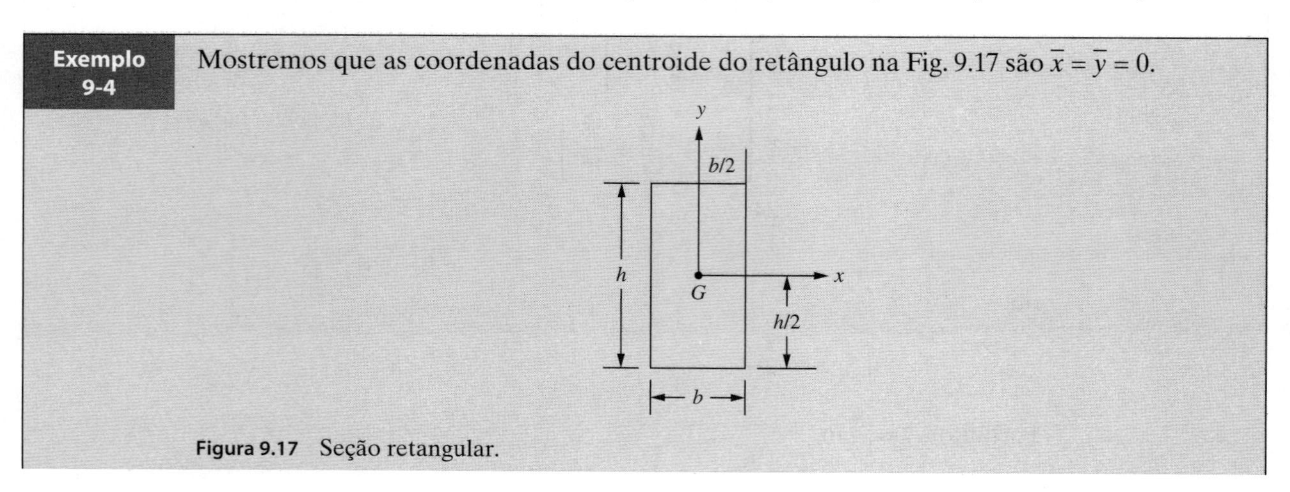

**Exemplo 9-4** Mostremos que as coordenadas do centroide do retângulo na Fig. 9.17 são $\bar{x} = \bar{y} = 0$.



**Figura 9.17** Seção retangular.

**Solução** O primeiro momento de área em relação ao eixo $y$ pode ser calculado usando retângulos verticais, como indicado na Fig. 9.18:

$$\int x\,dA = \int_{-\frac{b}{2}}^{\frac{b}{2}} x h dx$$

$$= h\left[\frac{x^2}{2}\right]_{-\frac{b}{2}}^{\frac{b}{2}}$$

$$= \frac{h}{2}\left(\frac{b^2}{4} - \frac{b^2}{4}\right)$$

$$= 0.$$

Então,

$$\bar{x} = \frac{\int xdA}{A} = 0.$$

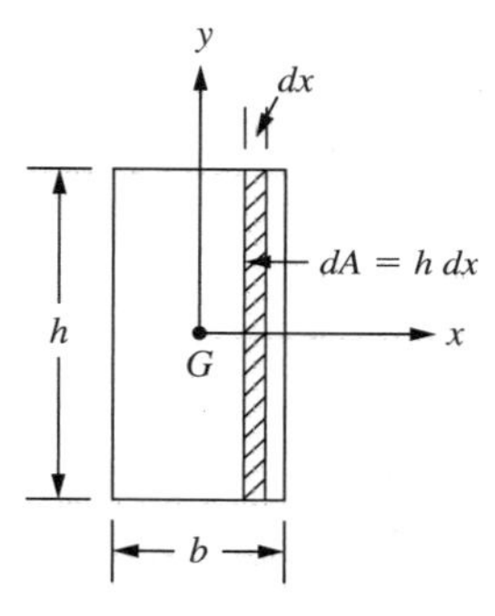


**Figura 9.18** Coordenada $x$ do centroide usando retângulos verticais.

De modo similar, o primeiro momento de área em relação ao eixo $x$ pode ser calculado usando retângulos horizontais, como indicado na Fig. 9.19:

$$\int y\,dA = \int_{-\frac{h}{2}}^{\frac{h}{2}} y\,b\,dy$$

$$= b\left[\frac{y^2}{2}\right]_{-\frac{h}{2}}^{\frac{h}{2}}$$

$$= \frac{b}{2}\left(\frac{h^2}{4} - \frac{h^2}{4}\right)$$

$$= 0.$$

Então,

$$\bar{y} = \frac{\int y\,dA}{A} = 0.$$

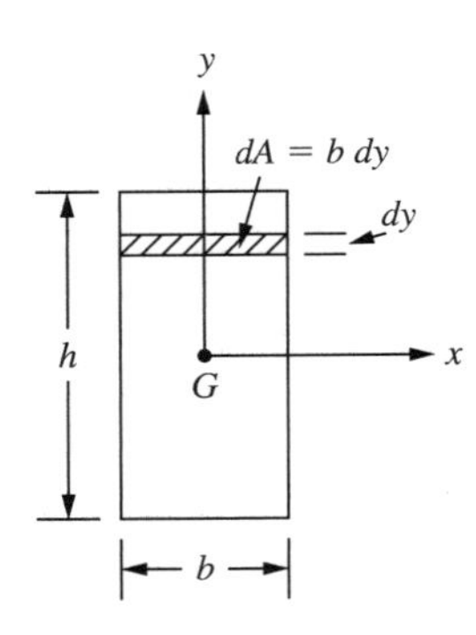


**Figura 9.19** Coordenada y do centroide usando retângulos horizontais.

## 9.4 CARGAS DISTRIBUÍDAS

Nesta seção, usaremos integrais para obter forças resultantes devido a uma carga distribuída, assim como a posição da força associada à carga estática equivalente. Essas são as principais aplicações de integrais na estática.

### 9.4.1 Pressão Hidrostática em uma Parede Retentora

Consideremos uma parede retentora de altura $h$ e largura $b$ submetida à pressão hidrostática de um fluido de densidade $\rho$ (Fig. 9.20). A pressão que age sobre a parede satisfaz a seguinte equação linear:

$$p(y) = \rho g y$$

em que $g$ é a aceleração devido à gravidade.

A força resultante que atua sobre a parede é calculada somando (ou seja, integrando) todas as forças diferenciais $dF$ ilustradas na Fig. 9.21. Como a pressão é força/unidade de área, a força diferencial é determinada multiplicando o valor da pressão em uma profundidade qualquer $y$ pela área elementar da parede:

$$dF = p(y)\, dA$$

em que $dA = b\ dy$.

A força resultante que atua sobre a parede é obtida por integração:

$$\begin{aligned} F &= \int dF \\ &= \int_0^h p(y)\, b\, dy \\ &= \int_0^h \rho g y b\, dy \\ &= \rho g b \int_0^h y\, dy \\ &= \rho g b \left[ \frac{y^2}{2} \right]_0^h \end{aligned}$$

ou

$$F = \frac{\rho g b h^2}{2}.$$

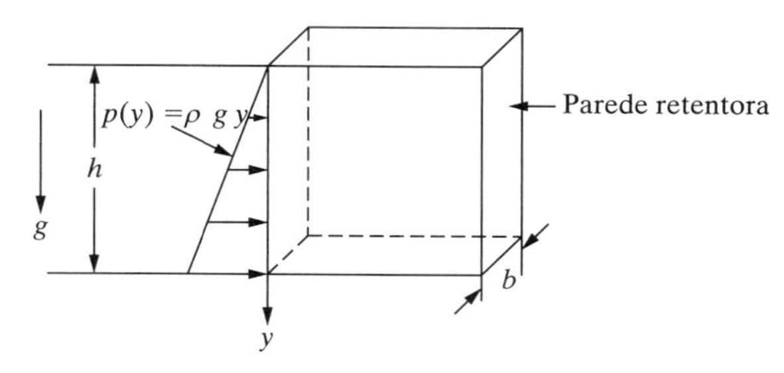


**Figura 9.20** Pressão hidrostática sobre uma parede retentora retangular.

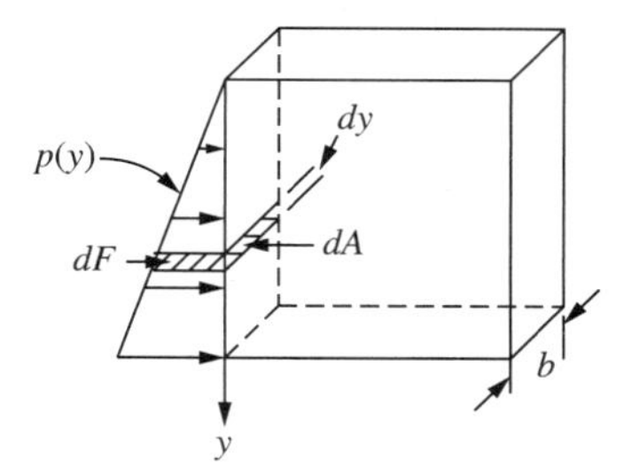


**Figura 9.21** Forças atuando sobre a parede retentora.

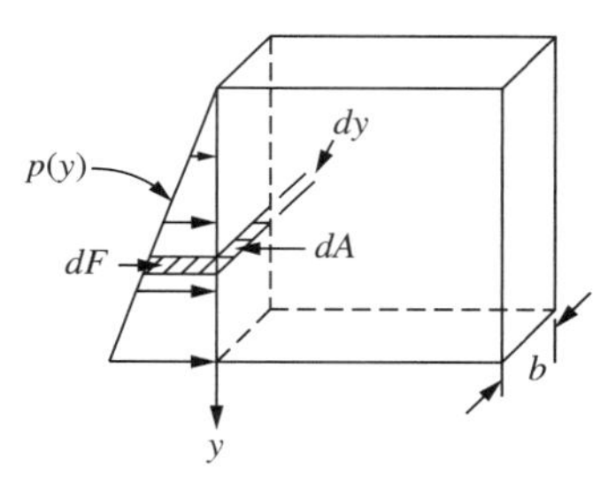


**Figura 9.22** Forças atuando sobre a parede retentora.

Notemos que $\int_0^h p(y)\, b dy = b \int_0^h p(y)\, dy$ é apenas a largura $b$ multiplicada pela área do triângulo mostrado na Fig. 9.23. Portanto, a força resultante pode ser obtida da área sob a curva da força distribuída. Como a carga tem distribuição triangular, a área pode ser calculada sem recorrer à integração, sendo dada por:

$$A = \frac{1}{2}(\rho g h)(h) = \frac{\rho g h^2}{2}.$$

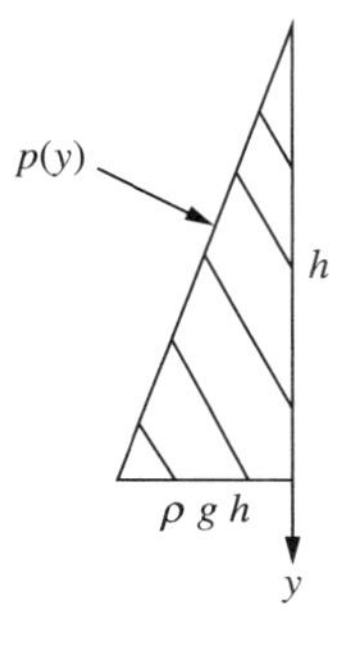


**Figura 9.23** Área sob a curva da pressão hidrostática.

A força resultante é obtida multiplicando a área pela largura $b$:

$$F = b\,\frac{\rho g h^2}{2} = \frac{\rho g b h^2}{2}.$$

### 9.4.2 Carga Distribuída em uma Viga: Carga Estática Equivalente

A Fig. 9.24 mostra uma viga com apoio simples submetida a uma carga distribuída por todo o comprimento $L$. A intensidade da carga distribuída $w(x)$ varia com a posição $x$ e tem unidade de força por unidade de comprimento (libra-força/ft ou N/m). O objetivo é substituir a carga distribuída por uma carga estática equivalente pontual. Como vimos na seção anterior, a carga equivalente $R$ é a área sob a curva da carga distribuída, dada por:

$$R = \int_0^L w(x)\,dx. \tag{9.20}$$

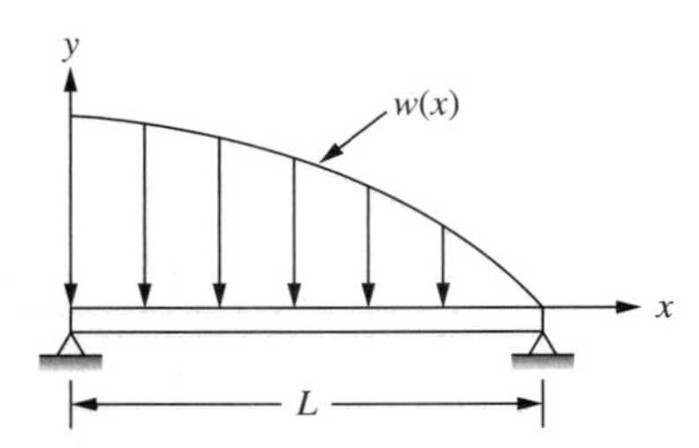


**Figura 9.24** Carga distribuída em viga com apoio simples.

A carga equivalente $R$ e sua posição $l$ são mostradas na Fig. 9.25.

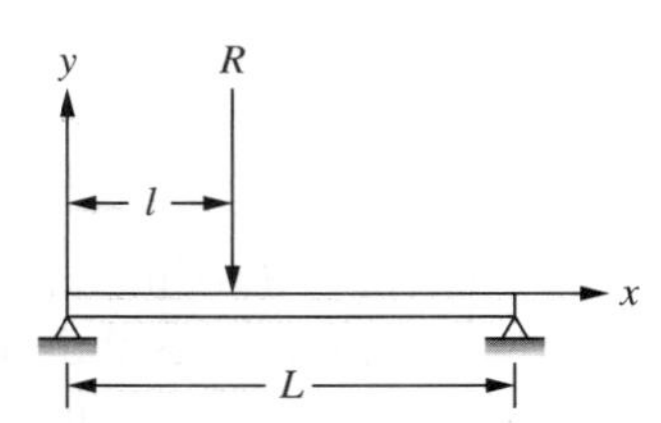


**Figura 9.25** Viga submetida a carga equivalente pontual.

Para determinar a posição da força estática equivalente, a carga resultante mostrada na Fig. 9.25 deve ter o mesmo **momento** em relação a qualquer ponto que a carga distribuída mostrada na Fig. 9.24. Por exemplo, o momento (força vezes distância) em relação ao ponto $x = 0$ deve ser o mesmo tanto para a carga distribuída como para a equivalente. O momento $M_o$ para a carga distribuída pode ser calculado somando momentos devido a cargas elementares $dw$, como indicado na Fig. 9.26. Assim,

$$\begin{aligned} M_0 &= \int x dw \\ &= \int_0^L x w(x)\,dx. \end{aligned} \tag{9.21}$$

Para a carga equivalente $R$, o momento $M_o$ em relação ao ponto $x = 0$ é dado por:

$$M_0 = R\,l,$$

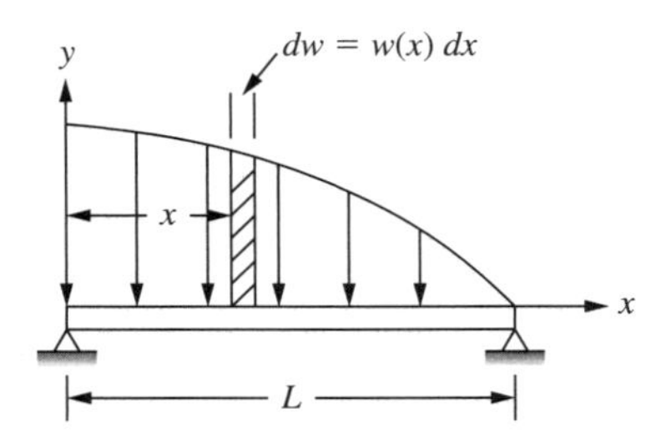


**Figura 9.26** Viga submetida a carga elementar.

ou

$$M_0 = l \int_0^L w(x)\, dx. \tag{9.22}$$

Igualando os dois momentos nas equações (9.21) e (9.22), temos:

$$l \int_0^L w(x)\, dx = \int_0^L x w(x)\, dx$$

ou

$$l = \frac{\int_0^L x w(x)\, dx}{\int_0^L w(x)\, dx}. \tag{9.23}$$

A equação (9.23) é idêntica à equação (9.12), com $w(x)$ no lugar de $y(x)$. Assim, podemos concluir que $l = \bar{x}$, que é a coordenada $x$ do centroide da área sob a curva da carga! Portanto, para fins da estática, uma carga distribuída sempre pode ser substituída por sua força resultante atuando no centroide.

**Exemplo 9-5**

Determinemos a magnitude e a posição da carga estática pontual equivalente para a viga na Fig. 9.27. Usemos os resultados para calcular as reações nos apoios (Fig. 9.28).

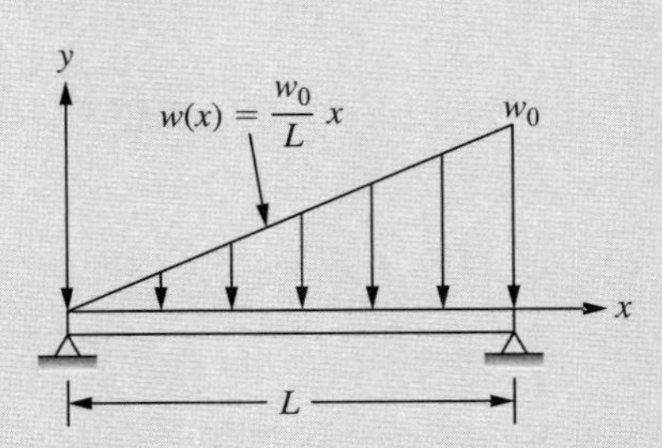


**Figura 9.27** Viga com apoio simples submetida a carga linearmente distribuída.

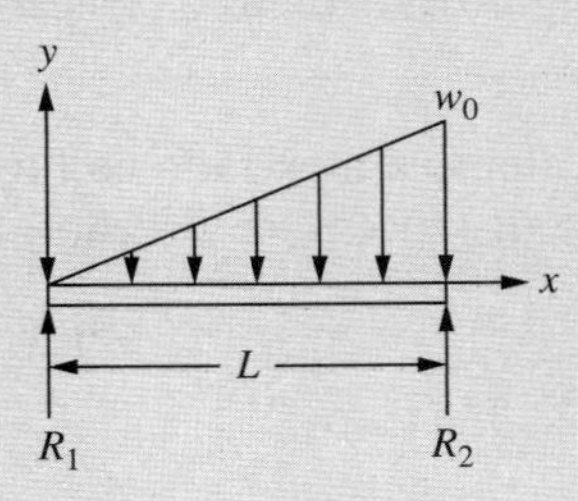


**Figura 9.28** Forças de reação atuando nos apoios.

**Solução** A resultante $R$ é a área sob a carga triangular $w(x)$, ou seja:

$$
\begin{aligned}
R &= \int_0^L w(x)\,dx \\
&= \int_0^L \left(\frac{w_0}{L}\right) x dx \\
&= \left(\frac{w_0}{L}\right)\left(\frac{x^2}{2}\right)_0^L \\
&= \left(\frac{w_0}{L}\right)\left(\frac{L^2}{2} - 0\right)
\end{aligned}
$$

ou

$$R = \frac{1}{2} w_0 L.$$

Notemos que esse resultado é apenas a área do triângulo definido por $w(x)$. A posição $l$ da carga estática equivalente é a coordenada $x$ do centroide da área sob a curva de $w(x)$ e pode ser calculada usando a equação (9.23):

$$
\begin{aligned}
l &= \frac{\int_0^L x\,w(x)\,dx}{\int_0^L w(x)\,dx} \\
&= \frac{\int_0^L x\left(\frac{w_0}{L} x\right) dx}{\frac{1}{2} w_0 L} \\
&= \frac{2}{L^2}\int_0^L x^2\,dx \\
&= \frac{2}{L^2}\left(\frac{x^3}{3}\right)_0^L \\
&= \frac{2}{3L^2}(L^3 - 0)
\end{aligned}
$$

ou

$$l = \frac{2L}{3}.$$

Observemos que esta posição está a dois terços da largura da base da carga triangular (ou seja, no centroide do triângulo). Portanto, a posição $l$ poderia ter sido obtida sem recorrer ao cálculo.

A carga estática equivalente é mostrada na Fig. 9.29.
Para equilíbrio, a soma das forças na direção $y$ deve ser zero:

$$R_1 + R_2 = R$$

ou

$$R_1 + R_2 = \frac{1}{2} w_0 L. \tag{9.24}$$

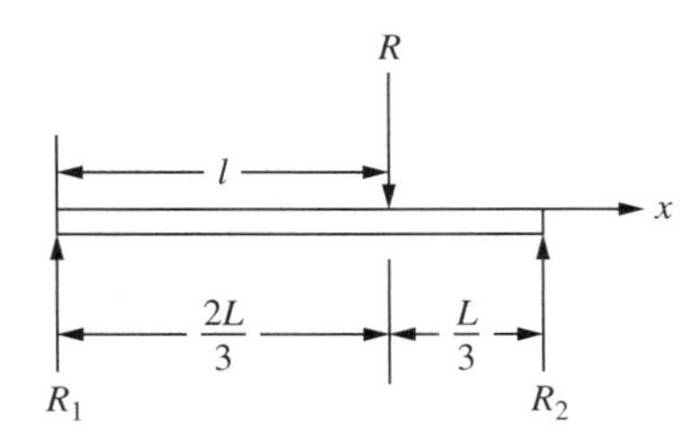


**Figura 9.29** Carga estática equivalente aplicada à viga.

Ademais, a soma dos momentos em relação a qualquer ponto na viga também deve ser zero. Considerando os momentos em relação ao ponto $x = 0$, temos:

$$R_2\, L - \left(\frac{1}{2}\, w_0\, L\right) \frac{2\,L}{3} = 0$$

que resulta em

$$R_2\, L = \frac{w_0\, L^2}{3}$$

ou

$$R_2 = \frac{w_0\, L}{3}. \tag{9.25}$$

Substituindo a equação (9.25) na equação (9.24), obtemos

$$R_1 + \frac{w_0\, L}{3} = \frac{w_0\, L}{2}.$$

Resolvendo para $R_1$, temos:

$$R_1 = \frac{w_0\, L}{2} - \frac{w_0\, L}{3}$$

ou

$$R_1 = \frac{w_0\, L}{6}. \tag{9.26}$$

## 9.5 APLICAÇÕES DE INTEGRAIS EM DINÂMICA

Discutimos no Capítulo 8 que se a posição de uma partícula que se move na direção $x$ – como mostrado na Fig. 9.30 – for dada por $x(t)$, a velocidade $v(t)$ é a derivada de primeira ordem da posição e a aceleração, a derivada de primeira ordem da velocidade (derivada de segunda ordem da posição):

$$v(t) = \frac{dx(t)}{dt}$$

$$a(t) = \frac{dv(t)}{dt} = \frac{d^2x(t)}{dt^2}.$$

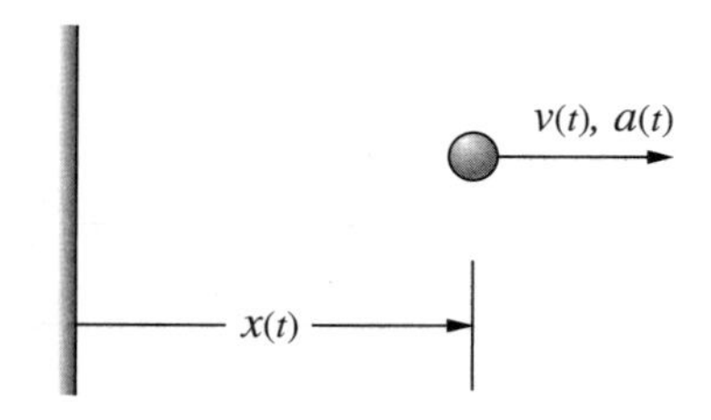


**Figura 9.30** Partícula que se move na direção horizontal.

Caso a aceleração $a(t)$ da partícula seja dada, a velocidade $v(t)$ e a posição $x(t)$ podem ser determinadas por integração em relação a $t$. Começando com:

$$\frac{dv(t)}{dt} = a(t) \tag{9.27}$$

Integremos os dois lados entre $t = t_0$ e um tempo qualquer $t$:

$$\int_{t_0}^{t} \frac{dv(t)}{dt}\,dt = \int_{t_0}^{t} a(t)\,dt. \tag{9.28}$$

Por definição, $\int_{t_0}^{t} \frac{dv(t)}{dt}dt = [v(t)]_{t_0}^{t}$; logo, a equação (9.28) pode ser escrita como:

$$[v(t)]_{t_0}^{t} = \int_{t_0}^{t} a(t)\,dt$$

que resulta em

$$v(t) - v(t_0) = \int_{t_0}^{t} a(t)\,dt$$

ou

$$\boldsymbol{v(t) = v(t_0) + \int_{0}^{t} a(t)\,dt.} \tag{9.29}$$

Assim, a velocidade da partícula em qualquer tempo $t$ é igual à velocidade em $t = t_0$ (velocidade inicial) mais a integral da aceleração de $t = t_0$ ao tempo $t$. Dada a velocidade $v(t)$, a posição $x(t)$ pode ser determinada integrando em relação a $t$. Começando com:

$$\frac{dx(t)}{dt} = v(t) \tag{9.30}$$

integremos os dois lados entre $t = t_0$ e um tempo qualquer $t$:

$$\int_{t_0}^{t} \frac{dx(t)}{dt}\,dt = \int_{t_0}^{t} v(t)\,dt. \tag{9.31}$$

Por definição, $\int_{t_0}^{t} \frac{dx(t)}{dt}dt = [x(t)]_{t_0}^{t}$; logo, a equação (9.31) pode ser escrita como:

$$[x(t)]_{t_0}^{t} = \int_{t_0}^{t} v(t)\,dt$$

que resulta em

$$x(t) - x(t_0) = \int_{t_0}^{t} v(t)\, dt$$

ou

$$\mathbf{x(t) = x(t_0) + \int_{t_0}^{t} v(t)\, dt.} \tag{9.32}$$

Portanto, a posição da partícula em qualquer tempo $t$ é igual à posição em $t = t_0$ (posição inicial) mais a integral da velocidade de $t = t_0$ ao tempo $t$.

**Exemplo 9-6**

Uma bola é lançada para baixo de uma altura de 1,0 m no tempo $t = t_0 = 0$, como indicado na Fig. 9.31. Determinemos $v(t)$, $y(t)$ e o tempo necessário para que a bola atinja o solo.

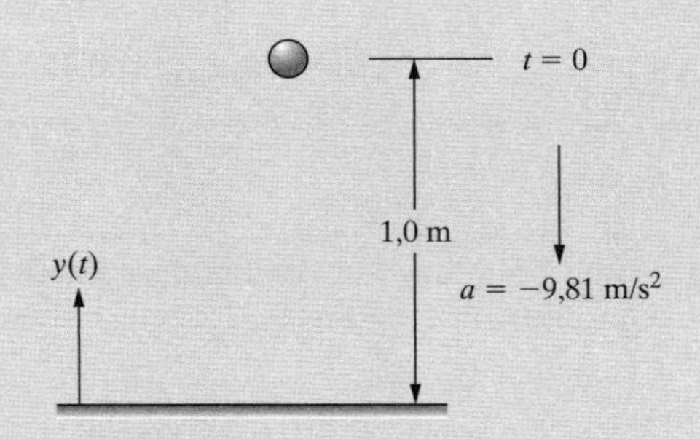


Figura 9.31 Bola lançada para baixo de uma altura de 1 m.

**Solução** Como a bola é lançada para baixo a partir do repouso no tempo $t = 0$ segundo, $v(0) = 0$ m/s. Substituindo $t_0 = 0$, $a(t) = -9{,}81$ m/s$^2$ e $v(0) = 0$ na equação (9.29), a velocidade em um tempo qualquer $t$ pode ser obtida como:

$$\begin{aligned} v(t) &= 0 + \int_{0}^{t} -9{,}81\, dt \\ &= -9{,}81\, [t]_0^t \\ &= -9{,}81\, (t - 0) \end{aligned}$$

ou

$$v(t) = -9{,}81\, t \text{ m/s}.$$

Substituindo $v(t)$ na equação (9.32), a posição $y(t)$ da bola em um tempo qualquer $t$ pode ser calculada como:

$$\begin{aligned} y(t) &= y(0) + \int_{0}^{t} -9{,}81\, t\, dt \\ &= y(0) - 9{,}81 \left[\frac{t^2}{2}\right]_0^t \\ &= y(0) - \frac{9{,}81}{2}\, (t^2 - 0) \\ y(t) &= y(0) - 4{,}905\, t^2. \end{aligned}$$

Como a altura inicial é $y(0) = 1$ m, a posição da bola em um tempo qualquer $t$ é dada por:

$$y(t) = 1{,}0 - 4{,}905\ t^2 \text{ m}.$$

O instante de tempo do impacto no solo é obtido igualando $y(t) = 0$:

$$1{,}0 - 4{,}905\ t^2_{\text{impacto}} = 0,$$

que resulta em

$$4{,}905\ t^2_{\text{impacto}} = 1.$$

Resolvendo para $t_{\text{impacto}}$, obtemos

$$t_{\text{impacto}} = \sqrt{\frac{1{,}0}{4{,}905}}$$

ou

$$t_{\text{impacto}} = 0{,}452 \text{ s}.$$

**Exemplo 9-7**

Consideremos uma bola lançada para cima a partir do solo com velocidade inicial $v(0) = v_0 = 4{,}43$ m/s, como ilustrado na Fig. 9.32. Determinemos $v(t)$ e $y(t)$.

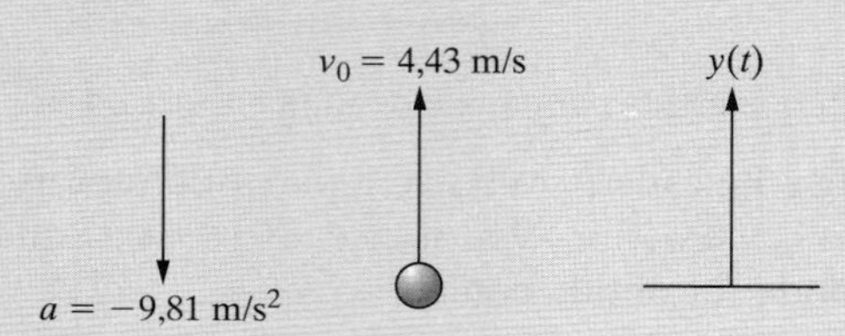


**Figura 9.32** Bola lançada para cima com certa velocidade inicial.

**Solução** Substituindo $t_0 = 0$, $v(0) = 4{,}43$ m/s e $a(t) = -9{,}81$ m/s$^2$ na equação (9.29), a velocidade da bola no tempo $t$ é dada por:

$$\begin{aligned} v(t) &= 4{,}43 + \int_0^t -9{,}81\ dt \\ &= 4{,}43 - 9{,}81\ [t]_0^t \\ &= 4{,}43 - 9{,}81\ (t - 0) \end{aligned}$$

ou

$$v(t) = 4{,}43 - 9{,}81\ t \text{ m/s}. \tag{9.33}$$

Agora, substituindo a velocidade $v(t)$ na equação (9.32), a posição da bola é calculada como:

$$\begin{aligned} y(t) &= y(0) + \int_0^t (4{,}43 - 9{,}81\ t)\ dt \\ &= y(0) + 4{,}43\ [t]_0^t - 9{,}81\ \left[\frac{t^2}{2}\right]_0^t \\ &= y(0) + 4{,}43\ (t - 0) - \frac{9{,}81}{2}\ (t^2 - 0) \end{aligned}$$

ou

$$y(t) = y(0) + 4{,}43\, t - 4{,}905\, t^2.$$

Como a posição inicial é $y(0) = 0$ m, a posição da bola em um tempo $t$ qualquer é dada por:

$$y(t) = 4{,}43\, t - 4{,}905\, t^2 \text{ m}.$$

**Exemplo 9-8** Uma pedra é lançada do topo de um prédio de 50 m de altura, com velocidade inicial de 10 m/s, como indicado na Fig. 9.33.

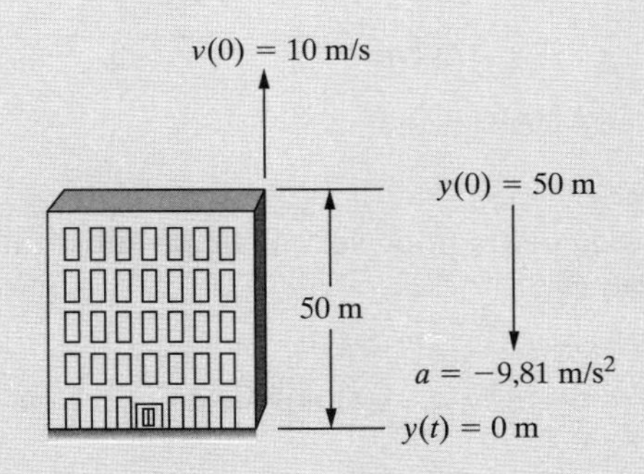


**Figura 9.33** Pedra lançada do topo de um prédio.

Sabendo que a velocidade é

$$v(t) = v(0) + \int_0^t a(t)\, dt \tag{9.34}$$

e a posição,

$$y(t) = y(0) + \int_0^t v(t)\, dt \tag{9.35}$$

Determinemos:

(a) A velocidade $v(t)$ e desenhemos seu gráfico.
(b) A posição $y(t)$ e desenhemos seu gráfico.
(c) O tempo em que a pedra atinge o solo e a correspondente velocidade.

**Solução** (a) A velocidade da pedra pode ser calculada substituindo $v(0) = 10$ m/s e $a(t) = -9{,}81$ m/s$^2$ na equação (9.34):

$$\begin{aligned} v(t) &= v(0) + \int_0^t a(t)\, dt \\ &= 10 + \int_0^t -9{,}81\, dt \\ &= 10 - 9{,}81\, [t]_0^t \\ &= 10 - 9{,}81\, (t - 0) \end{aligned}$$

ou

$$v(t) = 10 - 9{,}81\, t \text{ m/s}. \tag{9.36}$$

O gráfico da velocidade é uma reta, cujo cruzamento em $y$ é $v_0(0) = 10$ m/s e a inclinação, $-9{,}81$ m/s$^2$, como ilustrado na Fig. 9.34.

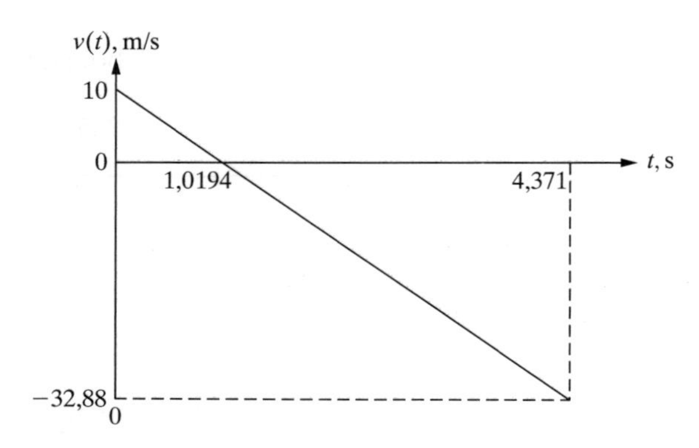


**Figura 9.34** Velocidade da pedra.

(b) A posição da pedra pode ser calculada substituindo $y(0) = 50$ m e $v(t)$ da equação (9.36) na equação (9.35):

$$\begin{aligned} y(t) &= y(0) + \int_0^t v(t)\,dt \\ &= 50 + \int_0^t (10 - 9{,}81\,t)\,dt \\ &= 50 + 10\,[t]_0^t - 9{,}81 \left[\frac{t^2}{2}\right]_0^t \\ &= 50 + 10\,(t - 0) - \frac{9{,}81}{2}\,(t^2 - 0) \end{aligned}$$

ou

$$y(t) = 50 + 10\,t - 4{,}905\,t^2 \text{ m.} \tag{9.37}$$

O gráfico da posição é mostrado na Fig. 9.35. A máxima altura pode ser determinada igualando $\frac{dy}{dt} = v(t) = 0$, o que resulta em $v(t) = 10 - 9{,}81t = 0$. Resolvendo para $t$, obtemos $t_{máx} = 1{,}0194$ segundo. A máxima altura é, portanto:

$$y_{máx} = 50 + 10\,(1{,}0194) - 4{,}905\,(1{,}0194)^2$$

ou

$$y_{máx} = 55{,}097 \text{ m.}$$

(c) O tempo em que a pedra atinge o solo pode ser calculado igualando a posição $y(t)$ a zero:

$$y(t) = 50 + 10\,t - 4{,}905\,t^2 = 0$$

ou

$$t^2 - 2{,}039\,t - 10{,}194 = 0. \tag{9.38}$$

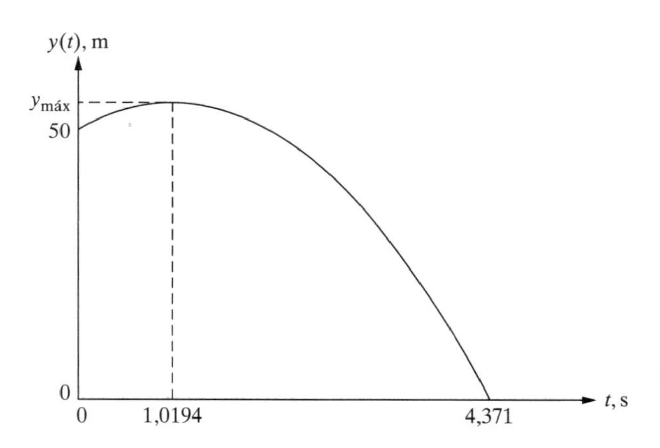


**Figura 9.35** Posição da pedra.

A equação quadrática (9.38) pode ser resolvida por qualquer um dos métodos descritos no Capítulo 2. Por exemplo, podemos completar o quadrado:

$$t^2 - 2{,}039\,t = 10{,}194$$

$$t^2 - 2{,}039\,t + \left(\frac{2{,}039}{2}\right)^2 = 10{,}194 + \left(\frac{2{,}039}{2}\right)^2$$

$$\left(t - \frac{2{,}039}{2}\right)^2 = (\pm\sqrt{11{,}233})^2$$

$$t - 1{,}0194 = \pm\ 3{,}3516$$

$$t = 1{,}0194 \pm 3{,}3516$$

ou

$$t = 4{,}371,\ -2{,}332 \text{ s.} \tag{9.39}$$

Como o tempo negativo ($t = -2{,}332$ s) na equação (9.39) não é uma solução possível, a pedra gasta $t = 4{,}371$ s para atingir o solo. A velocidade da pedra ao atingir o solo é obtida calculando o valor de $v(t)$ em $t = 4{,}371$ s:

$$v(4{,}371) = 10 - 9{,}81\,(4{,}371) = -32{,}88 \text{ m/s.}$$

### 9.5.1 Interpretação Gráfica

A velocidade $v(t)$ pode ser determinada integrando a aceleração. Por conseguinte, a variação de velocidade pode ser obtida da **área** sob a curva da $a(t)$, como indicado na Fig. 9.36.
Podemos mostrar isto considerando a definição de aceleração $a(t) = \frac{dv(t)}{dt}$. Integrando os dois lados do tempo $t_1$ ao tempo $t_2$, obtemos:

$$\int_{t_1}^{t_2} a(t)\,dt = \int_{t_1}^{t_2} \frac{dv(t)}{dt}\,dt$$

$$= [v(t)]_{t_1}^{t_2}$$

ou

$$\int_{t_1}^{t_2} a(t)\,dt = v_2 - v_1.$$

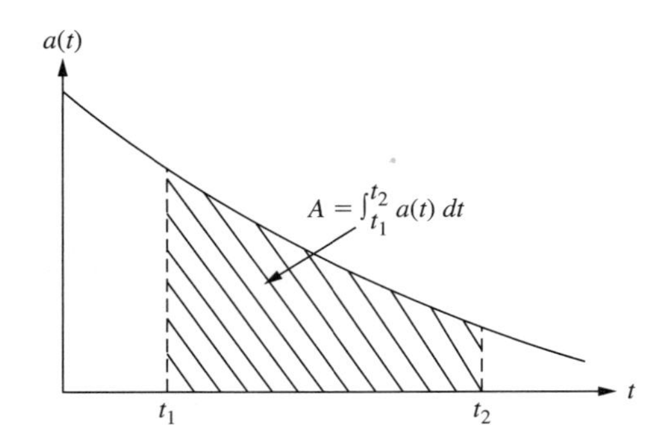


**Figura 9.36** Velocidade como área sob a curva da aceleração.

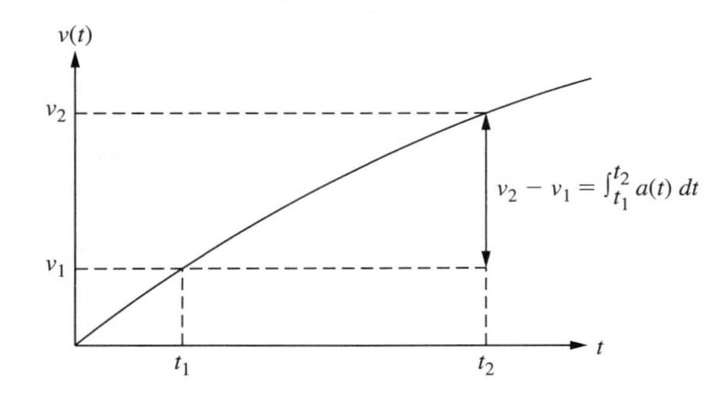


**Figura 9.37** Variação de velocidade entre os tempos $t_1$ e $t_2$.

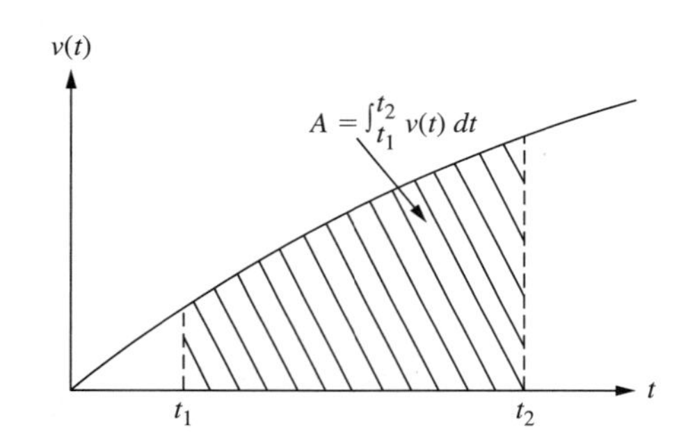


**Figura 9.38** Posição como área sob a curva da velocidade.

Em outras palavras, a área sob a curva de $a(t)$ entre $t_1$ e $t_2$ é igual à variação em $v(t)$ entre $t_1$ e $t_2$. A variação de velocidade $v_2 - v_1$ pode ser somada à velocidade inicial $v_1$ no tempo $t_1$ para obter a velocidade no tempo $t_2$, como indicado na Fig. 9.37.

De modo similar, a posição $x(t)$ pode ser determinada integrando a velocidade. Por conseguinte, a variação de posição pode ser obtida da área sob a curva da $v(t)$, como indicado na Fig. 9.38.

Podemos mostrar isto considerando a definição de velocidade $v(t) = \frac{dx(t)}{dt}$. Integrando os dois lados do tempo $t_1$ ao tempo $t_2$, obtemos:

$$\int_{t_1}^{t_2} v(t)\,dt = \int_{t_1}^{t_2} \frac{dx(t)}{dt}\,dt$$
$$= [x(t)]_{t_1}^{t_2}$$

ou

$$\int_{t_1}^{t_2} v(t)\,dt = x_2 - x_1.$$

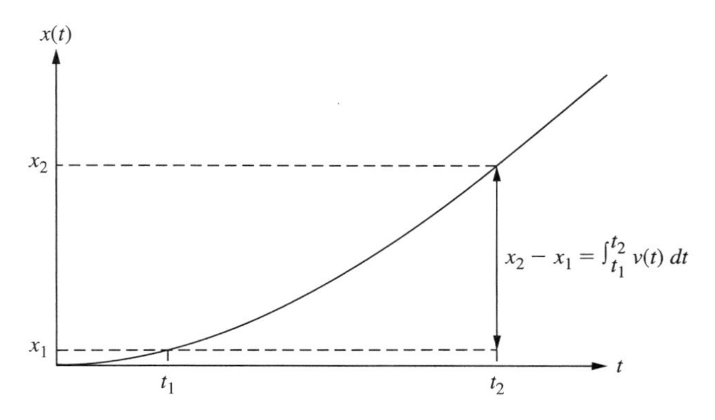


**Figura 9.39** Variação de posição entre os tempos $t_1$ e $t_2$.

Em outras palavras, a área sob a curva de $v(t)$ entre $t_1$ e $t_2$ é igual à variação em $x(t)$ entre $t_1$ e $t_2$. A variação de posição $x_2 - x_1$ pode ser somada à posição inicial $x_1$ no tempo $t_1$ para obter a posição no tempo $t_2$, como indicado na Fig. 9.39.

**Exemplo 9-9**

A aceleração de um veículo foi medida como indicado na Fig. 9.40. Sabendo que o veículo parte do repouso na posição $x = 0$, desenhemos os gráficos da velocidade $v(t)$ e da posição $x(t)$ usando integrais.

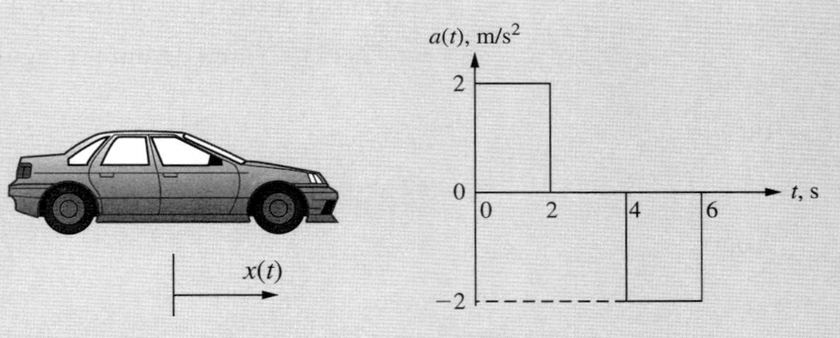


**Figura 9.40** Aceleração de um veículo para o Exemplo 9-9.

**Solução**

(a) **Velocidade:** Sabendo que $v(0) = 0$ e $v(t) - v(t_0) = \int_{t_0}^{t} a(t)\,dt, 0 \le t \le 2; a(t) = 2$ m/s$^2$ = constante. Portanto, $v(t)$ é uma reta com inclinação de 2 m/s$^2$. Ademais, a variação de velocidade é:

$$v_2 - v_0 = \int_0^2 a(t)\,dt$$

ou

$$v_2 - v_0 = \text{área sob a curva de } a(t) \text{ entre 0 e 2 s.}$$

Logo

$$v_2 - v_0 = (2)\,(2) = 4 \text{ (área de um retângulo),}$$

resultando em

$$v_2 = v_0 + 4.$$

Como $v_0 = 0$

$$v_2 = 0 + 4 = 4 \text{ m/s}.$$

$2 < t \leq 4$: Como $a(t) = 0$ m/s², $v(t)$ é constante, e

$$\begin{aligned} v_4 - v_2 &= \int_2^4 a(t)\,dt \\ &= \text{área sob a curva de } a(t) \text{ entre 2 e 4 s} \\ &= 0. \end{aligned}$$

Portanto

$$\begin{aligned} v_4 &= v_2 + 0 \\ &= 4 + 0 \end{aligned}$$

ou

$$v_4 = 4 \text{ m/s}.$$

$4 < t \leq 6$: $a(t) = -2$ m/s² = constante. Logo, $v(t)$ é uma reta com inclinação de $-2$ m/s². A variação de $v(t)$ é dada por:

$$\begin{aligned} v_6 - v_4 &= \int_4^6 a(t)\,dt \\ &= \text{área sob a curva de } a(t) \text{ entre 4 e 6 s} \\ &= (-2)\,(2) \quad \text{(área de um retângulo)} \end{aligned}$$

ou

$$v_6 - v_4 = -4.$$

Logo

$$\begin{aligned} v_6 &= v_4 - 4 \\ &= 4 - 4 \end{aligned}$$

ou

$$v_6 = 0 \text{ m/s}.$$

O gráfico da velocidade obtido com este procedimento é mostrado na Fig. 9.41.

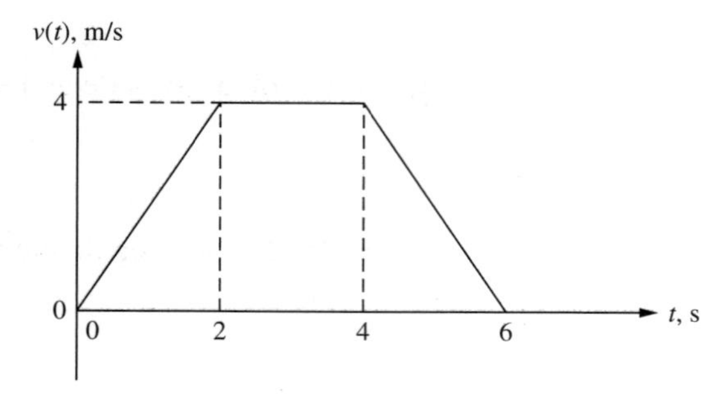


**Figura 9.41** Velocidade do veículo para o Exemplo 9-9.

(b) **Posição:** Agora, usemos $v(t)$ para desenhar o gráfico de $x(t)$, sabendo que $x(0) = 0$ e $x(t) - x(t_0) = \int_{t_0}^{t} v(t)\,dt$.

$0 \le t \le 2$: $v(t)$ é uma função linear (uma reta) com inclinação de 2 m/s². Portanto, $x(t)$ é uma função quadrática com inclinação positiva (concavidade para cima). A variação de $x(t)$ é dada por:

$$\begin{aligned} x_2 - x_0 &= \int_0^2 v(t)\,dt \\ &= \text{área sob a curva de } v(t) \text{ entre 0 e 2} \\ &= \frac{1}{2}(2)(4) \quad \text{(área de um retângulo)} \end{aligned}$$

ou

$$x_2 - x_0 = 4.$$

Logo

$$x_2 = x_0 + 4.$$

Como $x_0 = 0$

$$x_2 = 0 + 4$$

ou

$$x_2 = 4 \text{ m}.$$

$2 < t \le 4$: $v(t)$ tem valor constante de 4 m/s. Logo, $x(t)$ é uma reta com inclinação de 4 m/s. A variação de $x(t)$ é dada por:

$$\begin{aligned} x_4 - x_2 &= \int_2^4 v(t)\,dt \\ &= \text{área sob a curva de } v(t) \text{ entre 2 e 4} \\ &= (2)(4) \quad \text{(área de um retângulo)} \end{aligned}$$

ou

$$x_4 - x_2 = 8.$$

Logo

$$\begin{aligned} x_4 &= x_2 + 8 \\ &= 4 + 8 \end{aligned}$$

ou

$$x_4 = 12 \text{ m}.$$

$4 < t \le 6$: $v(t)$ é uma função linear (uma reta) com inclinação de –2 m/s². Portanto, $x(t)$ é uma função quadrática com inclinação negativa (concavidade para baixo). A variação de $x(t)$ é dada por:

$$x_6 - x_4 = \int_4^6 v(t)\,dt$$

$$= \text{área sob a curva de } v(t) \text{ entre 4 e 6}$$

$$= \frac{1}{2}(2)(4) \quad \text{(área de um retângulo)}$$

ou

$$x_6 - x_4 = 4.$$

Logo

$$x_6 = x_4 + 4$$
$$= 12 + 4$$

ou

$$x_6 = 16 \text{ m}.$$

O gráfico da posição obtido com este procedimento é mostrado na Fig. 9.42.

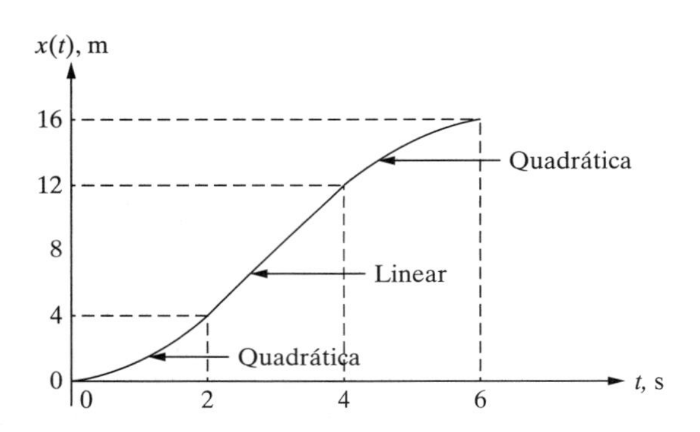


**Figura 9.42** Posição do veículo para o Exemplo 9-9.

## 9.6 APLICAÇÕES DE INTEGRAIS EM CIRCUITOS ELÉTRICOS

### 9.6.1 Corrente, Tensão e Energia Armazenada em um Capacitor

Nesta seção, usaremos integrais para obter a tensão em um capacitor no qual flui uma corrente (carga e descarga de um capacitor), assim como a energia total nele armazenada.

**Exemplo 9-10**

Para $t \geq 0$, uma corrente $i(t) = 24\, e^{-40t}$ mA é aplicada a um capacitor de 3 $\mu$F, como indicado na Fig. 9.43.

(a) Dado que $i(t) = C\frac{dv(t)}{dt}$, determinemos a tensão $v(t)$ no capacitor.

(b) Dado que $p(t) = v(t)i(t) = \frac{dw(t)}{dt}$, determinemos a energia armazenada $w(t)$ e mostremos que $w(t) = \frac{1}{2}Cv^2(t)$.

Consideremos que o capacitor esteja inicialmente descarregado, ou seja, que a tensão inicial e a energia armazenada inicial no capacitor sejam ambas iguais a zero.

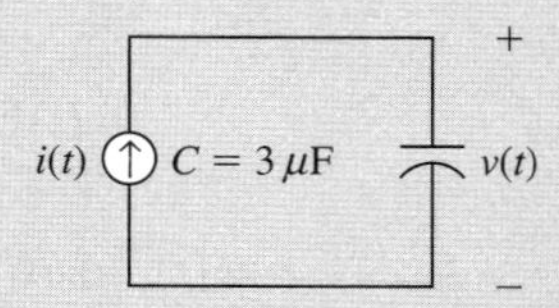


**Figura 9.43** Corrente aplicada a um capacitor.

**Solução** (a) Dado $\boldsymbol{i(t) = C\frac{dv(t)}{dt}}$, temos:

$$\frac{dv(t)}{dt} = \frac{1}{C}\,i(t). \tag{9.40}$$

Integrando os dois lados:

$$\int_0^t \frac{dv(t)}{dt}\,dt = \int_0^t \frac{1}{C}\,i(t)\,dt$$
$$[v(t)]_0^t = \frac{1}{C}\int_0^t i(t)\,dt$$
$$v(t) - v(0) = \frac{1}{C}\int_0^t i(t)\,dt$$

ou

$$\boldsymbol{v(t) = v(0) + \frac{1}{C}\int_0^t i(t)\,dt.} \tag{9.41}$$

Substituindo $v(0) = 0$ V, $C = 3 \times 10^{-6}$ F e $i(t) = 0{,}024e^{-40t}$ A na equação (9.41), a tensão no capacitor em um tempo $t$ qualquer é dada por:

$$\begin{aligned}
v(t) &= \frac{1}{3{,}0 \times 10^{-6}}\int_0^t 0{,}024\,e^{-40\,t}\,dt \\
&= \frac{0{,}024}{3{,}0 \times 10^{-6}}\int_0^t e^{-40\,t}\,dt \\
&= 8000\left[-\frac{1}{40}\,e^{-40\,t}\right]_0^t \\
&= -\frac{8000}{40}\left(e^{-40\,t} - e^0\right) \\
&= -200\left(e^{-40\,t} - 1\right)
\end{aligned}$$

ou

$$v(t) = 200\left(1 - e^{-40\,t}\right)\text{ V}.$$

(b) Por definição, a potência fornecida ao capacitor é:

$$\boldsymbol{p(t) = \frac{dw(t)}{dt}} \tag{9.42}$$

Integrando os dois lados da equação (9.42), temos:

$$\int_0^t \frac{dw(t)}{dt}\,dt = \int_0^t p(t)\,dt$$
$$[w(t)]_0^t = \int_0^t p(t)\,dt$$
$$w(t) - w(0) = \int_0^t p(t)\,dt$$

ou

$$\mathbf{w(t) = w(0) + \int_0^t p(t)\,dt.} \tag{9.43}$$

Como a energia armazenada no capacitor no tempo $t = 0$ é zero, $w(0) = 0$. A potência $p(t)$ é dada por:

$$\begin{aligned} p(t) &= v(t)\,i(t) \\ &= 200\,(1 - e^{-40\,t})\,(0{,}024\,e^{-40\,t}) \\ &= (200)\,(0{,}024)\,e^{-40\,t} - (200\,e^{-40\,t})\,(0{,}024\,e^{-40\,t}) \end{aligned}$$

ou

$$p(t) = 4{,}8\,e^{-40\,t} - 4{,}8\,e^{-80\,t}\,\text{W}. \tag{9.44}$$

Substituindo $w(0) = 0$ e $p(t)$ da equação (9.44) na equação (9.43), temos:

$$\begin{aligned} w(t) &= 0 + \int_0^t (4{,}8\,e^{-40\,t} - 4{,}8\,e^{-80\,t})\,dt \\ &= 4{,}8\left[-\frac{1}{40}\,e^{-40\,t}\right]_0^t - 4{,}8\left[-\frac{1}{80}\,e^{-80\,t}\right]_0^t \\ &= -\frac{4{,}8}{40}\,(e^{-40\,t} - 1) + \frac{4{,}8}{80}\,(e^{-80\,t} - 1) \\ &= -0{,}12\,e^{-40\,t} + 0{,}12 + 0{,}06\,e^{-80\,t} - 0{,}06 \end{aligned}$$

ou

$$w(t) = 0{,}06\,e^{-80\,t} - 0{,}12\,e^{-40\,t} + 0{,}06\ \text{J}. \tag{9.45}$$

Para mostrar que $w(t) = \frac{1}{2}\,Cv^2(t)$, calculemos a grandeza $\frac{1}{2}\,Cv^2(t)$:

$$\begin{aligned} \frac{1}{2}C\,v^2(t) &= \frac{1}{2}\,(3 \times 10^{-6})\,(200 - 200\,e^{-40\,t})^2 \\ &= (1{,}5 \times 10^{-6})\left[200^2 - 2(200)(200)e^{-40t} + (200e^{-40t})^2\right] \\ &= (1{,}5 \times 10^{-6})(4 \times 10^4 - 8 \times 10^4\,e^{-40\,t} + 4 \times 10^4\,e^{-80\,t}) \\ &= 0{,}06\,e^{-80\,t} - 0{,}12\,e^{-40\,t} + 0{,}06\ \text{J}. \end{aligned} \tag{9.46}$$

Uma comparação das equações (9.45) e (9.46) revela que $w(t) = \frac{1}{2}\,Cv^2(t)$.

**Exemplo 9-11**

A corrente $i(t)$ representada na Fig. 9.44 é aplicada a um capacitor de 20 $\mu$F. Desenhemos o gráfico da tensão $v(t)$ no capacitor sabendo que $i(t) = C\frac{dv(t)}{dt}$ ou $v(t) = v(t_0) + \frac{1}{C}\int_{t_0}^{t} i(t)\,dt$. Consideremos que a tensão inicial no capacitor seja zero (isto é, $v(0) = 0$ V).

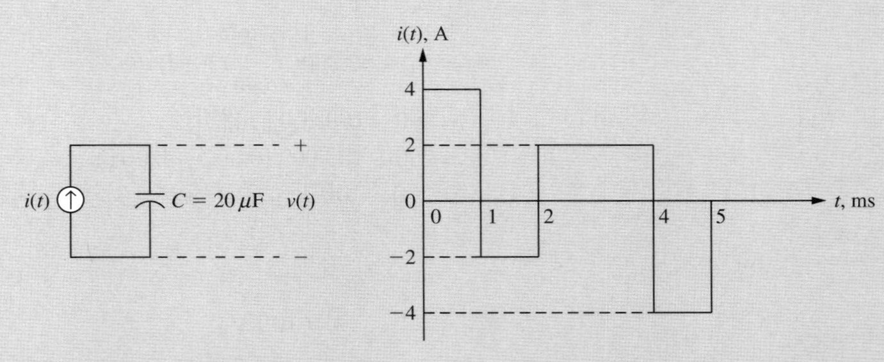


**Figura 9.44** Corrente aplicada a um capacitor.

**Solução** Como $C = 20\,\mu$F,

$$\begin{aligned}\frac{1}{C} &= \frac{1}{20\times 10^{-6}}\\ &= \frac{10^6}{20}\\ &= \frac{10^2\times 10^4}{20}\end{aligned}$$

ou

$$\frac{1}{C} = 50{,}000\ \text{F}^{-1}.$$

A tensão em cada intervalo de tempo pode, agora, ser calculada:

(a) $0 \le t \le 1$ ms: $t_0 = 0$, $v(t_0) = 0$ V e $i(t) = 4$ A = constante. Logo, $v(t) = \frac{1}{C}\int i(t)\,dt$ é uma reta com inclinação positiva. A tensão no tempo $t = 1$ ms é calculada como:

$$\begin{aligned}v_1 &= v_0 + 50.000\int_0^{0,001} 4\,dt\\ &= 0 + 200.000\,[\,t\,]_0^{0,001}\\ &= 200.000\,(0{,}001 - 0)\end{aligned}$$

ou

$$v_1 = 200\ \text{V}.$$

A variação de tensão no capacitor entre 0 e 1 ms também pode ser calculada sem recorrer à integração (ou seja, usando a geometria):

$$\begin{aligned}v_1 - v_0 &= \frac{1}{C}\times \text{área sob a curva da corrente entre 0 e 1 ms}\\ &= 50.000\,[(4)\,(0{,}001)] \quad \text{(área de um retângulo)}\end{aligned}$$

ou

$$v_1 - v_0 = 200\ \text{V}.$$

Logo, $v_1 = v_0 + 200 = 200$ V.

(b) 1 ms $< t \leq 2$ ms: $t_0 = 1$ ms, $v(t_0) = v_1 = 200$ V e $i(t) = -2$ A = constante. Com isto, $v(t) = \frac{1}{C}\int i(t)dt$ é uma reta com inclinação negativa. A tensão no tempo $t = 2$ ms é calculada como:

$$\begin{aligned} v_2 &= v_1 + 50.000 \int_{0,001}^{0,002} (-2)\, dt \\ &= 200 - 100.000\, [\, t\, ]_{0,001}^{0,002} \\ &= 200 - 100.000\, (0,002 - 0,001) \\ &= 200 - 100 \end{aligned}$$

ou

$$v_2 = 100 \text{ V}.$$

A variação de tensão no capacitor entre 1 e 2 ms também pode ser calculada usando a geometria:

$$\begin{aligned} v_2 - v_1 &= \frac{1}{C} \times \text{área sob a forma de onda da corrente entre 1 e 2 s} \\ &= 50.000\, [\, (-2)\, (0,001)] \\ v_2 - v_1 &= -100 \text{ V} \end{aligned}$$

Logo, $v_2 = v_1 - 100 = 200 - 100 = 100$ V.

(c) 2 ms $< t \leq 4$ ms: $t_0 = 2$ ms, $v(t_0) = v_2 = 100$ V e $i(t) = 2$ A = constante. Com isto, $v(t) = \frac{1}{C}\int i(t)dt$ é uma reta com inclinação positiva. A tensão no tempo $t = 4$ ms é calculada como:

$$\begin{aligned} v_4 &= v_2 + 50.000 \int_{0,002}^{0,004} 2\, dt \\ &= 100 + 100.000\, [t]_{0,002}^{0,004} \\ &= 100 + 100.000\, (0,004 - 0,002) \\ &= 100 + 100.000\, (0,002) \\ &= 100 + 200 \end{aligned}$$

ou

$$v_4 = 300 \text{ V}.$$

A variação de tensão no capacitor entre 2 e 4 ms também pode ser calculada usando a geometria:

$$\begin{aligned} v_4 - v_2 &= \frac{1}{C} \times \text{área sob a forma de onda da corrente entre 2 e 4 ms} \\ &= 50.000\, [\, (2)\, (0,002)\, ] \end{aligned}$$

ou

$$v_4 - v_2 = 200 \text{ V}.$$

Logo, $v_4 = v_2 + 200 = 100 + 200 = 300$ V.

(d) $4 \text{ ms} < t \leq 5 \text{ ms}$: $t_0 = 4$ ms, $v(t_0) = v_4 = 300$ V e $i(t) = -4$ A = constante. Com isto, $v(t) = \frac{1}{C}\int i(t)dt$ é uma reta com inclinação negativa. A tensão no tempo $t = 5$ ms é calculada como:

$$\begin{aligned} v_5 &= v_4 + 50.000 \int_{0,004}^{0,005} (-4)\,dt \\ &= 300 - 200.000\,[t]_{0,004}^{0,005} \\ &= 300 - 200.000\,(0,005 - 0,004) \\ &= 300 - 200.000\,(0,001) \\ &= 300 - 200 \end{aligned}$$

ou

$$v_5 = 100 \text{ V}.$$

A variação de tensão no capacitor entre 4 e 5 ms também pode ser calculada usando a geometria:

$$\begin{aligned} v_5 - v_4 &= \frac{1}{C} \times \text{área sob a forma de onda corrente entre 4 e 5 ms} \\ &= 50.000\,[\,(-4)\,(,001)] \end{aligned}$$

ou

$$v_5 - v_4 = -200 \text{ V}$$

Logo, $v_5 = v_4 - 200 = 300 - 200 = 100$ V.
O gráfico da tensão no capacitor é mostrado na Fig. 9.45.

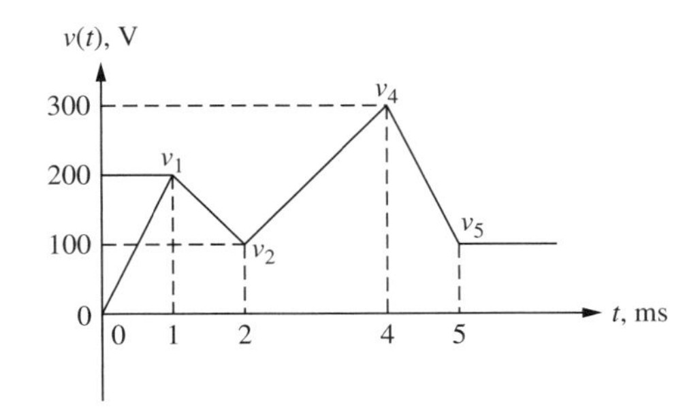


**Figura 9.45** Tensão no capacitor para o Exemplo 9-11.

**Exemplo 9-12**

A corrente dente de serra $i(t)$ representada na Fig. 9.46 é aplicada a um capacitor de 0,5 F. Desenhemos o gráfico da tensão $v(t)$ no capacitor sabendo que $i(t) = C\frac{dv(t)}{dt}$ ou $v(t) = v(t_0) + \frac{1}{C}\int_{t_0}^{t} i(t)dt$. Consideremos que o capacitor esteja totalmente descarregado em $t = 0$ (isto é, $v(0) = 0$ V).

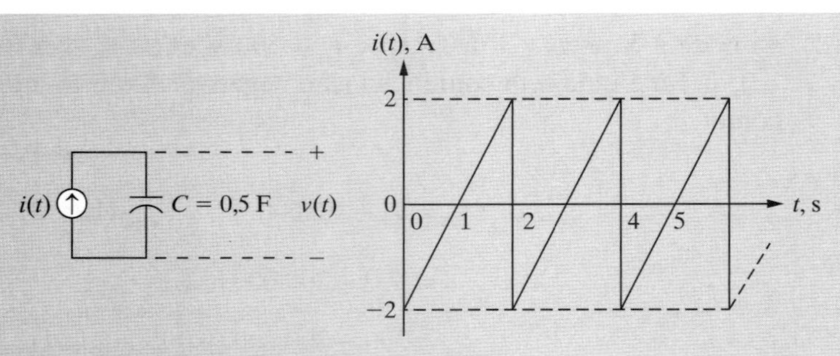


**Figura 9.46** Corrente dente de serra aplicada a um capacitor.

**Solução** A tensão em cada intervalo de tempo pode ser calculada como:

(a) $0 \le t \le 1$ s: $i(t)$ é uma reta; logo, $v(t) = \frac{1}{C}\int i(t)\,dt$ é uma função quadrática. A variação de tensão no capacitor no intervalo de tempo de 0 a 1 s pode ser calculada como:

$$\begin{aligned} v_1 - v_0 &= \frac{1}{C}\int_0^t i(t)\,dt \\ &= \frac{1}{0{,}5}\ \text{(área sob a forma de onda corrente entre 0 e 1 s)} \\ &= 2\left[\frac{1}{2}(1)(-2)\right]\ \text{(área de um triângulo)} \end{aligned}$$

ou

$$v_1 - v_0 = -2.$$

Resolvendo para $v_1$, temos

$$\begin{aligned} v_1 &= v_0 + (-2) \\ &= 0 - 2 \end{aligned}$$

ou

$$v_1 = -2\ \text{V}.$$

Além disso, como $\frac{dv(t)}{dt} = \frac{1}{C}i(t)$ é a inclinação de $v(t)$ no tempo $t$, a inclinação da tensão em $t = 0$ é $\frac{dv(t)}{dt} = \frac{1}{0{,}5}(-2) = -4$ V/s.

Em $t = 1$ s, a inclinação da tensão é $\frac{dv(t)}{dt} = \frac{1}{0{,}5}(0) = 0$ V/s.

Portanto, $v(t)$ é uma função quadrática decrescente que começa em $v(0) = 0$ V e, em $t =$ 1 s, termina em −2 V, com inclinação zero.

(b) $1 < t \le 2$ s: $i(t)$ é uma reta; logo, $v(t) = \frac{1}{C}\int i(t)\,dt$ é uma função quadrática. A variação de tensão no capacitor no intervalo de tempo de 1 a 2 s pode ser calculada como:

$$\begin{aligned} v_2 - v_1 &= \frac{1}{0{,}5}\ \text{(área sob a forma de onda corrente entre 1 e 2 s)} \\ &= 2\left[\frac{1}{2}(1)(2)\right]\ \text{(área de um triângulo)} \end{aligned}$$

ou

$$v_2 - v_1 = 2.$$

Resolvendo para $v_2$, temos

$$\begin{aligned} v_2 &= v_1 + 2 \\ &= -2 + 2 \end{aligned}$$

ou

$$v_2 = 0 \text{ V}.$$

Além disso, como $\frac{dv(t)}{dt} = \frac{1}{C}\, i(t)$ é a inclinação de $v(t)$,

$$\frac{dv(t)}{dt} = 0 \text{ V/s a } t = 1 \text{ s},$$

$$\frac{dv(t)}{dt} = \frac{1}{0{,}5}(2) = 4\text{V/s a } t = 2 \text{ s}.$$

Portanto, $v(t)$ é uma função quadrática crescente que começa com inclinação zero em $v_1 = -2$ V e termina em $v_2 = 0$ V, com inclinação de 4 V/s.

Como a tensão em $t = 2$ s é zero e a corrente aplicada ao capacitor entre 2 e 4 s é igual à aplicada entre 0 e 2 s, a tensão no capacitor entre 2 e 4 s é idêntica à tensão entre 0 e 2 s. O mesmo se aplica aos intervalos restantes. Um gráfico da tensão no capacitor é mostrado na Fig. 9.47.

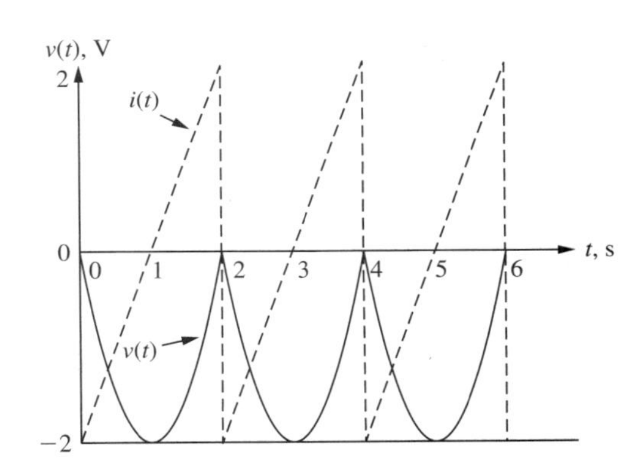


**Figura 9.47** Tensão em um capacitor submetido a uma corrente dente de serra.

## 9.7 CORRENTE E TENSÃO EM UM INDUTOR

Nesta seção, usaremos integrais para determinar a corrente que flui em um indutor quando ele é alimentado por uma fonte de tensão.

**Exemplo 9-13**

Uma tensão $v(t) = 10\cos(10t)$ V é aplicada a um indutor de 100 mH, como indicado na Fig. 9.48.

(a) Admitamos que a corrente inicial que flui no indutor seja $i(0) = 10$ A. Sabendo que $v(t) = L\frac{di(t)}{dt}$, integremos os dois lados da equação para calcular a corrente $i(t)$, e desenhemos o gráfico da corrente para $0 \le t \le \pi/5$ s.

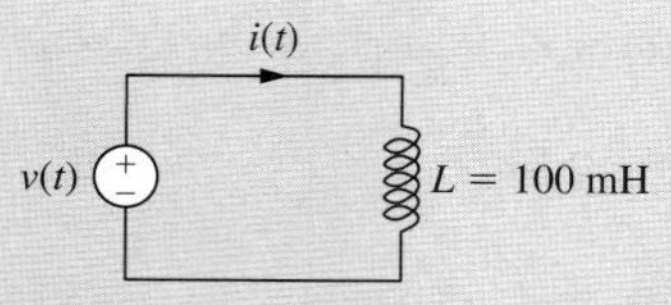

**Figura 9.48** Tensão aplicada a um indutor.

(b) Usando os resultados da parte (a), calculemos a potência $p(t) = v(t)\, i(t)$ fornecida ao indutor. Assumindo uma energia inicial armazenada no indutor $w(0) = 5$ J, calculemos a energia armazenada

$$w(t) = w(0) + \int_0^t p(t)\, dt, \tag{9.47}$$

e mostremos que $\boldsymbol{w(t) = \frac{1}{2} L\, i^2(t)}$.

**Solução**

(a) A relação tensão-corrente em um indutor é dada por:

$$L\,\frac{di(t)}{dt} = v(t)$$

ou

$$\frac{di(t)}{dt} = \frac{1}{L}\, v(t). \tag{9.48}$$

Integrando os dois lados da equação (9.48) do tempo inicial $t_0$ ao tempo $t$, obtemos:

$$\int_{t_0}^{t} \frac{di(t)}{dt} = \frac{1}{L}\int_{t_0}^{t} v(t)\, dt$$

$$[i(t)]_{t_0}^{t} = \frac{1}{L}\int_{t_0}^{t} v(t)\, dt$$

$$i(t) - i(t_0) = \frac{1}{L}\int_{t_0}^{t} v(t)\, dt$$

ou

$$i(t) = i(t_0) + \frac{1}{L}\int_{t_0}^{t} v(t)\, dt. \tag{9.49}$$

Substituindo $t_0 = 0$, $L = 0{,}1$ H, $i(0) = 10$ A e $v(t) = 10\cos(10t)$ V na equação (9.49), temos:

$$i(t) = 10 + \frac{1}{0{,}1}\int_0^t 10\cos(10\,t)\, dt$$

$$= 10 + 100\left[\frac{1}{10}\,\text{sen}(10\,t)\right]_0^t$$

$$= 10 + 10\,(\,\text{sen}\,10\,t - 0\,)$$

ou

$$i(t) = 10 + 10\,\text{sen}\,10\,t \text{ A}. \tag{9.50}$$

A corrente $i(t)$ obtida na equação (9.50) é uma função periódica com frequência $\omega = 10$ rad/s; o período é:

$$T = \frac{2\pi}{\omega} = \frac{2\pi}{10}$$

ou

$$T = \frac{\pi}{5}\ \text{s}.$$

Portanto, o gráfico de $i(t)$ é apenas a senoide $10\,\text{sen}(10t)$ deslocada 10 A para cima, como mostrado na Fig. 9.49.

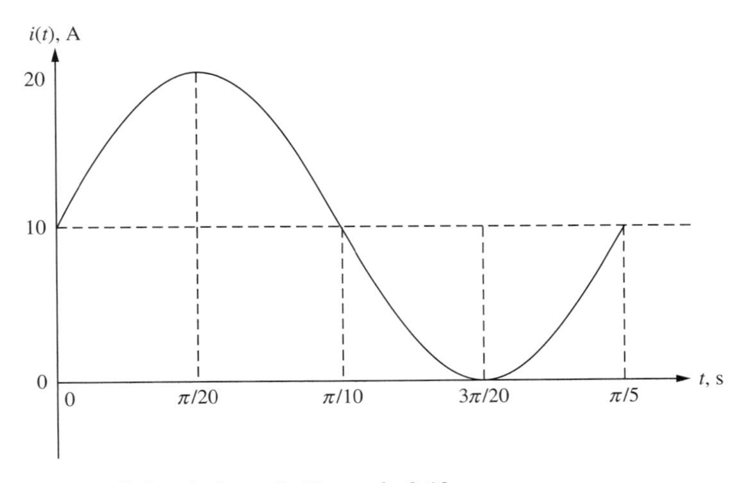


**Figura 9.49** Corrente que flui no indutor do Exemplo 9-13.

(b) A potência $p(t)$ fornecida ao indutor é dada por:

$$\begin{aligned} p(t) &= v(t)\, i(t) \\ &= (10\cos(10t))\,(10 + 10\,\text{sen}\,(10t)) \\ &= 100\cos(10t) + 100\,\text{sen}\,(10t)\cos(10t) \\ &= 100\cos(10t) + 50\,(2\,\text{sen}\,(10t)\cos(10t)) \\ &= 100\cos(10t) + 50\,\text{sen}\,(20t) \end{aligned}$$

ou

$$p(t) = 100\,(\cos(10t) + 0{,}5\,\text{sen}\,(20t))\ \text{W}. \tag{9.51}$$

A energia armazenada no indutor é calculada como:

$$w(t) = w(0) + \int_0^t p(t)\,dt. \tag{9.52}$$

Substituindo $w(0) = 5$ J e $p(t)$ obtida na equação (9.51), temos:

$$\begin{aligned} w(t) &= 5 + \int_0^t 100\,(\cos(10\,t) + 0{,}5\ \text{sen}\,(20\,t))\,dt \\ &= 5 + 100\left[\frac{\text{sen}\,(10\,t)}{10}\right]_0^t + 50\left[-\frac{\cos 20\,t}{20}\right]_0^t \\ &= 5 + 10\,(\text{sen}\,(10\,t) - 0) - 2{,}5\,(\cos(20\,t) - 1) \end{aligned}$$

ou

$$w(t) = 7{,}5 + 10\ \text{sen}\,(10\,t) - 2{,}5\cos(20\,t)\ \text{J}. \tag{9.53}$$

Para mostrar que $w(t) = \frac{1}{2}L\,i^2(t)$, calculemos a grandeza $\frac{1}{2}L\,i^2(t)$:

$$\begin{aligned} \frac{1}{2}L\,i^2(t) &= \frac{1}{2}(0{,}1)\,(10 + 10\,\text{sen}\,(10\,t))^2 \\ &= 0{,}05\,\left[10^2 + 2(10)(10)\,\text{sen}\,(10\,t) + (10\,\text{sen}\,(10\,t))^2\right] \\ &= 0{,}05\,(100 + 200\,\text{sen}\,(10\,t) + 100\,\text{sen}^2\,(10\,t)). \end{aligned}$$

Notando que $\text{sen}^2(10t) = \left(\frac{1-\cos(20t)}{2}\right)$, temos:

$$\begin{aligned} \frac{1}{2}L\,i^2(t) &= 5 + 10\,\text{sen}\,(10\,t) + 5\left(\frac{1-\cos(20\,t)}{2}\right) \\ &= 5 + 10\,\text{sen}\,(10\,t) + 2{,}5 - 2{,}5\cos(20\,t) \\ &= 7{,}5 + 10\,\text{sen}\,(10t) - 2{,}5\cos(20\,t)\ \text{J}, \end{aligned} \tag{9.54}$$

que reproduz a equação (9.53).

**Exemplo 9-14**

Uma tensão $v(t)$ é aplicada a um indutor de 500 mH, como indicado na Fig. 9.50. Sabendo que $v(t) = L\frac{di(t)}{dt}$ (ou $i(t) = \frac{1}{L}\int v(t)\,dt$, usemos integrais para desenhar o gráfico de $i(t)$. Consideremos que a corrente inicial que flui no indutor seja zero (isto é, $i(0) = 0$A).

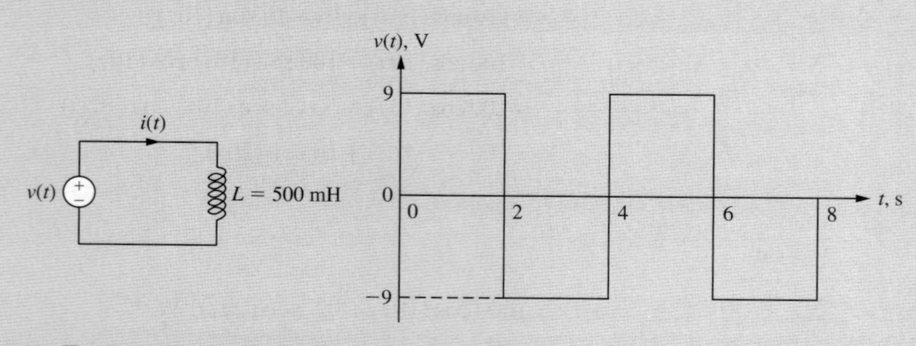


**Figura 9.50** Tensão aplicada a um indutor.

**Solução** Usando a equação (9.49), a corrente $i(t)$ que flui no indutor em cada intervalo de tempo pode ser calculada:

(a) $0 \leq t \leq 2$ s: $v(t) = 9$ V = constante. Logo, $i(t)\ \frac{1}{L}\int v(t)\,dt$ é uma reta com inclinação positiva. A variação da corrente neste intervalo é calculada como:

$$\begin{aligned} i_2 - i_0 &= \frac{1}{L}\int_0^2 v(t)dt \\ &= \frac{1}{0{,}5}\ \text{(área sob a forma de onda da tensão entre 0 e 2 s)} \\ &= \frac{1}{0{,}5}\ [\,(2)\,(9)\,] \end{aligned}$$

ou

$$i_2 - i_0 = 36 \text{ A}.$$

Resolvendo para $i_2$, temos

$$\begin{aligned} i_2 &= i_0 + 36 \\ &= 0 + 36 \end{aligned}$$

ou

$$i_2 = 36 \text{ A}.$$

Notemos que a equação para a corrente que flui no indutor em qualquer tempo $t$ entre 0 e 2 s também pode ser calculada como:

$$\begin{aligned} i(t) &= i(0) + \frac{1}{L}\int_0^t v(t)\,dt \\ &= 0 + \frac{1}{0{,}5}\int_0^t 9\,dt \\ &= (2)\,(9)[t]_0^t \end{aligned}$$

ou

$$i(t) = 18\,t.$$

(b) $2 < t \leq 4$ s: $v(t) = -9$ V = constante. Logo, $i(t) = \frac{1}{L}\int v(t)\,dt$ é uma reta com inclinação negativa. A variação da corrente neste intervalo é calculada como:

$$\begin{aligned} i_4 - i_2 &= \frac{1}{0{,}5}\ \text{(área sob a forma de onda da tensão entre 2 e 4 s)} \\ &= \frac{1}{0{,}5}\ [\,(2)\,(-9)\,] \end{aligned}$$

ou

$$i_4 - i_2 = -36 \text{ A}.$$

Resolvendo para $i_4$, temos

$$\begin{aligned} i_4 &= i_2 - 36 \\ &= 36 - 36 \end{aligned}$$

ou

$$i_4 = 0 \text{ A}.$$

Notemos que a equação para a corrente que flui no indutor em qualquer tempo $t$ entre 2 e 4 s também pode ser calculada como:

$$\begin{aligned} i(t) &= i(2) + \frac{1}{L}\int_2^t v(t)\,dt \\ &= 36 + \frac{1}{0{,}5}\int_2^t -9\,dt \\ &= 36 - 18\,[t]_2^t \\ &= 36 - 18\,(t-2) \end{aligned}$$

ou

$$i(t) = -18\,t + 72.$$

Como a corrente em $t = 4$ s é zero (igual à corrente em $t = 0$) e a tensão aplicada ao indutor entre 4 e 8 s é igual à aplicada entre 0 e 4 s, a corrente que flui no indutor entre 4 e 8 s é idêntica à corrente entre 0 e 4 s. A resultante forma de onda da corrente (onda triangular) é mostrada na Fig. 9.51.

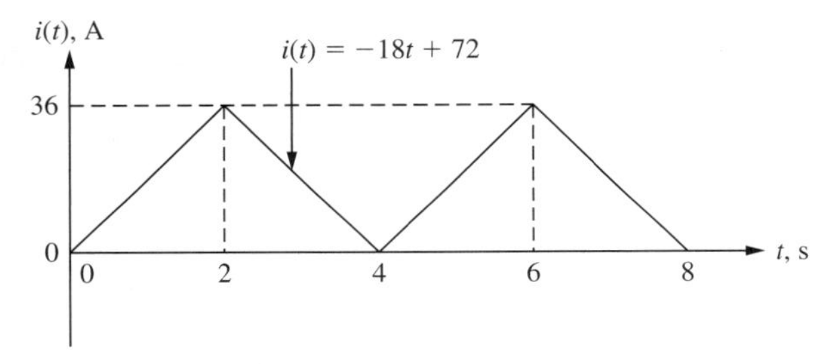


**Figura 9.51** Corrente que flui no indutor do Exemplo 9-14.

## 9.8 EXEMPLOS ADICIONAIS DE INTEGRAIS NA ENGENHARIA

**Exemplo 9-15**

Um engenheiro biomédico mede o perfil de velocidade de passageiros com e sem cinto de segurança em um veículo durante uma colisão frontal a 35 milhas por hora (mph), como ilustrado na Fig. 9.52.

(a) Sabendo que $x(t) = x(0) + \int_0^t v(t)\,dt$, determinemos o deslocamento $x(t)$ do passageiro com cinto de segurança e desenhemos o gráfico correspondente para o intervalo de tempo de 0 a 50 ms. Consideremos que o deslocamento inicial em $t = 0$ seja 0 m (isto é, $x(0) = 0$ m).

(b) Determinemos o deslocamento $x(t)$ do passageiro sem cinto de segurança e desenhemos o gráfico correspondente para o intervalo de tempo de 0 a 50 ms. Consideremos $x(0) = 0$ m.

(c) Com base nos resultados das partes (a) e (b), determinemos a distância adicional viajada pelo passageiro sem cinto de segurança, em comparação com o passageiro com cinto de segurança.

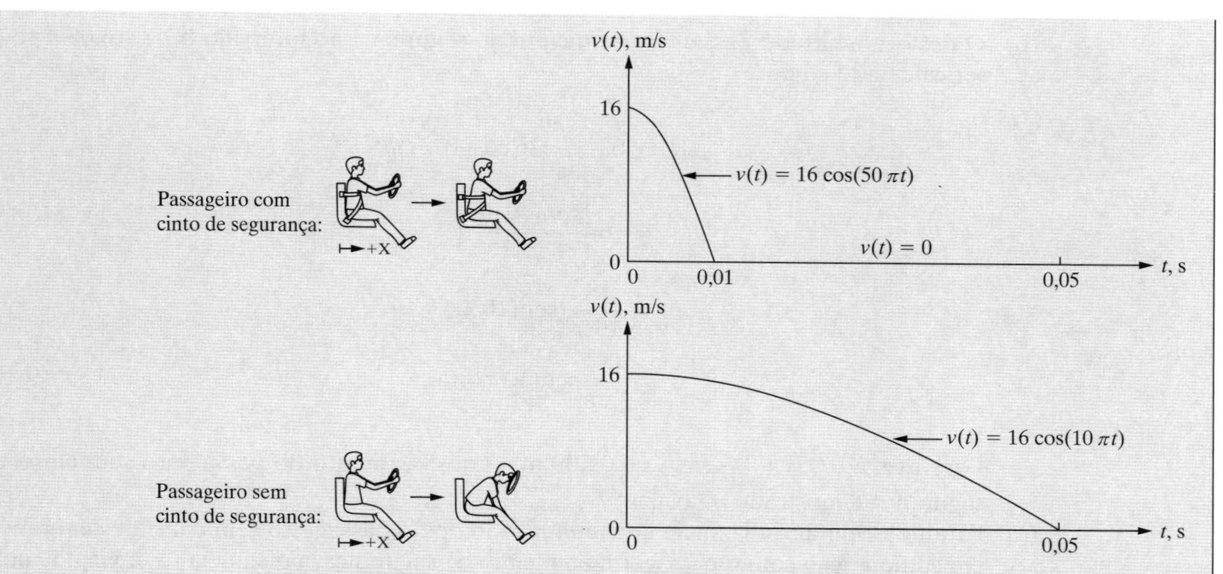


**Figura 9.52** Velocidades de passageiros com e sem cinto de segurança durante uma colisão frontal.

**Solução** (a) O deslocamento do passageiro com cinto de segurança pode ser calculado da expressão:

$$x(t) = x(0) + \int_0^t v(t)dt$$

(i) para $0 \le t \le 0{,}01$ s

$$x(t) = 0 + \int_0^t 16\cos(50\pi t)dt = 16\left[\frac{\text{sen}(50\pi t)}{50\pi}\right]_0^t = \frac{16}{50\pi}[\text{sen}(50\pi t) - 0]$$

$$= \frac{8}{25\pi}\,\text{sen}(50\pi t)\text{ m.} \tag{9.55}$$

Portanto, $x(0{,}01) = \frac{8}{25\pi}\,\text{sen}\left(\frac{\pi}{2}\right) = 0{,}102$ m.

(ii) $0{,}01 \le t \le 0{,}05$ s

$$x(t) = 0{,}102 + \int_0^t 0\,dt$$

$$= 0{,}102\text{ m.} \tag{9.56}$$

O deslocamento do passageiro com cinto de segurança durante a colisão frontal é mostrado na Fig. 9.53.

**Figura 9.53** Deslocamento do passageiro com cinto de segurança durante a colisão frontal.

(b) O deslocamento do passageiro sem cinto de segurança no intervalo $0 \leq t \leq 0{,}05$ s pode ser calculado como:

$$\begin{aligned} x(t) &= 0 + \int_0^t 16\cos(10\pi t)dt \\ &= 16\left[\frac{\text{sen}(10\pi t)}{10\pi}\right]_0^t \\ &= \frac{16}{10\pi}\left[\text{sen}(10\pi t) - 0\right] \\ &= \frac{8}{5\pi}\,\text{sen}(10\pi t)\text{ m.} \end{aligned} \tag{9.57}$$

Portanto, $x(0{,}05) = \frac{8}{5\pi}\,\text{sen}\left(\frac{\pi}{2}\right) = 0{,}509$ m. O deslocamento do passageiro sem cinto de segurança é mostrado na Fig. 9.54.

(c) Para determinar a distância adicional viajada pelo passageiro sem cinto de segurança, em comparação com o passageiro com cinto de segurança, a distância total viajada pelo passageiro com cinto de segurança em 50 ms é subtraída da distância total viajada pelo passageiro sem cinto de segurança:

$$\begin{aligned} \Delta x &= x_{\text{sem cinto}}(0{,}05) - x_{\text{com cinto}}(0{,}05) \\ &= 0{,}509 - 0{,}102 \\ &= 0{,}407\text{ m.} \end{aligned}$$

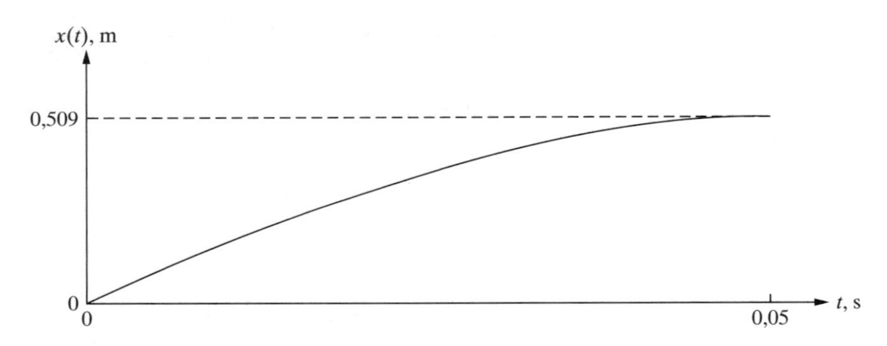


**Figura 9.54** Deslocamento do passageiro sem cinto de segurança durante colisão frontal.

**Exemplo 9-16**

Um engenheiro biomédico testa, em uma torre de desaceleração vertical, um assento de avião absorvedor de energia, como ilustrado na Fig. 9.55. O perfil de aceleração da cabine em queda é descrita por:

$$a(t) = 500\,\text{sen}(40\pi t)\text{ m/s}^2.$$

(a) Sabendo que $v(t) = v(0) + \int_0^t a(t)dt$, determinemos a velocidade $v(t)$ da cabine em queda e desenhemos o gráfico correspondente. Consideremos que a cabine em queda parta do repouso em $t = 0$ s.

(b) Qual é a velocidade da cabine em queda no momento do impacto no solo, $v_{\text{impacto}}$, admitindo que a queda dure 25 ms.

(c) O impulso total $I$ é igual à variação do momento. Por exemplo, $I = \Delta p = p_f - p_i = mv_{\text{impacto}} - mv_0$, em que $m$ é a massa do sistema, $v_{\text{impacto}}$ é a velocidade final, $v_0$ é a velocidade inicial, $p$ é o momento e $I$, o impulso. Determinemos o impulso total após 25 ms. Consideremos que a massa total da cabine, assento e boneco de teste seja de 1000 kg.

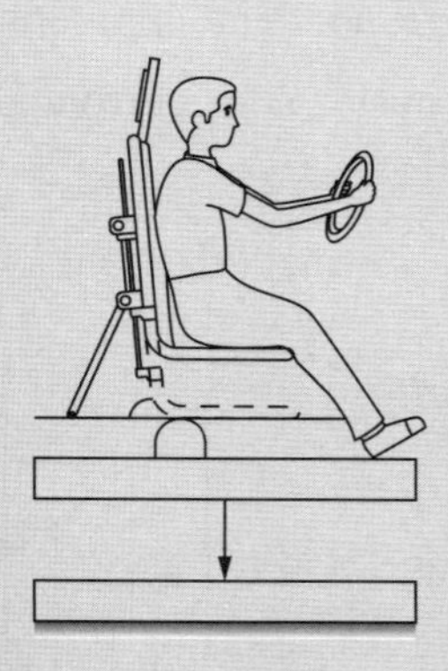

**Figura 9.55** Assento de avião absorvedor de energia.

**Solução** (a) A velocidade da cabine pode ser calculada como:

$$\begin{aligned} v(t) &= v(o) + \int_0^t a(t)dt \\ &= 0 + \int_0^t 500 \operatorname{sen}(40\,\pi t)dt \\ &= 500\left[-\frac{\cos(40\,\pi t)}{40\,\pi}\right]_0^t \\ &= -\frac{500}{40\,\pi}\left[\cos(40\,\pi t) - 1\right] \\ &= \frac{25}{2\,\pi}\left[1 - \cos(40\,\pi t)\right] \text{ m/s.} \end{aligned} \tag{9.58}$$

(b) A velocidade da cabine ao atingir o solo pode ser determinada substituindo $t = 25$ ms $= 0{,}025$ s na equação (9.58):

$$\begin{aligned} v_{\text{impacto}} &= \frac{25}{2\,\pi}\left[1 - \cos(\,40\,\pi(0{,}025)\,)\right] \\ &= \frac{25}{2\,\pi}\left[1 - \cos(\pi)\right] \\ &= \frac{25}{2\,\pi}\left[1 - (-1)\right] \\ &= \frac{50}{2\,\pi} \\ &= 7{,}96 \text{ m/s.} \end{aligned}$$

(c) O impulso total é calculado como:

$$\begin{aligned} I &= m\,v_{\text{impacto}} - m\,v_0 \\ &= (1000)\,(7{,}96) - (1000)\,(0) \\ &= 7960\,\frac{\text{kg m}}{\text{s}}. \end{aligned}$$

**Exemplo 9-17**

Um engenheiro civil projeta a marquise de um edifício para suportar uma carga com distribuição parabólica por unidade de comprimento $p(x) = \hat{p}\left(1 - \frac{x}{L}\right)^2$, como indicado na Fig. 9.56.

(a) Calculemos a força resultante $V = \int_0^L p(x)dx$.

(b) Calculemos o correspondente momento $M = \int_0^L xp(x)dx$.

(c) Determinemos a posição do centroide da carga $\bar{x} = \frac{\int_0^L xp(x)dx}{\int_0^L p(x)dx} = \frac{M}{V}$.

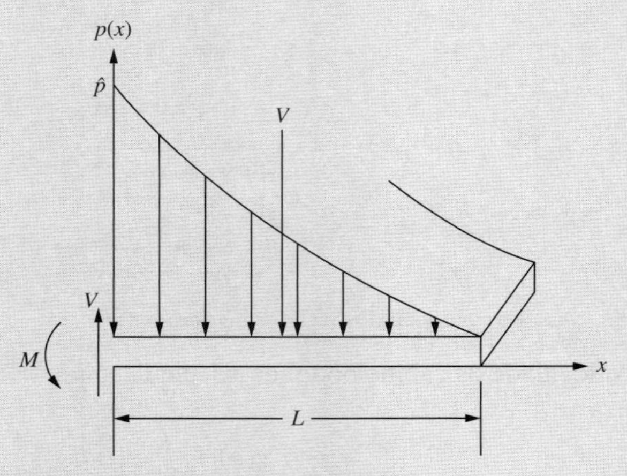


**Figura 9.56** Carga sobre marquise de um edifício.

**Solução**

(a) A força resultante $V$ por unidade de largura é calculada como:

$$V = \int_0^L p(x)dx = \int_0^L \hat{p}\left(1 - \frac{x}{L}\right)^2 dx$$

$$= \int_0^L \hat{p}\left(1 - \frac{2x}{L} + \frac{x^2}{L^2}\right) dx = \hat{p}\left[(x) - \frac{2}{L}\left(\frac{x^2}{2}\right) + \frac{1}{L^2}\left(\frac{x^3}{3}\right)\right]_0^L$$

$$= \hat{p}\left[(L - 0) - \frac{1}{L}(L^2 - 0) + \frac{1}{3L^2}(L^3 - 0)\right] = \hat{p}\left[L - L + \frac{L}{3}\right]$$

ou

$$V = \hat{p}\,\frac{L}{3}. \tag{9.59}$$

(b) O correspondente momento $M$ é obtido como:

$$M = \int_0^L x\,p(x)dx = \int_0^L \hat{p}\left[x\left(1 - \frac{x}{L}\right)^2\right] dx$$

$$= \int_0^L \hat{p}\left[x - \frac{2x^2}{L} + \frac{x^3}{L^2}\right] dx = \hat{p}\left[\left(\frac{x^2}{2}\right) - \frac{2}{L}\left(\frac{x^3}{3}\right) + \frac{1}{L^2}\left(\frac{x^4}{4}\right)\right]_0^L$$

$$= \hat{p}\left[\left(\frac{1}{2}\right)(L^2 - 0) - \frac{2}{3L}(L^3 - 0) + \frac{1}{4L^2}(L^4 - 0)\right]$$

$$= \hat{p}\left[\frac{L^2}{2} - \frac{2L^2}{3} + \frac{L^2}{4}\right]$$

ou

$$M = \hat{p}\,\frac{L^2}{12}.$$

(c) A posição $\bar{x}$ do centroide é calculada como:

$$\bar{x} = \frac{M}{V} = \frac{\frac{\hat{p}\,L^2}{12}}{\frac{\hat{p}\,L}{3}}$$

ou $$\bar{x} = \frac{L}{4}.$$

**Exemplo 9-18**

A marquise de um edifício é submetida a uma carga com distribuição triangular $p(x)$, como ilustrado na Fig. 9.57. A marquise consiste em duas placas metálicas separadas por um núcleo não metálico de espessura $h$. Esta construção em sanduíche se deforma principalmente devido a cisalhamento; a deflexão $y(x)$ satisfaz a relação:

$$y(x) = \frac{1}{h\,G}\int_0^x \left[\int_0^x p(x)\,dx - V\right] dx, \tag{9.60}$$

em que $V = p_0\frac{L}{2}$, $p(x) = p_0\left(1-\frac{x}{L}\right)$ e G é o módulo de cisalhamento.

(a) Apliquemos a equação (9.60) para obter a deflexão $y(x)$.
(b) Determinemos a posição e o valor da máxima deflexão.

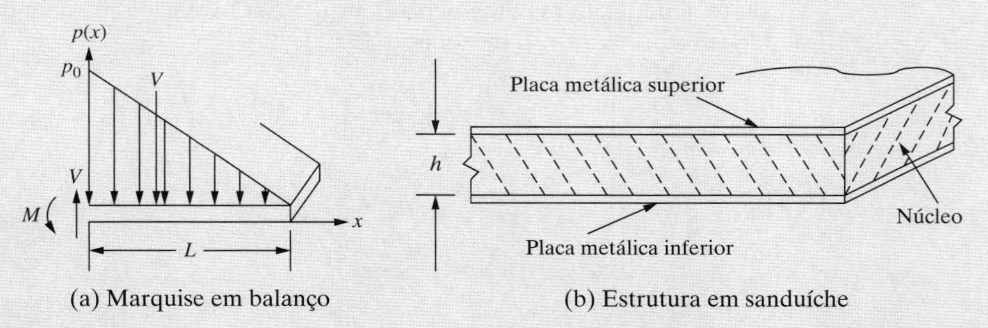


**Figura 9.57** Marquise com estrutura em sanduíche submetida a uma carga com distribuição triangular.

**Solução**

(a) Substituindo $V = p_0\frac{L}{2}$ e $p(x) = p_0\left(1-\frac{x}{L}\right)$ na equação (9.60), temos:

$$y(x) = \frac{1}{h\,G}\int_0^x \left[\int_0^x p_0\left(1-\frac{x}{L}\right)dx - p_0\frac{L}{2}\right]dx$$

$$= \frac{1}{h\,G}\int_0^x \left[p_0\left[x-\frac{x^2}{2\,L}\right]_0^x - p_0\frac{L}{2}\right]dx$$

$$= \frac{1}{h\,G}\int_0^x \left[p_0\left\{\left(x-\frac{x^2}{2\,L}\right)-(0-0)\right\} - p_0\frac{L}{2}\right]dx$$

$$= \frac{p_0}{h\,G}\int_0^x \left[x-\frac{x^2}{2\,L}-\frac{L}{2}\right]dx$$

$$= \frac{p_0}{hG}\left[\frac{x^2}{2} - \frac{x^3}{6L} - \frac{L}{2}x\right]_0^x$$

$$= \frac{p_0}{hG}\left[\left(\frac{x^2}{2} - \frac{x^3}{6L} - \frac{L}{2}\right) - (0 - 0 - 0)\right]$$

$$= \frac{p_0 x}{2hG}\left(x - \frac{x^2}{3L} - L\right)$$

ou

$$y(x) = -\frac{p_0 x}{2hG}\left[L - x\left(1 - \frac{x}{3L}\right)\right]. \tag{9.61}$$

(b) A posição da deflexão máxima pode ser calculada igualando a derivada de $y(x)$ a zero:

$$\frac{dy(x)}{dx} = 0$$

$$\frac{d}{dx}\left(-\frac{p_0 x}{2hG}\left[L - x\left(1 - \frac{x}{3L}\right)\right]\right) = 0$$

$$-\frac{p_0}{2hG}\left(L - 2x + \frac{3x^2}{3L}\right) = 0$$

$$x^2 - 2xL + L^2 = 0$$

$$(x - L)^2 = 0.$$

Portanto, a deflexão máxima ocorre em $x = L$. O valor da máxima deflexão pode ser obtido substituindo $x = L$ na equação (9.61):

$$y(L) = -\frac{p_0 L}{2hG}\left[L - L\left(1 - \frac{L}{3L}\right)\right]$$

$$= -\frac{p_0 L}{2hG}\left(\frac{L}{3}\right)$$

$$= -\frac{p_0 L^2}{6hG}.$$

Logo, o máximo valor da deflexão é $\frac{p_0 L^2}{6hG}$.

## EXERCÍCIOS

**9-1** O perfil de um dente de engrenagem mostrado na Fig. E9.1(a) é aproximado pela equação quadrática $y(x) = -\frac{4k}{l}x(x-l)$.

(a) Estime a área $A$ usando seis retângulos de mesma largura ($\Delta x = l/6$), como indicado na Fig. E9.1(b).

(b) Calcule a área exata por meio da integral definida $A = \int_0^l y(x)\,dx$.

**9-2** O perfil de um dente de engrenagem mostrado na Fig. E9.2 é aproximado pela equação trigonométrica $y(x) = \frac{k}{2}\left(1 - \cos\left(\frac{2\pi x}{l}\right)\right)$.

(a) Estime a área $A$ usando oito retângulos de mesma largura

$\Delta x = l/8$, i.e.,

$$A = \sum_{i=1}^{8} y(x_i)\,\Delta x.$$

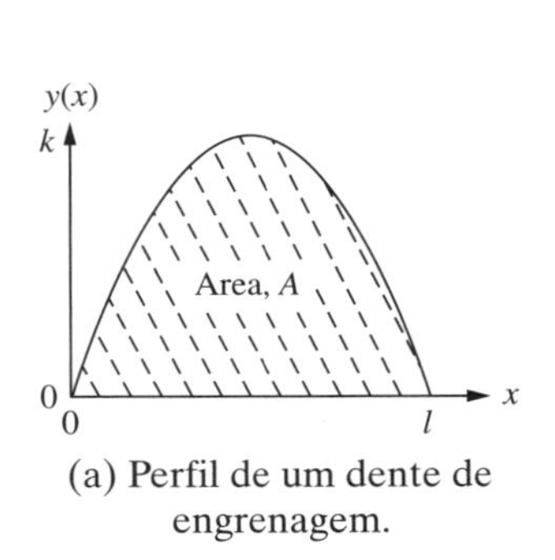

(a) Perfil de um dente de engrenagem.

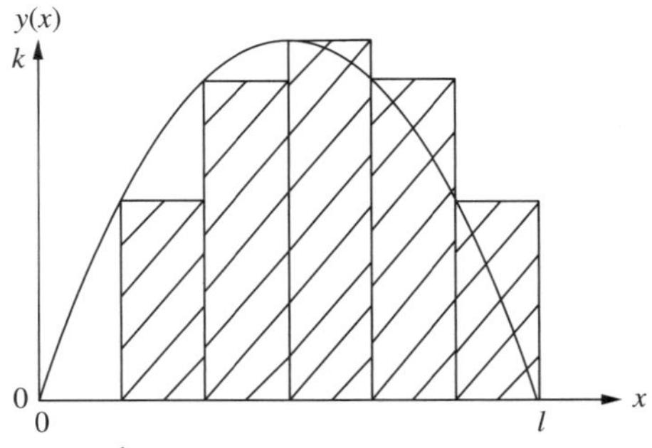

(b) Área de um dente de engrenagem estimada por seis retângulos.

**Figura E9.1** Área de um dente de engrenagem para o Exercício 9-1.

(b) Calcule a área exata por integração:

$$A = \int_0^l y(x)\,dx.$$

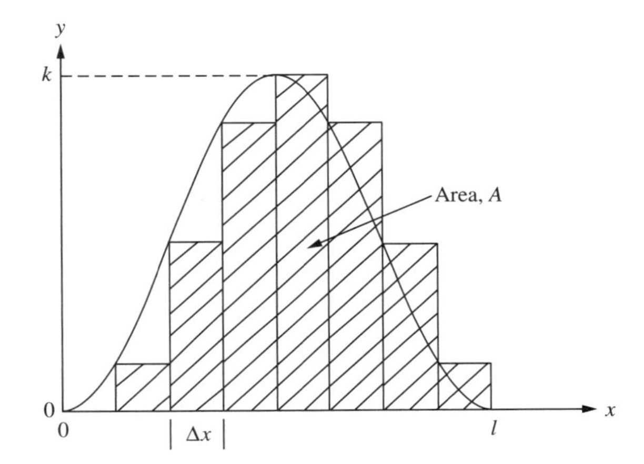

**Figura E9.2** Perfil de um dente de engrenagem para o Exercício 9-2.

**9-3** A velocidade de um objeto em função do tempo é representada na Fig. E9.3. A aceleração é constante durante os primeiros 4 segundos do movimento, de modo que a velocidade é uma função linear do tempo, com $v(t) = 0$ em $t = 0$ e $v(t) = 100$ pés/s em $t = 4$ s. A velocidade é constante durante os restantes 6 s.

(a) Estime a distância total percorrida (área $A$ sob a curva da velocidade) usando cinco retângulos de mesma largura ($\Delta t = 10/5 = 2$ s).

(b) Estime a distância total percorrida usando 10 retângulos de mesma largura.

(c) Calcule a área exata sob a curva da velocidade, ou seja, calcule a distância total percorrida usando a integral definida $A = \int_0^{10} v(t)\,dt$.

(d) Calcule a área exata somando as áreas do triângulo e do retângulo limitados pela curva da velocidade.

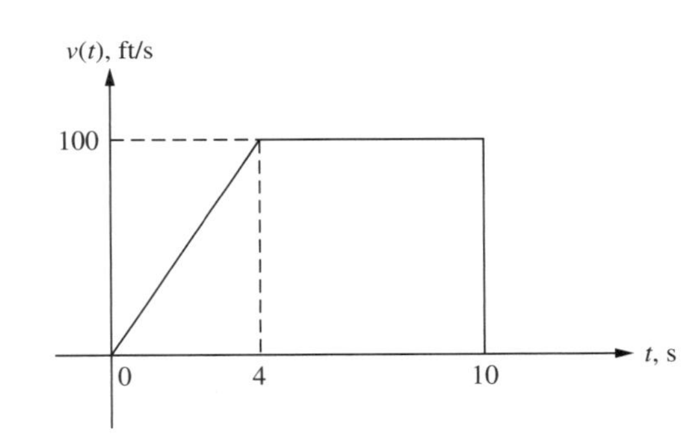

**Figura E9.3** Velocidade de um objeto.

**9-4** Uma partícula é acelerada ao longo de uma trajetória curvilínea de comprimento $l$, sob a ação de uma força $f(x)$, como indicado na Fig. E9.4. O trabalho total realizado na partícula é:

$$W = \int_0^l f(x)\,dx \text{ N-m.}$$

Com $l = 4{,}0$ m, determine o trabalho realizado para:

(a) $f(x) = 8x^3 + 6x^2 + 4x + 2$ N.

(b) $f(x) = 4e^{-2x}$ N.

(c) $f(x) = 1 - 2\text{sen}^2\left(\frac{\pi x}{2}\right)$ N.

*Sugestão:* Use uma identidade trigonométrica.

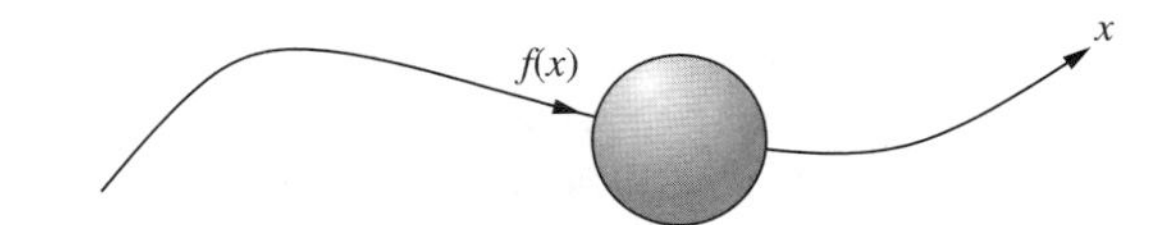


Figura E9.4 Partícula que se move em trajetória curvilínea.

**9-5** Sob a ação de uma força $f(x)$, uma partícula é acelerada ao longo de uma trajetória curvilínea de comprimento $l = 3{,}0$ m, como indicado na Fig. E9.4. O trabalho total realizado na partícula é:

$$W = \int_0^l f(x)\,dx.$$

Determine o trabalho realizado para:

(a) $f(x) = 2x^4 + 3x^3 + 4x - 1$ N.

(b) $f(x) = e^{-2x}(1 + e^{4x})$ N.

(c) $f(x) = 2\underset{\text{sen}}{\sin}\left(\frac{\pi x}{l}\right) + 3\cos\left(\frac{\pi x}{l}\right)$ N.

**9-6** Quando uma força variável é aplicada a um objeto, este se desloca por uma distância de 5 m. O trabalho total realizado no objeto é dado por:

$$W = \int_0^5 f(x)\,dx \ \text{N-m}.$$

Determine o trabalho realizado quando a força é:

(a) $f(x) = (x+1)^3$ N.

(b) $f(x) = 10\underset{\text{sen}}{\sin}\left(\frac{\pi}{10}x\right)\cos\left(\frac{\pi}{10}x\right)$ N.

*Sugestão:* Use a fórmula do ângulo duplo.

**9-7** Uma área triangular é limitada por uma reta no plano *x-y*, como indicado na Fig. E9.7(a).

(a) Obtenha a equação da reta $y(x)$.

(b) Calcule a área $A$ por integração,

$$A = \int_0^b y(x)\,dx.$$

(c) Determine a posição do centroide $G$ por integração com retângulos verticais, como indicado na Fig. E9.7(b); em outras palavras, calcule:

$$\bar{x} = \frac{\int x\,dA}{A} = \frac{\int x\,y(x)\,dx}{A}$$

e

$$\bar{y} = \frac{\int \frac{y}{2}\,dA}{A} = \frac{\frac{1}{2}\int (y(x))^2\,dx}{A}.$$

(d) Agora, calcule $x$ em função de $y$ e recalcule a coordenada $y$ do centroide $G$ por integração com retângulos horizontais, como indicado na Fig. E9.7(c), ou seja,

$$\bar{y} = \frac{\int y\,dA}{A} = \frac{\int y\,x(y)\,dy}{A}.$$

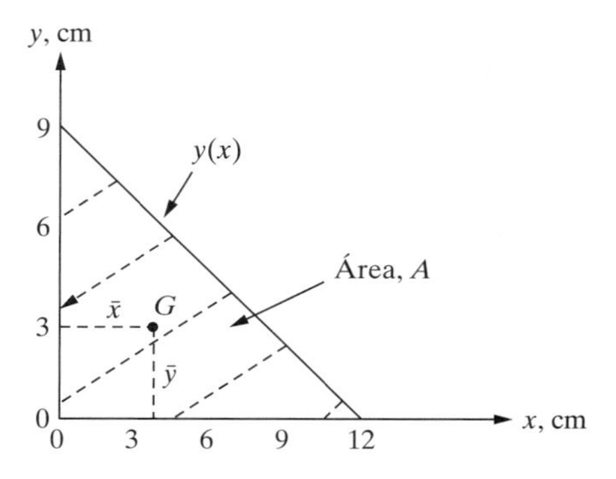


(a) Área limitada por uma reta

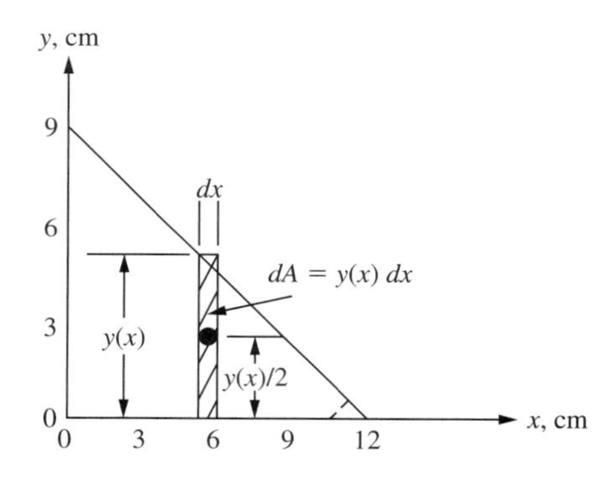


(b) Retângulos verticais

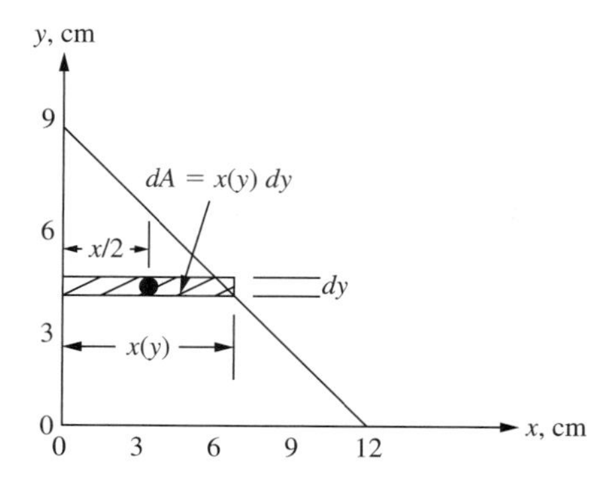


(c) Retângulos horizontais

Figura E9.7 Centroide de uma seção triangular.

**9-8** Uma área no plano $x$-$y$ é limitada pela curva $y = k\,x^n$ e pela reta $x = b$, como indicado na Fig. E9.8.

(a) Calcule a área $A$ por integração em relação a $x$.

(b) Determine as coordenadas do centroide $G$ por integração em relação a $x$.

(c) Calcule o valor da resposta à parte (a) para o caso $n = 1$.

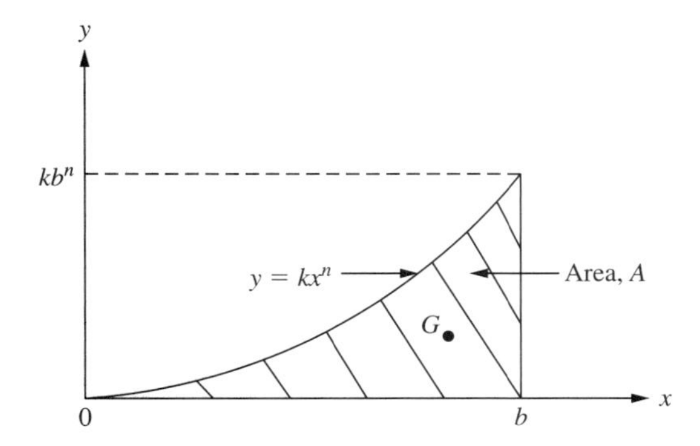


**Figura E9.8** Área limitada por superfície curvilínea.

**9-9** Considere a área hachurada sob a reta $y(x)$ ilustrada na Fig. E9.9.

(a) Obtenha a equação da reta $y(x)$.

(b) Determine a área sob a reta por integração em relação a $x$.

(c) Determine a coordenada $x$ do centroide por integração em relação a $x$.

(d) Determine a coordenada $y$ do centroide por integração em relação a $x$.

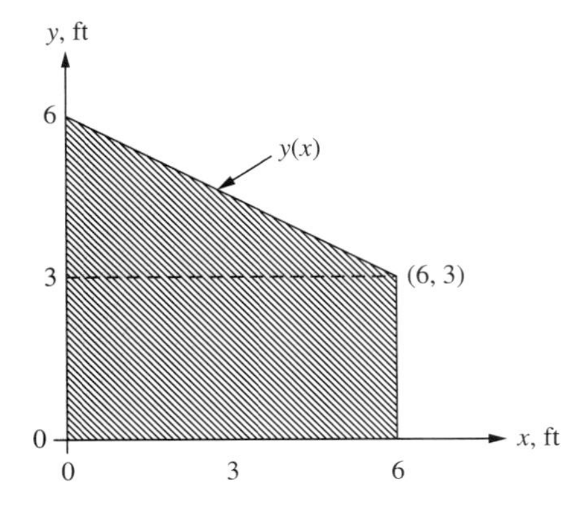


**Figura E9.9** Área hachurada para o Exercício 9-9.

**9-10** A geometria de uma aleta de resfriamento é definida pela área hachurada limitada pela parábola $y(x) = -x^2 + 16$, como ilustrado na Fig. E9.10.

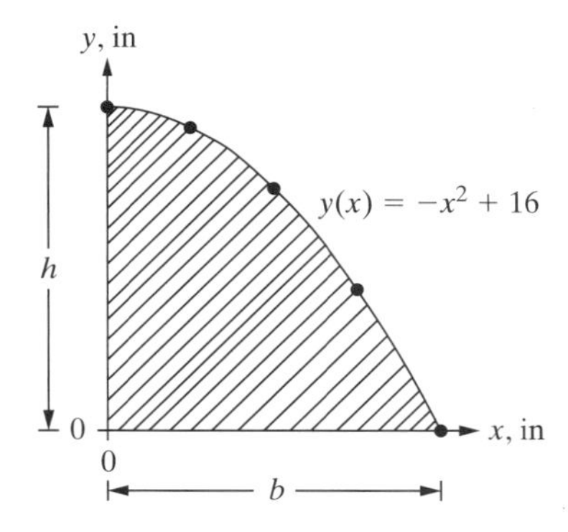


**Figura E9.10** Geometria de uma aleta de refrigeração.

(a) Dada a equação anterior para $y(x)$, determine a altura $h$ e a largura $b$ da aleta de resfriamento.

(b) Determine a área da aleta de resfriamento por integração em relação a $x$.

(c) Determine a coordenada $x$ do centroide por integração em relação a $x$.

(d) Determine a coordenada $y$ do centroide por integração em relação a $x$.

**9-11** Refaça o Exercício 9-10 com a área hachurada da aleta de resfriamento definida por $y(x) = -x^2 + 4$.

**9-12** Refaça o Exercício 9-10 com a área hachurada da aleta de resfriamento definida por $y(x) = 9 - x^2$.

**9-13** Refaça o Exercício 9-10 para a geometria da aleta de resfriamento descrita pela área hachurada mostrada na Fig. E9.13.

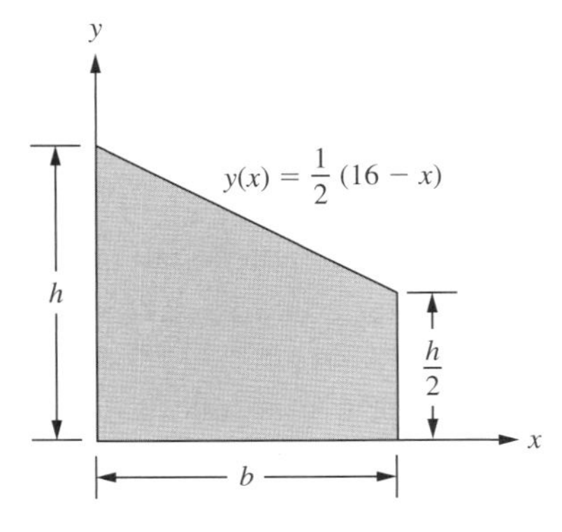


**Figura E9.13** Geometria da aleta de resfriamento para o Exercício 9-13.

**9-14** A seção reta de um aerofólio é descrita pela área hachurada limitada pela equação cúbica $y(x) = -x^3 + 9x$, como indicado na Fig. E9.14.

(a) Dada a equação anterior para $y(x)$, determine a altura $h$ e a largura $b$ do aerofólio.

(b) Determine a área do aerofólio por integração em relação a $x$.

(c) Determine a coordenada $x$ do centroide por integração em relação a $x$.

(d) Determine a coordenada $y$ do centroide por integração em relação a $x$.

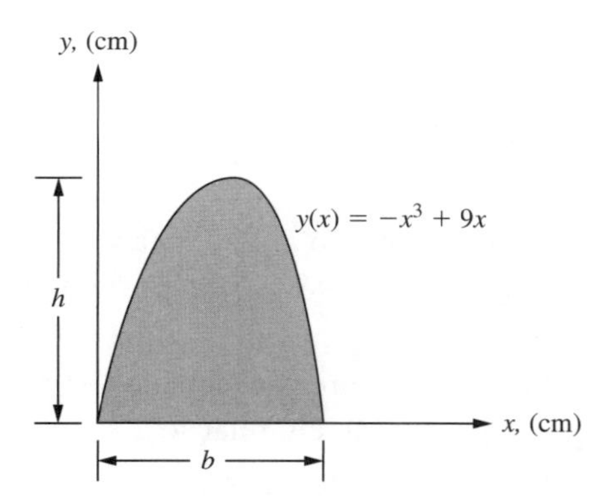


**Figura E9.14** Geometria de um aerofólio.

**9-15** A geometria de uma aleta dissipadora de calor com 2 cm de altura e comprimento $b$ (em cm) é aproximada como mostrado na Fig. E9.15.

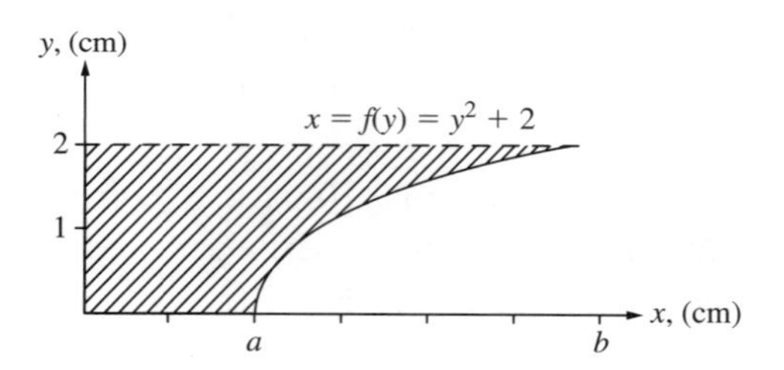


**Figura E9.15** Geometria de uma aleta dissipadora de calor.

(a) Determine os valores de $a$ e $b$ para a aleta dissipadora de calor.

(b) Determine a área da aleta dissipadora de calor o por integração em relação a $y$.

(c) Determine a coordenada $x$ do centroide por integração em relação a $y$.

(d) Determine a coordenada $y$ do centroide por integração em relação a $y$.

**9-16** A geometria de um dente de engrenagem é aproximada pela equação quadrática representada na Fig. E9.16.

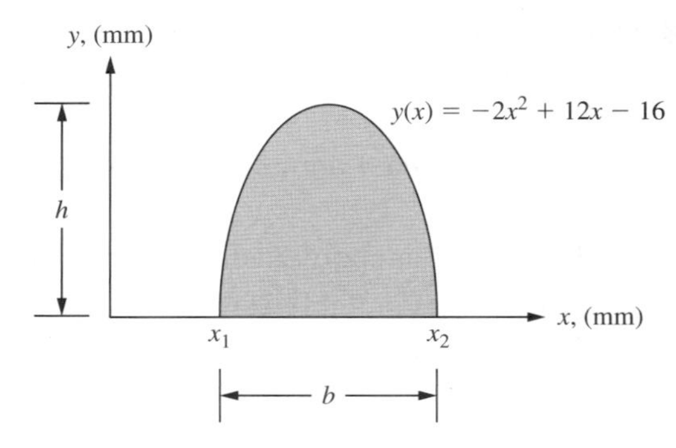


**Figura E9.16** Geometria de um dente de engrenagem.

(a) Determine a altura $h$ do dente (isto é, o máximo valor de $y(x)$).

(b) Determine as coordenadas $x_1$ e $x_2$ em que $y(x) = 0$ e calcule a largura $b$.

(c) Determine a área do dente de engrenagem por integração em relação a $x$.

(d) Calcule a coordenada $x$ do centroide por integração em relação a $x$.

(e) Calcule a coordenada $y$ do centroide por integração em relação a $x$.

**9-17** Uma viga em balanço é submetida a uma carga com distribuição quadrática, como representado na Fig. E9.17.

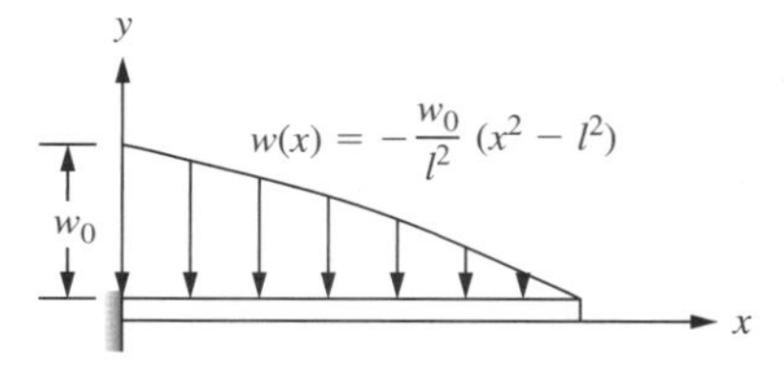


**Figura E9.17** Viga em balanço submetida a uma carga com distribuição quadrática.

(a) Calcule a força resultante,

$$R = \int_0^l w(x)\,dx.$$

(b) Determine a posição $x$ da resultante $R$, ou seja, determine o centroide da área sob a curva da carga distribuída,

$$\bar{x} = \frac{\int_0^l x\,w(x)\,dx}{R}.$$

**9-18** Uma viga com apoio simples é submetida a uma carga com distribuição quadrática, como ilustrado na Fig. E9.18.

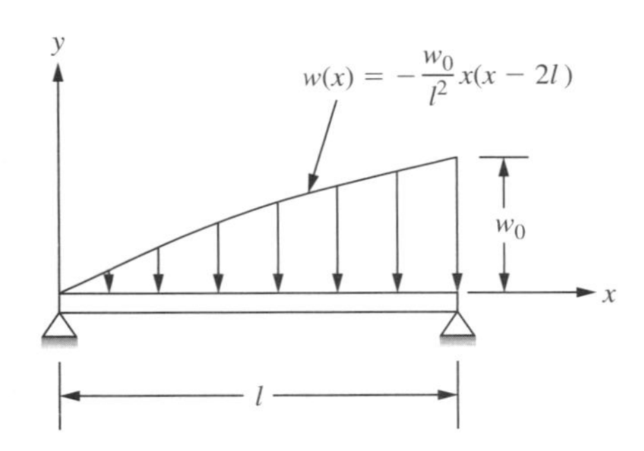


**Figura E9.18** Viga com apoio simples é submetida a uma carga com distribuição quadrática.

(a) Determine a força resultante,

$$R = \int_0^l w(x)\,dx.$$

(b) Determine a posição $x$ da resultante $R$, ou seja, determine o centroide da área sob a curva da carga distribuída,

$$\bar{x} = \frac{\int_0^l x\,w(x)\,dx}{R}.$$

**9-19** Determine a velocidade $v(t)$ e a posição $y(t)$ de um veículo que parte do repouso na posição $y(0) = 0$ e é submetido às seguintes acelerações:

(a) $a(t) = 40\,t^3 + 30\,t^2 + 20\,t + 10$ m/s$^2$

(b) $a(t) = 4$ sen $2t$ cos $2\,t$ m/s$^2$.

*Sugestão*: Use uma identidade trigonométrica.

**9-20** Uma partícula parte do repouso na posição $x(0) = 0$. Determine a velocidade $v(t)$ e a posição $y(t)$ da partícula quando submetida às seguintes acelerações:

(a) $a(t) = 6\,t^3 - 4\,t^2 + 7\,t - 8$ m/s$^2$.

(b) $a(t) = 5\,e^{-5t} + \frac{\pi}{4}\cos(\frac{\pi}{4}\,t)$ m/s$^2$.

**9-21** A aceleração de um automóvel foi medida como indicado na Fig. E9.21. Admitindo que o automóvel parta do repouso na posição $x(0) = 0$ m, desenhe o gráfico da velocidade $v(t)$ e a posição $x(t)$ do automóvel.

**9-22** Um veículo parte do repouso na posição $x(0) = 0$, submetido à aceleração representada na Fig. E9.22.

(a) Desenhe o gráfico da velocidade $v(t)$ do veículo e nele indique claramente os valores máximo e final da velocidade.

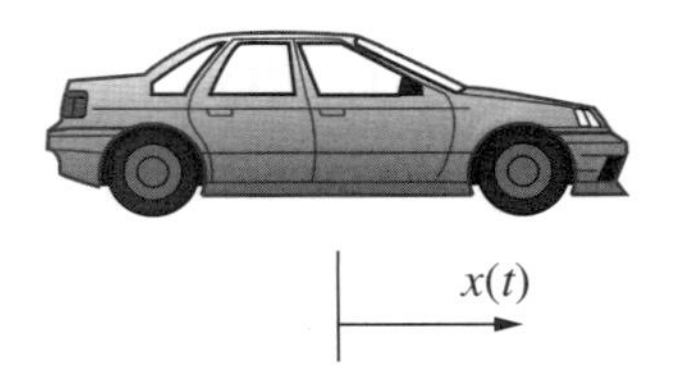


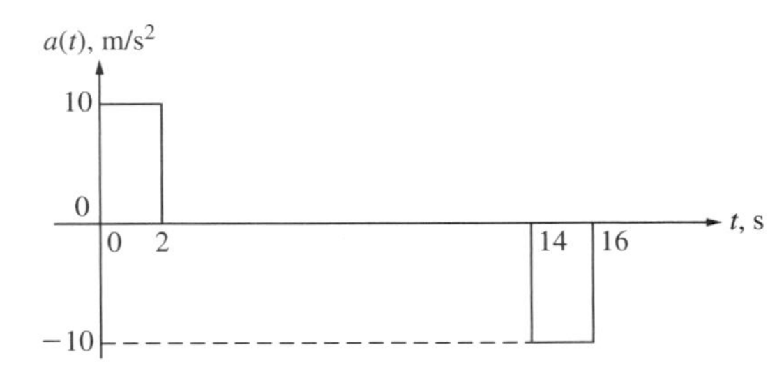


**Figura E9.21** Aceleração de um automóvel.

(b) Com os resultados da parte (a), desenhe o gráfico da posição $x(t)$ do veículo e nele indique claramente os valores máximo e final da posição.

**9-23** Um veículo parte do repouso na posição $x(0) = 0$, submetido à aceleração representada na Fig. E9.23.

(a) Desenhe o gráfico da velocidade $v(t)$ do veículo e nele indique claramente os valores máximo e final da velocidade.

(b) Com os resultados da parte (a), desenhe o gráfico da posição $x(t)$ do veículo e nele indique claramente os valores máximo e final da posição.

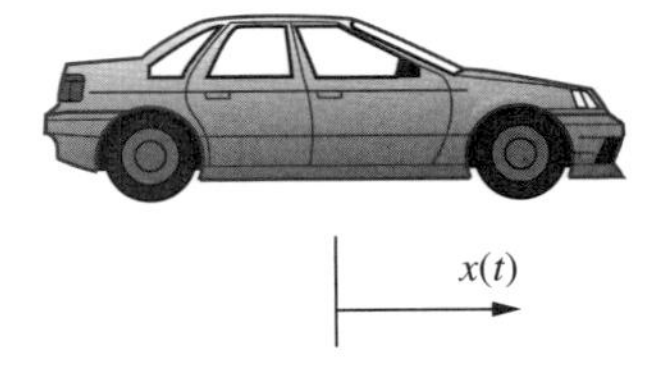


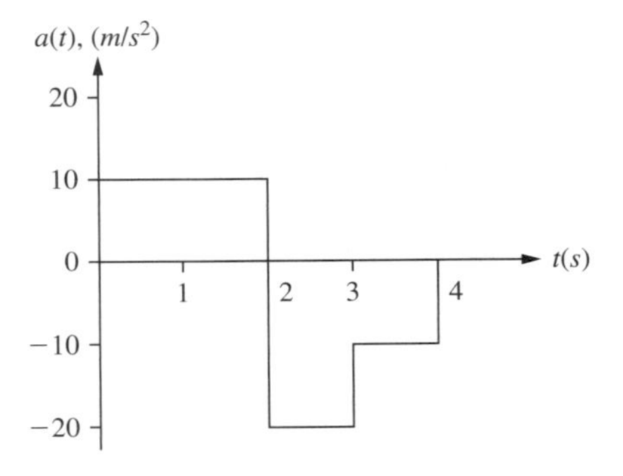


**Figura E9.22** Veículo submetido a certa aceleração.

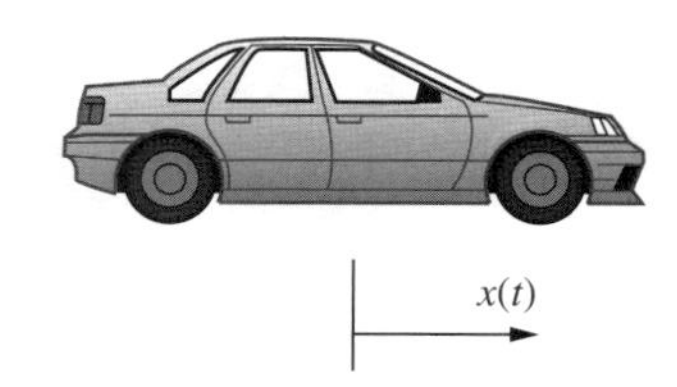


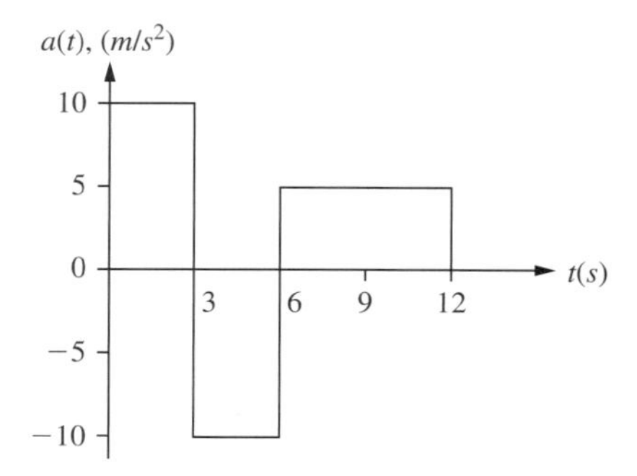


**Figura E9.23** Veículo submetido a certa aceleração.

**9-24** Um veículo parte do repouso na posição $x(0) = 0$, submetido à aceleração representada na Fig. E9.24.

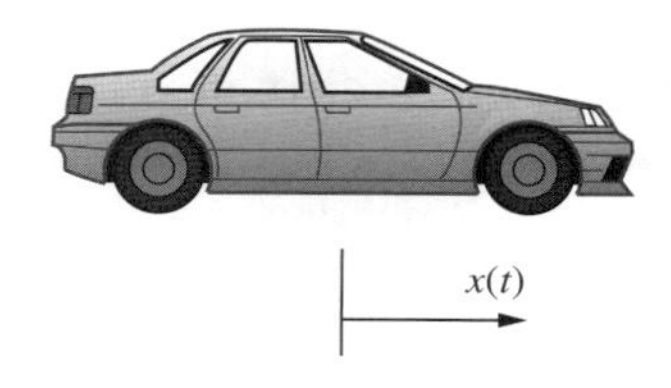


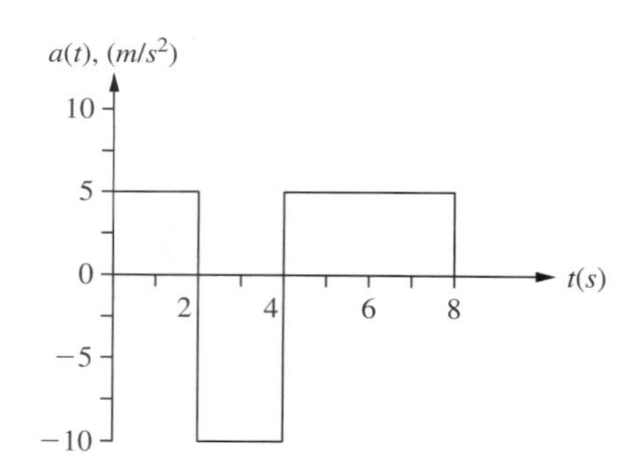


**Figura E9.24** Veículo submetido a certa aceleração.

(a) Desenhe o gráfico da velocidade $v(t)$ do veículo e nele indique claramente os valores máximo e final da velocidade.

(b) Com os resultados da parte (a), desenhe o gráfico da posição $x(t)$ do veículo e nele indique claramente os valores máximo e final da posição.

**9-25** A corrente que flui em um resistor é dada por:

$$i(t) = (t - 1)^2 \text{A}.$$

Sabendo que $i(t) = \frac{dq(t)}{dt}$, obtenha a equação da carga em função de $t$ para $q(0) = 0$.

**9-26** O circuito RLC representado na Fig. E9.26 tem $R = 10\ \Omega$, $L = 2$ H e $C = 0{,}5$ F. Admitindo que a corrente $i(t)$ que flui no circuito seja $i(t) = 10 \operatorname{sen}(240\pi\, t)$ A, determine a tensão $v(t)$ fornecida pela fonte de alimentação:

$$v(t) = i\,R + L\,\frac{di(t)}{dt} + \frac{1}{C}\int_0^t i(t)\,dt$$

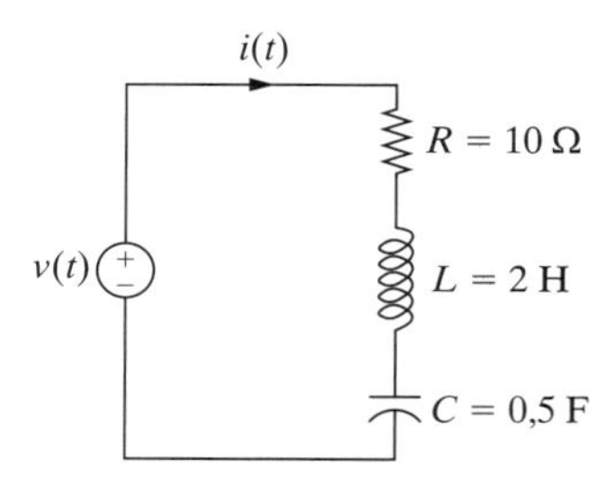


**Figura E9.26** Circuito RLC série.

**9-27** Uma tensão de entrada $v_{entrada} = 10\operatorname{sen}(10\,t)$ V é aplicada a um circuito Amp-Op, como ilustrado na Fig. E9.27.

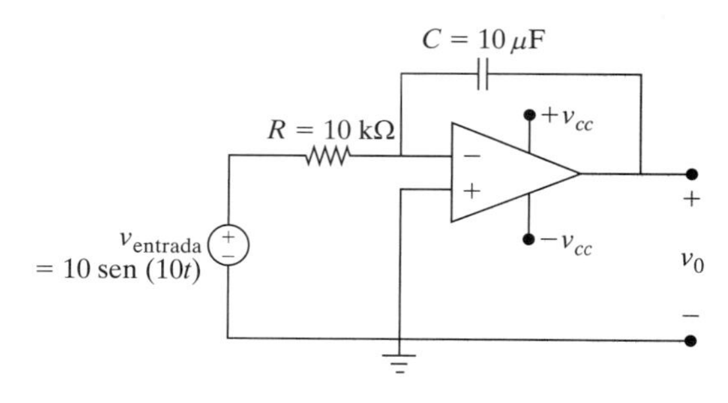


**Figura E9.27** Circuito Amp-Op para o Exercício 9-27.

(a) A relação entrada-saída do Amp-Op é dada por:

$$v_{entrada} = -0{,}1\,\frac{dv_o(t)}{dt}. \qquad (9.62)$$

Admita que a tensão inicial do Amp-Op seja zero. Integre os dois lados da equação (9.62) e determine a tensão $v_0(t)$. Desenhe o gráfico da tensão de saída $v_0(t)$ para um ciclo.

(b) Considere que a potência instantânea absorvida pelo capacitor seja $p(t) = 100(1 - \cos(10\,t)\,\text{sen}(10\,t))$ mW e que a energia inicial armazenada seja $w(0) = 0$. Sabendo que $p(t) = \frac{dw(t)}{dt}$, integre os dois lados da equação e calcule a energia armazenada total $w(t)$.

**9-28** Refaça o Exercício 9-27 para $v_{entrada} = 10e^{-10t}$ V.

**9-29** Refaça o Exercício 9-27 para $v_{entrada} = 10(1 - \cos(100\,t))$ V.

**9-30** Uma tensão de entrada $v_{entrada} = 5\cos(20t)$ V é aplicada ao circuito Amp-Op representado na Fig. E9.30. A relação entrada-saída é dada por:

$$v_o = -\left(2\,v_{entrada} + 5\int_0^t v_{entrada}(t)\right)dt. \qquad (9.63)$$

Determine a tensão $v_0(t)$. Desenhe o gráfico da tensão de saída $v_0(t)$ para um ciclo.

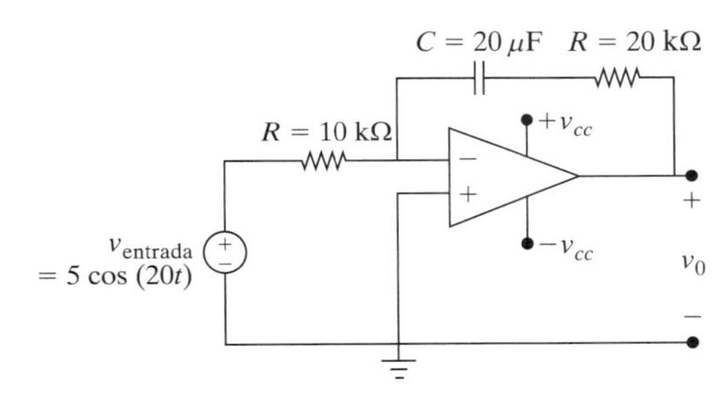


**Figura E9.30** Circuito Amp-Op para o Exercício 9-30.

**9-31** Uma corrente $i(t) = 10e^{-10t}$ mA é aplicada a um capacitor de 100 $\mu$F, como indicado na Fig. E9.31.

(a) Considere uma tensão inicial no capacitor $v_0 = 10$ V. Sabendo que $i(t) = C\frac{dv_0(t)}{dt}$, integre os dois lados da equação e determine a tensão $v_0(t)$. Calcule o valor da tensão nos tempos $t = 0$ , 0,1 , 0,2 e 0,5 s; use seus resultados e desenhe o gráfico de $v_0(t)$.

(b) Admita que a potência armazenada seja $p(t) = 0{,}2e^{-20t}$ W e que a energia inicial armazenada seja $w(0) = 0{,}005$ J. Integre os dois lados da equação $p(t) = \frac{dw}{dt}$ e calcule a energia total armazenada.

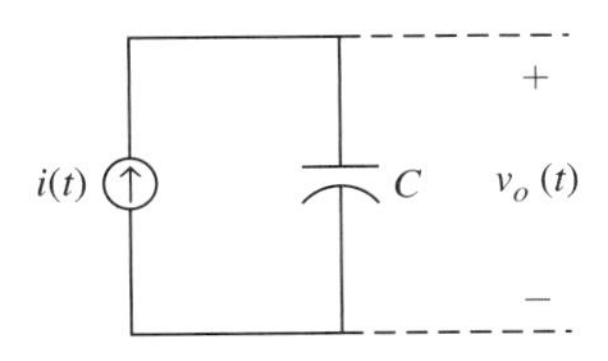


**Figura E9.31** Corrente aplicada a um capacitor.

**9-32** Para o circuito mostrado na Fig. E9.32, tensão, corrente e potência total são dadas, respectivamente, por $v(t) = 5\cos(5t)$ V, $i(t) = 10\,\text{sen}(5t)$ A e $p(t) = 25\,\text{sen}(10t)$ W. Admitindo que a energia inicial armazenada seja $w(0) = 0$ J, determine a energia total armazenada $w(t) = w(0) + \int_0^t p(t)dt$ e desenhe o gráfico de $w(t)$ para um ciclo.

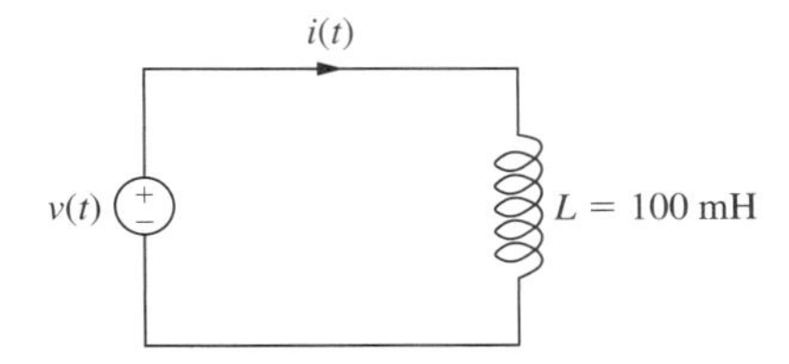


**Figura E9.32** Tensão aplicada a um indutor.

**9-33** A corrente dente de serra representada na Fig. E9.33 é aplicada a um capacitor de 500 $\mu$F. Desenhe o gráfico da tensão $v(t)$ no capacitor, sabendo que $i(t) = C\frac{dv(t)}{dt}$ ou $v(t) = \frac{1}{C}\int i(t)dt$. Considere que o capacitor esteja completamente descarregado em $t = 0$ (ou seja, $v(0) = 0$ V).

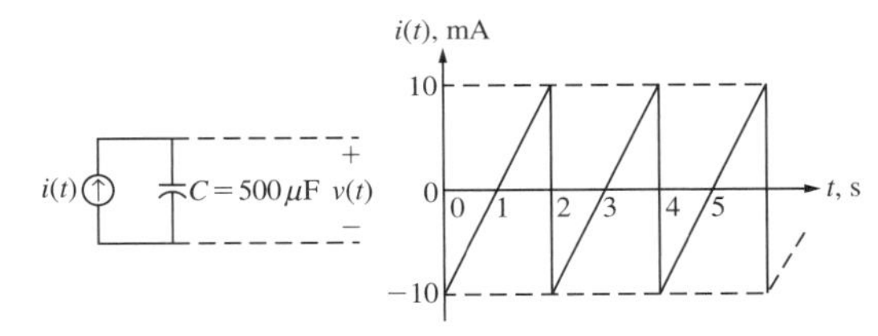


**Figura E9.33** Corrente dente de serra aplicada a um capacitor para o Exercício 9-33.

**9-34** A tensão corrente dente de serra representada na Fig. E9.34 é aplicada a um indutor de 100 mH. Desenhe o gráfico da corrente $i(t)$ no indutor, sabendo que $v(t) = L\frac{di(t)}{dt}$ ou $i(t) = \frac{1}{L}\int v(t)dt$. Considere que a corrente que flui no indutor em $t = 0$ seja zero (isto é, $i(0) = 0$ A).

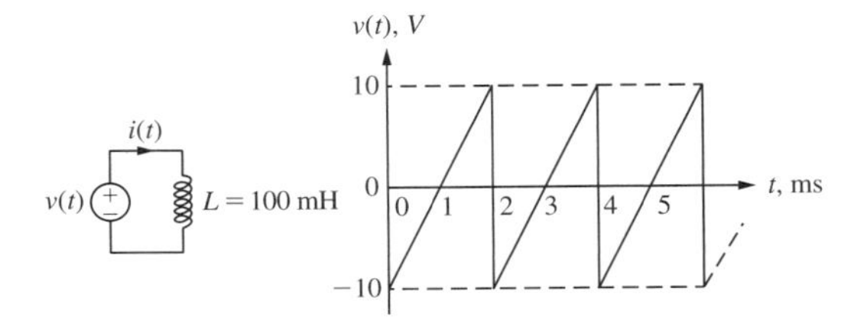


**Figura E9.34** Tensão dente de serra aplicada a um indutor.

**9-35** Uma corrente $i(t)$ é aplicada a um capacitor $C = 100\,\mu F$, como indicado na Fig. E9.35.

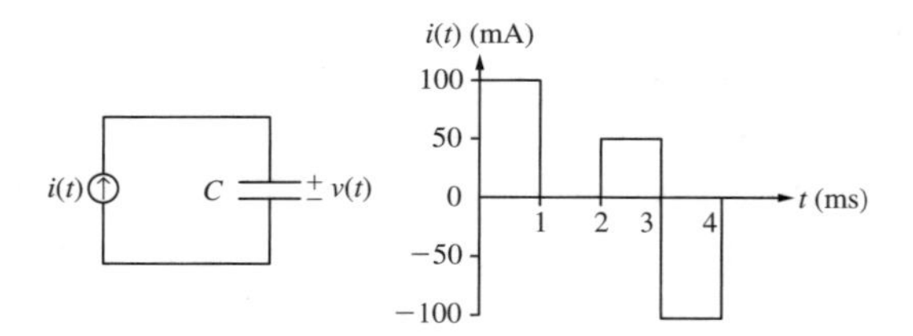


**Figura E9.35** Corrente aplicada a um capacitor de 100 $\mu$F.

(a) Sabendo que $i(t) = C\frac{dv(t)}{dt}$, desenhe o gráfico da tensão $v(t)$ no capacitor. Considere $v(0) = 0$ V. Note que o tempo $t$ é medido em *ms* e a corrente, em *mA*.

(b) Com os resultados da parte (a), desenhe o gráfico da potência $p(t) = v(t)i(t)$.

**9-36** Um engenheiro biomédico efetua testes em uma torre de desaceleração vertical para avaliar um assento de avião absorvedor de energia, como indicado na Fig. E9.36. O perfil de aceleração da cabine em queda é dado por:

$$a(t) = 400\ \text{sen}(50\,\pi t)\ \text{m/s}^2$$

(a) Sabendo que $v(t) = v(0) + \int_0^t a(t)\,dt$, calcule e desenhe o gráfico da velocidade $v(t)$ da cabine em queda. Considere que a queda da cabine se dá a partir do repouso em $t = 0$ s.

(b) Qual é a velocidade $v_{impacto}$ com que a cabine atinge o solo, admitindo que a queda dure 20 ms?

(c) O impulso total $I$ é igual à variação do momento, ou seja, $I = \Delta p = p_f - p_i = mv_{impacto} - mv_0$, em que $m$ é a massa do sistema, $v_{impacto}$ é a velocidade final, $v_0$ é a velocidade inicial, $p$ é o momento e $I$, o impulso. Calcule o impulso total após 20 ms. Considere que a massa total da cabine, assento e boneco de teste seja de 1200 kg.

**9-37** Um engenheiro biomédico mede o perfil de velocidade de passageiros com e sem cinto de segurança em um veículo durante uma colisão frontal a 45 milhas por hora (mph), como ilustrado na Fig. E9.37.

(a) Sabendo que $x(t) = x(0) + \int_0^t v(t)\,dt$, determine e desenhe o gráfico do deslocamento $x(t)$ do passageiro com cinto de segurança para o intervalo de tempo de 0 a 40 ms. Considere que o deslocamento inicial em $t = 0$ seja 0 m (isto é, $x(0) = 0$ m).

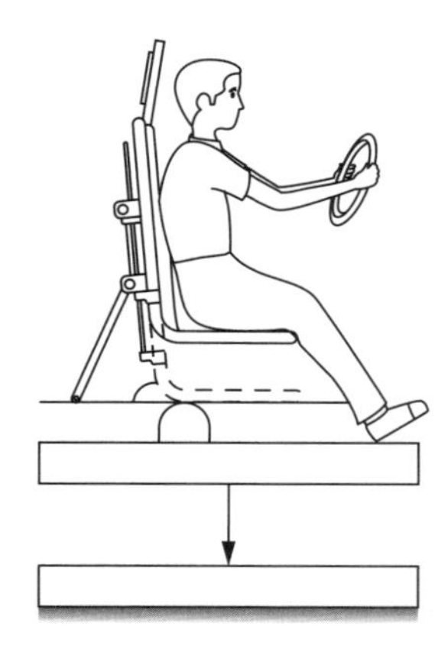

**Figura E9.36** Assento de avião absorvedor de energia.

(b) Determine e desenhe o gráfico do deslocamento $x(t)$ do passageiro sem cinto de segurança para o intervalo de tempo de 0 a 40 ms. Considere $x(0) = 0$ m.

(c) Com base nos resultados das partes (a) e (b), determine a distância adicional viajada pelo passageiro sem cinto de segurança, em comparação com o passageiro com cinto de segurança.

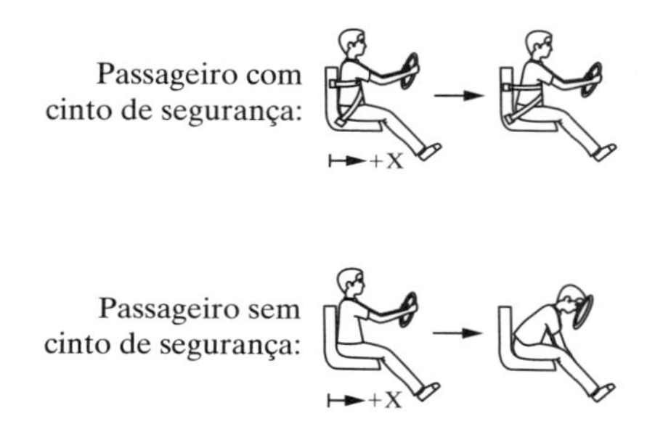


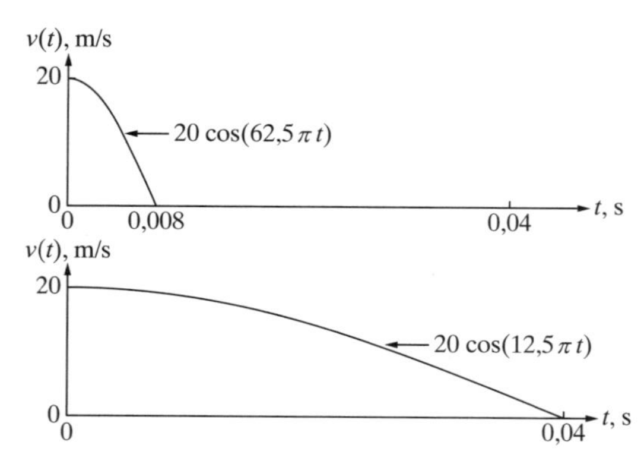


**Figura E9.37** Velocidades de passageiros com e sem cinto de segurança durante uma colisão frontal.

**9-38** Um engenheiro civil projeta a marquise de um edifício para suportar uma carga com distribuição triangular por unidade de comprimento $p(x) = p_0\left(1-\frac{x}{L}\right)$, como indicado na Fig. E9.38.

(a) Calcule a força resultante $V = \int_0^L p(x)dx$.

(b) Calcule o correspondente momento $M = \int_0^L xp(x)dx$.

(c) Determine a posição do centroide da carga $\bar{x} = \frac{\int_0^L xp(x)dx}{\int_0^L p(x)dx} = \frac{M}{V}$.

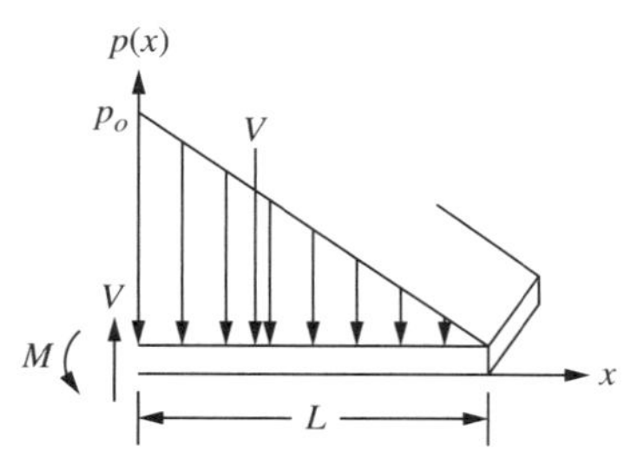


**Figura E9.38** Carga com distribuição triangular sobre marquise de um edifício.

**9-39** A marquise de um edifício é submetida a uma carga com distribuição parabólica $p(x)$, como ilustrado na Fig. E9.39. A marquise consiste em duas placas metálicas separadas por um núcleo não metálico de espessura $h$. Esta construção em sanduíche se deforma principalmente devido a cisalhamento; a deflexão $y(x)$ satisfaz a relação:

$$y(x) = \frac{1}{hG}\int_0^x \left[\int_0^x p(x)\,dx - V\right]dx,$$

em que $V = \hat{p}\,\frac{L}{3}$, $p(x) = \hat{p}\left(1-\frac{x}{L}\right)^2$ e G é o módulo de cisalhamento.

(a) Mostre que a deflexão da marquise com estrutura em sanduíche é dada por:

$$y(x) = -\frac{\hat{p}\,x}{h\,G}\left\{\frac{L}{3} - x\left[\frac{1}{2} - \frac{x}{3L}\left(1-\frac{x}{4L}\right)\right]\right\}.$$

(b) Determine a posição e o valor da máxima deflexão $y(x)$.

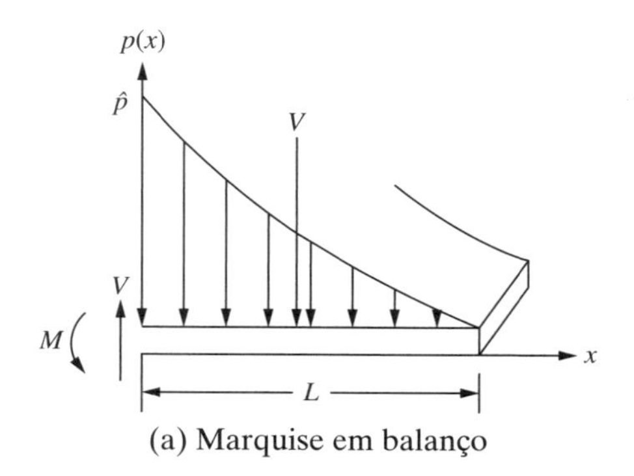


(a) Marquise em balanço

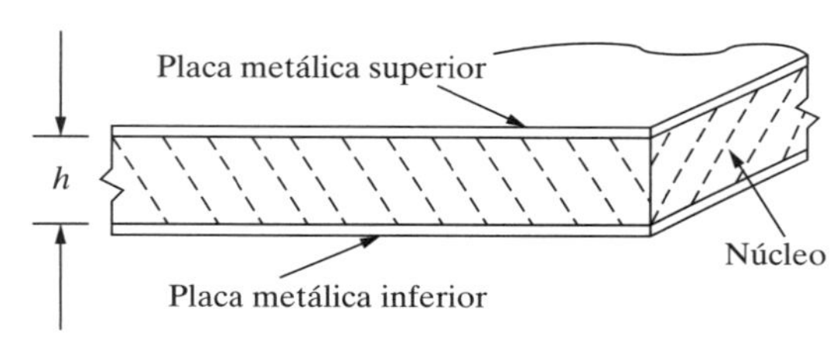


(b) Estrutura em sanduíche

**Figura E9.39** Marquise com estrutura em sanduíche submetida a uma carga com distribuição parabólica.

# CAPÍTULO 10 Equações Diferenciais na Engenharia

O objetivo desse capítulo é familiarizar estudantes de engenharia com a solução de equações diferenciais (ED), como exigido por disciplinas básicas dos dois primeiros anos dos cursos de engenharia, tais como física, circuitos e dinâmica. Uma equação diferencial relaciona uma variável de saída e suas derivadas a uma variável de entrada ou função de excitação. Há diferentes tipos de equações diferenciais. Neste capítulo, discutiremos equações diferenciais lineares de primeira e de segunda ordens com coeficientes constantes. Esses são os tipos mais comuns de equação diferencial encontrados em cursos de graduação em engenharia.

## 10.1 INTRODUÇÃO: BALDE COM VAZAMENTO

Consideremos um balde de seção reta $A$ que é enchido com água a uma taxa de volume $Q_{\text{entrada}}$, como ilustrado na Fig. 10.1. Sejam $h(t)$ e $V = Ah(t)$ a altura e o volume, respectivamente, da água no balde; a taxa de variação do volume é dada por:

$$\frac{dV}{dt} = A\,\frac{dh(t)}{dt}. \tag{10.1}$$

Suponhamos que exista um pequeno furo no balde, pelo qual a água vaza a uma taxa

$$Q_{\text{saída}} = K\;h(t) \tag{10.2}$$

em que $K$ é uma constante. Na verdade, $Q_{\text{saída}}$ não é uma função linear de $h(t)$; por simplicidade, assumamos que seja. A constante $K$ é um parâmetro de projeto de engenharia que depende do tamanho e da forma do furo, assim como das propriedades do fluido. Pela conservação de volume, o volume de água no balde é dado por:

$$\frac{dV}{dt} = Q_{\text{entrada}} - Q_{\text{saída}}. \tag{10.3}$$

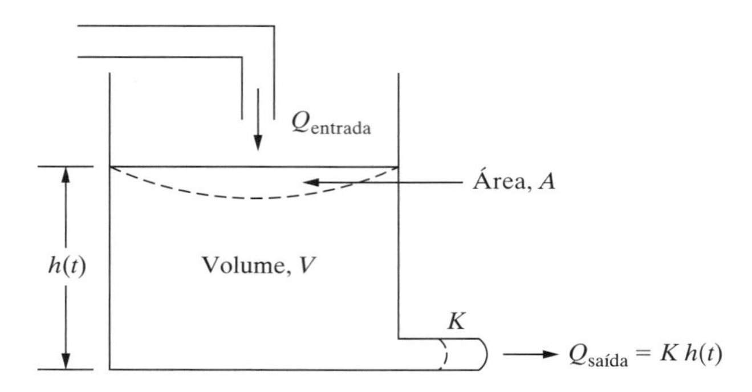


**Figura 10.1** Balde que vaza por um pequeno furo.

Substituindo as equações (10.1) e (10.2) na equação (10.3), obtemos:

$$A\,\frac{dh(t)}{dt} = Q_{\text{entrada}} - K\,h(t)$$

ou

$$A\,\frac{dh(t)}{dt} + K\,h(t) = Q_{\text{entrada}}. \tag{10.4}$$

A equação (10.4) é uma equação diferencial linear de primeira ordem com coeficientes constantes. O objetivo é resolver a equação diferencial; em outras palavras, determinar a altura $h(t)$ da água, dadas uma taxa $Q_{\text{entrada}}$ e a condição inicial $h(0)$. Antes de apresentar a solução desta equação, façamos uma discussão geral de equações diferenciais e da solução de equações diferenciais lineares com coeficientes constantes.

## 10.2 EQUAÇÕES DIFERENCIAIS

Uma equação diferencial linear de $n$-ésima ordem relaciona uma variável de saída $y(t)$ e suas derivadas a alguma função de entrada $f(t)$ e pode ser escrita como:

$$A_n\,\frac{d^n y(t)}{dt^n} + A_{n-1}\,\frac{d^{n-1}y(t)}{dt^{n-1}} + \ldots + A_1\,\frac{dy(t)}{dt} + A_0\,y(t) = f(t) \tag{10.5}$$

em que os coeficientes $A_n$, $A_{n-1}$, ..., $A_0$ podem ser constantes, funções de $y$ ou funções de $t$. A função de entrada $f(t)$ (também chamada de função de excitação) representa tudo no lado direito da equação diferencial. A solução da equação diferencial é a variável de saída $y(t)$.

Para um sistema de segunda ordem que envolva posição $y(t)$, velocidade $\frac{dy(t)}{dt}$ e aceleração $\frac{d^2y(t)}{dt}$, a equação (10.5) assume a forma:

$$A_2\,\frac{d^2y(t)}{dt^2} + A_1\,\frac{dy(t)}{dt} + A_0\,y(t) = f(t). \tag{10.6}$$

Engenheiros, com frequência, usam uma notação com pontos para representar derivadas em relação ao tempo; por exemplo, $\dot{y}(t) = \frac{dy(t)}{dy}$, $\ddot{y}(t) = \frac{d^2y(t)}{dt^2}$ e assim por diante. Com esta notação, a equação (10.6) fica escrita como:

$$A_2\,\ddot{y}(t) + A_1\,\dot{y}(t) + A_0\,y(t) = f(t). \tag{10.7}$$

Em muitas aplicações de engenharia, os coeficientes $A_n$, $A_{n-1}$, ..., $A_0$ são constantes (não são funções de $y$ nem de $t$). Neste caso, a equação diferencial dada na equação (10.5) é conhecida como equação diferencial linear com coeficientes constantes. Por exemplo, para um sistema mola-massa submetido a uma força aplicada $f(t)$, a equação (10.8) é uma equação diferencial de segunda ordem dada por:

$$m\,\ddot{y}(t) + k\,y(t) = f(t) \tag{10.8}$$

em que $m$ é a massa e $k$, a constante da mola. Se os coeficientes $A_n$, $A_{n-1}$, ..., $A_0$ forem funções de $y$ ou de $t$, o cálculo de soluções exatas pode ser difícil. Em muitos casos, soluções exatas não existem e a solução $y(t)$ deve ser obtida numericamente (por exemplo, usando os solucionadores de equações diferencias de MATLAB). Contudo, com coeficientes constantes, a solução $y(t)$ pode ser obtida seguindo o procedimento delineado a seguir.

## 10.3 SOLUÇÃO DE ED LINEAR COM COEFICIENTES CONSTANTES

Em geral, a solução total para a variável de saída $y(t)$ é a soma de duas soluções: a solução **transiente** e a solução de **estado estacionário**.

1. **Solução Transiente, $y_{tran}(t)$ (também denominada Solução Homogênea ou Complementar)**: A solução transiente é obtida por meio dos seguintes passos:
   a. Igualar a função de excitação a zero, $f(t) = 0$. Isto anula o lado direito da equação (10.5):

$$A_n \frac{d^n y(t)}{dt^n} + A_{n-1} \frac{d^{n-1} y(t)}{dt^{n-1}} + \ldots + A_1 \frac{dy(t)}{dt} + A_0\, y(t) = 0. \tag{10.9}$$

   b. Assumir uma solução transiente na forma $y(t) = ce^{st}$ e substituí-la na equação (10.9). Notemos que $\frac{dy(t)}{dt} = cse^{st}$, $\frac{d^2y(t)}{dt^2} = cs^2e^{st}$ e assim por diante, de modo que cada termo conterá $ce^{st}$. Como o lado direito da equação (10.9) é zero, o cancelamento de $ce^{st}$ resultará em um polinômio em $s$:

$$A_n\, s^n + A_{n-1}\, s^{n-1} + \cdots + A_1\, s + A_0 = 0. \tag{10.10}$$

   c. Calcular as raízes dessa última equação, conhecida como equação característica da equação diferencial. As raízes são os $n$ valores de $s$ e anulam a equação característica. Representemos esses valores por $s_1, s_2, ..., s_n$.
   d. No caso de $n$ raízes distintas, a solução transiente da equação diferencial tem a seguinte forma geral:

$$y_{tran}(t) = c_1\, e^{s_1 t} + c_2\, e^{s_2 t} + \ldots + c_n\, e^{s_n t}$$

   em que as constantes $c_1, c_2, ..., c_n$ são determinadas posteriormente, a partir das condições iniciais do sistema.
   e. No caso especial de raízes **repetidas** (ou seja, duas das raízes são iguais), a solução geral é obtida multiplicando uma das raízes por $t$. Por exemplo, para um sistema de segunda ordem com $s_1 = s_2 = s$, a solução transiente é escrita como:

$$y_{tran}(t) = c_1\, e^{st} + c_2\, t\, e^{st}. \tag{10.11}$$

2. **Solução de Estado Estacionário, $y_{ee}(t)$ (também denominada Solução Parcial):** A solução de estado estacionário pode ser obtida por aplicação do **Método dos Coeficientes Indeterminados:**
   a. Assumir (supor) a forma da solução de estado estacionário, $y_{ee}$. Usualmente, esta tem a mesma forma geral da função de excitação e suas derivadas, mas contém incógnitas (os coeficientes indeterminados). A Tabela 10.1 lista alguns exemplos de soluções de estado estacionário quando $K, A, B$ e $C$ são constantes.[1]

**TABELA 10.1** Escolha de soluções $y_{ee}(t)$ para funções de excitação $f(t)$ comuns.

| Função de excitação $f(t)$ | Forma de $y_e(t)$ |
|---|---|
| $K$ | $A$ |
| $K\,t$ | $A\,t + B$ |
| $K\,t^2$ | $A\,t^2 + B\,t + C$ |
| $K$ sen $\omega\,t$ ou $K$ cos $\omega\,t$ | $A$ sen $\omega\,t + B$ cos $\omega\,t$ |

[1] O método dos coeficientes indeterminados, também conhecido como **método dos coeficientes a determinar**, é aplicável a uma ED de coeficientes constantes somente quando a função de excitação $f(t)$ tem a forma geral $f(t) = U(t)e^{\alpha t}\cos(\beta\, t) + V(t)e^{\alpha t}\,\text{sen}(\beta\, t)$, em que $\alpha$ e $\beta$ são constantes e $U(t)$ e $V(t)$ são polinômios. (N.T.)

b. Substituir a escolhida solução de estado estacionário $y_{ee}(t)$ e suas derivadas na equação diferencial original.
c. Calcular os coeficientes indeterminados ($A$, $B$, $C$ etc.). Isto pode ser feito igualando os coeficientes de iguais termos nos lados esquerdo e direito das equações.

3. Obter a solução total $y(t)$: a solução total é a soma das soluções transiente e de estado estacionário:

$$y(t) = y_{tran}(t) + y_{ss}.$$

4. Aplicar as condições iniciais a $y(t)$ e a suas derivadas. Uma equação diferencial de ordem $n$ deve ter exatamente $n$ condições iniciais, o que resulta em um sistema de equações $n \times n$ para as $n$ constantes $c_1, c_2, ..., c_n$.

## 10.4 EQUAÇÕES DIFERENCIAIS DE PRIMEIRA ORDEM

Nesta seção, ilustraremos a aplicação do método descrito na Seção 10.3 a uma variedade de equações diferenciais de primeira ordem que ocorrem na engenharia.

**Exemplo 10-1**

**Problema do Balde com Vazamento** Consideremos, mais uma vez, o balde com vazamento da Seção 10.1, que satisfaz a seguinte equação diferencial de primeira ordem:

$$A\frac{dh(t)}{dt} + Kh(t) = Q_{\text{entrada}}. \tag{10.12}$$

Determinemos a solução total $h(t)$ quando $Q_{\text{entrada}} = B$ é uma constante. Assumamos que a altura inicial da água seja zero ($h(0) = 0$).

**Solução**

(a) **Solução Transiente (ou Complementar ou Homogênea):** como a solução transiente é a solução correspondente à entrada zero, a entrada no lado direito da equação (10.12) é igualada a zero. Com isto, a equação diferencial homogênea do balde com vazamento fica dada por:

$$A\frac{dh(t)}{dt} + Kh(t) = 0. \tag{10.13}$$

Consideremos que a solução transiente da altura $h_{tran}(t)$ tenha a forma dada na equação (10.14):

$$h_{tran}(t) = ce^{st}. \tag{10.14}$$

A constante $s$ é determinada substituindo $h_{tran}(t)$ e sua derivada na equação diferencial homogênea (10.12). A derivada de $h_{tran}(t)$ é dada por:

$$\begin{aligned}\frac{dh_{tran}(t)}{dt} &= \frac{d}{dt}(ce^{st})\\ &= cse^{st}.\end{aligned} \tag{10.15}$$

Substituindo as equações (10.14) e (10.15) na equação (10.13), temos:

$$A(cse^{st}) + K(ce^{st}) = 0.$$

Fatorando o termo $ce^{st}$, obtemos:

$$ce^{st}(As + K) = 0$$

Como $ce^{st} \neq 0$:

$$As + K = 0. \tag{10.16}$$

A equação (10.16) é a **equação característica** para o balde com vazamento. Resolvendo a equação (10.16) para $s$:

$$s = -\frac{K}{A}. \tag{10.17}$$

Substituindo esse valor de $s$ na equação (10.14), a solução transiente para o balde com vazamento fica escrita como:

$$h_{tran}(t) = ce^{-\frac{K}{A}t} \tag{10.18}$$

A constante $c$ depende da altura inicial da água e será determinada apenas quando a condição inicial for aplicada à solução total na parte (d).

(b) **Solução de Estado Estacionário (ou Particular):** A solução de estado estacionário de uma equação diferencial é a solução para uma particular entrada. Como a entrada fornecida é $Q_{\text{entrada}} = B$, a equação diferencial (10.12) pode ser escrita como:

$$A\frac{dh(t)}{dt} + Kh(t) = B. \tag{10.19}$$

Aplicando o método dos coeficientes indeterminados (Tabela 10.1), a solução de estado estacionário terá a mesma forma geral da entrada e suas derivadas.

Como, neste exemplo, a entrada é uma constante, a solução de estado estacionário será tomada como sendo uma constante:

$$h_{ee}(t) = E, \tag{10.20}$$

em que $E$ é uma constante. O valor de $E$ pode ser calculado substituindo $h_{ee}(t)$ e suas derivadas na equação (10.19). A derivada de $h_{ee}(t)$ é:

$$\begin{aligned}\frac{dh_{ee}(t)}{dt} &= \frac{d}{dt}(E)\\ &= 0.\end{aligned} \tag{10.21}$$

Substituindo as equações (10.20) e (10.21) na equação (10.19), obtemos:

$$A(0) + KE = B.$$

Resolvendo para $E$:

$$E = \frac{B}{K}.$$

Portanto, a solução de estado estacionário para o balde com vazamento submetido a uma entrada constante $Q_{\text{entrada}} = B$ é dada por:

$$h_{ee}(t) = \frac{B}{K}. \tag{10.22}$$

(c) **Solução Total:** A solução total para $h(t)$ é obtida somando as soluções transiente e de estado estacionário:

$$h(t) = c\,e^{-\frac{K}{A}t} + \frac{B}{K}. \tag{10.23}$$

(d) **Condições Iniciais:** A constante $c$ pode, finalmente, ser calculada com a substituição da condição inicial $h(0) = 0$ na equação (10.23):

$$h(0) = c\,e^{-\frac{K}{A}(0)} + \frac{B}{K} = 0$$

ou

$$c\,(1) + \frac{B}{K} = 0,$$

resultando em

$$c = -\frac{B}{K}. \tag{10.24}$$

Substituindo esse valor de $c$ na equação (10.23), temos:

$$h(t) = -\frac{B}{K}\,e^{-\frac{K}{A}t} + \frac{B}{K}$$

ou

$$h(t) = \frac{B}{K}\left(1 - e^{-\frac{K}{A}t}\right). \tag{10.25}$$

Notemos que, à medida que $t \to \infty$, $h(t) \to \frac{B}{K}$; em outras palavras, a solução total tende à solução de estado estacionário. Assim, no estado estacionário, a altura $h(t)$ atinge o valor constante $\frac{B}{K}$. Fisicamente, o balde continua a encher até que a pressão cresça o suficiente para que $Q_{\text{saída}} = Q_{\text{entrada}}$ (ou seja, $\frac{dh(t)}{dt} = 0$). Tal valor depende apenas de $\frac{B}{K} = \frac{Q_{entrada}}{K}$. No tempo $t = \frac{A}{K}$ segundos, o balde é enchido até a altura

$$\begin{aligned} h\left(\frac{A}{K}\right) &= \frac{B}{K}\left(1 - e^{-\frac{K}{A}\left(\frac{A}{K}\right)}\right) \\ &= \frac{B}{K}(1 - e^{-1}) \\ &= \frac{B}{K}(1 - 0{,}368) \end{aligned}$$

ou

$$h\left(\frac{A}{K}\right) = 0{,}632\,\frac{B}{K}.$$

No tempo $t = 5\,A/K$, o balde é enchido até a altura

$$\begin{aligned} h\left(5\frac{A}{K}\right) &= \frac{B}{K}\left(1 - e^{-\frac{K}{A}\left(\frac{5A}{K}\right)}\right) \\ &= \frac{B}{K}(1 - e^{-5}) \\ &= \frac{B}{K}(1 - 0{,}0067) \end{aligned}$$

ou

$$h\left(5\frac{A}{K}\right) = 0{,}9933\frac{B}{K}.$$

Portanto, é necessário um tempo $t = A/K$ s para a altura chegar a 63,2% do valor de estado estacionário, e $t = 5A/K$ s para a altura alcançar 99,33% do valor de estado estacionário. O tempo $t = A/K$ é conhecido como **constante de tempo** da resposta e, em geral, é representado pela letra grega $\tau$. A resposta de um sistema de primeira ordem (por exemplo, balde com vazamento) pode, usualmente, ser escrita como:

$$y(t) = \text{solução de estado estacionário}\left(1 - e^{-\frac{t}{\tau}}\right). \tag{10.26}$$

O gráfico da altura $h(t)$ para a entrada $Q_{\text{entrada}} = B$ é mostrado na Fig. 10.2, na qual podemos ver que, após $t = 5\tau$ s, o nível da água atingiu, do ponto de vista prático, o valor de estado estacionário.

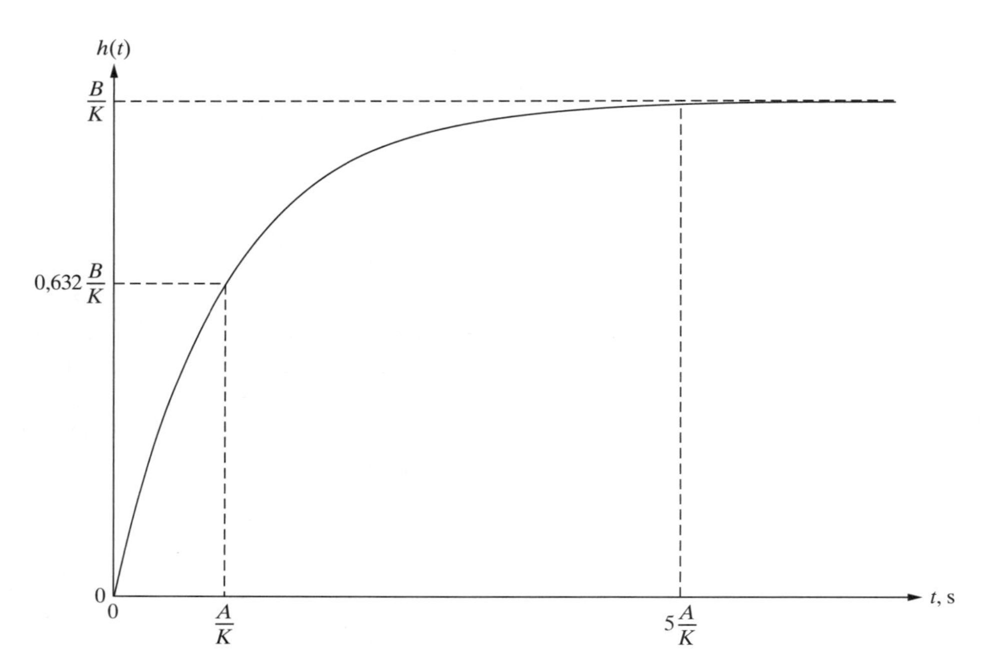


**Figura 10.2** Solução $h(t)$ para $Q_{\text{entrada}} = B$ e $h(0) = 0$.

**Exemplo 10-2**

**Balde com Vazamento e Nenhuma Entrada** Consideremos, agora, $Q_{\text{entrada}} = 0$ e que a altura inicial da água seja $h_0$ (Fig. 10.3). A altura $h(t)$ da água é governada pela seguinte equação diferencial de primeira ordem:

$$A\frac{dh(t)}{dt} + Kh(t) = 0. \tag{10.27}$$

Determinemos a solução total para $h(t)$. Calculemos, também, o tempo para que a água vaze totalmente do balde.

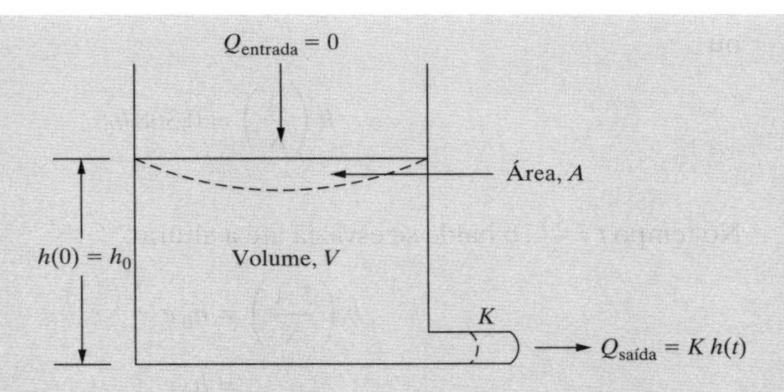


**Figura 10.3** Balde com vazamento e nenhuma entrada para o Exemplo 10-2.

**Solução**

(a) **Solução Transiente:** a solução transiente é idêntica à do exemplo anterior, dada por:

$$h_{tran}(t) = c_1\, e^{-\frac{K}{A}t}.$$

(b) **Solução de Estado Estacionário:** como o lado direito da equação Diferencial (10.27) é zero (ou seja, a entrada é zero), a solução de estado estacionário também é zero:

$$h_{ee}(t) = 0.$$

(c) **Solução Total:** a solução total para a altura $h(t)$ é dada por:

$$\begin{aligned} h(t) &= h_{tran}(t) + h_{ee}(t) \\ &= c_1\, e^{-\frac{K}{A}t} + 0 \end{aligned}$$

ou

$$h(t) = c_1\, e^{-\frac{K}{A}t}. \tag{10.28}$$

(d) **Condições Iniciais:** a constante $c_1$ é determinada substituindo a condição inicial $h(0) = h_0$ na equação (10.28):

$$h(0) = c_1\, e^{-\frac{K}{A}(0)} = h_0$$

ou

$$c_1\,(1) = h_0,$$

resultando em

$$c_1 = h_0.$$

Com isto, a solução total para $h(t)$ é

$$h(t) = h_0\, e^{-\frac{K}{A}t}. \tag{10.29}$$

A altura $h(t)$ dada na equação (10.29) é uma função exponencial decrescente, com constante de tempo $\tau = A/K$. No tempo $t = A/K$, o balde se esvazia até a altura

$$\begin{aligned} h\left(\frac{A}{K}\right) &= h_0\, e^{-\frac{K}{A}\left(\frac{A}{K}\right)} \\ &= h_0\, e^{-1} \end{aligned}$$

ou

$$h\left(\frac{A}{K}\right) = 0{,}368\,h_0.$$

No tempo $t = \frac{5A}{K}$, o balde se esvazia até a altura

$$h\left(\frac{5A}{K}\right) = h_0\,e^{-\frac{K}{A}\left(\frac{5A}{K}\right)}$$
$$= h_0\,e^{-5}$$
$$= 0{,}0067\,h_0$$

ou

$$h\left(\frac{5A}{K}\right) \approx 0.$$

O gráfico da altura é mostrado na Fig. 10.4, na qual podemos ver que a altura começa no valor inicial $h_0$, decai a 36,8% do valor inicial em uma constante de tempo $\tau = A/K$ e é aproximadamente zero após cinco constantes de tempo.

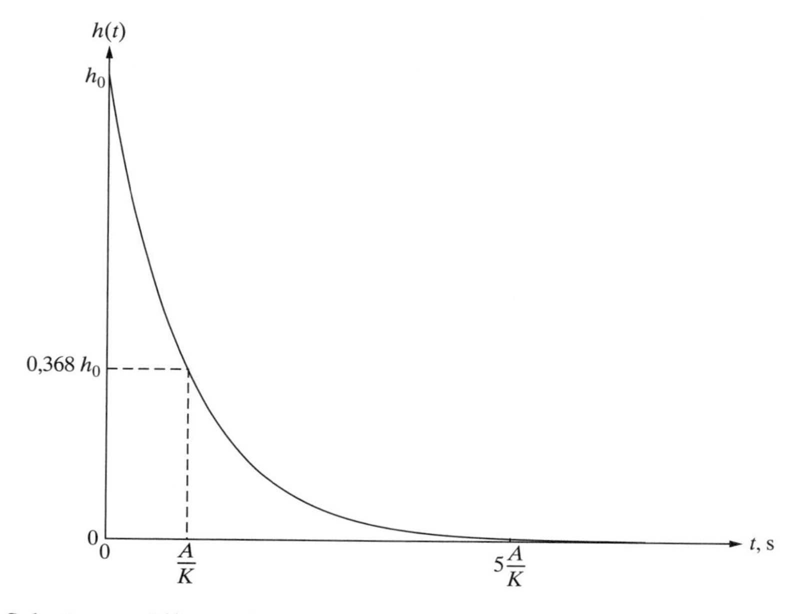


**Figura 10.4** Solução para $h(t)$ com $Q_{\text{entrada}} = 0$ e $h(0) = h_0$.

**Exemplo 10-3**

**Tensão Aplicada a um Circuito RC** Determinemos a tensão $v(t)$ em um capacitor quando uma tensão constante $v_s(t) = v_s$ é aplicada ao circuito RC representado na Fig. 10.5. Assumamos que o capacitor esteja inicialmente descarregado (ou seja, $v(0) = 0$).

A equação que governa $v(t)$ advém da lei de tensão de Kirchhoff (LTK), que requer:

$$v_R(t) + v(t) = v_s(t). \tag{10.30}$$

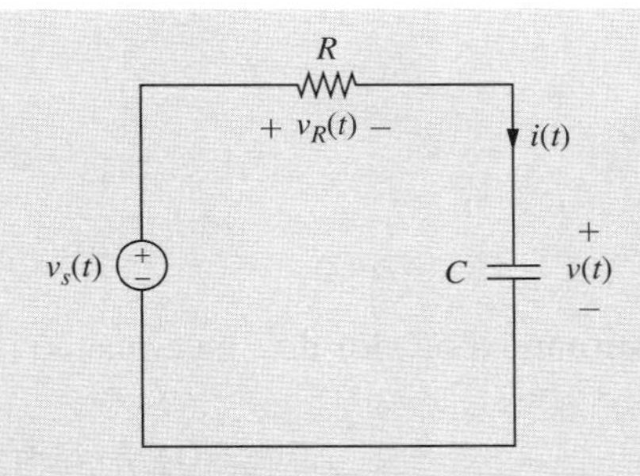


**Figura 10.5** Circuito RC com entrada constante para o Exemplo 10-3.

Da lei de Ohm, a queda de tensão no resistor é dada por $v_R(t) = Ri(t)$. Como o resistor e o capacitor estão conectados em série, a mesma corrente flui pelo resistor e pelo capacitor, $i(t) = C\frac{dv(t)}{dt}$. Portanto, $v_R(t) = RC\frac{dv(t)}{dt}$, de modo que a equação (10.30) pode ser escrita como:

$$RC\frac{dv(t)}{dt} + v(t) = v_s(t). \tag{10.31}$$

A equação (10.31) é uma equação diferencial de primeira ordem com coeficientes constantes. Esta equação também pode ser escrita como:

$$RC\,\dot{v}(t) + v(t) = v_s(t), \tag{10.32}$$

em que $\dot{v}(t) = \frac{dv(t)}{dt}$. O objetivo é calcular a tensão $v(t)$ quando $v_s(t) = v_s$ é constante e $v(0) = 0$.

**Solução** (a) **Solução Transiente:** A solução transiente é obtida anulando o lado direito da equação diferencial:

$$RC\dot{v}(t) + v(t) = 0, \tag{10.33}$$

e assumindo uma solução na forma:

$$v_{tran}(t) = ce^{st}. \tag{10.34}$$

A constante $s$ é determinada substituindo $v_{tran}(t)$ e sua derivada na equação (10.33). A derivada de $v_{tran}(t)$ é dada por:

$$\frac{dv_{tran}(t)}{dt} = \frac{d}{dt}(ce^{st}) = cse^{st}. \tag{10.35}$$

Substituindo as equações (10.34) e (10.35) na equação (10.33), temos:

$$RC(cse^{st}) + (ce^{st}) = 0.$$

Fatorando o termo $ce^{st}$, obtemos:

$$e^{st}(RCs + 1) = 0.$$

Logo,

$$RCs + 1 = 0, \tag{10.36}$$

e

$$s = -\frac{1}{RC}. \tag{10.37}$$

Agora, substituamos o valor de $s$ na equação (10.34):

$$v_{tran}(t) = ce^{-\frac{1}{RC}t} \tag{10.38}$$

A constante $c$ depende da tensão inicial no capacitor, que é aplicada à solução final na parte (d).

(b) **Solução de Estado Estacionário:** para $v_s(t) = v_s$:

$$RC\,\dot{v}(t) + v(t) = v_s. \tag{10.39}$$

Como a entrada para o circuito RC é constante, a solução de estado estacionário para a tensão de saída $v(t)$ é tomada como:

$$v_{ee}(t) = E, \tag{10.40}$$

em que $E$ é uma constante. O valor de $E$ pode ser calculado substituindo $v_{ee}(t)$ e sua derivada na equação (10.39):

$$RC(0) + E = v_s.$$

Resolvendo para $E$:

$$E = v_s.$$

Assim, a solução de estado estacionário para a tensão de saída é:

$$v_{ee}(t) = v_s. \tag{10.41}$$

(c) **Solução Total:** A solução total para $v(t)$ é obtida somando as soluções transiente e de estado estacionário dadas nas equações (10.38) e (10.41):

$$v(t) = ce^{-\frac{1}{RC}t} + v_s. \tag{10.42}$$

(d) **Condições Iniciais:** A constante $c$ pode, agora, ser determinada aplicando a condição inicial:

$$v(0) = ce^{-\frac{1}{RC}(0)} + v_s = 0$$

ou

$$c(1) + v_s = 0.$$

Resolvendo para $c$, obtemos:

$$c = -v_s. \tag{10.43}$$

Substituamos esse valor de $c$ na equação (10.42):

$$v(t) = -v_s\, e^{-\frac{1}{RC}t} + v_s$$

ou

$$v(t) = v_s\left(1 - e^{-\frac{1}{RC}t}\right). \tag{10.44}$$

Notemos que, à medida que $t \to \infty$, $v(t) \to v_s$ (ou seja, a solução total tende à solução de estado estacionário). No estado estacionário, o capacitor está totalmente carregado a uma tensão igual à tensão de entrada. Enquanto o capacitor está sendo carregado, a tensão em seus terminais no tempo $t = RC$ é dada por:

$$\begin{aligned} v(RC) &= v_s\left(1 - e^{-\frac{1}{RC}(RC)}\right) \\ &= v_s(1 - e^{-1}) \\ &= v_s(1 - 0{,}368) \end{aligned}$$

ou

$$v = 0{,}632\, v_s.$$

No tempo $t = 5RC$, a tensão no capacitor é dada por:

$$\begin{aligned} v(5\,RC) &= v_s\left(1 - e^{-\frac{1}{RC}(5\,RC)}\right) \\ &= v_s(1 - e^{-5}) \\ &= v_s(1 - 0{,}0067) \\ &= 0{,}9933\, v_s \end{aligned}$$

ou

$$v \approx vs.$$

Portanto, é necessário um tempo $t = RC$ s para que a tensão no capacitor atinja 63,2% da tensão inicial, e um tempo $t = 5RC$ s para que a tensão no capacitor atinja 93,33% da tensão inicial. O tempo $t = \tau = RC$ s é a **constante de tempo** do circuito RC, uma medida do tempo necessário para que o capacitor atinja a carga total. Em geral, para reduzir o tempo de carregamento do capacitor, o valor da resistência do resistor é reduzido. O gráfico da tensão $v(t)$ é mostrado na Fig. 10.6, na qual podemos ver que são necessários aproximadamente $5\tau$ s para que a tensão alcance o estado estacionário; este resultado é idêntico ao obtido para o balde com vazamento com entrada $Q_{\text{entrada}}$ constante.

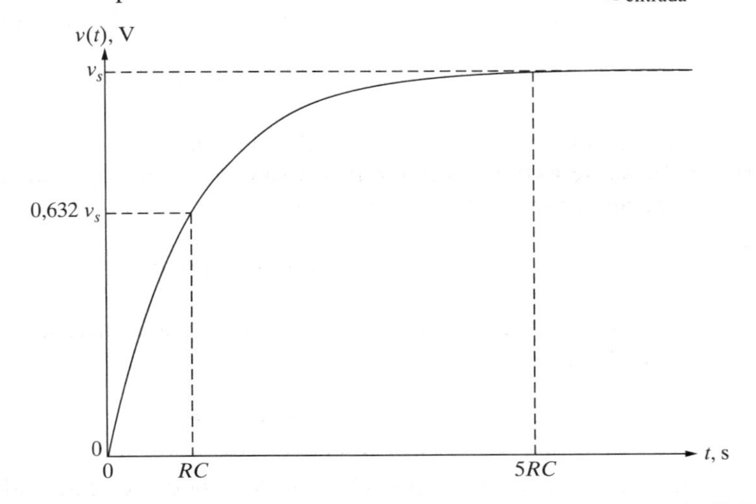


**Figura 10.6** Tensão no capacitor do circuito RC com tensão constante do Exemplo 10-3.

**Exemplo 10-4**

Para o circuito mostrado na Fig. 10.7, a equação diferencial que relaciona a saída $v(t)$ à entrada $v_s(t)$ é dada por:

$$0{,}5\,\dot{v}(t) + v(t) = v_s(t). \tag{10.45}$$

Determinemos a tensão de saída $v(t)$ no capacitor para uma tensão de entrada $v_s(t) = 10$ V. Assumamos que a tensão inicial no capacitor seja zero ($v(0) = 0$).

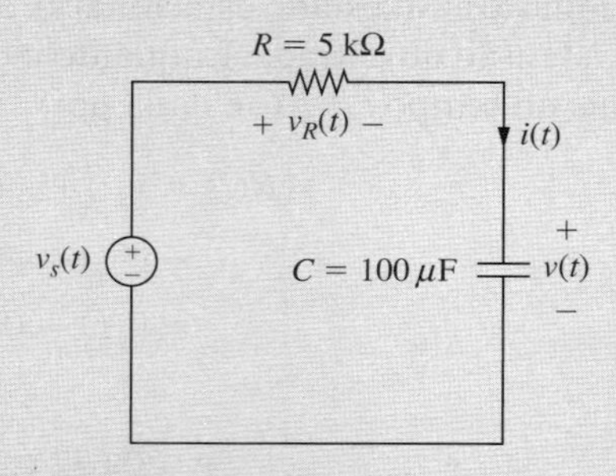


**Figura 10.7** Circuito RC com tensão de entrada $v_s(t)$.

**Solução**

(a) **Solução Transiente:** A solução transiente é obtida anulando o lado direito da equação diferencial:

$$0{,}5\,\dot{v}(t) + v(t) = 0, \tag{10.46}$$

e assumindo uma solução na forma:

$$v_{tran}(t) = ce^{st}. \tag{10.47}$$

Substituindo a solução transiente e sua derivada na equação (10.46) e resolvendo para $s$, temos:

$$0{,}5(cse^{st}) + (ce^{st}) = 0$$
$$ce^{st}(0{,}5\,s + 1) = 0$$
$$0{,}5\,s + 1 = 0$$
$$s = -2.$$

Portanto, a solução transiente para a tensão de saída é dada por:

$$v_{tran}(t) = ce^{-2\,t} \tag{10.48}$$

e a constante $c$ será obtida da condição inicial.

(b) **Solução de Estado Estacionário:** Como a entrada aplicada ao circuito RC é de 10 V, a equação (10.45) pode ser escrita como:

$$0{,}5\,\dot{v}(t) + v(t) = 10. \tag{10.49}$$

Como a entrada é constante, a solução de estado estacionário para a tensão de saída $v(t)$ é tomada como:

$$v_{ee}(t) = E, \tag{10.50}$$

em que $E$ é uma constante. O valor de $E$ pode ser calculado substituindo $v_{ee}(t)$ e sua derivada na equação (10.49):

$$0{,}5\,(0) + E = 10$$

resultando em

$$E = 10 \text{ V}.$$

Assim, a solução de estado estacionário para a tensão de saída é:

$$v_{ee}(t) = 10 \text{ V}. \quad (10.51)$$

(c) **Solução Total:** A solução total para $v(t)$ é obtida somando as soluções transiente e de estado estacionário dadas nas equações (10.48) e (10.51):

$$v(t) = ce^{-2t} + 10. \quad (10.52)$$

(d) **Condições Iniciais:** A constante $c$ pode, agora, ser determinada aplicando a condição inicial ($v(0) = 0$):

$$v(0) = ce^{-2(0)} + 10 = 0$$

ou

$$c(1) + 0 = 0.$$

Resolvendo para $c$, obtemos:

$$c = -10 \text{ V}. \quad (10.53)$$

Ao substituirmos o valor de $c$ da equação (10.53) na equação (10.52), obtemos:

$$v(t) = -10\,e^{-2t} + 10$$

ou

$$v(t) = 10\,(1 - e^{-2t}) \text{ V}. \quad (10.54)$$

Como a constante de tempo é $\tau = 1/2 = 0{,}5$ s, o capacitor leva 0,5 s para alcançar 63,2% da tensão inicial e 5(0,5) = 2,5 s para atingir uma carga total de, aproximadamente, 10 V. O gráfico da tensão $v(t)$ é mostrado na Fig. 10.8.

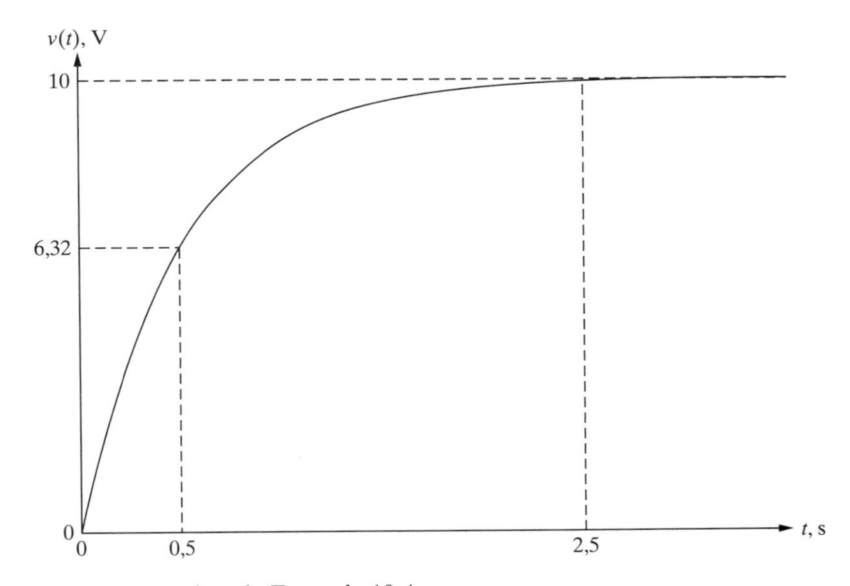


**Figura 10.8** Tensão no capacitor do Exemplo 10-4.

**Exemplo 10-5**

A equação diferencial para o circuito capacitivo representado na Fig. 10.9 é dada por:

$$0{,}5\,\dot{v}(t) + v(t) = 0. \quad (10.55)$$

Determinemos a tensão de saída $v(t)$ no capacitor $C$ quando ele se descarrega a partir de uma tensão inicial $v(0) = 10$ V.

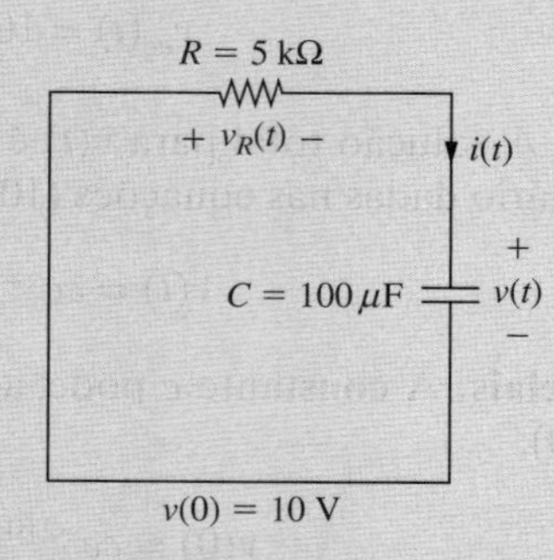


**Figura 10.9** Descarga de um capacitor em um circuito RC.

**Solução**

(a) **Solução Transiente:** Como o lado direito da equação diferencial governante é igual ao do exemplo anterior, a solução transiente para a tensão de saída é dada pela equação (10.48):

$$v_{tran}(t) = ce^{-2t}.$$

(b) **Solução de Estado Estacionário:** Como nenhuma entrada é aplicada ao circuito, o valor de estado estacionário da tensão de saída é zero:

$$v_{ee}(t) = 0.$$

(c) **Solução Total:** A solução total para $v(t)$ é obtida somando as soluções transiente e de estado estacionário:

$$v(t) = ce^{-2t}.$$

(d) **Condições Iniciais:** A constante $c$ pode, então, ser determinada aplicando a condição inicial ($v(0) = 10$ V):

$$v(0) = ce^{-2(0)} = 10,$$

o que resulta

$$c = 10 \text{ V}.$$

Com isto, a tensão de saída é dada por:

$$v(t) = 10\,e^{-2t}\,\text{V}.$$

Enquanto o capacitor descarrega, a tensão em seus terminais no tempo $t = 0{,}5$ s (uma constante de tempo) é dada por:

$$\begin{aligned} v(0{,}5) &= 10\,e^{-2(0{,}5)} \\ &= 10\,e^{-1} \end{aligned}$$

ou

$$v = 3{,}68 \text{ V}.$$

No tempo $t = 2{,}5$ s (cinco constantes de tempo), a tensão de saída no capacitor é:

$$\begin{aligned} v(2{,}5) &= 10\, e^{-2\,(2{,}5)} \\ &= 10\, e^{-5} \\ &= 0{,}067 \end{aligned}$$

ou

$$v \approx 0.$$

O gráfico da tensão de saída $v(t)$ é mostrado na Fig. 10.10. Matematicamente, a resposta de um capacitor que se descarrega em um circuito RC é idêntica à resposta de um balde com vazamento e altura inicial $h_0$!

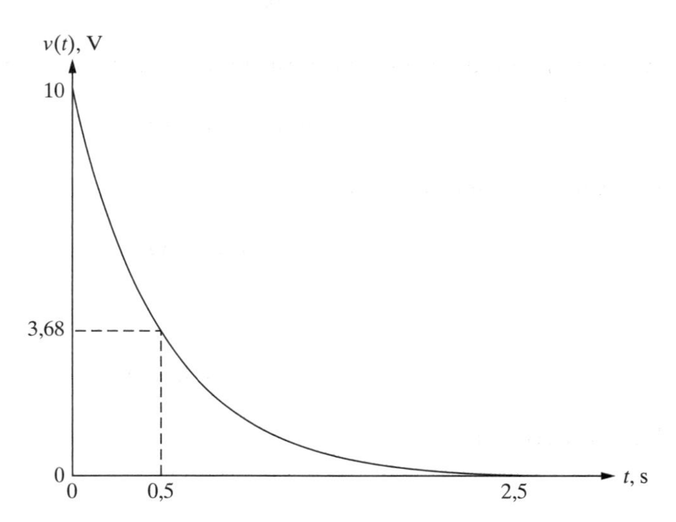


**Figura 10.10** Tensão no capacitor do Exemplo 10-5.

**Exemplo 10-6**

Consideremos uma tensão $v(t)$ aplicada ao circuito RL mostrado na Fig. 10.11. A LTK fornece:

$$v_R(t) + v_L(t) = v_s(t), \tag{10.56}$$

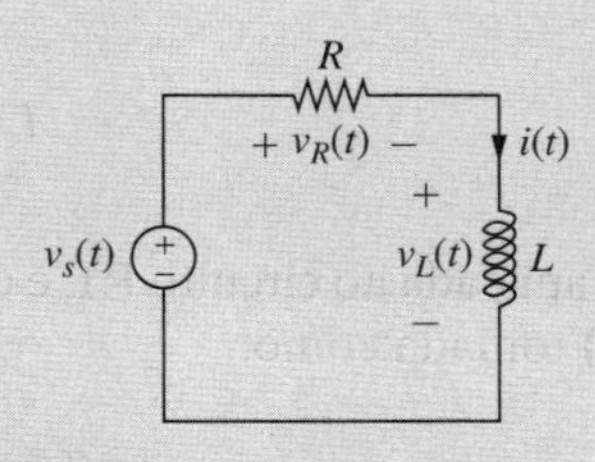


**Figura 10.11** Tensão aplicada a um circuito RL.

em que $v_R(t) = R\, i(t)$ é a queda de tensão no resistor e $v_L(t) = L\frac{di(t)}{dt}$, a queda de tensão no indutor. A equação (10.56) pode, portanto, ser escrita em termos da corrente $i(t)$:

$$L\frac{di(t)}{dt} + R\, i(t) = v_s(t). \tag{10.57}$$

Para uma fonte de alimentação com tensão $v_s(t) = v_s$ = constante, determinemos a solução total para a corrente $i(t)$. Assumamos que a corrente inicial seja zero ($i(0) = 0$).

**Solução**

(a) **Solução Transiente:** A solução transiente é obtida anulando o lado direito da equação diferencial:

$$L\frac{di(t)}{dt} + R\, i(t) = 0, \tag{10.58}$$

e assumindo uma solução transiente na forma:

$$i_{tran}(t) = ce^{st}. \tag{10.59}$$

A constante $s$ é determinada substituindo $i_{tran}(t)$ e sua derivada na equação (10.58):

$$L\,(cse^{st}) + R\,(ce^{st}) = 0.$$

Fatorando o termo $ce^{st}$, temos:

$$ce^{st}(Ls + R) = 0.$$

Logo,

$$Ls + R = 0.$$

Resolvendo para $s$:

$$s = -\frac{R}{L}. \tag{10.60}$$

Substituindo o valor de $s$ na equação (10.59), a solução transiente para a corrente de saída é obtida como:

$$i_{tran}(t) = ce^{-\frac{R}{L}t}. \tag{10.61}$$

A constante $c$ depende da corrente inicial que flui no circuito e é calculada na parte (d).

(b) **Solução de Estado Estacionário:** Para uma tensão de entrada $v(t) = v_s$, a equação (10.57) pode ser escrita como:

$$L\frac{di(t)}{dt} + Ri(t) = v_s. \tag{10.62}$$

Como a tensão aplicada ao circuito RL é constante, a solução de estado estacionário para a corrente é $i(t)$ tomada como:

$$i_{ee}(t) = E, \tag{10.63}$$

em que $E$ é uma constante. O valor de $E$ pode ser calculado substituindo $i_{ee}(t)$ e sua derivada na equação (10.62):

$$L(0) + R\,(E) = v_s.$$

Resolvendo para $E$, obtemos:

$$E = \frac{v_s}{R}.$$

Assim, a solução de estado estacionário para a corrente é:

$$i_{ee}(t) = \frac{v_s}{R}. \tag{10.64}$$

(c) **Solução Total:** A solução total para a corrente $i(t)$ é obtida somando as soluções transiente e de estado estacionário dadas nas equações (10.61) e (10.64):

$$i(t) = ce^{-\frac{R}{L}t} + \frac{v_s}{R}. \tag{10.65}$$

(d) **Condições Iniciais:** A constante $c$ pode, agora, ser calculada aplicando a condição inicial ($i(0) = 0$) à equação (10.65):

$$i(0) = ce^{-\frac{R}{L}(0)} + \frac{v_s}{R} = 0.$$

ou

$$c\,(1) + \frac{v_s}{R} = 0$$

Resolvendo para $c$, obtemos:

$$c = -\frac{v_s}{R}. \tag{10.66}$$

A substituição desse valor de $c$ na equação (10.65) fornece:

$$i(t) = -\frac{v_s}{R}\,e^{-\frac{R}{L}t} + \frac{v_s}{R}$$

ou

$$i(t) = \frac{v_s}{R}\,(1 - e^{-\frac{R}{L}t})\ \text{A}. \tag{10.67}$$

À medida que $t \to \infty$, $i(t) \to v_s/R$ (ou seja, a solução de estado estacionário). São necessários $t = \tau = L/R$ segundos para $i(t)$ chegar a 63,2% de seu valor de estado estacionário, $v_s/R$. O gráfico da corrente $i(t)$ é mostrado na Fig. 10.12, na qual podemos observar que a corrente $i(t)$ necessita de, aproximadamente, $5\tau$ para atingir o valor de estado estacionário, assim como ocorreu nos casos de carregamento de um capacitor e do enchimento de um balde com vazamento.

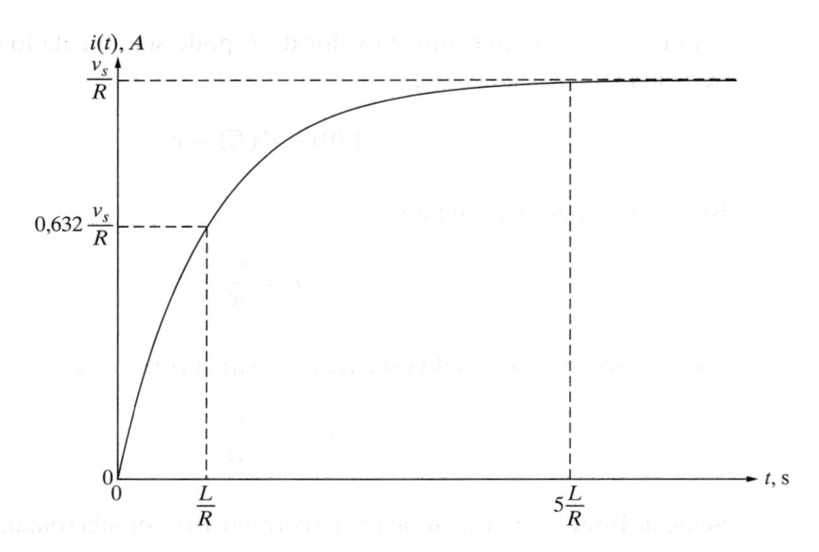


Figura 10.12 Corrente que flui em um circuito RL.

**Exemplo 10-7**

Uma tensão constante $v_s(t) = 10$ V é aplicada ao circuito RL representado na Fig. 10.13. O circuito é descrito pela seguinte equação diferencial:

$$0{,}1\,\frac{di(t)}{dt} + 100\,i(t) = 10. \tag{10.68}$$

Determinemos a corrente $i(t)$ para uma corrente inicial de 50 mA ($i(0) = 50 \times 10^{-3}$).

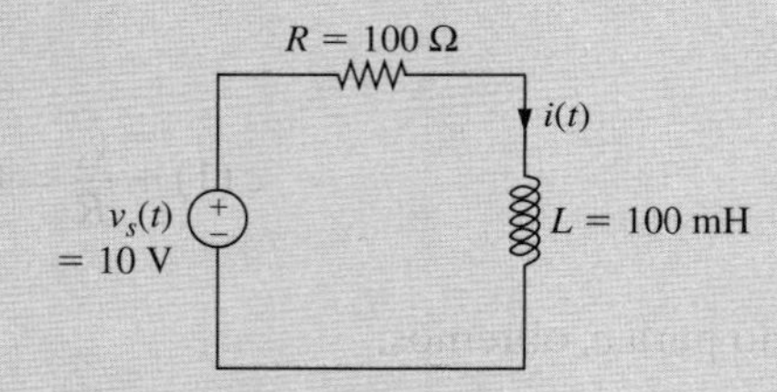


Figura 10.13 Circuito RL para o Exemplo 10-7.

**Solução**

(a) **Solução Transiente:** A solução transiente é obtida anulando o lado direito da equação diferencial:

$$0{,}1\,\frac{di(t)}{dt} + 100\,i(t) = 0, \tag{10.69}$$

e assumindo uma solução na forma:

$$i_{tran}(t) = ce^{st}. \tag{10.70}$$

A constante $s$ é determinada substituindo $i_{tran}(t)$ e sua derivada na equação (10.69) e resolvendo para $s$:

$$\begin{aligned} 0{,}1\,(cse^{st}) + 100\,(ce^{st}) &= 0 \\ ce^{st}(0{,}1s + 100) &= 0 \\ 0{,}1s + 100 &= 0 \\ s &= -1000. \end{aligned} \tag{10.71}$$

A substituição do valor de $s$ na equação (10.70) leva à seguinte solução transiente para a corrente:

$$i_{tran}(t) = ce^{-1000\,t}. \qquad (10.72)$$

A constante $c$ depende da corrente inicial que flui no circuito e será calculada quando aplicarmos a condição inicial à solução total na parte (d).

(b) **Solução de Estado Estacionário:** como a tensão aplicada ao circuito RL é constante (o lado direito da equação (10.68) é constante), a solução de estado estacionário é tomada como:

$$i_{ee}(t) = E, \qquad (10.73)$$

em que $E$ é uma constante. O valor de $E$ pode ser obtido substituindo $i_{ee}(t)$ e sua derivada na equação (10.68):

$$0{,}1(0) + 100\,(E) = 10.$$

Resolvendo para $E$, temos:

$$E = 0{,}1 \text{ A}.$$

Assim, a solução de estado estacionário para a corrente é dada por:

$$i_{ee}(t) = 0{,}1 \text{ A}. \qquad (10.74)$$

(c) **Solução Total:** a solução total é obtida somando as soluções transiente e de estado estacionário dadas pelas equações (10.72) e (10.74):

$$i(t) = ce^{-1000\,t} + 0{,}1 \text{ A}. \qquad (10.75)$$

(d) **Condições Iniciais:** a constante $c$ pode, agora, ser calculada aplicando a condição inicial $i(0) = 50$ mA à equação (10.75):

$$i(0) = ce^{-1000\,(0)} + 0{,}1 = 0{,}05$$

ou

$$c\,(1) + 0{,}1 = 0{,}05.$$

Resolvendo para $c$, obtemos:

$$c = -0{,}05. \qquad (10.76)$$

A substituição do valor de $c$ na equação (10.75) fornece:

$$i(t) = -0{,}05\, e^{-1000\,t} + 0{,}1$$

ou

$$i(t) = 0{,}1\left(1 - 0{,}5\, e^{-1000\,t}\right) \text{ A}. \qquad (10.77)$$

Notemos que, à medida que $t \to \infty$, $i(t) \to 0{,}1 = 100$ mA (ou seja, a corrente atinge o valor de estado estacionário). A corrente necessita de $t = \tau = 1/1000 = 1$ ms para chegar a

$0{,}1(1 - 0{,}5 \times 0{,}368) = 0{,}0816$ A ou 81,6 mA. O valor da corrente em $t = \tau$ também pode ser obtido da expressão *Valor inicial* + 0,632 × (*Valor de estado estacionário* – *Valor inicial*) ou $50 + 0{,}632 \times (100 - 50) = 81{,}6$ mA. O gráfico da corrente $i(t)$ é mostrado na Fig. 10.14, na qual podemos observar que a corrente $i(t)$ necessita de, aproximadamente, $5\tau = 5$ ms para alcançar seu valor final.

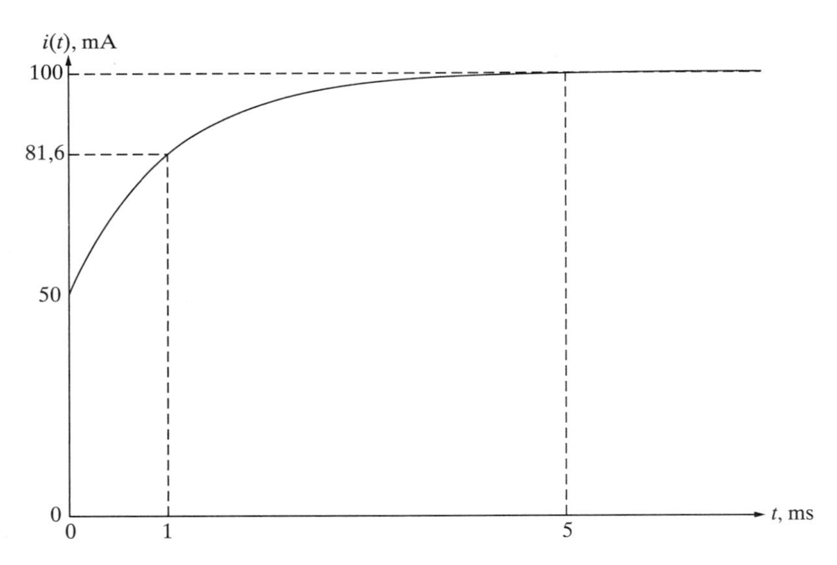


**Figura 10.14** Corrente que flui pelo circuito RL do Exemplo 10-7.

**Exemplo 10-8**

Um estudante de pós-graduação em engenharia biomédica usa o modelo de Windkessel, ilustrado na Fig. 10.15, para investigar a relação entre o fluxo de sangue arterial e a pressão sanguínea em uma artéria. Neste modelo, a pressão arterial $P(t)$ satisfaz a seguinte equação diferencial de primeira ordem:

$$\frac{dP(t)}{dt} + \frac{1}{RC}P(t) = \frac{\dot{Q}_{\text{entrada}}}{C}. \tag{10.78}$$

em que $\dot{Q}_{entrada}$ é o fluxo volumétrico de sangue, $R$ é a resistência periférica e $C$, a complacência arterial. Para um fluxo volumétrico de sangue $\dot{Q}_{entrada}$ de $80\,\frac{\text{cm}^3}{\text{s}}$,

(a) Determinemos a solução transiente $P_{tran}(t)$ para a pressão arterial. A unidade de $P(t)$ é mmHg.
(b) Calculemos a solução de estado estacionário $P_{ee}(t)$ para a pressão arterial.
(c) Determinemos a solução total $P(t)$, assumindo que a pressão arterial inicial seja de 7 mmHg. Assumamos, ainda, $R = 5\,\frac{\text{mmHg}}{(\text{cm}^3/\text{s})}$ e $C = 0{,}5\,\frac{\text{cm}^3}{\text{mmHg}}$.
(d) Calculemos o valor de $P(t)$ após uma constante de tempo $\tau$ e desenhemos o gráfico da solução para $P(t)$ para $0 \le t \le 5\tau$.

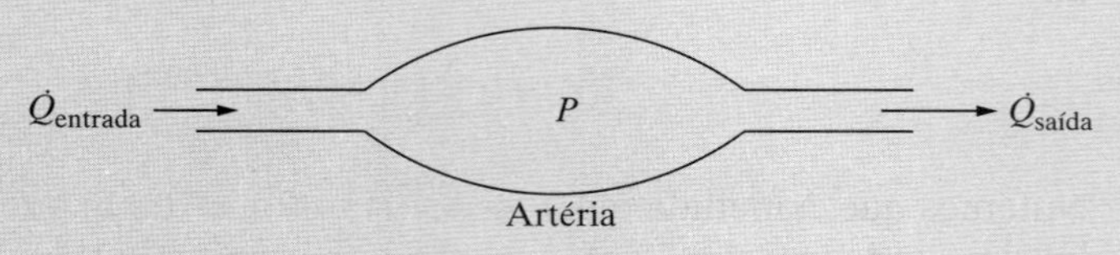


**Figura 10.15** Modelo de Windkessel.

**Solução** (a) **Solução Transiente:** A solução transiente é obtida anulando o lado direito da equação diferencial (10.78):

$$\frac{dP(t)}{dt} + \frac{1}{RC} P(t) = 0 \tag{10.79}$$

e assumindo uma solução na forma:

$$P_{tran}(t) = ce^{st}. \tag{10.80}$$

A constante $s$ é determinada substituindo $P_{tran}(t)$ e sua derivada na equação (10.79) e resolvendo para $s$:

$$(cse^{st}) + \frac{1}{RC}(ce^{st}) = 0$$

$$ce^{st}(s + \frac{1}{RC}) = 0$$

$$s + \frac{1}{RC} = 0$$

$$s = -\frac{1}{RC}. \tag{10.81}$$

A substituição do valor de $s$ na equação (10.80) leva à seguinte solução transiente para a pressão arterial:

$$P_{tran}(t) = ce^{-\frac{1}{RC}t}. \tag{10.82}$$

A constante $c$ depende da pressão arterial inicial do sangue que flui na artéria e será calculada quando aplicarmos a condição inicial à solução total na parte (d).

(b) **Solução de Estado Estacionário:** Como o fluxo volumétrico de sangue na artéria é constante (o lado direito da equação (10.78) é constante), a solução de estado estacionário é tomada como:

$$P_{ee}(t) = K \tag{10.83}$$

em que $K$ é uma constante. O valor de $K$ pode ser obtido substituindo $P_{ee}(t)$ e sua derivada na equação (10.78):

$$(0) + \frac{1}{RC}(K) = \frac{\dot{Q}}{C}.$$

Resolvendo para $K$, temos:

$$K = 80\,R \text{ mmHg}.$$

Assim, a solução de estado estacionário para a pressão arterial é dada por:

$$P_{ee}(t) = 80\,R \text{ mmHg}. \tag{10.84}$$

(c) **Solução Total:** A solução total é obtida somando as soluções transiente e de estado estacionário dadas pelas equações (10.82) e (10.84):

$$P(t) = ce^{-\frac{1}{RC}t} + 80\,R \text{ mmHg}. \tag{10.85}$$

(d) **Condições Iniciais:** A constante $c$ pode, agora, ser calculada aplicando a condição inicial $P(0) = 7$ mmHg à equação (10.85):

$$P(0) = ce^{-\frac{1}{RC}(0)} + 80\,R = 7.$$

Substituindo $R = 5$ e $C = 0{,}5$, temos:

$$c\,(1) + 400 = 7.$$

Resolvendo para $c$:

$$c = -393. \tag{10.86}$$

A substituição do valor de $c$ na equação (10.85) fornece:

$$P(t) = -393\,e^{-0{,}4\,t} + 400$$

ou

$$P(t) = 400\,\left(1 - 0{,}9825\,e^{-0{,}4\,t}\right)\ \text{mmHg}. \tag{10.87}$$

Notemos que, à medida que $t \to \infty$, $P(t) \to 400$ mmHg (ou seja, a pressão atinge o valor de estado estacionário). A pressão necessita de $t = \tau = 1/0{,}4 = 12{,}5$ s para chegar a $400(1 - 0{,}9825(0{,}368)) = 255{,}4$ mmHg. O valor da pressão em $t = \tau$ também pode ser obtido da expressão *Valor inicial* + 0,632 × (*Valor de estado estacionário* – *Valor inicial*) ou 7 + 0,632 × (400 – 7) = 255,4 mmHg. O gráfico da pressão $P(t)$ é mostrado na Fig. 10.16, na qual podemos observar que a pressão $P(t)$ necessita de, aproximadamente, $5\tau = 12{,}5$ s para alcançar seu valor final.

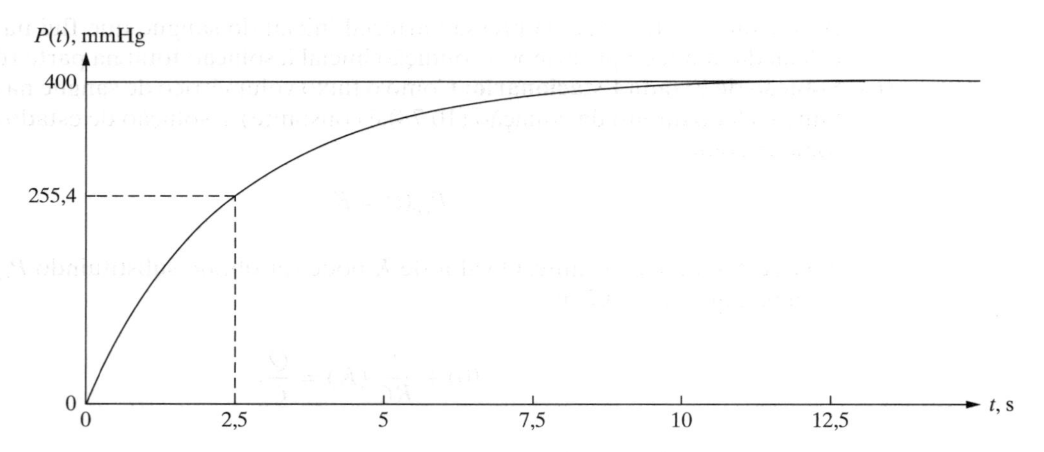


**Figura 10.16** Pressão sanguínea em uma artéria.

**Exemplo 10-9**

A equação diferencial para o circuito RC da Fig. 10.5 é dada por:

$$RC\,\frac{dv(t)}{dt} + v(t) = v_s(t). \tag{10.88}$$

Determinemos a tensão de saída $v(t)$ para $v_s(t) = V \operatorname{sen} \omega t$ e uma tensão inicial nula ($v(0) = 0$).

**Solução**

a) **Solução Transiente:** A solução transiente $v_{tran}(t)$ para a equação diferencial (10.88) é igual à obtida no Exemplo 10-3, dada por:

$$v_{tran}(t) = ce^{-\frac{1}{RC}t}. \tag{10.89}$$

A constante $c$ será determinada com aplicação da condição inicial à solução total na parte (d).

(b) **Solução de Estado Estacionário:** Como $v_s(t) = V$ sen $\omega t$, a equação (10.88) pode ser escrita como:

$$RC\,\dot{v}(t) + v(t) = V \text{ sen } \omega\, t. \tag{10.90}$$

Segundo a Tabela 10.1, a solução de estado estacionário para a tensão de saída $v(t)$ tem a forma:

$$v_{ee}(t) = A \text{ sen } \omega\, t + B \cos \omega\, t \tag{10.91}$$

em que $A$ e $B$ são constantes a serem determinadas. Os valores de $A$ e $B$ podem ser obtidos substituindo $v_{ee}(t)$ e sua derivada na equação (10.90). A derivada de $v_{ee}(t)$ é obtida diferenciando a equação (10.91):

$$\dot{v}_{ee}(t) = A\omega \cos \omega\, t - B\, \omega \text{ sen } \omega\, t. \tag{10.92}$$

Substituindo as equações (10.91) e (10.92) na equação (10.90), temos:

$$RC(A\omega \cos \omega\, t - B\, \omega \text{ sen } \omega\, t) + A \text{ sen } \omega\, t + B \cos \omega\, t = V \text{ sen } \omega\, t. \tag{10.93}$$

Agrupando termos semelhantes na equação (10.93), obtemos:

$$(-RCB\omega + A) \text{ sen } \omega\, t + (RCA\omega + B) \cos \omega\, t = V \text{ sen } \omega\, t. \tag{10.94}$$

A comparação de coeficientes de sen $\omega t$ nos dois lados da equação (10.94) fornece:

$$-RCB\omega + A = V. \tag{10.95}$$

De modo similar, a comparação de coeficientes de cos $\omega t$ nos dois lados da equação (10.94) fornece:

$$RCA\omega + B = 0. \tag{10.96}$$

As equações (10.95) e (10.96) representam um sistema de equações $2 \times 2$ para as incógnitas $A$ e $B$. Essas equações podem ser resolvidas por meio de um dos métodos discutidos no Capítulo 7, sendo a solução dada por:

$$A = \frac{V}{1 + (RC\omega)^2} \tag{10.97}$$

$$B = \frac{-RC\omega\, V}{1 + (RC\omega)^2}. \tag{10.98}$$

Substituindo $A$ e $B$ das equações (10.97) e (10.98) na equação (10.92), temos:

$$v_{ee}(t) = \left(\frac{V}{1 + (RC\omega)^2}\right) \text{ sen } \omega\, t + \left(\frac{-RC\omega V}{1 + (RC\omega)^2}\right) \cos \omega\, t$$

ou

$$v_{ee}(t) = \frac{V}{1 + (RC\omega)^2} (\text{sen}\,\omega t - RC\omega \cos \omega t). \qquad (10.99)$$

Como discutido no Capítulo 6, a soma de senoides de mesma frequência leva a:

$$\text{sen}\,\omega t - RC\omega \cos \omega t = \sqrt{1 + (RC\omega)^2}\text{sen}(\omega t + \phi), \qquad (10.100)$$

em que $\phi = \text{ATG2}(-RC\omega, 1) = -\tan^{-1}(RC\omega)$. Substituindo a equação (10.100) na equação (10.99), obtemos a seguinte solução de estado estacionário:

$$v_{ee}(t) = \left(\frac{V}{1 + (RC\omega)^2}\right) \left(\sqrt{1 + (RC\omega)^2}\, \text{sen}\,(\omega t + \phi)\right)$$

ou

$$v_{ee}(t) = \left(\frac{V}{\sqrt{1 + (RC\omega)^2}}\right) \text{sen}\,(\omega t + \phi). \qquad (10.101)$$

(c) **Solução Total:** A solução total é obtida somando as soluções transiente e de estado estacionário dadas nas equações (10.89) e (10.101):

$$v(t) = ce^{-\frac{1}{RC}t} + \left(\frac{V}{\sqrt{1 + (RC\omega)^2}}\right) \text{sen}\,(\omega t + \phi). \qquad (10.102)$$

(d) **Condições Iniciais:** A constante $c$ pode, agora, ser determinada aplicando a condição inicial $v(0) = 0$ à equação (10.102):

$$v(0) = c\,(1) + \left(\frac{V}{\sqrt{1 + (RC\omega)^2}}\right) \text{sen}\,\phi = 0$$

ou

$$c = -\left(\frac{V}{\sqrt{1 + (RC\omega)^2}}\right) \text{sen}\,\phi. \qquad (10.103)$$

Como $\phi = -\text{tg}^{-1}(RC\omega)$, o valor de sen $\phi$ pode ser obtido do triângulo no quarto quadrante mostrado na Fig. 10.17:

$$\text{sen}\,\phi = \frac{-RC\omega}{\sqrt{1 + (RC\omega)^2}} \qquad (10.104)$$

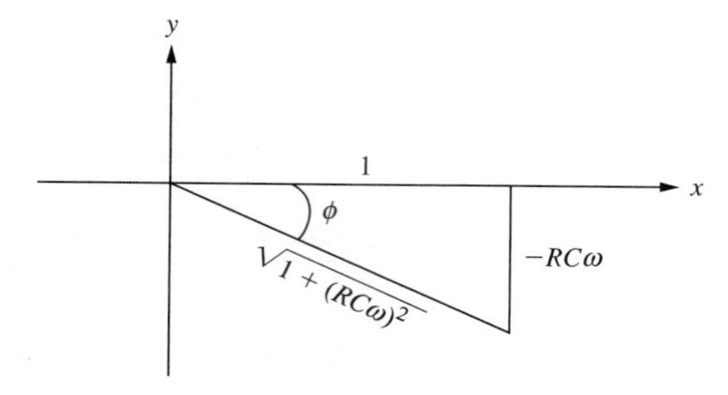


Figura 10.17 Triângulo no quarto quadrante para cálculo de sen $\phi$.

A substituição de sen $\phi$ da equação (10.104) na equação (10.103) fornece:

$$c = -\left(\frac{V}{\sqrt{1+(RC\omega)^2}}\right)\left(\frac{-RC\omega}{\sqrt{1+(RC\omega)^2}}\right)$$

ou

$$c = \frac{RC\omega V}{1+(RC\omega)^2}. \tag{10.105}$$

Substituindo o valor de $c$ da equação (10.105) na equação (10.102), obtemos:

$$v(t) = \frac{RC\omega V}{1+(RC\omega)^2}\, e^{-\frac{1}{RC}t} + \frac{V}{\sqrt{1+(RC\omega)^2}} \operatorname{sen}(\omega t + \phi). \tag{10.106}$$

Notemos que, à medida que $t \to \infty$, a solução total tende à solução de estado estacionário. Assim, a amplitude da tensão total quando $t \to \infty$ é dada por:

$$|v(t)| = \frac{V}{\sqrt{1+(RC\omega)^2}}. \tag{10.107}$$

A amplitude da tensão de entrada $v_s(t) = V \operatorname{sen} \omega t$ é

$$|v_s(t)| = V. \tag{10.108}$$

Dividindo a amplitude de estado estacionário da saída (equação (10.107)) pela amplitude da entrada (equação (10.108)), temos:

$$\frac{|v(t)|}{|v_s(t)|} = \frac{\frac{V}{\sqrt{1+(RC\omega)^2}}}{V}$$

ou

$$\frac{|v(t)|}{|v_s(t)|} = \frac{1}{\sqrt{1+(RC\omega)^2}}. \tag{10.109}$$

Notemos que, à medida que $\omega \to 0$,

$$\frac{|v(t)|}{|v_s(t)|} \to 1.$$

Isto significa que, para entradas de baixa frequência, as amplitudes da saída e da entrada são aproximadamente iguais. Contudo, quando $\omega \to \infty$,

$$\frac{|v(t)|}{|v_s(t)|} \to 0.$$

Ou seja, para entradas de alta frequência, a amplitude da saída é próxima de zero.

O circuito RC representado na Fig. 10.5 é conhecido como **filtro passa-baixas**, pois deixa passar as entradas de frequência baixa e bloqueia as entradas de frequência alta. Isto será mais explorado no Exemplo 10-10.

**Exemplo 10-10**

Consideremos o filtro passa-baixas do exemplo anterior, com $RC = 0{,}5$ e $V = 10$ V.

(a) Determinemos a solução total $v(t)$.

(b) Calculemos a razão $\frac{|v(t)|}{|v_s(t)|}$ quando $\omega \to \infty$ e desenhemos os gráficos das saídas de estado estacionário para $\omega = 0{,}1$ rad/s e $\omega = 10$ rad/s.

**Solução**

(a) A solução total para a tensão de saída é obtida substituindo $RC = 0{,}5$ e $V = 10$ na equação (10.106):

$$v(t) = \frac{5\omega}{1 + (0{,}5\omega)^2} e^{-2t} + \frac{10}{\sqrt{1 + (0{,}5\omega)^2}} \operatorname{sen}(\omega t - \operatorname{tg}^{-1} 0{,}5\,\omega). \tag{10.110}$$

(b) Para $\omega = 0{,}1$ rad/s, o valor da razão $\frac{|v(t)|}{|v_s(t)|}$ pode ser obtido da equação (10.109):

$$\frac{|v(t)|}{|v_s(t)|} = \frac{1}{\sqrt{1 + (0{,}5 * 0{,}1)^2}} = 0{,}9988.$$

Para $\omega = 10$ rad/s, o valor da razão é:

$$\frac{|v(t)|}{|v_s(t)|} = \frac{1}{\sqrt{1 + (0{,}5 * 10)^2}} = 0{,}1961.$$

Quando $\omega \to \infty$, a razão $\frac{|v(t)|}{|v_s(t)|} \to 0$.

Os gráficos das saídas para $\omega = 0{,}1$ rad/s e 10 rad/s são mostrados nas Figs. 10.18 e 10.19, respectivamente. Podemos observar nas figuras que, quando $\omega$ aumenta de 0,1 para 10 rad/s, a amplitude da saída de estado estacionário diminui de 10 * (0,9988) = 9,988 V para 10 * (0,1961) = 1,961 V. Podemos ver da equação (10.109) que, quando $\omega \to \infty$, a amplitude da saída tende a zero.

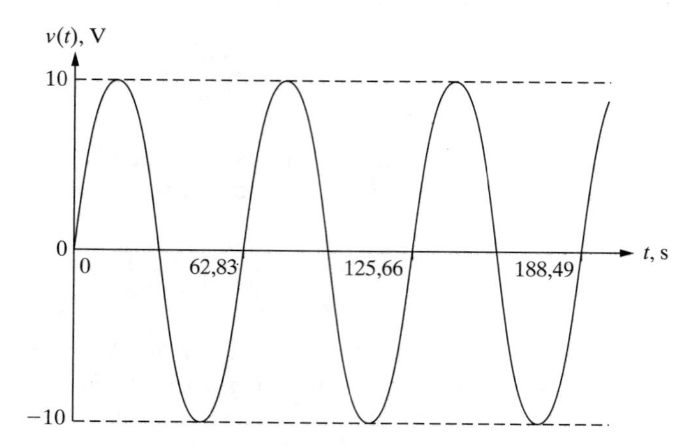


**Figura 10.18** Tensão de saída para $\omega = 0{,}1$ rad/s.

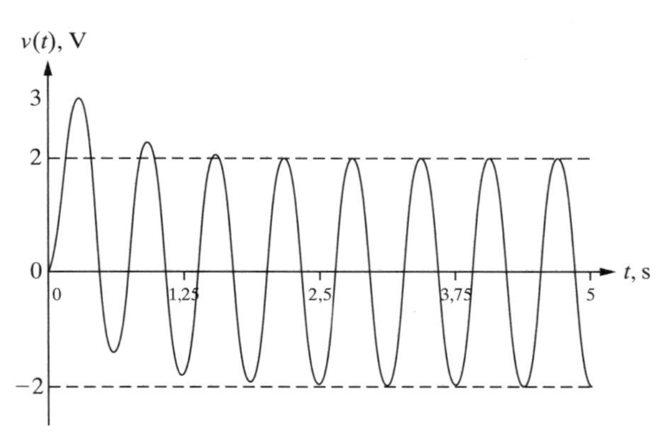


**Figura 10.19** Tensão de saída para $\omega = 10$ rad/s.

## 10.5 EQUAÇÕES DIFERENCIAIS DE SEGUNDA ORDEM

### 10.5.1 Vibração Livre de um Sistema Mola-Massa

Consideremos um sistema mola-massa no plano vertical, como ilustrado na Fig. 10.20, em que $k$ é a constante da mola, $m$ é a massa e $y(t)$, a posição medida em relação ao equilíbrio.

Na posição de equilíbrio, as forças externas sobre o bloco são representadas no diagrama de corpo livre (DCL) na Fig. 10.21, em que $\delta$ é o alongamento da mola, $mg$ é a força devido à gravidade e $k\delta$, a força de restauração na mola.

O equilíbrio de forças na direção $y$ requer:

$$k\,\delta = mg,$$

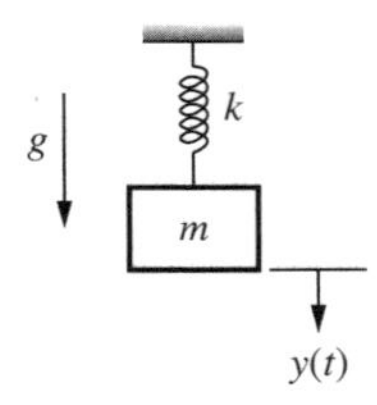


**Figura 10.20** Sistema mola-massa.

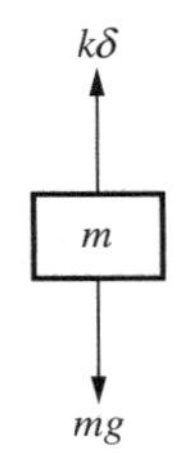


**Figura 10.21** Diagrama de corpo livre do sistema mola-massa sem movimento.

o que leva a:

$$\delta = \frac{mg}{k}. \tag{10.111}$$

O alongamento de equilíbrio $\delta$ também é conhecido como deflexão estática. Agora, se a massa for deslocada de $y(t)$ da posição de equilíbrio, o DCL do sistema é modificado como indicado na

Fig. 10.22. Como o sistema não está em equilíbrio, a **segunda lei de Newton (ΣF = ma)** pode ser usada para escrever a equação do movimento:

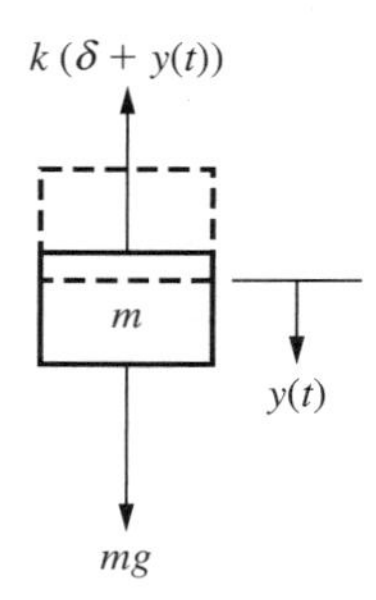


**Figura 10.22** Diagrama de corpo livre do sistema mola-massa fora do equilíbrio.

$$\sum \boldsymbol{F_y} = \boldsymbol{m\,a} = \boldsymbol{m\,\ddot{y}(t)}.$$

Somando as forças na Fig. 10.22, temos:

$$mg - k(\delta + y(t)) = m\,\ddot{y}(t)$$

ou

$$mg - k\,\delta - k\,y(t) = m\,\ddot{y}(t). \tag{10.112}$$

Substituindo $\delta$ da equação (10.111), obtemos:

$$mg - k\left(\frac{mg}{k}\right) - k\,y(t) = m\,\ddot{y}(t)$$

ou

$$-k\,y(t) = m\,\ddot{y}(t),$$

o que resulta

$$m\,\ddot{y}(t) + k\,y(t) = 0. \tag{10.113}$$

A equação (10.113) é uma equação diferencial de segunda ordem para o deslocamento $y(t)$ do sistema mola-massa ilustrado na Fig. 10.20.

**Exemplo 10-11**

Calculemos a solução da equação (10.113) quando a massa é submetida ao um deslocamento inicial $y(0) = A$ e liberada. Notemos que a velocidade inicial é zero ( $\dot{y}\,(0) = 0$).

**Solução**

(a) **Solução Transiente:** Como o lado direito da equação é zero, assumamos uma solução transiente na forma:

$$y_{tran}(t) = ce^{st}.$$

As derivadas de primeira e de segunda ordens da solução transiente são dadas por:

$$\dot{y}_{tran}(t) = cse^{st}$$
$$\ddot{y}_{tran}(t) = cs^2e^{st}.$$

A substituição da solução transiente e de suas derivadas na equação (10.113) fornece:

$$m(cs^2 e^{st}) + k(ce^{st}) = 0.$$

Fatorando $e^{st}$, obtemos:

$$ce^{st}(ms^2 + k) = 0$$

o que leva a:

$$ms^2 + k = 0. \tag{10.114}$$

Resolvendo para $s$:

$$s^2 = -\frac{k}{m}$$

obtemos:

$$s = \pm\sqrt{-\frac{k}{m}}$$

ou

$$s = 0 \pm j\sqrt{\frac{k}{m}}$$

em que $j = \sqrt{-1}$. Portanto, as duas raízes da equação característica (10.114) são $s_1 = +j\sqrt{\frac{k}{m}}$ e $s_2 = -j\sqrt{\frac{k}{m}}$. Com isso, a solução transiente é dada por:

$$y_{tran}(t) = c_1\, e^{s_1 t} + c_2\, e^{s_2 t}$$

ou

$$y_{tran}(t) = c_1\, e^{j\sqrt{\frac{k}{m}}\, t} + c_2\, e^{-j\sqrt{\frac{k}{m}}\, t} \tag{10.115}$$

em que $c_1$ e $c_2$ são constantes. Usando a fórmula de Euler, $e^{j\theta} = \cos\theta + j\,\text{sen}\theta$, podemos escrever a equação (10.115) como:

$$y_{tran}(t) = c_1\left(\cos\sqrt{\frac{k}{m}}\, t + j\,\text{sen}\sqrt{\frac{k}{m}}\, t\right) + c_2\left[\cos\left(-\sqrt{\frac{k}{m}}\, t\right) + j\,\text{sen}\left(-\sqrt{\frac{k}{m}}\, t\right)\right]. \tag{10.116}$$

Uma vez que $\cos(-\theta) = \cos(\theta)$ e $\text{sen}(-\theta) = -\text{sen}(\theta)$, reescrevemos a equação (10.116) como:

$$y_{tran}(t) = c_1\left(\cos\sqrt{\frac{k}{m}}\, t + j\,\text{sen}\sqrt{\frac{k}{m}}\, t\right) + c_2\left(\cos\sqrt{\frac{k}{m}}\, t - j\,\text{sen}\sqrt{\frac{k}{m}}\, t\right)$$

ou

$$y_{tran}(t) = (c_1 + c_2)\cos\sqrt{\frac{k}{m}}\, t + j\,(c_1 - c_2)\,\text{sen}\sqrt{\frac{k}{m}}\, t.$$

Podemos simplificar ainda mais:

$$y_{tran}(t) = c_3\cos\sqrt{\frac{k}{m}}\, t + c_4\,\text{sen}\sqrt{\frac{k}{m}}\, t \tag{10.117}$$

em que $c_3 = c_1 + c_2$ e $c_4 = j(c_1 - c_2)$ são constantes reais. Notemos que as constantes $c_1$ e $c_2$ devem ser complexos conjugados para que $y_{tran}(t)$ seja real. Portanto, a solução transiente para o sistema mola-massa pode ser escrita em termos de senos e cossenos com frequência natural $\omega_n = \sqrt{\frac{k}{m}}$ rad/s.

(b) **Solução de Estado Estacionário:** Como o lado direito da equação (10.113) já é zero (não há função de excitação), a solução de estado estacionário é zero; por exemplo:

$$y_{ss}(t) = 0. \tag{10.118}$$

(c) **Solução Total:** A solução total para o deslocamento $y(t)$ é obtida somando as soluções transiente e de estado estacionário das equações (10.117) e (10.118):

$$y(t) = c_3 \cos \sqrt{\frac{k}{m}}\, t + c_4 \operatorname{sen} \sqrt{\frac{k}{m}}\, t. \tag{10.119}$$

(d) **Condições Iniciais:** As constantes $c_3$ e $c_4$ são determinadas com aplicação das condições iniciais $y(0) = A$ e (0) = 0. Substituindo $y(0) = A$ na equação (10.119), temos:

$$y(0) = c_3 \cos(0) + c_4 \operatorname{sen}(0) = A \tag{10.120}$$

ou

$$c_3\,(1) + c_4\,(0) = A,$$

o que resulta

$$c_3 = A.$$

Com isto, o deslocamento da massa fica dado por:

$$y(t) = A \cos \sqrt{\frac{k}{m}}\, t + c_4 \operatorname{sen} \sqrt{\frac{k}{m}}\, t. \tag{10.121}$$

A velocidade da massa é obtida diferenciando $y(t)$ na equação (10.121):

$$\dot{y}(t) = -A \sqrt{\frac{k}{m}} \operatorname{sen} \sqrt{\frac{k}{m}}\, t + c_4 \sqrt{\frac{k}{m}} \cos \sqrt{\frac{k}{m}}\, t. \tag{10.122}$$

A constante $c_4$ pode, agora, ser calculada substituindo (0) = 0 na equação (10.122):

$$\dot{y}(0) = -A \sqrt{\frac{k}{m}} \operatorname{sen}(0) + c_4 \sqrt{\frac{k}{m}} \cos(0) = 0$$

ou

$$-A\,(0) + c_4 \left(\sqrt{\frac{k}{m}}\right) = 0,$$

o que resulta

$$c_4 = 0.$$

Portanto, a solução total para o deslocamento é dada por:

$$y(t) = A \cos \sqrt{\frac{k}{m}}\, t$$

ou

$$y(t) = A \cos \omega_n t.$$

O gráfico do deslocamento $y(t)$ é mostrado na Fig. 10.23, na qual podemos ver que a amplitude do deslocamento é o próprio deslocamento inicial $A$ e que o bloco oscila a uma frequência $\omega_n = \sqrt{\frac{k}{m}}$. Notemos que a frequência natural é proporcional à raiz quadrada da constante da mola e inversamente proporcional à raiz quadrada da massa (ou seja, a frequência natural aumenta com a rigidez e diminui com a massa). Esse é um resultado geral para vibração livre de sistemas mecânicos.

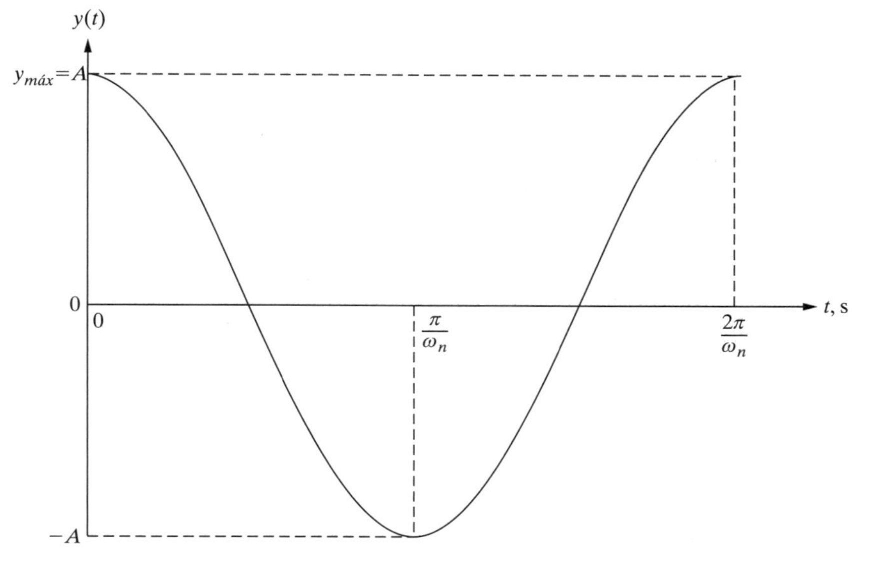


**Figura 10.23** Deslocamento da mola no Exemplo 10-11.

## 10.5.2 Vibração Forçada de um Sistema Mola-Massa

Consideremos que o sistema mola-massa seja submetido a uma força aplicada $f(t)$, como ilustrado na Fig. 10.24.

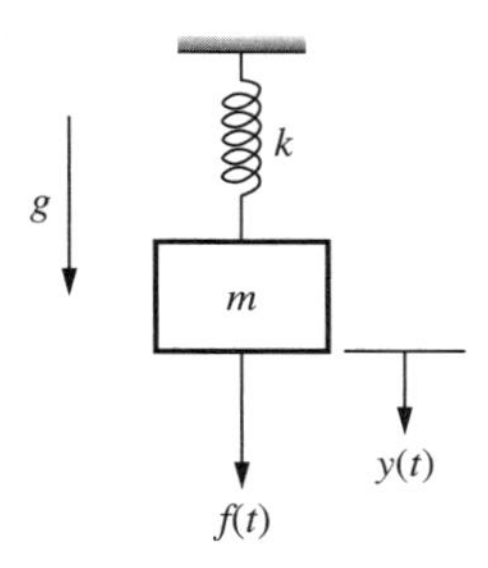


**Figura 10.24** Sistema mola-massa submetido a uma força aplicada.

Nesse caso, a dedução da equação governante inclui uma força adicional $f(t)$ no lado direito. Assim, a equação do movimento do sistema fica escrita como:

$$\boldsymbol{m\ddot{y}(t) + k\,y(t) = f(t).} \tag{10.123}$$

A equação (10.123) é uma equação diferencial de segunda ordem para o deslocamento $y(t)$ de um sistema mola-massa submetido a uma força $f(t)$.

**Exemplo 10-12**

Calculemos a solução da equação (10.123) para $f(t) = F\cos\omega t$ e $y(0) = (0) = 0$. Investiguemos o comportamento da resposta quando $\omega \rightarrow \sqrt{\frac{k}{m}}$.

**Solução**

(a) **Solução Transiente:** A solução transiente é obtida fazendo $f(t) = 0$:

$$m\,\ddot{y}(t) + k\,y(t) = 0.$$

Essa equação é igual à equação (10.113) para a vibração livre. Assim, a solução transiente é dada pela equação (10.117):

$$y_{tran}(t) = c_3 \cos\sqrt{\frac{k}{m}}\,t + c_4 \operatorname{sen}\sqrt{\frac{k}{m}}\,t, \tag{10.124}$$

em que $c_3$ e $c_4$ são constantes reais a determinar.

(b) **Solução de Estado Estacionário:** Como a função de excitação $f(t) = F\cos\omega t$, a solução de estado estacionário é tomada como:

$$y_{ee}(t) = A \operatorname{sen}\omega t + B\cos\omega t. \tag{10.125}$$

As derivadas de primeira e de segunda ordem da solução de estado estacionário são:

$$\dot{y}_{ee}(t) = A\,\omega\cos\omega\,t - B\,\omega\operatorname{sen}\omega\,t$$
$$\ddot{y}_{ee}(t) = -A\,\omega^2\operatorname{sen}\omega\,t - B\,\omega^2\cos\omega\,t. \tag{10.126}$$

A substituição de $y_{ee}(t)$, $\dot{y}_{ee}(t)$, $\ddot{y}_{ee}(t)$ e $f(t) = F\cos\omega t$ na equação (10.123) leva a:

$$m(-A\,\omega^2\operatorname{sen}\omega\,t - B\,\omega^2\cos\omega\,t) + k(A\operatorname{sen}\omega\,t + B\cos\omega\,t) = F\cos\omega\,t.$$

Agrupando termos semelhantes:

$$A(k - m\omega^2)\operatorname{sen}\omega\,t + B(k - m\omega^2)\cos\omega\,t = F\cos(\omega\,t). \tag{10.127}$$

Igualando coeficientes de sen $\omega t$ nos dois lados da equação (10.127), temos:

$$A(k - m\omega^2) = 0,$$

o que resulta

$$A = 0 \qquad \left(\text{fornecido por } \omega \neq \sqrt{\frac{k}{m}}\right).$$

De modo similar, igualando coeficientes de cos $\omega\,t$ nos dois lados da equação (10.127), temos:

$$B(k - m\omega^2) = F,$$

Portanto, a solução de estado estacionário é dada por:

$$B = \frac{F}{k - m\omega^2} \qquad \left(\text{fornecido por } \omega \neq \sqrt{\frac{k}{m}}\right).$$

o que resulta

$$y_{ee}(t) = \left(\frac{F}{k - m\omega^2}\right)\cos\omega\,t. \tag{10.128}$$

(c) **Solução Total:** A solução total para $y(t)$ é obtida somando as soluções transiente e de estado estacionário das equações (10.124) e (10.128):

$$y(t) = c_3\cos\sqrt{\frac{k}{m}}\,t + c_4\operatorname{sen}\sqrt{\frac{k}{m}}\,t + \left(\frac{F}{k - m\omega^2}\right)\cos\omega\,t. \tag{10.129}$$

(d) **Condições Iniciais:** As constantes $c_3$ e $c_4$ são determinadas das condições iniciais $y(0) = 0$ e $\dot{y}(0) = 0$. A velocidade da massa é calculada diferenciando a equação (10.129):

$$\dot{y}(t) = -c_3\sqrt{\frac{k}{m}}\operatorname{sen}\sqrt{\frac{k}{m}}\,t + c_4\sqrt{\frac{k}{m}}\cos\sqrt{\frac{k}{m}}\,t - \omega\left(\frac{F}{k - m\omega^2}\right)\operatorname{sen}\omega\,t. \tag{10.130}$$

A substituição de $y(0) = 0$ na equação (10.129) fornece:

$$y(0) = c_3 \cos(0) + c_4 \operatorname{sen}(0) + \left(\frac{F}{k - m\omega^2}\right) \cos(0) = 0$$

ou

$$c_3\,(1) + c_4\,(0) + \left(\frac{F}{k - m\omega^2}\right)(1) = 0,$$

o que resulta

$$c_3 = -\frac{F}{k - m\omega^2}.$$

De modo similar, a substituição de $\dot{y}\,(0) = 0$ na equação (10.130) leva a:

$$\dot{y}(0) = -c_3\,(0) + c_4 \sqrt{\frac{k}{m}} \cos(0) - \omega \left(\frac{F}{k - m\omega^2}\right) \operatorname{sen}(0) = 0$$

ou seja,

$$c_3\,(0) + c_4 \sqrt{\frac{k}{m}}\,(1) - \omega \left(\frac{F}{k - m\omega^2}\right)(0) = 0$$

o que resulta

$$c_4 = 0.$$

Assim, o deslocamento da massa é dado por:

$$y(t) = -\left(\frac{F}{k - m\omega^2}\right) \cos \sqrt{\frac{k}{m}}\, t + \left(\frac{F}{k - m\omega^2}\right) \cos \omega t \qquad (10.131)$$

ou

$$y(t) = \left(\frac{F}{k - m\omega^2}\right)\left(\cos \omega t - \cos \sqrt{\frac{k}{m}}\, t\right). \qquad (10.132)$$

Notemos que, para a obtenção desses resultados, admitimos $\omega \neq \sqrt{\frac{k}{m}}$. Contudo, podemos investigar o comportamento da solução quando $\omega$ se aproxima de $\sqrt{\frac{k}{m}}$.

**Qual é a resposta para $y(t)$ quando $\omega \to \sqrt{\frac{k}{m}}$?** Como $\omega \to \sqrt{\frac{k}{m}}$,

$$y(t) \to \left(\frac{F}{0}\right)\left(\cos \sqrt{\frac{k}{m}}\, t - \cos \sqrt{\frac{k}{m}}\, t\right)$$
$$= \frac{0}{0}.$$

Isso é uma forma "indeterminada" e pode ser calculada com aplicação de métodos de cálculo aos quais os alunos ainda não foram apresentados. No entanto, o resultado pode ser investigado escolhendo valores de $\omega$ próximos de $\sqrt{\frac{k}{m}}$ e desenhando gráficos dos resultados. Por exemplo, sejam $k = m = F = 1$, e escolhamos os seguintes valores para $\omega$: $\omega = 0{,}9\sqrt{\frac{k}{m}}$, $\omega = 0{,}99\sqrt{\frac{k}{m}}$ e $\omega = 0{,}9999\sqrt{\frac{k}{m}}$. Os gráficos da equação (10.132) para esses valores de $\omega$ são mostrados nas Figs. 10.25, 10.26 e 10.27, respectivamente. O gráfico para $\omega = 0{,}9\sqrt{\frac{k}{m}}$ na Fig. 10.25 mostra o fenômeno de "batimento", típico de problemas em que a frequência $\omega$ da força de excitação é próxima da frequência natural $\sqrt{\frac{k}{m}}$. Quando $\omega$ aumenta para $0{,}99\sqrt{\frac{k}{m}}$ e $0{,}9999\sqrt{\frac{k}{m}}$, as Figs. 10.26 e 10.27 mostram que $y(t)$ aumenta sem limite. Esse comportamento é denominado **ressonância** e, em geral, indesejável em sistemas mecânicos.

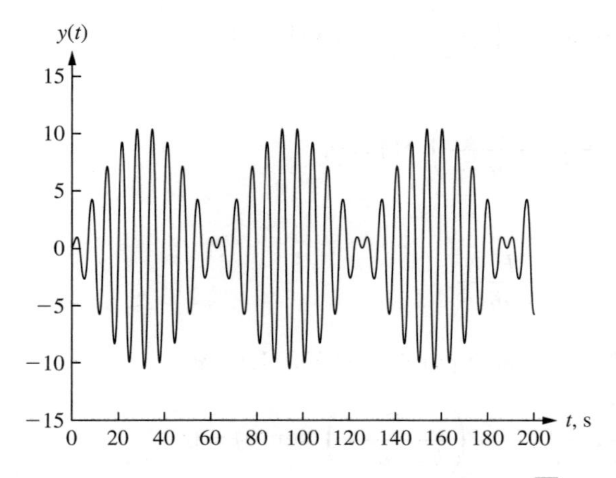


**Figura 10.25** Deslocamento da massa para $\omega = 0{,}9\sqrt{\frac{k}{m}}$.

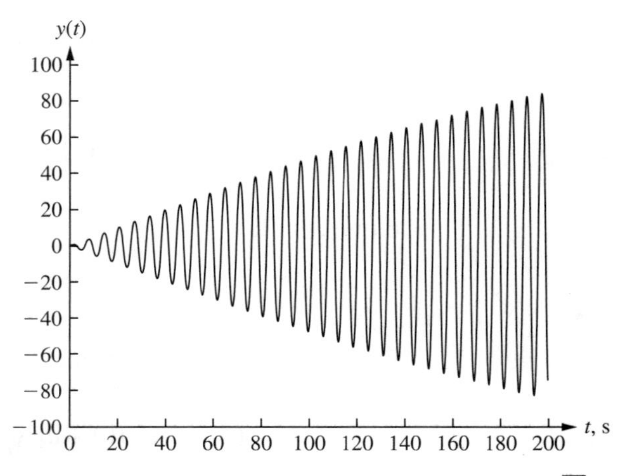


**Figura 10.26** Deslocamento da massa para $\omega = 0{,}99\sqrt{\frac{k}{m}}$.

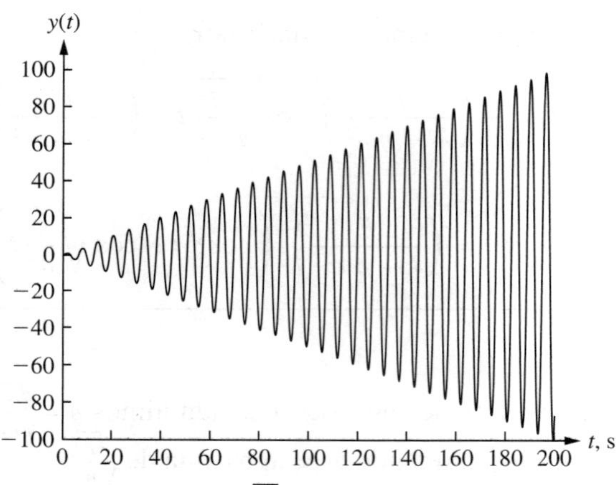


**Figura 10.27** Deslocamento da massa para $\omega = 0{,}9999\sqrt{\frac{k}{m}}$.

**Exemplo 10-13**

Um engenheiro biomédico deve projetar um aparelho de treinamento de resistência para o músculo grande dorsal. A tarefa pode ser representada por um sistema mola-massa, como ilustrado na Fig. 10.28. O deslocamento $y(t)$ da barra de exercício satisfaz a seguinte equação diferencial de segunda ordem:

$$m\,\ddot{y}(t) + k\,y(t) = f(t) \tag{10.133}$$

sujeita às condições iniciais $y(0) = E$ e $\dot{y}(0) = 0$.

(a) Determinemos a solução transiente $y_{tran}(t)$.
(b) Calculemos a solução de estado estacionário $y_{ee}(t)$ para a força aplicada representada na Fig. 10.29.
(c) Determinemos a solução total, sujeita às condições iniciais.

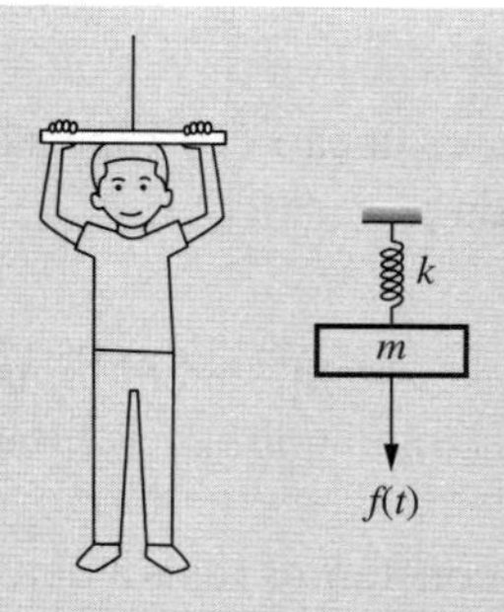


Figura 10.28 Sistema mola-massa do aparelho de treinamento de resistência.

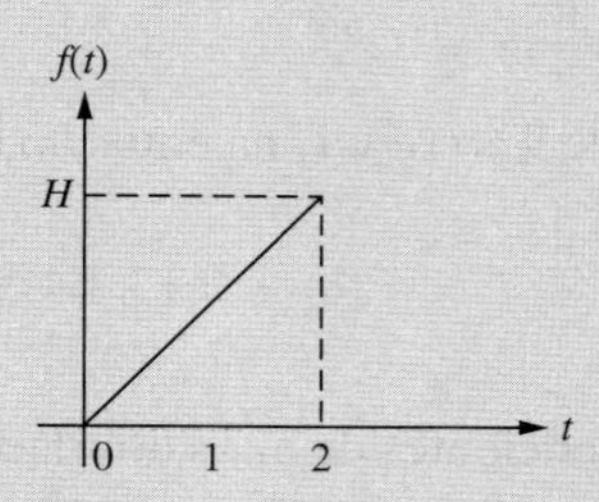


Figura 10.29 Força aplicada ao aparelho de treinamento de resistência.

**Solução** (a) **Solução Transiente:** A solução transiente é obtida anulando o lado direito da equação (10.133):

$$m\,\frac{d^2y(t)}{dt^2} + k\,y(t) = 0 \tag{10.134}$$

e assumindo uma solução de forma:

$$y_{tran}(t) = e^{st}.$$

A substituição da solução transiente e de sua derivada na equação (10.134) fornece:

$$m(s^2\,e^{st}) + k\,(e^{st}) = 0.$$

Fatorando $e^{st}$, obtemos:

$$e^{st}(m\,s^2 + k) = 0,$$

o que leva a:

$$m\,s^2 + k = 0. \tag{10.135}$$

Resolvendo para $s$:

$$s^2 = -\frac{k}{m}$$

ou

$$s = \pm j\sqrt{\frac{k}{m}}.$$

As duas raízes da equação (10.135) são $s_1 = +j\sqrt{\frac{k}{m}}$ e $s_2 = -j\sqrt{\frac{k}{m}}$. Com isto, a solução transiente fica dada por:

$$y_{tran}(t) = c_3 \cos\sqrt{\frac{k}{m}}\, t + c_4 \,\text{sen}\, \sqrt{\frac{k}{m}}\, t, \tag{10.136}$$

em que $c_3$ e $c_4$ são constantes reais a determinar e $\sqrt{\frac{k}{m}}$ é a frequência natural $\omega_n$ do sistema.

(b) **Solução de Estado Estacionário:** Como a função de excitação é $f(t) = H\,t/2$, a solução de estado estacionário é tomada como:

$$y_{ee}(t) = A\,t + B. \tag{10.137}$$

A substituição de $\ddot{y}_{ee}(t)$ e $y(t)$ na equação (10.133) fornece:

$$m \times 0 + k\,(A\,t + B) = \frac{H}{2}t. \tag{10.138}$$

Igualando os coeficientes de $t$ nos dois lados da equação (10.138), temos:

$$kA = \frac{H}{2}$$

o que resulta

$$A = \frac{H}{2k}.$$

De modo similar, igualando os coeficientes constantes nos dois lados da equação (10.138), obtemos:

$$B = 0$$

Como isto, a solução de estado estacionário fica dada por:

$$y_{ee}(t) = \left(\frac{H}{2k}\right)\, t. \tag{10.139}$$

(c) **Solução Total:** A solução total para o deslocamento $y(t)$ é obtida somando as soluções transiente e de estado estacionário das equações (10.136) e (10.139):

$$y(t) = c_3 \cos\sqrt{\frac{k}{m}}\, t + c_4 \,\text{sen}\, \sqrt{\frac{k}{m}}\, t + \left(\frac{H}{2k}\right) t. \tag{10.140}$$

As constantes $c_3$ e $c_4$ são determinadas a partir das condições iniciais $y(0) = E$ e $\dot{y}(0) = 0$. Substituindo $y(0) = E$ na equação (10.140), temos:

$$y(0) = c_3 \cos(0) + c_4 \,\text{sen}(0) + \left(\frac{H}{2k}\right)\,(0) = E$$

ou

$$c_3\,(1) + c_4\,(0) + 0 = E,$$

o que resulta

$$c_3 = E.$$

A derivada de $y(t)$ é obtida diferenciando a equação (10.140):

$$\dot{y}(t) = -c_3 \sqrt{\frac{k}{m}} \operatorname{sen} \sqrt{\frac{k}{m}}\, t + c_4 \sqrt{\frac{k}{m}} \cos \sqrt{\frac{k}{m}}\, t + \frac{H}{2k} \tag{10.141}$$

Substituindo $\dot{y}(0) = 0$ na equação (10.141), temos:

$$0 = -c_3\,(0) + c_4 \sqrt{\frac{k}{m}} + \left(\frac{H}{2k}\right)$$

o que resulta

$$c_4 = -\frac{H}{2k\sqrt{k/m}}.$$

Portanto, a solução total para a barra de exercício é escrita como:

$$y(t) = E \cos \sqrt{\frac{k}{m}}\, t - \left(\frac{H}{2k\sqrt{k/m}}\right) \operatorname{sen} \sqrt{\frac{k}{m}}\, t + \frac{H}{2k}\, t.$$

### 10.5.3 Circuito LC de Segunda Ordem

Uma fonte de tensão $v_s(t)$ é aplicada a um circuito LC, como indicado na Fig. 10.30. Aplicando a LTK ao circuito, obtemos:

$$v_L(t) + v(t) = v_s \tag{10.142}$$

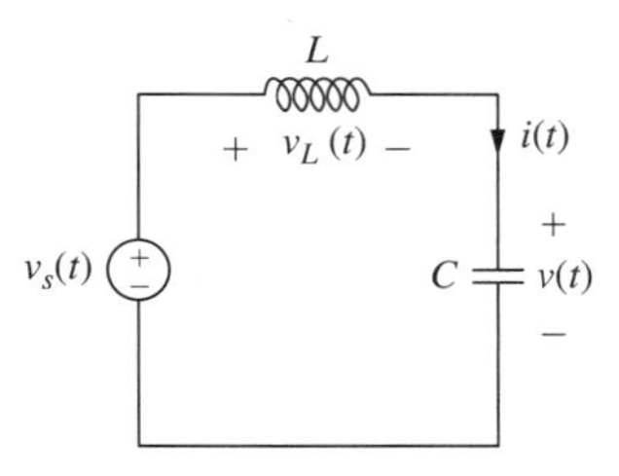


**Figura 10.30** Tensão aplicada a um circuito LC.

em que $v_L(t) = L\frac{di(t)}{dt}$ é a queda de tensão no indutor. Como a corrente que flui no circuito é dada por $i(t) = C\frac{dv(t)}{dt}$, $v_L(t)$ pode ser escrita como $v_L(t) = LC\frac{d^2v(t)}{dt^2}$. Substituindo $v_L(t)$ na equação (10.142), temos:

$$LC\frac{d^2v(t)}{dt^2} + v(t) = v_s(t). \tag{10.143}$$

A equação (10.143) é uma equação diferencial de segunda ordem para um circuito LC submetido à função de excitação $v_s(t)$.

**Exemplo 10-14**

Consideremos que o circuito LC da Fig. 10.30 seja alimentado pela fonte de tensão $v_s(t) = V \cos \omega t$. Resolvamos a resultante equação diferencial:

$$LC\,\ddot{v}(t) + v(t) = V\cos\omega t$$

sujeita às condições iniciais $v(0) = \dot{v}(0) = 0$. Notemos que, como $i(t) = C\frac{dv}{dt}$, a condição $\dot{v}(0) = 0$ significa que a corrente inicial é zero.

**Solução**

(a) **Solução Transiente:** A solução transiente é aquela obtida anulando o lado direito da equação (10.143):

$$LC\frac{d^2v(t)}{dt^2} + v(t) = 0, \tag{10.144}$$

e assumindo uma solução na forma:

$$y_{tran}(t) = e^{st}.$$

A substituição da solução transiente e de suas derivadas na equação (10.144) leva a:

$$LC(s^2 e^{st}) + (e^{st}) = 0.$$

Fatorando $e^{st}$, temos:

$$e^{st}(LCs^2 + 1) = 0,$$

ou seja,

$$LCs^2 + 1 = 0. \tag{10.145}$$

Resolvendo para $s$, obtemos:

$$s^2 = -\frac{1}{LC}$$

ou

$$s = \pm j\sqrt{\frac{1}{LC}}.$$

As duas raízes da equação (10.145) são $s_1 = +j\sqrt{\frac{1}{LC}}$ e $s_2 = -j\sqrt{\frac{1}{LC}}$. Com isto, a solução transiente fica dada por:

$$v_{tran}(t) = c_3\cos\sqrt{\frac{1}{LC}}\,t + c_4\,\text{sen}\sqrt{\frac{1}{LC}}\,t, \tag{10.146}$$

em que $c_3$ e $c_4$ são constantes reais e $\sqrt{\frac{1}{LC}}$ é a frequência natural $\omega_n$ em rad/s.

(b) **Solução de Estado Estacionário:** Como a função de excitação é $v_s(t) = V\cos\omega t$, a solução de estado estacionário é tomada como:

$$v_{ee}(t) = A\,\text{sen}\,\omega t + B\cos\omega t. \tag{10.147}$$

Substituindo $\ddot{v}_{ee}(t)$ e $v_{ee}(t)$ na equação (10.143), temos:

$$LC(-A\,\omega^2\,\text{sen}\,\omega t - B\,\omega^2\cos\omega t) + (A\,\text{sen}\,\omega t + B\cos\omega t) = V\cos\omega t.$$

Agrupando termos semelhantes:

$$A(1 - LC\omega^2)\,\text{sen}\omega\,t + B(1 - LC\omega^2)\cos\omega\,t = V\cos\omega\,t. \tag{10.148}$$

Igualando coeficientes de sen $\omega t$ nos dois lados da equação (10.148), obtemos:

$$A(1 - LC\omega^2) = 0,$$

o que resulta

$$A = 0 \quad \left(\text{fornecido por } \omega \neq \sqrt{\frac{1}{LC}}\right).$$

De modo similar, igualando coeficientes de cos $\omega t$ nos dois lados da equação (10.148), temos:

$$B(1 - LC\omega^2) = V$$

ou

$$B = \frac{V}{1 - LC\omega^2} \quad \left(\text{fornecido por } \omega \neq \sqrt{\frac{1}{LC}}\right).$$

Portanto, a solução de estado estacionário é dada por:

$$v_{ee}(t) = \left(\frac{V}{1 - LC\omega^2}\right)\cos\omega\,t. \tag{10.149}$$

(c) **Solução Total:** A solução total para a tensão $v(t)$ é obtida somando as soluções transiente e de estado estacionário das equações (10.146) e (10.149):

$$v(t) = c_3\cos\sqrt{\frac{1}{LC}}\,t + c_4\,\text{sen}\sqrt{\frac{1}{LC}}\,t + \left(\frac{V}{1 - LC\omega^2}\right)\cos\omega\,t. \tag{10.150}$$

(d) **Condições Iniciais:** As constantes $c_3$ e $c_4$ são determinadas a partir das condições iniciais $v(0) = 0$ e $\dot{v}(0) = 0$. Substituindo $v(0) = 0$ na equação (10.150), temos:

$$v(0) = c_3\cos(0) + c_4\,\text{sen}(0) + \left(\frac{V}{1 - LC\omega^2}\right)\cos(0) = 0$$

ou

$$c_3\,(1) + c_4\,(0) + \left(\frac{V}{1 - LC\omega^2}\right)(1) = 0,$$

o que resulta

$$c_3 = -\frac{V}{1 - LC\omega^2}.$$

A derivada de $v(t)$ é obtida diferenciando a equação (10.150):

$$\dot{v}(t) = -c_3\sqrt{\frac{1}{LC}}\,\text{sen}\sqrt{\frac{1}{LC}}\,t + c_4\sqrt{\frac{1}{LC}}\cos\sqrt{\frac{1}{LC}}\,t$$
$$-\omega\left(\frac{V}{1 - LC\omega^2}\right)\text{sen}\,\omega\,t. \tag{10.151}$$

A substituição de $\dot{v}(0) = 0$ na equação (10.151) fornece:

$$\dot{v}(0) = -c_3\,(0) + c_4\sqrt{\frac{1}{LC}}\cos(0) - \omega\left(\frac{V}{1 - LC\omega^2}\right)\,\text{sen}(0) = 0$$

ou

$$c_3\,(0) + c_4\sqrt{\frac{1}{LC}}\,(1) - \omega\left(\frac{V}{1 - LC\omega^2}\right)\,(0) = 0,$$

o que resulta

$$c_4 = 0.$$

Portanto, a queda de tensão no capacitor é dada por:

$$v(t) = -\left(\frac{V}{1 - LC\omega^2}\right)\cos\sqrt{\frac{1}{LC}}\,t + \left(\frac{V}{1 - LC\omega^2}\right)\cos\omega t$$

ou

$$v(t) = \left(\frac{V}{1 - LC\omega^2}\right)\left(\cos\omega t - \cos\sqrt{\frac{1}{LC}}\,t\right)V. \qquad (10.152)$$

**Nota:** Uma comparação dos Exemplos 10-12 (mola-massa) e 10-14 (circuito LC) revela que as soluções são idênticas, com a seguinte correspondência entre as grandezas envolvidas:

| Sistema Mola-Massa | Circuito LC |
|---|---|
| $y(t)$ | $v(t)$ |
| $m$ | $LC$ |
| $k$ | 1 |
| $F$ | $V$ |

Embora os dois sistemas físicos sejam totalmente distintos, a matemática é exatamente a mesma. Isto ocorre em uma grande variedade de problemas em todos os ramos da engenharia. Não há dúvida... no estudo de engenharia, um pouco de matemática nos leva muito longe.

## EXERCÍCIOS

**10-1** Uma torneira fornece fluido, a uma taxa de volume $Q_{\text{entrada}}$, a um tanque cuja seção reta tem área $A$, como ilustrado na Fig. E10.1. Ao mesmo tempo, o fluido vaza pelo fundo a uma taxa $Q_{\text{saída}} = kh(t)$, em que $k$ é uma constante. Admitindo que o tanque esteja inicialmente vazio, a altura de fluido $h(t)$ satisfaz as seguintes equações; diferencial de primeira ordem e condição inicial:

$$A\frac{dh(t)}{dt} + k\,h(t) = Q_{\text{entrada}}, \quad h(0) = 0$$

(a) Determine a solução transiente $h_{tran}(t)$.

(b) Admitindo que a torneira seja aberta e fechada de modo senoidal, tal que $Q_{\text{entrada}} = \frac{Q}{2}(1 - \text{sen}\,\omega t)$, determine a solução de estado estacionário $h_{ee}(t)$.

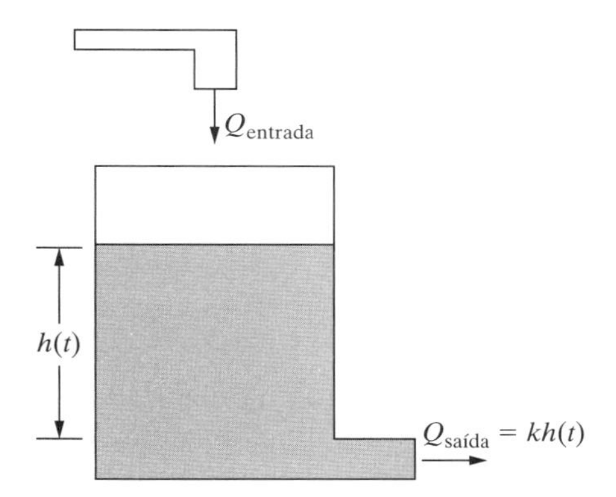


**Figura E10.1** Tanque com vazamento para o Exercício 10-1.

(c) Determine a solução total sujeita à dada condição inicial.

**10-2** A temperatura inicial da xícara de café quente representada na Fig. E10.2 é $T(0) = 175°F$. A xícara encontra-se à temperatura ambiente $T_\infty = 70°F$. A temperatura $T(t)$ da xícara no tempo $t$ pode ser aproximada pela lei de resfriamento de Newton:

$$\frac{dT}{dt} + k\,T(t) = h\,T_\infty$$

em que $h$ é o coeficiente de transferência convectiva da calor em $\frac{Btu}{ft^2 h°F}$.

(a) Determine a solução transiente $T_{tran}(t)$. Qual é a constante de tempo da resposta?

(b) Calcule a solução de estado estacionário $T_{ee}(t)$.

(c) Determine a solução total $T(t)$.

**Figura E10.2** Xícara de café quente em uma sala à temperatura ambiente de 70°F.

(d) Desenhe o gráfico da solução total $T(t)$. Quanto tempo é necessário para que a temperatura atinja 99% do valor da temperatura ambiente?

(e) Aumentar o valor de $h$ aumentaria ou diminuiria o tempo em que a temperatura do café atinge a temperatura ambiente?

(f) O que seria melhor para uma xícara de café: um valor menor ou maior de $h$?

**10-3** Uma tensão constante $v_s(t) = 10$ V é aplicada ao circuito RC representado na Fig. E10.3. Assuma que o comutador esteve na posição 1 por um longo tempo. Em $t = 0$, o comutador é movido instantaneamente para a posição 2. Para $t \geq 0$, a tensão $v(t)$ no capacitor satisfaz as seguintes equações; diferencial e condição inicial:

$$RC\frac{dv(t)}{dt} + v(t) = 0, \qquad v(0) = 10\text{V}.$$

(a) Determine a solução transiente $v_{tran}(t)$. Qual é a constante de tempo da resposta?

(b) Calcule a solução de estado estacionário $v_{ee}(t)$.

(c) Determine a solução total $v(t)$.

(d) Desenhe o gráfico da solução total $v(t)$. Quanto tempo é necessário para que a resposta atinja 99% do valor de estado estacionário?

(e) Em cada uma das seguintes asserções, marque verdadeiro (V) ou falso (F):

_____ Aumentar o valor da resistência $R$ aumenta o tempo necessário para a tensão $v(t)$ atingir 99% do valor de estado estacionário.

_____ Aumentar o valor da capacitância C diminui o tempo necessário para a tensão $v(t)$ atingir 99% do valor de estado estacionário.

_____ Dobrar o valor da resistência $R$ dobra a constante de tempo da resposta.

_____ Dobrar o valor da capacitância C dobra a constante de tempo da resposta.

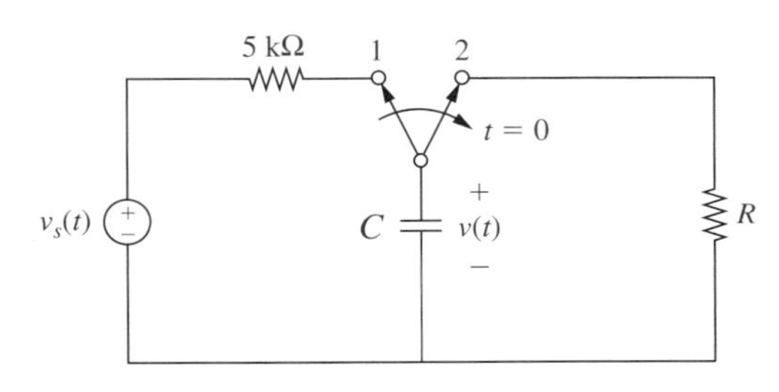


**Figura E10.3** Circuito RC para o Exercício 10-3.

**10-4** Refaça as partes (a)-(d) do Exercício 10-3 com $R = 10\ \text{k}\Omega$ e $C = 50\ \mu\text{F}$.

**10-5** Refaça as partes (a)-(d) do Exercício 10-3 com $R = 20\ \text{k}\Omega$ e $C = 100\ \mu\text{F}$.

**10-6** Uma tensão constante $v_s(t) = 10\ \text{V}$ é aplicada ao circuito RC representado na Fig. E10.6. A tensão $v(t)$ no capacitor satisfaz a seguinte equação diferencial de primeira ordem:

$$RC\frac{dv(t)}{dt} + v(t) = v_s(t).$$

(a) Determine a solução transiente $v_{tran}(t)$. Qual é a constante de tempo da resposta?

(b) Calcule a solução de estado estacionário $v_{ee}(t)$.

(c) Para uma tensão inicial $v(0) = 5$ V no capacitor, determine a solução total $v(t)$.

(d) Desenhe o gráfico da solução total $v(t)$. Quanto tempo é necessário para que a resposta atinja 99% do valor de estado estacionário?

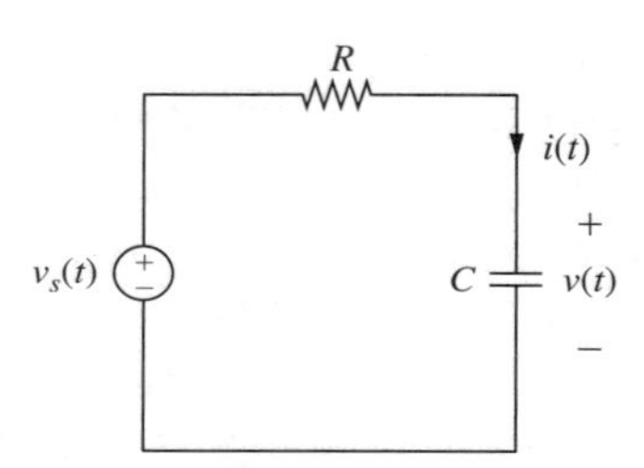


**Figura E10.6** Circuito RC para o Exercício 10-6.

**10-7** Refaça o Exercício 10-6 com $R = 200\ \text{k}\Omega$ e $C = 100\ \mu\text{F}$.

**10-8** Refaça o Exercício 10-6 com $R = 100\ \text{k}\Omega$, $C = 50\ \mu\text{F}$, $v_s(t) = 20\ \text{V}$ e $v(0) = 10\ \text{V}$.

**10-9** Uma tensão senoidal $v_s(t) = 10\ \text{sen}(0{,}01t)$ V é aplicada ao circuito RC representado na Fig. E10.6. A tensão $v(t)$ no capacitor satisfaz a seguinte equação diferencial de primeira ordem:

$$RC\frac{dv(t)}{dt} + v(t) = 10\,\text{sen}\,(0{,}01\,t).$$

(a) Determine a solução transiente $v_{tran}(t)$. Qual é a constante de tempo da resposta?

(b) Calcule a solução de estado estacionário $v_{ee}(t)$ e desenhe o gráfico de um ciclo da resposta. Nota: Um dos dois termos da solução de estado estacionário é suficientemente pequeno para ser desprezado.

(c) Para uma tensão inicial $v(0) = 0$ no capacitor, determine a solução total $v(t)$.

**10-10** Refaça o Exercício 10-9 com $R = 10\ \text{k}\Omega$ e $C = 10\ \mu\text{F}$.

**10-11** Refaça o Exercício 10-9 com $R = 20\ \text{k}\Omega$, $C = 20\ \mu\text{F}$.

**10-12** O circuito mostrado na Fig. E10.12 consiste em um resistor e um capacitor em paralelo e alimentados por uma fonte de *corrente* constante $I$. No tempo $t = 0$, a tensão inicial no capacitor é zero. Para tempos $t \geq 0$, a tensão no capacitor satisfaz a seguinte equação diferencial de primeira ordem:

$$C\frac{dv(t)}{dt} + \frac{v(t)}{R} = I.$$

(a) Determine a solução transiente $v_{tran}(t)$.

(b) Calcule a solução de estado estacionário $v_{ee}(t)$.

(c) Determine a solução total $v(t)$ para $v(0) = 0$ V.

(d) Calcule o valor da tensão nos tempos $t = RC, 2RC, 4RC$ e $t \rightarrow \infty$. Use os resultados obtidos e desenhe o gráfico de $v(t)$.

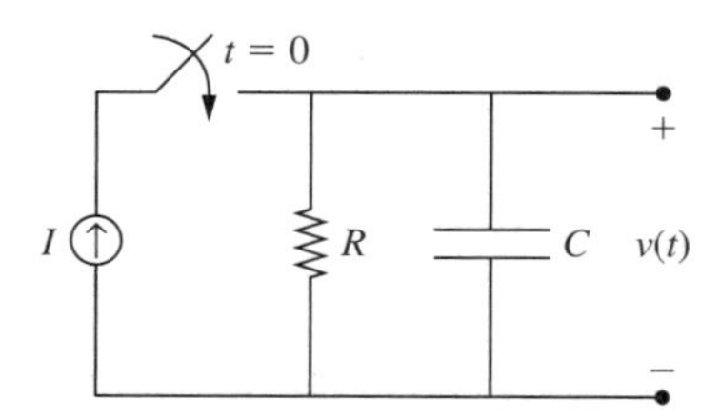


**Figura E10.12** Circuito RC para o Exercício 10-12.

**10-13** Refaça o Exercício 10-12 com $R = 1\ \text{k}\Omega$, $C = 10\ \mu\text{F}$, $I = 10$ mA e $v(0) = 0$ V.

**10-14** Refaça o Exercício 10-12 com $R = 2\ \text{k}\Omega$, $C = 100\ \mu\text{F}$, $I = 5$ mA e $v(0) = 10$ V.

**10-15** Uma corrente constante $i_s(t) = 100$ A é aplicada ao circuito RL mostrado na Fig. E10.15. Assuma que o comutador esteve fechado por um longo tempo. Em $t = 0$, o comutador é aberto instantaneamente. Para $t \geq 0$, a corrente $i(t)$ que flui no indutor satisfaz as seguintes equações; diferencial e condição inicial:

$$\frac{L}{R}\frac{di(t)}{dt} + i(t) = 0, \qquad i(0) = 50\text{mA}.$$

(a) Determine a solução transiente $i_{tran}(t)$. Qual é a constante de tempo da resposta?

(b) Calcule a solução de estado estacionário $i_{ee}(t)$.

(c) Determine a solução total $i(t)$.

(d) Desenhe o gráfico da solução total $i(t)$. Quanto tempo é necessário para que a resposta atinja 99% do valor de estado estacionário?

(e) Em cada uma das seguintes asserções, marque verdadeiro (V) ou falso (F):

_____ Aumentar o valor da resistência $R$ aumenta o tempo necessário para a corrente $i(t)$ atingir 99% do valor de estado estacionário.

_____ Aumentar o valor da indutância $L$ diminui o tempo necessário para a corrente $i(t)$ atingir 99% do valor de estado estacionário.

_____ Dobrar o valor da resistência $R$ dobra a constante de tempo da resposta.

_____ Dobrar o valor da indutância $L$ dobra a constante de tempo da resposta.

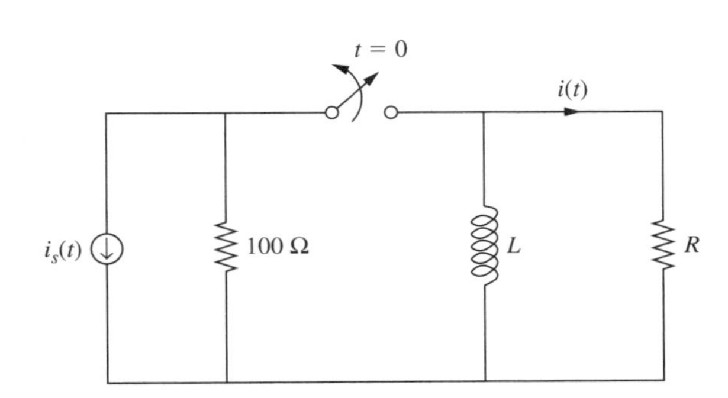


**Figura E10.15** Circuito RC para o Exercício 10-15.

**10-16** Refaça o Exercício 10-15 com $R = 100\ \Omega$ e $L = 100$ mH.

**10-17** Refaça o Exercício 10-15 com $R = 100\ \Omega$ e $L = 10$ mH.

**10-18** No tempo $t = 0$, uma tensão de entrada $v_{\text{entrada}}$ é aplicada ao circuito RL representado na Fig. E10.18. A tensão de saída $v(t)$ satisfaz a seguinte equação diferencial de primeira ordem:

$$\frac{dv(t)}{dt} + \frac{R}{L}v(t) = \frac{R}{L}v_{\text{entrada}}(t).$$

Admitindo uma tensão de entrada $v_{\text{entrada}}(t) = 10$ volts,

(a) Determine a solução transiente $v_{tran}(t)$.

(b) Calcule a solução de estado estacionário $v_{ee}(t)$.

(c) Determine a solução total $v(t)$, assumindo que a tensão inicial seja zero.

(d) Calcule o valor da tensão nos tempos $t = \frac{L}{R}, \frac{2L}{R}, \frac{4L}{R}$ s e $t \to \infty$. Use os resultados obtidos e desenhe o gráfico de $v(t)$.

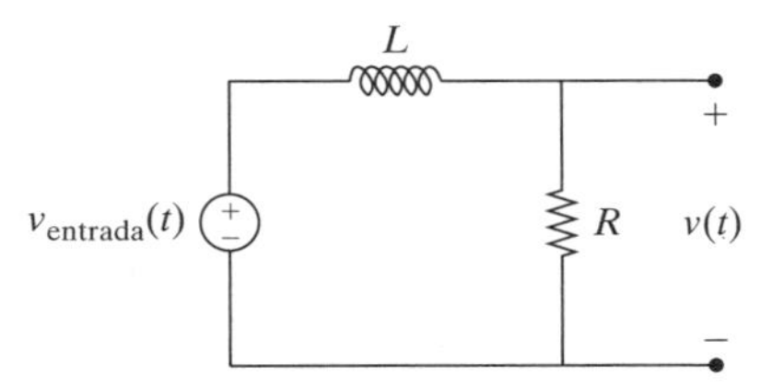


**Figura E10.18** Circuito RL para o Exercício 10-18.

**10-19** Refaça o Exercício 10-18 com $R = 50\ \Omega$ e $L = 500$ mH.

**10-20** Refaça o Exercício 10-18 com $R = 10\ \Omega$, $L = 200$ mH e $v_{\text{entrada}}(t) = 20$ V.

**10-21** O comutador no circuito mostrado na Fig. E10.21 esteve na posição 1 por um longo tempo. Em $t = 0$, o comutador é movido instantaneamente para a posição 2. Para $t \geq 0$, a corrente $i(t)$ que flui no indutor satisfaz as seguintes equações; diferencial e condição inicial:

$$0{,}2\frac{di(t)}{dt} + 10\,i(t) = 5, \quad i(0) = -1\text{A}.$$

(a) Determine a solução transiente $i_{tran}(t)$. Qual é a constante de tempo da resposta?

(b) Calcule a solução de estado estacionário $i_{ee}(t)$.

(c) Determine a solução total $i(t)$.

(d) Desenhe o gráfico da solução total $i(t)$. Quanto tempo é necessário para que a resposta atinja 99% do valor de estado estacionário?

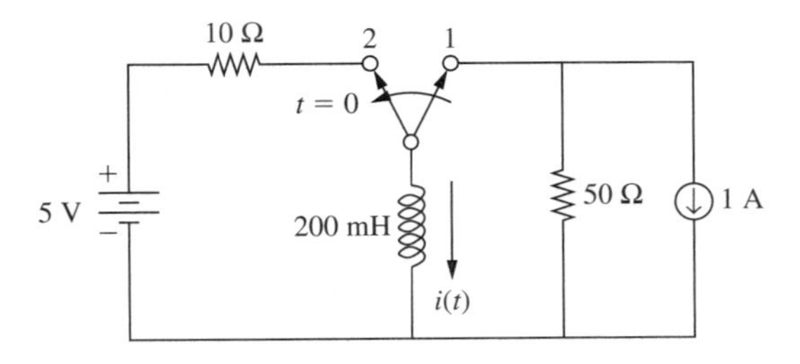


**Figura E10.21** Circuito RL para o Exercício 10-21.

**10-22** Uma fonte de tensão constante $v_{entrada}(t) = 10$ volts é aplicada ao circuito Amp-Op ilustrado na Fig. E10.22. A tensão de saída $v_o(t)$ satisfaz as seguintes equações; diferencial de primeira ordem e condição inicial:

$$0{,}01\frac{dv_o(t)}{dt} + v_o(t) = -v_{entrada}(t),$$
$$v_o(0) = 0 \text{ V}.$$

(a) Determine a solução transiente $v_{o,tran}(t)$.

(b) Calcule a solução de estado estacionário $v_{o,ee}(t)$, com $v_{entrada} = 10$ V.

(c) Determine a resposta total para uma tensão de saída inicial $v_o(0) = 0$ V.

(d) Qual é a constante de tempo $\tau$ da resposta? Desenhe o gráfico da resposta $v_o(t)$ e dê os valores de $v_o$ em $t = \tau, 2\tau$ e $5\tau$.

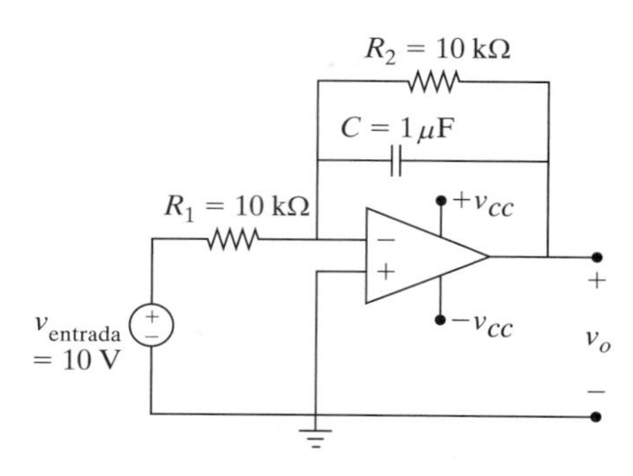


**Figura E10.22** Circuito Amp-Op para o Exercício 10-22.

**10-23** Uma fonte de tensão senoidal $v_{entrada}(t) = 10\,\text{sen}(10t)$ é aplicada ao circuito Amp-Op ilustrado na Fig. E10.23. A tensão de saída $v_o(t)$ satisfaz as seguintes equações; diferencial de primeira ordem e condição inicial:

$$0{,}2\frac{dv_o(t)}{dt} + v_o(t) = -2v_{entrada}(t),$$
$$v_o(0) = 0 \text{ V}.$$

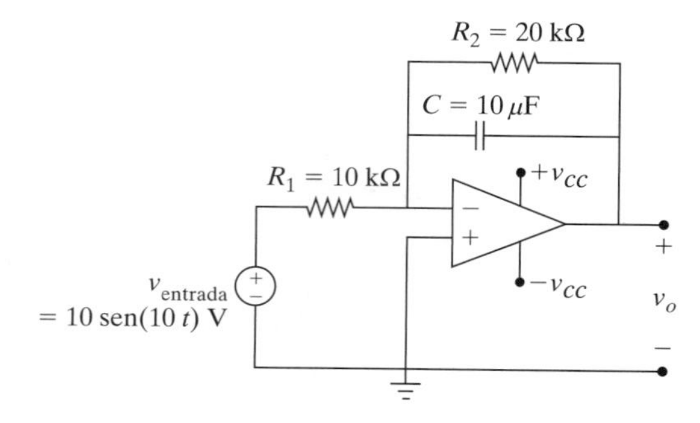


**Figura E10.23** Circuito Amp-Op para o Exercício 10-23.

(a) Determine a solução transiente $v_{o,tran}(t)$. Qual é a constante de tempo da resposta?

(b) Calcule a solução de estado estacionário $v_{o,ee}(t)$, com $v_{entrada} = 10\,\text{sen}(10t)$ V.

(c) Determine a resposta total para uma tensão de saída inicial $v_o(0) = 0$ V.

**10-24** A relação entre fluxo sanguíneo arterial e pressão sanguínea em uma artéria satisfaz a seguinte equação diferencial de primeira ordem:

$$\frac{dP(t)}{dt} + \frac{1}{RC}P(t) = \frac{\dot{Q}_{entrada}}{C}$$

em que $\dot{Q}_{entrada}$ é o fluxo sanguíneo volumétrico, $R$ é a resistência periférica e $C$, a complacência arterial (todos constantes).

(a) Calcule a solução transiente para a pressão arterial. A unidade para $P(t)$ é mmHg. Qual é a constante de tempo da pressão arterial.

(b) Calcule a solução de estado estacionário $P_{ee}(t)$ para pressão arterial.

(c) Determine a solução total $P(t)$, assumindo que a pressão arterial inicial seja 0.

(d) Calcule o valor de $P(t)$ nos tempos $t = RC$, $t = 2RC$, $t = 4RC$ e $t \to \infty$; use os resultados obtidos e desenhe o gráfico de $P(t)$.

(e) Em cada uma das seguintes asserções, marque verdadeiro (V) ou falso (F):

______ Aumentar o valor da resistência $R$ aumenta o tempo necessário para a pressão arterial $P(t)$ atingir 99% do valor de estado estacionário.

______ Aumentar o valor da complacência arterial $C$ diminui o tempo necessário para a pressão arterial $P(t)$ atingir 99% do valor de estado estacionário.

______ Dobrar o valor da resistência $R$ dobra a constante de tempo da resposta.

______ Dobrar o valor da complacência arterial C dobra a constante de tempo da resposta.

**10-25** Refaça o Exercício 10-24 para um fluxo sanguíneo volumétrico $\dot{Q}_{entrada}$ de $60\,\frac{cm^3}{s}$ e uma pressão arterial inicial de 6 mmHg. Assuma $R = 4\,\frac{mmHg}{(cm^3/s)}$ e $C = 0{,}4\,\frac{cm^3}{mmHg}$.

**10-26** O deslocamento $y(t)$ do sistema mola-massa representado na Fig. E10.26 é dado por

$$0{,}25\,\ddot{y}(t) + 10\,y(t) = 0.$$

(a) Determine a solução transiente $y_{tran}(t)$.

(b) Calcule a solução de estado estacionário $y_{ee}(t)$.

(c) Determine a solução total $y(t)$, assumindo que o deslocamento inicial seja $y(0) = 0{,}2$ m e a velocidade inicial, $\dot{y}(0) = 0$ m/s.

(d) Desenhe o gráfico do deslocamento total $y(t)$.

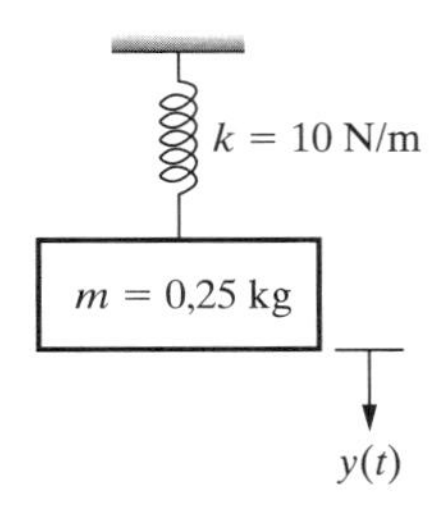


**Figura E10.26** Sistema mola-massa para o Exercício 10-26.

**10-27** Refaça o Exercício 10-26 com o deslocamento $y(t)$ do sistema mola-massa ($m$ = 500 g e $k$ = 5 N/m) dado por $0{,}5\,\ddot{y}(t) + 5y(t) = 0$ e $y(0)$ = 10 cm.

**10-28** O deslocamento $y(t)$ do sistema mola-massa representado na Fig. E10.28 é dado por:

$$\ddot{y}(t) + 25\,y(t) = f(t).$$

(a) Determine a solução transiente $y_{tran}(t)$.

(b) Calcule a solução de estado estacionário $y_{ee}(t)$ para $f(t) = 10$ N.

(c) Determine a solução total $y(t)$, assumindo que o deslocamento inicial seja $y(0) = 0$ m e a velocidade inicial, $\dot{y}(0) = 0$ m/s.

(d) Desenhe o gráfico do deslocamento total $y(t)$.

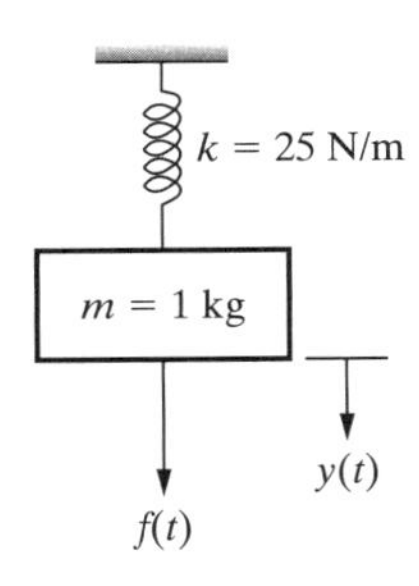


**Figura E10.28** Sistema mola-massa para o Exercício 10-28.

**10-29** Refaça o Exercício 10-28 com o deslocamento $y(t)$ do sistema mola-massa ($m$ = 2 kg e $k$ = 32 N/m) dado por:

$$2\,\ddot{y}(t) + 32\,y(t) = f(t)$$

com $f(t) = 6$ N, $y(0) = 20$ cm e $\dot{y}(0) = 0{,}1$ m/s.

**10-30** Um bloco de massa $m$ cai de uma altura $h$ acima de uma mola $k$, como ilustrado na Fig. E10.30. Começando no instante do impacto ($t = 0$), a posição $x(t)$ do bloco satisfaz as seguintes equações; diferencial de segunda ordem e condições iniciais:

$$m\,\ddot{x}(t) + k\,x(t) = m\,g \quad x(0) = 0,$$

$$\dot{x}(0) = \sqrt{2gh}.$$

(a) Determine a solução transiente $x_{tran}(t)$ e a frequência de oscilação.

(b) Calcule a solução de estado estacionário $x_{ee}(t)$.

(c) Determine a solução total $x(t)$ sujeita às condições de contorno.

(d) Em cada uma das seguintes asserções, marque verdadeiro (V) ou falso (F):

______ Aumentar o valor da rigidez $k$ aumenta a frequência de $x(t)$.

______ Aumentar o valor da altura $h$ aumenta a frequência de $x(t)$.

______ Aumentar o valor da massa $m$ diminui a frequência de $x(t)$.

______ Dobrar o valor da altura $h$ dobra o valor máximo de $x(t)$.

______ Dobrar o valor da massa $m$ dobra o valor máximo de $x(t)$.

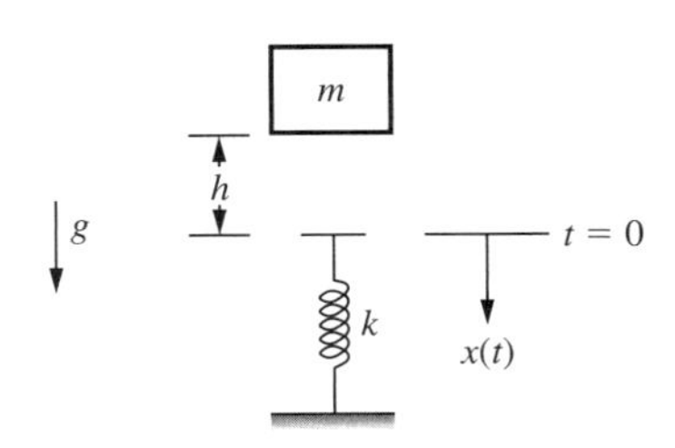


**Figura E10.30** Massa que cai sobre uma mola.

**10-31** Refaça as partes (a)-(c) do Exercício 10-30 para $m$ = 500 g, $k$ = 20 N/m e $g$ = 9,8 m/s$^2$.

**10-32** Refaça as partes (a)-(c) do Exercício 10-30 para $m$ = 1 kg, $k$ = 30 N/m e $g$ = 9,8 m/s$^2$.

**10-33** O deslocamento $y(t)$ do sistema mola-massa mostrado na Fig. E10.33 é medido em relação à configuração de equilíbrio da mola, na qual a deflexão estática é $\delta = \frac{mg}{k}$.

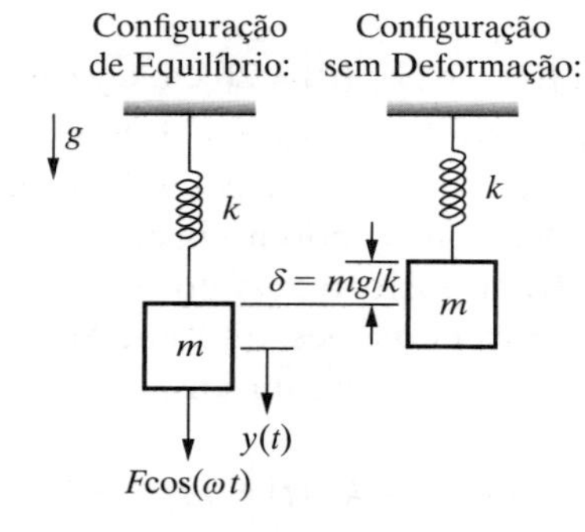


**Figura E10.33** Sistema mola-massa para o Exercício 10-33.

Com $m = 4$ kg, $k = 1{,}5$ N/m, $\omega = 0{,}5$ rad/s e uma força senoidal de $0{,}25\cos(0{,}5t)$ aplicada em $t = 0$, o deslocamento $y(t)$ satisfaz a seguinte equação diferencial de segunda ordem:

$$4\ddot{y}(t) + 1{,}5\,y(t) = 0{,}25\cos(0{,}5\,t).$$

(a) Determine a solução transiente $y_{tran}(t)$ do sistema. Qual é a frequência natural da resposta?

(b) Mostre que a solução de estado estacionário é dada por:

$$y_{ee}(t) = 0{,}5\cos(0{,}5\,t).$$

Desenvolva todos os passos.

(c) Assuma que a solução total seja dada por:

$$y(t) = c_3\cos(\sqrt{0{,}375}\,t) + c_4\,\mathrm{sen}(\sqrt{0{,}375}\,t) + 0{,}5\cos(0{,}5\,t),$$

Dados $y(0) = 0{,}5$ e $\dot{y}(0) = 0$, mostre que $c_3 = 0$ e $c_4 = 0$. Desenvolva todos os passos.

(d) Dada a solução total $y(t) = 0{,}5\cos(0{,}5t)$, determine o valor mínimo da deflexão $y(t)$ e o primeiro instante de tempo em que esse valor é alcançado.

**10-34** Submetida a carregamento estático pelo peso de uma massa $m$, uma coluna de comprimento $L$ e rigidez axial $AE$ sofre uma deformação $\delta = \frac{mgL}{AE}$, em que $g$ é a aceleração devido à gravidade. Contudo, quando a massa é aplicada instantaneamente (carregamento dinâmico), a massa passa a vibrar. Caso a massa $m$ esteja inicialmente em repouso, a deflexão $x(t)$ satisfaz as seguintes equações; diferencial de segunda ordem e condições iniciais:

$$m\,\ddot{x}(t) + \frac{AE}{L}\,x(t) = mg,$$

$$x(0) = 0,\ \dot{x}(0) = 0.$$

(a) Determine a solução transiente $x_{tran}(t)$.

(b) Calcule a solução de estado estacionário $x_{ee}(t)$.

(c) Determine a solução total $x(t)$ sujeita às condições iniciais.

(d) Calcule o máximo valor da deflexão $x(t)$. Como seu resultado se compara com a deflexão estática $\delta$?

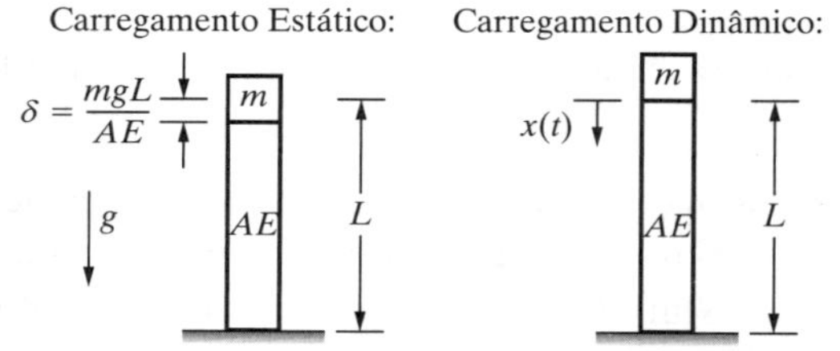

**Figura E10.34** Coluna submetida a carregamento axial pelo peso de uma massa $m$.

**10-35** No tempo $t = 0$, um carrinho de massa $m$ se move a uma velocidade inicial $v_0$ e atinge uma mola de rigidez $k$, como ilustrado na Fig. E10.35.

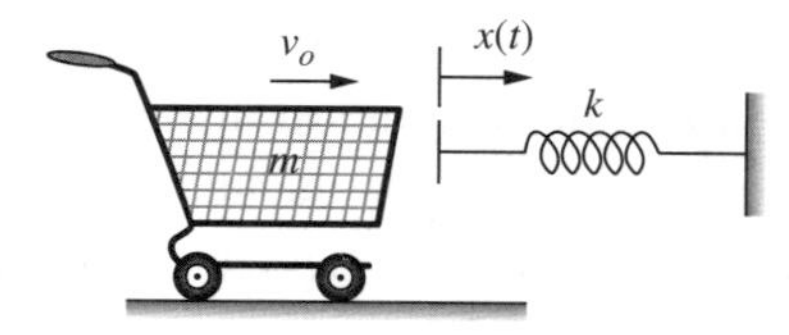


**Figura E10.35** Carrinho em movimento para o Exercício 10-35.

A resultante deformação $x(t)$ da mola satisfaz as seguintes equações; diferencial de segunda ordem e condições iniciais:

$$m\,\ddot{x}(t) + k\,x(t) = 0,\ x(0) = 0,\ \dot{x}(0) = v_0.$$

(a) Determine a solução total $x(t)$ sujeita às condições iniciais.

(b) Desenhe o gráfico da deformação $x(t)$ em meio ciclo, indicando claramente o valor máximo e o tempo em que o mesmo é atingido.

(c) Em cada uma das seguintes asserções, marque verdadeiro (V) ou falso (F):

______ Aumentar o valor da rigidez da mola $k$ aumenta a frequência de $x(t)$.

______ Aumentar o valor da velocidade inicial $v_0$ aumenta a frequência de $x(t)$.

______ Aumentar o valor da massa $m$ diminui a frequência de $x(t)$.

______ Dobrar o valor da velocidade inicial $v_0$ dobra a amplitude de $x(t)$.

______ Dobrar o valor da massa $m$ dobra a dobra a amplitude de $x(t)$.

**10-36** Um circuito LC é alimentado por uma fonte de tensão constante $V_s$, aplicada instantaneamente em $t = 0$.

A corrente $i(t)$ satisfaz as seguintes equações; diferencial de segunda ordem e condições iniciais:

$$LC\,\frac{d^2i(t)}{dt^2} + i(t) = 0,\ i(0) = 0,\ \frac{di}{dt}(0) = \frac{V_s}{L}.$$

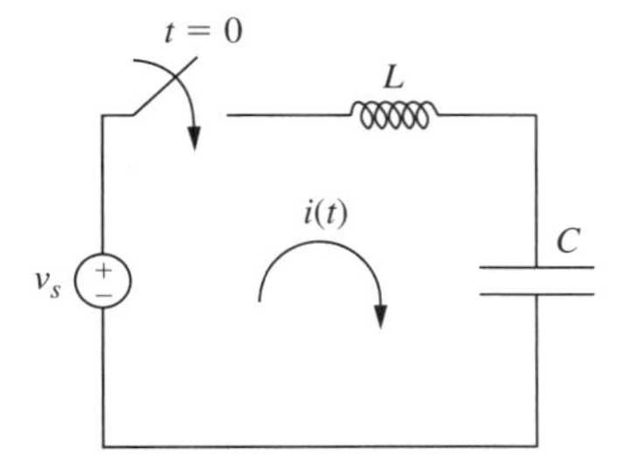


**Figura E10.36** Circuito LC para o Exercício 10-36.

(a) Determine a solução total $i(t)$ sujeita às condições iniciais.

(b) Desenhe o gráfico da deformação $i(t)$ em meio ciclo, indicando claramente o valor máximo e o tempo em que o mesmo é atingido.

(c) Em cada uma das seguintes asserções, marque verdadeiro (V) ou falso (F):

______ Aumentar o valor da capacitância $C$ aumenta a frequência de $i(t)$.

______ Aumentar o valor da indutância $L$ aumenta a frequência de $i(t)$.

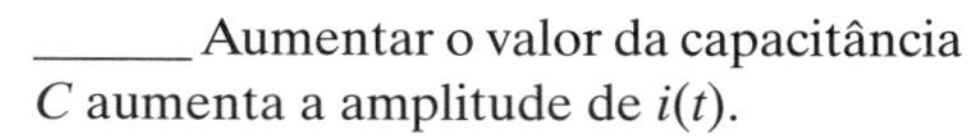

______ Aumentar o valor da capacitância $C$ aumenta a amplitude de $i(t)$.

______ Aumentar o valor da tensão $V_s$ aumenta a amplitude de $i(t)$.

______ Aumentar o valor da indutância $L$ aumenta a amplitude de $i(t)$.

**10-37** Refaça as partes (a)-(b) do Exercício 10-36 para $L = 200$ mH, $C = 500\,\mu$F e $V_s = 2$ V.

**10-38** Um circuito LC é alimentado por uma tensão de entrada $v_{\text{entrada}}$, aplicada instantaneamente em $t = 0$.

A tensão $v(t)$ satisfaz as seguintes equações; diferencial de segunda ordem e condições iniciais:

$$LC\,\frac{d^2v(t)}{dt^2} + v(t) = v_{\text{entrada}},\ v(0) = 0,\ v'(0) = 0.$$

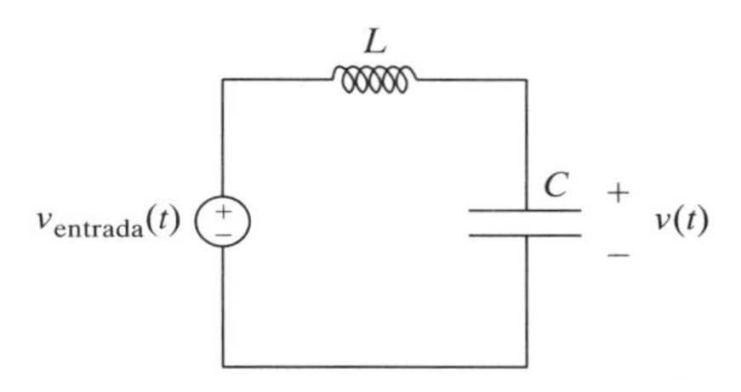


**Figura E10.38** Circuito LC para o Exercício 10-38.

(a) Determine a solução transiente $v_{tran}(t)$. Qual é a frequência da resposta?

(b) Determine a solução de estado estacionário $v_{ee}(t)$ para $v_{\text{entrada}} = 10{,}0$ V.

(c) Determine a solução transiente $v(t)$ sujeita às dadas condições iniciais.

(d) Calcule o valor máximo de $v(t)$. Seu resultado depende dos valores de $L$ e $C$?

**10-39** Refaça as partes (a)-(c) do Exercício 10-38 para $L = 100$ mH, $C = 40\,\mu$F e $v_{\text{entrada}} = 10$ V.

**10-40** Refaça as partes (a)-(c) do Exercício 10-38 para $L = 40$ mH, $C = 400\,\mu$F e $v_{\text{entrada}} = 10\,\text{sen}(100t)$ V.

**10-41** Refaça as partes (a)-(c) do Exercício 10-38 para $L = 40$ mH, $C = 400\,\mu$F e $v_{\text{entrada}} = 10\,\text{sen}(245t)$ V.

**10-42** Um engenheiro biomédico deve projetar um aparelho de treinamento de resistência para o músculo grande dorsal. A tarefa pode ser representada por um sistema mola-massa, como ilustrado na Fig. 10.28. O deslocamento

$y(t)$ da barra de exercício satisfaz a seguinte equação diferencial de segunda ordem:

$$m\,\ddot{y}(t) + k\,y(t) = f(t),$$

sujeita às condições iniciais $y(0) = 0{,}01$ m e $\dot{y}(0) = 0$ m/s.

(a) Determine a solução transiente $y_{tran}(t)$.

(b) Calcule a solução de estado estacionário $y_{ee}(t)$ para a força aplicada representada na Fig. E10.42.

(c) Determine a solução total, sujeita às condições iniciais.

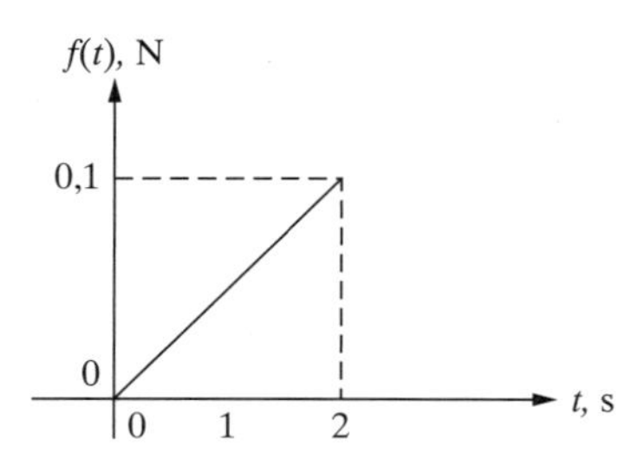


**Figura E10.42** Força aplicada ao aparelho de treinamento de resistência.

**10-43** Um cilindro de massa $m$ e comprimento $l$ é preso a uma rótula na extremidade inferior e, na extremidade superior, a uma mola de rigidez $k$. Quando deslocado por uma força $f(t)$, a posição do cilindro é descrita pelo ângulo $\theta$ indicado na Fig. E10.43. Para oscilações relativamente pequenas, o ângulo $\theta$ satisfaz a seguinte equação diferencial de segunda ordem:

$$\frac{1}{3}\,m\,l\,\ddot{\theta}(t) + k\,l\,\theta(t) = f(t).$$

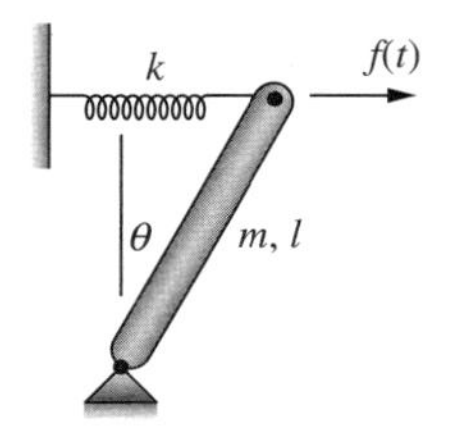


**Figura E10.43** Cilindro suportado por uma mola.

(a) Determine a solução transiente $\theta_{tran}(t)$ e a frequência de oscilação.

(b) Seja $f(t) = F\cos\omega t$. Determine a solução de estado estacionário $\theta_{ee}(t)$.

(c) Para $f(t) = 0$ e condições iniciais $\theta(0) = \frac{\pi}{18}$ rad e $\dot{\theta}(0) = 0$ rad/s, determine a solução total $\theta(t)$.

(d) Com base em sua solução para a parte (c), marque verdadeiro (V) ou falso (F) em cada uma das seguintes asserções:

______ Aumentar o valor do comprimento $l$ diminui a frequência de oscilação.

______ Aumentar o valor da massa $m$ aumenta a frequência de oscilação.

______ Aumentar o valor da rigidez $k$ aumenta a frequência de oscilação.

______ Aumentar o valor da massa $m$ aumenta a amplitude da oscilação.

______ Aumentar o valor da rigidez $k$ diminui a amplitude da oscilação.

# Respostas a Exercícios Selecionados

**Capítulo 1**

E1-1 $k = 10$ N/m

E1-3 (a) $F = 3{,}48x + 48$ N

E1-5 (a) $F_b(P) = 0{,}5P + 160$ lb

E1-7 (a) $v(t) = -9{,}8t + 4$ m/s

E1-9 (a) $v(t) = -32{,}2t + 161{,}0$ ft/s

E1-11 (a) $v(t) = -75t + 150$ ft/s

E1-13 (a) $v(t) = 10t$ m/s

(b) $v(t) = 10$ m/s

(c) $v(t) = -10t + 40$ m/s

E1-15 (a) $T(x) = 26{,}67x + 30$°F

(b) $T(0{,}75) = 50$°F

E1-17 (b) $I = 2$ A

E1-19 (a) $V_s = 3I + 3$ V

E1-21 $V_s = 50I + 0{,}7$ V

E1-23 $v_o = 1{,}5\,v_{entrada} - 4$ V

E1-25 $e_a = 2{,}667\,i_a + 0{,}667$ V

E1-27 $v_o = -1000\,i_D + 12$ V

E1-29 (a) $F = 18$ N

(b) $V = 0{,}6$ V

E1-31 (a) $A(F) = 4{,}55 \times 10^{-6}F$ V

(c) $A(200) = 9{,}091 \times 10^{-4}$ V

E1-33 (a) $T(V) = 0{,}04V - 25$°C

E1-35 (a) $T(V) = 18{,}1V + 4{,}6$°C

(c) $\Delta T = 65{,}17$°C

E1-37 (a) $R = 100\varepsilon + 50\ \Omega$

E1-39 (a) $a(c) = 0{,}0667c + 0{,}0833$

(b) $c = 6{,}04\ \frac{\mu g}{ml}$

(c) $a(0{,}00419) = 0{,}0836$

E1-41 (a) $T(°F) = 1{,}8\,T(°C) + 32°F$

(c) $68°F \le T \le 176°F$

E1-43 (a) $p(x) = -12x + 30$ psi, $l = 2{,}5$ in

(b) $p(1{,}0) = 18$ psi

**Capítulo 2**

E2-1 (a) $I^2 + 2I - 15 = 0$

(b) $I = 3$ A ou $I = -5$ A

E2-3 (a) $I^2 + 4I - 21 = 0$

(b) $I = 3$ A ou $I = -7$ A

E2-5 (a) $t = 8$ s

(b) $t = 9$ s

E2-7 (a) $R_1^2 - 1067R_1 - 266667 = 0$

(b) $R_1 = 1275\ \Omega$, $R_2 = 1775\ \Omega$

E2-9 (a) $C_1^2 - 140C_1 - 12000 = 0$

(b) $C_1 = 200\ \mu$F, $C_2 = 300\ \mu$F

E2-11 (a) $C_1^2 - 100C_1 - 10000 = 0$

(b) $C_1 = 161{,}8\ \mu$F, $C_2 = 261{,}8\ \mu$F

E2-13 (a) $L_2^2 + 100L_2 - 60000 = 0$

(b) $L_1 = 600$ mH, $L_2 = 200$ mH

E2-15 (a) $t = 1$ s e $t = 3$ s

(b) $t = 1{,}5$ s e $t = 2{,}5$ s

(c) Tempo em que o foguete atinge o solo = 4 s

(d) Máxima altura = 64 ft

E2-15 (a) $t = 0$ s e $t = 3{,}5$ s

(b) Tempo em que o foguete atinge o solo = 4 s

(c) Máxima altura = 81 ft

E2-19 (a) $3\,k_2^2 + 0{,}5\,k_2 - 3{,}5 = 0$

(b) $k_1 = 3$ lb/in, $k_2 = 1$ lb/in

E2-21 (a) $\omega^2 + \omega - 1000 = 0$

$\omega = 31{,}13$ rad/s

E2-23 (a) $\omega^2 - 30\omega - 400 = 0$

(b) $\omega = 40$ rad/s

E2-25 (a) $R^2 - 10\,R - 200 = 0$

(b) $R = 20\ \Omega$

E2-27 (a) $R^2 + 40\,R - 1200 = 0$

(b) $R = 20\ \Omega$

E2-29 $s = -5,000$ ou $s = -20,000$

E2-31 $L = 3$ m e $W = 12$ m ou $L = 12$ m e $W = 3$ m

E2-33 (a) $x^2 - 70\,x + 600 = 0$

(b) $x_A = 10$ m e $x_B = 60$ m

(c) Comprimento do túnel = 50 m

E2-35 (a) $0{,}9\,P^2 - 1{,}9\,P + 0{,}3125 = 0$

(b) $P = 0{,}178$

(c) $0{,}9\,P^2 - 1{,}9\,P + 0{,}9178 = 0$
$P = 0{,}748$

E2-37 (a) $x^2 - 5\,x + 2 = 0$

(b) $x = 0{,}438$

(c) $CO = 0{,}562$, $H_2O = 1{,}562$, $CO_2 = 0{,}438$, $H_2 = 0{,}438$

E2-39 (a) $b^2 + 10\,b - 600 = 0$

(b) $b = 20$ ft

(c) altura = 30 ft, largura = 20 ft

**Capítulo 3**

E3-1 $h = 66{,}14$ m e $\theta = 41{,}4°$

E3-3 $l = 163{,}2$ in e $\theta = 17{,}1°$

E3-5 $A = 48{,}453\ m^2$

E3-7 $\theta = 77{,}36°$

E3-9 $h = 415$ m e $\theta = 53{,}13°$

E3-11 $x = -1{,}061$ m e $y = 1{,}061$ m

E3-13 $x = -1{,}061$ m e $y = -1{,}061$ m

E3-15 (a) $(x, y) = (-4{,}33, 2{,}5)$ cm

(b) $(x, y) = (-2{,}5, -4{,}33)$ cm

(c) $(x, y) = (2{,}5, 4{,}33)$ cm

(d) $(x, y) = (3{,}536, 3{,}536)$ cm

E3-17 (a) $l = 4{,}472$ in e $\theta = 26{,}57°$

(b) $l = 4{,}472$ in e $\theta = 116{,}57°$

(c) $l = 9{,}014$ in e $\theta = 233{,}75°$

(b) $l = 8{,}485$ in e $\theta = -45°$

E3-19 $\theta_1 = 16{,}31°$ e $\theta_2 = 49{,}8°$

E3-21 $\theta_1 = -57{,}3°$ e $\theta_2 = 73{,}6°$

E3-23 $\theta_1 = -145°$ e $\theta_2 = -63{,}26°$

E3-25 $\theta_1 = 127{,}8°$ e $\theta_2 = 21{,}4°$

E3-27 $\theta = -60°$ e $\theta_2 = 90°$

E3-29 $V = 8{,}77$ mph e $\theta = 136{,}8°$

E3-31 $Z = 104{,}4\ \Omega$ e $\theta = 16{,}7°$

E3-33 $X_c = 500{,}0\ \Omega$ e $\theta = 26{,}56°$

E3-35 $V = 20{,}62$ V e $\theta = 14{,}04°$

E3-37 (a) $\theta = 11{,}54°$ e grau de inclinação = 20,41%

(b) $\Delta_x = 489{,}9$ m

E3-39 (a) $\theta = -30°$ e grau de inclinação = – 57,74%

(b) $\Delta_x = 173{,}2$ m

E3-41 $h = 16{,}28$ m

E3-43 (a) Força Resultante = 35,5 N

(b) $\theta = 43{,}05°$

E3-45 (a) $P(x, y) = (18{,}97, -15{,}44)$ in

(b) $\theta_1 = -60°$ e $\theta_2 = 30°$

**Capítulo 4**

E4-1 $\vec{P} = 6\vec{i} + 10{,}39\vec{j}$ in ou
$\vec{P} = 12\angle 60°$ in

E4-3 $\vec{P} = -0{,}50\vec{i} + 0{,}866\vec{j}$ m ou
$\vec{P} = 1\angle 120°$ m

E4-5 $\vec{P} = 8{,}66\vec{i} + 5{,}0\vec{j}$ in ou
$\vec{P} = 10\angle 30°$ in

E4-7 $\vec{P} = -7{,}5\vec{i} - 13{,}0\vec{j}$ cm ou
$\vec{P} = 15\angle -120°$ cm

E4-9 $\vec{P} = 2\vec{i} + 3\vec{j}$ cm ou
$\vec{P} = 3{,}61\angle 56{,}3°$ cm

E4-11 $\vec{P} = -1{,}5\vec{i} + 2\vec{j}$ cm ou
$\vec{P} = 2{,}5\angle 126{,}87°$ cm

E4-13 $F_x = 14{,}14$ lb e $F_y = -14{,}14$ lb

E4-15 $\vec{V} = 10\vec{i} + 5\vec{j}$ V ou
$\vec{V} = 11{,}18\angle 26{,}57°$V

E4-17 $\vec{V} = 20\vec{i} - 5\vec{j}$ V ou
$\vec{V} = 20{,}62\angle -14{,}04°$V

E4-19 $\vec{V} = 23{,}66\vec{i} - 5\vec{j}$ V

E4-21 $\vec{V} = 246{,}77\vec{i} + 192{,}13\vec{j}$ mph ou
$\vec{V} = 312{,}75\angle 37{,}9°$ mph

E4-23 (a) $\vec{V} = -8\vec{i} + 7{,}5\vec{j}$ mph
(b) magnitude = 10,97 mph
direção $\theta = 136{,}8°$

E4-25 (a) $\vec{V} = -4{,}485\vec{i} - 8{,}485\vec{j}$ mph
(b) magnitude = 9,6 mph
direção $\theta = -117{,}9°$

E4-27 (a) $\vec{P} = -2{,}28\vec{i} + 10{,}55\vec{j}$ in
(b) $\vec{P} = 10{,}8\angle 102{,}2°$ in

E4-29 (a) $\vec{P} = -9{,}6\vec{i} - 14\vec{j}$ cm
(b) $\vec{P} = 16{,}98\angle -124{,}4$ cm

E4-31 $\vec{T}_1 = 424{,}75\vec{i} + 735{,}67\vec{j}$ N
$\vec{T}_2 = -424{,}75\vec{i} + 245{,}25\vec{j}$ N

E4-33 (a) $\theta = 30°$
(b) $\vec{F} = -0{,}866\,F\vec{i} + 0{,}5\,F\vec{j}$ lb
$\vec{N} = 0{,}5\,N\vec{i} + 0{,}866\,N\vec{j}$ lb
$\vec{W} = 0\vec{i} - 2000\vec{j}$ lb
(c) F = 1000 lb
N = 1732,1 lb

E4-35 (a) $\theta = 30°$
(b) $\vec{F} = 0{,}866\,F\vec{i} + 0{,}5\,F\vec{j}$ N
$\vec{N} = -0{,}5\,N\vec{i} + 0{,}866\,N\vec{j}$ N
(c) $F = 250$ N, $N = 433$ N

E4-37 (a) $\vec{F}_1 = 0{,}7705\,F_1\vec{i} + 0{,}6374\,F_1\vec{j}$ lb
$\vec{F}_2 = -0{,}4633\,F_2\vec{i} + 0{,}8862\,F_2\vec{j}$ lb
$\vec{P} = 0\vec{i} - 346\vec{j}$ lb
(b) $F_1 = 163{,}8$ lb, $F_2 = 272{,}5$ lb

E4-39 (a) $F_1 = -F_1\vec{i} + 0\vec{j}$ lb
$\vec{F}_2 = 0{,}7466\,F_2\vec{i} + 0{,}6652\,F_2\vec{j}$ lb
$\vec{W} = 0\vec{i} - 125\vec{j}$ lb
(b) $F_1 = 140{,}3$ lb, $F_2 = 187{,}9$ lb

E4-41 (a) $\vec{F}_m = -43{,}3\vec{i} + 25\vec{j}$ lb
$\vec{W}_a = 0\vec{i} - 7\vec{j}$ lb
$\vec{W}_p = 0\vec{i} - 3\vec{j}$ lb
(b) $R_x = 43{,}3$ lb, $R_y = -15$ lb
$R = 45{,}82$ lb, Direção, $\theta = -19{,}11°$

E4-43 (a) $\vec{P} = 0{,}319\vec{i} + 2{,}156\vec{j}$ ft
(b) $P = 2{,}18$ ft, Direção, $\theta = 81{,}58°$

**Capítulo 5**

E5-1 (a) $V_R = 1 + j0$ V e $V_L = 0 + j1$ V
(b) $V = 1 + j1$ V, $V = 1{,}414\angle 45°$V

E5-3 (a) $V_R = 8{,}05 - j4{,}03$ V
$V_L = 2{,}02 + j4{,}02$ V
(b) $V = 10{,}07 + j0$ V, $V = 10{,}06\angle 0°$V
(c) $Re(V) = 10{,}06$ V, $Im(V) = 0$ V

E5-5 (a) $V_R = 9 + j3$ V, $V_C = 1 - j3$ V
(b) $V = 10 + j0$ V, $V = 10\angle 0°$V
(c) $Re(V) = 10$ V, $Im(V) = 0$ V

E5-7 (a) $I_R = 100 - j0$ mA e
$I_L = 0 - j200$ mA
(b) $I = 100 - j200$ mA
$I = 223{,}6\angle -63{,}43°$mA
(c) $Re(I) = 100$ mA, $Im(I) = -200$ mA

E5-9 (a) $I_R = 75 + j43{,}3\ \mu$A e
$I_L = 25 - j43{,}3\ \mu$A
(b) $I = 100 + j0\ \mu$A, $I = 100\angle 0°\mu$A
(c) $Re(I) = 100\ \mu$A, $Im(I) = 0\ \mu$A

E5-11 (a) $I_R = 0{,}5 + j0$ mA e
$I_C = 0 + j0{,}2$ mA
(b) $I = 0{,}5 + j0{,}2$ mA
$I = 0{,}539\angle 21{,}8°$mA
(c) $Re(I) = 0{,}5$ mA, $Im(I) = 0{,}2$ mA

E5-13 $v_o(t) = Re\left(15\, e^{j(120\pi t - 60°)}\right)$ V

E5-15 (a) $Z = 100 + j\,82{,}4\ \Omega$

(b) $Z = 129{,}6\ \angle 39{,}5°\Omega$

(c) $Z^* = 100 - j\,82{,}4\ \Omega$
$ZZ^* = 16{,}789{,}9$

E5-17 (a) $I = 26{,}83\ \angle 56{,}57°$A ou
$I = 14{,}75 + j\,22{,}39$ A

(b) $V = 31{,}3\ \angle 18{,}43°$V
$V = 29{,}69 + j\,9{,}9$ V

E5-19 (a) $Z_2 + Z_3 = 0 - j\,100{,}45\ \Omega$
$Z_2 + Z_3 = 100{,}45\ \angle -90°\Omega$

(b) $Z_1 + Z_2 + Z_3 = 100 - j\,100{,}45\ \Omega$
$Z_1 + Z_2 + Z_3 = 141{,}74\ \angle -45{,}13°\Omega$

(c) $H = 0{,}502 - j\,0{,}50$ ou
$H = 0{,}709\ \angle -44{,}87°$

(d) $H^* = 0{,}502 + j\,0{,}50$

$HH^* = 0{,}503$

E5-21 (a) $Z_R = 100 + j\,0\ \Omega$ ou
$Z_R = 100{,}0\ \angle 0°\Omega$

$Z_L = 0 + j\,60\ \Omega$ ou
$Z_L = 60{,}0\ \angle 90°\Omega$

$Z_C = 0 - j\,50\ \Omega$ ou
$Z_C = 50{,}0\ \angle -90°\Omega$

(b) $Z = 100 + j\,10\ \Omega$
$Z = 100{,}5\ \angle 5{,}71°\Omega$

(c) $Z^* = 100 - j\,10\ \Omega,\ ZZ^* = 10{,}100$

(d) $V_C = -5{,}45 - j\,54{,}46$ V
$V_C = 54{,}73\ \angle -95{,}71°$V

E5-23 (a) $Z_R = 9 + j\,0\ \Omega$ ou
$Z_R = 9\ \angle 0°\Omega$

$Z_L = 0 + j\,3\ \Omega$ ou
$Z_L = 3\ \angle 90°\Omega$

$Z_C = 0 - j\,4\ \Omega$ ou
$Z_C = 4\ \angle -90°\Omega$

(b) $Z_{LC} = 0 + j\,12\ \Omega$ ou
$Z_{LC} = 12\ \angle 90°\Omega$

(c) $Z = 9 + j\,12\ \Omega$ ou
$Z = 15\ \angle 53{,}13°\Omega$

(d) $Z^* = 9 - j\,12\ \Omega,\ ZZ^* = 225$

E5-25 (a) $Z_R = 100 + j\,0\ \Omega$ ou
$Z_R = 100\ \angle 0°\Omega$

$Z_C = 0 - j\,50\ \Omega$ ou
$Z_C = 50\ \angle -90°\Omega$

(b) $Z = 100 - j\,50\ \Omega$ ou
$Z = 111{,}8\ \angle -26{,}57°\Omega$

(c) $I = 0{,}800 + j\,0{,}400$ A ou
$I = 0{,}894\ \angle 26{,}57°$A

(d) $V_R = 80{,}0 + j\,40{,}0$ V ou
$V_R = 89{,}4\ \angle 26{,}57°$V

$V_C = 20{,}0 - j\,40{,}0$ V ou
$V_C = 44{,}7\ \angle -63{,}43°$V

E5-25 (e) $V = 100{,}0 - j\,0$ V ou
$V = 100\ \angle 0°$V

E5-27 (a) $Z_R = 100 + j\,0\ \Omega$ ou
$Z_R = 100\ \angle 0°\Omega$

$Z_L = 0 + j\,188{,}5\ \Omega$ ou
$Z_L = 188{,}5\ \angle 90°\Omega$

$Z_C = 0 - j\,106{,}1\ \Omega$ ou
$Z_C = 106{,}1\ \angle -90°\Omega$

(b) $Z = 100 + j\,82{,}4\ \Omega$ ou
$Z = 129{,}6\ \angle 39{,}5°\Omega$

(c) $I = 0{,}596 - j\,0{,}491$ A ou
$I = 0{,}772\ \angle -39{,}5°$A

(d) $V_R = 59{,}57 - j\,49{,}11$ V ou
$V_R = 77{,}2\ \angle -39{,}5°$V

$V_L = 92{,}56 + j\,112{,}3$ V ou
$V_L = 145{,}5\ \angle 50{,}5°$V

$V_C = -52{,}1 - j\,63{,}2$ V ou
$V_C = 81{,}91\ \angle -129{,}5°$V

(e) $V = 100{,}0 + j\,0$ V ou
$V = 100\ \angle 0°$V

E5-29 (a) $Z_R = 1000 + j\,0\ \Omega$ ou
$Z_R = 1000\ \angle 0°\Omega$

$Z_C = 0 - j\,1000\ \Omega$ ou
$Z_C = 1000\ \angle -90°\Omega$

(b) $I_1 = 0{,}5 - j\,0{,}5$ mA ou
$I_1 = 0{,}7071\ \angle -45°$mA

$I_2 = 0{,}5 + j\,0{,}5$ mA ou
$I_2 = 0{,}7071\ \angle 45°$mA

(c) $I_1 + I_2 = 1 + j\,0$ mA ou
$I_1 + I_2 = 1\ \angle 0°$mA

E5-31 (a) $Z_R = 1000 + j\,0\ \Omega$ ou
$Z_R = 1000\ \angle 0°\Omega$

$Z_L = 0 + j1000\ \Omega$ ou
$Z_L = 1000\angle 90°\Omega$

E5-31 (b) $I_1 = 0{,}5 + j0{,}5$ mA ou
$I_1 = 0{,}7071\ \angle 45°$ mA

$I_2 = 0{,}5 - j0{,}5$ mA ou
$I_2 = 0{,}7071\ \angle -45°$mA

(c) $I_1 + I_2 = 1 + j0$ mA ou
$I_1 + I_2 = 1\ \angle 0°$mA

E5-33 (a) $Z_R = 1 + j0$ kΩ ou
$Z_R = 1\ \angle 0°$kΩ

$Z_C = 0 - j2$ kΩ ou
$Z_C = 2\ \angle -90°$kΩ

(b) $V_o = 2{,}5 + j0$ V ou
$V_o = 2{,}5\angle 0°$V

E5-35 (a) $Z_{R1} = 1{,}5 + j0 = 1{,}5\angle 0°$kΩ
$Z_{R2} = 1 + j0 = 1\ \angle 0°$kΩ
$Z_C = 0 - j0{,}5 = 0{,}5\ \angle -90°$kΩ

(b) $V_o = -0{,}3578 + j0{,}1789$ V ou
$V_o = 0{,}4\angle 153{,}43°$V

E5-37 (a) $Z_a = 20 + j0 = 20\ \angle 0°\Omega$
$Z_b = 0 - j10 = 10\ \angle -90°\Omega$
$Z_c = 20 + j50 = 53{,}85\ \angle 68{,}2°\Omega$

(b) $Z_1 = -2{,}5 - j2{,}5 = 3{,}54\ \angle -135°\Omega$
$Z_2 = 17{,}5 + j7{,}5 = 19{,}04\ \angle 23{,}2°\Omega$
$Z_3 = 3{,}75 - j8{,}75 = 9{,}52\ \angle -66{,}8°\Omega$

E5-39 (a) $Z_1 = 2{,}5 - j2{,}5 = 3{,}53\ \angle -45°\Omega$
$Z_2 = 17{,}5 + j7{,}5 = 19{,}04\ \angle 23{,}2°\Omega$
$Z_3 = 3{,}75 - j8{,}75 = 9{,}52\ \angle -66{,}8°\Omega$

(b) $Z_a = 72{,}4 - j0 = 72{,}4\ \angle 0°\Omega$
$Z_b = 5 - j12{,}5 = 13{,}46\ \angle -68{,}2°\Omega$
$Z_c = 25 + j10 = 26{,}92\angle 21{,}8°\Omega$

**Capítulo 6**

E6-1 Amplitude = $l$ = 5 in
Frequência $f$ = 1 Hz, $\omega = 2\pi$ rad/s
Período = 1 s
Defasagem $\phi$ = 0 rad
Deslocamento temporal = 0 s

E6-3 Amplitude = $l$ = 20 cm
Frequência $f$ = 1 Hz, $\omega = 2\pi$ rad/s
Período = 1 s
Defasagem $\phi = -\pi/4$ rad
Deslocamento temporal = 1/8 s (à direita)

E6-5 Amplitude = $l$ = 15 cm
Frequência $f$ = 0, 5 Hz, $\omega = \pi$ rad/s
Período = 2 s
Defasagem $\phi = 3\pi/4$ rad
Deslocamento temporal = 3/4 s (à esquerda)

E6-7 Amplitude = $A$ = 2 cm
Frequência $f$ = 2 Hz, $\omega = 4\pi$ rad/s
Período = 0,5 s
Defasagem $\phi$ = 0 rad
$y(t) = 2\ \text{sen}(4\pi t)$ cm

E6-9 Amplitude = $A$ = 10 in
Frequência $f$ = 1 Hz, $\omega = 2\pi$ rad/s
Período = 1 s
Defasagem $\phi = 0{,}2\pi$ rad
$x(t) = 10\ \text{sen}(2\pi t + 0{,}2\pi)$ in

E6-11 (a) Amplitude = $A$ = 10 cm
Frequência $f = 2/\pi$ Hz, $\omega$ = 4 rad/s
Período = $\pi/2$ s

(b) $t = \pi/4$ s

E6-13 (a) Amplitude = $A$ = 8 cm
Frequência $f$ = 1 Hz, $\omega = 2\pi$ rad/s
Período = 1 s
Deslocamento temporal = 1/8 s (à esquerda)

(b) $t$ = 1/8 s

E6-15 (a) Amplitude = $A$ = 5 cm
Frequência $f$ = 1/2 Hz, $\omega = \pi$ rad/s
Período = 2 s
(b) $t$ = 1 s

E6-17 (a) Amplitude = $A$ = 5 rad
Frequência $f$ = 1 Hz, $\omega = 2\pi$ rad/s
Período = 1 s

(b) $t$ = 0,25 s

E6-19 (a) $v(t) = 41{,}38\cos(120\pi t)$ V

(b) Amplitude = 41,38 V
Frequência $f$ = 60 Hz
Período = $T$ = 1/60 s
Defasagem = 0°
Deslocamento temporal = 0 s

E6-21 (a) Amplitude = 0, 1 V
Frequência $f$ = 10 Hz
Período = $T$ = 1/10 s
Defasagem = $\pi/2$ rad
Deslocamento temporal = 1/40 s (à esquerda)

(c) $v(t) = 0{,}51\cos(20\pi t - 78{,}7°)$ V

E6-23 (a) $i(t) = 14{,}14 \operatorname{sen}(120\pi t - 45°)$ A

(b) Amplitude = 14,14 A
Frequência $f$ = 60 Hz
Período = $T$ = 1/60 s
Defasagem = $-\pi/4$ rad
Deslocamento temporal = 1/480 s (à direita)

E6-25 (a) $i(t) = 4 \operatorname{sen}(120\pi t + 60°)$ A

(b) Amplitude = 4 A
Frequência $f$ = 60 Hz
Período = $T$ = 1/60 s
Defasagem = $\pi/3$ rad = 60°
Deslocamento temporal = 1/360 s (à esquerda)

E6-27 (a) Amplitude = 10 V
Frequência $f$ = 50 Hz
Período = $T$ = 1/50 s
Defasagem = $-\pi/4$ rad = $-45°$
Deslocamento temporal = 1/400 s (à direita)

(c) $v_o(t) = 22{,}36 \cos(100\pi t + 63{,}4°)$ V

E6-29 (a) Amplitude = $10\sqrt{2}$ V
Frequência $f$ = 250 Hz
Período = $T$ = 1/250 s
Defasagem = $-3\pi/4$ rad = $-135°$
Deslocamento temporal = 3/2000 s (à direita)

(c) $v_o(t) = 11{,}18 \operatorname{sen}(500\pi t - 153{,}4°)$ V

E6-31 (a) Amplitude = 8 in
Frequência $f$ = 2 Hz
Período = $T$ = 1/2 s
Defasagem = $\pi/3$ rad = 60°
Deslocamento temporal = 1/12 s (à esquerda)

(c) $\delta(t) = 4{,}11 \cos(4\pi t - 76{,}918°)$ in

E6-33 (a) Amplitude = 8 in
Frequência $f$ = 2 Hz
Período = $T$ = 1/2 s
Defasagem = $\pi/4$ rad = 45°
Deslocamento temporal = 1/8 s (à esquerda)

(c) $\delta(t) = 11{,}79 \cos(4\pi t + 28{,}68°)$ in

E6-35 (a) Amplitude = 164 V
Frequência $f$ = 60 Hz
Período = $T$ = 1/60 s
Defasagem = $7\pi/18$ rad = 70°
Deslocamento temporal = 7/2160 s (à esquerda)

(c) $v_T(t) = 220 \cos(120\pi t - 45°)$ V

E6-37 (a) Amplitude = 120 V
Frequência $f$ = 60 Hz
Período = $T$ = 1/60 s
Defasagem = $2\pi/3$ rad = 120°
Deslocamento temporal = 1/180 s (à esquerda)

(c) $v_{bc}(t) = 207{,}8 \cos(120\pi t + 0°)$ V

E6-39 (a) Amplitude = 200 N
Frequência $f$ = 5/2 Hz
Período = $T$ = 2/5 s
Defasagem = 0 rad = 0°
Deslocamento vertical = 1000 N

**Capítulo 7**

E7-1 (a) $I_1 = 5{,}063$ A, $I_2 = -3{,}22$ A

(b) $\begin{bmatrix} 16 & -9 \\ -9 & 20 \end{bmatrix} \begin{bmatrix} I_1 \\ I_2 \end{bmatrix} = \begin{bmatrix} 110 \\ -110 \end{bmatrix}$

(c) $I_1 = 5{,}063$ A, $I_2 = -3{,}22$ A

(d) $I_1 = 5{,}063$ A, $I_2 = -3{,}22$ A

E7-3 (a) $I_1 = 0{,}0471$ A, $I_2 = -0{,}0429$ A

(b) $\begin{bmatrix} 1100 & 1000 \\ 1000 & 1100 \end{bmatrix} \begin{bmatrix} I_1 \\ I_2 \end{bmatrix} = \begin{bmatrix} 9 \\ 0 \end{bmatrix}$

(c) $I_1 = 0{,}0471$ A, $I_2 = -0{,}0429$ A

(d) $I_1 = 0{,}0471$ A, $I_2 = -0{,}0429$ A

E7-5 (a) $V_1 = 7{,}64$ V, $V_2 = 7{,}98$ V

(b) $\begin{bmatrix} 17 & -10 \\ -6 & 11 \end{bmatrix} \begin{bmatrix} V_1 \\ V_2 \end{bmatrix} = \begin{bmatrix} 50 \\ 42 \end{bmatrix}$

(c) $V_1 = 7{,}64$ V, $V_2 = 7{,}98$ V

(d) $V_1 = 7{,}64$ V, $V_2 = 7{,}98$ V

E7-7 (a) $V_1 = 0{,}976$ V, $V_2 = 1{,}707$ V

(b) $\begin{bmatrix} 7 & -4 \\ 2 & -7 \end{bmatrix} \begin{bmatrix} V_1 \\ V_2 \end{bmatrix} = \begin{bmatrix} 0 \\ -10 \end{bmatrix}$

(c) $V_1 = 0{,}976$ V, $V_2 = 1{,}707$ V

(d) $V_1 = 0{,}976$ V, $V_2 = 1{,}707$ V

E7-9 (a) $G_1 = 0{,}0175$ ℧, $G_2 = 0{,}0025$ ℧

(b) $\begin{bmatrix} 10 & 10 \\ 5 & 15 \end{bmatrix} \begin{bmatrix} G_1 \\ G_2 \end{bmatrix} = \begin{bmatrix} 0{,}2 \\ 0{,}125 \end{bmatrix}$

(c) $G_1 = 0{,}0175$ ℧, $G_2 = 0{,}0025$ ℧

(d) $G_1 = 0{,}0175$ ℧, $G_2 = 0{,}0025$ ℧

E7-11 (a) $\begin{bmatrix} 0{,}6 & 0{,}8 \\ 0{,}8 & -0{,}6 \end{bmatrix} \begin{bmatrix} T_1 \\ T_2 \end{bmatrix} = \begin{bmatrix} 100 \\ 0 \end{bmatrix}$

(b) $T_1 = 60$ lb, $T_2 = 80$ lb

E7-13 (a) $\begin{bmatrix} 0{,}707 & -1 \\ 0{,}707 & 0 \end{bmatrix} \begin{bmatrix} F_1 \\ F_2 \end{bmatrix} = \begin{bmatrix} 0 \\ 98{,}1 \end{bmatrix}$

(b) $F_1 = 138{,}7$ N, $F_2 = 98{,}1$ N

(c) $F_1 = 138{,}7$ N, $F_2 = 98{,}1$ N

E7-15 (a) $\begin{bmatrix} 0{,}866 & 0{,}707 \\ 0{,}5 & -0{,}707 \end{bmatrix} \begin{bmatrix} F_1 \\ F_2 \end{bmatrix} = \begin{bmatrix} 200 \\ 0 \end{bmatrix}$

(b) $F_1 = 146{,}4$ N, $F_2 = 103{,}5$ N

(c) $F_1 = 146{,}4$ N, $F_2 = 103{,}5$ N

E7-17 (a) $R_1 = 900$ lb, $R_2 = 2100$ lb

(b) $\begin{bmatrix} 1 & 1 \\ 7 & -3 \end{bmatrix} \begin{bmatrix} R_1 \\ R_2 \end{bmatrix} = \begin{bmatrix} 3000 \\ 0 \end{bmatrix}$

(c) $R_1 = 900$ lb, $R_2 = 2100$ lb

(d) $R_1 = 900$ lb, $R_2 = 2100$ lb

E7-19 (a) $\begin{bmatrix} 0{,}9285 & -0{,}3714 \\ 0{,}3714 & 0{,}9285 \end{bmatrix} \begin{bmatrix} F \\ N \end{bmatrix} = \begin{bmatrix} 0 \\ 10 \end{bmatrix}$

(b) $F = 3{,}714$ kN, $N = 9{,}285$ kN

(c) $F = 3{,}714$ kN, $N = 9{,}285$ kN

E7-21 (a) $\begin{bmatrix} 0{,}866 & -0{,}5 \\ 0{,}5 & 0{,}866 \end{bmatrix} \begin{bmatrix} F \\ N \end{bmatrix} = \begin{bmatrix} -30 \\ 110 \end{bmatrix}$

(b) $F = 24{,}0$ lb, $N = 101{,}6$ lb

(c) $F = 24{,}0$ lb, $N = 101{,}6$ lb

E7-23 (a) $N_F = 415{,}4$ N, $a = 4$ m/s$^2$

(b) $\begin{bmatrix} 0{,}4 & 100 \\ 1 & 0 \end{bmatrix} \begin{bmatrix} N_F \\ a \end{bmatrix} = \begin{bmatrix} 565{,}6 \\ 415{,}4 \end{bmatrix}$

(c) $N_F = 415{,}4$ N, $a = 4$ m/s$^2$

E7-25 (a) $R_1 + R_2 = 9810$
$2R_1 - 1{,}5R_2 = 7500$

(b) $R_1 = 6347{,}1$ N, $R_2 = 3462{,}9$ N

(c) $\begin{bmatrix} 1 & 1 \\ 2 & -1{,}5 \end{bmatrix} \begin{bmatrix} R_1 \\ R_2 \end{bmatrix} = \begin{bmatrix} 9810 \\ 7500 \end{bmatrix}$

E7-27 (a) $R_1 + R_2 = 11772$
$2R_1 - 2R_2 = 8100$

(b) $R_1 = 7911$ N, $R_2 = 3861$ N

(c) $\begin{bmatrix} 1 & 1 \\ 2 & -2 \end{bmatrix} \begin{bmatrix} R_1 \\ R_2 \end{bmatrix} = \begin{bmatrix} 11772 \\ 8100 \end{bmatrix}$

(d) $R_1 = 7911$ N, $R_2 = 3861$ N

(e) $R_1 = 7911$ N, $R_2 = 3861$ N

E7-29 (a) $0707\,F_m - 0{,}866\,W_f = 49{,}5$
$0{,}707\,F_m - 0{,}5\,W_f = 80$

(b) $W_f = 83{,}29$ N, $F_m = 172{,}03$ N

(c) $\begin{bmatrix} 0{,}707 & -0{,}866 \\ 0{,}707 & -0{,}5 \end{bmatrix} \begin{bmatrix} F_m \\ W_f \end{bmatrix} = \begin{bmatrix} 49{,}5 \\ 80 \end{bmatrix}$

(d) $W_f = 83{,}29$ N, $F_m = 172{,}03$ N

(e) $W_f = 83{,}29$ N, $F_m = 172{,}03$ N

E7-31 (a) $V_1 + V_2 = 400$
$0{,}2\,V_1 + 0{,}4\,V_2 = 100$

(b) $V_1 = 300$ L, $V_2 = 100$ L

(c) $\begin{bmatrix} 1 & 1 \\ 0{,}2 & 0{,}4 \end{bmatrix} \begin{bmatrix} V_1 \\ V_2 \end{bmatrix} = \begin{bmatrix} 400 \\ 100 \end{bmatrix}$

(d) $V_1 = 300$ L, $V_2 = 100$ L

(e) $V_1 = 300$ L, $V_2 = 100$ L

E7-33 (a) $I_1 = \dfrac{100\left(1 + \dfrac{50}{s^2}\right)}{10 + 10s + \dfrac{500}{s}}$ A,

$I_2 = \dfrac{100}{10 + 10s + \dfrac{500}{s}}$ A

(b) $\begin{bmatrix} (0{,}2s + 10) & -0{,}2s \\ -0{,}2s & \left(0{,}2s + \dfrac{10}{s}\right) \end{bmatrix} \begin{bmatrix} I_1 \\ I_2 \end{bmatrix} = \begin{bmatrix} \dfrac{100}{s} \\ 0 \end{bmatrix}$

E7-35 (a) $X_1 = \dfrac{1{,}25(s^2 + 65)}{s(s^2 + 25)}$,

$X_2 = \dfrac{50}{s(s^2 + 25)}$

(b) $\begin{bmatrix} 40 & -40 \\ -40 & s^2 + 65 \end{bmatrix} \begin{bmatrix} X_1 \\ X_2 \end{bmatrix} = \begin{bmatrix} 50/s \\ 0 \end{bmatrix}$

E7-37 (a) $X_A = 0{,}415$ lb, $X_B = 4{,}67$ lb

(b) $\begin{bmatrix} 0{,}15 & 3{,}2 \\ 1{,}6 & 2{,}0 \end{bmatrix} \begin{bmatrix} X_A \\ X_B \end{bmatrix} = \begin{bmatrix} 15 \\ 10 \end{bmatrix}$

(c) $X_A = 0{,}415$ lb, $X_B = 4{,}67$ lb

E7-39 (a) $u = -0{,}0508$ in, $v = 0{,}0239$ in

(c) $\begin{bmatrix} 2{,}57 & 3{,}33 \\ 3{,}33 & 6{,}99 \end{bmatrix} \begin{bmatrix} u \\ v \end{bmatrix} = \begin{bmatrix} 0{,}05 \\ 0 \end{bmatrix}$

(d) $u = -0{,}0508$ in, $v = 0{,}0239$ in

**Capítulo 8**

E8-1 (a) $v(t) = 150 - 32{,}2\,t$ ft/s

(b) $a(t) = -32{,}2$ ft/s$^2$

(c) $t_{máx} = 4{,}66$, $y_{máx} = 399$ ft

E8-3 (a) $v(t) = 250 - 9{,}81\,t$ m/s

(b) $a(t) = -9{,}81$ m/s$^2$

(c) $t_{máx} = 25{,}5$, $y_{máx} = 3185{,}5$ m

E8-5 (a) $x(3) = 7{,}0$ m
$v(3) = 14{,}14$ m/s
$a(3) = -84{,}17$ m/s$^2$

(b) $x(3) = 689{,}8$ m
$v(3) = 1184{,}6$ m/s
$a(3) = 1610{,}4$ m/s$^2$

(c) $x(3) = 325{,}5$ km
$v(3) = 1302{,}1$ km/s
$a(3) = 5208{,}2$ km/s$^2$

E8-7 (a) $y(2) = 52$ m, $y(6) = 20$ m
$a(2) = -12$ m/s$^2$, $a(6) = 12$ m/s$^2$

(b) $y(0) = 20$ m, $y(9) = 101$ m

E8-9 (a) $v(t) = 0{,}125\,e^{-2t}(3t^2 - 2t^3)$ V

(b) $i(0) = 0$ A e $i(1{,}5) = 0{,}168$ A

E8-11 (a) $v(t) = -5{,}2\,e^{-200t}$ V
$p(t) = -67{,}6\,e^{-400t}$ W
$p_{máx} = 67{,}6$ W em $t = 0$ s

(b) $v(t) = -4{,}8\pi\ \text{sen}(120\pi t)$ V
$p(t) = -48\ \text{sen}(240\pi t)$ W
$p_{máx} = 48\pi$ W em $t = \dfrac{3}{480}$ s

E8-13 (a) $i(t) = -4\pi\,\text{sen}(200\,\pi t)$ A

(b) $p(t) = -1000\pi\,\text{sen}(400\,\pi t)$ W
$p_{máx} = 1000\pi$ W

E8-15 (a) $0 \le t \le 2$ s: $a(t) = -4$ m/s$^2$
$2 < t \le 6$ s: $a(t) = 4$ m/s$^2$
$6 < t \le 8$ s: $a(t) = -4$ m/s$^2$

(b) $0 \le t \le 2$ s: quadrático com inclinação decrescente/concavidade para baixo e $x(t) = -2t^2$ m/s, $x(2) = -8$ m

$2 < t \le 6$ s: quadrático com inclinação crescente e inclinação zero em $t = 4$ s, portanto $x_{mín} = -16$ m em $t = 4$ s

$x(6) = -16 + \dfrac{1}{2} \times 2 \times 8 = -8$ m

$6 < t \le 8$ s: quadrático com inclinação decrescente, inclinação zero em $t = 8$ s

$x(8) = -8 + \dfrac{1}{2} \times 2 \times 8 = 0$ m

E8-17 (a) $0 \le t \le 4$ s: $v(t) = 12 - 3t$ m/s

$4 < t \le 8$ s: $v(t) = -12 + 3t$ m/s

$t > 8$ s: $v(t) = 12$ m/s

(b) $0 \le t \le 4$ s: quadrático com inclinação decrescente/concavidade para baixo e inclinação $= 0$ em $t = 4$ s

$x(4) = 0 + \dfrac{1}{2} \times 4 \times 12 = 24$ m

$4 < t \le 8$ s: quadrático com inclinação crescente/concavidade para cima

$x(8) = 24 + \dfrac{1}{2} \times 4 \times 12 = 48$ m

E8-19 (a) $0 \le t \le 2$ s: linear com inclinação $= 5$ m/s$^2$, como $v(0) = 0$, $v(t) = 5t$ e $v(2) = 10$ m/s

$2 < t \le 5$ s: linear com inclinação $= -5$ m/s$^2$, como $v(2) = 10$,
$v(t) = 10 - 5(t - 2) = 20 - 5t$
$v(5) = -5$ m/s

$5 < t \le 6$ s: linear com inclinação $= 5$ m/s$^2$, como $v(5) = -5$ m/s,
$v(t) = -5 + 5(t - 5) = -30 + 5t$
$v(6) = 0$ m/s

$t > 6$ s: $v(t) = 0$ m/s

(b) $0 \le t \le 2$ s: quadrático com inclinação crescente/ concavidade para cima

$x(t) = 2{,}5\,t^2$, $x(2) = 10$ m, e, ainda,

$x(2) = 0 + \dfrac{1}{2} \times 4 \times 10 = 10$ m

$2 < t \le 5$ s: quadrático com inclinação decrescente/concavidade para baixo inclinação zero em $t = 4$ s, portanto

$x(4) = 10 + (1/2) \times 2 \times 10 = 20$ m
$x(5) = 20 - (1/2) \times 1 \times 5 = 17{,}5$ m

$5 < t \le 6$ s: quadrático com inclinação crescente, inclinação zero em $t = 5$,

$x(6) = 17{,}5 - \dfrac{1}{2} \times 1 \times 5 = 15$ m

E8-21 Corrente:

$0 \le t \le 1$ s: linear com

inclinação $= \dfrac{1}{2} \times 6 = 3$ A/s

como $i(0) = 0$, $i(t) = 3t$ A
$i(1) = 3$ A

$1 < t \leq 2$ s: linear com
inclinação = 0 A/s, como $i(1) = 3$ A,
$i(t) = 3$ A e $i(2) = 3$ A

$2 < t \leq 3$ s: linear com
inclinação = 3 A/s, como $i(2) = 3$,
$i(t) = 3 + 3(t - 2) = -3 + 3t$
$i(3) = 6$ A

E8-21 $3 < t \leq 4$ s: linear com
inclinação = 0 A/s, como $i(3) = 6$ A,
$i(t) = 6$ A e $i(4) = 6$ A

$4 < t \leq 5$ s: linear com
inclinação = 3 A/s, como $i(4) = 6$,
$i(t) = 6 + 3(t - 4) = -6 + 3t$
$i(5) = 9$ A

Potência:

$0 \leq t \leq 1$ s: $p(t) = 18t$ W
$1 < t \leq 2$ s: $p(t) = 0$ W
$2 < t \leq 3$ s: $p(t) = -18 + 18t$ W
$3 < t \leq 4$ s: $p(t) = 0$ W
$4 < t \leq 5$ s: $p(t) = -36 + 18t$ W

E8-23 Corrente:

$0 \leq t \leq 1$ ms: linear com

$$\text{inclinação} = \frac{1}{2 \times 10^{-3}} \times 10 = 5000 \text{ A/s}$$

como $i(0) = 0$, $i(t) = 5000t$ A
$i(1 \times 10^{-3}) = 5$ A

$1 < t \leq 2$ ms: linear com

$$\text{inclinação} = \frac{1}{2 \times 10^{-3}}(-10) = -5000 \text{ A/s}$$

como $i(1 \times 10^{-3}) = 5$ A,
$i(t) = 5 - 5000(t - 1 \times 10^{-3})$
$= 10 - 5000t$ A
$i(2 \times 10^{-3}) = 0$

$2 < t \leq 3$ ms: linear com

$$\text{inclinação} = \frac{1}{2 \times 10^{-3}} \times 10 = 5000 \text{ A/s}$$

como $i(2 \times 10^{-3}) = 0$,
$i(t) = 0 + 5000(t - 2 \times 10^{-3})$
$= -10 + 5000t$ A
$i(3 \times 10^{-3}) = 5$ A

Potência:

$0 \leq t \leq 1$ ms: $p(t) = 50 \times 10^3 t$ W
$1 < t \leq 3$ ms: $p(t) = -100 + 50 \times 10^3 t$ W

E8-25 Carga:

$0 \leq t \leq 1$ ms: $q(t) = t$ mC
$1 < t \leq 2$ ms: $q(t) = 1$ mC
$2 < t \leq 3$ ms: $q(t) = -3 + 3t$ mC
$3 < t \leq 4$ ms: $q(t) = t$ mC
$4 < t \leq 5$ ms: $q(t) = 12 - 2t$ mC
$t > 5$ ms: $q(t) = 2$ mC

Tensão:

$v(t) = 4000\, q(t)$ V

E8-27 (a) $x = \sqrt{\dfrac{l^2 - b^2}{3}}$

$$y_{\text{máx}} = \frac{Pb}{6EIl}\sqrt{\frac{l^2 - b^2}{3}}\left(\frac{2b^2}{3} - \frac{2l^2}{3}\right)$$

(b) $\theta(0) = \dfrac{Pb}{6EIl}(b^2 - l^2)$

$\theta(l) = \dfrac{Pb}{6EIl}(b^2 + 2l^2)$

E8-29 (a) $\theta(x) = \dfrac{M_o}{6EIL}\left(L^2 - \dfrac{3}{2}Lx - 3x^2\right)$

(b) $x = 0{,}345\,L$

$y_{\text{máx}} = \dfrac{0{,}0358\, M_o L^2}{EI}$

(c) $\theta(0) = \dfrac{M_o L}{6EI}, y(0) = 0$

$\theta\left(\frac{L}{2}\right) = -\dfrac{M_o L}{12EI}, y\left(\frac{L}{2}\right) = 0$

E8-31 (a) $x = L/\sqrt{5}$

$y_{\text{máx}} = -0{,}00239\dfrac{L^4}{EI}$

(b) $\theta(0) = -\dfrac{W_o L^3}{120EI}$

$\theta(L) = 0$

E8-33 (a) $\theta(x) = \dfrac{2\pi A}{L}\cos\left(\dfrac{2\pi x}{L}\right)$

(b) $\theta(0) = -\dfrac{2\pi A}{L}$

$\theta\left(\frac{L}{2}\right) = \dfrac{2\pi A}{L}$

$\theta(L) = -\dfrac{2\pi A}{L}$

(c) $x = \dfrac{L}{4}$ e $x = \dfrac{3L}{4}$

$y\left(\dfrac{L}{4}\right) = -A$

$y\left(\dfrac{3L}{4}\right) = A$

E8-35 (a) $x = 0{,}578\,L$

$y_{\text{máx}} = -0{,}0054\dfrac{WL^4}{EI}$

(b) $\theta(0) = 0$

$\theta(L) = \dfrac{W L^3}{48 EI}$

E8-37 (a) $\theta = \dfrac{\pi}{4}$ rad

(b) $\theta = 0$ rad

E8-39 (a) $b = 0{,}15$

(b) $\hat{y} = -0{,}1x + 22$ m

(c) (176, 4,4) m

(d) $y(x) = -0{,}00071x^2 + 0{,}15x$ m

**Capítulo 9**

E9-1 (a) $A \approx 0{,}6481\, k\, l$

E9-3 (a) Distância percorrida = $A$ = 700 ft

(b) Distância percorrida = $A$ = 750 ft

(c) Distância percorrida = $A$ = 800 ft

(d) $A$ = 800 ft

E9-5 (a) $W$ = 172,95 N-m

(b) $W$ = 201,7 N-m

(c) $W$ = 3,82 N-m

E9-7 (a) $y(x) = -0{,}75x + 9$ cm

(b) $A = 54$ cm$^2$

(c) $\bar{x} = 4$ cm, $\bar{y} = 3$ cm

(d) $\bar{y} = 3$ cm

E9-9 (a) $y(x) = -0{,}5x + 6$ ft

(b) $A = 27$ ft$^2$

(c) $\bar{x} = 2{,}667$ ft

(d) $\bar{y} = 2{,}333$ ft

E9-11 (a) $h = 4$ in
$b = 2$ in

(b) $A = 5{,}33$ in$^2$

(c) $\bar{x} = 0{,}75$ in

(d) $\bar{y} = 1{,}6$ in

E9-13 (a) $h = 8$ in
$b = 8$ in

(b) $A = 48$ in$^2$

(c) $\bar{x} = 3{,}56$ in

(d) $\bar{y} = 5{,}61$ in

E9-15 (a) $a = 2$ cm
$b = 6$ cm

(b) $A = 6{,}67$ cm$^2$

(c) $\bar{x} = 1{,}88$ cm

(d) $\bar{y} = 1{,}2$ cm

E9-17 (a) $R = \dfrac{2}{3} w_0\, l$

(b) $\bar{x} = \dfrac{3}{8} l$

E9-19 (a) $v(t) = 10t^4 + 10t^3 + 10t^2 + 10t$ m/s

$y(t) = 2t^5 + 2{,}5t^4 + \dfrac{10}{3}t^3 + 5t^2$ m

(b) $v(t) = \dfrac{1}{2}(1 - \cos(4t))$ m/s

$y(t) = \dfrac{1}{2}t - \dfrac{1}{8}\,\mathrm{sen}(4t)$ m

E9-21 Velocidade:

$0 \le t \le 2$ s: $v(t) = 10t$ m/s

$2 < t \le 14$ s: $v(t) = 20$ m/s

$14 < t \le 16$ s: $v(t) = -10(t - 16)$

$t > 16$ s: $v(t) = 0$ m/s

Posição:

$0 \le t \le 2$ s: quadrático com inclinação crescente/concavidade para cima
$x(t) = 5t^2$, $x(2) = 20$ m

$2 < t \le 14$ s: linear
$x(t) = 20(t - 1)$, $x(14) = 260$ m

$14 < t \le 16$ s: quadrático com inclinação decrescente/concavidade para baixo
$x(16) = 260 + \dfrac{1}{2}(2)(20) = 280$ m

E9-23 Velocidade:

$0 \le t \le 3$ s: $v(t) = 10t$ m/s

$3 < t \le 6$ s: $v(t) = -10(t - 6)$

$6 < t \le 12$ s: $v(t) = (t - 6)$

$t > 12$ s: $v(t) = 30$ m/s

Posição:

$0 \le t \le 3$ s: quadrático com inclinação crescente/concavidade para cima
$x(t) = 5t^2$, $x(3) = 45$ m

$3 < t \le 6$ s: quadrático com inclinação decrescente/concavidade para baixo
$x(6) = 45 + \dfrac{1}{2}(3)(30) = 90$ m

$6 < t \le 12$ s: quadrático com inclinação crescente/concavidade para cima
$x(16) = 90 + \dfrac{1}{2}(30)(6) = 180$ m

E9-25 $q(t) = \dfrac{1}{3}t^3 - t^2 + t$ C

E9-27 (a) $v_o(t) = 10\,(\cos(10\,t) - 1)$ V

(b) $w(t) = 7{,}5 + 2{,}5\cos(20\,t) - 10\cos(10\,t)$ mJ

E9-29 (a) $v_o(t) = \text{sen}(100\,t) - 100\,t$ V

(b) $w(t) = 7{,}5 + 2{,}5\cos(20\,t) - 10\cos(10\,t)$ mJ

E9-31 (a) $v_o(t) = 10\left(1 - e^{-10\,t}\right) + 10$ V

(b) $w(t) = 0{,}01\left(1 - e^{-20\,t}\right) + 0{,}005$ J

E9-33 $v(0) = 0$ V, $v(1) = -10$ V e $v(2) = 0$ V

$0 \le t \le 2$ s: quadrático com inclinação crescente/concavidade para cima

Repete a cada 2 s

E9-35 (a) $v(0) = 0$ V, $v(1) = 10$ V, $v(2) = 10$ V, $v(3) = 15$ V, $v(4) = 5$ V e $v(t) = 5$ V para t > 4 s

Como $i(t)$ é constante acima de cada intervalo, $v(t)$ é linear entre cada intervalo

E9-37 (a) $0 \le t \le 0{,}008$ s:
$x_{\text{com cinto}}(t) = 0{,}102\ \text{sen}(62{,}5\,\pi\,t)$ m

$0{,}008 < t \le 0{,}04$ s:
$x_{\text{com cinto}}(t) = 0{,}102$ m

(b) $0 \le t \le 0{,}04$ s:
$x_{\text{sem cinto}}(t) = 0{,}509\ \text{sen}(12{,}5\,\pi\,t)$ m

(c) $x_{\text{sem cinto}}(0{,}04) - x_{\text{sem cinto}}(0{,}04) = 0{,}407$ m

E9-39 (a) $y(x) = -\frac{\hat{p}\,x}{h\,G}\left(\frac{L}{3} - \frac{x}{2} + \frac{x^2}{3\,L} - \frac{x^3}{12\,L^2}\right)$

E9-39 (b) $x = L$

$$y_{\text{máx}} = \frac{\hat{p}\,L^2}{12\,h\,G}$$

**Capítulo 10**

E10-1 (a) $h_{tran}(t) = C\,e^{-\frac{k}{A}t}$

(b) $h_{ss}(t) = \frac{Q}{\left(A^2\,\omega^2 + k^2\right)} \times (k\,\text{sen}\,\omega\,t - A\,\omega\cos\omega\,t)$

(c) $h(t) = \frac{Q}{A^2\,\omega^2 + k^2}(A\,\omega\,e^{-\frac{k}{A}t} + k\,\text{sen}\omega\,t - A\,\omega\cos\omega\,t)$

E10-3 (a) $v_{tran}(t) = C\,e^{-\frac{1}{RC}t}$ V

(b) $v_{ss}(t) = 0$ V

(c) $v(t) = 10\,e^{-\frac{1}{RC}t}$ V

(e) V, F, V, V

E10-5 (a) $v_{tran}(t) = C\,e^{-\frac{1}{2}t}$ V

(b) $v_{ss}(t) = 0$ V

(c) $v(t) = 10\,e^{-\frac{1}{2}t}$ V

(e) V, F, V, V

E10-7 (a) $v_{tran}(t) = C\,e^{-\frac{1}{20}t}$ V

(b) $v_{ss}(t) = 10$ V

(c) $v(t) = 10 - 5\,e^{-\frac{1}{20}t}$ V

E10-9 (a) $v_{tran}(t) = A\,e^{-\frac{1}{RC}t}$ V, $\tau = RC$ s

(b) $v_{ss}(t) = \frac{10}{(1+0{,}001\,R^2\,C^2)}\,\text{sen}(0{,}01t)$ V

(c) $v(t) = \frac{10}{(1+0{,}001\,R^2\,C^2)}\,\text{sen}(0{,}01t)$ V

E10-11 (a) $v_{tran}(t) = C\,e^{-2{,}5\,t}$ V, $\tau = 0{,}4$ s

(b) $v_{ss}(t) = 10\,\text{sen}(0{,}01t)$ V

(c) $v(t) = 10\,\text{sen}(0{,}01t)$ V

E10-13 (a) $v_{tran}(t) = C\,e^{-100\,t}$ V

(b) $v_{ss}(t) = 10$ V

(c) $v(t) = 10\left(1 - e^{-100\,t}\right)$ V

(d) $\tau = 0{,}01$ s
$v(0{,}01) = 6{,}321$ V
$v(0{,}02) = 8{,}647$ V
$v(0{,}04) = 9{,}817$ V
$v(\infty) = 10$ V

E10-15 (a) $i_{tran}(t) = C\,e^{-\frac{R}{L}t}$ A, $\tau = \frac{L}{R}$ s

(b) $i_{ss}(t) = 0$ A

(c) $i(t) = 50\,e^{-\frac{R}{L}t}$ mA

(e) F, F, F, V

E10-17 (a) $i_{tran}(t) = C\,e^{-10.000\,t}$ A, $\tau = 0{,}1$ ms

(b) $i_{ss}(t) = 0$ A

(c) $i(t) = 50\,e^{-10.000\,t}$ mA

(e) F, F, F, V

E10-19 (a) $v_{tran}(t) = C e^{-100t}$ V

(b) $v_{ss}(t) = 10$ V

(c) $v(t) = 10(1 - e^{-100t})$ V

(e) $\tau = 0{,}01$ s
$v(0{,}01) = 6{,}32$ V
$v(0{,}02) = 8{,}65$ V
$v(0{,}04) = 9{,}82$ V
$v(\infty) = 10$ V

E10-21 (a) $i_{tran}(t) = C e^{-50t}$ A, $\tau = 0{,}02$ s

(b) $i_{ss}(t) = 0{,}5$ A

(c) $i(t) = -1{,}5\, e^{-50t} + 0{,}5$ A

E10-23 (a) $v_{o,tran}(t) = C e^{-5t}$ V, $\tau = 0{,}2$ s

(b) $v_{o,ss}(t) = 13{,}33 \cos(10\,t) + 6{,}67 \,\mathrm{sen}(10\,t)$ V

(c) $v_o(t) = -13{,}33\, e^{-5t} + 13{,}33 \cos(10\,t) + 6{,}67 \,\mathrm{sen}(10\,t)$ V

E10-25 (a) $P_{tran}(t) = A\, e^{-\frac{1}{RC}t}$ mmHg

(b) $P_{ss}(t) = 60\,R$ mmHg

(c) $P(t) = 240 - 234\, e^{-\frac{1}{8}t}$ mmHg

E10-27 (a) $y_{tran}(t) = C_3 \cos(\sqrt{10}\,t) + C_4 \,\mathrm{sen}(\sqrt{10}\,t)$ m

(b) $y_{ss}(t) = 0$ m

(c) $y(t) = 0{,}2 \cos(\sqrt{10}\,t)$ m

E10-29 (a) $y_{tran}(t) = C_3 \cos(4\,t) + C_4 \,\mathrm{sen}(4t)$ m

(b) $y_{ss}(t) = 3/16$ m

(c) $y(t) = 0{,}028 \cos(4\,t - 1{,}107) + 3/16$ m

E10-31 (a) $x_{tran}(t) = C_3 \cos(\sqrt{40}\,t) + C_4 \,\mathrm{sen}(\sqrt{40}\,t)$ m

$\omega_n = \sqrt{40}$ rad/s ou $f = 1{,}01$ Hz

(b) $x_{ss}(t) = 0{,}245$ m

(c) $x(t) = -0{,}245 \cos(\sqrt{40}\,t) + 0{,}7\sqrt{h}\,\mathrm{sen}(\sqrt{40}\,t) + 0{,}245$ m

E10-33 (a) $y_{tran}(t) = C_3 \cos(0{,}61\,t) + C_4 \,\mathrm{sen}(0{,}61\,t)$ m

$\omega_n = 0{,}61$ rad/s

(b) $y_{ss}(t) = 0{,}5 \cos(0{,}5\,t)$ m

(c) $y_{\text{mín}} = -0{,}5$ m em $t = 2\pi$ s

E10-35 (a) $x(t) = V_o \sqrt{\frac{m}{k}} \cos\left(\sqrt{\frac{k}{m}}\,t\right)$ m

(c) V, F, V, V, F

E10-37 $i_{tran}(t) = C_3 \cos(100\,t) + C_4 \,\mathrm{sen}(100t)$ A

$i_{ss}(t) = 0$ A

$i(t) = 0{,}1 \,\mathrm{sen}(100\,t)$ A

E10-39 (a) $v_{tran}(t) = C_3 \cos(500\,t) + C_4 \,\mathrm{sen}(500t)$ V

$\omega_n = 500$ rad/s, $f = 250/\pi$ Hz

(b) $v_{ss}(t) = 10$ V

(c) $v(t) = 10\,(1 - \cos(500\,t))$ V

E10-41 (a) $v_{tran}(t) = C_3 \cos(250\,t) + C_4 \,\mathrm{sen}(250\,t)$ V

$\omega_n = 250$ rad/s, $f = 125/\pi$ Hz

(b) $v_{ss}(t) = 5{,}1 \,\mathrm{sen}(245t)$ V

(c) $v(t) = 5 \,\mathrm{sen}(250t) + 5{,}1 \,\mathrm{sen}(245\,t)$ V

E10-43 (a) $\theta_{tran}(t) = C_3 \cos\left(\sqrt{\frac{3k}{m}}\,t\right) + C_4 \,\mathrm{sen}\left(\sqrt{\frac{3k}{m}}\,t\right)$ rad

$\omega_n = \sqrt{\frac{3k}{m}}$ rad/s

(b) $\theta_{ss}(t) = \dfrac{F}{kl - \frac{1}{3} m l \omega^2} \cos(\omega\,t)$ rad

(c) $\theta(t) = \dfrac{\pi}{18} \cos\left(\dfrac{3k}{m}\,t\right)$ rad

(d) F, F, V, F, F

# ÍNDICE

# Relações Matemáticas Úteis

## Álgebra e Geometria

### Operações Aritméticas

$$a(b + c) = ab + ac$$

$$\frac{a}{b} + \frac{c}{d} = \frac{ad + bc}{bd}$$

$$\frac{a + c}{b} = \frac{a}{b} + \frac{c}{b}$$

$$\frac{\frac{a}{b}}{\frac{c}{d}} = \frac{a}{b} \times \frac{d}{c} = \frac{ad}{bc}$$

### Expoentes e Radicais

$$x^m x^n = x^{m+n}$$

$$\frac{x^m}{x^n} = x^{m-n}$$

$$(x^m)^n = = x^{mn}$$

$$x^{-n} = \frac{1}{x^n}$$

$$(xy)^n = x^n y^n$$

$$\left(\frac{x}{y}\right)^n = \frac{x^n}{y^n}$$

$$x^{1/n} = \sqrt[n]{x}$$

$$x^{m/n} = \sqrt[n]{x^m} = \left(\sqrt[n]{x}\right)^m$$

$$\sqrt[n]{xy} = \sqrt[n]{x}\,\sqrt[n]{y}$$

$$\sqrt[n]{\frac{x}{y}} = \frac{\sqrt[n]{x}}{\sqrt[n]{y}}$$

### Fatoração de Polinômios Especiais

$$x^2 - y^2 = (x + y)(x - y)$$

$$x^3 + y^3 = (x + y)(x^2 - xy + y^2)$$

$$x^3 - y^3 = (x - y)(x^2 + xy + y^2)$$

### Fórmula Quadrática

Se $ax^2 + bx + c = 0$. Então

$$x = \frac{-b \pm \sqrt{b^2 - 4ac}}{2a}$$

### Retas

Equação de uma reta com inclinação $m$ e cruzamento em $y - b$:

$$y = mx + b$$

Inclinação da reta que passa pelos pontos $P_1(x_1, y_1)$ e $P_2(x_2, y_2)$:

$$m = \frac{y_2 - y_1}{x_2 - x_1}$$

Equação na forma ponto-inclinação da reta que passa pelo ponto $P_1(x_1, y_1)$ com inclinação $m$:

$$y - y_1 = m(x - x_1)$$

Equação na forma ponto-inclinação da reta que passa pelo ponto $P_2(x_2, y_2)$ com inclinação $m$:

$$y - y_2 = m(x - x_2)$$

### Fórmula de Distância

Distância entre pontos $P_1(x_1, y_1)$ e $P_2(x_2, y_2)$:

$$d = \sqrt{(x_2 - x_1)^2 + (y_2 - y_1)^2}$$

### Área de um Triângulo:

$$A = \frac{1}{2}bh = \frac{1}{2}ab\,\mathrm{sen}(\theta)$$

a
h
θ
b

### Equação, Área e Circunferência de um Círculo:

Equação:

$$(x - k)^2 + (y - k)^2 = r^2$$

$$A = \pi r^2$$

$$C = 2\pi r$$

y
r
(h, k)
x

# Trigonometria

### Medida de Ângulo

$\pi$ radianos = 180°

$1° = \dfrac{\pi}{180}$ rad

$1 \text{ rad} = \dfrac{180}{\pi}$ grau

$s = r\,\theta$

### Trigonometria de Triângulo Retângulo

$\text{sen}\,\theta = \dfrac{\text{op}}{\text{hip}}$

$\cos\theta = \dfrac{\text{adj}}{\text{hip}}$

$\text{tg}\,\theta = \dfrac{\text{op}}{\text{adj}}$

### Funções Trigonométricas

$\text{sen}\,\theta = \dfrac{y}{r}$

$\cos\theta = \dfrac{x}{r}$

$\text{tg}\,\theta = \dfrac{y}{x}$

$r = \sqrt{x^2 + y^2}$

$\theta = atg2(y, x)$

### Identidades Fundamentais

$\csc\theta = \dfrac{1}{\text{sen}\,\theta}$ $\qquad \cot\theta = \dfrac{1}{\text{tg}\,\theta}$

$\sec\theta = \dfrac{1}{\cos\theta}$ $\qquad \text{sen}^2\theta + \cos^2\theta = 1$

$\text{tg}\,\theta = \dfrac{\text{sen}\,\theta}{\cos\theta}$ $\qquad 1 + \text{tg}^2\theta = \sec^2\theta$

$1 + \cot^2\theta = \csc^2\theta$

$\text{sen}(-\theta) = -\,\text{sen}(\theta)$

$\text{sen}\left(\theta - \frac{\pi}{2}\right) = -\cos(\theta)$

$\cos(-\theta) = \cos(\theta)$

$\cos\left(\theta - \frac{\pi}{2}\right) = \text{sen}(\theta)$

$\text{tg}(-\theta) = -\,\text{tg}(\theta)$

$\text{tg}\left(\theta - \frac{\pi}{2}\right) = -\cot(\theta)$

### Fórmulas do Ângulo Duplo

$\text{sen}(2\theta) = 2\,\text{sen}(\theta)\,\cos(\theta)$

$\cos(2\theta) = \cos^2(\theta) - \text{sen}^2(\theta)$

$= 2\cos^2(\theta) - 1 = 1 - 2\,\text{sen}^2(\theta)$

### Fórmulas do Ângulo Metade

$$\text{sen}\left(\frac{\theta}{2}\right) = \pm\sqrt{\frac{(1 - \cos\theta)}{2}}$$

$$\cos\left(\frac{\theta}{2}\right) = \pm\sqrt{\frac{(1 + \cos\theta)}{2}}$$

### Fórmulas de Adição e Subtração

$\text{sen}(\theta_1 \pm \theta_2) = \text{sen}\,\theta_1 \cos\theta_2 \pm \cos\theta_1\,\text{sen}\,\theta_2$

$\cos(\theta_1 \pm \theta_2) = \cos\theta_1 \cos\theta_2 \mp \text{sen}\,\theta_1\,\text{sen}\,\theta_2$

### Lei do Seno

$$\frac{\text{sen}A}{a} = \frac{\text{sen}B}{b} = \frac{\text{sen}C}{c}$$

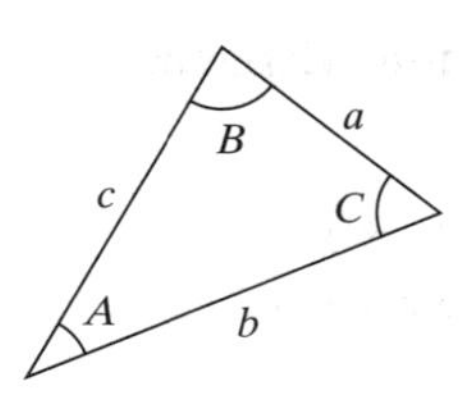


### Lei do Cosseno

$a^2 = b^2 + c^2 - 2bc\cos A$

## Regras de Diferenciação

$$\frac{d}{dt}(c) = 0$$

$$\frac{d}{dt}[c\,f(t)] = c\,\dot{f}(t)$$

$$\frac{d}{dt}(c_1 f(t) + c_2\,g(t)) = c_1 \dot{f}(t) + c_2\,\dot{g}(t)$$

$$\frac{d}{dt}(c_1 f(t) - c_2\,g(t)) = c_1 \dot{f}(t) - c_2\,\dot{g}(t)$$

$$\frac{d}{dt}(t^n) = n\,t^{n-1}$$

**Diferenciação de Produto**

$$\frac{d}{dt}[f(t)\,g(t)] = f(t)\,\dot{g}(t) + \dot{f}(t)\,g(t)$$

**Diferenciação de Quociente**

$$\frac{d}{dt}\left[\frac{f(t)}{g(t)}\right] = \frac{g(t)\,\dot{f}(t) - f(t)\,\dot{g}(t)}{[g(t)]^2}$$

**Regra da Cadeia**

$$\frac{d}{dt}f(g(t)) = \frac{df}{dg} \times \frac{dg}{dt}$$

**Diferenciação de Potência**

$$\frac{d}{dt}(t^n) = n\,t^{n-1}$$

## Regras de Integração

$$\int y\,dx = y\,x - \int x\,dy$$

$$\int x^n\,dx = \frac{x^{n+1}}{n+1} + C, \quad n \neq -1$$

$$\int e^{a\,x}\,dx = \frac{e^{a\,x}}{a} + C$$

$$\int \mathrm{sen}(a\,x)\,dx = -\frac{\cos(a\,x)}{a} + C$$

$$\int \cos(a\,x)\,dx = \frac{\mathrm{sen}(a\,x)}{a} + C$$

$$\int c\,f(x)\,dx = c \int f(x)\,dx$$

$$\int [c_1 f(x) + c_2 g(x)]dx$$
$$= c_1 \int f(x)dx + c_2 \int g(x)dx$$

**Diferenciação de Funções Exponenciais**

$$\frac{d}{dt}(e^{a\,t}) = a\,e^{a\,t}$$

**Diferenciação de Funções Trigonométricas**

$$\frac{d}{dt}[\mathrm{sen}\,(a\,t)] = a\cos\,(a\,t)$$

$$\frac{d}{dt}[\cos\,(a\,t)] = -\,a\,\mathrm{sen}\,(a\,t)$$

# Unidades Comumente Empregadas na Engenharia*

| Unidade | Sistema Imperial Britânico† | SI | Fator de Conversão |
|---|---|---|---|
| Comprimento | in ou ft | m | 1 in = 0,0254m |
| Área | $in^2$ ou $ft^2$ | $m^2$ | 1550 $in^2$ = 1 $m^2$ |
| Volume | $in^3$ ou $ft^3$ | $m^3$ | 61024 $in^3$ = 1 $m^3$ |
| Velocidade | in/s ou ft/s | m/s | 1 in/s = 0,0254 m/s |
| Aceleração | $in/s^2$ ou $ft/s^2$ | $m/s^2$ | 1 $in/s^2$ = 0,0254$m/s^2$ |
| Força | lb | N | 1 lb = 4,45 N |
| Pressão (Tensão Mecânica) | $lb/in^2$ (psi) | $N/m^2$ (Pa) | 1 psi = 6890 Pa |
| Massa | lbm | kg | 1 lbm = 0,454 kg |
| Energia | in-lb ou ft-lb | N-m (J) | 1 in-lb = 0,113 J |
| Potência | in-lb/s ou ft-lb/s | W (J/s) | 1 in-lb/s = 0,113 W |
| Tensão | Volts (V) | Volts (V) | |
| Corrente | Amps (A) | Amps (A) | |
| Resistência | Ohms (Ω) | Ohms (Ω) | |
| Indutância | Henrys (H) | Henrys (H) | |
| Capacitância | Farads (F) | Farads (F) | |

## Prefixos de Uso Comum na Engenharia

Nano (n) $10^{-9}$
Micro ($\mu$) $10^{-6}$
Mili (m) $10^{-3}$
Centi (c) $10^{-2}$
Quilo (K) $10^{3}$
Mega (M) $10^{6}$
Giga (G) $10^{9}$

* No Brasil, adotam-se as unidades do Sistema Internacional (SI), cuja definição encontra-se em http://www.inmetro.gov.br/inovacao/publicacoes/Si.pdf . (N.T.)

† No Brasil, polegada (in) é representada por pol ou "; pé (ft) é representado por pé ou '; 01 pé = 12,0 " = 30,48 cm. (N.T.)